Lernfeldbuch für Maler/-innen und Lackierer/-innen

von

Hans Jörg Fahrner
Andreas Deuling
Ingo Gericke
Kerstin Gößling-Bohlen
Verena Hagedorn
Michael Reitz

HANDWERK UND TECHNIK · HAMBURG

ISBN 978-3-582-**00096**-5

Die Normblattangaben werden wiedergegeben mit Erlaubnis des DIN Deutsches Institut für Normung e.V. Maßgebend für das Anwenden der Norm ist deren Fassung mit dem neuesten Ausgabedatum, die bei der Beuth Verlag GmbH, Burggrafenstraße 6, 10787 Berlin, erhältlich ist.

Verlag Handwerk und Technik GmbH,
Lademannbogen 135, 22339 Hamburg; Postfach 63 05 00, 22331 Hamburg – 2011
E-Mail: info@handwerk-technik.de – Internet: www.handwerk-technik.de

Satz: KCS, Buchholz bei Hamburg
Umschlaglayout: Verlag Handwerk und Technik GmbH unter Verwendung einer Vorlage von Ingo Gericke, 48149 Münster
Druck: Himmer AG, 86167 Augsburg

Vorwort

Berufliches Handeln steht im Mittelpunkt der Ausbildung im Maler- und Lackiererhandwerk. Daran orientiert sich das Lernen und Arbeiten mit dem vorliegenden Lernfeldbuch. Es befähigt im handlungsorientierten Unterricht, in der Ausbildung und in der beruflichen Praxis zum selbstständigen Arbeiten.
Das Fachbuch ist nach der Ausbildungsordnung und dem Rahmenlehrplan der Kultusministerkonferenz für Maler/-innen und Lackierer/-innen erarbeitet.

Jedem der zwölf Lernfelder liegt ein konkreter **Kundenauftrag** zugrunde. Die Bearbeitung der Kundenaufträge erfolgt in allen Lernfeldern nach fünf Schritten:
– Informationsbeschaffung
– Planung
– Durchführung
– Kontrolle
– Dokumentation und Präsentation
Dies wird durch die farbliche Kennzeichnung unterstrichen.

Das Arbeiten in Lernfeldern wird zunächst durch vorgegebene **Lernsituationen** strukturiert und unterstützt. Entsprechend dem Lernfortschritt ist es beim Behandeln späterer Lernfelder die Aufgabe der Arbeitsgruppen oder des eigenständig Lernenden, die Unterteilung in Lernsituationen selbst festzulegen.
Um selbstständig lernen und arbeiten zu können, ist jedem Kundenauftrag ein ausführlicher **Informationsteil** zugeordnet. Ergänzende Aufgabenstellungen und Übungen sowie die zur Bearbeitung erforderlichen Technischen Merkblätter u.a. schließen sich daran an. Schwierige Sachverhalte werden durch eine Vielzahl aussagekräftiger Abbildungen leichter verständlich und erfassbar.
Den zwölf Lernfeldern ist ein Kapitel **Grundlagen** vorangestellt. Darin wird in komprimierter Form Wissenswertes zur beruflichen Ausbildung, zum Lernen in Lernfeldern, zu physikalischen und chemischen Grundlagen sowie zum Umweltschutz vermittelt.
Lernfeldübergreifende Informationen und ein umfangreiches Sachwortverzeichnis schließen das Buch ab.

Dem Schutz von Gesundheit und Umwelt wird in allen Kapiteln umfassend Rechnung getragen. Als durchgängiges Prinzip wird verantwortliches Handeln aufgezeigt und damit soziale Kompetenz vermittelt.
Das vorliegende Fachbuch soll dazu beitragen, die sich wandelnden Anforderungen in Arbeitswelt und Gesellschaft zu bewältigen und die Bereitschaft zur Fort- und Weiterbildung zu wecken.

Unseren Lesern wünschen wir viel Freude und Erfolg bei der Erarbeitung der Lernfelder und bei der Vertiefung der Fachkenntnisse.

Wir danken allen, die uns bei der Arbeit unterstützt und uns kritisch begleitet haben. Hinweise und Ergänzungen, die zur Weiterentwicklung des Buches beitragen, nehmen wir unter der Verlagsadresse oder per E-Mail (info@handwerk-technik.de) gerne entgegen.

Sommer 2010   Autoren und Verlag

Inhaltsverzeichnis

G   Grundlagen

G.1   Arbeiten im Lernfeld

G.1.1   Was muss ein Maler und Lackierer können?

> Der Maler und Lackierer erhält seine Aufträge vom Kunden.

Mit der Vergabe größerer Aufträge werden vom Kunden häufig Architekten oder Bauleiter beauftragt.
Im Kundenauftrag wird festgelegt, welche Arbeiten durchgeführt werden sollen.
Hierfür ist es notwendig, dass der Maler und Lackierer den Kunden berät, mit ihm die erforderlichen Arbeitsschritte bespricht, mögliche Arbeitstechniken und geeignete Materialien vorschlägt sowie den Zeitaufwand und den Arbeitsablauf für den Kundenauftrag erklärt.

♦ Die Beratung des Kunden setzt voraus, komplizierte Zusammenhänge verständlich erläutern und begründen zu können.

♦ Zur Durchführung eines Kundenauftrags ist neben einem zuverlässigen handwerklichen Können und abgesicherten Kenntnissen alter und neuester Technologien auch die Fähigkeit zur Problemlösung und zur Zusammenarbeit in Gruppen notwendig.

G.1.2   Kompetentes Handeln

Maler und Lackierer ist ein vielseitiger Ausbildungsberuf des Handwerks, zu dem ebenso alte, überlieferte Kenntnisse und Fertigkeiten gehören wie auch moderne Anstrichtechniken und Beschichtungsmethoden. Hierfür ist kompetentes Handeln notwendig. So erfordert zum Beispiel die Gestaltung von Fassaden, Innenräumen und Bauteilen Kreativität und **Fachkompetenz** bei der Anwendung beruflicher Fachkenntnisse. Der Kunde erwartet bei der Beratung und auf Fragen fachkompetente Antworten. Neue Werkstoffe erfordern neue Verarbeitungstechniken. Die berufliche Weiterbildung ist deshalb notwendig.

Kunde als Auftraggeber	⟷ Kommunikation	**Maler und Lackierer** als Auftragnehmer und Ansprechpartner	⟷ Fachkompetenz	**Arbeitsfelder** gestalten und bearbeiten

Sozialer Wohnungsbau

Verwaltungsgebäude

Stadtschloss

Einfamilienhaus

Kundengespräch

Präsentation

Putzauftrag

Farbabstufung

Schriftgestaltung

Schmucktechnik

G

Beim Zusammenarbeiten im Team und beim selbstständigen Ausführen von Arbeiten kommt es auf die persönliche Verlässlichkeit an. Verantwortungsvolles Handeln ist auch gefordert, wenn sich die Arbeiten auf Gesundheit, Natur und Umwelt auswirken können, wie beispielsweise beim Entfernen alter Anstriche, der Auswahl von Werkstoffen und Verarbeitungsverfahren oder der Reinigung von Werkzeugen. Durch verantwortliches Handeln und in der Kooperation mit anderen Handwerkern zeigt der Maler und Lackierer seine **soziale Kompetenz**.

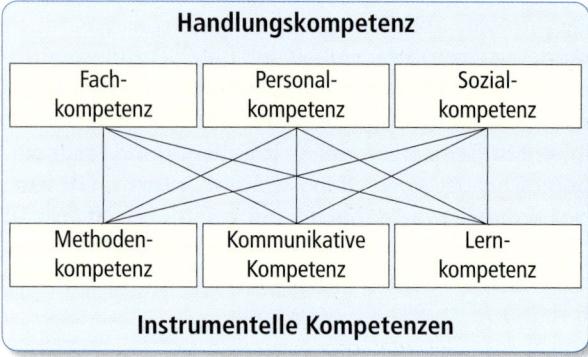

1 Kompetenzen im Überblick

Zeit ist Geld! Von ihr sind Kosten und Auftragslage eines Betriebes abhängig. Die Kosten lassen sich durch die Planung des Arbeitsablaufs, die Auswahl der Materialien und Verarbeitungsverfahren so gering wie möglich halten. Um die richtigen Entscheidungen treffen zu können, ist **Methodenkompetenz** erforderlich.
Wer Kunden beraten oder andere von seinen Entscheidungen überzeugen will, muss nicht nur über das fachliche Wissen verfügen, er muss sich sicher sein, ansprechend präsentieren, den richtigen Ton treffen, zuhören und sich mit den Argumenten anderer auseinandersetzen können.
Diese erlernbaren Fähigkeiten werden mit dem Begriff **kommunikative Kompetenz** zusammengefasst.

Wie in jedem Beruf kommt es auch beim Maler und Lackierer darauf an, die Erfahrungen älterer Fachkräfte zu nutzen, von ihnen zu lernen und für Neues aufgeschlossen zu sein. Um in einem Beruf erfolgreich handeln zu können, ist es notwendig, dauerhaft Freude am Erlernen und Anwenden zu gewinnen. Die **Lernkompetenz** erweist sich in der Bereitschaft zum lebenslangen Lernen.

> Methodenkompetenz, Lernkompetenz und kommunikative Kompetenz bezeichnet man als instrumentelle Kompetenzen.

Bei der Gestaltung von Innenräumen, Fassaden oder Bauteilen muss sich der Maler und Lackierer dem kritischen Blick des Betrachters stellen. Daher wird er besonders auf Genauigkeit, Sauberkeit und ansprechende Farbwahl achten. Er hinterfragt seine Arbeit und lernt durch die gewonnene Erfahrung. Dadurch erwirbt er **persönliche Kompetenz**.

> Fachkompetenz, Personalkompetenz und Sozialkompetenz bezeichnet man als Handlungskompetenzen.

Die instrumentellen Kompetenzen unterstützen die Handlungskompetenzen. Sie sind das Werkzeug, um sach- und fachgerecht handeln zu können.

G.1.3 Das Berufsfeld Farbtechnik und Raumgestaltung

Der Ausbildungsberuf Maler und Lackierer gehört zum Berufsfeld **Farbtechnik und Raumgestaltung**.
Die Einteilung der Ausbildungsberufe dient der einheitlichen Grundbildung in verwandten Berufen. Sie ermöglicht eine breite Grundlage für eine weiterführende Fachbildung und eine flexible Berufswahl. Fachkenntnisse, die für den Einzelberuf notwendig sind, werden in den Fachstufen erworben.

Das Berufsfeld Farbtechnik und Raumgestaltung besteht aus 7 Einzelberufen:

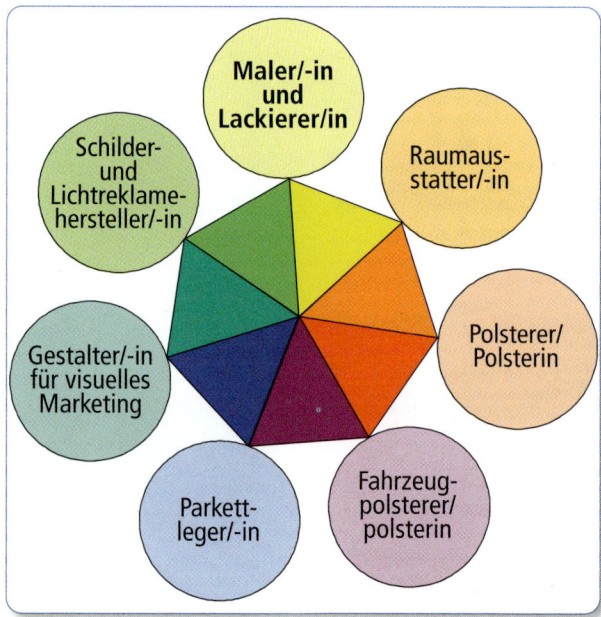

2 Berufsfeld Farbtechnik und Raumgestaltung

G.1.4 Ausbildung zum Maler und Lackierer

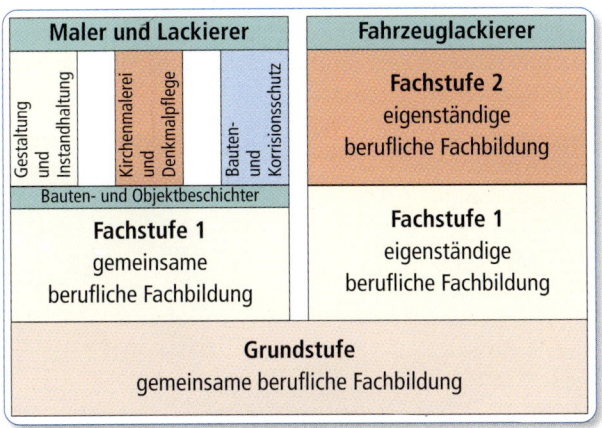

1 *Stufenmodell der Berufsausbildung*

> Die Ausbildung für Maler und Lackierer und Fahrzeuglackierer ist in drei Stufen gegliedert.

1. Nach der gemeinsamen beruflichen Grundbildung erhalten Maler und Lackierer und Fahrzeuglackierer jeweils eine eigenständige berufliche Fachbildung.
2. Auszubildende, die keine Gesellenprüfung anstreben, können nach 2 Jahren einen Abschluss als Bauten- und Objektbeschichter erlangen. Hierfür muss die Zwischenprüfung bereits nach der Grundstufe abgelegt werden. Der Berufsschulabschluss und die Gesellenprüfung werden nach der Fachstufe 2 abgelegt.
3. Mit der Fachstufe 2 ist eine Spezialisierung in folgende Fachbereiche verbunden:
   – **Gestaltung und Instandhaltung**
   – **Kirchenmalerei und Denkmalpflege**
   – **Bauten- und Korrosionsschutz**

Die Ausbildung schließt mit dem Berufsschulabschluss und der Gesellenprüfung ab, wobei die Zwischenprüfung nach der Fachstufe 1 abgelegt wird.

In der Grundstufe findet die Berufsausbildung auf Berufsfeldebene statt.

G.1.5 Ausbildungsordnung

Für staatlich anerkannte Ausbildungsberufe gelten Ausbildungsordnungen, die das Ausbildungsberufsbild, den Ausbildungsrahmenplan, die Ausbildungsdauer und die Prüfungsanforderungen enthalten.
Im Ausbildungsberufsbild sind die notwendigen Kenntnisse und Fertigkeiten zusammengefasst, die während

der Berufsausbildung erworben werden müssen.
Im Ausbildungsrahmenplan werden die Ausbildungsinhalte beschrieben und ihre zeitliche Gliederung im Einzelnen festgelegt.

Die Berufausbildung ist im Berufsbildungsgesetz und in der Handwerksordnung geregelt.
Die Handwerkskammern führen die Lehrlingsrolle, entscheiden über die Verkürzung oder Verlängerung der Lehrzeit, regeln und überwachen die Berufsausbildung, führen die Facharbeiterprüfung durch und stellen den Facharbeiterbrief aus.
An der Facharbeiterprüfung kann teilnehmen, wer die Ausbildungszeit erfüllt, an den vorgeschriebenen Zwischenprüfungen teilgenommen und die geforderten Ausbildungsnachweise erbracht hat. Mit dem Bestehen der Facharbeiterprüfung ist das Ausbildungsverhältnis zu Ende. Der Facharbeiter ist berechtigt, sich Geselle oder Facharbeiter zu nennen.

G.2 Lernen im Lernfeld

> Die Erfahrung zeigt, dass wir am besten durch eigenes Handeln lernen, wenn wir uns selbst die notwendigen Informationen beschaffen, selbst planen und das begonnene Projekt allein oder mit anderen durchführen.

Durch die Fehler, die wir auf dem Weg der Fertigstellung machen, lernen wir, diese zukünftig zu vermeiden. Dabei nutzen wir die Hilfe anderer und arbeiten gerne mit anderen zusammen. Wir kontrollieren selbstkritisch unsere Vorgehensweise, vergleichen unsere Leistung mit anderen und präsentieren unsere Arbeit. Das Lernen im Lernfeld nutzt diese Erkenntnis.

G.2.1 Was ist ein Lernfeld?

> Ein Lernfeld umfasst praxisorientierte Fachbereiche der beruflichen Ausbildung, die in einem Anwendungszusammenhang zueinanderstehen.

Jedem Lernfeld liegen wirklichkeitsnahe Kundenaufträge zugrunde, deren Problemstellungen in Lernsituationen gegliedert sind. Die Unterteilung in Lernsituationen soll ermöglichen, Probleme selbstständig oder in Gruppen zu analysieren, sich zu informieren und planvoll vorzugehen. Je nach Ausbildungsstand werden die Prüfverfahren, die Wahl der geeigneten Beschichtungsstoffe, die Beschichtungstechnik und not-

G

wendige Arbeitsschritte vom Auszubildenden festgelegt und die Arbeiten so vorbereitet, dass sie beim Kunden ausgeführt werden könnten. Abschließend werden die Ergebnisse dokumentiert, bewertet und in unterschiedlichen Präsentationsmethoden vorgestellt. Durch diese Methode wird eigenverantwortliches Handeln erprobt und gefördert. Die für den Beruf notwendigen Kompetenzen können so erworben und gestärkt werden. Man bezeichnet diese Vorgehensweise deshalb als handlungsorientiert.

Am konkreten Kundenauftrag wird dabei gelernt, wie man sich Informationen beschafft, sich mit fachlichen Problemstellungen auseinandersetzt und hierfür Handlungsstrategien entwickelt.

> Lernen ist dabei kein Selbstzweck. Gelernt wird, um handeln zu können, gelernt wird aber auch durch das Handeln selbst.

Mit dem Erfassen der beruflichen Wirklichkeit wird ein ganzheitlicher Lernprozess in Gang gesetzt, der neben den rein fachlichen Kompetenzen auch die persönlichen und sozialen Kompetenzen stärkt.

G.2.2 Lernfelder

Die Ausbildung im Maler- und Lackiererhandwerk findet in 12 Lernfeldern statt:

1. Metallische Untergründe bearbeiten
2. Nichtmetallische Untergründe bearbeiten
3. Oberflächen und Objekte herstellen
4. Oberflächen gestalten
5. Schutz- und Spezialbeschichtungen ausführen
6. Instandhaltungsmaßnahmen ausführen
7. Dämm-, Putz- und Montagearbeiten ausführen
8. Oberflächen und Objekte bearbeiten und gestalten
9. Innenräume gestalten
10. Fassaden gestalten
11. Objekte instand setzen
12. Dekorative und kommunikative Gestaltungen ausführen

G.3 Lernmethoden zum selbstständigen Arbeiten

Wie zum Arbeiten auf der Baustelle die richtigen Geräte und Werkzeuge erforderlich sind, braucht man, um selbstständig oder in Gruppen lernen zu können, erprobte Lernmethoden.

G.3.1 Texte erfassen

Unser fachliches Wissen reicht häufig nicht aus, Fragen und Probleme, die sich beim Bearbeiten einer Lernsituation stellen, beantworten oder lösen zu können. Auch erfahrene Fachleute sind auf aktuelle Informationsquellen angewiesen.

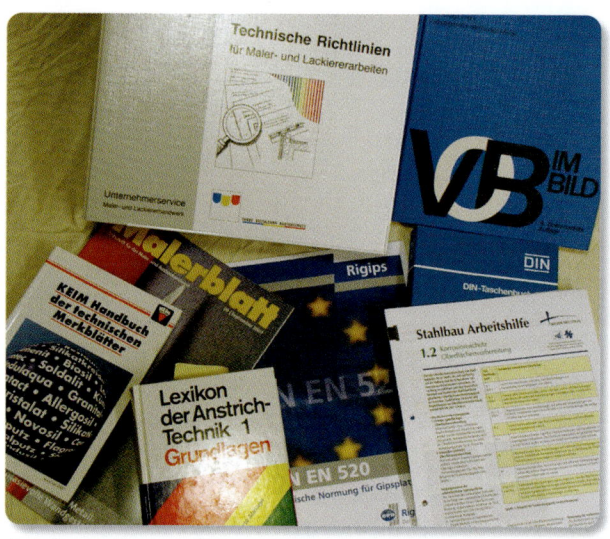

1 Informationsquellen

Neben einer Vielzahl von Fachbüchern sind Fachzeitschriften, Lexika, Technische Richtlinien, DIN-Normen, Technische Merkblätter der Herstellerfirmen, Gesetzestexte, Verordnungen, Unfallverhütungsvorschriften, Verarbeitungsrichtlinien, Sicherheitsdatenblätter usw. zu berücksichtigen.

Allein lässt sich diese Informationsflut kaum bewältigen. Oft wissen wir nicht, wo wir die gesuchte Information finden können.

Durch die Zusammenarbeit in Gruppen kann die Arbeit auf mehrere Schultern verteilt und unterschiedliche Arbeitsaufträge können gleichzeitig bearbeitet werden. Informationen werden so schneller gefunden. Gemeinsam kann abgewogen werden, welche Informationen brauchbar, wichtig oder unwichtig sind.

Ein großes Problem besteht darin, dass die benötigten Texte oft sehr umfangreich und schwer verständlich sind.

Auch hier ist die Zusammenarbeit innerhalb einer Gruppe hilfreich. Man kann beispielsweise lange Texte nach Abschnitten aufteilen.

Beim Lesen ist es wichtig, sich Stichworte auf einem Merkblatt zu notieren oder mit einem Marker zu kennzeichnen. Dadurch ist das Gelesene besser zu merken und es fällt leichter, den Inhalt anderen Gruppenmitgliedern zu erklären.

Bei schwer verständlichen Texten kann der gleiche Text von mehreren bearbeitet und das Ergebnis zusammengetragen werden. Was der eine nicht versteht, weiß vielleicht der andere. Führt dies nicht zum Ziel, helfen die Suche in Lexika, Fachzeitschriften, Internet oder die Befragung von Fachkräften.

G.3.2 Partner- und Gruppenarbeit

1 Partnerschaftsarbeit bei der Bearbeitung eines Projekts

Arbeiten mit einem Partner oder in Gruppen macht normalerweise mehr Freude, als vollkommen auf sich allein gestellt zu sein. Im Team ist man leistungsfähiger, kann sich gegenseitig zuarbeiten und unterstützen.

Dabei lernen wir, auf andere einzugehen, sich mit ihren Vorschlägen auseinanderzusetzen, sie zu achten und ihre Stärken und Schwächen zu akzeptieren. Die dadurch erworbene soziale Kompetenz hilft auch außerhalb der Schule oder des Ausbildungsbetriebes, sich in Gruppen zu engagieren und selbstbewusst seine Rolle in der Gesellschaft zu finden.
Im abgebildeten Projekt musste ein Wappenschild aus dem 16. Jahrhundert rekonstruiert und ein originalgetreuer farbiger Abdruck hergestellt werden. In Gruppen wurden Vorschläge erarbeitet, wie ein Abzug vom vorhandenen Original erstellt und eine Form für das Ausgießen mit Gips gewonnen werden könnte. Danach erhielten die Auszubildenden unterschiedliche Arbeitsaufträge. Eine Gruppe musste die Abstammung der unterschiedlichen Wappen anhand der vorhandenen Chronik feststellen. Eine andere kümmerte sich mithilfe eines Wappenverzeichnisses um die ursprüngliche Farbgebung. Der Gipsabguss und die Farbgestaltung wurden in Partnerarbeit ausgeführt.
In einer Ausstellung konnten die beteiligten Gruppen ihr gelungenes Werk stolz präsentieren.

> Kundenaufträge oder Projekte, die genau beschrieben und abgegrenzt sind, eignen sich für Partner- und Gruppenarbeiten besonders gut.

G.3.3 Brainstorming[1]

> Das Brainstorming ist eine kreative, einfache Methode zum Entwickeln und Sammeln von Ideen.

Im wörtlichen Sinne bedeutet Brainstorming, *das Gehirn zum Sturm auf ein Problem* zu benutzen. Ein Brainstorming wird eingesetzt, um schnell einfallsreiche Ideen und ungewöhnliche Lösungen für ein Problem zu gewinnen.
Am besten eignen sich Gruppen von 5 bis max. 15 Personen.

Vorbereitung
Das zu erörternde Problem wird von der Lehrkraft oder einer anderen Leitungspersönlichkeit kurz vorgestellt. Außerdem sollte sich jemand bereit erklären, die Ideen auf der Tafel oder auf einem Flipchart für jeden sichtbar zu protokollieren.
Ein Flipchart eignet sich besonders dann, wenn das Protokoll aufbewahrt wird oder die beteiligten Gruppen verschiedene Räume benutzen. Die aufgelisteten Ideen bleiben auf den Papierbogen erhalten und können einfach aufbewahrt und mehrfach verwendet werden.
Damit ist man startklar. Jeder Teilnehmer ist aufgerufen, ohne Einschränkung Lösungsansätze zu produzieren und mit anderen zu kombinieren. Die Ideen werden stichwortartig protokolliert.

> **Regeln:**
> - Keine Kritik an den Beiträgen anderer.
> - Keine Wertung der Ideen.
> - Jeder kann seine Gedanken frei äußern.
> - Je ungewöhnlicher und fantasievoller die vorgetragenen Ideen sind, umso größer wird das Lösungsfeld.

Das Brainstorming ist abzuschließen, wenn keine neuen Gedankengänge mehr gefunden werden.

Ergebnisse sortieren und bewerten
Zum Abschluss werden die protokollierten Ideen von der leitenden Person unter Mithilfe der Gruppe thematisch zusammengefasst und Argumente, die der

---

[1] *Brainstorming (engl. = Sammlung von Ideen)*

G

1 Brainstorming mit Flipchart

Lösung des Problems nicht dienlich sind, aussortiert. Probieren Sie es einmal selbst aus.

Zur praktischen Anwendung

Probieren Sie es mal selbst aus. Nehmen Sie sich in Ihrer Gruppe ein Problem vor, das Sie gemeinsam lösen wollen. Sie werden staunen, welche Lösungsansätze sich durch ein Brainstorming finden lassen.

G.3.4 Mind-Map-Methode[1]

Eine Mind-Map ist mit einem Baum oder einem Stadtplan vergleichbar. Ausgehend vom Stamm verzweigen sich bei einem Baum die Äste. Eine Stadt erschließt sich durch Durchgangsstraßen, Haupt- und Nebenstraßen. Eine Mind-Map besitzt eine vergleichbare Struktur. Um die Mind-Map in alle Richtungen entwickeln zu können, notiert man den Arbeitsauftrag oder das zu bearbeitende Thema am besten in der Mitte der zur Verfügung stehenden Seite. Ausgehend vom Arbeitsauftrag oder Thema ordnet man Schlüsselbegriffe zu, die weiterverzweigt und unterverzweigt werden können.

Mit der entstehenden Mind-Map wird der Arbeitsauftrag oder das Thema strukturiert. Gleichzeitig entsteht aus Linien, Verzweigungen und zugeordneten Schlüsselbegriffen nach und nach ein Gesamtbild, das sich beim Erarbeiten einprägt. Beim Erstellen von Mind-Maps werden Zusammenhänge schnell erfasst und ein intensiver Lernprozess in Gang gesetzt. Zu erklären ist diese erfolgreiche Lernmethode damit, dass in unserem Gehirn Worte und Begriffe zusammen mit bestimmten Gedankenbildern verknüpft gespeichert werden. Je intensiver die Verknüpfung von Gedankenbild und Schlüsselbegriff gelingen, umso leichter fällt die Erinnerung und die Wiedergabe der Zusammenhänge. Mind-Maps unterstützen diese Assoziation[2].

Mithilfe von Mind-Maps werden Schlüsselbegriffe, deren Anordnung und das entstehende Bild miteinander verknüpft und in beiden Gehirnhälften vernetzt gespeichert.

Dadurch werden die Zusammenhänge des Problems dauerhafter behalten und leichter wieder abrufbar. Mind-Maps erleichtern und unterstützen so den Lernprozess.

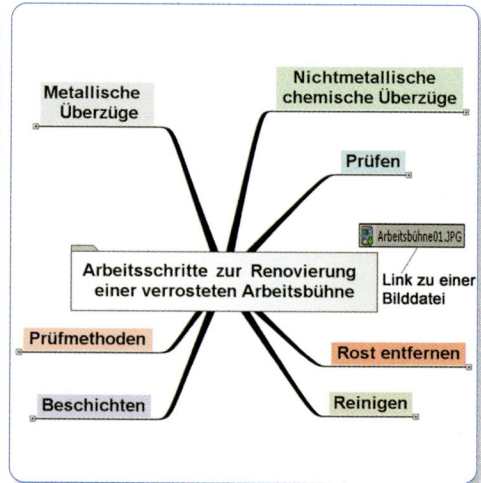

2 Mind-Map zur Renovierung einer Arbeitsbühne

3 Mind-Map mit Link

---

[1] *Mind-Map (engl. = vernetzte Gedankenkarte)*

[2] *Assoziation (lat. associare = Verknüpfen von Gedanken)*

Eine Mind-Map erstellt man am besten selbst. Mit dem Anfertigen verarbeitet unser Gehirn die mit der Mind-Map geschaffenen Strukturen und speichert diese in unserem Gedächtnis. Dabei kann sie von Hand oder mit einem entsprechenden Programm am Computer erzeugt werden.

Die mit einer Software erstellte Mind-Map eignet sich auch für Präsentationen. Dabei kann man dem Thema oder den Schlüsselbegriffen sogenannte Links[1] zuordnen und diese durch Anklicken öffnen.

> Mind-Mapping ist eine bewährte Arbeitsmethode für das strukturierte Lernen und Präsentieren.

G.3.5 Lernkartei

Die Fachsprache des Malers und Lackierers enthält viele Fachbegriffe und Fremdwörter, die nur schwer zu merken sind. Hierzu hilft eine Lernkartei. Immer, wenn ein neuer Begriff gelernt werden soll, notiert man diesen auf der Vorderseite einer Lernkarte. Die Bedeutung und Erklärung schreibt man auf die Rückseite. Mit der Zeit entsteht so ein richtiges Nachschlagewerk für das Fachwissen. Dieses kann von der ganzen Klasse oder jeder Gruppe angelegt, gepflegt und genutzt werden.

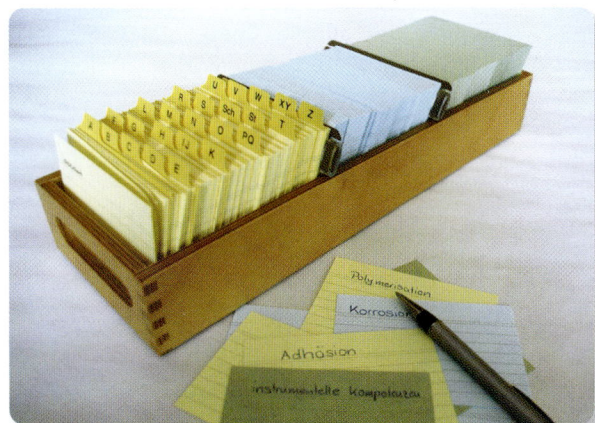

1 Lernkartei

Legt man für sich selbst eine solche Lernkartei an, werden beim wiederholten Nachschlagen die Fachbegriffe und Zusammenhänge leichter eingeprägt.

---

[1] to link (engl. = verbinden, verknüpfen)

G.4 Präsentationen

2 Präsentation eines Projekts

Die Vorstellung eines Projekts will gelernt sein. Von ihr hängt ab, ob man seine Klasse, die Lehrkraft, den Prüfungsausschuss, den Kunden oder ein anderes wichtiges Gremium für das bearbeitete Projekt zu interessieren vermag.

Präsentationen haben immer einen Adressaten, den wir durch unsere Vorstellung gewinnen und von unserer fachlichen Kompetenz überzeugen wollen. Präsentationen müssen deshalb ansprechend und auf die unterschiedlichen Adressaten hin ausgerichtet sein. Bei Präsentationen steht der Adressat im Blickfeld. Wir berücksichtigen dies durch die folgenden Regeln.

> **Regeln:**
> - Blickkontakt zu den Zuhörern halten.
> - Thema kurz vorstellen.
> - Laut und deutlich sprechen.
> - Möglichst frei reden.
> - Auf Probleme bei der Durchführung hinweisen.
> - Abschließend kurz Ergebnisse zusammenfassen und Fragen beantworten.
> - Dank für das Interesse nicht vergessen.

G.4.1 Präsentationsmedien

Unter Präsentationsmedien verstehen wir übliche Hilfsmittel, die uns die Vorstellung unserer Arbeit erleichtern. Hierzu zählen die im Schulalltag üblichen Geräte und Einrichtungen wie Wandtafel, Tageslichtschreiber

G

(Overhead), Folien, Flipchart, Metaplan- oder Pinnwand, Plakate, Moderatorenkoffer, Multimedia-Projektoren, Laserpointer oder Zeigestab, PC oder Notebook mit Internet-Zugang und entsprechender installierter Software.

Zur Aufbewahrung und Vorlage der Präsentationsergebnisse ist es sinnvoll, eine Präsentationsmappe anzulegen.

Die Handhabung dieser unterschiedlichen Medien muss so geübt werden, dass man sicher damit umgehen kann.

Wir wollen uns deshalb hier auf nur wenige Tipps beschränken:

- ◆ Folien, Moderationskarten und Flipcharts gut lesbar beschriften
- ◆ auf Stichworte beschränken
- ◆ Klarsichtfolien mit Zeigestift am Overhead-Projektor erklären
- ◆ dem Zuhörer zugewandt sprechen
- ◆ nicht mit dem Rücken zum Zuhörer etwas an der Projektionswand erklären
- ◆ nicht zu viele Medien gleichzeitig verwenden
- ◆ Geräte und Tageslichtschreiber vor dem Einsatz auf Funktion prüfen

G.4.2 Präsentationsmethoden

Die Auswahl der Präsentationsmethode hängt von vielen Faktoren ab. Wenn ein Projekt mehrfach oder vor einem Fachpublikum vorgestellt werden soll, nimmt man eher eine professionelle Präsentationssoftware zur Hilfe, als wenn das Ergebnis einer Gruppenarbeit in der Kürze der Zeit aufzuzeigen ist. Hierfür eignen sich Moderationskarten, die an Pinnwand oder Metaplantafel geheftet werden, Klarsichtfolien für Overhead-Projektoren oder ein Anschrieb auf der Wandtafel sicherlich ebenso gut. Steht mehr Zeit zur Verfügung, wie beispielsweise zur Vorstellung eines Projekts, können Zeichnungen, Pläne, Bildvergleiche, Fotodokumentationen, Filme, Videos, Plakate, Collagen usw. zur Präsentation genutzt werden.

> Der zeitliche Aufwand für das Erstellen einer Präsentation muss immer in einem sinnvollen Verhältnis zu dem stehen, was zu präsentieren ist.

Das erarbeitete Ergebnis darf nicht durch eine unangemessene Präsentation abgewertet werden. Eine zeitaufwendige professionelle Präsentation ist dort einzusetzen, wo sie gefordert ist oder der Adressat eine solche als sinnvoll erscheinen lässt.

G.4.3 Rollenspiel

Als Auszubildender in der Schule oder im Betrieb, unter Freunden, zu Hause, wo immer wir uns unter Menschen befinden, spielen wir unterschiedliche Rollen. Wir verhalten uns jeweils anders und passen uns der Situation entsprechend an.

Deshalb ist es nicht verwunderlich, wenn wir im Rollenspiel nur ungern die typische Rolle eines anderen übernehmen wollen. Vielleicht befürchten wir, aus der Rolle zu fallen und uns dabei lächerlich zu machen. Dennoch eignen sich Rollenspiele besonders gut als Einstieg oder zur Verdeutlichung von Problemen, über die im Anschluss diskutiert werden soll. Im Rollenspiel kann man Selbstsicherheit gewinnen und konfliktträchtige Situationen entspannen. Herzhaft zu lachen bewirkt manchmal Wunder.

Versuchen Sie einmal, ein Rollenspiel in Ihre Präsentation einzuplanen.

G.4.4 Kundengespräch

Im Grunde ist ein Kundengespräch ein Rollenspiel, bei dem die Rollen klar verteilt sind. Als Auszubildende können wir nur Fragen, die uns persönlich betreffen, klar beantworten. Bei Fragen oder Kundenwünschen, die nur vom Meister oder Betrieb aus geklärt werden können, ist Zurückhaltung angebracht. Es wäre sicherlich anmaßend und lächerlich zugleich, wollten wir in Abwesenheit die Rolle des Chefs spielen. Sie können dem Kunden anbieten, seine Fragen an den Vorgesetzten weiterzumelden.

1 Kundengespräch

Soweit wir die fachlichen Kenntnisse besitzen, können wir, wenn wir gefragt werden, unsere Vorgehensweise bei der Arbeit erklären. Dabei bedienen wir uns einer höflichen Sprache und fassen uns möglichst kurz. Bei auftretenden Problemen oder Mängeln müssen Sie ohnehin den Verantwortlichen für die Baustelle oder im Betrieb verständigen.

G.5 Wie bearbeitet man ein Lernfeld? *einen Kundenauftrag*

Bei allen Lernfeldern ist die Vorgehensweise zur Bearbeitung der Kundenaufträge stets in fünf Schritte gegliedert. Zur Ihrer Unterstützung haben wir die einzelnen Schritte farblich einheitlich gekennzeichnet, sodass es Ihnen nicht schwerfallen sollte, zu erkennen, in welcher Phase Sie gerade Ihren Kundenauftrag bearbeiten.

Fünf Schritte zur Bearbeitung eines Kundenauftrags

Informationsbeschaffung
Planung
Durchführung   Entscheidung und Ausführung
Kontrolle   Prüfung und Bewertung
Dokumentation und Präsentation

G.5.1 Informationsbeschaffung

Ohne die notwendigen Informationen zu kennen, lassen sich keine Kundenaufträge durchführen.
Gefahren für Gesundheit und Umwelt, Unfälle, Sach- und Personenschäden, Beschichtungsmängel, Zeitverzögerungen und unzufriedene Kunden lassen sich häufig auf mangelnde Information zurückführen.
Deshalb sind vor der Ausführung eines Kundenauftrags u. a. folgende Fragen zu klären:
♦ Wer sind die Ansprechpartner für Auftragsplanung, Arbeitsanweisungen und Auftragabwicklung?
♦ Welche Vorschriften sind bei der Einrichtung der Baustelle zur Verhütung von Unfällen und für den Gesundheits- und Umweltschutz zu beachten?
♦ Welche Normen, Technischen Richtlinien und Vorgaben für Beschichtung und Gestaltung sind einzuhalten?

G.5.2 Planung

Grundlage für die Planung ist der Kundenauftrag. Hierzu gehören u. a.:
♦ Einrichtung der Baustelle
♦ Arbeitsabläufe im Team besprechen

♦ Arbeitszeit und Materialeinsatz bestimmen
♦ wirtschaftliche Fertigungsmethode wählen
♦ notwendige Werkzeuge, Maschinen und Geräte auswählen, Materialbedarf ermitteln
♦ Tätigkeitsablauf planen und dokumentieren

G.5.3 Durchführung

Ein Kundenauftrag wird üblicherweise in drei Schritten durchgeführt:
♦ Vorarbeiten
♦ Hauptarbeiten
♦ Abschlussarbeiten

Die Vorgehensweise ist je nach ausführendem Betrieb unterschiedlich. Deshalb ist Folgendes zu beachten:
♦ Betriebliche Gegebenheiten beachten.
♦ Grundsätze für Transport, Lagerung, Entsorgung, Gesundheits- und Umweltschutz berücksichtigen.
♦ Werkzeuge, Geräte und Anlagen auswählen, handhaben, bedienen, warten und pflegen.
♦ Werk-, Hilfs- und Beschichtungsstoffe verarbeiten.
♦ Kundenwünsche innerbetrieblich weiterleiten.
♦ Rechtliche Konsequenzen bei mangelhafter Arbeitsausführung beachten.

G.5.4 Kontrolle

Die Kontrolle dient der Steuerung und Bewertung von Arbeitsabläufen. Sie ist u. a. für die Beurteilung des Zeitmanagements, der Kostenkalkulation und spätere Kundenaufträge maßgebend. Untergrundmängel und das eingesetzte Material beeinflussen die Arbeitsabläufe. Sie müssen deshalb ebenfalls kontrolliert werden. Folgende Bereiche unterliegen der Kontrolle:
♦ Arbeitsergebnisse mit Planungsvorgaben vergleichen und bewerten.
♦ Arbeitszeit, Tätigkeitsablauf und Materialverbrauch mit Plandaten vergleichen und bewerten.
♦ Prüfen der ausgeführten Arbeiten.
♦ Materialien auf Eigenschaften und Verarbeitungmöglichkeiten prüfen und unterscheiden.

G.5.5 Dokumentation und Präsentation

Bei der Ausführung eines Kundenauftrags müssen die geleisteten Arbeiten von den Beschäftigten dokumentiert werden. Hierzu dienen u. a. Rapportzettel, Verlaufspläne oder Protokolle als Nachweis.

G

Malerbetrieb Roth GmbH
Gewerbepark 136
45131 Essen
fon 0201 4867-12
fax 0201 4867-14
email info@Malerbetrieb-roth.de
www.Malerbetrieb-roth.de

Roth

Rapportzettel

Projekt-Nr.:
Kunden-Nr.:
Datum:
Unser Zeichen:
Ihr Zeichen:

Kundenauftrag

Auftraggeber:	Baustelle:

Pos.:	Bezeichnung der Leistung	Stunden	Name und Berufs-bezeichnung	Datum	Unterschrift

Anerkannt:

Datum, Auftraggeber   Datum, Auftragnehmer

1 Rapportzettel

- ◆ Auftrag, Arbeitszeit, Arbeitsablauf, Materialeinsatz dokumentieren.
- ◆ Verlaufspläne erstellen und mit Planung vergleichen.
- ◆ Absprachen und Kundenwünsche protokollieren und innerbetrieblich weiterleiten.
- ◆ Entscheidungen schriftlich festhalten und begründen.
- ◆ Zur Dokumentation und Präsentation, falls vorhanden, die Datenverarbeitung nutzen.

Hat ein Kunde Fragen zum Baufortschritt oder zur geleisteten Arbeit, sollten diese ansprechend und fachkompetent beantwortet werden. Die Präsentation von Arbeitsergebnissen ist vor allem im Umgang mit dem Kunden wichtig. Durch eine angemessene Präsentation können wir unser kompetentes Handeln unter Beweis stellen. Wie Arbeitsergebnisse ansprechend vorgestellt werden können, muss gelernt und geübt werden.

Aufgabenbeispiel

Kundenauftrag:

Die Befestigung eines Geländers wurde vor ca. einem Jahr gestrichen, aber nicht fertiggestellt. Jetzt zeigen sich erneut Roststellen. Der Kunde möchte, dass Sie die Arbeit fachgerecht ausführen.

2 Verrostete Befestigung

Bearbeiten eines Kundenauftrags

Vorgehensweise:
1. *Welche Informationen sind für die Bearbeitung des Auftrags erforderlich?*
2. *Planen Sie, wie Sie beim Arbeiten vorgehen wollen.*
3. *In welchen Schritten würden Sie die Arbeit durchführen?*
4. *Welche Kontrollmaßnahmen können helfen, ein besseres Ergebnis zu erzielen?*
5. *Wie können die Arbeitsergebnisse dokumentiert und präsentiert werden?*

G.6   Teamwork

G.6.1   Arbeiten im Team

Stellen wir uns vor, wir müssten ein Gerüst alleine aufbauen. Jeder würde uns erklären, dass man so nicht arbeiten kann.

Im Maler- und Lackiererhandwerk lassen sich viele Arbeiten nur zu zweit oder in Gruppen bewältigen. Teamarbeit ist effektiver. Daher legen viele Betriebe großen Wert auf die gute Zusammenarbeit im Team.

Zu Beginn der Ausbildung fällt es oft nicht leicht, in einem eingespielten Team Anerkennung zu finden. Oft ist es schwierig, sich an die Gegebenheiten anzupassen. Innerhalb eines Betriebes bearbeiten die zusammengestellten Teams ganze Projekte oder Kundenaufträge. Dabei wird Verantwortung für die durchzuführenden Arbeiten auf die Gruppe übertragen. Teamleiter, Facharbeiter und Auszubildende besprechen bei den regelmäßigen Teamsitzungen alle Arbeitsabläufe. Dabei wird jeder in das Team eingebunden. Jeder muss sich auf jeden verlassen können. Verantwortliches Handeln wird anerkannt und macht Spaß.

> Arbeiten im Team ist nicht konfliktfrei.

Es muss gelernt und geübt werden. Spannungen und Probleme müssen im Team besprochen und gelöst werden. Hierfür helfen festgelegte Regeln einer Teamvereinbarung.

G.6.2 Teamvereinbarung

Besonders im schulischen Bereich, wo der wirtschaftliche Erfolgsdruck wegfällt, ist eine Teamvereinbarung für Projekte und Gruppenarbeiten sinnvoll.

1 Teamvereinbarung

Teamvereinbarungen sollen nicht nur Regeln der Zusammenarbeit enthalten, sondern auch die Ziele und Erwartungen des Teams für die gemeinsame Arbeit zum Ausdruck bringen. Außerdem müssen die Konsequenzen festgelegt werden, falls die Regeln nicht eingehalten werden.

G.6.3 Regeln für Gespräche in Gruppen und Sitzungen

- Ich lasse den anderen ausreden.
- Ich versuche, mich kurz zu fassen.
- Ich schweife nicht vom Thema ab.
- Ich halte mich an die Reihenfolge der Wortmeldungen.
- Ich nehme die Meinungen anderer ernst.
- Ich höre anderen bewusst zu.
- Ich rede mit dem anderen und nicht über ihn.

- Ich respektiere andere so, wie ich auch respektiert werden möchte.
- Ich sage meine Meinung.
- Ich höre zu.
- Wir reden miteinander.

G.6.4 Feedback einholen

Nach Abschluss eines Auftrags möchte das verantwortliche Team gerne wissen, ob die Kunden mit der geleisteten Arbeit und den beteiligten Mitarbeitern zufrieden waren. Es will aus Fehlern lernen und vorhandene Stärken ausbauen. Hierzu holt sich das Team beim Kunden ein Feedback[1] ein.

Mithilfe eines Fragebogens erhält es eine detaillierte Rückmeldung über die geleistete Arbeit, die beteiligten Mitarbeiter, die eingehaltenen Zeitvorgaben, die Sauberkeit beim Verlassen der Baustelle usw. Hieraus lassen sich Verbesserungen und die Zufriedenheit der Kunden mit dem Team ableiten.
Auch in der Schule kann z. B. ein Schüler-Lehrer-Feedback zu Verbesserungen beitragen. Die im Schulalltag nicht wahrgenommenen Mängel können so abgestellt und ohne Gesichtsverlust korrigiert werden.

G.6.5 Bewertung von Kompetenzen

Kompetenzen beinhalten gezieltes Handeln und Verhalten. Sie können mithilfe von Stichworten beurteilt und bewertet werden:

Personalkompetenz:
- trägt Mitverantwortung
- handelt zuverlässig

Sozialkompetenz:
- toleriert verschiedene Standpunkte
- gibt Hilfestellung

Methodenkompetenz:
- entwickelt Lösungsstrategien
- wählt Arbeitsverfahren aus

Kommunikative Kompetenz:
- strukturiert und präsentiert Inhalte
- wertet Dokumentationen aus

Lernkompetenz:
- lernt selbstständig
- wendet Lerntechniken an

---

[1] Feedback (engl. = Rückmeldung)

G

G.7 Physikalische Grundlagen

G.7.1 Physikalische Vorgänge im Berufsalltag

Im Maler- und Lackiererhandwerk haben wir es ständig mit physikalischen Vorgängen zu tun. Die folgenden Beispiele verdeutlichen dies:

- Kraftübertragung im Gerüstbau
- Anstrichstoffe werden verarbeitet
- Anstriche haften auf Untergründen
- Lösemittel verdunsten
- poröse Putzflächen saugen Wasser auf
- Kondenswasser beschlägt Fensterscheiben
- Boden und Wände übertragen Schall
- Wärme durchdringt Wände
- Nutzung elektrischer Energie
- Farbe als optische Erscheinung

Wir verrichten Arbeit, zeigen Leistung, setzen Energie um. Physikalische Vorgänge begleiten unsere Arbeit auf Schritt und Tritt. Daher lohnt es sich, ihnen näher auf die Spur zu kommen und ihre **Gesetzmäßigkeiten** zu erfassen. Dabei müssen wir zunächst festhalten, was man unter einem physikalischen Vorgang versteht.

> Ein physikalischer Vorgang ändert die **Lage**, den **Zustand** oder die **Form** eines Körpers.

Die Änderung wird in einer **physikalischen Größe** gemessen und das Ergebnis in einer **Einheit** dargestellt. Eine Ortsänderung wird beispielsweise in der Länge $l = 10$ m angegeben, die Zeit, die dafür benötigt wird, in $t = 10$ s und die Arbeit, die verrichtet wurde, in $W = 0,2$ kWh. Alle physikalischen Vorgänge lassen sich mithilfe von sieben **Basisgrößen** mit den entsprechenden **Basiseinheiten** ausdrücken. Sie sind international im SI[1]-Einheitensystem festgelegt.

Basisgröße	Formelzeichen	Basiseinheit	Einheitenzeichen
Länge	l, h, b, s, r	1 Meter	1 m
Zeit	t	1 Sekunde	1 s
Masse	m	1 Kilogramm	1 kg
elektrische Stromstärke	I	1 Ampere	1 A
Temperatur	T	1 Kelvin	1 K
Lichtstärke	I_L	1 Candela	1 cd
Stoffmenge	n	1 Mol	1 mol

Ohne Maßeinheit hat eine physikalische Größe keine Aussagekraft,

z. B.   s = 10 falsch   s = 10 m richtig

> **Größe = Zahlenwert · Einheit**

G.7.2 Abgeleitete Größen

Zur Bestimmung physikalischer Sachverhalte ist es nicht immer sinnvoll, diese in Basisgrößen auszudrücken. So wird das Volumen eines Körpers z. B. als $V = 18$ m³ angegeben und nicht in Länge · Länge · Länge = 18 m³. Das Volumen ist eine von der Länge abgeleitete Größe.

Die Darstellung physikalischer Sachverhalte wird durch abgeleitete Größen übersichtlicher und einfacher.

Wichtige abgeleitete Größen

Abgeleitete Größe	Formelzeichen	Abgeleitete Einheit
Fläche	A	m^2
Volumen	V	m^3
Dichte	ρ	$\dfrac{kg}{dm^3}$
Geschwindigkeit	v	$\dfrac{m}{s}$
Beschleunigung	a	$\dfrac{m}{s^2}$
Kraft	F	$\dfrac{kg \cdot m}{s^2} = $ N (Newton)
Arbeit, Energie	W	Nm = J (Joule) = Ws
Leistung	P	W
Druck	p	$\dfrac{N}{m^2} = $ Pa (Pascal)
elektr. Spannung	U	V (Volt)
elektr. Widerstand	R	Ω (Ohm)
elektr. Ladung	Q	As
Frequenz	f	$\dfrac{1}{s}$

> Physik[2] ist die Lehre von der unbelebten Natur. In der Physik werden Körper beobachtet, Veränderungen gemessen und Gesetzmäßigkeiten festgestellt. Der Stoff, aus dem der Körper besteht, ändert sich dabei nicht.

---

[1] SI = *Système International d'Unités*
[2] *Physik (griech. physis = Natur)*

G.7.3 Kraft und Masse

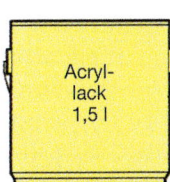

Zu unseren Grunderfahrungen gehört, dass jeder Stoff eine bestimmte Masse besitzt. Die von der Masse ausgehende Kraft bewirkt, dass wir die Anziehungskraft zur Erde als Gewichtskraft wahrnehmen. Je größer die Masse ist, umso größer ist ihre Gewichtskraft und umso schwerer lässt sich eine Masse bewegen. Zur Überwindung dieser Trägheit muss eine bestimmte Kraft aufgewendet werden.

Gewichtskraft	$F = m \cdot g$
Kraft zur Überwindung der Trägheit	$F = m \cdot a$

G.7.4 Dichte eines Stoffes

Die Stoffe können unterschiedliche Massen besitzen. Um diese messen zu können, vergleichen wir Massen, die das gleiche Volumen einnehmen. Das Verhältnis der beiden Werte nennen wir Dichte.

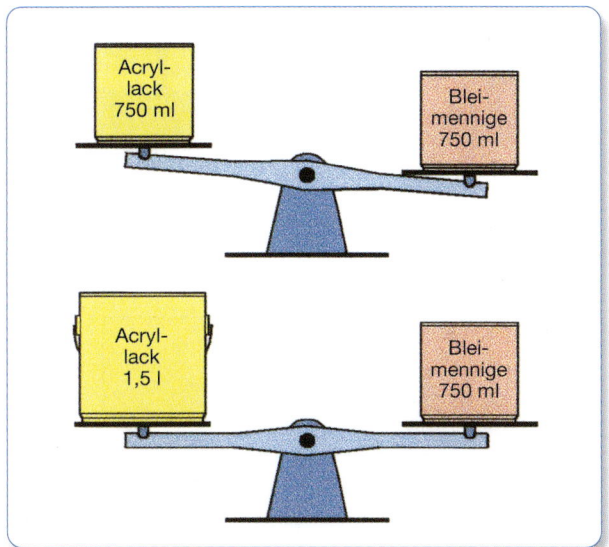

1 Körper unterschiedlicher Dichte

Rechnerisch besteht folgender Zusammenhang:

$$\text{Dichte} = \frac{\text{Masse}}{\text{Volumen}} \qquad \rho = \frac{m}{V}$$

$$\text{Einheit:} \quad \frac{\text{kg}}{\text{dm}^3}$$

G.7.5 Zustandsformen

Körper können in drei Zustandsformen vorkommen:
1. fest
2. flüssig
3. gasförmig

Die Zustandsformen nennt man auch Aggregatzustände.

Erwärmt man einen festen Körper, so schmilzt er, sobald der *Schmelzpunkt* erreicht ist.

Der Körper ist nun flüssig. Führt man weiter Wärme zu, verdampft die Flüssigkeit, sobald der *Siedepunkt* erreicht ist.

Der Körper ist nun gasförmig. Entzieht man einem gasförmigen Stoff Wärme, wird er wieder flüssig, sobald der *Kondensationspunkt* erreicht wird.

Kühlt man den Körper weiter ab, wird er wieder fest, sobald der *Erstarrungspunkt* erreicht ist. Dieser Vorgang ist umkehrbar, d. h. reversibel.

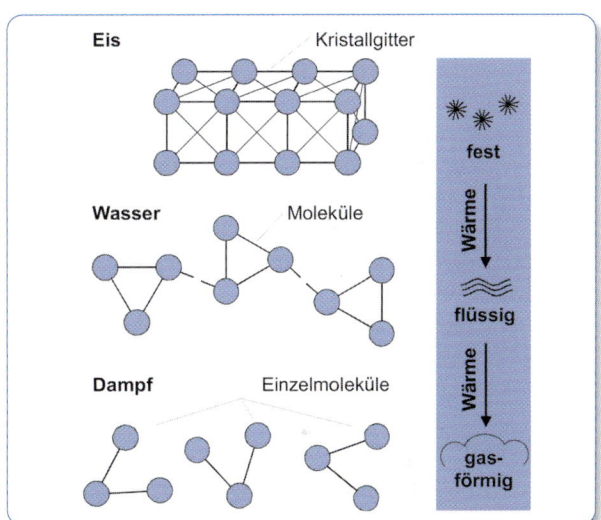

2 Zustandsformen des Wassers

Die Körper bestehen aus Molekülen und Atomen. Diese bilden im festen Zustand ein Kristallgitter.

Im flüssigen Zustand besitzen die Moleküle nur noch einen losen Zusammenhang.

Im gasförmigen Zustand löst sich der Molekülverband vollständig auf. Die Moleküle fliegen frei in dem zur Verfügung stehenden Raum umher.

G.7.6 Kohäsion und Adhäsion

Damit die einzelnen Atome und Moleküle einen festen Stoff bilden können, müssen zwischen ihnen Kräfte

G

wirksam sein, die sie in ihrer gegenseitigen Lage fest-halten. Nur so kann ein Kristallgitter zustande kommen und der Körper die entsprechende Festigkeit aufweisen. In Flüssigkeiten nehmen diese Kräfte stark ab und in Gasen sind sie kaum noch vorhanden.

> Molekülkräfte, die den Zusammenhang von Atomen und Molekülen des gleichen Körpers bewirken, nennt man **Kohäsionskräfte**[1].

Moleküle und Atome verschiedener Körper können sich aber ebenso anziehen.

> Molekülkräfte, die zwischen unterschiedlichen Körpern wirken, nennt man **Adhäsionskräfte**[2].

Kohäsions- und Adhäsionskräfte haben im Bereich der Beschichtungen große Bedeutung.
Die Kohäsionskräfte bestimmen u. a.
♦ die Elastizität und Härte einer Beschichtung
♦ die Oberflächenspannung
♦ die Viskosität eines Anstrichstoffes
♦ die Tragfähigkeit eines Untergrundes
♦ die Widerstandsfähigkeit gegen Abrieb usw.
♦ die Festigkeit gegen Belastungen

Die Adhäsionskräfte bestimmen u. a.
♦ die Kapillarwirkung
♦ die Haftfähigkeit einer Beschichtung
♦ die Klebekraft
♦ die Staubbildung auf Lackierungen

Die Wirkung der Kohäsions- und Adhäsionskräfte lässt sich an einem Glasgefäß, gefüllt mit Wasser oder Quecksilber, beobachten:

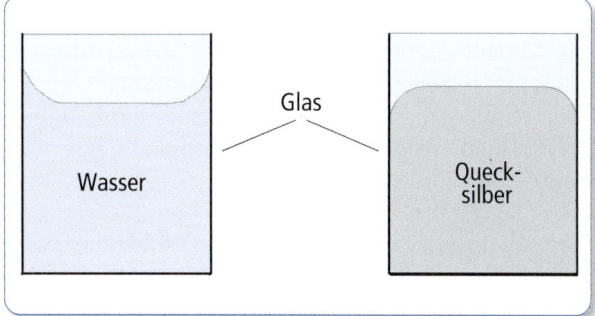

1 Kohäsions- und Adhäsionskräfte

---

[1] Kohäsionskraft = Zusammenhangskraft (lat. cohaerere = zusammenhängen)
[2] Adhäsionskraft = Anhangskraft (lat. adhaerere = anhaften)

Wenn das Wasser am Glasrand hochgezogen wird und das Quecksilber sich umgekehrt verhält, müssen entsprechende Kräfte wirken. Die Erklärung ist einfach: Die Adhäsionskraft des Glases an das Wasser ist größer als die Kohäsionskraft des Wassers zu sich selbst. Bei Quecksilber ist die Adhäsionskraft des Glases zum Quecksilber kleiner als die Kohäsionskraft des Quecksilbers.

Die Kapillar- oder Haarröhrchenwirkung
Am Beispiel des Pinsels oder der Glasröhren zeigt sich, dass Wasser in engen Röhren (Haarröhrchen oder Kapillaren) entgegen der Schwerkraft zu steigen vermag. Auch an porösen Baustoffen können wir dies feststellen.

> Je enger die Kapillaren sind, umso höher kann das Wasser steigen.

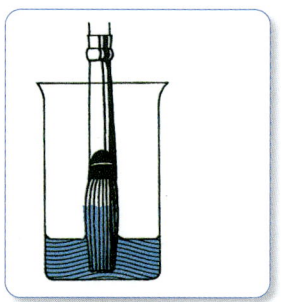

2 Wasser steigt im Pinsel

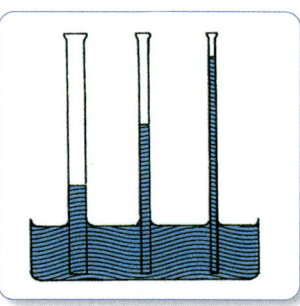

3 Wasser steigt je nach Durchmesser der Kapillarröhrchen verschieden hoch

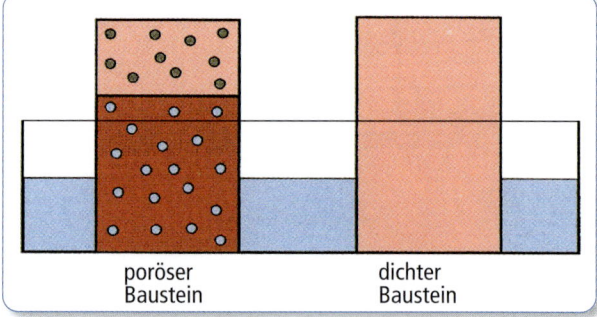

poröser Baustein   dichter Baustein

4 Kapillarwirkung

In der Natur ist die Kapillarwirkung lebensnotwendig. Sie versorgt u. a. Bäume und Pflanzen mit Wasser und Mineralien. Im Bauwesen kann dieser Vorgang zu Schäden führen. Feuchte Wände, abplatzende Anstriche bzw. Putzstellen, Holzfäule, Frostschäden usw. können die Folge sein. Daher sollten poröse Baustoffe, wie Putz oder Steine, vor der Beschichtung tiefengrundiert werden.

Imprägnierungen lassen Wasser abperlen und verhindern das Eindringen in den Untergrund. Risse sind mit elastischen Dichtstoffen oder Armierungssystemen zu beheben. Wasser abweisende Beschichtungen verhindern das Eindringen von Wasser und vermeiden so Schäden an Gebäuden und Bauteilen.

Poröse Baustoffe haben aber auch viele Vorzüge. Durch ihre Gasdurchlässigkeit können sie Wasserdampf aufnehmen und die Feuchtigkeit bei Bedarf wieder abgeben. Sie ermöglichen so ein angenehmes Raumklima.

In porösen Untergründen lassen sich Anstriche besser verankern als in glatten und dichten. Dabei ist darauf zu achten, dass das Grundiermittel auch tief in den Untergrund eindringen kann. Aus diesem Grund sollen Grundiermittel für poröse Untergründe dünnflüssig sein.

G.7.7 Oberflächenspannung

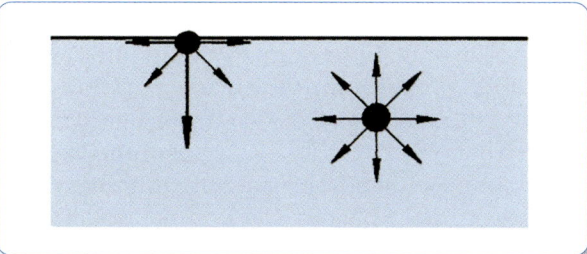

1 Kraftwirkung in der Grenzschicht

An der Grenzschicht zwischen Flüssigkeiten und Gasen, z. B. Wasser und Luft, können die zwischen den Molekülen bestehenden Kräfte (Van-der-Waals-Kräfte) nicht allseitig wirken. Sie erfahren eine nach innen gerichtete Kraft und bewirken so an der Grenzschicht der Flüssigkeit die Oberflächenspannung.

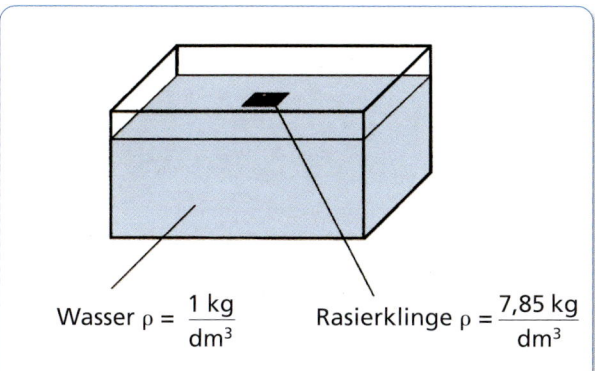

2 Oberflächenspannung

Trotz höherer Dichte geht die Rasierklinge nicht unter.

In Beschichtungen wirkt sich die Oberflächenspannung an den Kanten aus.

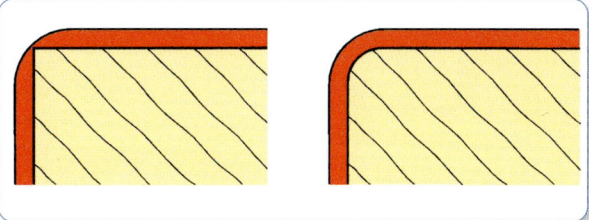

3 Kantenüberdeckung

Bei scharfen Kanten ist die Kantenüberdeckung gering. Besonders bei dünnen Anstrichfilmen kann dies zu einem unzureichenden Schutz führen. Deshalb sollten Kanten vor der Beschichtung abgerundet werden. Ist dies nicht möglich, muss mit einer weiteren Beschichtung für einen ausreichenden Kantenschutz gesorgt werden.

G.7.8 Viskosität

Von den verschiedenen Anstrichstoffen wissen wir, dass sie dünnflüssig, zähflüssig oder dickflüssig sein können.

> Das Fließverhalten von Flüssigkeiten wird durch die Viskosität[1] ausgedrückt.

zähflüssig   → hochviskos
dickflüssig   → mittelviskos
dünnflüssig   → niedrigviskos

Die Ursache für die Viskosität liegt in der inneren Reibung zwischen den Molekülen. Je zäher eine Flüssigkeit ist, umso stärker verkleben die Flüssigkeitsfäden. Beim Fließen müssen Scherkräfte überwunden werden, um eine entsprechende Fließgeschwindigkeit zu erreichen. Technisch gibt es viele Möglichkeiten, die Viskosität zu messen, z. B. durch Rotationsviskosimeter oder Kugelfallviskosimeter. Im Maler- und Lackiererhandwerk werden in der Regel Auslaufbecher nach DIN EN ISO 2431 eingesetzt. Man bezeichnet die Auslaufbecher kurz als **DIN-Becher** oder **ISO-Becher**. Sie unterscheiden sich vor allem durch unterschiedliche Düsendurchmesser (3 mm, 4 mm, 5 mm, 6 mm).

---
[1] *Viskosität = Zähigkeit (lat. viscum = Mistel, Vogelleim)*

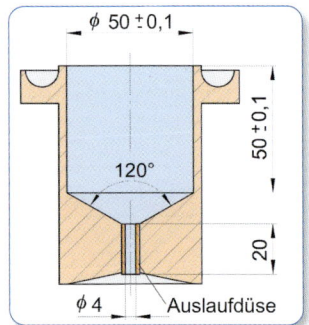

ISO-Becher
z. B. ISO 2431 Nr. **4**
bedeutet 4 mm
Düsendurchmesser

1 Viskositäts-Auslaufbecher

Viskositätsmessung

Die Viskosität eines Anstrichstoffes ist stark temperaturabhängig. Daher kommt es bei der Messung mit dem ISO-Becher auf die Einhaltung der Temperatur des Anstrichstoffes während der Messung an. Die **Messtemperatur** von 23 °C ist vorgeschrieben. Davon kann abgewichen werden, wenn es sich um einen leicht entzündlichen Gefahrstoff handelt oder der Hersteller des Anstrichstoffes z. B. 20 °C vorschreibt.
Gemessen wird die **Auslaufzeit** der Flüssigkeit bei randvoll gefülltem Becher, bis der Auslauffaden das erste Mal abreißt. Die Auslaufzeit muss bis auf 0,5 s genau angegeben werden.

Einstellung der Viskosität

Die Viskosität von Anstrichmitteln lässt sich durch geeignete Löse- und Verdünnungsmittel so einstellen, dass sie für die entsprechende Verarbeitungstechnik die richtige Konsistenz aufweist. Zum Streichen, Spritzen, Tauchen oder Fluten sind jeweils andere Verarbeitungskonsistenzen notwendig. Auch der Untergrund

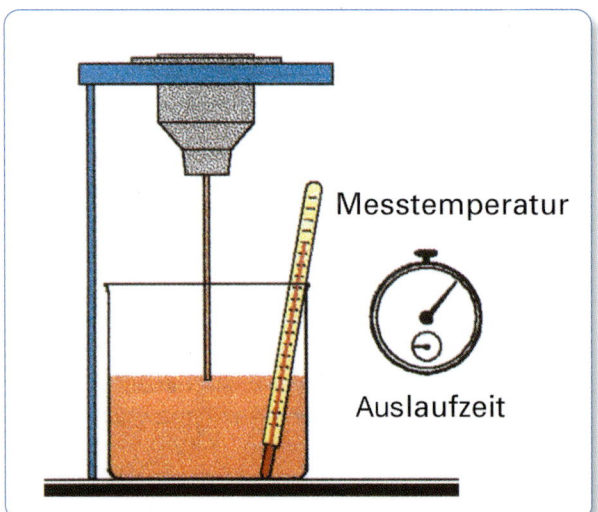

2 Messen der Viskosität mit dem ISO-Auslaufbecher (Viskosimeter)

muss dabei berücksichtigt werden. Bei porösem Untergrund werden in der Regel niedrigviskose Anstrichstoffe erforderlich, um eine möglichst tiefe Verankerung zu erreichen. Bei glatten, dichten Untergründen kann eine höhere Viskosität eingestellt werden.

Hochviskos eingestellt sind u. a. Standöl, Lacke und Dispersionen, **niedrigviskos** dagegen Leinölfirnis, Imprägnier- und Grundiermittel.

G.7.9 Thixotropie

Um das unangenehme Abtropfen beim Streichen niedrigviskoser Anstrichstoffe zu verhindern, werden diese puddingartig eingedickt. Beim Schütteln, Umrühren und Verstreichen wird der Anstrichstoff flüssig; sobald er ruht, nimmt er seinen gelartigen Zustand wieder ein.

> Thixotropie[2] ist die vorübergehende Eindickung eines Anstrichstoffes, die während der Bewegung aufgehoben wird.

Die zwischenmolekularen Anziehungskräfte führen dazu, dass sich der Anstrichstoff zu wabenförmigen, netz- und gerüstartigen Gebilden zusammenlagert und dadurch das Gel bildet. Diese Kräfte sind aber nicht so groß, dass diese Gebilde beim Schütteln, Rühren oder Streichen erhalten bleiben. Der Zusammenschluss der Moleküle beginnt sofort wieder, wenn der Anstrich erfolgt ist. Die thixotrope Einstellung eines Anstrichstoffes wird bei der Herstellung u. a. durch Zusatz von Kieselsäurepräparaten oder Polyamiden erreicht. Aber auch Pigmente können thixotrope Wirkung haben.

Der Vorzug thixotroper Lacke liegt darin, dass sie an senkrechten Flächen nicht ablaufen. Dadurch lassen sich größere Schichtdicken auftragen. Außerdem neigen sie nicht zu Bodensatz.

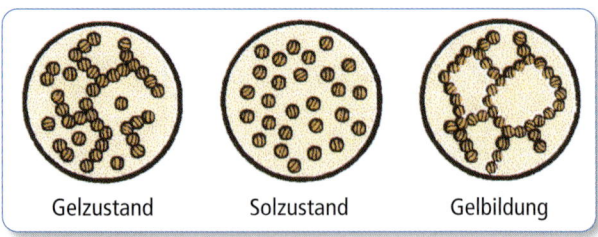

Gelzustand   Solzustand   Gelbildung

3 Thixotropes Anstrichmittel

[2] Thixotropie (griech. thixis + trepein = Wechsel durch Berührung)

G.7.10 Diffusion und Osmose

Bekanntermaßen ist Wasserdampf in der Lage, poröse Beschichtungen oder Untergründe zu durchdringen. Weniger bekannt dagegen ist, dass die sehr kleinen Wassermoleküle auch in porenfreie Beschichtungen eindringen und diese durchwandern können. Nicht nur Wasser oder Wasserdampf, auch Gase durchdringen Beschichtungen und Untergründe.

> Unter Diffusion[1] versteht man das gegenseitige Durchdringen oder Vermischen von Flüssigkeiten und Gasen.

Dieser Vorgang kann je nach Temperaturgefälle von innen nach außen oder umgekehrt verlaufen. Die Diffusion folgt dabei dem Wärmestrom oder bei entsprechender elektrischer Ladung dem vorhandenen Spannungsgefälle. In eine vollkommen trockene Wand dringt Wasserdampf leichter ein als in eine durchnässte. Aus einer Wand wird Wasserdampf an die Umgebung nur abgegeben, wenn geringe Luftfeuchtigkeit vorherrscht. Die Diffusion hängt also vor allem von den Konzentrationsunterschieden ab. Ihre Richtung verläuft von der hohen Konzentration zur niederen, bis ein Ausgleich erzielt ist.

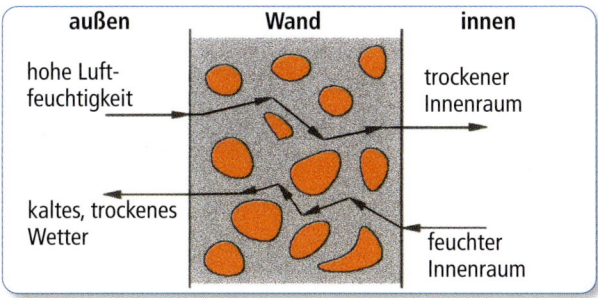

1 Wasserdampf-Diffusion

Die Diffusion von Flüssigkeiten und Gasen in Beschichtungen kann notwendig, aber auch sehr schädlich sein. So ist das Eindringen von Kohlendioxid (CO_2) in Kalkputz für dessen Erhärtung und Festigkeit verantwortlich, es sind aber auch die Abgase, die Beton schädigen. Baustoffe und Beschichtungen, die wasserdampfdiffusionsfähig sind, tragen zu einem gesunden Raumklima bei. Feuchte Wände verhindern einen Feuchtigkeitsaustausch, führen zu Holzfäule in Fenstern und Fachwerken, fördern innen die Bildung von Schimmelpilzen und belasten die Gesundheit. Salzausblühungen, Algenbildungen, Frost- und Witterungsschäden sind die Folgen außen.

Auf Zinkblech können häufig abplatzende Anstriche beobachtet werden. Meist sind Zinksalze, die bei der Beschichtung nicht vollkommen entfernt wurden, die Ursache. Wie bei der Diffusion dringt Wasserdampf durch die Beschichtung ein, kondensiert und löst das Salz. Im Gegensatz zur Diffusion kann dieser Vorgang jedoch nur einseitig ablaufen.

> Unter Osmose[2] versteht man ein einseitiges Durchdringen von Schichten.

Die flüssige Salzlösung kann die Beschichtung nicht durchdringen. Bei zunehmender Lösung der Salze entwickelt sich unter der Beschichtung ein steigender Druck, bis die Beschichtung aufplatzt und ihre Schutzwirkung verliert. Dieser Druck wird als **osmotischer Druck** bezeichnet.

Am gewählten Beispiel lässt sich aber auch erkennen, wie wichtig die Reinigung und Entfernung von schädlichen Salzen bei der Untergrundvorbereitung ist.

> ### Aufgaben
>
> 1. Nennen Sie vier physikalische Vorgänge aus dem Bereich des Maler- und Lackiererhandwerks.
> 2. Woran können wir einen physikalischen Vorgang erkennen?
> 3. Sie haben einen Eimer Dispersionsfarbe auf einen Gerüstboden zu schaffen. Erklären Sie an diesem Beispiel die Begriffe Masse und Gewichtskraft.
> 4. Worin unterscheiden sich die Zustandsformen eines Körpers?
> 5. Welche Beschichtungsstoffe werden als reversibel bezeichnet?
> 6. Welche Ursachen haben Kohäsion und Adhäsion?
> 7. Warum müssen aufgrund der Oberflächenspannung Kanten möglichst abgerundet werden?
> 8. Sie sollen einen hochviskosen Lack zum Spritzen auf die geforderte Viskosität von 50 DIN-Sekunden einstellen. Beschreiben Sie die Vorgehensweise.
> 9. Warum erhalten wir bei der Viskositätsmessung mit dem DIN-Becher andere Werte als beim ISO-Becher?
> 10. Welche Vorteile bieten thixotrope Anstrichstoffe?
> 11. Worin unterscheiden sich Vorgänge, die auf Diffusion und Osmose zurückzuführen sind?

[1] Diffusion = Durchdringung (lat. diffundere = durchdringen)

[2] Osmose (griech. osmos = stoßen, schieben)

G.7.11 Die Festigkeit der Stoffe

Werkstoffe besitzen unterschiedliche Festigkeit. Merkmale der Festigkeit sind u. a. ihre Härte und Elastizität.

Härte

Bei Blechen aus Kupfer und Messing stellen wir fest: Messing ist härter als reines Kupfer. Messing ist eine Legierung aus Kupfer und Zink. Da unlegiertes Zink ebenfalls weich ist, hängt die Härte von Messing offenbar von der Legierung ab.

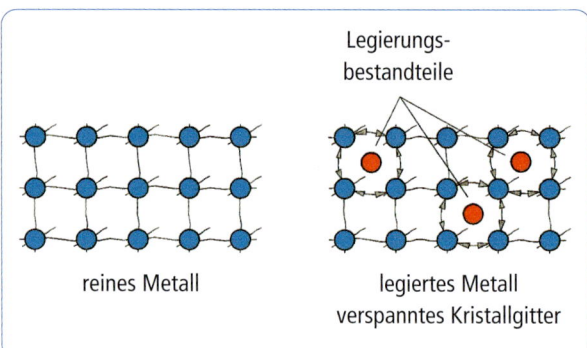

1 Kristallstrukturen von Metallen

Metalle haben nach dem Schmelzen eine Kristallgitterstruktur. Dabei lagern sich die Atome und Moleküle möglichst dicht aneinander, sodass hohe Anziehungskräfte wirken können. Werden wie bei Messing Legierungsbestandteile der Schmelze zugefügt, kommt es zu einem „verspannten Kristallgitter". Das Metall wird dadurch härter.

Auch bei anderen Untergründen und Beschichtungen stellen wir unterschiedliche Härten fest. Auch hier gilt: Je dichter die Molekülstrukturen der einzelnen Stoffe sind und je stärker die molekularen Anziehungskräfte wirken können, umso härter ist der Werkstoff.

Die Härte eines Werkstoffes wird als Widerstand gemessen, der dem Eindringen in die oberste Schicht des Körpers entgegenwirkt.

In Beschichtungen bestimmt die Härte die Abrieb- und Kratzfestigkeit. Harte Beschichtungen sind meist spröde und wenig elastisch. Sie setzen deshalb mindestens ebenso harte Untergründe voraus. Beachtet man dies nicht, können harte Beschichtungen abplatzen.

Am einfachsten lässt sich die Härte mit einer **Kratzprobe** in Erfahrung bringen. Ein genaues Prüfverfah-

ren ist diese natürlich nicht. Kugelfallrohr-, Pendelprüf- oder Eindruck-Härtemessgeräte liefern messbare Ergebnisse. Für die Beurteilung der Haftungsfestigkeit einer Beschichtung ist das **Gitterschnittverfahren** allgemein üblich.

Elastizität

Beschichtungen sind häufig Wärmedehnungen, Schwingungs- und Biegebelastungen ausgesetzt. Dehnen sich verschiedene Schichten unterschiedlich aus, treten zwischen diesen Scherspannungen auf. Besonders bei geringen Schichtdicken, wie z. B. bei Lackfilmen, werden hohe Anforderungen an die Elastizität der Beschichtung gestellt.

Unter Elastizität versteht man die Eigenschaft eines Körpers, nach einer formändernden Krafteinwirkung wieder in die ursprüngliche Form zurückzukehren.

Elastische Beschichtungen folgen beispielsweise beim Biegen eines Bleches der Formänderung, ohne Risse zu bekommen oder abzuplatzen.

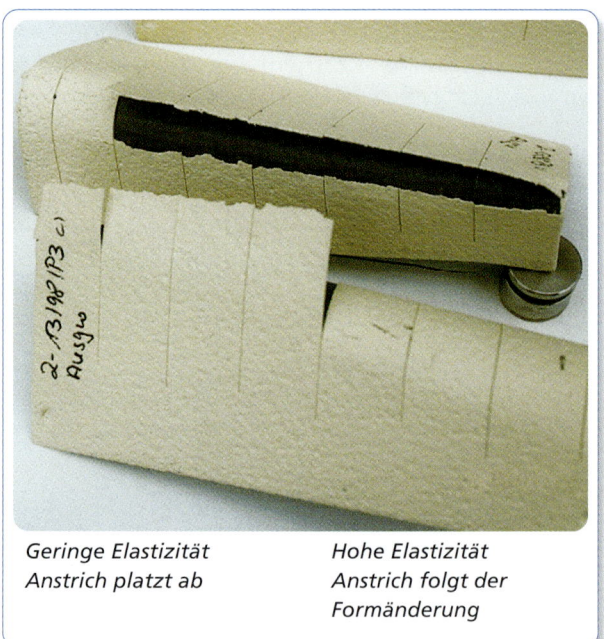

Geringe Elastizität   Hohe Elastizität
Anstrich platzt ab   Anstrich folgt der
*   Formänderung*

2 Elastizität von Beschichtungen

Von der Elastizität ist auch die Dehnbarkeit eines Werkstoffes abhängig. Ältere Beschichtungen verlieren mit der Zeit ihre Elastizität; sie werden spröde, lösen sich bei einer Formänderung vom Untergrund und platzen ab. Um die Elastizität von Beschichtungen zu erhöhen, werden vom Hersteller häufig **Weichmacher** zugesetzt. Diese verbessern die Elastizität, neigen jedoch dazu, aus der Beschichtung zu entweichen. Dieser Vorgang wird auch als **Weichmacherflucht** bezeichnet.

Die Elastizität kann auf unterschiedliche Weise geprüft werden. Meist genügt ein Gitterschnitt, um die ausreichende Haftfestigkeit nachzuweisen.

Die Stoßelastizität lässt sich mit einem Kugelschlag-Prüfgerät, die Biegeelastizität mit einem Dornbiegegerät nach DIN EN ISO 1519 messen.

G.7.12 Die Leitfähigkeit der Stoffe

Stoffe können unterschiedlich gut Wärme und Elektrizität leiten. Bei der Untersuchung der Stoffe fällt auf, dass gute elektrische Leiter auch gute Wärmeleiter sind. So leiten Metalle Wärme und Elektrizität gut, Holz und Kunststoffe dagegen sehr schlecht.

Im festen Zustand liegen die Atome der Metalle dicht beieinander und nehmen in der Kristallstruktur feste Plätze ein. Durch die geringen Abstände verhalten sich die Elektronenhüllen der Atome gasartig. Die Elektronen sind frei beweglich. Fließt ein elektrischer Strom, wird die elektrische Energie der bewegten Elektronen impulsartig durch das „Elektronengas" weitergeleitet. Die frei beweglichen Elektronen eignen sich zur Wärmeleitung besonders gut. Die Energiezufuhr wird von den Elektronen aufgenommen und weitergeleitet. Gleichzeitig beginnt das Kristallgitter zu schwingen, das Metall erwärmt sich. Will man durch ein erwärmtes Metall Strom leiten, stellt man fest, dass dieses den Strom schlechter leitet. Das durch die Wärme schwin-

gende Kristallgitter stellt für den freien Elektronenfluss einen Widerstand dar.

Auch das Kristallgitter selbst kann durch unregelmäßigen Aufbau oder durch Legierungsbestandteile den Stromfluss behindern. Dabei erwärmt sich das Metall und wird zum Widerstand. Die so in Wärme umgewandelte elektrische Energie wird in Glühlampen oder Heizplatten verbraucht.

> Die Leitfähigkeit von Körpern ist vom Widerstand abhängig. Ist der Widerstand gering, leiten Körper Wärme und Elektrizität gut, ist er dagegen hoch, ist die Leitfähigkeit gering.

Wärmeübertragung
Wärme lässt sich auf unterschiedliche Weise übertragen:
1. Wärmeströmung (Konvektion)
2. Wärmeleitung
3. Wärmestrahlung

Bei der Wärmeströmung transportieren Gas- und Flüssigkeitsmoleküle die Wärme, z. B. Luft. Die Wärmeleitung erfolgt im festen Stoff vom wärmeren zum kälteren Teil, z. B. Hauswand. Bei der Wärmestrahlung transportieren elektromagnetische Wellen die Wärme, z. B. Sonne.

Wärmemenge
Wärme ist eine Form der Energie. Soll ein Stoff eine höhere Temperatur erhalten, muss Wärmeenergie zugeführt werden. Soll die Temperatur abnehmen, muss Wärmeenergie entzogen bzw. abgeführt werden.

> Die Wärmemenge ist die Energie, die aufgrund eines Temperaturgefälles von einem Körper auf einen anderen übertragen wird. Sie wird in Joule gemessen. 1 J (Joule) = 1 Ws (Wattsekunde)

Die früher übliche Einheit Kilokalorien lässt sich durch folgendes Verhältnis umrechnen:

$$1 \text{ kcal} = 4186,8 \text{ J}$$

Die notwendige Wärmezufuhr, um einen Körper zu erwärmen, hängt von dessen Masse und dem zu erzielenden Temperaturunterschied ab. Da Stoffe Wärme unterschiedlich leiten, muss diese Stoffeigenschaft als spezifische Wärmekapazität ebenfalls berücksichtigt werden.

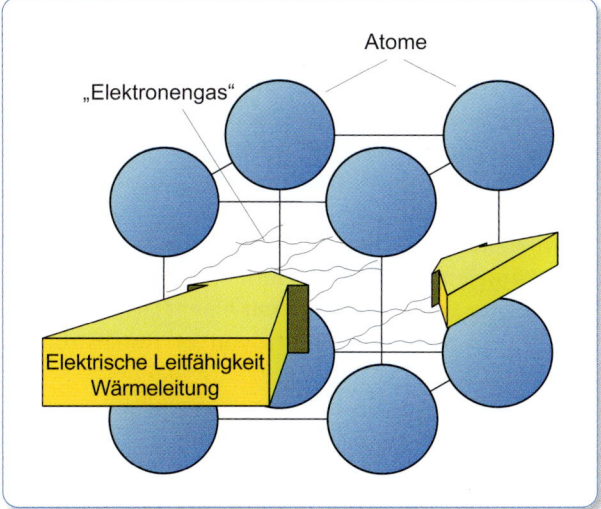

1 Leitfähigkeit der Metalle

G

Wärmemenge: $\qquad Q = c \cdot m \cdot \Delta T$

Die spezifische Wärmekapazität von Stoffen wird mit dem Formelzeichen c ausgedrückt.

Spezifische Wärmekapazität

> Die spezifische Wärmekapazität eines Stoffes ist die Wärmemenge, die zur Erwärmung oder Abkühlung einer Masse von 1 kg um 1 K (Kelvin) aufgenommen bzw. abgegeben wird.

Spezifische Wärmekapazität: $\qquad c = \dfrac{Q}{m \cdot \Delta T}$

Einheit: $\qquad [c] = \dfrac{J}{kg \cdot K}$

Übersicht: Wärmekennwerte

Stoff	Dichte kg/dm³	Schmelz-temperatur K	Wärme-leitzahl λ W/m · K	Spezifische Wärme-kapazität kJ/kg · K
Luft	0,00129	47	0,026	1
Wasser	1,00	273	0,06	4,18
Aluminium	2,70	932	204	0,94
Kupfer	8,96	1356	384	0,39
Messing	8,50	1250	105	0,35
Stahl	7,85	1733	55	0,49
Beton	2,00	–	1,3	0,88
Holz	0,2–0,8	–	0,06–0,17	2,1–2,9
Glas	2,4–2,7	973	0,81	0,83

G.7.13 Wärmedämmung

Bei der Wärmedämmung wird vor allem die Verringerung der Wärmeleitung angestrebt. Stoffe mit geringer Rohdichte eignen sich hierzu besonders. Am wirkungsvollsten haben sich Wärmeverbundsysteme aus Mineralfasern oder Polystyrol-Hartschaum erwiesen.

Die Wärmeleitung ist von den Materialeigenschaften der einzelnen Baustoffe abhängig. In der Übersichtstabelle der Wärmekennwerte wird die Wärmeleitfähigkeit der einzelnen Stoffe durch die Wärmeleitzahl ausgedrückt. Für den Wärmeverlust in Gebäuden sind

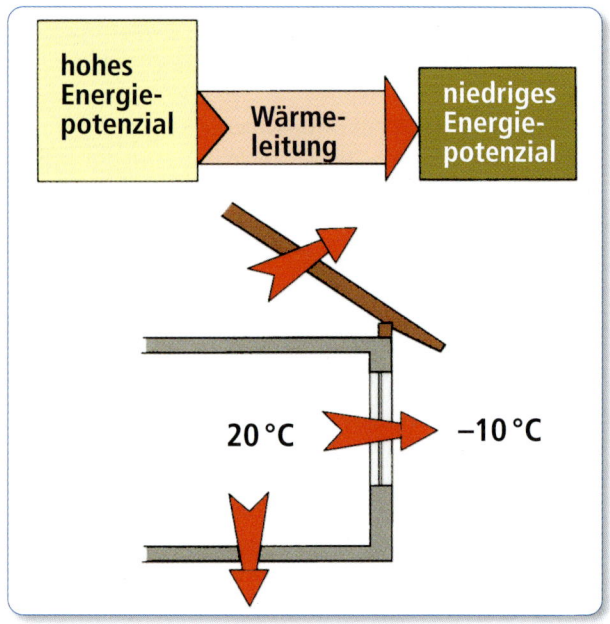

1 Wärmeverluste in Gebäuden

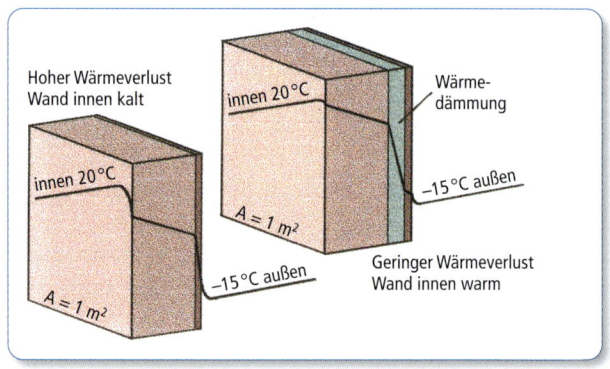

2 Wärmedämmung

meist mehrere Werkstoffe und Bauteile verantwortlich. Häufig sind sie miteinander verbunden.

Energiesparen durch Wärmedämmung

Der **Wärmedurchgangskoeffizient** durch Baustoffe wird abgekürzt **U-Wert**[1] genannt. Zur Bestimmung des U-Wertes sind folgende Kennwerte erforderlich:

Wärmeleitzahl λ (= kleines griech. Lambda)
Die Wärmeleitzahl gibt die Wärmemenge pro Sekunde an, die eine 1 m dicke Wand mit einer Fläche von 1 m² bei einer Temperaturdifferenz von 1 K durchströmt.

$$\lambda \qquad \dfrac{W}{m \cdot K}$$

---
[1] früher k-Wert

Wärmedurchgangszahl Λ (= gr. griech. Lambda)
Die Wärmedurchgangszahl gibt den Wärmedurchgang bezogen auf die Wandstärke an.

$$\Lambda = \frac{\lambda}{d} \qquad \frac{W}{m^2 \cdot K}$$

Wärmeübergangszahl α
Wärmemenge pro Sekunde, die zwischen 1 m² Oberfläche und der angrenzenden Luft bei einer Temperaturdifferenz von 1 K ausgetauscht wird.

$$\alpha \qquad \frac{W}{m^2 \cdot K}$$

Wärmeübergangswiderstand R

$$R = \frac{1}{\alpha} \qquad \frac{m^2 \cdot K}{W}$$

Berechnung des U-Wertes

$$\frac{1}{U} = R_1 + \frac{1}{\Lambda_1} + \frac{1}{\Lambda_2} + \frac{1}{\Lambda_3} + \dots R_a$$

R_i → Wärmeübergangswiderstand innen
R_a → Wärmeübergangswiderstand außen
$\Lambda_{1\dots3}$ → Wärmedurchgangszahlen

G.7.14 Luftfeuchtigkeit

Wasserdampfaufnahme der Luft

Vor einem Gewitter ist die Luft schwül und heiß, bei klirrendem Frost sprechen wir von trockener Kälte. Ursache ist die unterschiedliche Luftfeuchtigkeit, die sich als Wasserdampf in der Luft befindet. Die maximal aufnehmbare Menge Wasserdampf hängt von der Temperatur der Luft und dem Luftdruck ab.
Die Kurve zeigt, dass bei 0 °C maximal 5 g/m³, bei 30 °C bereits 30 g/m³ Wasserdampf von der Luft aufgenommen werden können. Ist die Menge an Wasserdampf größer als dieser maximal mögliche Wert, kondensiert der überschüssige Dampf und schlägt sich als Kondens- oder Schwitzwasser nieder.

Taupunkt

> Die Temperatur, bei der die Luft mit Wasserdampf gesättigt ist, wird als Taupunkt bezeichnet.

Sinkt die Temperatur der Luft bei gleichbleibendem Feuchtigkeitsgehalt unter den Taupunkt, bildet sich Kondenswasser. Liegt der Taupunkt innerhalb einer Wand, kondensiert der durch die Beschichtung hindurch diffundierte Dampf. Die Wand wird feucht. Verminderte Wärmedämmfähigkeit, Bauschäden und abplatzende Anstriche sind die Folgen. Besonders gefährdete Bauteile sind Holzfenster, Fachwerk-Außenwände und stark saugendes Mauerwerk. Auf geringem Querschnitt sind oft große Temperaturunterschiede zu verkraften, sodass eine Kondensbildung nicht ausbleiben kann. Damit die Feuchtigkeit nicht im Untergrund verharrt, muss die Beschichtung einen Feuchtigkeitsaustausch ermöglichen.

Relative Luftfeuchtigkeit

Normalerweise enthält Luft nur einen kleineren Anteil an Wasserdampf als maximal möglich.

> Das Verhältnis der vorhandenen Luftfeuchtigkeit zur maximal möglichen Sättigungsmenge wird als relative Luftfeuchtigkeit bezeichnet.

Die relative Luftfeuchtigkeit wird in Prozent angegeben.

$$\text{relative Luftfeuchtigkeit} = \frac{\text{vorhandene Luftfeuchtigkeit}}{\text{Sättigungsmenge}} \cdot 100\,\%$$

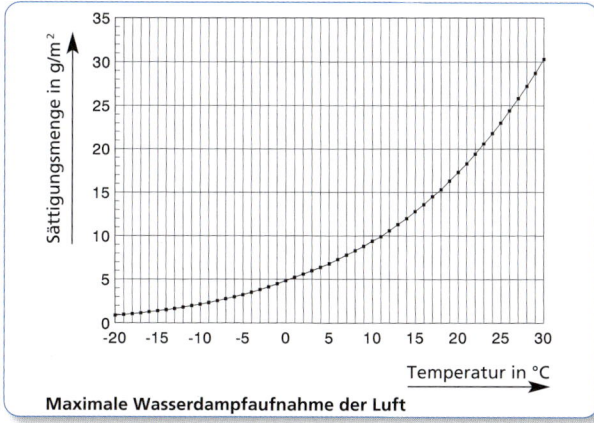

Maximale Wasserdampfaufnahme der Luft

1 Dampfdruckkurve

Durch Fäulnis beschädigtes Fachwerk

2 Holzschädigung

G

Aufgaben

1. *Warum sind Metalllegierungen härter als die reinen Metalle der Legierungsbestandteile?*
2. *Weshalb sollen weiche Untergründe nicht mit harten und spröden Anstrichstoffen beschichtet werden?*
3. *Worin unterscheiden sich harte und elastische Anstrichstoffe?*
4. *Welche Folgen hat die Weichmacherflucht für eine Beschichtung?*
5. *Warum leiten Metalle Wärme und elektrischen Strom gut?*
6. *Wie kann Wärme übertragen werden?*
7. *Wie wirkt sich eine Wärmedämmung an einer Außenwand auf den Innenbereich aus?*
8. *Warum bildet sich an kalten Wänden oder Fenstern Kondenswasser?*
9. *Welche negativen Folgen kann es haben, wenn der Taupunkt innerhalb einer Wand oder eines Holzbalkens liegt?*

G.7.15 Schall – Schallschutz

Die Belästigung durch Lärm wird zunehmend als Umweltproblem angesehen. Menschen fühlen sich durch Lärm gestört und belästigt. Auf das Wohlbefinden und die Gesundheit wirkt sich Lärm nachteilig aus. Das ständig steigende Verkehrsaufkommen führt zu einer Zunahme des Außenlärms, sodass die Menschen am Arbeitsplatz oder in ihrer Wohnung möglichst frei von Lärmbelästigung arbeiten und wohnen wollen. Lärm ist eine Form des Schalls. Daher kommt dem Schallschutz eine besondere Bedeutung zu.

> Unter Schall verstehen wir Schwingungen und Wellen im Frequenzbereich zwischen 16 Hz und 20 kHz, die über das menschliche Ohr Ton-, Klang- oder Geräuschempfindungen hervorrufen.

Schall pflanzt sich in festen, flüssigen und gasförmigen Stoffen unterschiedlich fort. In den meisten Fällen breitet sich Schall in Luft oder in festen Körpern aus. Wir unterscheiden daher zwischen Luftschall und Körperschall.

> **Körperschall** breitet sich in festen Stoffen in Form von mechanischen Schwingungen aus.
> **Luftschall** breitet sich als Schallwelle durch Schwingung der Luftteilchen aus.
> **Trittschall** ist der Form nach Körperschall, der beim Begehen oder ähnlichen Anregungen einer Decke entsteht und teilweise als Luftschall in den angrenzenden Raum abgestrahlt wird.

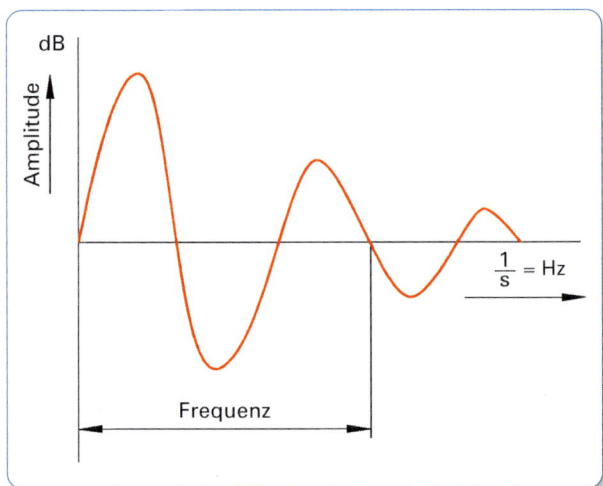

2 *Tonhöhe – Lautstärke*

Frequenz
Anzahl der Schwingungen pro Sekunde. Sie wird in Hertz (Hz) gemessen. Die Frequenz bestimmt die Höhe des Tones.

Amplitude
Ausschlag der Schwingung. Sie bestimmt die Lautstärke. Zu ihrer Messung wird der Schalldruck in dB (Dezibel) bestimmt.

Luftschall

Trittschall

Körperschall

1 *Schallübertragung*

Messung der Lautstärke in dB(A)

Die empfundene Lautstärke hängt nicht nur vom Schalldruck ab, sondern auch von dessen Frequenz. Tiefe und hohe Töne werden als nicht so laut empfunden wie mittlere Frequenzen. Dies wird in der A-Bewertungskurve berücksichtigt. Die dB(A)-Werte steigen logarithmisch an. So wird eine Steigerung von 65 dB(A) auf 68 dB(A) als eine Verdoppelung der Lautstärke empfunden und nicht 130 dB(A).

Nach den TA Lärm sind für die bauliche Nutzung in Gewerbegebieten 65 dB(A), in reinen Wohngebieten 50 dB(A) zulässig.

Schalldämmung

In Gebäuden wird Schall nicht nur über Decken und Wände übertragen, auch Abwasserleitungen, Luftkanäle, Türen, Fenster und Treppenhäuser sind Schallquellen. Bei der Schalldämmung kommt es darauf an, die Schallenergie in Wärme umzuwandeln. Hierfür eignen sich besonders poröse Baustoffe, Schallschluckbeschichtungen, schwimmende Estriche, Bauteile mit großer Masse, abgehängte Decken mit Hohlraumdämmung. Bei Anschlüssen ist darauf zu achten, dass keine Schallbrücken entstehen und Körperschall weitergeleitet werden kann.

G.7.16 Elektrizität

Elektrizität begegnet uns auf vielfältige Weise.

Wir nutzen sie als Energiequelle für
♦ elektrische Maschinen, Anlagen und Geräte,
♦ Lichtquellen,
♦ Akkugeräte.

Wir kennen ihre Wirkung bei
♦ elektrostatischer Aufladung,
♦ Korrosion.

Wir schätzen ihre Gefährlichkeit richtig ein beim
♦ Umgang mit elektrischem Strom und
♦ Beachten der Unfallverhütungsvorschriften.

Elektrische Ladung Q

Es gehört zu unseren Grunderfahrungen, dass bestimmte Körper durch Reibung anziehend oder abstoßend wirken können. So ziehen Lack- oder Kunststoffoberflächen Staub erst richtig an, wenn wir sie mit einem trockenen Wolllappen zu reinigen versuchen. Die elektrostatische Aufladung wird spürbar bei einer plötzlichen Entladung, nachdem wir über Teppichböden aus Kunststoff gegangen sind oder Handläufe aus PVC benutzt haben. Beim elektrostatischen Spritzen erhält das Spritzgut eine andere elektrische Ladung als das zu beschichtende Teil. Schon im Altertum kannte man die Wirkung der elektrischen Ladung durch die Reibung von Bernstein. Die Griechen nannten diese Kraft Elektron[1].

Die unterschiedlichen elektrischen Ladungen werden als positive oder negative Ladung bezeichnet.

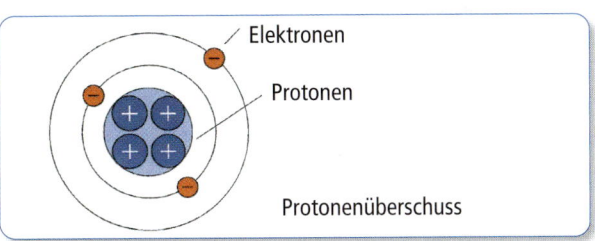

1 Elektrische Ladung

Atome, die nicht über die gleiche Anzahl an Protonen und Elektronen verfügen, heißen **Ionen**[2].
Elektronen können aufgenommen bzw. elektrische Ladung abgegeben werden:

positive Ladung   =   Elektronenmangel
negative Ladung   =   Elektronenüberschuss

Elektrische Ladungen streben einen Ausgleich an. Deshalb gilt:

> Gleiche elektrische Ladungen stoßen sich ab.
> Ungleiche elektrische Ladungen ziehen sich an.

Elektrischer Strom

Werden elektrische Ladungen bewegt, fließt ein elektrischer Strom. Die Stromrichtung ist willkürlich nach der Bewegungsrichtung der positiven Ladungsträger festgelegt, also von Plus (+) nach Minus (–).

Leiter: z. B. Metalle und Elektrolyt[3]. In ihnen sind freie Ladungen gut beweglich.
Nichtleiter oder **Isolatoren**: z. B. Glas, Keramik. In ihnen sind keine freien Ladungen vorhanden.
Halbleiter: z. B. Silizium, Germanium. Die Leitfähigkeit hängt von der Temperatur und den im Halbleiterkristall freigesetzten Elektronen ab.

---

[1] Elektron (griech. elektron = Bernstein)
[2] Ionen = elektrisch geladene Teilchen
[3] Elektrolyte = elektrisch leitende Flüssigkeiten (verdünnte Säuren, Laugen und Salzlösungen)

G

Stromstärke *I*

Die Stromstärke hängt davon ab, welche elektrische Ladung (Elektrizitätsmenge) in einer bestimmten Zeit bewegt wird.

Stromstärke:

$$I = \frac{Q}{t} = \frac{\text{Ladung}}{\text{Zeit}}$$

Einheit: A (Ampere)

Elektrische Spannung *U*

Zwischen positiver und negativer Ladung besteht eine Spannung, die nach Ausgleich strebt. Eine Spannungsquelle sorgt dafür, dass dieser Spannungsunterschied erhalten bleibt. Ihre Aufgabe ist es, die elektrischen Ladungen zu trennen. Hierzu muss Energie zugeführt werden. Die bereitgehaltene Spannung steht u. a. im Stromnetz zur Verfügung.

Spannungsquellen

♦ Generatoren im Kraftwerk
♦ Batterien (galvanische Elemente)
♦ Akkumulatoren (abgekürzt Akku)
♦ Licht (Fotozelle)
♦ Druck (Piezoeffekt, z. B. Feuerzeug)
♦ Wärme (Thermoelement)

Gleichspannung (–)

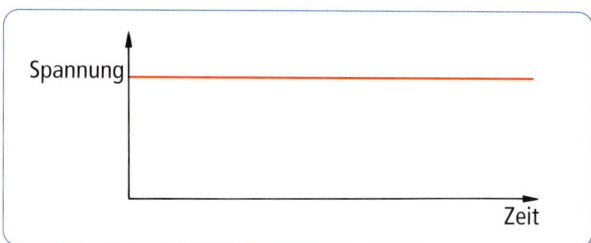

1 Verlauf einer Gleichspannung

Bei der **Gleichspannung** ändern sich Höhe und Polarität der Spannung nicht (z. B. Batterie).

Wechselspannung (~)

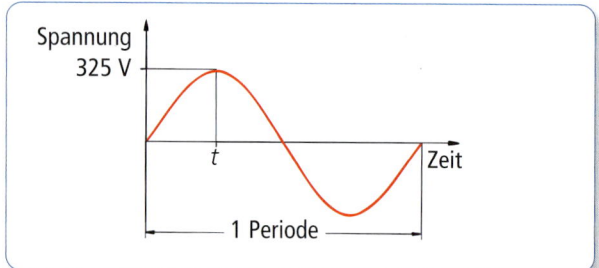

2 Verlauf der Wechselspannung

Die Wechselspannung ändert dauernd ihre Höhe und Richtung. Die von den Generatoren der Elektrizitätswerke erzeugte Wechselspannung hat einen sinusförmigen Verlauf und eine Frequenz von 50 Hz.

Im Zeitpunkt *t* erreicht die Wechselspannung ihren Höchstwert von 325 V. Durch den ständigen Wechsel entspricht dies einer effektiven Nennspannung von 230 V.

Drehspannung (3~)

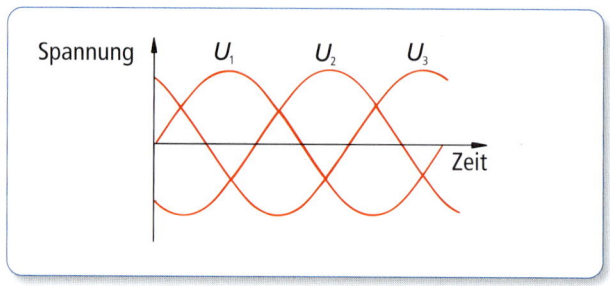

3 Verlauf der Drehspannung

Die Drehspannung stellt eine Wechselspannung dar, die in drei Phasen zeitversetzt zur Verfügung steht. Dadurch wird eine höhere elektrische Leistung bei größeren Maschinen und Anlagen erzielt. Ihre Nennspannung beträgt 400 V.

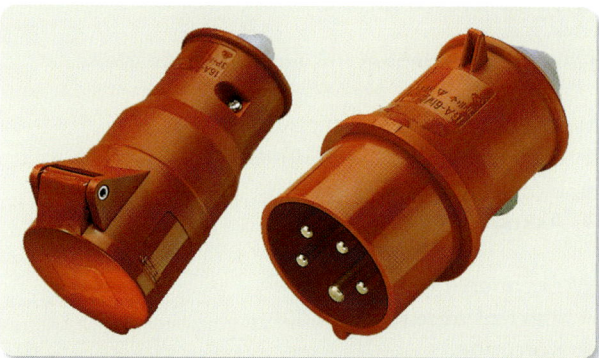

4 **CEE-Rundsteckvorrichtung**, Kupplungsdose und Stecker für Drehspannung

Elektrische Leistung *P*

Die elektrische Leistung ist von der Stromstärke *I* und der Spannung *U* abhängig. Durch die Phasenverschiebung der Drehspannung erhöht sich die Leistung. Deshalb gelten für Wechsel- und Drehspannung unterschiedliche Formeln:

Für Wechselspannung gilt: $P = U \cdot I$

Für Drehspannung gilt: $P = \sqrt{3} \cdot U \cdot I$

Für Drehstrommotoren gilt: $P = \sqrt{3} \cdot U \cdot I \cdot \cos \rho$

Einheit: Watt (Kilowatt)
Beispiel: (230 V · 15 A = 3450 W = 3,45 kW)

Stromkreis

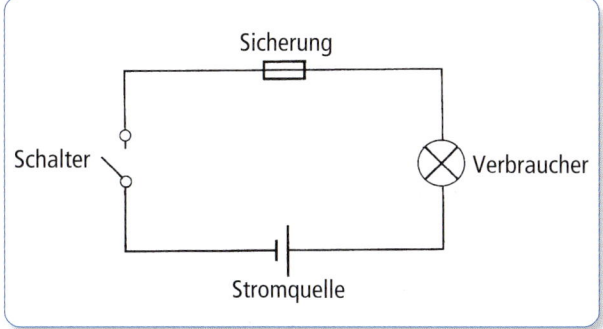

1 Stromkreis, geöffnet

Der Stromkreis ist geschlossen, wenn Strom fließt. Hierzu wird der Schalter geschlossen, der Verbraucher kann die elektrische Energie nutzen. Die Sicherung unterbricht den Stromkreis bei Kurzschluss oder Überlastung durch den Verbraucher.

Ohmsches Gesetz
Die Größe des elektrischen Stromes I hängt vom Verhältnis der Spannung U und dem gesamten Widerstand R des Stromkreises ab.

Ohmsches Gesetz $I = \dfrac{U}{R}$

Aufgaben

1. Welcher Zusammenhang besteht zwischen elektrischem Strom und elektrischer Ladung?
2. Warum sind Metalle gute elektrische Leiter?
3. Warum unterbricht die Sicherung den Stromkreis, wenn viele Verbraucher gleichzeitig eingeschaltet werden?
4. Wofür wird Drehspannung benötigt?
5. Warum ist die Leistung bei Drehspannung höher als bei Wechselspannung?

G.8   Farbe als Erscheinung

G.8.1 Nachts sind alle Katzen grau!

Die bunte Vielfalt, die uns tagsüber begleitet, geht mit der hereinbrechenden Nacht verloren. Mit dem Weichen des Sonnenlichts wandeln sich die Farben in unterschiedlich graue Flächen, von Hellgrau bis Dunkelgrau. Nur dadurch können wir die Körper auch nachts unterscheiden. Bei Tagesanbruch kehrt die Farbigkeit wieder. Aber auch tagsüber wandeln sich die

2 Morgens

3 Mittags

4 Abends

Die Bilder zeigen die Veränderung der Farbigkeit und die Wirkung von Licht und Schatten an einem Gebäude im Laufe eines sonnigen Junitages.

Farben, wenn wir nur genau hinsehen. Sie verändern sich mit dem Stand der Sonne, sie verlieren ihre Leuchtkraft, wenn die Sonne von Wolken verdeckt wird oder eine Schlechtwetterlage alles grau in grau erscheinen lässt. Mit den Jahreszeiten ändert sich der Stand der Sonne und damit auch die Farben unserer Umgebung.

Die bunte Vielfalt der Farben, die uns tagsüber umgibt, hängt vom natürlichen Licht der Sonne, d. h. der Energie der Sonnenstrahlen ab.

Das mit elektrischer Energie erzeugte künstliche Licht beeinflusst die Farben ebenfalls sehr stark. So erscheinen Farben unter dem Licht einer Glühlampe anders als unter einer Leuchtstoffröhre oder unter einem Halogenscheinwerfer. Besonders stark verändern sich die ursprünglichen Farben, wenn sie mit „farbigem Licht" angestrahlt werden.

> Die Farben[1] sind von der Lichtquelle abhängig. Nimmt die Lichtquelle ab, erscheinen die Farben in unterschiedlichen Grautönen. Ist kein Licht vorhanden oder zu wenig, um von unseren Augen wahrgenommen zu werden, lassen sich die Farben nicht mehr voneinander unterscheiden, alle Gegenstände sehen gleich schwarz aus. **Die Ursache für die Farben ist das Licht.**

G.8.2 Die Vielfalt der Farben

Bei strahlendem Sonnenschein sind wir von einer Vielfalt von Farben umgeben, obwohl das Sonnenlicht für alle Körper das Gleiche ist. Die Vielfalt der Farben lässt sich zunächst damit erklären, dass das auf der Oberfläche eines Körpers auftreffende nicht sichtbare Sonnenlicht von dieser reflektiert bzw. teilweise oder vollkommen absorbiert wird.

> Bei vollkommener Reflexion sehen wir die Oberfläche weiß, bei teilweiser Reflexion farbig und bei vollkommener Absorption schwarz.

Wie aber kommt es zu den unterschiedlich bunten Farben? Dies lässt sich verstehen, wenn wir die Zusammensetzung des Sonnenlichts und die Wirkung des Lichts allgemein besser kennen.

G.8.3 Die Entstehung der Farben aus Licht

Licht ist eine spezielle Energieform, die auf elektromagnetische Strahlung zurückzuführen ist. Die elektromagnetische Strahlung breitet sich in Wellen aus. Alle glühenden Körper und Gasflammen senden Licht aus. Sie werden als Temperaturstrahler bezeichnet. Zu ihnen gehört auch die Sonne. Daneben gibt es noch andere Lichtquellen, die bei niedriger Temperatur entstehen, z. B. Glimmlampen, Leuchtstoffröhren, fluoreszierende und phosphoreszierende Körper. Mit unseren Augen können wir nur einen kleinen Teil der ausgesandten elektromagnetischen Wellen als sichtbares Licht wahrnehmen. Im Spektrum[2] der Sonnenstrahlung liegt der Bereich des sichtbaren Lichts zwischen den ultravioletten Strahlen und den infraroten Wärmestrahlen. Das gesamte Spektrum der Sonne reicht von Röntgenstrahlen mit einer Wellenlänge von 10^{-12} m bis zu langwelligen Rundfunkwellen von 10 km Länge.

Mit einem Prisma lässt sich das sichtbare Licht (weiße Licht) in seine Spektralfarben zerlegen. Dies ist auf die unterschiedliche Ausbreitungsgeschwindigkeit der einzelnen Spektralfarben zurückzuführen, die beim Durchgang durch das Prisma verschieden stark gebrochen werden.

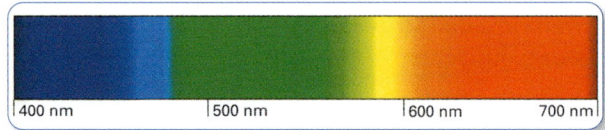

400 nm   500 nm   600 nm   700 nm

1 Spektralbereich des sichtbaren Lichts

Das menschliche Auge empfindet als	Wellenlängen in 10^{-9} m	Frequenzen in 10^{-12} Hz
Violett	400–420	750–715
Blau	420–490	715–610
Grün	490–575	610–520
Gelb	575–585	520–510
Orange	585–650	510–460
Rot	650–750	460–400

Bringt man eine Sammellinse hinter das Glasprisma, werden die Spektralfarben wieder zu weißem Licht zusammengeführt.

Mit der Kenntnis der Spektralfarben können wir jetzt auch die Vielfalt der Farben erklären.
Aus dem weißen Licht der sechs Spektralfarben wird der Grünanteil absorbiert und die übrigen Farben wer-

---

[1] Unter Farbe verstehen wir hier den Farbeindruck, den wir von Farben gewinnen, z. B. gelb, rot, blau usw. und nicht Farbmittel, z. B. Pigmente oder Farbstoffe.

[2] Spektrum = Bandbreite (lat. spectrum = Abbild)

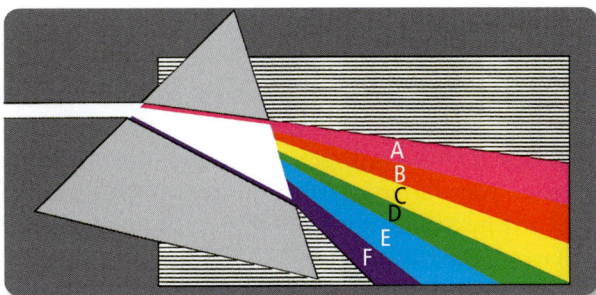

1 Zerlegung des Lichts in seine Spektralfarben

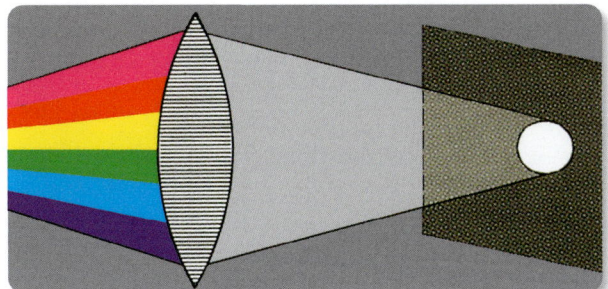

2 Wiedervereinigung des Lichts

3 Rote Rose

den reflektiert. Dadurch erhält die Rose ihre tiefrote Farbe. Wichtig ist hierbei, dass nicht nur Rot reflektiert wird, sondern auch die im Spektrum benachbarten Farben, wenngleich in geringerer Menge. Bei der Absorption[1] von Licht wird Energie aufgenommen und in Wärme umgewandelt. Daher erwärmen sich dunkle Flächen im Sonnenlicht. Bei schwarzen Flächen wird nahezu die gesamte Lichtenergie in Wärme umgewandelt. Diesen Effekt nutzt man z. B. bei Sonnenkollektoren zur Gewinnung von Warmwasser aus. Dunkle Farbanstriche sind aber auch großen Temperaturschwankungen ausgesetzt, die eine hohe Elastizität voraussetzen. Geht diese Elastizität mit der Zeit verloren, platzt der Anstrich ab.

_____

[1] Absorption = Aufnahme (lat. absorbere = verschlucken)

G.8.4 Lichtbrechung und Reflexion

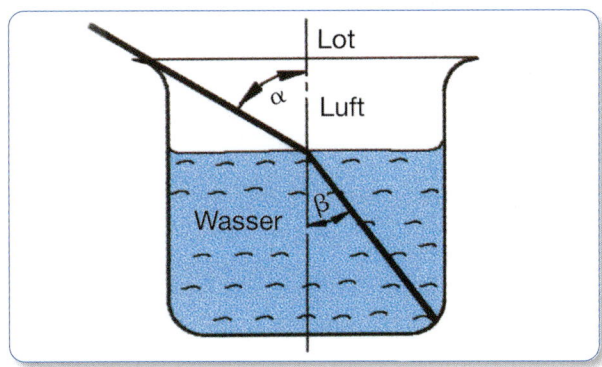

4 Lichtbrechung

Ein in Wasser eingetauchter Stab erscheint an der Wasseroberfläche abgeknickt. Außerhalb des Wassers ist der Stab gerade. Ebenso wird er wieder gerade, wenn er ganz in Wasser eingetaucht ist. Die Brechung hängt offensichtlich von den beiden Medien Luft und Wasser ab.

Die Ursache für die Lichtbrechung liegt in der unterschiedlichen Geschwindigkeit, mit der das Licht die verschiedenen Medien zu durchdringen vermag. Die Lichtgeschwindigkeit ist für jedes Medium anders. An der Trennfläche zwischen Luft und Wasser kommt es daher zur Brechung der Lichtstrahlen. Diese werden zum Lot hin vom optisch dünneren zum dichteren Stoff abgelenkt. Fällt der Lichtstrahl senkrecht ein, findet keine Brechung statt. Anhand der Brechungszahl lässt sich die Ablenkung bestimmen.

Beispiele:

Stoff	Brechungszahl
Luft	1
Wasser	1,33
Lacke und Öle	1,5
Kreide	1,52
Titandioxid	2,7

Für die Deckfähigkeit von Anstrichen ist die Brechungszahl von Bindemitteln und Pigmenten von Bedeutung.

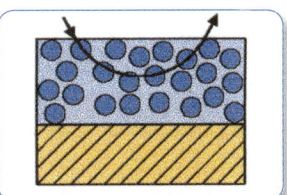

5 **Lichtbrechung bei deckendem Anstrich:** Lichtstrahl wird <u>vor</u> Erreichen des Untergrundes abgelenkt.

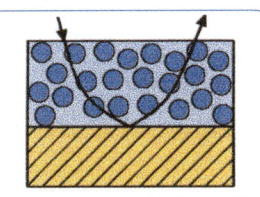

6 **Lichtbrechung bei lasierendem Anstrich:** Lichtstrahl erreicht den Untergrund.

Je größer der Unterschied zwischen den Brechungs-
zahlen von Pigment und Bindemittel ist, umso besser deckt der Anstrichstoff.

Kreide deckt in Öl schlecht. Der Anstrich wirkt lasierend. Titandioxid deckt in Öl oder Lack dagegen gut.

Gerichtete oder gestreute Reflexion
Anstrichstoffe können neben ihrer Farbe und ihrer
Deckkraft eine matte oder glänzende Oberfläche
haben (z. B. Mattlack, Hochglanzlack). Diese Eigenschaft ist von der Art und Weise abhängig, in der die
Lichtstrahlen beim Auftreffen auf den bestimmten
Stoff reflektiert werden. Bei glänzenden Flächen werden die auftreffenden Lichtstrahlen gleichgerichtet
zurückgestrahlt. Es zeigt sich ein klares, glänzendes
Abbild der Oberfläche. Bei matten Flächen werden
durch die unebene Oberfläche die Lichtstrahlen diffus,
d. h. unbestimmt oder gestreut zurückgestrahlt. Es entsteht eine unscharfe, matt aussehende Oberfläche.

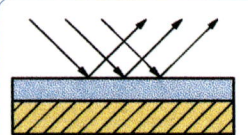

Gerichtete Reflexion:
glänzende Oberfläche
Die parallel einfallenden
Lichtstrahlen werden in gleichem Winkel parallel, d. h.
gerichtet, zurückgestrahlt.

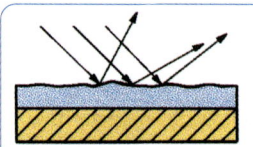

Gestreute Reflexion:
matte Oberfläche
Die parallel einfallenden Lichtstrahlen werden durch die
unebene Fläche diffus, d. h.
nicht gerichtet, zurückgestrahlt.

1 Reflexion

Aufgaben
1. *Erklären Sie den Zusammenhang von Licht und*
   Farbe.
2. *Wodurch kommt es zu den unterschiedlich bun-*
   ten Farben?
3. *Nennen Sie die Spektralfarben des Sonnenlichts.*
4. *Erklären Sie am Beispiel eines roten Autos, warum*
   dieses im Sonnenlicht rot erscheint.
5. *Warum erwärmen sich dunkle Flächen im Son-*
   nenlicht stärker als helle?
6. *Welche nachteiligen Folgen können dunkle*
   Anstriche im Außenbereich haben?
7. *Sie haben zu wählen zwischen einem Öllack mit*
   Kreide und einem mit Titandioxid. Welchen wür-
   den Sie verarbeiten? Begründen Sie Ihre Auswahl.
8. *Eine Lackierung verliert durch Anschleifen ihren*
   Glanz. Erklären Sie diesen Effekt!

G.8.5 Farbmischung
Additive Farbmischung
Die durch Zerlegung des Lichts erhaltenen Farben werden auch als Lichtfarben bezeichnet. Durch Lichtfilter
oder durch eine entsprechend farbige Beleuchtung
erhalten wir „farbiges Licht", das nur einige Bereiche
des Lichtspektrums enthält. Will man aus diesem „farbigen Licht" wieder weißes Licht herstellen, ist es ein-
leuchtend, dass die fehlenden Bereiche des Lichtspektrums hinzugefügt bzw. addiert werden müssen.

Strahlt man mit einer violetten, grünen und orangen
Lichtquelle gleichzeitig auf einen Punkt, so entsteht
wieder weißes Licht.

Durch Addition von jeweils zwei Lichtfarben erhalten
wir farbiges Licht:

Orangerot + Grün	=	gelbes Licht
Violett + Orangerot	=	rotes Licht
Violett + Grün	=	blaues Licht

Dabei zeigt sich, dass die gemischten Lichtfarben stets
heller sind als ihre Ausgangsfarben. Dies lässt sich aus
der Energieform des Lichts erklären. Die Mischtöne
werden durch ihre Mischung bzw. Addition energie-
reicher und ergänzen sich, bis das Spektrum des Lichts
erreicht ist, d. h., sie werden immer heller, bis wieder
weißes Licht entstanden ist.

Bei der additiven Farbmischung ist die Mischung
stets heller als die Ausgangsfarbe. Die hellste Lichtfarbe ist das weiße Licht.

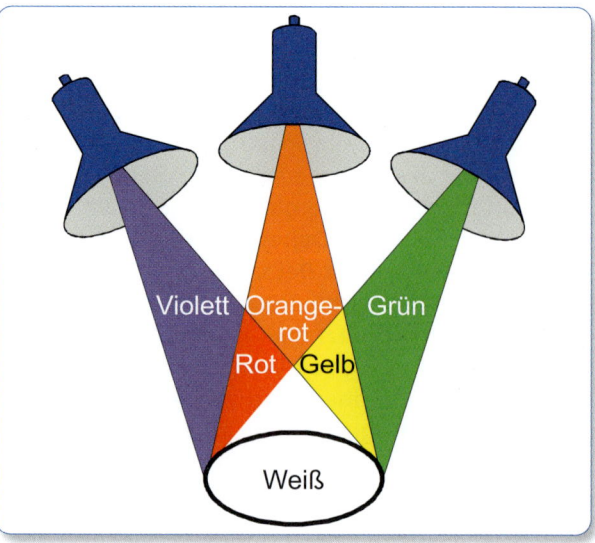

2 Additive Farbmischung

Subtraktive Farbmischung

Die vom Maler und Lackierer verarbeiteten Beschichtungen erhalten ihre Farbe in der Regel durch Pigmente. Pigmente sind kleine farbige Körper. Jedes Pigment erscheint durch den reflektierenden Anteil des Lichts entsprechend farbig. Der nicht reflektierte Anteil wird absorbiert. Bei der Mischung der nicht weißen Pigmente erhöht sich der Anteil des absorbierten Lichts. Bei jedem Mischvorgang wird die Farbe immer dunkler, bis schließlich kein reflektierendes Licht mehr vorhanden ist, d. h., die Farbe Schwarz erscheint.

Dieses Bild entsteht beim Übereinanderdrucken von gelber, roter und blauer Lasurfarbe auf einem weißen Untergrund.

1 Subtraktive Farbmischung

Grundfarben, auch Primärfarben[1] genannt, sind Körperfarben, die sich **nicht** durch subtraktive Farbmischung herstellen lassen. Als Grundfarben bezeichnet man die Farben Gelb, Rot und Blau.
Mischt man je zwei Grundfarben miteinander, entstehen die Sekundärfarben[2].

Gelb + Rot = Orange
Gelb + Blau = Grün
Rot + Blau = Violett

> Die Mischung von Körperfarben unter **einer** Lichtquelle nennt man subtraktive Farbmischung.

G.9 Chemische Grundlagen

Seit Menschen mit Farben umgehen, nutzen sie bewusst oder unbewusst Kenntnisse vom Aufbau und der Zusammensetzung der Stoffe. Nur so entstanden z. B. Höhlenmalereien, die mehr als 35 000 Jahre überdauern konnten. Wohl in keinem anderen Bereich war der Drang zum Experimentieren und Forschen so groß, wie bei der Herstellung geeigneter lichtechter Farbmittel und dauerhafter Beschichtungsstoffe. Der Forschergeist nach neuen Farben ist ungebrochen. Die heutige Farbchemie stellt dem Markt ca. 20 000 synthetisch hergestellte Pigmente zur Verfügung. Kunststoffe bilden die Grundlage der heutigen Beschichtungsmittel. Wasserverdünnbare Dispersionen und Lacke sind ohne chemische Grundlagen nicht denkbar. Im Maler- und Lackiererhandwerk werden diese Stoffe fachgerecht eingesetzt. Damit dies möglich ist, gehören gute chemische Grundkenntnisse zum alltäglichen Handwerkszeug.

Aufgabengebiet der Chemie

> Chemie[3] ist die Lehre von den Stoffen. Sie befasst sich mit dem Aufbau, der Zusammensetzung und den Eigenschaften der Stoffe und deren Umwandlung.

G.9.1 Chemische Vorgänge im Berufsalltag

Nicht nur die Herstellung unserer Farben und Beschichtungsmittel wird größtenteils von der Chemie bestimmt, auch der tägliche Umgang mit Untergründen und Beschichtungen wird durch chemische Prozesse und Vorgehensweisen beherrscht. Einige Beispiele mögen dies verdeutlichen:
♦ Erhärten von Kalk- und Silikatbeschichtungen
♦ Betonschutz und -sanierung
♦ oxidative „Trocknung" von öligen Bindemitteln
♦ Reaktion bei Zweikomponentenlacken
♦ Korrosionsschutz
♦ Holzschutzmittel
♦ Brandschutzbeschichtungen
♦ Abbeizen
♦ Neutralisieren
♦ Fluatieren
♦ Einsetzen von Reinigungsmitteln

---

[1] *primär (lat. prima = die Erste)*
[2] *sekundär (lat. secunda = die Zweite)*

[3] *Chemie (griech. chemeia = Umwandlung zu Flüssigkeit)*

Häufig haben wir es mit gesundheitsschädlichen, giftigen und umweltgefährdenden Stoffen zu tun, die Kenntnisse und Verantwortung beim Umgang und Einsatz erfordern.

G.9.2 Elemente – Grundbaustoffe der Materie

Im beruflichen Alltag und in unserer Umwelt sind wir von einer unendlichen Vielfalt von Stoffen umgeben. Alle Stoffe bestehen aus **Grundstoffen**, den Elementen.

> Von 110 bekannten Elementen kommen 92 in der Natur vor, 18 wurden künstlich gewonnen.

Die künstlich hergestellten Elemente sind größtenteils nicht sehr beständig. Sie zerfallen in andere Elemente unter Abgabe von radioaktiver Strahlung.

> Elemente sind Reinststoffe. Sie setzen sich aus Atomen zusammen. Alle Atome eines Elements haben die gleiche Zahl an Protonen.

Der Begriff Atom[1] wurde bereits im 5. Jahrhundert v. Chr. von den griechischen Philosophen Demokrit und Leukipp geprägt. Die Atome wurden danach als kleinste Teilchen der Elemente angesehen. Heute wissen wir, dass Atome aus Protonen, Elektronen und Neutronen bestehen.

Der Aufbau von Atomen lässt sich mit einem vereinfachten Schalenmodell verdeutlichen.

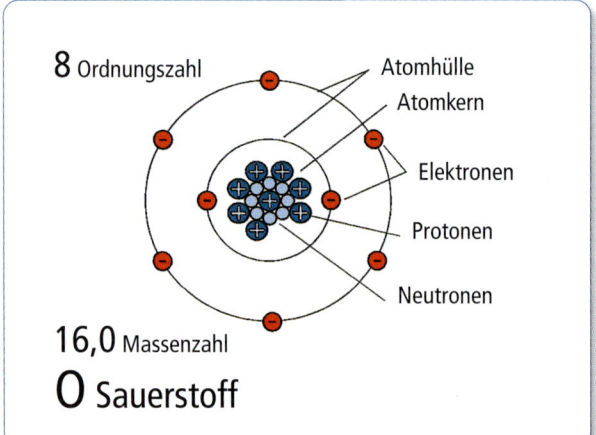

1 Schalenmodell von Atomen

Die Elektronen bewegen sich in der Atomhülle auf gedachten Schalen um den Atomkern. Elektronen verschiedener Schalen haben verschiedene Energie: Ein Elektron, das weiter vom Kern entfernt ist, besitzt mehr Energie als ein Elektron in Kernnähe. Die energieärmsten Plätze werden zuerst eingenommen. Genauere Untersuchungen zeigen, dass die Elektronen sich auf Unterschalen verteilen. Auf diesen bewegen sich die Elektronen in sogenannten Orbitalen[2].

> Elektronen haben eine negative Ladung.
> Protonen besitzen eine positive Ladung.
> Neutronen sind elektrisch neutral.

Ordnung der Elemente

Die Elemente sind in einem Periodensystem nach ihren Ordnungszahlen in acht Haupt- und Nebengruppen und sieben Perioden geordnet. Die Ordnungszahl entspricht der Anzahl Protonen des jeweiligen Elements. In der vereinfachten Darstellung beschränken wir uns auf die Hauptgruppen der ersten drei Perioden.

Hauptgruppen								
	I	II	III	IV	V	VI	VII	VIII
1. Periode	^{1}H 1,0							^{2}He 4,0
2. Periode	^{3}Li 6,9	^{4}Be 9,0	^{5}B 10,8	^{6}C 12,8	^{7}N 14,0	^{8}O 16,0	^{9}F 19,0	^{10}Ne 1,0
3. Periode	^{11}Na 23,0	^{12}Mg 24,3	^{13}Al 27,0	^{14}Si 28,1	^{15}P 31,0	^{16}S 32,1	^{17}Cl 35,5	^{18}Ar 39,9

Periodensystem der Elemente (Auszug)

Die Elemente lassen sich in Metalle und Nichtmetalle einteilen. Von den oben angegebenen Elementen sind:

Metalle		Nichtmetalle		Edelgase	
Li	Lithium	H	Wasserstoff	He	Helium
Be	Beryllium	B	Bor	Ne	Neon
Na	Natrium	C	Kohlenstoff	Ar	Argon
Mg	Magnesium	N	Stickstoff		
Al	Aluminium	O	Sauerstoff		
		F	Fluor		
		Si	Silizium		
		P	Phosphor		
		S	Schwefel		
		Cl	Chlor		

---

[1] *Atom (griech. atomos = das Unteilbare)*

[2] *Orbital = Aufenthaltsraum für zwei Elektronen*

G.9.3 Chemische Verbindungen

Bindungsarten:
- Ionenbindung
- Metallbindung
- Elektronenbindung

> Die kleinsten Teilchen einer Verbindung nennt man Moleküle.

Nimmt ein Atom Elektronen auf, wird seine Ladung negativ. Gibt ein Atom Elektronen ab, wird seine Ladung positiv.

> Atome mit positiver oder negativer Ladung nennt man **Ionen**.
> **Anion** → Ion mit negativer Ladung
> **Kation** → Ion mit positiver Ladung

Ionenbindung
Die Atome ungleichnamiger elektrischer Ladung ziehen sich an und verbinden sich. Die Verbindung zwischen Metallen und Nichtmetallen zu Salzen stellt eine typische Ionenbindung dar.

Metallbindung
Metalle bilden im festen Zustand Kristallgitter. In diesem können sich die Elektronen der äußeren Schalen von den Metallatomen lösen und sich innerhalb des Gitters frei bewegen. Das Gittergerüst der Kristalle wird durch die positiv geladenen Atomrümpfe gebildet.

Elektronenpaarbindung
Atome, die ihre äußerste Schale gefüllt haben, sind besonders stabil. Um einen stabilen Zustand zu erreichen, gehen Atome Elektronenpaarbindungen ein. So fehlen beispielsweise dem Sauerstoff zwei Elektronen und dem Wasserstoff ein Elektron. Die Elektronenpaarbindung zwischen diesen kommt dadurch zustande, dass sich ein Atom Sauerstoff mit zwei Atomen Wasserstoff zu einem stabilen Molekül H_2O = Wasser verbindet.

Wertigkeit
Wie wir bei Sauerstoff gesehen haben, kann dieser zwei Atome Wasserstoff an sich binden.
Die Wertigkeit gibt an, wie viele Elektronen ein Atom aufnehmen oder abgeben kann.
Sie bestimmt, in welchem Zahlenverhältnis die Elemente Verbindungen eingehen. Manche Elemente können mehrere Wertigkeiten besitzen.

einwertig:	H	Na	Cl	K
zweiwertig:	O	Zn	Pb	Fe
dreiwertig:	N	Al	Fe	P
vierwertig:	C	Si	Pb	S

G.9.4 Synthese und Analyse

> Die Herstellung einer chemischen Verbindung nennt man Synthese[1].

z. B. Na + Cl → NaCl

> Die Zerlegung einer chemischen Verbindung in ihre Elemente nennt man Analyse[2].

z. B. NaCl → Na + Cl

Eine Synthese oder Analyse bezeichnen wir als chemischen Vorgang. Chemische Reaktionen lassen sich in Formeln anschaulich darstellen. Dabei sind zwei Schreibweisen allgemein üblich:

Strukturformel: Sie zeigt schematisch, wie die Elemente miteinander verbunden sind.

Beispiele:

Wasser   Methan

Summenformel: Sie zeigt das zahlenmäßige Verhältnis der einzelnen Stoffe einer Verbindung bzw. in einem Molekül an.

Beispiele: H_2O CH_4

> Bei einer chemischen Reaktion bleibt die Masse der beteiligten Stoffe erhalten. Die Masse der Ausgangsstoffe ist gleich der Masse der Endstoffe.

In elementaren Gasen, wie Wasserstoff und Sauerstoff, sind je zwei Atome zu einem stabilen Molekül verbunden.

Ausgangsstoffe	chemische Reaktion →	Endstoffe
$2\,H_2 + O_2$	→	$2\,H_2O$

---

[1] Synthese (griech. synthesis = Zusammensetzung)
[2] Analyse (griech. analysis = Auflösung)

G.9.5 Verlauf chemischer Reaktionen

Bei der Reaktion von Polyesterspachtelmasse mit dem Härter stellen wir fest, dass sich die Spachtelmasse erwärmt. Dabei wird Energie in Wärme umgewandelt.

Andere Reaktionen kommen nur zustande, wenn Energie in Form von Wärme zugeführt wird, z. B. beim Brennen von Kalk oder der Herstellung von Wasserglas.

> Bei einer chemischen Reaktion wird stets Energie umgewandelt.
> Exothermer Vorgang → Wärme wird frei.
> Endothermer Vorgang → Wärme wird zugeführt.

Beim Glühen reagiert die Stahlwolle mit dem Sauerstoff der Luft. Wärme wird frei. Die Masse der geglühten Stahlwolle nimmt zu. Ein neuer Stoff ist entstanden: Eisenoxid. Die Masse des beteiligten Eisens und des Sauerstoffs entspricht der Masse des Eisenoxids.

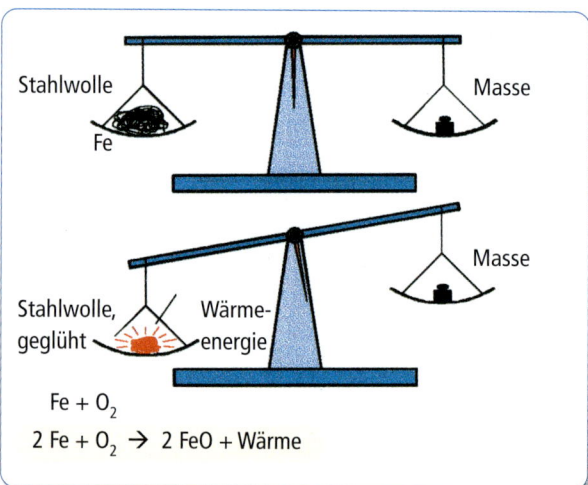

1 Oxidation von Stahlwolle

G.9.6 Oxidation

Als Oxidation wurde früher nur ein chemischer Vorgang bezeichnet, bei dem sich ein Stoff mit Sauerstoff zu einem Oxid verbindet und dadurch Wärme abgibt. Ein Öl- oder Alkydharzlack erhärtet durch Aufnahme von Sauerstoff. Man spricht daher von einer oxidativen Trocknung. Durch die Beimengung von Sikkativen kann der Trocknungsprozess beschleunigt werden.

> Stoffe, die eine chemische Reaktion beschleunigen, nennt man **Katalysatoren**.

Oxidationen können unterschiedlich schnell ablaufen. Verbrennungen oder Explosionen können die Folge sein.

> Heute versteht man unter Oxidation jede Reaktion, bei der ein Stoff Elektronen abgibt.

G.9.7 Reduktion

Als Reduktion galt früher ein chemischer Prozess, bei dem der Sauerstoffanteil einer Verbindung durch Wärmezufuhr verringert oder entfernt wurde.

> Heute bezeichnet Reduktion allgemein eine Elektronenaufnahme.

G.9.8 Oxide

Metalloberflächen verlieren unterschiedlich schnell ihren metallischen Glanz und werden matt. Sie neigen zur Oxidbildung.

Bei unedlen Metallen findet eine schnelle Oxidbildung statt, bei edleren Metallen verläuft diese Reaktion langsam. Viele Metalluntergründe bilden daher Metalloxide, wenn sie nicht rechtzeitig durch Beschichtungen geschützt werden. Metalloxide können aber auch selbst einen Schutz darstellen, z. B. bei Kupferblechen oder bei Bauteilen aus Aluminium.

Viele Pigmente bestehen aus Metalloxiden.

Bezeichnung	Chemische Formel	Chemische Bezeichnung
Titanweiß	TiO_2	Titandioxid
Zinkweiß	ZnO	Zinkoxid
Bleiglätte	PbO	Bleioxid
Bleimennige	Pb_3O_4	Bleiorthoplumbat
Eisenoxidrot	Fe_2O_3	Eisenoxid
Chromoxidgrün	Cr_2O_3	Chromoxid
Grüne Erde	Fe_2SiO_3	Eisensilikat
Kobaltblau	$C_0O \cdot Al_2O_3$	Kobaltaluminat

G.9.9 Säuren

Die Basis für viele Säuren sind Nichtmetalloxide. Ihre Reaktion mit Wasser führt zur Bildung von Säuren. Chemisch gesehen sind Säuren Stoffe, die H^+-Ionen abgeben können. Abgase bilden mit Regen und Nebel in der Luft Säuren. Saure Niederschläge verursachen

Umweltschäden. Das Waldsterben und Übersäuern von Seen sind die Folge. Sie tragen aber auch zur Korrosion bei und schädigen Beschichtungen und Untergründe.

> Nichtmetalloxid + Wasser → Säure

Beispiele:

$$CO_2 + H_2O \rightarrow H_2CO_3 \quad \text{Kohlensäure}$$
$$SO_2 + H_2O \rightarrow H_2SO_3 \quad \text{schwefelige Säure}$$
$$SO_3 + H_2O \rightarrow H_2SO_4 \quad \text{Schwefelsäure}$$
$$P_4O_{10} + 6\,H_2O \rightarrow 4\,H_3PO_4 \quad \text{Phosphorsäure}$$

Säuren entstehen aber auch durch Reaktion von Fluor, Chlor, Brom und Jod, den sogenannten Halogenen[1], mit Wasserstoff.

> Halogen + Wasserstoff → Säure

Beispiele:

$$Cl_2 + H_2 \rightarrow 2\,HCl \quad \text{Salzsäure}$$
$$SiF_6 + H_2 \rightarrow H_2SiF_6 \quad \text{Fluorsilikat = Fluat}$$

Daneben werden viele organische Säuren eingesetzt, u. a. Fettsäure bei Öl- und Alkydharzlacken, Oxalsäure zum Neutralisieren nach dem Abbeizen, Gerbsäuren bei Rostumwandlern.

G.9.10 Basen – Laugen

Der Begriff Basen stammt aus dem Mittelalter. Dabei bezeichnete man Metalloxide, die als Basis zur Herstellung von Salzen dienten, als Basen. Heute sind Basen Stoffe, die sich alkalisch verhalten, d. h. H^+-Ionen aufnehmen. Chemisch gesehen sind die meisten Basen die Hydroxide der Alkali- und Erdalkalimetalle. Auch andere Stoffe können Basen bilden, wie das Beispiel Ammoniakwasser (Salmiakgeist) zeigt.
Laugen sind die wässrigen Lösungen der Basen.

> Metalloxid + Wasser → Base/Lauge

Beispiele:

$$Na_2O + H_2O \rightarrow 2\,NaOH \quad \text{Natronlauge}$$
$$K_2O + H_2O \rightarrow 2\,KOH \quad \text{Kalilauge}$$
$$CaO + H_2O \rightarrow Ca(OH)_2 \quad \text{gelöschter Kalk}$$
$$NH_3 + H_2O \rightarrow NH_4OH \quad \text{Salmiakgeist}$$

---
[1] Halogene = Salzbildner

In unserem Beruf werden Basen und Laugen als Anstrichmittel für Kalk- und Silikatfarben verwendet. In Putz, Mörtel und Beton stellen sie das Bindemittel. Sie dienen beim Ablaugen zum Entfernen ölhaltiger Beschichtungen. Mit Laugen können Holzoberflächen dunkel gebeizt werden.

G.9.11 Umgang mit Säuren und Laugen

Säuren und Laugen sind teilweise sehr **giftig** und entwickeln **gefährliche Dämpfe**.

Sie dürfen nur in geeigneten Behältern aufbewahrt werden. Niemals in Getränkeflaschen abfüllen. Verwechslungsgefahr!
Säuren und Laugen erkennt man am besten durch eine Bestimmung des pH-Werts.

> Säuren → Indikatorpapier verfärbt sich rot.
> Laugen → Indikatorpapier verfärbt sich blau.

Säuren werden mit Wasser verdünnt verarbeitet. Hierbei gilt folgende Regel:

> „Erst das Wasser, dann die Säure, sonst geschieht das Ungeheure!"

Wird umgekehrt verfahren, kann es zu Unfällen mit Säurespritzern kommen.

G.9.12 pH-Wert

> Der pH[2]-Wert gibt an, ob sich eine Lösung sauer, neutral oder alkalisch verhält.

Der pH-Wert 7 sagt aus, dass der betreffende Stoff neutral ist; liegt der pH-Wert unter 7, reagiert eine Lösung sauer; durch einen pH-Wert über 7 wird eine alkalische Lösung angezeigt.

---
[2] pH = Potential Hydrogenium (negativer Zehnerlogarithmus der H_3O^+-Ionen-Konzentration)

1 Universal-Indikatorpapier

Zur Messung werden elektrische pH-Meter, Indikatorflüssigkeiten, rotes und blaues Lackmuspapier oder einfaches Universalindikatorpapier verwendet. Es ist im Normalzustand gelb, bei Säure verfärbt es sich rot, bei Lauge blau und in einer neutralen Lösung olivgrün. Bei Verdacht auf Alkalität des Untergrundes wird Universalindikatorpapier (pH 1 bis 14) mit Wasser angefeuchtet und auf den Untergrund gelegt. Ändert sich die Farbe des Indikatorpapiers, kann anhand der Farbskala der pH-Wert festgestellt werden. Werte über 8 weisen auf Alkalität hin.

Die Bestimmung des pH-Werts ist eine wichtige Prüfmethode für die Behandlung alkalischer Untergründe. Auf alkalischen Untergründen müssen die Beschichtungsmittel und die darin enthaltenen Pigmente alkalibeständig sein. Betonoberflächen müssen einen hohen pH-Wert haben, sonst beginnen die Stahleinlagen zu rosten.

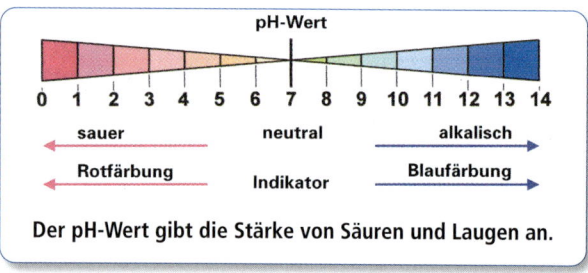

2 Bestimmung des pH-Werts

durch Neutralisation

$$\text{2. Säure + Lauge} \rightarrow \text{Salz + Wasser}$$

Beispiel: $HCl + NaOH \rightarrow NaCl + H_2O$ Kochsalz

Bei einer Neutralisation reagieren die Wasserstoff-Ionen (H^+) der Säuren und die Hydroxid-Ionen (OH^-) der Laugen so miteinander, dass sich neutrales Wasser bildet. Dabei wird Wärme frei. Salze sind in Wasser unterschiedlich löslich. Lösliche Salze bilden mit Wasser eine Salzlösung, nicht oder schwer lösliche Salze setzen sich ab. Diesen Vorgang nennt man **Fällung**. Viele mineralische Pigmente werden durch eine Fällung hergestellt, z. B. Bleiweiß, Chromgelb, Miloriblau und Lithopone. Salzausblühungen entstehen durch Lösung von Salzen innerhalb einer Wand und durch ihre Kristallisation an der Oberfläche. Auch die Korrosion von Metallen ist ein wichtiges Beispiel für eine schädliche Salzbildung.

Aufgaben

1. Zählen Sie chemische Reaktionen des Berufsalltags auf.
2. Beschreiben Sie den Aufbau eines Atoms mithilfe des Schalenmodells.
3. Woran lassen sich die Elemente eines Atoms erkennen?
4. Erklären Sie die Begriffe Synthese und Analyse.
5. Zeigen Sie an einem Beispiel, dass bei einer chemischen Reaktion die Gesamtmasse der beteiligten Stoffe erhalten bleibt.
6. Erklären Sie die Begriffe Oxidation, Reduktion und Katalysator an jeweils einem Beispiel.
7. Auf welche Weise bilden sich Säuren, Laugen und Salze?
8. Erklären Sie den Vorgang einer Neutralisation.
9. Auf welche Weise lassen sich Pigmente aus einer Salzlösung herstellen?

G.9.13 Salze

Salze lassen sich mithilfe von Säuren und Basen auf zwei Arten herstellen:

$$\text{1. Säure + Metall} \rightarrow \text{Salz}$$

Beispiel: $H_2SO_4 + Zn \rightarrow ZnSO_4 + H_2\uparrow$ Zinksulfat

G.9.14 Organische Verbindungen

Die Stoffe und ihre Verbindungen wurden früher der belebten oder unbelebten Natur zugeordnet. Organische Verbindungen entstammten der belebten Natur mit ihren Merkmalen wie Wachstum, Stoffwechsel und begrenzte Lebensdauer. Auch waren sie tierischer oder pflanzlicher Herkunft. Anorganische Verbindungen wurden der unbelebten Natur zuge-

rechnet; sie wurden aus Wasser, Luft und Erde gewonnen.
Spätestens seit der Herstellung der ersten Kunststoffe zeigte sich, dass diese Einteilung unzulänglich war.

Wir unterscheiden deshalb:

> **Organische** Verbindungen bestehen vor allem aus komplexen Kohlestoffverbindungen.

Hierzu gehören u. a. Seifen Lösemittel, Öle, Leime, Lacke, Dispersionen und Kunststoffe.

> Zur **anorganischen** Chemie zählen alle Elemente und Verbindungen außer den komplexen Kohlenstoffverbindungen.

Hierzu zählen u. a. die bisher behandelten chemischen Vorgänge sowie Natursteine, mineralische Baustoffe und Pigmente, Putze, Kalk- und Wasserglasfarben.

G.9.15 Seifen

Seifen verwenden wir zum Waschen, aber auch als Reinigungs- und Ablaugemittel. Diese lassen sich mit Wasser abwaschen. Wir bezeichnen sie deshalb als **lösliche** Seifen. Im Gegensatz dazu stehen solche Seifen, die sich nicht mit Wasser lösen lassen. Diese werden als **unlösliche** Seifen bezeichnet.

Herstellung löslicher Seifen:

> Fettsäure + Base → Seife

Bei den Reinigungsmitteln unterscheiden wir zwischen Kern- und Schmierseife. Kernseife wird aus Natronlauge und Fettsäure hergestellt, Schmierseife aus Kalilauge und Fettsäure.

Herstellung unlöslicher Seifen:

> Fettsäure + Metall → Seife

Unlösliche Seifen dienen vor allem dem Korrosionsschutz. Zink- und Bleipigmente bilden mit den Fettsäuren der Bindemittel wetterbeständige Metallseifen.

G.9.16 Kohlenwasserstoffe

Zwischen Kohlenstoff und Wasserstoff lässt sich eine Vielzahl von Verbindungen herstellen. Nach ihren Ausgangsstoffen nennt man sie Kohlenwasserstoffe.
Die Vielzahl der Verbindungen lässt sich durch den reaktionsfreudigen Wasserstoff und den vielseitig verbindungsfähigen Kohlenstoff erklären. Der einwertige Wasserstoff und der in der Regel vierwertige Kohlenstoff sind ideale Partner, Elektronenpaarbindungen zu bilden. Gleichzeitig ist der Kohlenstoff in der Lage, Doppel- und Dreifachbindungen einzugehen und Molekülketten zu erzeugen.

Die einfachste Kohlenwasserstoffverbindung ist

$$H-\overset{\displaystyle H}{\underset{\displaystyle H}{C}}-H \qquad \text{Methan} \quad CH_4$$

Ersetzt man ein H-Atom durch ein weiteres C-Atom und ergänzt die freien Plätze mit H-Atomen, erhalten wir

$$H-\overset{\displaystyle H}{\underset{\displaystyle H}{C}}-\overset{\displaystyle H}{\underset{\displaystyle H}{C}}-H \qquad \text{Ethan} \quad C_2H_6$$

Fügen wir ein weiteres C-Atom an, erhalten wir

$$H-\overset{\displaystyle H}{\underset{\displaystyle H}{C}}-\overset{\displaystyle H}{\underset{\displaystyle H}{C}}-\overset{\displaystyle H}{\underset{\displaystyle H}{C}}-H \qquad \text{Propan} \quad C_3H_8$$

Diese Reihe könnten wir fortsetzen und weitere CH-Verbindungen bilden. Ihr Aufbau folgt einer vorgegebenen Gesetzmäßigkeit. Die Moleküle dieser Reihe sind sehr stabil. Man bezeichnet die Verbindungen als **gesättigt**.

Auch ihre Namensgebung folgt bestimmten Regeln, wie der kleine Auszug zeigt:

Alkane	Alkene	Alkine
Methan	–	–
Ethan	Ethen	Ethin
Propan	Propen	Propin
Butan	Buten	Butin
Pentan	Penten	Pentin
Hexan	Hexen	Hexin

Die dargestellten Stoffe gehören zur Reihe der Alkane. Weitere Reihen sind die Alkene, Alkine, Alkadiene, Cycloalkane und Aromate.

Doppel- und Dreifachbindungen

Doppel- und Dreifachbindungen sind reaktionsfreudiger. Sie sind ungesättigt. Bei kettenförmiger Molekülstruktur spricht man von aliphatischen Verbindungen. Benzin, Petroleum und Testbenzin sind typische Beispiele.

Alkene   **Alkine**

Ethen   Ethin

C_2H_4 C_2H_2

Ringförmige Kohlenwasserstoffe

Obwohl die Aromate Doppelbindungen enthalten, sind sie aufgrund der regelmäßigen Anordnung ihrer Doppelbindungen reaktionsträge. Beispiele sind: Benzol, Toluol, Xylol.

Cycloalkane Aromate

Gesättigte Verbindung   Ungesättigte Verbindung

Cyclohexan C_6H_{12} Benzol C_6H_6

G.9.17 Abwandlungen der Kohlenwasserstoffe

Diese Grundstrukturen lassen sich verändern, indem einzelne Wasserstoffatome durch Nichtmetallatome wie Chlor (Cl), Fluor (F), Stickstoff (N), Schwefel (S) und Sauerstoff (O) oder andere Moleküle ersetzt werden. Jeder Austausch ändert die physikalischen und chemischen Eigenschaften des Grundstoffes in charakteristischer Weise. Die Veränderungen zur Ausgangsform werden daher als **funktionelle Gruppe** bezeichnet.

Alkohole entstehen, wenn jeweils ein H-Atom durch eine OH-Gruppe ersetzt wird. Bei primärem Alkohol ist das C-Atom, das die OH-Gruppe trägt, an höchstens ein weiteres C-Atom gebunden; bei sekundärem Alko-

hol an zwei weitere C-Atome und bei tertiärem an drei weitere C-Atome. Alkohole sind Ausgangsstoff für viele chemische Prozesse. Methanol, Ethanol und Spiritus werden für Lösemittel und Reinigungsmittel verwendet, Glycerin u. a. in der Lackherstellung.

Aldehyde bilden sich, wenn einem primären Alkohol durch Dehydrierung[1] ein H-Atom entzogen wird.

Ein wichtiger Vertreter dieser Gruppe ist Formaldehyd. Es wird zur Desinfektion und bei der Herstellung von Lacken und Kunststoffen verwendet.

Ketone entstehen durch Dehydrierung von sekundären Alkoholen. Ketone haben einen ätherischen Geruch, verdunsten leicht und besitzen eine starke Lösefähigkeit. Verwendet werden sie u. a. als Lösemittel für Nitrocellulose- und Chlorkautschuklacke (Nitroverdünnung).

Carbonsäuren bilden sich durch eine Oxidation von Aldehyden.
Ester sind Verbindungen von Alkohol mit Säure. Fettsäureester sind Verbindungen von Alkohol (Glycerin) mit Fettsäure, wie Leinöl, Holzöl, Rizinusöl u. a.
Alkydharze mit ihrer großen Bedeutung als Lackbindemittel sind ebenfalls Fettsäureester, die aus Glycerin und Phthalsäure entstanden sind. Auch *Wachse* gehören zur Gruppe der Fettsäureester.
Harzsäureester aus Glycerin und Harzsäure dienen als Lackrohstoff. Zu ihnen gehören auch die *Weichmacher*, die in Lacken und Kunststoffen die Elastizität verbessern helfen.

Verseifung ist die Umkehrung der Esterbildung, also die Aufspaltung von Ester in Säure und Alkohol mithilfe einer Lauge.

Ether sind Verbindungen, deren Moleküle durch eine Sauerstoffbrücke verbunden sind. Der wichtigste Vertreter ist Diethylether. Er ist leicht flüchtig. Seine Dämpfe sind leicht entzündlich und können Bewusstlosigkeit verursachen (Narkosemittel). Für Harze und Fette ist er ein ausgezeichnetes Lösemittel.

---

[1] *Dehydrierung = Oxidation von H-Atomen zu Wasser mithilfe eines Katalysators*

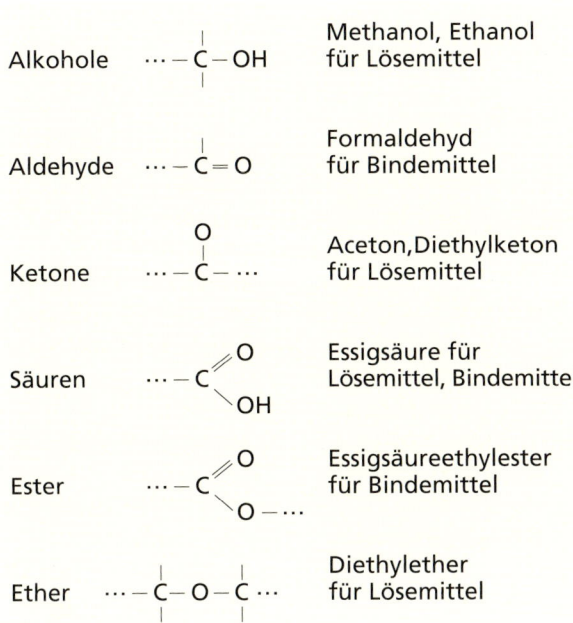

Alkohole	$\cdots -\overset{\vert}{\underset{\vert}{C}}-OH$	Methanol, Ethanol für Lösemittel
Aldehyde	$\cdots -\overset{\vert}{C}=O$	Formaldehyd für Bindemittel
Ketone	$\cdots -\overset{O}{\overset{\Vert}{C}}-\cdots$	Aceton, Diethylketon für Lösemittel
Säuren	$\cdots -C\overset{O}{\underset{OH}{\diagdown}}$	Essigsäure für Lösemittel, Bindemittel
Ester	$\cdots -C\overset{O}{\underset{O-\cdots}{\diagdown}}$	Essigsäureethylester für Bindemittel
Ether	$\cdots -\overset{\vert}{\underset{\vert}{C}}-O-\overset{\vert}{\underset{\vert}{C}}\cdots$	Diethylether für Lösemittel

1 Funktionelle Gruppen der CH-Verbindungen

G.10 Umweltschutz

Hochwasserkatastrophen, wachsendes Ozonloch, weltweite Klimaveränderungen, Verschmutzung der Meere, Belastung der Grundwasservorräte, Zunahme der Schadstoffe in der Luft u. a., die Schäden an den natürlichen Lebensgrundlagen für Mensch, Tier- und Pflanzenwelt sind unübersehbar, sodass die Notwendigkeit des Umweltschutzes außer jeder Frage steht. Im Maler- und Lackiererhandwerk werden gesundheitsschädliche und umweltbelastende Stoffe verarbeitet. Diese lassen sich durch weniger belastende Werkstoffe ersetzen oder durch bewussten Verzicht reduzieren.

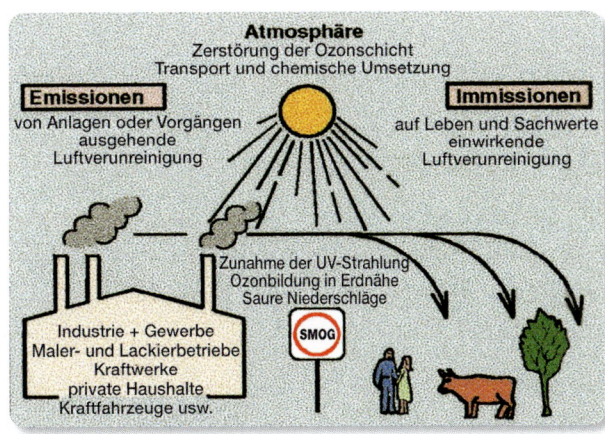

2 Emissionen – Immissionen

Die hierfür geltenden gesetzlichen Regelungen sind deshalb einzuhalten. Vor allem durch überlegtes Handeln kann man der ökologischen Verantwortung gerecht werden.

> Betrieblicher Umweltschutz zahlt sich aus
> * durch Einsparungen von
>   – Energiekosten
>   – Wasser- und Abwassergebühren
>   – Reinigungsmitteln
>   – Materialverbrauch
>   – Abfallgebühren und Entsorgungskosten
> * durch ökologische Kompetenz
>   – bei der Beratung der Kunden
>   – bei fachkundiger Ausführung umweltfreundlicher Beschichtungen
>   – bei Maßnahmen zur Einsparung von Energie
>   – als fortschrittlicher Betrieb mit umfassendem Umweltkonzept
> * durch einen guten Ruf
>   – fachkompetenter Mitarbeiter, die in der Lage sind, umweltgerecht zu arbeiten

Umweltschutz ist ein umfassender Begriff, der weit über die Möglichkeiten eines Betriebes hinausreicht, für den aber letztlich jeder Einzelne verantwortlich ist. In der Verantwortung eines Betriebes und seiner Mitarbeiter liegen vor allem die Schadstoffe, die von einem Betrieb in die Luft, den Boden oder in Gewässer gelangen können.

> Schadstoffe, die von Anlagen oder technischen Vorgängen in die Atmosphäre gelangen, werden als **Emissionen**[1] bezeichnet.

Sie sind die Ursache für Luftverunreinigungen.

> Einwirkungen auf Mensch, Tier- und Pflanzenwelt sowie auf Sachwerte, z. B. Untergründe und Anstriche, werden als **Immissionen**[2] bezeichnet.

Verursacherprinzip

> Wer Umweltbelastungen oder Umweltschäden verursacht, hat die Kosten für deren Vermeidung bzw. Beseitigung zu tragen.

Das Verursacherprinzip ist die Grundlage der Gesetze und Verordnungen zum Umweltschutz.

---

[1] Emission (lat. emissio = das Entsenden)
[2] Immission (lat. immissio = das Hineinlassen)

G.10.1 Nachhaltigkeit im Umweltschutz

> Die Natur muss dauerhaft intakt gehalten werden. Zustand und Wert des Naturvermögens soll an die kommenden Generationen so übergeben werden, wie es von den Eltern übernommen wurde.

Nachhaltig ist beispielsweise die Herstellung von Wärmedämmstoffen, wenn der gesamte Energieaufwand von der Rohstoffgewinnung über den Transport bis zur Herstellung und Entsorgung geringer ist als die erzielte Energieeinsparung und keine ökologischen Schäden durch Entsorgung und Emissionen zu erwarten sind. Nicht nachhaltig ist, wenn durch eine Absauganlage die Raumluft verbessert, dafür aber die Atmosphäre belastet wird.

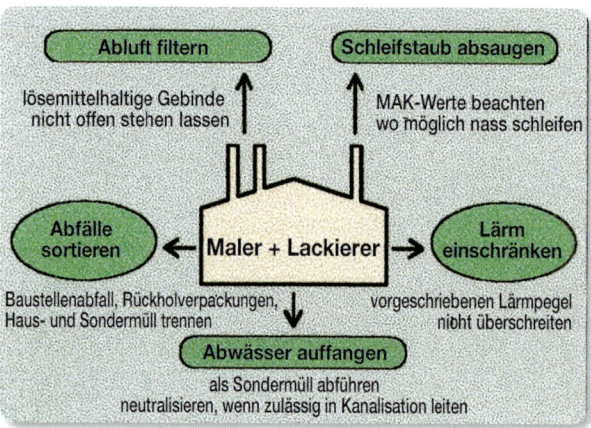

1 Umweltschutz im Maler- und Lackiererhandwerk

G.10.2 Maßnahmen zur Luftreinhaltung

♦ **Verringerung von Schadstoffen durch**
  – lösemittelfreie oder Stoffe mit geringem Lösemittelanteil, z. B. High Solid-Lacke
  – lösemittelhaltige Stoffe nicht offen stehen lassen
  – Recycling[1] verschmutzter Lösemittel durch Spritzverfahren mit geringer Spritznebelbildung, z. B. durch HVLP[2]-Spritztechnik
♦ **Verringerung von flüssigen und festen Bestandteilen**
  – Spritznebel durch Absaugfilter binden
  – Schleifmaschinen mit Staubabsaugung
  – wenn möglich, nass schleifen

---
[1] Recycling = Wiederverwertung
[2] HVLP = High Volume Low Pressure (Niedriger Druck bei hohem Volumen)

G.10.3 Maßnahmen zur Wasserreinhaltung

♦ **Gewässerschutz**
  – Säuren, Laugen, Reste von Beschichtungsstoffen, Löse- und Verdünnungsmittel, Abbeizmittel u. Ä. dürfen nicht ins Abwasser oder ins Grundwasser gelangen. Sonderabfälle vorschriftsmäßig entsorgen. Pinsel, Bürsten und Roller nicht an der Baustelle oder unter dem Wasserhahn auswaschen, sondern nur über dem Absetzbecken oder in der Reinigungsanlage.
♦ **Verringerung des Wasserverbrauchs**
  – Reinigungsanlagen mit Wasseraufbereitung, Farbschlämme ausfiltern
  – Brauchwasser mehrmals zum Reinigen verwenden
  – Hochdruckreinigen mit Wasserrückführung

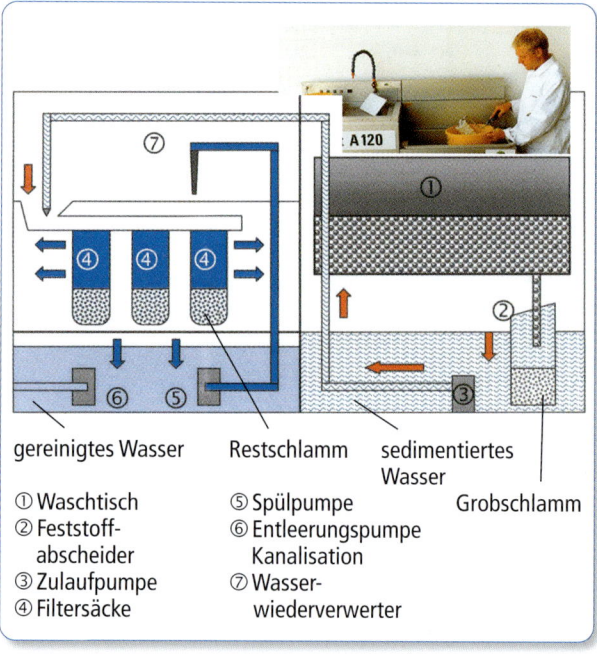

gereinigtes Wasser   Restschlamm   sedimentiertes Wasser

① Waschtisch   ⑤ Spülpumpe   Grobschlamm
② Feststoff-   ⑥ Entleerungspumpe
  abscheider   Kanalisation
③ Zulaufpumpe   ⑦ Wasser-
④ Filtersäcke   wiederverwerter

2 Abwasserreinigungsanlage

G.10.4 Abfallvermeidung

♦ **Sammeln und Sortieren von Wertstoffen**
  – Verpackungsmaterial aus Papier, Kunststofffolien, Styropor und Metall, Behälter von Gebinde aus Kunststoff, Metall
♦ **Wiederverwendung**
  – Abdeckfolien mehrfach verwenden
  – Rückgabe von Farbeimern aus Kunststoff
  – Verwertung durch den Hersteller

♦ **Verringerung von Abfällen**
  – Verzicht auf unnötiges Abkleben
  – Beschichtungsstoffe aufbrauchen
  – Metallbehälter verpressen
  – Farbreste eintrocknen lassen
  – Vermeidung von Sonderabfall
♦ **Vom Abfall her denken**

G.10.5 Gesetzliche Bestimmungen

Luftreinhaltung	
BImSchG	Bundesimmissionsschutzgesetz
TA Luft	Technische Anleitung zur Reinhaltung der Luft
TA Lärm	Technische Anleitung zum Schutz gegen Lärm
Gewässerschutz	
WHG	Wasserhaushaltsgesetz
AbwAG	Gesetz über Abgaben für das Einleiten von Abwasser in Gewässer (Abwasserabgabengesetz)
Boden	
AbfG	Gesetz zur Vermeidung, Verwertung und Beseitigung von Abfällen (Abfallgesetz)
VerpackV	Verpackungsverordnung
DSD	Duales System Deutschland (Einsammeln und Wiederverwerten von Wertstoffen)
TA Abfall	Technische Anleitung zur Abfallentsorgung
Arbeitsplatz	
GefStoffV	Gefahrstoffverordnung
TRGS	Technische Regeln für Gefahrstoffe
VbF	Verordnung über brennbare Flüssigkeiten
StGB	Strafgesetzbuch Straftaten gegen die Umwelt

G.10.6 Der Maler und Lackierer im Dienst der Umwelt

Die meisten Untergründe lassen sich dauerhaft nur durch Beschichtungen erhalten. So würde beispielsweise eine Stahlbrücke ohne Korrosionsschutzanstriche in wenigen Jahren zusammenrosten und ihre Tragfähigkeit schnell verlieren. Ohne Beschichtungen halten Holzkonstruktionen der Witterung nur bedingt stand. Selbst Beton benötigt einen Schutzanstrich. Die Erhaltung von Bauwerken, Fahrzeugen und anderen Sachwerten wäre ohne Beschichtungen nicht denkbar. Ein weiterer Bereich dient dem Einsparen von Energie. In der Bundesrepublik wird noch immer der größte Anteil der Energie für Heizzwecke verbraucht. Durch

sinnvolle Wärmedämmung kann der Bedarf an Heizenergie verringert und damit gleichzeitig die Luftbelastung und der CO_2-Gehalt reduziert werden. Ein vom Maler angebrachter Wärmedämmputz spart nicht nur wichtige, begrenzt vorhandene Rohstoffe, er hilft auch gegen den Treibhauseffekt, der durch die CO_2-Zunahme hervorgerufen wird.

Feuchte Wände leiten Wärme besser und führen zu unnötigem Wärmeverlust. Beschichtungen, die das Eindringen von Wasser oder Feuchtigkeit verhindern, tragen deshalb ebenfalls zum Schutz der Umwelt bei.

Beim Schutz von Sachwerten und der Einsparung von Heizenergie dient der Maler und Lackierer dem Schutz unserer Umwelt.

G.10.7 Umweltzeichen *Blauer Engel*

Ob ein Produkt umweltfreundlich ist, lässt sich bei der Vielzahl der Produkte, die sich auf dem Markt befinden, allenfalls vom Fachmann beurteilen. Um dem Verbraucher eine umweltfreundliche Kaufentscheidung zu ermöglichen, wurde das Umweltzeichen Blauer Engel eingeführt. Der Blaue Engel wird nach festgelegten Vergabekriterien des RAL[1] unter Beteiligung des Umweltbundesamtes und des Bundeslandes, in dem der Hersteller seinen Sitz hat, vergeben. Der Grund für die Vergabe wird im Zeichen angegeben. Um als schadstoffarm zu gelten, dürfen wasserverdünnbare Dispersionslacke noch bis zu 10 Prozent Lösemittel, High Solid-Lacke bis zu 15 Prozent enthalten.

Ausgezeichnet werden nur Stoffe, die zur Umweltentlastung beitragen. Anstrichstoffe, die bisher keine Umweltbelastung dargestellt haben, wie beispielsweise Dispersionen, werden nicht mit dem *Blauen Engel* ausgezeichnet.

---

[1] *RAL = Deutsches Institut für Gütesicherung und Kennzeichnung (vormals Reichsausschuss für Lieferbedingungen)*

G.10.8 Das EU-Umweltzeichen

Das *E-Zeichen* wird für Erzeugnisse verliehen, die während ihrer gesamten Lebensdauer, von der Entwicklung und Herstellung über den Vertrieb bis zum Verbrauch, geringere ökologische Auswirkungen haben als vergleichbare Produkte. Gemessen wird dies am Abfallaufkommen, der Beeinträchtigung von Boden, Wasser und Luft sowie am Energieverbrauch und dem Verbrauch von natürlichen Rohstoffen. Das *E-Zeichen* wird national vergeben. In Deutschland ist die gleiche Jury zuständig wie für den *Blauen Engel*.

G.10.9 VOC[1]-Richtlinie

Mit dieser Richtlinie sollen Lösemittelemissionen, die zum Entstehen des bodennahen schädlichen Ozons beitragen, europaweit reduziert werden. Danach dürfen nur noch lösemittelfreie bzw. lösemittelreduzierte Werkstoffe verwendet werden.

Aufgaben

1. Welche Folgen hat das Verursacherprinzip im Umweltschutz?
2. Erklären Sie anhand von Beispielen, dass Umweltschutz nicht nur Geld kostet, sondern sich auch bezahlt macht.
3. Wie lassen sich in einem Betrieb die Schadstoffemissionen verringern?
4. Worauf ist beim Gewässerschutz besonders zu achten?
5. Sie erhalten den Auftrag, Abfälle möglichst zu vermeiden. Wie können Sie diesen Auftrag ausführen?
6. Wie lässt sich Nachhaltigkeit im Umweltschutz verwirklichen?

Zur praktischen Anwendung

Untersuchen Sie am Beispiel Ihres Betriebes die Anwendung von Umweltschutzmaßnahmen und stellen Sie fest, welche umweltschonenden Werkstoffe eingesetzt werden und wie die Kunden auf diese Vorkehrungen reagieren.

[1] *VOC = volatile organic compounds (Europäische Richtlinie zur Reduktion der Lösemittelemissionen, seit 2001 Bestandteil des BImSchG)*

Kundenauftrag

Landkreis
Rottweil

Malerbetrieb Roth GmbH
Gewerbepark 136
45131 Essen

Bauverwaltung
Königstraße 36
78628 Rottweil
Tel. 0741 284-10
Fax 0741 284-15
info@ik-rw.de

Ihr Zeichen	Ihre Nachricht	Unser Zeichen	Datum

Auftragsvergabe

Sehr geehrter Herr Roth,

nach Auswertung der Angebote zur Beschichtung metallischer Untergründe am Berufschulzentrum in Schramberg erhalten Sie den Auftrag.

Gesamtpreis: 5.250,80 €

Folgende Arbeiten sind durchzuführen:

1. Korrosionsschutzbeschichtung einer Arbeitsbühne am Kamin des Gebäudes

2. Korrosionsschutzbeschichtung einer Außentür aus verzinktem Stahlblech

3. Dacheinfassung des Flachdaches aus Aluminiumblech beschichten

Wir erwarten eine termingerechte und fachlich einwandfreie Ausführung der angebotenen Leistungen.

Mit freundlichen Grüßen
Für die Bauverwaltung

Erwin Maier

Erwin Maier

LF 1

Objektbeschreibung

Das Berufsschulzentrum mit seinen Werkstätten wurde 1969 als reiner Zweckbau in der damals üblichen Beton-bauweise errichtet. Die Fassade besteht aus Waschbe-ton-Fertigteilen. Das Metalldach und die Dacheinfassung sind aus dunkelgrau beschichtetem Aluminiumblech gefertigt.

- Die verzinkte Arbeitsbühne an dem ca. 9 m hohen Kamin ist unterschiedlich stark von Rost befallen. Der Kaminfeger sieht bei einem Weiterrosten seine Arbeitssicherheit gefährdet. Er verlangt deshalb vom Eigentümer, für die Arbeitssicherheit zu sorgen. Der Rost ist durch geeignete Verfahren zu entfernen und die Arbeitsbühne durch eine Beschichtung gegen Korrosion zu schützen. Die Beschichtung ist an die verzinkte Oberfläche der Stahlteile anzupas-sen.
- Die Beschichtung der Dacheinfassung ist durch Wet-tereinflüsse vor allem auf der Westseite abgewit-tert und zeigt eine weißliche Salzbildung.
- Die Dacheinfassung ist in dem ursprünglichen Farb-ton neu zu beschichten.
- Die Fluchttür aus Stahlblech zeigt ebenfalls Roststel-len. Diese sind zu entfernen. Anschließend soll die Tür durch eine Beschichtung gegen Korrosion geschützt werden.

2a Kamin mit Arbeitsbühne

2b Detailansicht

1 Westseite des Berufsschulzentrums

3 Fluchttür

4 Vergrößerung

Lernsituation 1
Baustelle einrichten und einen sicheren Arbeitsplatz schaffen

Informationsbeschaffung

Aus der Objektbeschreibung wissen wir, dass sich die Arbeitsbühne in ca. 9 m Höhe befindet. Der Kamin ist von einem Parkplatz umgeben, der mit Autos belegt ist. Gebäude und Kamin grenzen an einen Zufahrtsweg.

- Informieren Sie sich, wie die Baustelle eingerichtet werden kann, ohne die parkenden Autos zu beschädigen oder Passanten zu gefährden.
- Wer sind die Ansprechpartner für die Auftragsplanung, die Arbeitsanweisungen und die Auftragsabwicklung?
- Welche Vorschriften sind bei der Einrichtung der Baustelle zur Verhütung von Unfällen und für den Gesundheits- und Umweltschutz zu beachten?

Landkreis
Rottweil

Bauverwaltung
Königstraße 36
78628 Rottweil
Tel. 0741 284-10
Fax 0741 284-15
info@ik-rw.de

MERKBLATT

zur Oberflächenbehandlung von Außenanlagen und baulichen Anlagen

Amt für Immissionsschutz und Betriebe

Fachamt für Energieversorger,

Chemiebetriebe Abwasserversorger und

Umweltschutz

Referat IB 232

1 Baustellenverordnung

Planung

Damit die Baustelle zügig und störungsfrei eingerichtet werden kann, müssen wir überlegen, wie wir dabei am besten vorgehen.

- Planen Sie im Team, wie Sie auf die Baustelle hinweisen können und wie Sie beim Absperren vorgehen.
- Überlegen Sie, welche Anschlüsse an der Baustelle notwendig sind.
- Listen Sie die einzelnen Schritte für die Einrichtung der Baustelle der Reihe nach auf.

Die Entrostungs- und Beschichtungsarbeiten können von einem zuvor aufgestellten Arbeitsgerüst oder von einer Hubarbeitsbühne aus durchgeführt werden.

- Entscheiden Sie, ob Sie eine Hubarbeitsbühne oder ein Gerüst einsetzen. Beachten Sie dabei die unterschiedlichen Standkosten.
- Prüfen Sie, ob ein Steckrahmengerüst oder eine Hubarbeitsbühne für die Durchführung der notwendigen Arbeiten besser geeignet ist.
- Begründen Sie Ihre Entscheidung.

2 Hubarbeitsbühne (Fa. BERTRAM, Hannover)

Durchführung

Um auf einer Hubarbeitsbühne oder einem Gerüst gefahrlos arbeiten zu können, müssen diese sicher aufgestellt werden.

- Welche Unfallverhütungsvorschriften müssen Sie beim Aufstellen und beim Abbau von Hubarbeitsbühnen oder Steckrahmengerüsten beachten?
- Welche Regeln und Vorschriften müssen Sie beim Arbeiten auf Hubarbeitsbühnen oder auf Gerüsten unbedingt einhalten?
- Durch welche Schutzmaßnahmen können Sie die Umgebung beim Entrosten gegen auftretenden Flugrost, Schleifstaub oder Funkenflug schützen?

Kontrolle

Bevor eine Hubarbeitsbühne oder ein Gerüst benutzt wird, überprüfen wir, ob diese sicher aufgestellt wurden.

- Warum ist eine solche Überprüfung notwendig?
- Worauf achten Sie bei Ihrer Kontrolle besonders?

Dokumentation und Präsentation

Für die durchgeführte Prüfung und Kontrolle zur Einhaltung der Sicherheitsstandards wird eine Checkliste verwendet. Dies muss als Protokoll aufbewahrt werden. Ihr Teamleiter möchte von Ihnen wissen, warum dies sinnvoll ist.

- Erläutern Sie den Sinn und Zweck, die geleistete Arbeit und die eingehaltenen Sicherheitsstandards zu dokumentieren.
- Erläutern Sie auf Rückfragen dem Kunden, warum Sie sich für eine Hubarbeitsbühne oder für ein Steckrahmengerüst entschieden haben.

Lernsituation 2
Vorarbeiten durchführen: Entrostung

1 Vergrößerte Darstellung der Arbeitsbühne

Informationsbeschaffung

Die vergrößerte Abbildung zeigt, dass die Arbeitsbühne aus einer Profilstahlkonstruktion mit einem Gitterrostboden besteht, die unterschiedlich stark verrostet sind.

- Informieren Sie sich, wie die Arbeitsbühne von Rost befreit werden kann.
- Stellen Sie anhand der Abbildung 1 die Rostgrade nach DIN EN ISO 12944 fest.

Planung

Für die Entrostung und die anschließende Beschichtung sind im Stahlbau bestimmte Reinheitsgrade erforderlich.

- Bestimmen Sie die Reinheitsgrade für die Entrostung der Arbeitsbühne.
- Planen Sie im Team, welche Entrostungsverfahren für die Profilstahlkonstruktion und die Gitterroste sinnvoll sind.

Durchführung

Zur Entrostung und Reinigung der Arbeitsbühne müssen Sie Werkzeuge, Maschinen und Einrichtungen an der Baustelle zur Verfügung haben.

- Legen Sie im Team die notwendigen Werkzeuge, Maschinen und Geräte fest, die Sie zum Entrosten und Reinigen benötigen.
- Welche Schutzmaßnahmen müssen Sie für sich selbst und für die Umgebung bei der Durchführung der Entrostung treffen?
- Welche Unfallverhütungsvorschriften sind dabei zu beachten?

Kontrolle

Zur Überprüfung von Untergründen nutzen wir die im Maler- und Lackiererhandwerk üblichen Prüfmethoden.

- Bestimmen Sie die zur Untersuchung der Arbeitsbühne notwendigen Prüfverfahren.
- Begründen Sie, wozu Sie die ausgewählten Prüfverfahren einsetzen.

Dokumentation und Präsentation

Damit die zur Entrostung zu beachtenden Normen, Vorschriften und Sicherheitsmaßnahmen nicht bei vergleichbaren Kundenaufträgen jedes Mal neu zusammengestellt werden müssen, listen wir diese in Tabellenform auf. Wenn Sie hierzu entsprechende Programme auf Ihrem Computer nutzen, können Sie Ihre Liste als Datei abspeichern, wenn nötig ergänzen und im Bedarfsfall abrufen.

- Stellen Sie Ihre Vorgehensweise und Ihre zusammengestellte Auflistung Ihrer Klasse vor.
- Erläutern Sie dabei, welche Gründe Sie für die Auswahl der festgelegten Entrostungsverfahren bewogen haben.
- Erklären Sie, warum Sie die festgelegten Werkzeuge, Maschinen und Einrichtungen für notwendig halten.

Lernsituation 3
Hauptarbeiten durchführen: Korrosionsschutz auftragen

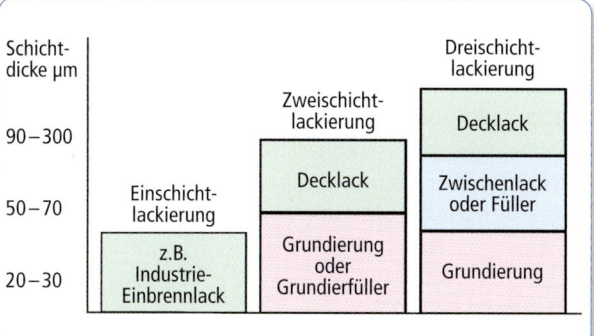

1 Aufbau von Beschichtungen

Informationsbeschaffung

Im Aufstieg zur Arbeitsbühne ist die verzinkte Oberfläche noch vollständig erhalten. In diesem Bereich ist kein Rost sichtbar. Offenbar schützt Zink gegen Korrosion.
Die Arbeitsbühne soll auf Wunsch des Kunden an die Zinkbeschichtung des Aufstiegs angepasst werden. Mit einer Zinkstaubbeschichtung lässt sich dies am besten verwirklichen. Wenn Sie den Aufbau einer solchen Beschichtung nicht kennen, empfiehlt es sich, in den Technischen Richtlinien für Maler- und Lackiererarbeiten nachzusehen.

- Informieren Sie sich im Merkblatt Nr. 4 über Zinkstaubbeschichtungen.
- Welche Schichtdicke ist nach diesem Merkblatt nötig, damit keine weitere Deckbeschichtung notwendig ist?
- Erarbeiten Sie im Team den Aufbau von Zinkstaubfertigbeschichtungen anhand des Technischen Merkblatts Nr. 4.
- Welche Beschichtungssysteme stehen Ihnen nach den Technischen Richtlinien des Merkblatts zur Verfügung?

Planung

Planen Sie im Team die Arbeitsschritte zur Herstellung einer Zinkstaubfertigbeschichtung.

- Erstellen Sie einen Arbeitsplan, in dem die einzelnen Arbeitsschritte für die Beschichtung mit einem Zweikomponenten-System festgehalten sind.
- Planen Sie im Team, welche Werkzeuge, Maschinen und Einrichtungen für die Beschichtung notwendig sind.
- Erarbeiten Sie gemeinsam eine Checkliste, um bei einem vergleichbaren Auftrag schneller handeln zu können.

Durchführung

Für das Auftragen der Beschichtung eignen sich nicht alle Farbauftragsverfahren gleich gut.
Bei der Beschichtung der Arbeitsbühne können Sie zwischen den Auftragsverfahren Streichen, Rollen oder Spritzen wählen.

- Begründen Sie, für welchen Zweck Sie die einzelnen Auftragsverfahren anwenden.
- Wie lässt sich die erforderliche Schichtdicke erzielen?
- Welche Temperatur darf bei der Beschichtung mit einem Zweikomponenten-System nicht unterschritten werden?

Kontrolle

Die Schichtdicke ist ein wichtiger Faktor für die Haltbarkeit der Korrosionsbeschichtung.

- Mit welcher Prüfmethode lässt sich die Schichtdicke messen?

Dokumentation und Präsentation

Der Kunde möchte nach Fertigstellung der Arbeitsbühne wissen, wie Sie die Arbeiten durchgeführt haben. Darauf haben Sie sich bereits vorbereitet, indem Sie die einzelnen Arbeitsschritte notiert und die beim Prüfen des Untergrundes und der Beschichtung erzielten Ergebnisse dokumentiert haben.

- Erarbeiten Sie aus diesen Unterlagen im Team eine Präsentation.
- Wählen Sie hierzu gemeinsam eine sinnvolle Präsentationsmethode.
- Stellen Sie die Ausarbeitung Ihrer Klasse vor, beantworten Sie Fragen und nehmen Sie kritische Äußerungen positiv auf.

LF 1

Lernsituation 4
Hauptarbeiten durchführen: Dacheinfassung aus Aluminium beschichten

1 Dacheinfassung aus Aluminiumblech (Ausschnitt)

Informationsbeschaffung

Die Beschichtung der Dacheinfassung des Gebäudes ist besonders auf der Westseite stark abgewittert. Deutlich sichtbar hat sich ein weißer Salzbelag gebildet.
- Warum ist die ursprüngliche Beschichtung besonders an der Westseite des Gebäudes beschädigt?
- Informieren Sie sich, wie das Aluminiumblech fachmännisch gereinigt wird.
- Warum darf hierzu keine alkalische Netzmittelwäsche mit Ammoniaklösung wie beispielsweise bei verzinktem Blech verwendet werden?

Planung

Planen Sie im Team den Anstrichaufbau der Beschichtung. Durch die UV-Strahlung der Sonne, durch Regen, Hagel und Schnee ist die Beschichtung hohen Anforderungen ausgesetzt.
- Warum müssen Sie für das Aluminiumblech ein spezielles Grundiermittel verwenden?
- Wählen Sie für den Anstrichaufbau einen Lack aus, der den hohen Anforderungen gerecht wird.
- Begründen Sie Ihre Auswahl.
- Welche Werkzeuge müssen Sie zum Reinigen und Beschichten bereitstellen?

Durchführung

Das zur Durchführung der Reinigungs- und Beschichtungsarbeiten erforderliche Gerüst wurde von einer Fachfirma aufgestellt, sodass Sie sofort mit den notwendigen Malerarbeiten beginnen können.
Welche Untergrundprüfung führen Sie vor der Reinigung durch?
- Beschreiben Sie die Reinigung des Aluminiumblechs.
- Worauf müssen Sie bei der Verwendung von Zweikomponenten-Lacken achten?
- Welche Werkzeuge verwenden Sie zum Beschichten der Dacheinfassung?

Kontrolle

Nach Abschluss der Beschichtungsarbeiten kontrollieren Sie die Qualität Ihrer Arbeit.
- Worauf achten Sie bei der Kontrolle der Beschichtung besonders?
- Warum vergleichen Sie nach Abschluss der Arbeiten den geplanten Zeitbedarf mit der benötigten Zeit?

Dokumentation und Präsentation

Die beiden Bilder zeigen, dass eine Beschichtung dem Schutz und der Erhaltung von Sachwerten dient und gleichzeitig zur Verschönerung beiträgt.
- Stellen Sie im Team die Vorgehensweise bei der Durchführung der Arbeiten stichwortartig zusammen.
- Legen Sie fest, welche Entscheidungen für die durchzuführenden Arbeiten besonders wichtig sind.
- Nutzen Sie die Bilder, die den alten und den renovierten Zustand zeigen, um Ihre Arbeit vorzustellen und zu erläutern.

2 Alter Zustand   3 Renovierter Zustand

Lernsituation 5
Hauptarbeiten durchführen: Stahltür beschichten

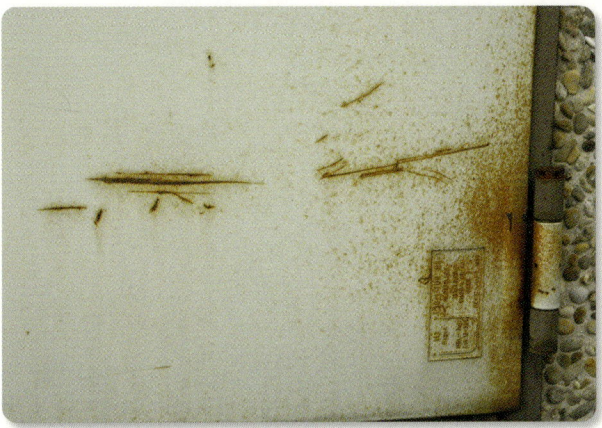

1 Tür aus Stahlblech (Ausschnitt)

Informationsbeschaffung

Die Beschichtung der Fluchttür aus Stahlblech ist beschädigt. Deutliche Roststellen sind sichtbar. Ein Korrosionsschutzanstrich ist deshalb dringend erforderlich.

- Bestimmen Sie anhand der Abbildung den Rostgrad nach DIN EN ISO 4628-3.
- Überlegen Sie im Team, welches Entrostungsverfahren Sie einsetzen wollen.
- Diskutieren Sie gemeinsam, welchen Reinheitsgrad Sie der Entrostung zugrunde legen. Bedenken Sie dabei, dass die Fluchttür keine tragende Funktion hat. Die Beschichtung muss gegenüber einer neuen Tür noch wirtschaftlich sein.

Planung

Planen Sie im Team den Arbeitsablauf und stellen Sie die notwendigen Arbeitsschritte der Reihe nach in folgender Tabelle dar:

Nr.	auszuführende Arbeit	geschätzter Zeitbedarf	geschätzte Kosten

- Stellen Sie gemeinsam in einer Liste zusammen, welche Werkzeuge und Geräte Sie zur Durchführung der gesamten Arbeit benötigen.

- Bestimmen Sie die Anstrichstoffe, die Sie für die Grundierung, Zwischen- und Deckbeschichtung einsetzen.

Durchführung

Aus wirtschaftlichen Gründen entfernen Sie die alte Beschichtung und die Roststellen maschinell.

- Welche Schutzmaßnahmen müssen Sie für sich selbst und für die Umgebung treffen?
- Welche Unfallverhütungsvorschriften sind dabei zu beachten?
- Für die Beschichtung eignen sich Rollen, Streichen und Spritzen. Begründen Sie, welches Applikationsverfahren Sie einsetzen.

Kontrolle

Bevor wir dem Kunden unsere Arbeit vorstellen, überprüfen wir diese zum Abschluss.

- Auf welche Gesichtspunkte achten wir dabei besonders?

Dokumentation und Präsentation

Nach Abschluss aller Arbeiten werden diese dem Kunden nochmals vorgestellt, damit er den Auftrag abnehmen kann. Als Grundlage unserer Präsentation erstellen wir eine Dokumentation, in der wir die wichtigsten Arbeitsgänge zusammenfassen.

- Stellen Sie mit Ihrem Team eine Auflistung der durchgeführten Arbeiten zusammen.
- Nutzen Sie diese, um dem Kunden bei der Auftragsabnahme die Ausführung zu erläutern.

Zum Abschluss wollen wir gerne wissen, ob der Kunde mit uns und unserer Arbeit zufrieden war.

- Führen Sie zur Übung der Präsentation in Ihrem Team ein Rollenspiel durch, in dem Sie wechselweise die Rolle des Kunden bei der Abnahme übernehmen.
- Erarbeiten Sie hierzu einen Fragebogen mit ca. zehn Fragen, den Sie nach Abschluss der Auftragsabnahme dem Kunden übergeben.

1 Metallische Untergründe bearbeiten

1.1 Arbeiten auf Gerüsten

Beim Auf- und Abbauen, gegen herabfallende Gegenstände u. a. sind an Gerüsten Schutzhelm und Schutzschuhe zu tragen.

Schutzhelm tragen

Schutzschuhe tragen

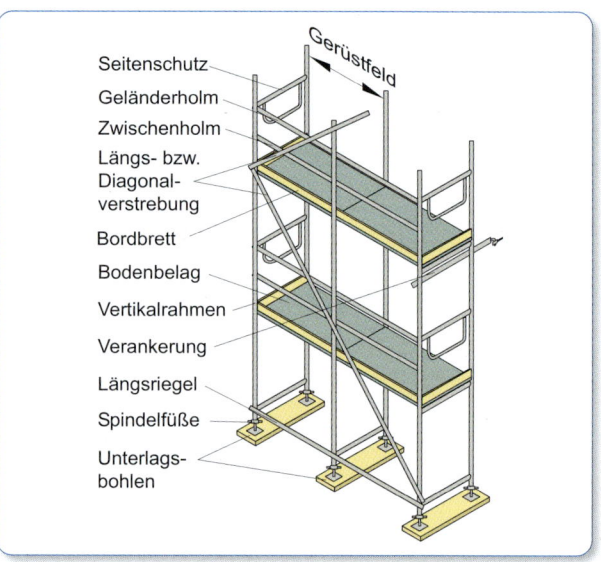

Seitenschutz
Geländerholm
Zwischenholm
Längs- bzw. Diagonalverstrebung
Bordbrett
Bodenbelag
Vertikalrahmen
Verankerung
Längsriegel
Spindelfüße
Unterlagsbohlen

3 Bauteile eines Systemgerüstes und deren Benennung

1.1.1 Steckrahmengerüste

Steckrahmengerüste sind Systemgerüste aus Stahl- oder Aluminiumrohr, die an den Verbindungsstellen ineinandergesteckt und mit Kupplungen, Stoßbolzen oder Keilverschlüssen verbunden werden.

Die technisch ausgereiften und sicherheitsgeprüften Systeme (Zeichen GS-geprüfte Sicherheit) lassen sich schnell und einfach aufbauen. Sie sind deshalb heute die meistverwendeten Arbeits- und Sicherheitsgerüste. Beim Aufbau müssen die Richtlinien der Hersteller und die Unfallverhütungsvorschriften eingehalten werden.

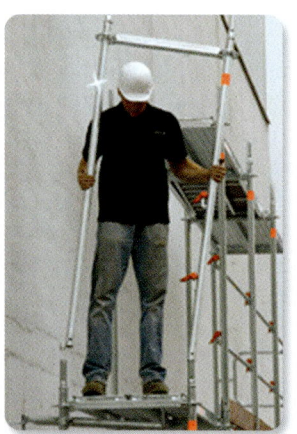

1 Gerüstbau

2 Steckrahmengerüst

Steckrahmengerüste bestehen aus Vertikal- und Horizontalrahmen. Der Gerüstbelag ist meist mit dem Horizontalrahmen zu einem Gerüstboden verbunden. Für den sicheren Aufstieg innerhalb des Gerüsts stehen Horizontalrahmen mit Durchstiegen und eingebauten Leitergängen zur Verfügung.

Aufstellung von Steckrahmengerüsten

Das Gerüst darf nur auf ausreichend tragfähigem Untergrund aufgestellt werden. Sonst sind lastverteilende Unterbauten (z. B. Bohlen) vorzusehen.

Der Aufbau beginnt am höchsten Punkt der Aufstellebene. Unter jedem Gerüststiel der Vertikalrahmen ist ein Spindelfuß oder Fußstück anzuordnen. Für Höhensprünge sind Ausgleichsständer oder Ausgleichsrahmen vorzu-

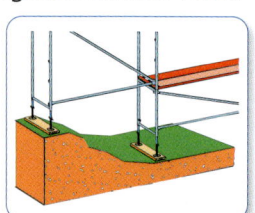

sehen. Zur Montagehilfe wird bereits im ersten Gerüstfeld ein Schutzgeländer angelegt, das nach Montage der Diagonalen und dem Einlegen des Gerüstbodens wieder entfernt werden kann. Die weiteren Gerüstfelder werden durch Höhenausgleich waagerecht in der gleichen Weise angefügt. Für fünf Gerüstfelder ist eine Diagonale einzubauen. In der zweiten Ebene werden zuerst zwei Vertikalrahmen mit Geländer- und Zwischenholm verbunden und danach weitere Vertikalrahmen gesetzt. Nachdem die Gerüstbeläge einge-

hängt und die Bordbretter befestigt sind, kann die nächste Etage errichtet werden. Die Verankerung im Bauwerk hängt von der Aufbauvariante, den Verankerungskräften und den Richtlinien im Zulassungsbescheid ab.

Deshalb muss der Zulassungsbescheid an der Verwendungsstelle vorhanden sein.

Die Verankerung wird durch innen oder beidseitig am Vertikalrahmen befestigte Gerüsthalter mit Befestigungsschrauben von mindestens 12 mm Durchmesser und den entsprechenden Dübeln mit der Fassade verbunden.

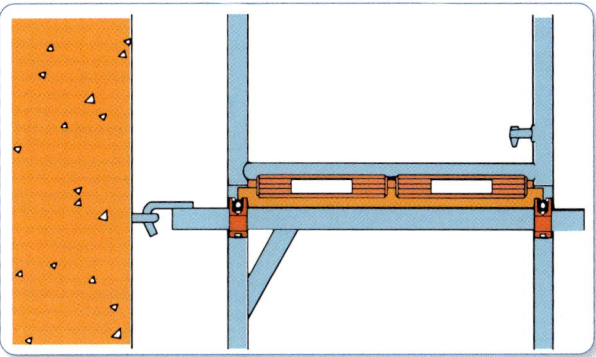

1 Verankerung des Gerüstes

1.1.2 Fahrbare Gerüste

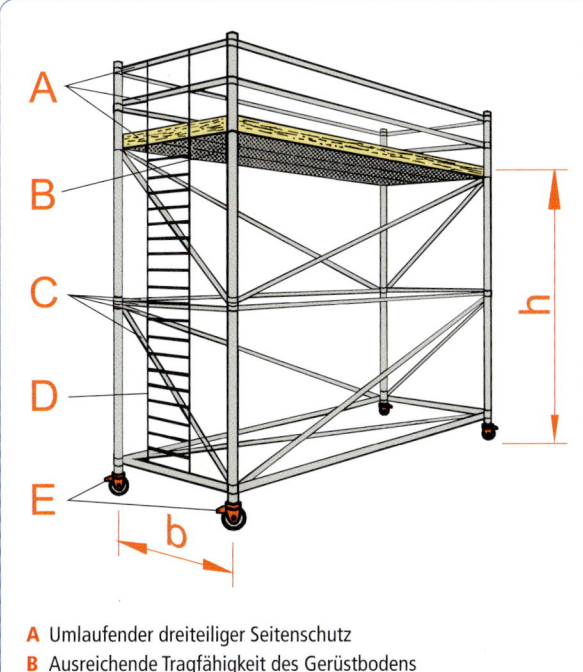

A Umlaufender dreiteiliger Seitenschutz
B Ausreichende Tragfähigkeit des Gerüstbodens
C Diagonal-, Längs- und Querverstrebungen
D Leiteraufstieg fest mit dem Gerüst verbunden, wegen der Kippgefahr auf der schmalen Seite
E Laufrollen müssen feststellbar und gegen Verlieren oder Herausfallen gesichert sein

2 Fahrgerüst

> **Achtung!**
> Nur auf gesicherten Gerüsten arbeiten.
> Bei fahrbaren Gerüsten sind zur Standsicherheit die Spindelteller auszufahren und alle Laufrollen festzustellen bzw. zu blockieren.

Konstruktive Anforderungen für Fahrgerüste

Für die Standsicherheit von fahrbaren Gerüsten ist das Verhältnis von Schmalseite (Breite) zur Belagshöhe maßgebend.

Danach gelten fahrbare Gerüste als standsicher, wenn
♦ im Innenraum $b : h = 1 : 4$
♦ und für außen $b : h = 1 : 3$
beträgt.

Diagonale Verstrebungen sind zur Aussteifung der Flächen notwendig.

Die Laufrollen müssen feststellbar und gegen Verlieren oder Herausfallen gesichert sein.

Ein sicherer Aufstieg ist wegen der Kippgefahr am besten auf der Schmalseite durch fest mit dem Gerüst verbundene Leitergänge oder Steigeleitern möglich. Anlegeleitern sind nicht zulässig.

Der Gerüstbelag muss ausreichend unterstützt sein und ausreichende Stärke haben.

Nach allen vier Seiten ist ein Seitenschutz aus Geländerholm, Zwischenholm und Bordbrett erforderlich (Rundumschutz).

Fahrbare Gerüste dürfen nur auf ebenen, festen Standflächen eingesetzt werden.

> **Verhaltensregeln für die Benutzung**
> • Beim Verfahren darf sich niemand auf dem Gerüst aufhalten.
> • Fahrbare Gerüste nur langsam verfahren.
> • Vor dem Verfahren lose Teile gegen Herabfallen sichern.
> • Zum Verfahren Spindelteller so knapp wie möglich lüften.
> • Nur in Längsrichtung oder über Eck verfahren.
> • Jeglicher Anprall ist zu vermeiden.
> • Beim Arbeiten nicht gegen den Seitenschutz stemmen.
> • Bei starkem Wind und bei Arbeitsende muss das Gerüst gegen Umstürzen gesichert werden.

1.1.3 Leitergerüste

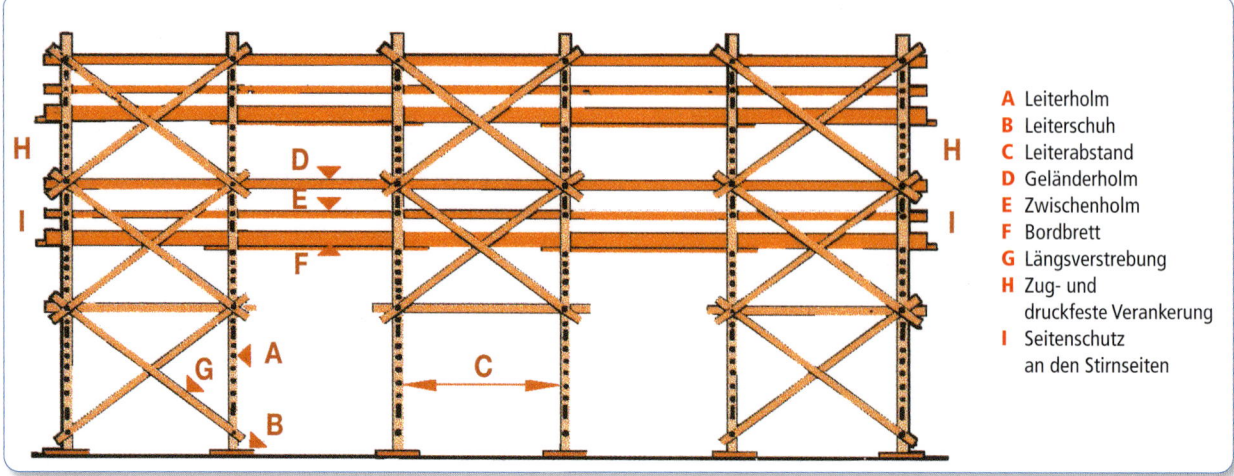

A Leiterholm
B Leiterschuh
C Leiterabstand
D Geländerholm
E Zwischenholm
F Bordbrett
G Längsverstrebung
H Zug- und
   druckfeste Verankerung
I Seitenschutz
   an den Stirnseiten

1 Leitergerüst (Fassadengerüst)

Leitergerüste, soweit sie nicht zwischenzeitlich abgelöst sind durch Steckrahmengerüste, dienen u. a. zum Einrüsten von Fassaden. Die hölzernen Gerüstleitern werden auf Leiterschuhen oder Unterlagen so aufgestellt, dass beide Holme den Druck gleichmäßig auf die Standfläche übertragen. Die **Fußpunkte** müssen stabile, unverrückbare Unterlagen sein, die nicht einsinken können, z. B. Bohlen oder Kanthölzer.
Der Abstand zum Bauwerk soll 30 cm betragen. Bei größerer Distanz ist ein Innenschutz erforderlich. Die **Gerüstfeldlänge** hängt von der Abmessung der Belagsdielen ab, er darf 2,75 m nicht überschreiten. Bei Verlängerungen müssen sich die beiden Gerüstleitern mindestens 2,00 m überdecken. Sie müssen mit je zwei Leiterklammern oben und unten an der Überdeckung verschraubt werden. Die obere Leiter ist mit zwei Leiterhaken an den Stahlsprossen der unteren Leiter einzuhängen. Die **Verankerung** dient der Standsicherheit des Gerüstes. Die feste Verbindung zum Bauwerk wird durch zug- und druckfeste Dübelarme oder Absteifer nach DIN 4420-2 mit Dübeln und Ringschrauben in Abständen von ca. 4 m hergestellt. Die Belagsdielen müssen mindestens 4 cm dick sein; sie sollen den Raum zwischen den Holmen voll ausfüllen und nicht mehr als 30 cm über die letzte Leiter hinausragen. Wie bei allen Gerüsten ist ab 2,00 m Standhöhe ein dreiteiliger Seitenschutz aus Geländerholm, Zwischenholm und Bordbrett vorgeschrieben. Der Geländerholm soll 1,00 m über dem Gerüstbelag befestigt werden und das Bordbrett 10 cm über dem Gerüstbelag abschließen. Der lichte Abstand von Bordbrett zum Zwischenholm darf 40 cm nicht unterschreiten.

Zur Stabilisierung müssen in jedem Gerüstfeld kreuzweise **Längsverstrebungen** über die gesamte Höhe angebracht und mit den Gerüstleitern verschraubt werden. Die Längsverstrebungen müssen entsprechend dem Zulassungsbescheid über der gesamten Gerüstfläche angeordnet werden.

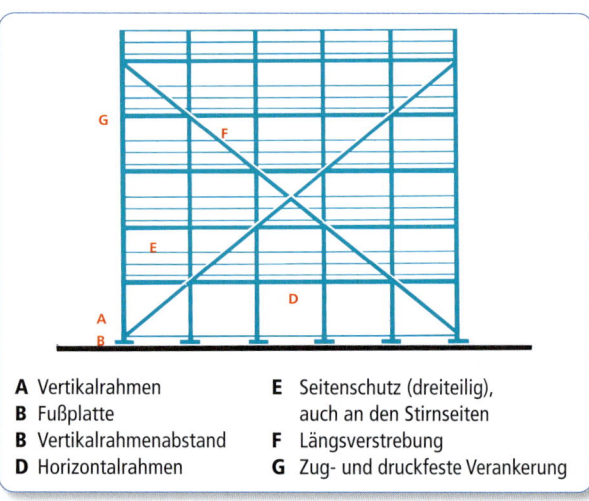

A Vertikalrahmen   E Seitenschutz (dreiteilig),
B Fußplatte   auch an den Stirnseiten
B Vertikalrahmenabstand   F Längsverstrebung
D Horizontalrahmen   G Zug- und druckfeste Verankerung

2 Steckrahmengerüst (Fassadengerüst)

1.1.4 Hubarbeitsbühnen

Hubarbeitsbühnen werden zunehmend eingesetzt. Sie sind in wenigen Augenblicken betriebssicher aufgestellt. Die Arbeitszeit, die für den Auf- und Abbau von Gerüsten sonst notwendig wäre, entfällt. Die Standkosten von Hubarbeitsbühnen sind im Allgemeinen erheblich höher als die von Gerüsten.

1 Arbeitsbühne

Deshalb ist es eine Kostenfrage, ob eine Hubarbeitsbühne oder ein Gerüst wirtschaftlich sinnvoll ist. Außer diesen Kostenüberlegungen geben die vielseitigen Verwendungsmöglichkeiten immer öfter den Ausschlag für den Einsatz von Hubarbeitsbühnen. Mit ihnen lassen sich große Höhen mühelos überwinden. Vor allem ermöglichen sie den Einsatz über Hindernisse hinweg, ohne den fließenden Verkehr zu behindern. Ihre Verwendung bietet sich insbesondere bei Reinigungsarbeiten, Wartungs- und Beschichtungsarbeiten an Fassaden, Brücken, Masten, Dachrinnen usw. an, für die nur kurze Zeit an derselben Stelle gearbeitet werden muss.

Für Arbeiten mit schwerem Gerät oder hohem Materialaufwand eignen sich Hubarbeitsbühnen dagegen nicht.

Je nach Tragfähigkeit und maximaler Ausfahrhöhe sind Hubarbeitsbühnen direkt mit dem Fahrzeug, meist Lkw, verbunden oder als Anhängerarbeitsbühne ausgebildet.

Sie unterscheiden sich in drei Typen:
♦ Gelenk-Teleskop-Arbeitsbühnen
♦ Scherenarbeitsbühnen
♦ Arbeitsbühnen auf ausfahrbaren Masten

Unfallverhütungsvorschriften
- Absperrung von Gefahrenbereichen unterhalb der Arbeitsbühne.
- Bedienung nur durch eine sachkundige verantwortliche, mindestens 18 Jahre alte Person.
- Maximale Korbzuladung beachten.
- Arbeitsbühne nur bei ausgefahrener, standsicherer Verankerung benutzen.
- Jährliche Überprüfung durch einen Sachverständigen.

1.2 Umgang mit elektrischen Geräten, Maschinen und Anlagen

Die Gefährlichkeit des elektrischen Stroms wird oft unterschätzt und führt deshalb zu vermeidbaren Unfällen, schlimmstenfalls mit Todesfolge. Die Gefahr geht vor allem von der vorhandenen Stromstärke und dem möglichen Stromfluss durch den Menschen aus. Je geringer der Widerstand durch Kleidung, Schuhwerk, Fußboden, Untergrund usw. ist, umso größer ist der Stromfluss und somit die Gefahr. Der Stromfluss führt an den Ein- und Austrittsstellen des Körpers zu Verbrennungen. Durch den elektrischen Strom wird die Zellflüssigkeit zersetzt. Es kommt zu Vergiftungserscheinungen. Fließt der Strom über das Herz, kann ein Wechselstrom mit einer Frequenz von üblicherweise 50 Hz den Herzmuskel aus seinem natürlichen Rhythmus bringen. Gegenüber ca. einmal pro Sekunde wird das Herz angeregt, hundertmal schneller zu schlagen. Dies führt zum Herzkammerflimmern und schließlich zum Herzstillstand.

Bei der Stromstärke werden Ströme mit 25 mA bereits als gefährlich angesehen. Bei der Spannung wird nach den VDE[1]-Vorschriften (VDE 0100) davon ausgegangen, dass eine Spannung kleiner als 50 V für den Menschen keine tödliche Gefahr darstellt. Jedoch auch bei verringerter Spannung ist Vorsicht geboten. Die übliche Wechselstromspannung für elektrische Geräte beträgt 220/380 Volt.

> Steckverbindungen, Leitungen und Elektrogeräte müssen den VDE-Bestimmungen entsprechen und sollen das VDE-Zeichen tragen.

Kennzeichen auf zugelassenen Elektrogeräten:

Zeichen	Benennung und erteilende Stelle	Bedeutung
⟨VDE⟩	**VDE-Zeichen** Erteilung durch VDE-Prüfstelle	Gerät ist entsprechend den VDE-Bestimmungen gebaut.
C E	**CE-Zeichen**[2] Europäische Kommission	Das Produkt entspricht den Richtlinien der Europäischen Union (EU) und ist für den Warenverkehr zugelassen.
GS	Zeichen für **Geprüfte Sicherheit** Erteilung durch eine vom Bundesarbeitsministerium benannte Prüfstelle, z. B. TÜV oder VDE	Das Gerät entspricht den sicherheitstechnischen Anforderungen des Geräte- und Produktsicherheitsgesetzes (GPSG)
⟨f⟩	**Funkschutzzeichen** Erteilung durch VDE-Prüfstelle	Gerät ist funkentstört: G Grob N Normal K Kleinstörgrad

---
[1] VDE = Verband Deutscher Elektrotechniker e.V.
[2] *Conformité Européenne* (Übereinstimmung mit EU-Richtlinien)

Regeln im Umgang mit elektrischen Geräten und Anlagen

- Die Errichtung, Änderung und Reparatur von elektrischen Geräten und Anlagen darf nur von einer Elektrofachkraft ausgeführt werden.
- Schadhafte Leitungen, Steckverbindungen und Geräte sind sofort außer Betrieb zu setzen und sicherheitshalber zu kennzeichnen.
- Leitungen dürfen nicht geflickt oder verlängert werden, z. B. durch Zusammendrehen oder Umwickeln mit Isolierband.
- Strom führende blanke Leitungen, z. B. Freiluftleitungen, müssen vor dem Arbeiten in deren Nähe vom Fachdienst des Strom liefernden Unternehmens mit einer Isolierhülle versehen werden.
- Nur zulässige Steckverbindungen verwenden.
- Nur Handleuchten mit Schutzglas und Schutzkorb benutzen, die schutzisoliert und strahlwassergeschützt sind.
- Nur in ausgeschaltetem Zustand Lampen auswechseln.
- Nur mit geeigneten Schleifmaschinen nass schleifen.
- Beim Tapezieren hinter Schaltern und Steckdosen Stromzufuhr durch Sicherung unterbrechen.

Elektrogeräte können unterschiedlich gesichert sein.

1.2.1 Schutzleiter

Schutzklasse I
Kennzeichen am Gerät:

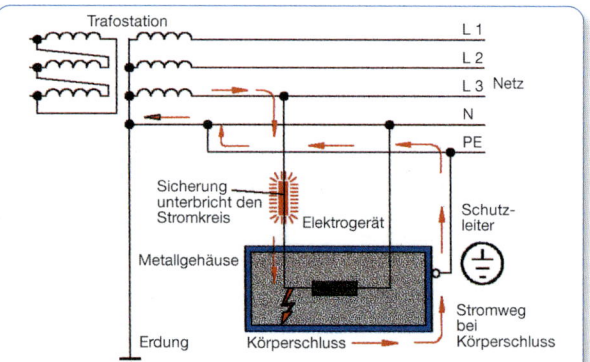

1 Elektrische Geräte mit Schutzleiter

Bei Körperschluss bildet sich über den Schutzleiter neben dem Verbraucherstromkreis ein geschlossener Fehlerstromkreis, der die Sicherung anspricht und das Elektrogerät von der Stromzufuhr trennt.

1.2.2 Schutzisolierung

Schutzklasse II
Kennzeichnung am Gerät:

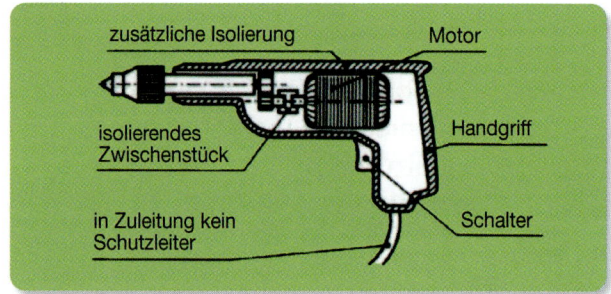

2 Schutzisolierte Bohrmaschine

Alle Strom führenden Geräteteile sind so isoliert, dass im Fehlerfall kein Erdkontakt möglich ist. Zusätzlich besitzt das Gerät ein Gehäuse aus isolierendem Material.

1.2.3 Schutzkleinspannung

Schutzklasse III
Kennzeichen am Gerät:

Die Elektrogeräte werden mit einer Niederspannung von maximal 50 V betrieben, die in einem Trenntransformator erzeugt wird. Mobile Trenntransformatoren sind schutzisoliert.

Zeichen auf Elektrogeräten – Schutzarten

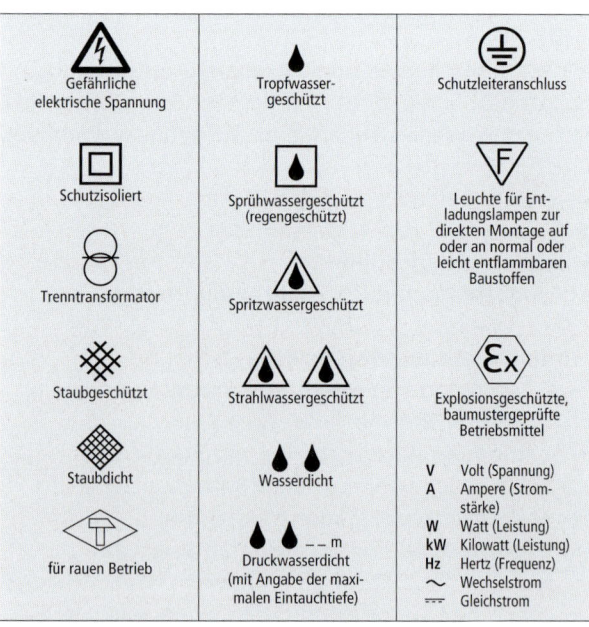

3 Kennzeichnung von Elektrogeräten

LF 1

Aufgaben

1. *Worauf müssen Sie achten, wenn Sie den Standort eines fahrbaren Gerüstes wechseln wollen?*
2. *Wie wird ein vorschriftsmäßiger Seitenschutz bei Gerüsten gewährleistet?*
3. *Warum beginnt man beim Aufbau eines Steckrahmengerüstes stets am höchsten Punkt des Geländes?*
4. *Erklären Sie, wie die erste Etage eines Steckrahmengerüstes aufgebaut wird.*
5. *Welche Gefahren können von elektrischen Geräten oder Strom führenden Leitungen ausgehen?*
6. *Worin besteht der Unterschied zwischen einem Schutzleiter und einer Schutzisolation?*

1.3 Korrosion

> Korrosion[1] bezeichnet die Zerstörung der Metalle unter Einfluss der belasteten Atmosphäre und durch Chemikalien.

Im Grunde ist die Korrosion ein Bestreben der Metalle, die in der Natur vorkommende stabile Verbindung des Erzes, z. B. als Oxid, wieder herzustellen.

1.3.1 Neigung zur Korrosion

Unedle Metalle korrodieren durch ihre Neigung zur Oxidation und der Reaktion mit Säuren und Salzen besonders leicht.

Bei nicht legierten NE-Metallen, wie Aluminium, Blei, Kupfer und Zink, bildet die Oxidschicht einen wirksamen Schutz gegen fortwährende Korrosion. Diese Schutzwirkung wird durch Säuren, saure Niederschläge und Salze beeinträchtigt.

Bei Stahl und Gusseisen entstehen durch die eingeschlossenen Legierungsbestandteile im Kristallgitter Kristallgittergrenzen (Korngrenzen). Dadurch kann sich keine gleichförmige Schutzschicht bilden.

1.3.2 Elektrochemische Spannungsreihe

> Die Spannungsreihe zeigt die Neigung der Metalle auf, in Lösung zu gehen.

---
[1] korrodieren (lat. corrodere = zerfressen)

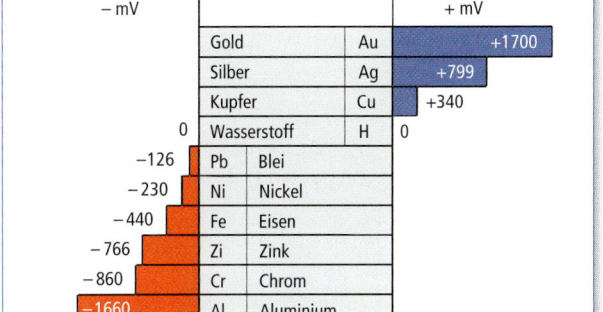

1 Elektrochemische Spannungsreihe

Bei unedlen Metallen steigt der Lösungsdruck, je negativer der Spannungsunterschied gegenüber Wasserstoff wird. Je positiver der Spannungsunterschied gegenüber Wasserstoff ist, umso geringer ist die Neigung, in Lösung zu gehen. Man bezeichnet diese Metalle daher als edel.

Die elektrochemische Wirkung ist umso stärker, je größer der Spannungsunterschied der angrenzenden Stoffe ist.

Werden daher Metallbauteile, metallische Überzüge oder Beschichtungen mit metallischen Pigmenten nicht gegen Feuchtigkeit und Salzlösungen geschützt, geht das unedle Metall in Lösung; *elektrochemische Korrosion* ist die Folge.

1.3.3 Ursachen der Korrosion

Die Zerstörung der Metalle durch Korrosion kann unterschiedliche Ursachen haben. Sie kann durch saure Niederschläge, Feuchtigkeit, durch Kontakt angrenzender Metalle, durch Legierungsbestandteile oder durch Rostbildung ausgelöst werden.

Korrosion durch Säuren

Säuren lösen unedle Metalle unter Abspaltung von Wasserstoff auf und bilden Salzlösungen.

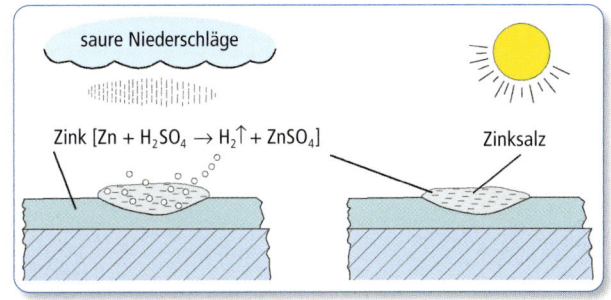

2 Korrosion durch Säure

Korrosion durch Ionenaustausch

Bei Legierungen oder Metallüberzügen entsteht über eine Salzlösung (Elektrolyt) ein Elektronenfluss zwischen den verschiedenen Metallen. Dabei geht das unedlere Metall in Lösung und wird abgebaut. Diese Korrosion, bei der freie Elektronen innerhalb eines galvanischen Elements in Lösung gehen, bezeichnet man als Ionenaustausch.

Hierbei unterscheidet man die Kontaktkorrosion zwischen angrenzenden Metallen und die interkristalline Korrosion zwischen unterschiedlichen Legierungsbestandteilen.

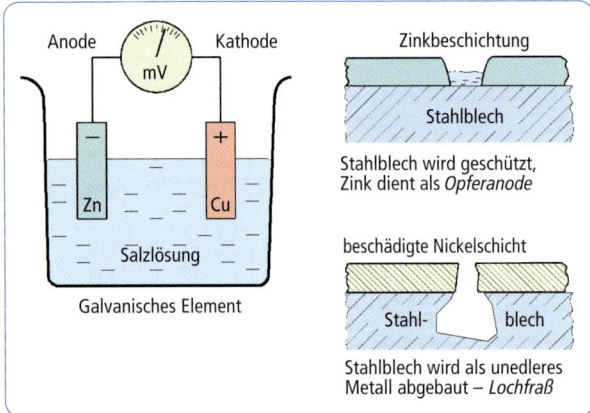

1 Korrosion durch Ionenaustausch

Korrosion durch Rostbildung

Rost entsteht bei Stahluntergründen ebenfalls durch eine Salzlösung. In ihr lösen sich die freien Eisenionen. Sie verbinden sich mit OH-Ionen, die sich an den noch nicht korrodierten Stellen gebildet haben, zu Eisen-(II)-Hydroxid. Sauerstoff der Luft, in Wasser gelöst, oxidiert das Eisen(II)-Hydroxid zu rotbraunem Eisen-(III)-oxidhydrat bzw. zu Rost.

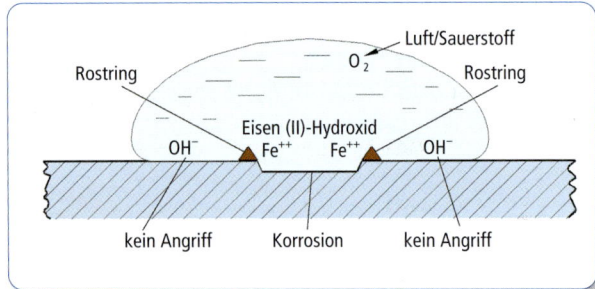

2 Korrosion durch Rostbildung

Rostender Stahl vergrößert sein Volumen um ca. 60 %. Diese Vergrößerung ist die Ursache für das Abplatzen der Beschichtung bei Unterrostung.

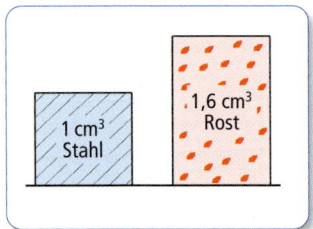

3 Volumenszunahme bei Rost

> Die Korrosion von Metallen ist eine Folge von elektrochemischen Vorgängen, die durch Säuren, Salze, Wasser und Sauerstoff entstehen.

1.4 Korrosionsschutz

1.4.1 Passivierung

Den Schutz von Metalluntergründen gegen saure Niederschläge, Luftsauerstoff, Chemikalien und Mikroorganismen nennt man Passivierung.

> Metalle werden durch Korrosionsschutzverfahren passiviert bzw. passiv gemacht.

Auf Stahl wird die Korrosion vor allem durch Zunder und Rost verursacht oder ausgelöst.

Zunder und Zunderschichten bilden sich durch Oxidation bei der Wärmebehandlung unter hohen Temperaturen. Bei Stahlteilen entstehen sie u. a. beim Walzen, Gießen oder Schweißen. Zunderschichten werden mit der Zeit abgesprengt. Sie sind daher keine tragfähige Grundlage für eine Beschichtung; im Gegenteil, sie können die Ursache für eine nachfolgende Rostbildung sein.

Zunehmende Umweltbelastungen und andere chemische oder mechanische Einflüsse verursachen und beschleunigen das Rosten. Die Stahlteile verlieren so zunehmend ihre Tragfähigkeit und werden mit der Zeit vollkommen zerstört.

> Die Vermeidung von Korrosionsschäden ist daher die wichtigste Zielsetzung im Korrosionsschutz.

Für Bauteile aus Stahl heißt dies, dass vor einer Korrosionsschutzbeschichtung der Untergrund auf Zunder, Rost und Tragfähigkeit der vorhandenen Altbeschichtung gründlich geprüft werden muss. Zuvor ist das Stahlteil sauber zu reinigen.

1.4.2 Prüfmethoden beim Korrosionsschutz

Übliche Prüfmethoden sind:
♦ **Augenschein** – Verschmutzung und Rostgrad
♦ **Gitterschnitt** – Haftung des Altanstrichs
♦ **Schichtdickenmessung** – Schutzfunktion

1.4.3 Rostgrade

> Zur Bestimmung der Rostgrade werden fotografische Vergleichsmuster herangezogen, die in unterschiedlichen Normen festgelegt sind.

Für *beschichtete* Stahlflächen ermittelt man den Rostgrad im Vergleich mit fünf Fotografien, die nach DIN EN ISO 4628-3 einen bestimmten Rostbefall zeigen.

Rostgrad	Rostfläche in Prozent
Ri 0	0
Ri 1	0,05
Ri 2	0,5
Ri 3	1
Ri 4	8
Ri 5	40 bis 50

1 Rostgrade für beschichtete Bauteile

Für *unbeschichtete* Flächen wird der Rostgrad nach DIN EN ISO 8501-1 bzw. DIN EN ISO 12944 mithilfe von vier Vergleichsmustern (A, B, C und D) bestimmt.

Über die Ursache und Art des Rostbefalls gibt der Rostgrad keine Auskunft. Hierfür ist es notwendig, die Rostarten und ihr Erscheinungsbild zu erkennen:
♦ **Flugrost** – oberflächlich beginnende Rostbildung
♦ **Fremdrost** – Rostablagerung fremder Flächen
♦ **Passungsrost** – durch Reibung an passgenauen Verbindungen von Stahlbauteilen entstandener Rost

An ihrem Erscheinungsbild lassen sich Lochfraß, Unterrostung, Durchrostung, Punkt- und Flächenrost usw. unterscheiden.

1.4.4 Entrostung

Die Herstellung metallisch blanker Oberflächen als Grundvoraussetzung für einen dauerhaften und siche-

ren Korrosionsschutz ist nur in bestimmten Fällen erforderlich und allein durch Strahlen erzielbar. In vielen Fällen ist dieses Verfahren nicht anwendbar und auch wirtschaftlich nicht sinnvoll.

Bei der Auswahl des Verfahrens kommt es daher auf die Art und den Einsatz des Bauteils an. Tragende Bauteile für Stahlkonstruktionen von Raum überspannenden Hallen oder Brücken setzen einen anderen Reinheitsgrad voraus als ein Zaun aus verzinktem Drahtgeflecht oder aus geschmiedeten Gitterstäben. Die Entrostung eines Schiffes erfordert ein anderes Entrostungsverfahren als der Rostfleck an einem Auto.

> Der vorgeschriebene Reinheitsgrad und das vom Bauteil abhängige wirtschaftliche Verfahren bestimmen die Art der Entrostung.

1.4.5 Reinheitsgrade

Für die Entrostung ist im Stahlbau je nach Objekt ein bestimmter Reinheitsgrad vorgeschrieben.
Nach DIN EN ISO 12944-4 werden die Reinheitsgrade vier Entrostungsverfahren zugeordnet.

Reinheits-grad	Entrostungs-verfahren	Erzielbare Entrostung
Sa 1	Strahlen beschichteter und unbeschichter Flächen	loser Zunder, Rost und lose Beschichtung werden entfernt
Sa 2		Zunder, Rost und Beschichtung werden nahezu entfernt
Sa 2½		nur noch leichte Schattierung sichtbar
P Sa 2½		wie bei Sa 2½, jedoch nur teilweise (partielle) Entfernung
Sa 3		Zunder, Rost und Beschichtung werden vollständig entfernt
St 2	Hand- oder maschinelle Entrostung	Zunder, Rost und Beschichtung werden so weit entfernt, bis ein schwacher metallischer Glanz vorhanden ist
St 3		Zunder, Rost und Beschichtung werden so weit entfernt, bis ein deutlicher metallischer Glanz vorhanden ist
Fl	Flammstrahl-entrostung	Zunder, Rost und Beschichtung werden so weit entfernt, dass nur noch Schattierungen vorhanden sind
Be	chemische Entrostung mit Beizen und Säuren	Zunder, Rost und Beschichtung werden vollständig entfernt

2 Übersichtstabelle Entrostung nach DIN EN 12944-4

1.4.6 Entrostungsverfahren

Übliche Entrostungsverfahren sind:

von Hand:	Kratzwerkzeuge, Pickhämmer, Drahtbürste, Schleifmittel
maschinell:	Druckluftklopfer, Topfdrahtbürste, Nadelpistole, Winkelschleifmaschine
strahlen:	trocken, nass mit Heißdampf oder Druckwasser und Strahlmittel (Strahlkies, Drahtstücke, Schrot, Hochofenschlacke oder Korund)
flammstrahlen:	Flammstrahlbrenner
chemisch:	Lösungen, Pasten und Bäder

1.4.7 Reinigen von Stahloberflächen

Stahloberflächen sind meist mit Schmutz behaftet. Häufig werden sie gegen Korrosion oder zum Bearbeiten geölt oder eingefettet. Vor einer Beschichtung muss daher der Untergrund gründlich gereinigt werden. Fest haftender Schmutz lässt sich abschleifen. Öle und Fette werden durch Lösemittel oder Dampfstrahlen beseitigt. Nicht mehr tragfähige Altbeschichtungen müssen entfernt werden.

1.4.8 Korrosionsschutzbeschichtungen

Die Korrosionsschutzbeschichtungen dienen als Grundierungen für die darauf aufbauende Lackierung oder als gesamtes Anstrichsystem für den leichten und schweren Korrosionsschutz. Ihre Auswahl hängt von den zu schützenden Bauteilen sowie den Einsatzbereichen und Belastungen ab, denen diese ausgesetzt sind.

Wir unterscheiden folgende Beschichtungsarten:
- **Korrosionsschutzgrundierungen**
  z. B. Grundierung mit Zinkhaftgrund
- **Metallüberzüge**
  z. B. Verchromung, Verzinkung
- **Chemische Behandlung**
  z. B. Phosphatierung
- **Beschichtungssysteme**
  z. B. Rostschutzsysteme, Kunststoffüberzüge

Korrosionsschutzgrundierungen
Sie haben vor allem drei Aufgaben zu erfüllen:
1. Haftung auf dem Untergrund
2. korrosionsschützende Wirkung
3. Basis für nachfolgende Beschichtungen

Für Grundierungen haben sich ölige Bindemittel und Kunstharze auf der Basis von Epoxidharz, Polyurethan und Polyvinylbutyral bewährt.

Metallüberzüge
Als besonders wirksamer Korrosionsschutz haben sich vor allem Verzinkungen erwiesen. Bei einer *Feuerverzinkung* wird das Stahlteil durch Tauchen in einem Zinkbad, bei einer *Spritzverzinkung* mit geschmolzenem Zinkpulver oder galvanisch mit einer Zinkschicht überzogen. Mit einem nachfolgenden Anstrich stellt die Verzinkung einen idealen Korrosionsschutz dar. Chrom- und Nickelüberzüge werden *galvanisch* übertragen. Sie erhalten üblicherweise keine weitere Beschichtung.

Chemische Behandlung
Beim Phosphatieren bildet sich auf dem Stahlteil durch Phosphorsäure in Verbindung mit Zink, Calcium, Mangan u. a. ein dünner, teilweise kristalliner Phosphatfilm aus, der passivierend wirkt und als Untergrund für Beschichtungen dient.

1.4.9 Beschichtungssysteme

Ein moderner Korrosionsschutz wird vor allem durch seine Schichtdicke bestimmt.

Leichte Korrosionsschutzsysteme
Leichte Korrosionsschutzsysteme trägt man in einer Gesamtstärke von 100 µm bis 200 µm auf.

Schwere Korrosionsschutzsysteme
1. **Alkydharzbasis**
   a) 2 Grundanstriche mit Bleimennige
   b) Zwischenanstrich mit Alkydharzlack
   c) Deckanstrich mit Alkydharzlack für normale Außenbeanspruchung
2. **Chlorkautschukbasis**
   a) Epoxidharz-Dickschichtgrundierung
   b) Zwischenanstrich mit Chlorkautschuk
   c) Deckanstrich mit Chlorkautschuk besonders wasser- und chemikalienbeständig
3. **Polyurethanbasis**
   a) Epoxidharz-Zinkhaftgrund
   b) Zwischenanstriche mit Polyurethanharz
   c) Deckanstrich mit Polyurethanharz besonders abrieb- und chemikalienbeständig
4. **Epoxidharzbasis**
   a) Epoxidharz-Dickschichtgrundierung
   b) Zwischenanstrich mit Epoxidharz

c) Deckanstrich mit Epoxidharz
   besonders abrieb- und chemikalienbeständig

5. **Epoxidharz-Teer-Basis**
   - mehrere Anstriche
   - besonders abrieb- und wasserbeständig
   - speziell für Unterwasser-Stahlkonstruktionen

Je nach Filmschicht sind mehrere Anstriche zum Erreichen der Gesamtschichtstärke notwendig. Schwere Korrosionsschutzsysteme werden vor allem im Stahlbau eingesetzt. Ihre Gesamtschichtstärke beträgt 300 mm und mehr. Die vorgeschriebene Mindestschichtdicke muss gewährleistet werden. Um Fehlstellen zu vermeiden, erhalten die einzelnen Schichten einen jeweils anderen Farbton. Ein lückenloser Anstrich und die Prüfung der Schichten werden dadurch erleichtert.

1 *Punktueller Grundanstrich beim Ausbessern eines Rost-*
schutzsystems

Ölhaltige Bindemittel, wie beispielsweise langölige Alkydharzlacke, haben die Fähigkeit, in Risse und Vertiefungen des Untergrunds hineinzufließen. Durch diese *Kriechwirkung* wird der noch vorhandene Restrost eingeschlossen und durch die verseifende und passivierende Eigenschaft des Anstrichs unschädlich gemacht.

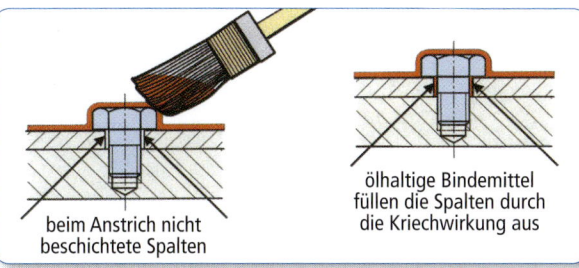

beim Anstrich nicht
beschichtete Spalten

ölhaltige Bindemittel
füllen die Spalten durch
die Kriechwirkung aus

2 *Kriechwirkung bei öligen Bindemitteln*

1.5   Lackieren metallischer Untergründe

1.5.1 Aufgaben der Metall-Lackierungen

Was wäre ein Auto, eine Maschine, ein Heizkörper oder ein Stahlbauteil ohne Lackierung – ein schmuckloses Metallteil, das zudem schnell vor sich hin rostet!

Lackierungen verleihen dem Metallteil Glanz, Ausdruckskraft, Schönheit und Oberflächengüte. Sie dienen der Werterhaltung und schützen den Untergrund gegen Witterungseinflüsse, UV-Strahlen und aggressive Stoffe.

Damit sie diese Aufgaben erfüllen können, müssen die Untergründe frei von Mängeln sein oder diese vor der Lackierung beseitigt werden.

1.5.2 Mängelbeseitigung

Zuerst ist der Untergrund von Schmutz, Fett, Öl und anderen Verunreinigungen zu säubern. Danach muss der Untergrund geprüft und die Tragfähigkeit der Altlackierung mit einem Gitterschnitt festgestellt werden. Bei Unterrostung, Kreiden, Abblättern, Rissen und anderen Schäden muss die Lackierung entfernt werden. Dasselbe gilt, wenn die vorgesehene Neulackierung die vorhandene Beschichtung anlöst oder nur unzureichend auf ihr haftet. Korrosionsschäden müssen beseitigt werden. Kleinere Unebenheiten lassen sich durch sorgfältiges Schleifen ausgleichen. Zudem wird durch Schleifen der Untergrund aufgeraut und noch vorhandener Schmutz entfernt. Beulen und tiefere Unebenheiten können mit Polyesterspachtelmasse gefüllt und ausgebessert werden.

1.5.3 Aufbau von Lackierungen

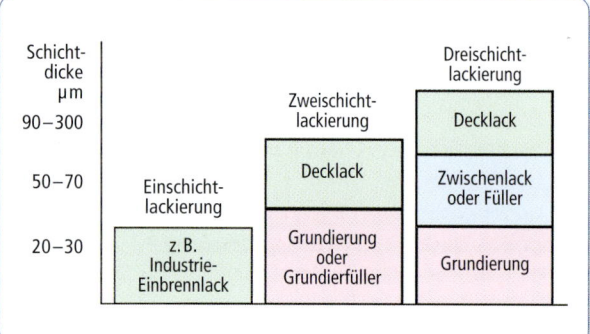

1 Aufbau von Lackierungen auf Metallen

Handwerklich ausgeführte Lackierungen auf Metallen werden üblicherweise in mehreren Schichten aufgetragen. Sie unterscheidet man nach ihren Aufgaben:

- **Grundierung bzw. Primer** dienen zur Haftvermittlung und zum Korrosionsschutz.
- **Zwischenlack bzw. Füller** gleichen Unebenheiten und Schleifspuren aus, erzeugen einen einheitlichen Untergrund, sorgen für eine Haftvermittlung zwischen Grundierung und Decklack und erhöhen die Schichtdicke.
- **Decklack** verschönert den Gegenstand durch die Oberflächengestaltung und Farbgebung und schützt die darunterliegenden Schichten.

Bei Metallic- und Effektlackierungen unterscheidet man die Decklackierung in Ein- und Zweischichtlackierungen.
Industriell werden Metallteile häufig einschichtig durch Einbrennen, Elektrotauchlackierung oder Pulverbeschichtung lackiert.
In der Fahrzeuglackierung sind englische Fachbegriffe üblich. Obwohl sich die eingesetzten Werkstoffe von der Baulackierung unterscheiden, gehören auch hier Primer und Füller heute zum üblichen Sprachgebrauch.

Primer

- **Wash-Primer:** (= dünn aufgetragene Erstbeschichtung mit passivierenden Eigenschaften). Der Einsatz dieser lasierenden Zweikomponenten-Haftvermittler ist in der handwerklichen Praxis problematisch, da sie meist krebserzeugende Zinkchromate enthalten.

- **Shop-Primer:** (= Fertigungsbeschichtung). Sie bestehen meist aus Zinkstaubgrundierungen und werden schon beim Hersteller standardisierter Stahlbauteile (Heizkörper, Stahltüren, Pkw-Ersatzteile usw.) nach Gütenorm in entsprechender Schichtdicke aufgetragen.
- **Reaktions-Primer:** Der deckende Zweikomponenten-Aktivgrund eignet sich durch seine passivierende Wirkung besonders gut für blanke Stahlflächen.

Füller bzw. Filler

Auch bei den Füllern steht eine Vielzahl von Arten als Grundierfüller oder als Zwischenlack zur Verfügung, sodass wir uns auf wenige Beispiele beschränken müssen:

- **Waterfiller:** Der wasserverdünnbare Grundierfüller eignet sich für blanke Stahlflächen, für werksgrundierte Stahlbauteile sowie für Altlackierungen. Andere Grundierfüller sind: HS-Acrylfüller, Washfiller.
- **Dickschichtfüller:** Die meist auf Epoxidharz basierenden Zweikomponenten-Füller verbessern die Schichtdicke und den Korrosionsschutz. Sie werden vielfach in der Fahrzeugreparaturlackierung eingesetzt.
- **Spritzfüller:** Zweikomponenten-Polyester-Füller haben eine hervorragende Füllkraft und lassen sich leicht schleifen. Sie sind ideal zur Zwischenlackierung von relativ rauen Flächen, sowohl auf Stahl, Holz oder glasfaserverstärktem Kunststoff.

Decklack

Als äußere Schicht einer Lackierung hat der Decklack vor allem zwei Funktionen zu erfüllen: *Schutz* und *Verschönerung*.
Dabei sind die Anforderungen an die Lackierung je nach Gegenstand und Einsatzbereich sehr verschieden. Die Schutzfunktion des Decklacks hängt vor allem von folgenden Eigenschaften ab:

1. Die *Haftfestigkeit* unter Einfluss von Wasser, Lösemitteln, Fetten und aggressiven Stoffen bestimmt, wie fest die Verankerung des Decklacks ist.
2. Die *Härte* sorgt für Abriebfestigkeit.
3. Die *Elastizität* legt fest, wie dehnfähig, biege- und schlagfest der Decklack ist.
4. Das *Diffusionsverhalten* zeigt, ob der Decklack das Durchdringen von Flüssigkeiten oder Gasen verhindert.
5. Das UV-*Absorptionsvermögen* gibt an, ob der Decklack durch den Einfluss von UV-Strahlen zum Vergilben oder Versprecken neigt.
6. Die *Hitzebeständigkeit* ermöglicht die Verwendung für Gegenstände, die hohen Temperaturen ausgesetzt sind.

Zur Verschönerung tragen die *Farbgestaltung*, die sorgfältige *Untergrundvorbereitung*, Lacke, die durch ihre Pigmentierung und ihre Zusammensetzung bestimmte *Oberflächeneffekte* ergeben, und ein entsprechender Glanzgrad bei.

> Abhängig von der Stückzahl der Metallteile werden Lackierungen durch Spritzen, Fluten, Tauchen, Rollen oder Streichen ausgeführt.

1.5.4 Lacke für metallische Untergründe

Alkydharzlacke
Die Art ihrer Zusammensetzung und ihr Ölanteil bestimmen ihre vielseitigen Verwendungsmöglichkeiten, u. a. als Grundierung, Korrosionsschutzlack, Zwischen- und Decklack, Klarlack, Heizkörperlack, Hochglanz-, Seidenglanz- und Mattlack sowie als Einbrennlack.

Acryllacke
Wasserverdünnbare Acryllacke werden auf verzinktem Stahlblech, Aluminium und als allgemeiner Baulack eingesetzt.
Lösemittelverdünnbare Acryllacke besitzen gute Haftfestigkeit, hohe Härte und Elastizität. Sie sind auf allen Metalluntergründen für Lackierungen mit hohen Anforderungen geeignet.
Zweikomponenten-Acryllacke werden vor allem in der Fahrzeuglackierung und für sehr abriebfeste Beschichtungen verwendet.

Nitrokombinationslacke
Sie ergeben festkörperarme, dünne Lackierungen. Als solche dienen sie für Messingteile als Schutzüberzug und als Bindemittel für Bronze-Effektlacke.

Polyvinylchloridlacke
Sie bilden harte, schwer entflammbare Beschichtungen. Durch Benetzen mit Universalverdünnung lassen sie sich anlösen. Die Beschichtungen sind nicht lösemittel-, fett- und hitzebeständig. Als schnell trocknende Beschichtung sind große Flächen schwierig zu streichen oder zu rollen und daher besser zu spritzen. Sie eignen sich für Lackierungen auf Aluminium, verzinkten oder blanken Stahlteilen.

Chlorkautschuklacke
Sie eignen sich besonders für abriebfeste, wasser-, salz-, säuren- und laugenbeständige Beschichtungen. Lösemittel, Öle und Fette zerstören die Beschichtung.

Polyurethan- und Epoxidharzlacke
Als Zweikomponenten-Lacke erfüllen sie die höchsten Ansprüche. Sie sind elastisch, hart, abriebfest, nicht quellbar und sehr hitzebeständig. Gegen Lösemittel, Säuren, Laugen und aggressive Dämpfe sind sie resistent. Die Lackierungen haften auf allen Metalluntergründen sehr gut. Mit ihnen lassen sich Beschichtungen hoher Oberflächengüte erzielen.

1.6 Zink als Untergrund

Der Maler und Lackierer begegnet metallisch reinem Zink meist in Form von Metallüberzügen bei verzinktem Stahlblech oder verzinkten Stahlteilen. Die Zinkauflagen betragen bei Feuerverzinkung 20 bis 80 µm, bei galvanisch verzinkten Feinblechen 2 bis 20 µm und bei Spritzverzinkungen bis 100 µm. Grundierungen aus Zinkstaub gehören nicht zu den Verzinkungen, obwohl ihr Zinkgehalt bei über 90 Prozent liegt.

1.6.1 Zink, ein problematischer Untergrund?

Bisher haben wir die äußerst positive Wirkung von Zink im Korrosionsschutz kennengelernt. Zink als Opferanode schützt den Stahl gegen Korrosion, solange Zink vorhanden ist. Dieser Vorgang zeigt aber auch, dass Zink in Lösung gehen kann. Zink ist gegenüber sauren und alkalischen Einflüssen nicht beständig. So reagiert Zink mit sauren Niederschlägen und bildet an seiner Oberfläche Zinksalze.

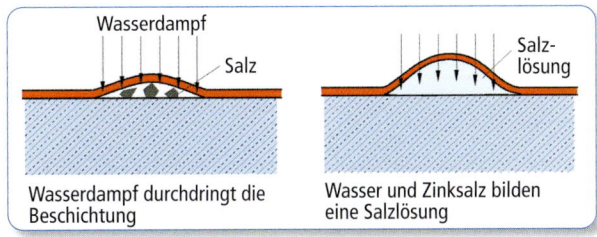

1 Osmotische Wirkung – Beschichtung platzt ab

Werden die Zinksalze von einer Beschichtung überzogen, kann eindringender Wasserdampf kondensieren und das Salz lösen. Dieser Vorgang läuft jedoch nur einseitig ab. Er wird daher als Osmose bezeichnet. Die flüssige Salzlösung kann die Beschichtung nicht durchdringen. Bei zunehmender Lösung der Salze entwickelt sich unter der Beschichtung ein steigender osmotischer Druck, bis die Beschichtung aufplatzt und ihre Schutzwirkung verliert.

1.6.2 Vorarbeiten auf Zink

> Vor einer Beschichtung müssen der Zinkuntergrund gereinigt und die Zinksalze entfernt werden.

Außerdem erhalten neu verzinkte Stahlteile zu ihrem Schutz meist eine Fettschicht, die vor der Beschichtung ebenfalls vollkommen beseitigt werden muss.
Für die Reinigung haben sich Ammoniak-Netzmittel-Lösungen und die Verwendung von *Korund-Kunststoffvlies* besonders bewährt.

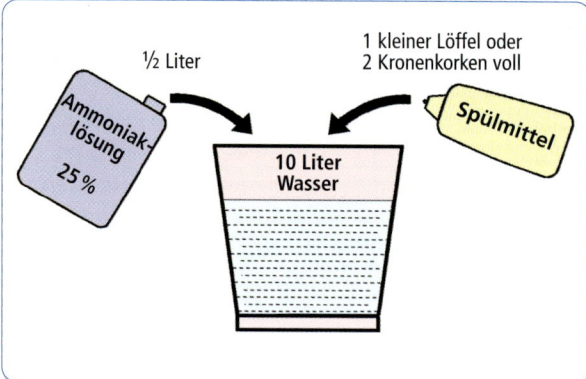

1 *Vorbereiten einer Ammoniak-Netzmittelwäsche*

Hierfür verwendet man auf 10 l Wasser ca. ½ l einer 25-prozentigen oder 1¼ l einer 10-prozentigen Ammoniaklösung (Salmiakgeist). Zur besseren Benetzung fügt man der Lösung eine geringe Menge (zwei Kronenkorken voll) übliches Haushaltsspülmittel hinzu.
Beim Schleifen mit dem Kunststoffvlies entsteht ein feiner Schaum, der etwa 10 Minuten auf die Fläche einwirken muss. Es ist so lange zu schleifen, bis der Schaum grau wird. Danach muss gründlich mit klarem Wasser nachgewaschen werden, bis der Schaum entfernt ist. Keinesfalls darf Stahlwolle zum Schleifen verwendet werden!

 **Bei Schleifarbeiten Haut schützen! Gummihandschuhe tragen! Bei Innenarbeiten gut lüften!**

Größere Zinkflächen können auch durch Hochdruckreinigen, Dampfstrahlen mit geringen chemischen Zusätzen oder durch leichtes Überstrahlen gereinigt werden.

> Altbeschichtungen müssen auf Tragfähigkeit geprüft und wenn notwendig entfernt werden.

Zink oxidiert schnell durch den Sauerstoff der Luft. In öligen Bindemitteln wirkt das Zinkoxid wie ein Sikkativ. Es versprödet den Anstrich. Außerdem bildet Zink mit der Fettsäure von öligen Bindemitteln eine Zinkseife. Diese lagert sich als Trennschicht zwischen Untergrund und Anstrich an und führt zum Abplatzen der Beschichtung.

> Ölhaltige Anstrichstoffe eignen sich nicht für Zinkuntergründe!

1.6.3 Beschichtungssysteme für Zink

Übersicht:
1. **Kunstharz-Kombinationen**
   z. B. Acryl-Zinkhaftfarbe
2. **Kunststoffdispersionen**
   a) Dispersionsfarben
   b) Dispersionslackfarben
3. **Polymerisatharzlackfarben**
   a) PVC-Beschichtungsstoffe für Zink
   b) Acrylharz-Beschichtungsstoffe für Zink
4. **Zweikomponenten-Beschichtungsstoffe**
   a) 2 K-Epoxidharzlack für Zinkuntergründe
   b) 2 K-Polyurethanlack für Zink
   c) 2 K-Epoxidharz-Grundierung
   d) 2 K Polyurethan-Decklack
5. **Spezialbeschichtungen**
   a) Bitumen-Öl-Kombinationen
   b) 2 K-Teer-Epoxidharzbeschichtungen

> Die Beschichtungssysteme bestehen meist aus einer Grund-, Zwischen- und Deckbeschichtung.

Dabei werden die einzelnen Schichten häufig im gleichen Beschichtungsstoff ausgeführt. Weicht man davon ab, kann dies zu langen Wartezeiten führen. So sind beispielsweise Acryl-Zinkhaftgrundierungen erst nach über einem Jahr mit anderen Beschichtungsstoffen überlackierbar.

> Ein- oder Zweikomponenten-Washprimer sind als Haftgrund auf Zink und verzinktem Stahl am Bau nicht geeignet.

Sie sind sehr empfindlich gegen Feuchtigkeit, die unter Baubedingungen nicht zu verhindern ist. Außerdem lässt sich eine maximale Schichtdicke von höchstens 10 µm kaum einhalten.

1.7 Heizkörperbeschichtungen

Beschichtungen auf Heizkörpern und Heizrohren sollen vor Korrosion schützen und ihnen ein gefälliges Aussehen verleihen. Durch häufige Temperaturwechsel sind die Beschichtungen starken Belastungen ausgesetzt; sie müssen deshalb besonders gut haften, genügend elastisch sein und die nötige *Hitzebeständigkeit* besitzen. Dabei sollen sie nicht vergilben und verspröden.
Früher wurden Heizkörper ab Werk nur mit einer nach DIN 55 900 festgelegten Korrosionsschutzgrundierung ausgeliefert. Der Maler und Lackierer hatte die Aufgabe, Zwischen- und Decklackierung aufzutragen. Heute werden die Heizkörper bereits beim Hersteller fertig lackiert und mit dem Decklack versehen. Für den Maler und Lackierer bleiben so nur die Aufgaben der Reparaturlackierung.

> Für Heizkörper von Warmwasserheizungen werden in der Regel Alkydharzlacke und wasserverdünnbare Dispersionslacke eingesetzt.

Die Vergilbung durch Hitzeeinwirkung lässt sich auf eine veränderte Lichtabsorption zurückführen. Je nach verwendetem Öl sind Alkydharzlacke bis 140 °C, Epoxidharzharzlacke bis 200 °C hitzebeständig. Für besonders hohe Temperaturen eignen sich Aluminiumlackfarben. Sie schränken die Wärmeabstrahlung des Heizkörpers geringfügig ein.

1.7.1 Vorarbeiten

Korrosion, Öl, Fett und Schmutz sind gründlich zu entfernen. Altbeschichtungen müssen auf Tragfähigkeit geprüft und, wenn notwendig, entfernt werden. Noch gut haftende Beschichtungen sind durch Schleifen bzw. mit verdünnter Ammoniaklösung 1 : 4 anzurauen. Aluminiumbronzebeschichtungen sind für Weißlacke als Untergrund ungeeignet und müssen entfernt werden.

1.7.2 Beschichtung

> Heizkörper, die bereits ab Werk mit genormter Grundierfarbe versehen sind, werden durch eine Plombe oder einen Stempel mit *DIN 55 900 gekennzeichnet.*

Die *Normgrundierfarbe* besitzt eine gute Elastizität und Haftfähigkeit.

Metallisch blanke Heizkörper oder blanke Stellen werden mit *Normgrundierfarbe* bzw. mit einer Korrosionsschutzgrundierung beschichtet. Heizkörper für Feuchträume erhalten zwei Grundanstriche mit Korrosionsschutzfarbe. Hierauf werden nach VOB ein Zwischenlack und der Heizkörperdecklack aufgetragen.
Zum Beschichten dienen Heizkörperpinsel, Rollen, Spritzpistolen mit Spezialdüsen, Tauch- und Flutanlagen.

Deckbeschichtung mit Flutlack
Heizkörper-Flutlack ist eine thixotrop eingestellte Einschichtfarbe, die durch Fluten, Tauchen oder Spritzen in einem Arbeitsgang aufgetragen wird. Zum Spritzen ist der Lack entsprechend zu verdünnen.

1.8 Beschichten von Aluminiumbauteilen

Bauteile aus Aluminium oder Aluminiumlegierungen werden durch Säuren, saure Niederschläge und Laugen angegriffen. Selbst eloxierte Flächen bieten keinen dauerhaften Schutz. Daher müssen im Außenbereich Fensterbänke, Türen, Fenster und andere Bauteile aus Aluminium gegen Korrosion durch Beschichtungen geschützt werden.

1.8.1 Reinigung des Untergrundes

Der Untergrund wird mit einem neutralen Netzmittel von Fett und Schmutz gereinigt. Dabei wird die gesamte Anstrichfläche mit einem Kunststoffvlies angeschliffen. Den Schleifstaub entfernt man am besten mit einem lösemittelgetränkten Lappen.

> Ammoniaklösungen u. a. alkalische Reinigungsmittel zerstören die Oberfläche der Aluminiumbauteile.

1.8.2 Beschichtung

Auf der glatten, dichten Oberfläche lassen sich nur Grundiermittel verankern, die sehr gut haften. Zweikomponenten-Washprimer und Epoxidharzgrundlack erfüllen diese hohen Anforderungen. Als Zwischen- und Deckbeschichtung eignen sich alle für den Metallbereich üblichen Lacke.

1. Wozu werden Metalluntergründe lackiert?
2. Erklären Sie die Aufgaben der einzelnen Schichten innerhalb einer Lackierung.
3. Nennen Sie vier Lacke und ihre Eigenschaften für Metalluntergründe.
4. Warum sind verzinkte Stahlbleche häufig problematische Untergründe?
5. Wie werden Zinkuntergründe richtig gereinigt?
6. Warum eignen sich Alkydharzlacke nicht für Zink? Welche Beschichtungssysteme haben sich dagegen bewährt?
7. Welche Eigenschaften muss ein Heizkörperlack besitzen?
8. Worauf müssen Sie beim Beschichten von Aluminiumbauteilen achten?

1.9 Messing- und Kupferteile

Messing und Kupfer verändern durch Oxidation, Berühren, Handschweiß und Feuchtigkeit ihr metallisches Aussehen. Durch Essiglösungen und Polierpasten lassen sich Oxidschicht und Verschmutzung beseitigen. Mit einem Überzug aus Cellulosenitrat-Klarlack lässt sich im Innenbereich das metallische Aussehen schützen.

1.10 Berechnungen zu Verhältnissen – Relationen

Sachverhalte, die zueinander in Beziehung stehen, können durch Verhältnisse oder Relationen ausgedrückt werden.

So kann beispielsweise die Arbeitszeit für einen durchgeführten Kundenauftrag herangezogen werden, um den Zeitbedarf für einen ähnlichen Kundenauftrag zu berechnen.

Verhältnisse oder Relationen lassen sich durch unterschiedliche Angaben bestimmen:

♦ **Mischungsverhältnisse:** z. B. besteht ein Beschichtungsstoff aus
10 Teilen Stammlack,
2 Teilen Härter,
4 Teilen Pigmenten und
1 Teil Lösemittel.
♦ **Zahlenverhältnisse:** z. B. 1 : 3
♦ **Prozentangaben:** z. B. bei der Berechnung von Skonto, Rabatt oder Zinsen

Aufgabenbeispiel:
Zum Aufbau eines Gerüstes mit 150 m² Gerüstfläche benötigen 3 Maler 8 h.
Wie lange benötigen 3 Maler für ein Gerüst mit 375 m² Gerüstfläche?

Lösung mithilfe eines Dreisatzes

Für 150 m² benötigen 3 Maler 8 h.

Für 1 m² benötigen 3 Maler $\frac{8\,h}{150}$.

Für 375 m² benötigen 3 Maler $\frac{8\,h \cdot 375}{150} = 20\,h$.

Ergebnis: 3 Maler benötigen für 375 m² <u>20 h.</u>

Merke: Bei einem Dreisatz steht der gesuchte Betrag immer am Schluss des Satzes

1.10.1 Mischungsverhältnisse berechnen

1. Für die Reinigung einer Zinkfläche wird im Technischen Merkblatt Nr. 4 eine Netzmittelwäsche empfohlen. Danach werden auf 10 l Wasser 1¼ l Ammoniaklösung beigemischt.
Wie viel Liter Ammoniaklösung wären für 18 l Wasser erforderlich?

2. Nach Lernsituation 3 wird die Arbeitsbühne unseres Kundenauftrags mit einem 2K-Zinkstaubanstrich beschichtet.
Das Bindemittel setzt sich wie folgt zusammen: 10 Teile Stammlack, 3 Teile Härter und 2 Teile Lösemittel.
Wie viel Liter Stammlack, Härter und Lösemittel werden für 8 Liter Bindemittel benötigt?

1.10.2 Erweiterte Aufgaben

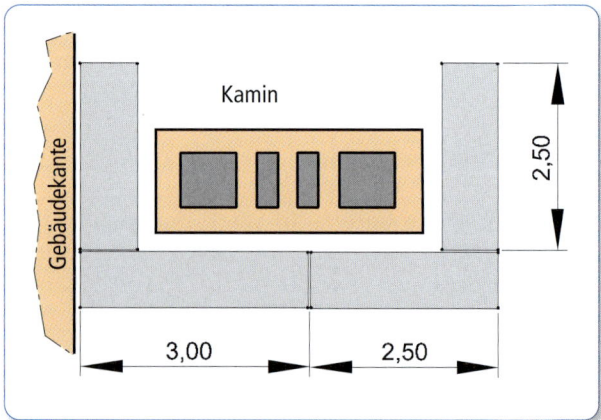

1 Gerüstplan zur Arbeitsbühne - Draufsicht

1. Zur Renovierung der in 9 m Höhe am Kamin befestigten Arbeitsbühne wird nach dem abgebildeten Plan ein Steckrahmengerüst erstellt. Das Gerüst überragt die Arbeitsbühne um 1 m.
   a) Berechnen Sie die benötigte Gerüstfläche ohne die notwendige Verbreiterungskonsole.
   b) Berechnen Sie die Arbeitszeit zum Aufbau des Steckrahmengerüstes, wenn 3 Maler für 150 m² Gerüstfläche 8 h brauchen und für die Verbreiterungskonsole zusätzlich 45 Min. veranschlagt werden.

2. Ein fahrbares Gerüst für außen besitzt eine Gesamthöhe h = 5,70 m.
   Wie breit muss das Gerüst mindestens sein, wenn b : h = 1 : 3 nicht unterschritten werden darf?

1.10.3 Prozentrechnungen

1. Ein leistungsfähiges mobiles Sandstrahlgerät kostet 11764,00 €. Die Lieferfirma gewährt innerhalb von 14 Tagen 2 % Skonto.
   Berechnen Sie den Überweisungsbetrag, wenn die Zahlungsfrist eingehalten wird.

2. Ein Betrieb erhält bei Bestellungen über 5000 € einen Mengenrabatt von 15 % und bei Barzahlung innerhalb von 14 Tagen 2 % Skonto.
   Wie groß ist die mögliche Einsparung, wenn für 5125,50 € Waren bestellt werden?

3. Ein Darlehen in Höhe von 6500,00 € wird nach einem Jahr zurückgezahlt.
   Mit welchem Zinssatz wurde es verzinst, wenn insgesamt 6792,50 € zurückgezahlt werden müssen?

1.11 Anhänge

1.11.1 Merkblatt Immissionsschutz (Auszug)

Landkreis Rottweil

Bauverwaltung
Königstraße 36
78628 Rottweil
Tel. 0741 284-10
Fax 0741 284-15
info@ik-rw.de

Merkblatt (Auszug)
Immissionsschutz

3 Einrichtung der Arbeitsstelle

3.2   Allgemeine Anforderungen
Die Baustelle ist so einzurichten und zu betreiben, dass:

3.2.1 Gefahren nicht entstehen. Die Baustelleneinrichtung muss betriebssicher und mit den nötigen Schutzvorkehrungen versehen sein. Können unbeteiligte Personen gefährdet werden, ist die Gefahrenzone entsprechend abzugrenzen. (Bauzaun etc.)

3.2.2 schädliche Umwelteinwirkungen oder unzumutbare Belästigung durch (Staub, Lärm, Geruch, Verunreinigung), die nach dem Stand der Technik vermeidbar sind, nicht entstehen. Unvermeidbare schädliche Umwelteinwirkungen und Belästigungen sind auf ein Mindestmaß zu beschränken.

3.3   Spezielle Anforderungen

3.3.1 Mechanische Reinigung (ohne Wasser).
Anfallende Farbreste müssen aufgenommen werden; hierfür muss in der Regel eine Plane ausgelegt werden.

3.3.2 Mechanische Reinigung durch Abstrahlen (ohne Wasser).
Wird die Oberfläche durch Strahlmittel ohne den Einsatz von Wasser gereinigt, sind die anfallenden Stoffe (Abrieb und Strahlmittel) vollständig aufzufangen. Die Arbeitsstelle muss in voller Höhe und nach allen Seiten abgeplant und eine Auffangvorrichtung vorhanden sein. Um die Staubentwicklung zu vermindern, ist es sinnvoll, das Strahlmittel zu befeuchten. Nach der Benutzung kann Strahlmittel schädliche Verunreinigungen enthalten. Die Entsorgung des Abfalls ist überwachungspflichtig.

3.3.3 Reinigung mit Wasser, Wasser und Strahlmittel oder Wasser mit Chemikalien
Die anfallenden Stoffe müssen vollständig aufgefangen und gesammelt werden. Dies ist gewährleistet, wenn die Arbeitsstelle nach allen Seiten mit einer Plane abgeschirmt wird und eine Auffangvorrichtung vorhanden ist. Auch wenn nur kleine Flächen mit Wasser gereinigt werden, ist das Abwasser vollständig aufzufangen!

5 Entsorgung des Abwassers und des Abfalls

5.1   Abwasserentsorgung
Abwasser darf nur in öffentliche Abwasseranlagen eingeleitet werden, wenn die gültigen Einleitungsbedingungen nicht überschritten werden.

5.2   Abfallentsorgung
Für die ordnungsgemäße Entsorgung des anfallenden Abfalls ist grundsätzlich der Erzeuger verantwortlich.
Überwachungsbedürftiger Abfall
Man unterscheidet überwachungsbedürftige und besonders überwachungsbedürftige Abfälle.
Das Kreislaufwirtschafts- und Abfallgesetz (KrW/AbfG) und die dazu erlassenen Rechtsvorschriften sind einzuhalten.

1.11.2 Merkblatt Zinkstaubbeschichtungen (Auszug)

Technische Richtlinien für Maler- und Lackiererarbeiten
Merkblatt Nr. 4 (Auszug)
Bundesausschuss Farbe und Sachwertschutz

Zinkstaubbeschichtungen
Stand Januar 1984, redaktionell überarbeitet 1994

Inhaltsverzeichnis

I Korrosionsschutz-Beschichtungen mit Zinkstaubbeschichtungsstoffen

1 Zinkstaubbeschichtungen
Zinkstaubbeschichtungen ergeben einen guten Korrosionsschutz. Sie werden deshalb bei mehrschichtigen Beschichtungssystemen ais Korrosionsschutz-Grundbeschichtungen bzw. Fertigungsbeschichtungen verwendet. Dickschichtige Zinkstaubbeschichtungen benötigen keine weiteren Deckbeschichtungen.

1.1.3 Übersicht über Zinkstaubbeschichtungsstoffe
Einkomponenten-Zinkstaubbeschichtungsstoffe für Zinkstaubbeschichtungen
Zweikomponenten-Zinkstaubbeschichtungsstoffe für Zinkstaubbeschichtungen

1.2 Anwendungsgebiete für Zinkstaub-Beschichtungsstoffe
Zinkstaubbeschichtungsstoffe sind für noch nicht montierte Konstruktionsteile aber auch für bereits montierte Konstruktionen geeignet.
Außerdem werden Zinkstaub-Beschichtungsstoffe zur fachgerechten Ausbesserung korrodierter Zinküberzüge sowie zur Ausbesserung von Fehlstellen und Schweißstellen an feuerverzinkten Stahlbauteilen verwendet, jedoch nicht auf Rost.

2 Vorbereitung der Stahloberflächen
2.1 Norm-Reinheitsgrade
Für die fachgerechte Vorbereitung der Stahloberflächen sind im Hinblick auf die Haltbarkeit und Gewährleistung die Verarbeitungsvorschriften des Stoffherstellers bezüglich des Norm-Reinheitsgrades nach DIN EN ISO 12944-4, besonders zu beachten.
Zunder, Rost und Beschichtungen müssen vollständig durch Strahlen entfernt werden, wenn der Norm-Reinheitsgrad Sa 3 vorgeschrieben ist.
Der Norm-Reinheitsgrad Sa 3 ist bei Zinkstaub-Beschichtungen in der Regel erforderlich. In bestimmten Fällen kann der Norm-Reinheitsgrad Sa 2 ½ ausreichend sein. Der Zinkstaubbeschichtungsstoff ist unmittelbar nach der Vorbereitung der Stahloberflächen aufzubringen.

3 Beschichtungen mit Zinkstaubbeschichtungen

3.2 Grundbeschichtungen (normalschichtig 40 bis 50 um)

Normalschichtige Zinkstaubgrundbeschichtungen sollen eine Trockenschichtdicke von 40 bis maximal 50 um aufweisen. Nach dem Auftragen liegt eine poröse Zusammenballung von Zinkstaubpartikelchen vor, die nur vom relativ geringen Bindemittelanteil umhüllt ist. Erst nach längerer Wetterbeanspruchung entsteht eine geschlossene Schicht, wenn sich die Hohlräume mit Zinkkorrosionsprodukten aufgefüllt haben. Dies verfestigen (»zementieren«) die Zinkstaubpartikelchen bis zu einer gewissen Tiefe. Die darunter liegende nicht oder nur schwach gefestigte (»zementierte«) Zinkstaubschicht bleibt »mürbe«. Deshalb sollen insbesondere Einkomponenten-Zinkstaubgrundbeschichtungsstoffe nicht zu dick aufgetragen werden. Eine Zinkstaub-Grundbeschichtung kann über einen längeren Zeitraum als andersartige Grundbeschichtung auch ohne Deckbeschichtung den Stahl vor Korrosion schützen, sofern keine aggressiven chemischen Einwirkungen auftreten.

3.3 Zinkstaub-Beschichtungen (dickschichtig 80 bis 120 μm)

Eine Zinkstaub-Beschichtung mit Schichtdicken von 80 bis 120 μm benötigt keine weitere Deckbeschichtung. So werden beispielsweise 80 μm dicke Zinkstaub-Beschichtungen auf Hallenkonstruktionen innen oder 120 μm dicke Zinkstaub-Beschichtungen auf Stahlkonstruktionen außen ohne nachfolgende Deckbeschichtungen belassen.

II Beschichtungen auf Zinkstaubfertigungsbeschichtungen bzw. Zinkstaub-Grundbeschichtungen

1 Zinkstaubbeschichtung als Untergrund

1.1 Erkennen von Zinkstaubbeschichtungen

Die grau oder Seicht getönten matt aussehenden Oberflächen der Zinkstaubgrundbeschichtungen ergeben beim Kratzen mit einem metallischen Gegenstand (z.B. mit Münze) eine metallisch glänzende Kratzspur.

1.2 Prüfung auf Haftfestigkeit

Auf der gesäuberten Zinkstaubbeschichtung sind Klebebandabrissproben durchzuführen. Die Zinkstaubbeschichtung darf sich nicht abziehen lassen.

1.3 Reinigen von verschmutzten und angewitterten Zinkstaub-Grundbeschichtungen

Eine sorgfältige Vorbereitung der Oberflächen ist für das Haften von Deckbeschichtungen auf Zinkstaubgrundbeschichtungen von ausschlaggebender Bedeutung.

Je nach Art der Verschmutzung ist trocken mit einer Wurzelbürste oder mit Wasser- bzw. Dampfstrahl abzuwaschen. Für die Vorbereitung von Zinkstaubgrundbeschichtungen zur weiteren Beschichtung hat sich, falls keine Roststellen feststellbar sind, auch die Ammoniak-Netzmittelwäsche unter Verwendung von Korundkunststoffvlies bewährt. Keinesfalls darf Stahlwolle zum Schleifen verwendet werden. Zum Schutz der Haut ist die Schleifarbeit mit Gummihandschuhen auszuführen. Bei Innenarbeiten ist für gute Lüftung zu sorgen.

2 Beschichtungsstoffe und Beschichtungssysteme

2.1 Beschichtung mit Kunstharzkombinationen (Zinkhaftfarben)

Hierbei handelt es sich um Kunstharz-Beschichtungsstoffe, die mit besonders dafür ausgesuchten elastischen, meist physikalisch, nur durch Verdunsten der Lösemittel trocknenden Harzen elastifiziert werden, z.B. mit Acrylharzen o.ä. und die deshalb nicht verspröden.

2.2 Beschichtungen mit Zweikomponenten-System

Zweikomponenten-Beschichtungsstoffe auf Basis Epoxidharz (EP) oder Polyurethanharz (PUR) müssen besonders für Zinkstaub-Grundbeschichtungen geeignet sein.

Sie zeichnen sich durch mechanische und chemische Beständigkeit aus.

Epoxid-Zwischenbeschichtungen können je nach Art der späteren Beanspruchung sowohl mit Epoxidharz-Schlussbeschichtungen, als auch mit Polyurethan-Schlussbeschichtungen versehen werden.

Bei Verarbeitung von EP-Beschichtungsstoffen darf eine Verarbeitungs- und Objekttemperatur von + 10 °C und bei PUR-Beschichtungsstoffen von + 5 °C nicht unterschritten werden.

Arbeiten bei niedrigeren Temperaturen sind nur mit ausdrücklicher Zustimmung des Beschichtungsstoffherstellers auszuführen.

Kundenauftrag 1

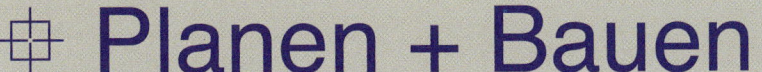 **Planen + Bauen**

Architektur- und Ingenieurbüro

Planen+Bauen GmbH, Kirchstr. 102, 49716 Meppen

Malerbetrieb Roth GmbH
Gewerbepark 136
45131 Essen

✉ Kirchstr. 102
    49716 Meppen

☎ 05931-6394

💻 visionen@planen.de

Meppen, 17.09.20xx

Auftragsbestätigung

Sehr geehrter Herr Roth,

wie bereits telefonisch besprochen, bestätige ich Ihnen hiermit den
Auftrag über die Maler- und Tapezierarbeiten für das Bauvorhaben
des Versicherungsbüros Amisia gemäß folgender Leistungsbeschreibung:

Wandflächen der Büroräume tapezieren und beschichten
Wandflächen vorarbeiten, eine Grundbeschichtung mit Tapetengrund, mit
Raufaser tapezieren, eine Zwischen- und eine Schlussbeschichtung mit
Dispersionsfarbe nach DIN EN 13300, Nassabriebsklasse 2, Farbton hell getönt
(nach Absprache mit der Bauleitung).

Als Vertragsgrundlage gilt die VOB (DIN 18363 und DIN 18366) in der jeweils
aktuellen Fassung.

Mit freundlichen Grüßen
    B. Schmidt

LF 2

Objektbeschreibung

Bei der Objektbegehung wurde als Istzustand festgestellt:

Decken:
System-Kassettendecke, bereits montiert

Wände:
Putz, Mörtelgruppe P II, unbeschichtet

Türzargen:
kunststofffurnierte Normzargen, bereits montiert

Fenster:
Aluminium, eloxiert

Fensterlaibungen:
Sie sind mit Kunststoffpanelen verkleidet.

Heizkörper:
Fußbodenheizung

Boden:
Granit mit umlaufendem Sockel, Sockelhöhe 8 cm

Sonstiges:
- Die Elektroinstallationen sind abgeschlossen, die Schalter- und Steckdosenabdeckungen sind bereits montiert.
- Auch die Gurte der Außenrollläden sind bereits montiert.
- Wasser und Strom sind vorhanden, Entsorgungsmöglichkeiten für Abwasser und Abfälle bestehen bauseitig nicht.

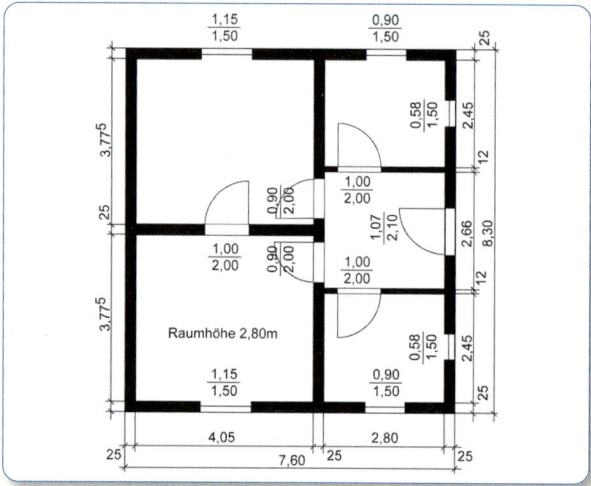

1 Grundrisszeichnung

Informationsbeschaffung

- *Beschreiben Sie dem Kunden bzw. seine Erwartungen an Ihren Betrieb*
- Machen Sie sich zunächst mit dem Gebäudegrundriss vertraut. Informieren Sie sich, welche Maße für die Wände, Türen und Fenster aus der Zeichnung hervorgehen.

- Informieren Sie sich bezüglich der Ermittlung von Maßstäben (Vergrößerungen, Verkleinerungen), um einen geeigneten Maßstab für die folgenden Zeichnungen wählen zu können. *Gest-Buch S. 155–156*
- Sammeln Sie Informationen zu Putz als Beschichtungsuntergrund.
- Die Wandflächen sollen eine Grundbeschichtung (mit Tapetengrund) erhalten. Erklären Sie den Begriff Grundbeschichtung sowie in diesem Zusammenhang die Begriffe Kohäsion und Adhäsion.
- Holen Sie Erkundigungen ein (z. B. aus Ihren Ausbildungsbetrieben), durch welches Vorgehen die Räumlichkeiten sowie ggf. das Inventar während der Malerarbeiten fachgerecht geschützt werden.

Planung

- Machen Sie sich unter besonderer Berücksichtigung der Bezeichnung „Mörtelgruppe PII" mit dem Auftrag vertraut.
- Notieren Sie die für diesen Auftrag notwendigen Untergrundprüfverfahren.
- Bei der Untergrundprüfung des sonst mängelfreien Putzes zeigt sich an einer ca. 20 x 30 cm großen Stelle das folgende Bild:

2 Zu raue Putzoberfläche

Beschreiben Sie Ihre Vorgehensweise zur Beseitigung dieses Mangels.
- Erstellen Sie einen Plan über den Ablauf der erforderlichen Vorarbeiten und das Auftragen der Grundbeschichtung. Listen Sie Ihre Ergebnisse tabellarisch auf. Beispiel:

Schritt	Tätigkeit
1	
2	
3	
4	

- Ordnen Sie dem Plan für die Vorarbeiten und das Auftragen der Grundbeschichtung die notwendigen Werkzeuge, Geräte und Materialien zu. Beispiel:

Schritt	Tätigkeit	Erforderliche Werkzeuge/Geräte	Erforderliche Materialien
1			
2			
3			
4			

- Planen Sie den fachgerechten Ablauf der anschließenden Tapezierarbeiten inklusive einer Auflistung von Werkzeugen, Geräten und Materialien. Gehen Sie auch hier tabellarisch vor (siehe vorangehende Beispiele).
- Erstellen Sie einen Plan über den Ablauf der Beschichtungsarbeiten mit der Kunststoffdispersionsfarbe inklusive einer Auflistung von Werkzeugen, Geräten und Materialien.
- Um sich ein Bild über den Umfang des Auftrags zu machen und das benötigte Material bestellen zu können, fordert Ihr Meister Sie auf, die gesamte Beschichtungsfläche aller Wände zu ermitteln. (Dabei finden die Öffnungen durch Türen und Fenster keine Berücksichtigung.)
- Außerdem benötigt Ihr Meister den Bedarf an Leisten für einen eventuellen Deckenabschluss und fordert Sie auf, diesen zu ermitteln.
- Ihr Kunde wünscht genaue Informationen über den einzusetzenden Beschichtungsstoff. Informieren Sie ihn bezüglich der einzelnen Bestandteile von Beschichtungsstoffen allgemein und danach speziell über die Bestandteile des von Ihnen gewählten Beschichtungsstoffes.
- Die Mitarbeiter des Versicherungsbüros Amisia fordern eine Erklärung der Trocknung von Kunststoffdispersionsfarben von Ihnen, da sie eventuelle Gesundheitsgefahren durch lösemittelhaltige Dämpfe befürchten. Klären Sie die Mitarbeiter auf.
- Der Kunde wünscht einen Einblick in das spätere farbliche Erscheinungsbild seiner Büroräume. Fertigen Sie deshalb auf einem DIN-A2-Zeichenkarton Raumabwicklungen der einzelnen Büroräume in einem geeigneten Maßstab an, die Sie entsprechend Ihrer Gestaltungsvorschläge farblich auslegen.

Durchführung

Baustelle einrichten
- Beschreiben Sie, welche Tätigkeiten Sie ausführen,

um die Räumlichkeiten während Ihrer Malerarbeiten fachgerecht zu schützen.

Sicheren Arbeitsplatz schaffen
- Der Unfall- und Gesundheitsschutz sollte stets im Vordergrund stehen. Wählen Sie für Ihre Tätigkeiten eine geeignete Leiter aus. Begründen Sie Ihre Entscheidung.
- Listen Sie die Sicherheitsregeln auf, die hinsichtlich des Umgangs mit der von Ihnen gewählten Leiter beachtet werden müssen.
- Ebenso sollte der Gesundheitsschutz im Umgang mit elektrischem Strom beachtet werden. Nennen Sie die Schutzmaßnahmen, die während der Arbeit in den zu renovierenden Räumen getroffen werden müssen.

Vorarbeiten durchführen
- Erläutern Sie Ihre Vorgehensweise bei der Durchführung der aufgelisteten Untergrundprüfverfahren.
- Beschreiben Sie Ihr Vorgehen bei der Durchführung der Vorarbeiten.

Hauptarbeiten durchführen
- Schildern Sie Ihre Vorgehensweise
  - beim Auftragen der Grundbeschichtung,
  - bei der Durchführung der Tapezierarbeiten mit der Raufasertapete,
  - bei den Beschichtungsarbeiten.

Abschlussarbeiten durchführen
- Erläutern Sie den Umgang mit Ihren Streichwerkzeugen nach Beendigung der Beschichtungsarbeiten mit der Kunststoffdispersionsfarbe.

Kontrolle

- Überdenken Sie Ihre Ausführungen hinsichtlich der Durchführung dieses Auftrags in der Realität.
- Prüfen Sie Ihre schriftlichen Ausfertigungen zur Abwicklung des Auftrags auf Vollständigkeit.

Dokumentation und Präsentation

- Präsentieren Sie Ihre Ergebnisse in der Klasse und diskutieren Sie diese.
- Korrigieren Sie Ihre Ergebnisse gegebenenfalls und bewerten Sie Ihre Gruppenarbeit.
- Bereiten Sie Ihre Ergebnisse für eine abschließende Präsentation im Beisein des Architekten und der Mitarbeiter des Versicherungsbüros vor.

2 Nichtmetallische Untergründe bearbeiten (Teil 1)

2.1 Unfallverhütung

Die Gefahren, die aus einem unsachgemäßen Umgang mit elektrischem Strom hervorgehen, wurden bereits behandelt (siehe LF 1.2). Ein weiteres Unfallrisiko im Arbeitsbereich des Malers und Lackierers stellt ein fehlerhafter Umgang mit Arbeitshilfen wie z. B. Leitern und Behelfsgerüsten dar.

S. 51

LF 2

2.2 Leitern

Die Richtlinien für den Bau und den Einsatz von Leitern und Gerüsten haben zwischenzeitlich europäischen Standard. So sind beispielsweise die Vorschriften für Leitern in der DIN EN 131 geregelt.

Leitern und Gerüste unterliegen dem Gerätesicher-heitsgesetz.   *Produkt*

Als Nachweis für die darin enthaltenen Sicherheitsanforderungen erteilt die im Gesetz vorgesehene Prüfstelle der Berufsgenossenschaft das Zeichen GS-Geprüfte Sicherheit.

2.2.1 Leiterarten

Im Malerhandwerk werden in der Regel folgende Leitern eingesetzt:

♦ Sprossenanlegeleitern
♦ Steck- und Schiebeleitern
♦ Sprossenstehleitern (Doppelleitern)
♦ Mehrzweckleitern
♦ Steigeleitern

Nach den Unfallverhütungsvorschriften (UVV) und den BG-Informationen (BGI) des Verbandes der Berufsgenossenschaften (VBG) gelten hierfür folgende Bestimmungen:

Anlegeleitern max. Arbeitshöhe 7 m

• Leitern müssen standsicher und sicher begehbar aufgestellt sein. *Ellenbogenprobe / 65 – 75°*
• Leitern müssen zusätzlich gegen Umstürzen gesichert sein, wenn die Art der auszuführenden Arbeiten dies erfordert.
• Leitern müssen ausreichend tragfähig und gegen übermäßiges Durchbiegen, starkes Schwanken und Verbiegen gesichert sein.
• Auf Leitern, die an oder auf Verkehrswegen aufgestellt sind, muss auffällig hingewiesen werden. Sie müssen gegen Umstoßen gesichert sein.

Die **Standsicherheit** lässt sich durch Leiterfüße verbessern.

Zusammengesetzte Leitern müssen mindestens die gleiche Festigkeit haben wie gleich lange Leitern mit durchgehenden Holmen oder Wangen.

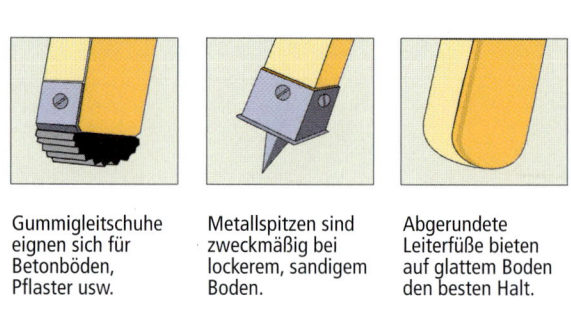

Gummigleitschuhe eignen sich für Betonböden, Pflaster usw.

Metallspitzen sind zweckmäßig bei lockerem, sandigem Boden.

Abgerundete Leiterfüße bieten auf glattem Boden den besten Halt.

1 Leiterfüße

Es ist darauf zu achten, dass Leiterfüße nicht auf ungeeignete Unterlagen, wie Kisten, Steinstapel, Steine, Tische und Ähnliches, oder lose Unterlagen, z. B. Teppiche, Kunststofffolien, gesetzt werden.
Bei unebenen oder geneigten Standflächen kann die erforderliche Standsicherheit durch besonderes Leiterzubehör zum Niveauausgleich oder durch einen standsicheren waagerechten Unterbau erreicht werden.

Stehleitern müssen gegen Auseinandergleiten an beiden Seiten der Schenkel durch fest angebrachte Spreizsicherungen, z. B. Ketten, Gurte oder Gelenke, gesichert sein.
Die Spreizsicherungen müssen beim Aufstellen straff gespannt sein. Die Holmen müssen so gestaltet sein, dass sich an den Gelenken keine Widerlager bilden können. Unfälle durch Einklemmen werden so vermieden.

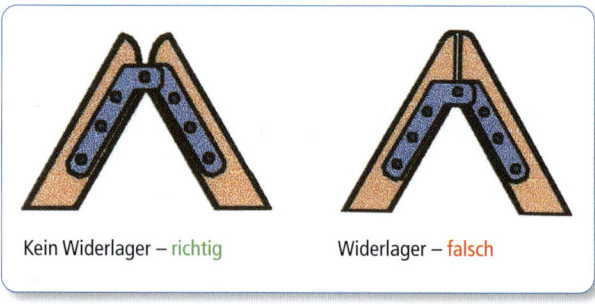

Kein Widerlager – richtig   Widerlager – falsch

2 Widerlager

Beim Arbeiten auf Stehleitern darf die oberste Sprosse nur bestiegen werden, wenn sie hierfür eingerichtet ist.

Stehleitern dürfen nicht als Anlegeleitern und zum Übersteigen auf höher gelegene Arbeitsplätze oder Einrichtungen benutzt werden.

2.2.2 Reparaturen von Leitern

- Leitern, die nicht mehr reparaturfähig sind, sollten möglichst sofort vernichtet werden!
- Unsachgemäßes Instandsetzen durch Aufnageln von Ersatzsprossen oder durch Bandagieren gebrochener Holme ist verboten.
- Fehlende oder schadhafte Sprossen sind durch fehlerfreie Sprossen der gleichen Art zu ersetzen.
- Leitern und Gerüstteile aus Holz dürfen nur lasierend gestrichen werden, um Schäden rechtzeitig zu erkennen.

Aufgaben

1. *Beschreiben Sie die gesundheitlichen Folgen, die ein möglicher Stromfluss durch den Körper des Menschen verursachen kann.*
2. *Nennen Sie die Regel, die hinsichtlich der Gefahr durch elektrischen Strom beim Tapezieren stets zu beachten ist.*
   Begründen Sie diese Regel.
3. *Nennen Sie vier Vorsichtsmaßnahmen, die beim Gebrauch einer Leiter zu beachten sind.*
4. *Beschreiben Sie, worin der Unterschied zwischen einer Anlegeleiter und einer Stehleiter besteht.*
5. *Erklären Sie, welchen Zweck eine Spreizsicherung erfüllt.*

2.3 Putz

2.3.1 Unterscheidung von Putzen

Noch vor wenigen Jahren galt nur ein mineralischer Mörtelbelag als Putz. Der Putzauftrag bestand an Wänden und Decken aus einer oder mehreren Lagen. Kunstharzputze oder Wärmedämmputzsysteme waren demnach gar keine Putze, obwohl sie in der Fachsprache des Malers allgemein so genannt werden. Um diesen Widerspruch auszugleichen, wurde der Begriff für Putz um diese Bereiche erweitert.

Putz ist ein Belag aus Putzmörtel oder Beschichtungsstoffen, der an Wänden, Decken, Betonstützen u.a. aufgetragen wird und einen festen Verbund als Putzgrund hat.

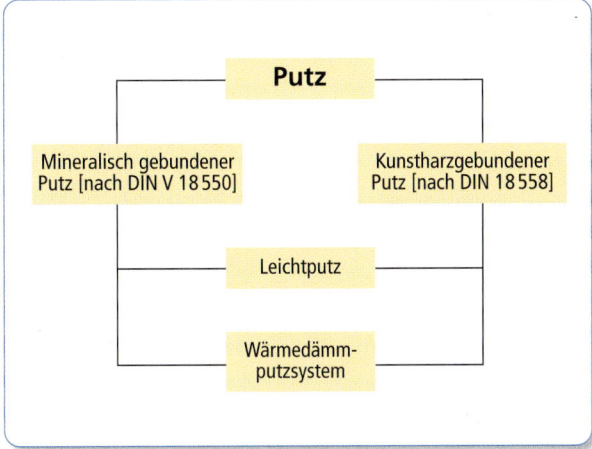

2.3.2 Aufgaben der Putze

In früheren Jahrhunderten waren die Gebäude oft mit sehr dickem Mauerwerk ausgestattet. Dem Putz kam dabei vor allem die Aufgabe der Verschönerung zu. Allenfalls hatte er Unebenheiten oder Fugenmängel auszugleichen.

In der heutigen Zeit sind nicht nur die Mauerquerschnitte um ein Vielfaches kleiner, auch besteht das Mauerwerk häufig aus porösen, Wasser anziehenden Baustoffen. Daher haben Putze und die darauf aufgetragenen Anstriche heutzutage weit höhere Anforderungen zu erfüllen.

Im Einzelnen sind dies folgende:

- **Schutz** gegen Witterung, gegen chemische und mechanische Einflüsse sowie gegen Verschmutzung. Dabei muss der Putz vor allem den Regen abhalten und die Wärmedämmung des Mauerwerkes verbessern
- **Verschönerung** durch die Struktur der Putzfläche, indem Unebenheiten ausgeglichen und das rohe Mauerwerk überdeckt wird
- **Beschichtungsgrund** für schmückende und verschleißfeste Beschichtungen
- **Verbesserung** der feuchtigkeitshemmenden Wirkung, der Wärme- und Schalldämmung sowie des Flammschutzes

LF 2

2.3.3 Putzmörtel

Putzmörtel bestehen nach DIN EN 998-1 aus einem Gemisch von einem oder mehreren anorganischen Bindemitteln, Gesteinskörnungen und Wasser. Außerdem können geeignete Zusatzstoffe beigemischt werden.

Putzmörtel verwendet man für Außen- oder Innenputz.

Putzmörtelgruppen nach DIN V 18 550

Putzmörtelgruppe	Mörtelart	Einsatz als Beschichtungsstoff
P I	Luftkalk, Wasserkalk, Mörtel mit hydraulischem Kalk	Unterputz für innen und außen
P II	Kalkzement, Mörtel mit hochhydraulischem Kalk oder mit Putz- und Mauerbinder	Innen- und Außenputz mit erhöhtem Abrieb
P III	Zementmörtel mit oder ohne Zusatz von Kalkhydrat	Feuchträume und Außensockelputz
P IV	Gipsmörtel und gipshaltige Mörtel	Innenputz

Eigenschaften von Festmörteln nach DIN EN 998-1

Eigenschaften	Kategorien	Werte
Druckfestigkeit nach 28 Tagen	CS I CS II CS III CS IV	0,4 bis 2,5 N/mm² 1,5 bis 5,0 N/mm² 3,5 bis 7,5 N/mm² > 6,0 N/mm²
Kapillare Wasseraufnahme	W 0 W 1 W 2	Nicht festgelegt $c \leq \dfrac{0,40\ kg}{mm^2 \cdot min}$ $c \leq \dfrac{0,20\ kg}{mm^2 \cdot min}$
Wärmeleitfähigkeit	T 1 T 2	$\leq \dfrac{0,1\ W}{m \cdot K}$ $\leq \dfrac{0,2\ W}{m \cdot K}$

Das **Mischverhältnis** von Putzmörtel beträgt im Durchschnitt 1 Raumteil Bindemittel und 3 bis 4 Raumteile Sand. Beim Mischen wird das Bindemittel in die Zwischenräume des Sandes geschwemmt, sodass beispielsweise aus 1 Teil Kalk und 3 Teilen Sand nur 3,2 Teile Mörtel entstehen. Das Gesamtvolumen wird beim Mischen des Mörtels folglich um ca. 20 Prozent reduziert.
Beim Mischen müssen die einzelnen Bestandteile des Mörtels abgemessen werden, damit sich die Zusammensetzung im Verlauf der Arbeit nicht ändert und so Putze verschiedener Qualität und Eigenschaft entste-

1 Raumverminderung beim Mischen von Mörtel

hen. Zu viel Bindemittel ergibt einen sogenannten fetten, harten Putz, der zur Rissbildung neigt. Zu wenig Bindemittel hat einen mageren, weichen und mürben Putz zur Folge, der zum Absanden neigt. Aus diesem Grund werden bei größeren Putzarbeiten heute Werkmörtel eingesetzt, die auf verfahrenstechnisch hochwertigen Anlagen im Werk des Herstellers gemischt werden.

Der fertige Trockenmörtel wird in Säcken oder Silos auf die Baustelle geliefert, wo nur noch die vom Hersteller angegebene Wassermenge zugesetzt werden muss. Durch Werkmörtel kann eine gleichbleibende Materialgüte sichergestellt werden. Werktrockenmörtel werden z. T. auch als Edelputze bezeichnet. Die Korngröße des Zuschlagstoffes bestimmt, welche Oberflächenstruktur erzielt und welche Bearbeitungstechnik gewählt werden kann. In Trockenmörteln für Oberputze sind die farbgebenden Pigmente meist schon enthalten, sodass sich ein Anstrich meist erübrigt.

Der Sand soll gemischtkörnig und frei von Erde, Ton und Pflanzenstoffen oder anderen Verunreinigungen sein. Die Korngröße ist von der Putzart und der Verwendung abhängig. Für Feinstputz werden Korndurchmesser von 1 mm, für Feinputz 3 mm und für Mauermörtel bis zu 7 mm gewählt.

Der Putzauftrag erhärtet abhängig vom Bindemittel unterschiedlich schnell. So wird Luftkalk der Mörtelgruppe P I durch seine CO_2-abhängige Erhärtung erst nach Wochen ausreichend hart. Hochhydraulischer Kalk der Mörtelgruppe P II ist innerhalb weniger Tage fest.

LF 2

Zement der Mörtelgruppe P III erzielt nach 28 Tagen seine hohe Endfestigkeit.

Reiner Gips der Mörtelgruppen VI und V ist bereits nach 1 Stunde hart. Mit steigendem Kalkanteil kann es aber mehrere Wochen dauern, bis die Endfestigkeit erreicht ist. Die zum Erhärten und Abbinden benötigte Zeit ist nicht gegeben, wenn der Putzgrund dem Putz das Wasser entzieht, dieses durch Hitze zu schnell verdunstet oder sich durch Frost Eis bildet.

> Daher soll in Sonnenhitze nicht verputzt werden! Bei Frostwetter gefriert der Putzmörtel, der Putz fällt ab. Frostschutzmittel neigen zum Ausblühen.

Mörtelbindemittel werden meist in Papiersäcken geliefert, die nur unzureichend Schutz gegen Feuchtigkeit bieten. Gips, Zement und hydraulischer Kalk reagieren bereits mit geringer Feuchtigkeit und erhärten.

> Alle Mörtelbindemittel sind trocken zu lagern, besonders Gips, Zement und hydraulischer Kalk.

2.3.4 Prüfung des Untergrundes

Putze sind häufig mit Mängeln behaftet, die erst nach einer genauen Prüfung erkannt werden. Ihre Beseitigung kann sehr zeitaufwendig sein und hohe zusätzliche Kosten verursachen. Bestehen nach der Überprüfung gegen die Beschaffenheit des Untergrundes oder gegen die vorgesehene Art der Ausführung Bedenken, sind diese nach VOB Teil B, DIN 1961 unverzüglich dem Auftraggeber schriftlich mitzuteilen. Nur so lassen sich die anfallenden Mehrkosten in Rechnung stellen oder bei einem nicht beseitigbaren Mangel eine Haftung ausschließen.

> Die erforderliche Prüfung beschränkt sich auf die Beurteilung der Putzoberfläche sowie die sichtbaren und erkennbaren Mängel.

Hierfür sind die folgenden handwerklichen Prüfmethoden anzuwenden:

- **Augenschein:** Durch genaue Betrachtung sind abplatzende Stellen, Ausblühungen, Flecke, Bewuchs, Risse und Verschmutzungen zu erkennen.
- **Benetzprobe:** Einfaches Überstreichen mit Wasser genügt, um Haarrisse sichtbar zu machen und um gleichmäßige oder ungleichmäßige Saugfähigkeit festzustellen.

- **Kratz- und Reibeprobe:** Durch sie lässt sich die Festigkeit einschätzen. Oft genügt schon das leichte Reiben mit der Hand, um das Absanden des Putzes zu bemerken.
- **Klopfprobe:** Lose Putzteile und Hohlräume können durch Abklopfen mit dem Hammer o. Ä. erkannt bzw. hörbar gemacht werden.
- **Schnittprobe – Klebebandtest:** Die Tragfähigkeit vorhandener Altbeschichtungen lassen sich durch Schnitte mit dem Messer und einem anschließenden Klebebandtest (ca. 5 cm Länge) prüfen. Dabei wird ein Klarsichtklebestreifen fest angedrückt und ruckartig abgerissen. Die mehr oder weniger mitgerissene Altbeschichtung zeigt, ob sie noch tragfähig für eine neue Beschichtung ist.
- **Alkalitätsprüfung:** Mit Phenolphthalein-Lösung oder Indikatorpapier lässt sich der pH-Wert des Putzes nachweisen. Solange mineralische Untergründe alkalisch reagieren (Kalkputz in der Regel 1 Jahr, Zementputze 2 Jahre), dürfen sie nicht mit verseifbaren Anstrichstoffen beschichtet werden. Von besonderer Bedeutung ist die Alkalitätsprüfung auf Beton. Sie lässt Rückschlüsse auf die Korrosion der Stahlarmierung zu.

Eine Übersicht zu den Prüfmethoden finden Sie auf der nächsten Seite.

> ### Aufgaben
>
> 1. Erklären Sie, was der Fachmann unter dem Beschichtungsträger Putz versteht.
> 2. Nennen Sie die vier Aufgaben, die Putze zu erfüllen haben, und erläutern Sie diese.
> 3. Nennen Sie die Putzdicke, die für Innenräume vorgeschrieben ist.
> 4. Bestimmen Sie die richtige Putzmörtelgruppe nach DIN V 18 550, wenn der Innenputz speziell für Feuchträume geeignet sein soll.
> 5. Erklären Sie, warum beim Mischen von Bindemittel und Sand das entstehende Gesamtvolumen um 20 % reduziert wird.
> 6. Erklären Sie, warum eine genaue Prüfung des Beschichtungsuntergrundes vor Beginn der Malerarbeiten notwendig ist.
> 7. Nennen Sie Prüfmethoden zur Erkennung von Ebenheit und Glätte und beschreiben Sie, wie dabei vorgegangen wird.

Übersicht

Prüfung	Prüfmethode	Erkennung	Abhilfe
Feuchtigkeit	Augenschein, Kratzprobe	Verfärbungen und Wasserränder zeichnen sich ab, feuchte Flächen besitzen z. T. geringere Festigkeit	Ursache feststellen und beseitigen, Untergrund trocknen lassen
Oberflächen-festigkeit	Kratzprobe	Oberfläche lässt sich bei leichtem Druck anritzen	Lose, lockere oder mürbe Teile maschinell oder von Hand entfernen. In weichen Untergründen verankert sich die Beschichtung nur mangelhaft
	Reibeprobe mit der Hand	Leichtes Absanden Abblättern, starker Abrieb	Gründlich reinigen, Putz mit Tiefgrund festigen, wenn nötig erneuern
Saugfähigkeit	Benetzprobe	Wasser perlt ab Untergrund saugt stark	Sinterschicht aufrauen, fluatieren (nicht auf Gips), Verschmutzung entfernen, reinigen, evtl. hochdruckreinigen, Tiefgrundierung
Ausblühung	Augenschein	Salzkristalle an der Oberfläche	Ursache der Feuchtigkeit feststellen und beseitigen, Salz nach dem Trocknen entfernen
Algen-, Moos- und Pilzbefall	Augenschein	Grüner bzw. dunkler Bewuchs	Gründlich reinigen, z. B. hochdruckreinigen, wenn notwendig chemisch nachbehandeln
Risse	Augenschein, Benetzprobe	Rissverlauf Risse zeichnen sich dunkel ab	Untergrund gründlich reinigen, je nach Rissart rissüberbrückendes Beschichtungssystem auftragen bzw. Rissarmierung durchführen
Verschmutzung	Augenschein, Benetzprobe		Putz gründlich reinigen
Rostflecken	Augenschein	Rostfärbung	Wenn möglich, Ursache beseitigen, ggf. korrosionsschützende Beschichtung auftragen
Neuer – alter Putz Ausbesserungsstellen	Augenschein, Alkalitätsprüfung	Verschiedene Oberflächenstruktur, Indikatorpapier bzw. Phenolphthaleinlösung zeigt unterschiedl. pH-Wert	Struktur anpassen, unterschiedliche Alkalität durch Fluatieren oder Tiefgrundierung ausgleichen
Abplatzende Flächen, Hohlstellen	Augenschein, Klopfprobe	Abblätternde Schichten, schadhafte Stellen klingen hohl	Schadhafte Stellen beseitigen und ausbessern
Tragfähigkeit von Altbeschichtungen	Schnittprobe, Klebebandtest	Versprödete Altbeschichtung splittert ab, Beschichtungsfilm lässt sich leicht abziehen	Altbeschichtung entfernen, Beschichtungsaufbau erneuern

2.4 Tapezierarbeiten

2.4.1 Vorbereitung des Untergrundes

Nur auf tragfähigen, glatten und gleichmäßig saugenden Untergründen kann eine einwandfreie Tapezierung erfolgen. Außerdem muss der Untergrund sauber, trocken und frei von Schimmelpilzen sein. Alkalische Putze oder Nachputzstellen können auf der Tapete Flecke verursachen.

> Zum Tapezieren muss der Untergrund eine ausreichende Haftfestigkeit besitzen. Er muss glatt, sauber, trocken und neutral sein.

Hierzu sind folgende Vorarbeiten notwendig:
- Alte Tapeten, Beläge, Spannstoffe, schadhafte Unterlagsstoffe, schlecht haftende Beschichtungen restlos entfernen.
- Leimfarbenanstriche vollkommen abwaschen.
- Untergrund von Fett und Schmutz befreien.
- Sandende, mürbe Putze durch Grundieren festigen.
- Öl- und Lackfarbenbeschichtungen aufrauen.
- Alkalische Untergründe bzw. die Putzstellen durch Fluatieren neutralisieren.
- Risse ausbessern bzw. mit geeigneten Armierungen überbrücken.
- Unebenheiten mit Spachtelmassen glätten.

2.4.2 Zuschneiden – Einkleistern – Weichen

Vor dem Zuschneiden werden die Tapetenrollen auf Richtigkeit und ausreichende Liefermenge geprüft, die Anfertigungsnummern verglichen und die Verarbeitungshinweise auf dem Beipackzettel gelesen.

Die **benötigten Tapetenbahnen** ermittelt man, indem der Raumumfang durch die Tapetenbreite geteilt wird. Mögliche Abzüge ergeben sich durch die Öffnungen.

Zum **Zuschneiden** der Bahnen rollt man die Tapetenrolle auf dem Tapeziertisch aus. Bei der Länge der Bahnen müssen der **Rapport und die Art des Ansatzes** sowie ein Verschnitt von 5 bis 10 cm berücksichtigt werden. Außer beim gestürzten Verkleben werden die Tapetenbahnen stets in der gleichen Richtung abgerollt.

Beim Zuschneiden muss auf Druck-, Farb- und Papierfehler geachtet und je nach Tapetenart müssen weitere Prüfungen, wie Ausschattieren, Fächerprobe, Seitenvergleich oder Brennprobe, durchgeführt werden.

Zum **Einkleistern** legt man die Bahnen mit der Musterseite nach unten auf den Tisch. Der Kleister wird von der Bahnmitte aus gleichmäßig nach außen hin eingestrichen bzw. aufgetragen.

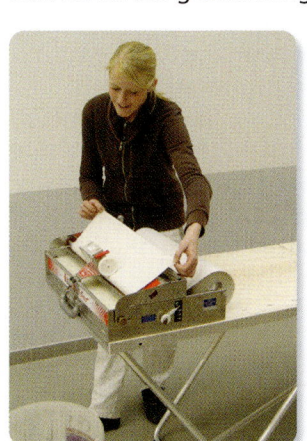

Der Tapeziertisch muss unbedingt kleisterfrei bleiben, da sonst nachfolgende Bahnen verschmutzt oder beschädigt werden.

Kleistergeräte ermöglichen einen schnellen und gleichmäßigen Kleisterauftrag.

1 Einkleistern mit dem Kleistergerät

Die eingekleisterte Bahn wird beidseitig zum Weichen zusammengelegt. Der obere längere Teil wird im Verhältnis 2:1 zum unteren Teil eingeschlagen. Dabei dürfen keine Knicke entstehen.

Die **Weichzeit** ist je nach Qualität, Papierstärke und Saugvermögen des Papiers verschieden. Daher sind die Verarbeitungshinweise zu beachten. Nach dem Wei-

2 Einschlagen der Bahn   *3 Zusammenlegen der Bahn*

chen dehnt sich die Tapete aus und lässt sich weich und geschmeidig verarbeiten. Ist die Tapete verklebt, kann sie sich beim Trocknen nicht mehr zusammenziehen und erhält so eine natürliche Spannung.

> Bei zu kurzer Weichzeit bilden sich an der Wand Runzeln und Blasen. Unterschiedliche Weichzeiten führen zu verschiedenen Längen der einzelnen Bahnen und damit zu Ansatzfehlern.

2.4.3 Tapezieren

Beim Tapezieren beginnt man an einer Fensterseite. Das einfallende Licht wirft so bei geringen Überlappungen der Bahnen keine störenden Schatten.
Die erste Bahn wird so eingelotet, dass sie die Tiefe der Fensternische abdeckt und eine ausreichende Zugabe für das Einpassen zur Verfügung steht.

4 Ansetzen der Bahn

> Beim Tapezieren geht man vom Lichteinfall aus.

Wände sind in den Ecken meist nicht genau senkrecht und gerade. Über Eck tapeziert, käme die Tapetenbahn an der neuen Wand aus dem Lot, außerdem können sich Runzeln und Falten bilden. Deshalb wird an einer Ecke die Tapetenbahn so geteilt, dass sie ca. 1 cm in die andere Wand hineinreicht. An der neuen Wand muss darauf geachtet werden, dass der abgeschnittene Teil der Bahn neu gelotet und ein

LF 2

Musterversatz vermieden wird. Der Überstand an der Ecke wird überlappend geklebt.

> Raufasertapete wird in den Ecken nicht überlappend geklebt.
> Bei Kunststofftapeten müssen Überlappungen mit Vinyltapetenkleber verklebt werden, da Kleister auf dem Kunststoff nicht haftet.

Zum Andrücken verwendet man je nach Tapetenart Moosgummirollen, Tapezierbürsten, Tapezierwischer oder Andrückspachtel aus Kunststoff.

1 Anbürsten der Bahn

Die Überstände an Decken und Sockeln werden je nach Tapetenart mit der Tapezierschere oder einem Cuttermesser beschnitten, Raufasertapete wird an einer Reißkante oder einem Flächenspachtel gerissen. Für die Nähte benutzt man konische Nahtroller.

2 Abreißen der Überstände

> **Moosgummirolle** und **Nahtroller** dürfen zum Andrücken von Prägetapeten nicht benutzt werden, weil die Prägung damit weggedrückt wird.
> **Tapezierbürste** und **Tapezierwischer** können zum Verkleben von aufgeschäumten Profiltapeten und Textiltapeten nicht benutzt werden, weil dadurch die Oberfläche verletzt werden kann.

> ### *Aufgaben*
>
> 1. *Beschreiben Sie die erforderliche Beschaffenheit des Untergrundes vor Beginn der Tapezierarbeiten.*
> 2. *Erläutern Sie, warum es vor Beginn des Zuschneidens notwendig ist, stets die Anfertigungsnummern und die Liefermenge der Tapetenrollen zu kontrollieren.*
> 3. *Erklären Sie, warum beim Tapezieren stets die Weichzeit berücksichtigt werden muss.*
> 4. *Nennen Sie den Grund dafür, dass bei Tapezierarbeiten stets an einer Fensterseite begonnen wird.*

(handschriftlich) neu 5

(handschriftlich) neu 4.) Berechnen Sie die Anzahl der Tapetenbahnen, die aus einer Europarolle für einen Raum mit einer Raumhöhe von 2,65 m zuzügl. 10 cm für die Versch...

2.5 Kunststoffdispersionen

Kunststoffdispersionen gehören heute zu den wichtigsten Bindemitteln. Die Gründe hierfür liegen in der großen Bandbreite ihrer Einsatzgebiete.
Sie sind wasserverdünnbar, frei von gesundheitsschädlichen, brennbaren Lösemitteln und tragen damit zum Schutz der Umwelt bei. Kunststoffdispersionen lassen sich problemlos verarbeiten. Sie trocknen schnell, sind überstreichbar und besitzen gute Haft- und Oberflächeneigenschaften.

2.5.1 Einsatzgebiete im Überblick

Einsatzgebiete:
- Grundierdispersionen
- farblose Überzugsmittel
- Dispersionsbinder
- Dispersionskleber
- Dispersionsfarben
- Fassadendispersionen
- Dispersionslacke
- heizölbeständige Dispersionen
- fungizide/bakterizide Dispersionen

- ◆ flammenhemmende Dispersionen
- ◆ Raufasereffektfarben
- ◆ Dispersionsspachtelmassen
- ◆ Kunststoffputze
- ◆ Armierungsfarben
- ◆ Armierungskleber

2.5.2 Art der Werkstoffe

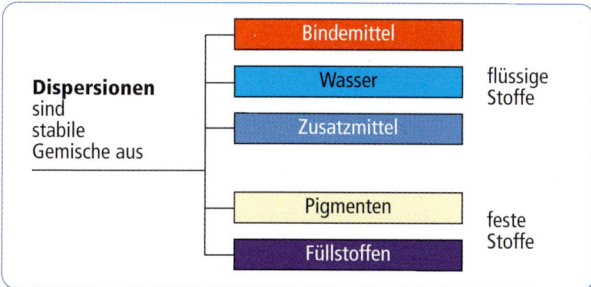

1 Zusammensetzung einer Kunststoffdispersion

> Kunststoffdispersionen[1] sind Gemische aus festen Stoffen, Wasser und darin fein verteilten Kunststoffteilchen. Zur Stabilisierung dieser Mischung sind Zusatzmittel notwendig, die sogenannten **Stabilisatoren** und **Emulgatoren**.

Durch die unterschiedliche Dichte der Stoffe würden sich diese sofort entmischen. Ein stabiles Gemisch ließe sich so nicht herstellen. Mithilfe von Verdickungsmitteln werden die Stoffe vor dem Absinken bewahrt. Dadurch bleibt die feine Verteilung erhalten.

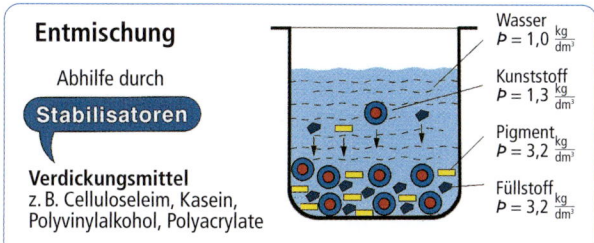

2 Wirkungsweise der Stabilisatoren

Wie wir bereits bei der physikalischen Trockung gesehen haben, fließen die Kunststoffteilchen zusammen, sobald sie sich zu nahe kommen. In der Dispersion würde dies zu Ausflockungen führen, d. h., die Kunststoffteilchen würden sich bereits in der Flüssigkeit zusammenlagern. Mit Emulgatoren kann dies verhindert werden.

[1] Dispersion = Gemisch (lat. dispergere = zerstäuben, verteilen)

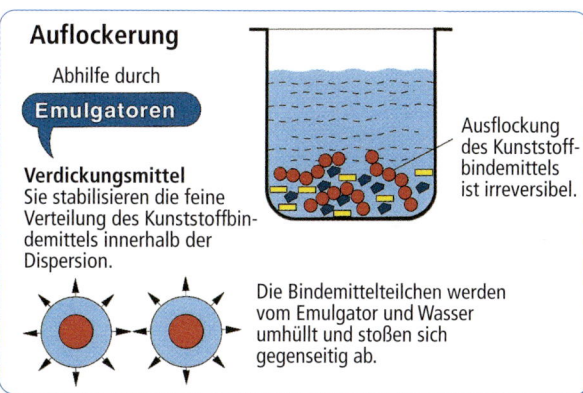

3 Wirkungsweise der Emulgatoren

Weitere Zusatzmittel
Bei der Herstellung werden den Kunststoffdispersionen häufig noch weitere Zusatzmittel zugefügt. Beispiele:
- ◆ Antischaummittel
- ◆ Weichmacher
- ◆ Konservierungsmittel
- ◆ Filmbildungshilfsmittel
- ◆ Flammschutzsalze
- ◆ rostschützende Mittel

Diese unterstützen den technischen Prozess der Herstellung, sorgen für die dauerhafte Lagerungsfähigkeit und machen die Kunststoffdispersion zu einem leicht verarbeitungsfähigen Bindemittel.
Ihre Zugabe bewirkt u. a. einen guten Verlauf, Elastizität und eine schnelle Trocknung. Zur besseren Filmbildung dienen Weichmacher, die zum Teil in der Dispersion bleiben (permanente Weichmacher) oder sich wie Lösemittel mit der Zeit verflüchtigen (temporäre Weichmacher).

2.5.3 Herstellung von Kunststoffdispersionen

Die vom Wasser umgebenen Kunststoffteilchen sind in einer Teilchengröße von $\frac{1}{1000}$ mm (grob) bis $\frac{1}{100\,000}$ mm (fein) dispergiert. Dabei handelt es sich um zähflüssige Kunststoffe, die durch Polymerisation hergestellt wurden.

Am Beispiel des Polyvinylacetats soll dies verdeutlicht werden.

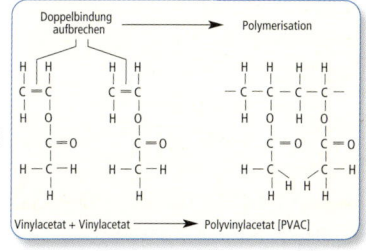

4 Herstellung von Polyvinylacetat

Andere Polymerisate für Kunststoffdispersionen sind:

♦ Polyvinylpropinat (PVP)
♦ Polystyrolbutadien (PSB)
♦ Polymethylmethacrylat (PMMA)

Wie die technische Herstellung in den einzelnen Stufen verläuft, zeigt die folgende Abbildung.

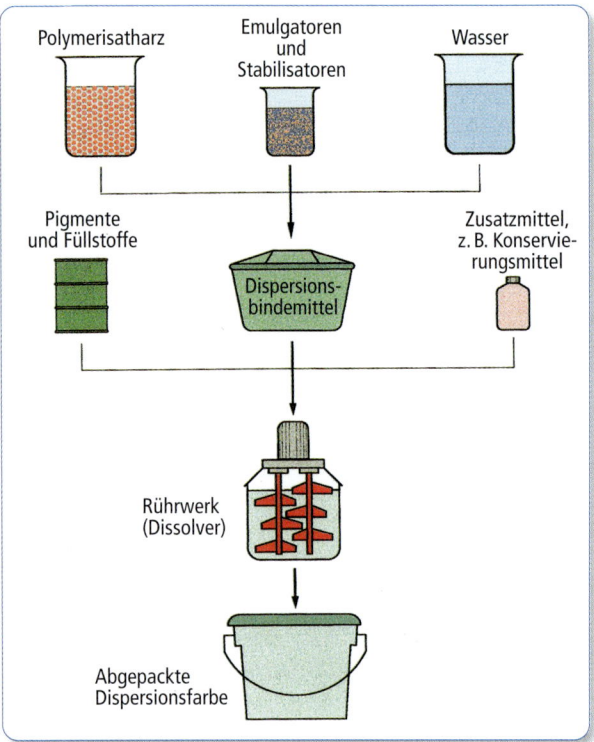

1　Herstellung der Kunststoff-Dispersionsfarbe

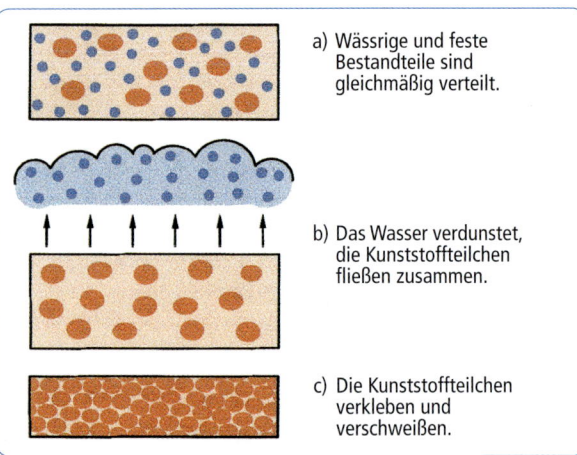

a) Wässrige und feste Bestandteile sind gleichmäßig verteilt.

b) Das Wasser verdunstet, die Kunststoffteilchen fließen zusammen.

c) Die Kunststoffteilchen verkleben und verschweißen.

2　Trocknungsvorgang bei Dispersionsfarben

> Für das Zusammenfließen der thermoplastischen Kunststoffteilchen benötigen diese eine gewisse Wärme. Aus diesem Grund dürfen Dispersionen nicht unter +5 °C verarbeitet werden. Auch sind die meisten Dispersionen frostempfindlich.

Die Industrie bietet aber auch frostunempfindliche lösungsmittelhaltige Dispersionen an.

Der durchgehärtete Anstrich zeichnet sich durch gute Haftung, Witterungsbeständigkeit und weitgehende Unempfindlichkeit gegen Abgase aus. Durch das Verdunsten des Wassers bei der Trocknung bleibt die Dispersion wasserdampfdurchlässig.
Diese Eigenschaft trägt im Innenbereich zu einem guten Raumklima bei.

2.5.4　Filmbildung bei Kunststoffdispersionen

Zunächst verdunstet das Wasser, danach fließen die thermoplastischen Kunststoffteilchen zusammen und verkleben miteinander, bis sie schließlich einen einheitlichen Film bilden.
Diesen Vorgang des allmählichen Aneinanderrückens bis zur vollständigen Verschweißung der Kunststoffteilchen bezeichnet man als **kalten Fluss**.
Nachdem das Wasser verdunstet ist, fühlt sich der Anstrich trocken an, die Filmbildung ist aber noch in vollem Gange und schreitet langsam voran.
Mit dem Aufbringen des nächsten Anstrichs sollte deshalb mindestens 12 Stunden gewartet werden.

Aufgaben

1. *Nennen Sie die Bestandteile, aus denen Kunststoffdispersionen bestehen.*
2. *Beschreiben Sie die Aufgaben, die Stabilisatoren und Emulgatoren in einer Kunststoffdispersion erfüllen.*
3. *Erläutern Sie die Herstellung einer Kunststoff-Dispersionsfarbe mithilfe des vorangehenden Schaubildes (Herstellung einer Kunststoff-Dispersionsfarbe).*
4. *Beschreiben Sie die Filmbildung einer Kunststoffdispersion durch den kalten Fluss.*
5. *Erklären Sie, wonach die Auswahl der richtigen Kunststoff-Dispersionsfarbe erfolgt.*
6. *Nennen Sie den Grund dafür, dass bei der Verarbeitung von Kunststoff-Dispersionsfarben möglichst rasch gearbeitet werden muss.*

LF 2

Kundenauftrag 2

TELEFONNOTIZ

Malerbetrieb Roth GmbH
Gewerbepark 136
45131 Essen
fon 0201 4867-12
fax 0201 4867-14
e-mail: info@Malerbetrieb-roth.de
www.Malerbetrieb-roth.de

Gesprächspartner: Datum: 06.05.20xx

Hermann Weißling
Weidendamm 45
49716 Meppen

Gesprächsinhalt:

Herr Weißling möchte an seinem Wohnhaus folgende Arbeiten durchführen lassen:

- *Beschichtung der Sichtbetonflächen, Fensterbänke und Faserzementblenden*

- *Überholungsanstrich des Lamellenzauns*

- *Beschichtung der Kunststoffhaustür*

LF 2

Objektbeschreibung

Bei der Objektbegehung wurde als Istzustand festgestellt:

1 Gesamtansicht

Sichtbeton:
Stahlbeton mit intakter tragfähiger Altbeschichtung im Farbton RAL 7035 (lichtgrau). Es sind keine Risse, Abplatzungen oder andere Untergrundmängel vorhanden. Die durchzuführende Beschichtung dient lediglich dem Farbtonwechsel.

2 Sichtbeton

Faserzementblenden:
Hinterlüftete Faserzementplatten mit intakter tragfähiger Altbeschichtung im Farbton RAL 7035 (lichtgrau). Es sind keine Risse, Abplatzungen oder andere Untergrundmängel vorhanden. Die durchzuführende Beschichtung dient lediglich dem Farbtonwechsel.

3 Faserzementblende

Fensterbänke:
Die Fensterbänke bestehen aus Faserzementprofilen. Die Altbeschichtung ist tragfähig, weist jedoch flächig Haarrisse auf.

4 Fensterbank

Lamellenzaun:
Zaunelemente aus gehobeltem Fichtenholz, kesseldruckimprägniert und vor ca. 2 Jahren mit Dünnschichtlasur (lösemittelhaltig) im Farbton „Pinie" beschichtet. Die Beschichtung ist intakt, weist jedoch an einigen Stellen Auswaschungen auf. Die geplante Beschichtung soll das Holz vor Vergrauung (Ligninabbau) und Pilzbefall (Bläuepilz) schützen.

5 Zaunelemente

Haustür:
Die Haustür (einflügelig, mit angrenzendem Fensterelement) besteht aus dunkelbraunem Kunststoff, der stellenweise ausgeblichen ist. Die Kunststoffsorte ist nicht bekannt.

6 Haustür

Lernsituation 1
Beschichtung der Sichtbetonflächen, Faserzementblenden und Fensterbänke

Informationsbeschaffung

Bevor Sie mit Ihrer Planung beginnen, sollten Sie sich zunächst mit dem Beschichtungsuntergrund dieses Auftrags vertraut machen. Recherchieren Sie dazu mithilfe Ihres Fachbuchs und anderer Quellen. Legen Sie dabei Ihr Hauptaugenmerk auf die folgenden Begriffe: mineralische Untergründe, Beton, Sichtbeton, Faserzement, Festigkeitsklassen, W/Z-Wert, Erhärtung, Stahlarmierung, Alkalität, Carbonatisierung

Planung

- Um die Sichtbetonfläche fachgerecht beschichten zu können, muss ein geeignetes Beschichtungssystem ausgewählt werden. Notieren Sie die Anforderungen, die an ein solches gestellt werden. *S. 160*
- Auch für die Faserzementblenden und die Faserzementprofile (Fensterbänke) soll ein entsprechendes Beschichtungssystem ausgewählt werden. Notieren Sie die Anforderungen, die dieses zu erfüllen hat. *S. 85/86*

Durchführung

Baustelle einrichten
Die Beschichtungsarbeiten an den Faserzementblenden erfordern eine Arbeitshilfe. In Ihrem Betrieb stehen Ihnen hierfür Anlegeleitern, Gerüste oder Hubarbeitsbühnen zur Auswahl. Wählen Sie eine Arbeitshilfe aus und begründen Sie Ihre Entscheidung.

Einen sicheren Arbeitsplatz schaffen
Bei der Durchführung der Beschichtungsarbeiten sollte der Schutz Ihrer Gesundheit stets im Vordergrund stehen. Informieren Sie sich deshalb über die Gesundheitsgefahren, die hinsichtlich der Bearbeitung von Faserzementplatten beachtet werden müssen. *S. 87*

Vorarbeiten durchführen
Bevor die Sichtbetonfläche und die Faserzementplatten einem Farbtonwechsel unterzogen werden können, müssen zunächst Reinigungsarbeiten am Beschichtungsträger vorgenommen werden. Beschreiben Sie Ihre Vorgehensweise. *S. 175/176* ⑥

Hauptarbeiten durchführen *Inhaltsverzeichnis vor*
- Skizzieren Sie den Beschichtungsaufbau (inklusive einer Beschriftung) für die Sichtbetonfläche und die Faserzementblenden. *Betonschutz besch. S. 160* ⑦
- Nennen Sie für die Sichtbetonflächen Beschichtungssysteme, die die aufgeführten Anforderungen aus der Planungsphase erfüllen. ⑧

Kontrolle

- Prüfen Sie Ihre schriftliche Ausfertigung des Auftrags auf Vollständigkeit und Verständlichkeit.
- Überdenken Sie Ihre Ausführungen bezüglich einer praktischen Durchführbarkeit in Ihrem Betrieb. Entsprechen Ihre Ausführungen einem realen betrieblichen Ablauf?
- Bewerten Sie Ihre Teamarbeit. Zeigen Sie ggf. Probleme im Ablauf Ihrer Teamarbeit auf und entwickeln Sie Verbesserungsvorschläge (siehe Kapitel G).

Dokumentation und Präsentation

- Stellen Sie Ihre Lösung dieses Kundenauftrags in der Klasse vor (siehe Kapitel G) und diskutieren Sie diese.
- Korrigieren Sie Ihre Ergebnisse gegebenenfalls und bewerten Sie Ihre Gruppenarbeit.
- Bereiten Sie Ihre Ergebnisse für eine Präsentation im Beisein Ihres Auftraggebers Herrn Weißling vor (siehe Kapitel G). *Gruppe Plakat*

Lernsituation 2
Überholungsanstrich des Lamellenzauns

Informationsbeschaffung

Bevor Sie mit Ihrer Planung beginnen, sollten Sie sich zunächst mit dem Beschichtungsuntergrund auseinandersetzen. Recherchieren Sie dazu mithilfe Ihres Fachbuchs und anderer Quellen. Legen Sie dabei Ihr Hauptaugenmerk auf die folgenden Begriffe:
Jahresringe, Lignin(-abbau), Nadel- und Laubhölzer, Holzfeuchte, Quellen, Schwinden, Dünn- und Dickschichtlasur, Auswaschungen, Pilzbefall.

Planung

- Für eine fachgerechte Überholungsbeschichtung des Lamellenzauns müssen verschiedene Auswahlkriterien berücksichtigt werden. Notieren Sie diese.
- Der Lamellenzaun war bisher im Farbton „Pinie" beschichtet. Beraten Sie Ihren Kunden hinsichtlich des Farbtons für die Überholungsbeschichtung inform eines Geschäftsbriefes. Gehen Sie dabei insbesondere auf den Ligninabbau ein.
- Um den Farbverbrauch für den Lamellenzaun kalkulieren zu können, stehen Ihnen die folgenden Informationen zur Verfügung:
  - Beschichtungsfläche pro Element: 12 m²
  - Zaunelemente gesamt: 9 Stück
  - Verbrauch: 120 ml/m² (pro Schicht)
  - Auftragsanzahl: zweimal
  - Gebindemenge: 2,5 l
  Berechnen Sie die Gebindemenge, die bereitgestellt werden muss.

Durchführung

Baustelle einrichten
Erläutern Sie Ihr Vorgehen zur Einrichtung der Baustelle, besonders um den Schutz angrenzender Bauteile zu gewährleisten

Vorarbeiten durchführen
Um die Beschichtungsarbeiten an dem Lamellenzaun vornehmen zu können, müssen verschiedene Vorarbeiten erledigt werden. Notieren Sie diese und beschreiben Sie den jeweiligen Arbeitsgang.

Hauptarbeiten durchführen
Um ein qualitativ hochwertiges Erscheinungsbild der Neubeschichtung zu erreichen, müssen Beschichtungsfehler wie Ansätze, Läufer u. Ä. ausgeschlossen werden. Erläutern Sie die Kriterien, die hinsichtlich dieser Zielsetzung zu beachten sind.

Abschlussarbeiten
Beschreiben Sie Ihr Handeln hinsichtlich der Reinigung des von Ihnen verwendeten Werkzeugs.

Kontrolle

- Prüfen Sie Ihre schriftliche Ausfertigung des Auftrags auf Vollständigkeit und Verständlichkeit.
- Überdenken Sie Ihre Ausführungen bezüglich einer praktischen Durchführung in Ihrem Betrieb. Entsprechen Ihre Ausführungen einem realen betrieblichen Ablauf?
- Kontrollieren Sie die von Ihnen praktizierte Teamarbeit (siehe Kapitel G).

Dokumentation und Präsentation

- Stellen Sie Ihre Lösung dieses Kundenauftrags in der Klasse vor und diskutieren Sie diese (siehe Kapitel G).
- Korrigieren Sie Ihre Ergebnisse gegebenenfalls und bewerten Sie Ihre Gruppenarbeit.
- Bereiten Sie Ihre Ergebnisse für eine abschließende Präsentation mit Herrn Weißling als Auftraggeber vor (siehe Kapitel G).

Lernsituation 3
Beschichtung der Kunststoffhaustür

Informationsbeschaffung

Bei dem von Ihnen vorgefundenen Beschichtungsuntergrund handelt es sich um ein Kunststoffprodukt. Deshalb sollten Sie sich zunächst mit diesem Material vertraut machen. Recherchieren Sie dazu mithilfe Ihres Fachbuchs und anderer Quellen. Legen Sie dabei Ihr Hauptaugenmerk auf die folgenden Begriffe: Kettenmoleküle, Plastomere, Duromere, Elastomere, Formtrennmittel

Planung

Um ein geeignetes Beschichtungssystem für die Kunststofftür auswählen zu können, muss zunächst die Kunststoffart festgestellt werden. Nennen und erläutern Sie Methoden zur Feststellung der Kunststoffart.

Durchführung

Baustelle einrichten
Nennen Sie die Materialien, die bereitgestellt werden müssen, um umgebende Bauteile vor Verunreinigungen zu schützen, und schildern Sie Ihr Handeln.

Vorarbeiten durchführen
Um die Haustür für die Beschichtungsarbeiten vorzubereiten, muss ihre Oberfläche einer gründlichen Reinigung unterzogen werden. Wählen Sie ein geeignetes Reinigungsverfahren aus und erläutern Sie Ihre Vorgehensweise.

Hauptarbeiten durchführen
Skizzieren Sie den notwendigen Beschichtungsaufbau und erläutern Sie Ihre Skizze.

Abschlussarbeiten
Erläutern Sie Ihre Vorgehensweise, um Ihren Arbeitsort nach den Beschichtungsarbeiten in einem einwandfreien Zustand an Ihren Auftraggeber zu übergeben.

Kontrolle

- Prüfen Sie Ihre schriftliche Ausfertigung des Auftrags auf Vollständigkeit und Verständlichkeit.
- Überdenken Sie Ihre Ausführungen bezüglich einer praktischen Durchführung in Ihrem Betrieb. Entsprechen Ihre Ausführungen einem realen betrieblichen Ablauf (z. B. Zeitplanung)?
- Kontrollieren Sie die von Ihnen praktizierte Teamarbeit. Durch welche Verbesserungsmöglichkeiten wäre eine produktivere Arbeitsweise möglich (siehe Kapitel G)?

Dokumentation und Präsentation

- Stellen Sie Ihre Lösung dieses Kundenauftrags vor und diskutieren Sie diese.
- Korrigieren Sie Ihre Ergebnisse gegebenenfalls und bewerten Sie Ihre Gruppenarbeit.
- Bereiten Sie Ihre Ergebnisse für eine abschließende Präsentation mit Herrn Weißling vor (siehe Kapitel G).

LF 2

2 Nichtmetallische Untergründe bearbeiten (Teil 2)

2.6 Beton

> Beton ist ein aus Zement, Wasser und Zuschlagstoffen hergestelltes künstliches Gestein.

Er gehört heute zu den wichtigsten Baustoffen. Bereits die Römer verwendeten für ihre Bauwerke eine Art Beton. Das Material Opus caementitium bestand aus einem Kalkmörtel in Verbindung mit Sand, Marmor- und Ziegelbruch, dem Caementa. Von diesem ist unser Begriff Zement abgeleitet. Die Betontechnik ermöglichte den Gewölbebau in bisher unbekannten Dimensionen und eine Anpassung an die im Bauwerk auftretenden Druckbelastungen.

Beton ist in der Lage, hohe Druckkräfte aufzunehmen. Er besitzt jedoch eine geringe Zugfestigkeit. Im Stahlbeton nehmen eingelegte Stahlstäbe die auftretenden Zugkräfte und einen Teil der Druckkräfte auf. Beton und Stahl dehnen sich bei Erwärmung gleich stark aus. Temperaturschwankungen führen daher zu keinen zusätzlichen Spannungen. Die römische Technik des Gussbetons ging nach dem Zusammenbruch des Römischen Reiches verloren. Die moderne Technik des heutigen Stahlbetons entstand Mitte des 19. Jahrhunderts. Die Stahleinlage wird als Bewehrung bzw. Armierung bezeichnet.

2.6.1 Betonarten

Unbewehrter Beton enthält keine Stahlarmierung. Er ist für nichttragende Bauteile, die nur Druckspannungen ausgesetzt sind, geeignet.
Stahlbeton besitzt nach DIN 1045 eine Stahleinlage als Bewehrung, die ohne Vorspannung in den Beton eingegossen wird.
Spannbeton verfügt über eine vorgespannte Stahlarmierung, die im Beton eine Druckspannung erzeugt und so die Widerstandsfähigkeit gegen Zugkräfte erhöht.
Sichtbeton bezeichnet einen unverputzten Beton mit glatter oder strukturierter Oberfläche.
Waschbeton entsteht, wenn vor dem Erhärten des Betons die gebundenen Steine an der Oberfläche durch Waschen freigelegt werden. Aus Waschbeton werden Platten und fabrikmäßig geformte Fertigteile hergestellt.

Zur Sicherstellung einer mindestens 50-jährigen Nutzung von Betonbauteilen sind in DIN EN 206-1/DIN 1045-2 die Einwirkungen der Umgebungsbedingungen in Expositionsklassen für Bewehrungsund Betonkorrosion eingeteilt:

> • kein Korrosions- oder Angriffsrisiko: XO
> • Bewehrungskorrosion: XC; XD; XS
> • Betonkorrosion: XF; XA; XM

2.6.2 Expositions- und Festigkeitsklassen

Expositionsklasse	Festigkeitsklasse	Mindest-Druckfestigkeit N/mm²	Anwendung
X0	C8/10	8/10	unbewehrter Beton
XC1	C16/20	16/20	innen, trocken oder ständig nass
XC4	C25/3	25/30	außen, wechselnd nass u. trocken
XF4	C30/37	30/37	hoher Frost- u. Tausalzwiderstand
XM1	C30/37	30/37	hoher Verschleißwiderstand

2.6.3 Aufgaben der Bestandteile im Beton

Die Zuschlagstoffe stellen den Hauptanteil im Beton. Von ihrer Zusammensetzung hängt die Rohdichte ab. Die unterschiedlichen Korngrößen von Sand, Kies und Split führen zu einer dichten Packung des Zuschlaggemischs. Ihre Verteilung wird durch die Sieblinie festgelegt.
Der Zementanteil und die Festigkeitsklasse des Zements bestimmen maßgeblich die Eigenschaften des Betons. Für die chemischen und physikalischen Reaktionen bei der Zementerhärtung braucht der Zement eine bestimmte Wassermenge, die ca. 40 Prozent seines Eigengewichts entspricht. Überschüssiges Wasser verdunstet und hinterlässt oft saugende Poren, die die Betonfestigkeit schwächen und den Alkalitätsverlust der Betonoberfläche beschleunigen. Zu wenig Wasser löst den Zement nicht vollständig und beeinträchtigt die Betonfestigkeit ebenfalls.

> Das Verhältnis von Zugabewasser und Zement wird als Wasser-Zement-Wert (W/Z-Wert) bezeichnet.

Damit der Beton die optimale Festigkeit erreichen kann, sollte der Wasser-Zement-Wert zwischen 0,4 und 0,6 liegen.

2.6.4 Erhärtung von Beton

Der Zement bildet bei der Betonherstellung mit dem Zugabewasser einen Zementleim, der nach 1 bis 3 Stunden zu erstarren beginnt und nach 28 Tagen weitgehend erhärtet ist. Bei diesem Erstarrungsprozess entwickeln sich faserförmig wachsende Kristalle, die Calciumsilikathydrate.

Je vollständiger der Wasseranteil für die Kristallbildung verbraucht wird, umso länger wachsen die Kristalle und verfilzen sich. Dabei entsteht Zementstein, der dem Beton seine Härte verleiht. Im Beton wachsen die Kristalle auch an den Zuschlagstoffen und an der Stahlbewehrung an. Hierdurch erhält der Beton seine Festigkeit.

Beim Herstellen des Betons entsteht neben Zementstein auch gelöschter Kalk [Ca(OH)$_2$]. Seine hohe Alkalität schützt die Stahlarmierung gegen Korrosion. Verbindet sich der gelöschte Kalk mit dem CO_2 der Luft,

entsteht Kalkstein [CaCO$_3$] mit nur geringer Alkalität. Diesen Vorgang bezeichnet man als Carbonatisierung.

> Mit dem Alkalitätsverlust verliert der Beton seine korrosionsschützende Wirkung. Die Stahlarmierung beginnt zu rosten. Daher den pH-Wert ermitteln!

Poröse Oberflächen, Risse, falsche oder fehlende Beschichtungen beschleunigen diesen Prozess. Schwefelhaltige Abgase und saure Niederschläge verbinden sich ebenfalls mit gelöschtem Kalk. Hierbei entstehen wasserlösliche Stoffe wie beispielsweise Gipsstein. Eine Oberflächenerosion setzt ein und beschleunigt den Abbau der Alkalität zusätzlich. Mithilfe geeigneter Beschichtungen kann Beton gegen Alkalitätsverlust und Oberflächenschäden geschützt werden.

2.7 Bauplatten für den Außenbereich

Aufgrund ihrer vielseitigen Verwendungsmöglichkeiten kommt den Bauplatten sowohl im Innen- als auch im Außenbereich ein hoher Stellenwert zu. Die unterschiedlichen Verwendungsmöglichkeiten erfordern eine Vielzahl von Bauplatten, die die verschiedensten Ansprüche erfüllen. An dieser Stelle sollen zunächst (der Lernsituation entsprechend) lediglich die Faserzementplatten thematisiert werden.

Weitere Bauplatten werden im Lernfeld 7 behandelt.

Faserzementplatten bestanden früher aus zementgebundenen Asbestfasern.

> Der beim Schleifen, Trennen usw. entstehende **Asbeststaub ist durch Einatmen krebserregend! Daher unbedingt Atemschutz tragen!**

Bei den heutigen Faserzementplatten wurden die Asbestfasern durch Fasern aus Kunststoff ersetzt. Das Gesundheitsrisiko konnte so minimiert werden. Faserzementplatten werden unter hohem Druck zu Platten und Tafeln gepresst. Ihr hoher Zementanteil bewirkt eine dauerhaft hohe Alkalität. Daher können nur zementechte, alkalibeständige Anstrichstoffe für ihre Beschichtung eingesetzt werden.

1 Bildung von Zementleim

2 Bildung von Zementkristallen

gelöschter Kalk = hohe Alkalität

CO_2 u. a. Abgase sowie saure Niederschläge verringern die Alkalität

3 Abbau der Alkalität

Stahlarmierung

Auflösung des Zementkorns

Stahlarmierung rostet, Beton platzt ab

Bildung von Kalkstein durch Carbonatisierung

1 Rostschützende Wirkung geht verloren

LF 2

LF 2

Vorarbeiten

a) Reinigen von Asbestzement: nie trocken – nur unter Wasser reinigen! Für kleinere Flächen und an Fassaden ist die Handreinigung unter fließendem Wasser durchzuführen, für große Flächen empfiehlt sich eine maschinelle Nassreinigung mit einem geschlossenen Sprühkopf und Vakuumabsaugung bzw. gezielter Ableitung des belasteten Abwassers.

b) Asbestfreie Platten können trocken oder nass gereinigt werden.

Beschichtungsaufbau

1. imprägnierender Grundanstrich auf der Basis von lösemittelhaltigen Acrylatharzen
2. Haftanstrich auf der Basis von Epoxidharz
3. Zwischenanstrich: UV-beständige Kunststoffdispersion oder Siliconharzfarben
4. Schlussanstrich wie Zwischenanstrich

Aufgaben

1. *Nennen Sie die einzelnen Bestandteile, aus denen sich Beton zusammensetzt, und beschreiben Sie die Aufgabe eines jeden Bestandteils.*
2. *Nennen Sie die Kräfte, die auf einen Stahlbeton wirken, und wodurch diese aufgenommen werden.*
3. *Erläutern Sie den Vorgang der Erhärtung des Betons.*
4. *Erläutern Sie den Unterschied, der bezüglich der Bestandteile von Faserzementplatten früher und heute besteht.*

2.8 Unfallgefahren, Unfallverhütung, Umweltschutz

2.8.1 Unfallgefahren

Unfälle, Gesundheitsgefährdungen und Umweltschäden lassen sich vermeiden. Hierzu ist es notwendig, die Gefahren, die von Arbeitsstoffen, ihrer Lagerhaltung, Verarbeitung und Entsorgung ausgehen, ernst zu nehmen und Grundsätze zu befolgen.

2.8.2 Gefährliche Arbeitsstoffe

Gefährliche Arbeitsstoffe sind nach dem Chemikaliengesetz Stoffe, die sehr giftig, ätzend, brandfördernd oder krebserzeugend sind. Gefährliche Arbeitsstoffe sind außerdem solche Stoffe, die die Beschaffenheit

der Luft, des Wassers, des Erdbodens oder von Organismen (Pflanzen, Tiere, Mensch) nachteilig verändern. Sie sind in der Stoffliste der Gefahrstoffverordnung (GefStoffV) aufgeführt. Jeder Stoff ist durch ein Sicherheitsdatenblatt und Gefahrensymbole gekennzeichnet.

Vorschriften für den Umgang mit gefährlichen Arbeitsstoffen:

1. **Information der Beschäftigten durch eine Betriebsanweisung des Arbeitgebers**
   - in verständlicher Sprache und Form
   - über Gefahren für Mensch und Umwelt
   - über Schutzmaßnahmen
   - über Verhaltensregeln im Gefahrenfall
   - über Erste-Hilfe-Maßnahmen
   - über sachgerechte Entsorgung
2. **Minimierungsgebot**
   Arbeitsverfahren sind so zu gestalten, dass gefährliche Gase, Dämpfe oder Schwebstoffe nicht frei werden, soweit dies nach dem Stand der Technik möglich ist.

Das Europäische Parlament hat neue Gefahrensymbole für gefährliche Arbeitsstoffe verabschiedet, die stufenweise bis 2015 einzuführen sind.

Gefahrensymbole – Übersicht

Symbol	Gefahren-bezeichnung	Beschreibung
	leicht- oder hochent-zündlich	Diese Stoffe sind schnell entzündlich in der Nähe von Hitze oder offenem Feuer.
	brand-fördernd	Diese Chemikalien können brennbare Stoffe entzünden oder ein Feuer fördern.
	explosions-gefährlich	Diese Stoffe können unter bestimmten Bedingungen (z. B. Druck oder Temperatur) explodieren oder verpuffen.
	gesundheits-schädlich	Diese Chemikalien können schwere Gesundheitsschäden (z. B. Krebs) verursachen.
	gesundheits-gefährdend	Diese Stoffe können die Haut oder die Augen reizen oder Allergien auslösen.
	ätzend	Diese Chemikalien können die Haut schädigen oder zu schweren Augenschäden führen.
	giftig/tödlich	Diese Stoffe können zu Vergiftungen führen, wenn sie auf die Haut gelangen, verschluckt oder eingeatmet werden.
	umwelt-gefährdend	Diese Produkte können Lebewesen (Menschen, Tiere und Pflanzen) schädigen.
	komprimierte Gase	In einem Behälter unter Druck stehende Gase können (z. B. bei Temperaturerhöhung) den Behälter zerbersten lassen.

Gefahrensymbole dienen der Kennzeichnung, der Zubereitung und Verarbeitung von Stoffen. Sie weisen auf Unfallgefahren hin. Sie helfen, die Gesundheit, das Leben und die Umwelt zu schützen.

> Gefahrensymbole sind deshalb unbedingt zu beachten.

Arbeiten mit giftigen, ätzenden und gesundheitsschädlichen Stoffen

Viele Arbeitsmaterialien, die im Maler- und Lackiererhandwerk eingesetzt werden, sind ätzend, enthalten Gifte oder gesundheitsschädliche Stoffe. Die folgende Zusammenstellung soll dies verdeutlichen:

Säuren sind in säurehaltigen Reinigungsmitteln, in Fluaten zum Neutralisieren, in Härtern für Zweikomponentenlacke und in Phosphatierungsmitteln zum Korrosionsschutz enthalten.

Laugen bilden die Grundlage für alkalische Reinigungsmittel, Ablaugemittel, alkalische Beizen, für Untergründe und Bindemittel aus Kalk, Zement und Silikat.

Bleichmittel werden zum Aufhellen von Holz eingesetzt, z. B. Wasserstoffperoxid.

Säuren, Laugen und Bleichmittel sind stark ätzende Stoffe. Sie führen bei Haut und Augen zu verbrennungsartigen Gesundheitsschäden.

> **Schutzmaßnahmen:** Schutzbrille, Schutzhandschuhe, Schutzcreme, Arbeitsschutzkleidung

Lösemittel sind in Lacken, Verdünnungsmitteln, Klebemitteln und Abbeizfluiden enthalten. Sie verdunsten meist schnell und bilden explosive, giftige Lösemitteldämpfe.

Lösemittel gelangen über die Atmungsorgane in die Blutbahn, von wo aus sie in allen Organen des Körpers dauerhafte Schäden verursachen können. Erste Anzeichen einer Vergiftung äußern sich durch rote Flecke im Gesicht und auf den Händen, trügerisches Wohlbefinden und rauschartigen Zustand. Lösemitteldämpfe können in geschlossenen Räumen ohne Luftzufuhr tödlich wirken.

> **Schutzmaßnahmen:** Dämpfe nicht einatmen. Nicht rauchen. Für gute Durchlüftung sorgen. Bei giftigen Dämpfen Atemschutzmaske tragen.

Giftige Schwermetalle werden zum Teil noch als Pigmente eingesetzt. Besonders gesundheitsschädlich sind blei-, chrom- und cadmiumhaltige Pigmente, z. B. Bleimennige und Zinkchromat.

Staub und **Fasern** sind unterschiedlich feine Partikel. Das Einatmen von Staub und Fasern kann zu erheblichen Gesundheitsschäden und Allergien führen. Holzstaub und Asbest sind krebserzeugend. Beim Schleifen können je nach Untergrund giftige Bestandteile, z. B. Bleimennige oder Polyesterstaub, eingeatmet werden oder in die Umwelt gelangen. Daher sollte hier nass geschliffen werden.

> **Schutzmaßnahmen:**
> Staubmaske, Schutzkleidung, Staubabsaugung

Reinigung und Pflege

Gesundheitsschädliche Stoffe gelangen neben dem Atemweg häufig über die Haut oder bei der Nahrungsaufnahme in den Körper. Mithilfe von Schutzcreme, Schutzhandschuhen, vor allem durch gründliches Waschen lässt sich dies verhindern. Hautschutz beginnt vor der Arbeit!

> **Die Reinigung der Hände mit Löse- und Verdünnungsmittel verbietet sich von selbst.**

Der Haut werden dadurch die natürlichen Fette entzogen, dies führt zu Entzündungen, Ekzemen und Hautausschlägen. Außerdem verschmutzt die Hautfläche immer schneller und wird unansehnlich. Mit Reinigungspaste, Seife, Wasser und Fettcreme lässt sich die Reinigung und Pflege problemloser erreichen.

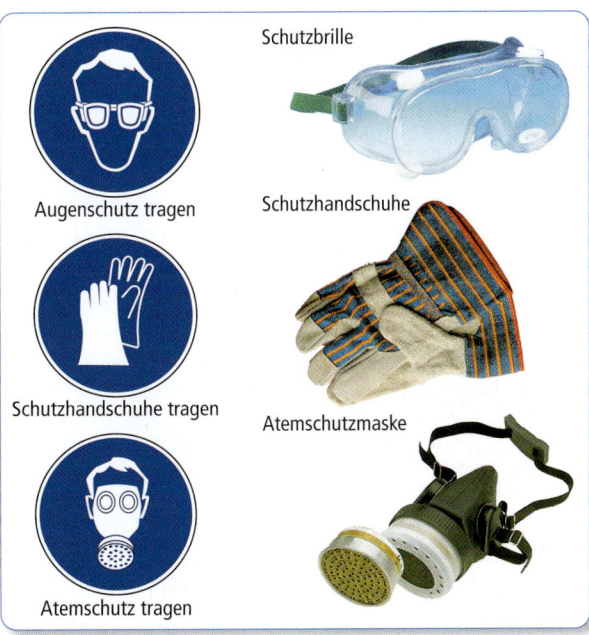

Schutzbrille

Augenschutz tragen

Schutzhandschuhe

Schutzhandschuhe tragen

Atemschutzmaske

Atemschutz tragen

1 Gegenstände, die dem persönlichen Schutz am Arbeitsplatz dienen, und die dazugehörigen Gebotszeichen

LF 2

2.8.3 Arbeitsstelle und Lager

Die Gefährdung durch gefährliche Arbeitsstoffe ist von der Menge und Konzentration der Stoffe an der Arbeitsstelle abhängig. Besonders in geschlossenen Räumen steigt die Konzentration beim Arbeiten an, wenn nicht genügend gelüftet oder für Abluft gesorgt wird. Die TRGS 900 (**T**echnische **R**egeln **G**efahr**s**toffe) der GefStoffV sind hierbei unbedingt zu beachten. Danach gelten höchstzulässige Grenzwerte für die über die Luft in den Körper gelangenden Stoffe. Sie sind durch den MAK-Wert (**M**aximale **A**rbeitsplatz-**K**onzentration) und den TRK-Wert (**T**echnische **R**icht**k**onzentration) festgelegt. Die höchstzulässige Anreicherung gefährlicher Stoffe im Körper wird durch den BAT-Wert (**B**iologischer **A**rbeitsstoff-**T**oleranz-Wert) angegeben. Dieser wird im Rahmen spezieller ärztlicher Vorsorgeuntersuchungen zum Schutz der Gesundheit von Arbeitnehmern überprüft.

Der MAK-Wert ist die höchstzulässige Konzentration eines Gases, Dampfes oder Schwebestoffes in der Luft am Arbeitsplatz. Diese Konzentration beeinträchtigt nach dem derzeitigen Kenntnisstand im Allgemeinen die Gesundheit der Beschäftigten nicht und belästigt sie nicht unangemessen. Dabei wird in der Regel von einer täglich achtstündigen Einwirkung und einer wöchentlichen Arbeitszeit von 40 Stunden ausgegangen.

Zur Kennzeichnung der Gefährlichkeit der Arbeitsstoffe wird die MAK-Liste ergänzt durch folgende Buchstaben:

B Wahrscheinliches Risiko der Fruchtschädigung bei Schwangerschaft

C Fruchtschädigung bei Einhaltung des MAK-Wertes nicht zu befürchten

D Fruchtschädigung noch nicht sicher beweisbar

H Diese Stoffe können die Haut leicht durchdringen und zu starken Vergiftungen führen.

S Diese Stoffe können allergische Reaktionen (Überempfindlichkeiten) auslösen.

Für krebserzeugende und erbgutverändernde Stoffe werden keine MAK-Werte angegeben, da bei solchen Stoffen der auslösende Wert nicht ermittelt werden kann. Die Angabe stellt die Technische Richtkonzentration (TRK-Wert) dar.

Krebserzeugende Stoffe werden nach Abschnitt III der MAK-Liste folgendermaßen eingeteilt:

A1 Stoffe, die beim Menschen erfahrungsgemäß bösartige Geschwülste zu verursachen vermögen

A2 Stoffe, die bislang nur im Tierversuch sich als eindeutig krebserzeugend erwiesen haben

B Stoffe mit begründetem Verdacht, krebserzeugend zu sein

Die MAK-Liste wird von der Deutschen Forschungsgemeinschaft erarbeitet und die Ergebnisse werden jährlich veröffentlicht.

Beispiele aus der MAK-Liste

Stoff	MAK-Wert	Gefährlichkeit
Aceton	1200 mg/m^3	
Ammoniak	35 mg/m^3	C
Asbest	$(2,5 \cdot 10^4)$ Fasern/m^3	III A1
Benzol	(8) mg/m^3	III A1
Blei	0,1 mg/m^3	B
Cadmiumverbindungen	–	III A2
Essigsäure	25 mg/m^3	
Ethanol	1900 mg/m^3	
Formaldehyd	0,6 mg/m^3	
Hexachlorcyclohexan	0,5 mg/m^3	
Kohlenmonoxid	33 mg/m^3	B
Lindan	0,5 mg/m^3	
Methylalkohol	260 mg/m^3	H, D
Ozon	0,2 mg/m^3	
Pentachlorphenol	0,5 mg/m^3	
Phenol	19 mg/m^3	H
Quecksilberverbindungen	0,01 mg/m^3	H, S
Salpetersäure	5 mg/m^3	
Salzsäure	7 mg/m^3	C
Schwefelsäure	1 mg/m^3	
Terpentinöl	560 mg/m^3	S
Toluol	750 mg/m^3	
Xylol	440 mg/m^3	

( ) TRK-Wert

Die MAK-Werte dienen dem Schutz der Beschäftigten, die gezielt Umgang mit Gefahrstoffen haben.

Unfallgefahren, Unfallverhütung, Umweltschutz · Nichtmetallische Untergründe bearbeiten

LF 2

> **Grundregel:**
> Je kleiner der MAK-Wert, umso gesundheitsschädlicher ist der Arbeitsstoff.

Neben der Maßeinheit mg/m³ sind für kleine Stoffkonzentrationen auch noch ppm, ppb und ppt gebräuchlich.

ppm *(parts per million)*
1 ppm = 1 Teil in einer Million Teile,
　　　 z. B. 1 mg/kg oder 1 ml/m³
ppb *(parts per billion)*
1 ppb = 1 Teil in einer Milliarde Teile,
　　　 z. B. zur Konzentrationsangabe von
　　　 polychlorierten Biphenylen (PCB) in der Luft
ppt *(parts per trillion)*
1 ppt = 1 Teil in einer Billion Teile,
　　　 z. B. zur Konzentrationsangabe von
　　　 polychlorierten Dioxinen in der Luft

Lagerung von Arbeitsstoffen

Viele Verdünnungs- und Lösemittel sind leicht entzündlich und stellen eine erhöhte Brand- und Explosionsgefahr dar. Aggressive Stoffe wie Säuren und Laugen können Verätzungen und Umweltschäden verursachen. Gesundheitsschädliche Stoffe müssen so aufbewahrt werden, dass von ihnen keine Schädigung für Mensch und Umwelt ausgehen kann. Deshalb gelten für die Lagerung dieser Stoffe entsprechende gesetzliche Regelungen und Unfallverhütungsvorschriften.

Für die Lagerung und den Transport von Beschichtungsstoffen und Lösemitteln ist die Verordnung über den Verkehr mit brennbaren Flüssigkeiten (VbF) zu beachten. Danach werden diese Stoffe in **Gefahrengruppe A** und **B** unterschieden, wobei die Gefahrengruppe **A** in drei **Gefahrenklassen** eingeteilt ist.

> **Gefahrengruppe A:**
> Flüssigkeiten, die nicht in Wasser löslich sind und einen Flammpunkt unter 100 °C besitzen
> **Gefahrenklasse I**
> Flammpunkt unter 21 °C
> **Gefahrenklasse II**
> Flammpunkt 21 °C bis 55 °C
> **Gefahrenklasse III**
> Flammpunkt 55 °C bis 100 °C
> **Gefahrengruppe B:**
> Flüssigkeiten, die bei 15 °C wasserlöslich sind und einen Flammpunkt unter 21 °C haben

Bei einem Brand können Flüssigkeiten der Gefahrengruppe A nur mit Schaum gelöscht werden, da sie nicht in Wasser löslich sind.

Die Unfallverhütungsvorschriften gestatten, in Lackierräumen und Werkstätten den Bedarf einer Tagschicht abzustellen. In Gängen, allgemein zugänglichen Fluren, Treppenhäusern, Aufenthaltsräumen usw. ist die Lagerung nicht zulässig. Auch entleerte Behälter dürfen hier nicht gelagert werden. Das Verbot ist streng zu beachten, da selbst kleine Restmengen eine Explosionsgefahr darstellen.

Nach den Technischen Regeln für brennbare Stoffe (TRbF) ist deren Lagerung von der Menge abhängig. Größere Mengen sind anzeige- oder genehmigungspflichtig. Kleine Mengen sind hiervon ausgenommen. Lagerräume müssen von den übrigen Räumen des Betriebes feuerbeständig abgetrennt sein. Sie dürfen keine Bodenabläufe haben. Die elektrische Installation muss explosionsgeschützt ausgelegt sein.

Kennzeichnung von Behältern

Gefährliche Arbeitsstoffe dürfen nur in zulässigen, besonders gekennzeichneten Behältern aufbewahrt werden.

> Die Kennzeichnung muss folgende Hinweise enthalten:
>
> | | |
> |---|---|
> | a) Bezeichnung des Stoffes | z. B. Pinselreiniger enthält Xylol |
> | b) Gefahrensymbol |  |
> | c) Gefahrenhinweis | Hautkontakt vermeiden, gesundheitsschädlich beim Einatmen |
> | d) Sicherheitsratschläge | Von Zündquellen fernhalten Nicht in Kanalisation oder Erdreich gelangen lassen |
> | e) Anschrift des Herstellers | XYZ-GmbH, Düsseldorf |

Regeln für den Gebrauch:
1. Behälter sind nach Gebrauch zu schließen.
2. Speisen und Getränke dürfen nicht zusammen mit gefährlichen Stoffen gelagert werden.
3. Das Umfüllen von gefährlichen Stoffen in Getränkeflaschen o. Ä. ist verboten.
4. Von Kindern und unbefugten Personen sind gefährliche Arbeitsstoffe fernzuhalten.

Verbotszeichen

Rauchen verboten

Feuer, offenes Licht und Rauchen verboten

Mit Wasser löschen verboten

Berühren verboten

Warnzeichen

Warnung vor feuergefährlichen Stoffen

Warnung vor explosionsgefährlichen Stoffen

Warnung vor ätzenden Stoffen

Warnung vor giftigen Stoffen

Gebotszeichen

Augenschutz tragen

Schutzhelm tragen

Schutzhandschuhe tragen

Atemschutz tragen

Rettungszeichen

Erste Hilfe

Richtungsangabe für Rettung

Rettungsweg links

Aufgaben

1. Erklären Sie, was unter einem gefährlichen Arbeitsstoff zu verstehen ist und woran ihn der Maler und Lackierer erkennt. S. 86

2. Nennen Sie Arbeitsmaterialien, für die Sie persönliche Schutzmaßnahmen treffen müssen, und ordnen Sie dem jeweiligem Material die entsprechenden Schutzmaßnahmen zu. S. 87

3. Erklären Sie, was unter dem MAK-Wert zu verstehen ist und welche gesundheitlichen Gefahren bei Überschreitung dieses Wertes entstehen. S. 88

4. Erläutern Sie, was bezüglich der Lagerung und des Transports von Arbeitsstoffen beachtet werden muss. S. 88

5. Beschreiben Sie das Aussehen der unterschiedlichen Gruppen der Sicherheitszeichen und erläutern Sie den Grund für die unterschiedlichen Farben und Formen. S. 90

6. Nennen Sie Gründe für ein aktives Handeln im Sinne des Umweltschutzes und erläutern Sie, wie der Maler und Lackierer sinnvoll dazu beitragen kann. S. 86 → auch Minimierungs-gebot

2.9 Holz – Holzwerkstoffe

2.9.1 Holz, ein natürlicher Rohstoff

Holz und Holzwerkstoffe gehören zu den wichtigsten Baustoffen, die wir kennen. Aus Holz lassen sich ganze Gebäude errichten. Holzbalken eignen sich aufgrund ihrer hohen Tragfähigkeit und geringen Dichte für Dachkonstruktionen, Decken, Stützen und Fachwerke. Holzbretter dienen zur Verschalung von Fassaden, Decken und Innenwänden. Aus Holz werden Fenster, Türen, Treppen und Möbel gefertigt.
Die reichhaltige Natur bringt eine Vielfalt von Holzarten hervor. Ihre Holzoberfläche spiegelt in Maserung, Struktur, Farbe und Wachstum die Artenvielfalt und Lebendigkeit wider. Sie stellen die enge Verbindung zur Natur und damit zum Leben her. Hierin mag wohl der eigentliche Grund liegen, warum Holz so beliebt ist. Holz drückt Wärme und Behaglichkeit aus. Es schmückt und verschönert Innenräume auf vielfältige Weise.

> Als nachwachsender Rohstoff ist Holz auch unter ökologischen Gesichtspunkten sehr wertvoll; sein maßvoller Verbrauch kann einem *nachhaltigen* Naturschutz dienen. Raubbau führt zu Umweltzerstörung, Hochwasserkatastrophen und Klimabeeinträchtigung.

Durch Beschichtungen können Holzbauteile vor Holzschädlingen und Verwitterung geschützt und die natürliche Schönheit ihrer Oberfläche für einen bestimmten Zeitraum erhalten bleiben.

2.9.2 Holz – Holzarten

Als Holz bezeichnet man die wirtschaftlich nutzbaren Teile eines Baumes.

> *Schnittholz* wird nach der Verwendung u. a. als Balken, Bohlen, Bretter und Leisten zugesägt und entsprechend weiterverarbeitet.
> *Holzwerkstoffe* sind Platten und Formteile aus Holzlagen, Holzspänen oder Holzfasern.
> *Furniere* sind dünne Holzblätter, die durch Sägen oder Schälen vom Stamm abgetrennt wurden.

Die Holzarten lassen sich nach verschiedenen Gesichtspunkten unterscheiden:

♦ nach Baumart in Nadel- und Laubbäume, z. B. Tanne, Kiefer oder Ahorn, Buche, Eiche

LF 2

- nach Waldregion innerhalb eines Landes oder Erdteils, z. B. europäischer Bergwald, nordamerikanischer Redwood oder tropisches Holz
- nach Merkmalen wie Kern- und Splintholz, Oberflächenstruktur, Farbe, Geruch, Glanz
- nach Eigenschaften wie Dichte, Härte, Festigkeit, Schwinden und Quellen,
- nach Verwendung als Bau- oder Möbelholz

> Die Eigenschaften hängen vom Alter, Wachstum, Anbaugebiet, der Holzart und der Faserung ab.

Wichtige Nutzhölzer in einer Übersicht

Bezeichnung	Laub-/ Nadel-holz	weich mittel hart	Herkunft	Verwendung
Ahorn	L	m	Europa	Möbel, Furniere
Birke	L	m	Europa	Sperrholz, Furniere
Buche	L	h	Europa	Möbel, Furniere
Ebenholz	L	h	Afrika	Kunstschnitzerei
Eiche	L	h	Europa	Bauholz, Furniere
Erle	L	w	Europa	Sperrholz
Esche	L	m	Europa	Bürsten, Sperrholz
Fichte	N	w	Europa	Bauholz
Kiefer	N	w	Europa	Bauholz, Fenster
Kirschbaum	L	h	Europa	Möbel
Lärche	N	w	Europa	Bauholz
Limba	L	w	Afrika	Möbel, Sperrholz
Linde	L	w	Europa	Schnitzholz, Modelle
Mahagoni	L	w	Afrika	Möbel, Furniere
Nussbaum	L	mn	USA	Möbel, Furniere
Okoumé	L	w	Afrika	Furniere, Sperrholz
Oregon Pine	N	w	USA	Bauholz
Palisander	L	h	Brasilien	Möbel, Furniere
Pappel	L	w	Europa	Sperrholz
Ulme	L	h	Europa	Möbel, Treppen
Redwood	N	w	USA	Möbel, Bauholz
Tanne	N	w	Europa	Bauholz
Teak	L	h	Asien	Möbel, Parkett
Zeder	N	w	USA	Wandverkleidung

2.9.3 Aufbau des Holzes

Holz ist aus einer Vielzahl von Zellen aufgebaut. Diese dienen der Ernährung, Faserbildung und dem Wachstum des Baumes. Die Zellen entstehen durch Teilung im Bereich der Wachstumszonen. Sie lagern in den Zellwänden *Zellulose* und *Lignin* ein und bilden so das feste Zellgerüst des Holzes. Ältere Zellen, die nicht mehr zur Ernährung und dem Wachstum dienen, lagern Wachse, Harze, Terpentin, Gerb- und Farbstoffe ein. Das *Längenwachstum* des Baumes beginnt im Austrieb der Knospen an den Ästen und Zweigen. Über die Bastschicht werden die Nährsäfte aus den Blättern an das Kambium herangeführt, sodass neues Zellgewebe entstehen kann und ein *Dickenwachstum* erfolgt.

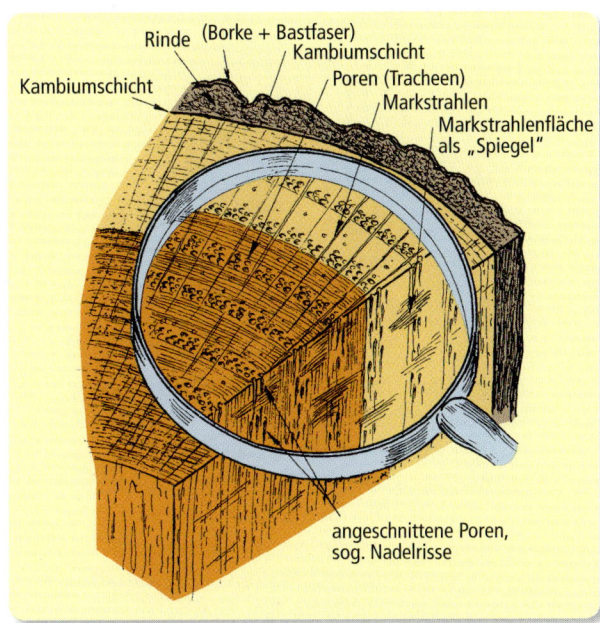

1 *Eichenholz unter der Lupe. Ein Jahresring beginnt mit großen Poren.*

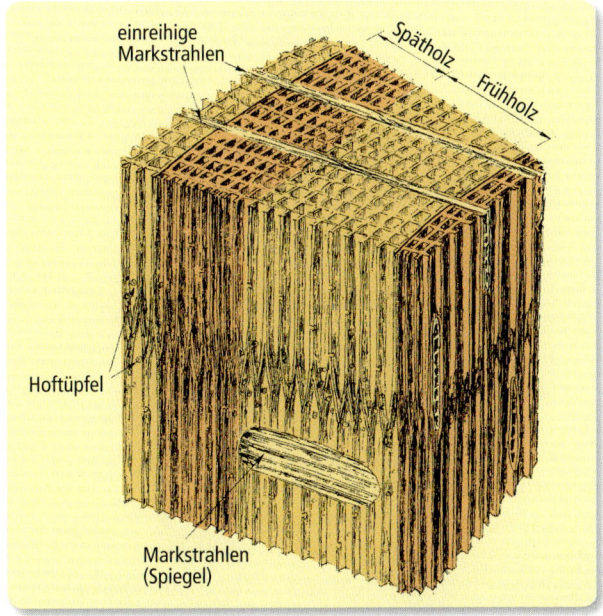

2 *Ein Jahresring der Kiefer, etwa 15-fach vergrößert. Frühholz hat große, dünnwandige Zellen, Spätholz hat kleine, dickwandige Zellen.*

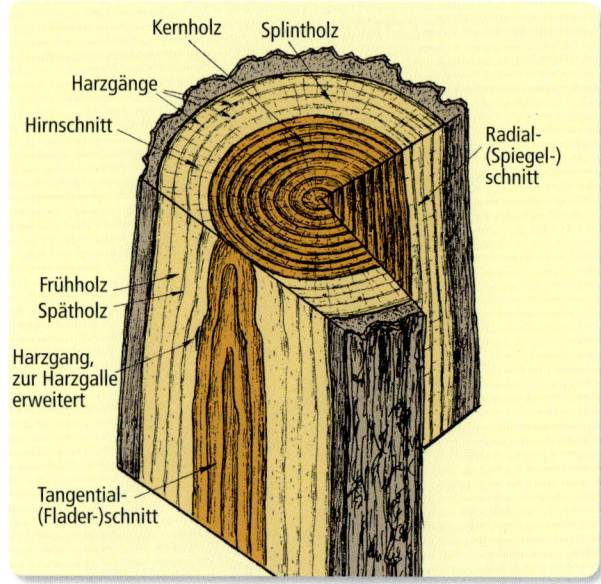

1 Die drei Schnitte am Kiefernstamm

Jahresringe bilden sich durch jahreszeitlich unterschiedliche Wachstumsphasen aus. Im Frühjahr wachsen großräumige, aber dünnwandige Zellen. Sie bilden das weiche Holzgewebe des *Frühholzes* und sind z. T. Leitgefäße für die Nährstoffe. Die im Sommer und Herbst entstehenden Zellen des *Spätholzes* sind kleiner, dickwandiger und geben als Stützzellen dem Holz Stabilität. Alle Zellen sind von gleicher Farbe: Der Spätholzteil erscheint nur dunkler durch die dickere Wandung der kleineren Spätholzzellen.

Das Klima der Tropen ist über die Jahreszeiten hinweg nahezu gleichbleibend. Deshalb besitzen tropische Hölzer nur gering ausgeprägte Jahresringe.

> Früh- und Spätholz bilden zusammen einen Jahresring.

Je nach Art des Schnittes durch einen Holzstamm zeigt sich ein anderes Holzbild.

> Wir unterscheiden folgende Schnitte:
> • Quer- oder Hirnschnitt
> • Spiegel- oder Radialschnitt
> • Flader-, Sehnen- oder Tangentialschnitt

Holzbild – Zeichnung des Holzes

Die verschiedenen Schnitte lassen sich an ihrem Holzbild, auch Zeichnung genannt, erkennen.
Bei einem Hirnschnitt zeigen sich die ganzen Jahresringe. An der Anzahl der Jahresringe lässt sich das Alter eines Baumes feststellen. Durch einen Radialschnitt erscheinen die Jahresringe als nebeneinanderliegende parallele Linien. Die quer dazu stehenden glänzenden Markstrahlen nennt man *Spiegel*. Radial zugeschnittene Kernbretter sind formstabiler, werfen sich nicht so sehr und werden deshalb u. a. für Rahmen und Friese verwendet.

Bei einem nicht durch die Mitte ausgeführten Schnitt zeigt sich die für einen Tagentialschnitt typisch ausgeprägte Maserung. Sie wird als Flader bezeichnet. Die unterschiedliche Farbe von Früh- und Spätholz bewirkt das sog. *Flammen*. Je dichter der Schnitt an die Markröhre heranrückt, umso mehr verliert sich die „flammige" Zeichnung und geht in Streifen über. Bretter dieser Schnittart werden als belebende Elemente für größere Flächen, z. B. für Holzverschalungen und Füllungen, verarbeitet.

Arbeiten des Holzes

Die Ausdehnungsänderung des Holzes wird als das *Arbeiten* des Holzes bezeichnet.
Die Fähigkeit, Wasser in den Fasern zu binden, ist je nach Holzart und innerhalb des Stammes verschieden. Bei Eichenholz ist die Fasersättigung bereits bei 23–25 % erreicht, Buchenholz kann dagegen 32–35 % Feuchte aufnehmen.

> Hölzer mit einer höheren Fasersättigung können mehr Wasser binden und *arbeiten* daher stärker.

Auch innerhalb des Holzes ist das Ausdehnungsbestreben unterschiedlich. Holz arbeitet nicht in jede Richtung gleich. In Faserrichtung beträgt das Schwindmaß ca. 0,1 bis 0,5 %, in Richtung Markstrahlen (radial) ca. 5 % und in Richtung Jahresringe (tangential) ca. 10 %.

2.9.4 Einfluss von Feuchtigkeit auf Holz

Besteht zwischen Holz und der umgebenden Luft ein Feuchtigkeitsgefälle, wird Wasser aufgenommen oder abgegeben. Das Wasser sammelt sich in den Zellhohlräumen und wird teilweise in den Zellwänden gebunden. Dabei dehnen sich die Zellwände aus, das Holz quillt, verwirft oder verzieht sich. Solange die Zellwände durch gebundenes Wasser gesättigt sind, bleibt die Quellung erhalten.

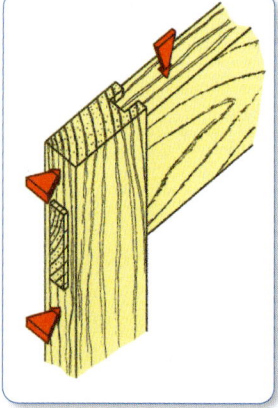

2 Unterschiedlicher Längs- und Breitenschwund

Verdunstet das freie Wasser der Zellhohlräume, geben auch die Zellwände ihr gebundenes Wasser ab. Das Holz schwindet und kann reißen.

> Bei Holzkonstruktionen muss der unterschiedliche Schwund berücksichtigt werden.

2.9.5 Holzfehler

Als Holzfehler bezeichnet man Risse, Harzgallen, Drehwuchs und Krümmungen, schädliche Äste, Kettendübel, Pilz- und Insektenbefall.

Risse sind eine Folge von Spannungen im Holz. Diese können schon im Baum, beim Verarbeiten, Trocknen oder durch Witterungseinflüsse entstanden sein.

> Wir unterscheiden u. a.
> - Kernrisse
> - Trockenrisse
> - Windrisse
> - Ringrisse
> - Oberflächenrisse
> - Frostrisse

Risse beschleunigen das Eindringen von Feuchtigkeit. Sie fördern den Pilzbefall und sind eine Brutstätte für Holz zerstörende Insekten. Beschichtungen verlieren durch Risse ihre Haftung und platzen ab. Auf Harzgallen, harzhaltigen, herausfallenden oder faulenden Ästen haften Beschichtungen ebenfalls nur mangelhaft.

Daher müssen Harzgallen beseitigt und schadhafte Äste entfernt oder ausgedübelt werden. Überdecken sich die Dübel, spricht man von einer Kettendübelung. Sie schwächt die Belastbarkeit des Holzes, neigt unter Witterungseinflüssen zum Herausfallen und wird so zur Ursache für weitere Schädigungen des Holzbauteils.

> *Aufgaben*
>
> 1. *Nennen Sie die Vorteile des Einsatzes von Holz als Baustoff aus gestalterischer und ökologischer Sicht.*
> 2. *Führen Sie drei Gründe für eine Beschichtung von Holzbauteilen auf.*
> 3. *Erklären Sie den Unterschied zwischen Schnittholz, Holzwerkstoff und Furnier.*
> 4. *Erläutern Sie die Unterschiede zwischen Fichten- und Nussbaumholz mithilfe der Tabelle „Wichtige Nutzhölzer in einer Übersicht".*
> 5. *Beschreiben Sie den Aufbau des Holzes mithilfe der Abbildung „Eichenholz unter der Lupe".*
> 6. *Erläutern Sie die Ursache für das Quellen und Schwinden des Holzes.*
> 7. *Erklären Sie, welche Auswirkungen Holzfehler auf Beschichtungen haben können.*

neu Holzwerkstoffe

2.10 Holzschädlinge

Der biologische Baustoff Holz dient anderen Organismen als Nährboden, Brutstätte und Nahrungsquelle. Dabei werden die Inhaltsstoffe und Holzzellen abgebaut. Das Holz wird morsch und verliert seine Festigkeit. Holz verfärbende und Holz zerstörende Pilze sowie Insekten befallen vor allem Holz und Holzwerkstoffe, die ungeschützt der Witterung ausgesetzt oder direkt mit Erdreich verbunden sind.

> Pilze vermehren sich am besten in feuchtem Holz mit einem Feuchtigkeitsgehalt von über 20 %.

2.10.1 Holz verfärbende Pilze

Nadelholzflächen sind oft mit blauschwarzen Verfärbungen gekennzeichnet, die vom Bläuepilz verursacht werden. Die im Splintholz gespeicherten Nährstoffe dienen dem Bläuepilz als Nahrungsquelle. Das nährstoffarme Kernholz wird nicht befallen. Die Zellwände des Holzes werden nicht angegriffen. Dadurch bleibt die Festigkeit des Holzes erhalten. Neben dem optischen Schaden führen die vielen kleinen Fruchtkörper an der Holzoberfläche zu Anstrichschäden. Sie verringern die Haftung der Beschichtung und damit ihre Schutzwirkung. Eindringende Feuchtigkeit kann im Holz Fäulnis hervorrufen.

1 Bläuepilz mit beginnender Fäule an einem Garagentor

2.10.2 Holz zerstörende Pilze

Die Holz zerstörenden Pilze bauen die Holzzellwände ab und verursachen dadurch Fäulnis. Diese Pilzart lässt sich an ihrem typischen Fruchtkörper erkennen. Verantwortlich für die Holzzerstörung ist aber nicht der Fruchtkörper, sondern darunter befindliche Sporen, die das Holz als Nährboden nutzen, sogenannte Hyphen bilden, sich verzweigen und ein dichtes Pilzgeflecht, das Myzel, hervorbringen. Dieses kann an der Oberfläche wachsen oder tief in das Holz eindringen. Hiernach richtet sich die Art der Fäule, z. B. Kernfäule, Splintfäule, Moderfäule.

Hausschwamm

Der Hausschwamm gehört zu den gefährlichsten Holzzerstörern. Er wächst sehr schnell. Dabei produziert der Hausschwamm aus den abgebauten Zellen Wasser, das auf der Holzoberfläche oder dem Myzel verbleibt und dem weiteren Wachstum dient. Man bezeichnet ihn daher auch als Nassfäulepilz. Auf diese Weise befällt der Hausschwamm auch trockenes Holz. Sein Geflecht aus Myzelsträngen kann über Stockwerke hinweg, durch Mauerwerk und über große Entfernungen führen, um dort seine unheilvolle Wirkung fortzusetzen. Für die Sanierung ist es daher wichtig, die Feuchtigkeitsquellen zu beseitigen und das befallene Holz zu entfernen. Auch das umliegende Mauerwerk und noch scheinbar gesundes Holz müssen mitsaniert werden.

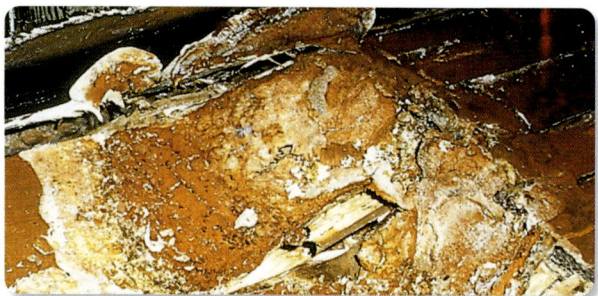

1 Fruchtkörper des echten Hausschwamms an einem Balken

Kellerschwamm

Der Kellerschwamm ist nicht so leicht zu erkennen, weil der Furchtkörper häufig fehlt. Das Myzel verfärbt sich mit der Zeit von weißlich bis braunschwarz. Seine Sporen sind eiförmig. Das befallene Holz zeigt eine typische Braunfäule und wird mit der Zeit morsch. Sobald das Holz ausgetrocknet ist, hört die Fäulnis auf.

2 Kellerschwamm bildet sich strangförmig aus

2.10.3 Holz zerstörende Insekten

Holz zerstörende Insekten legen ihre Eier in Spalten oder Rissen des Holzes. Bald entwickeln sich hieraus Larven. Diese fressen sich über mehrere Jahre durch das Holz, ohne an die Holzoberfläche zu kommen. Ausgewachsene Larven werden zu Käfern und durchstoßen beim Umwandlungsprozess die Holzoberfläche. Die Insektenweibchen legen nach einer nur kurzen Flug- oder Krabbelstrecke zwischen 200 und 600 Eier erneut in Risse oder Holzspalten. Mit dieser Vermehrung nimmt die Holzzerstörung ihren Lauf. Ein Erkennungsmerkmal ist das Flugloch, das beim Durchstoßen der Holzoberfläche entsteht.

Holzwespe

Sie befällt Nadelhölzer bereits im Wald, sodass sie mit dem frischen Bauholz in Gebäude eingeschleppt wird. Eine Larve wird ca. 3 cm lang. Sie ist so kräftig, dass sie dicke Putzschichten und sogar Bleifolien durchstoßen kann. Dabei entsteht ein rundes Flugloch mit ca. 4 bis 7 mm Durchmesser. Die Holzwespe fliegt in der Regel weg, sodass das umgebende Holz nicht erneut befallen wird.

Gewöhnlicher Nagekäfer

Der gewöhnliche Nagekäfer, fälschlicherweise auch Holzwurm genannt, befällt Laub- und Nadelholz. Die Larve wird ca. 4 bis 6 mm lang und hinterlässt runde Fluglöcher mit 1 bis 2 mm Durchmesser. Das bereits befallene Holz wird erneut zur Eiablage genutzt.

Hausbock

Er befällt u. a. Gebälk und Dachstühle aus Nadelholz. Die Larve wird ca. 3 cm lang. Sie frisst in einem Zeitraum von 5 bis 8 Jahren lange Gänge dicht unter der Oberfläche. Die Tragfähigkeit des Holzes wird geschwächt. Mit einem Beil lässt sich das befallene Holz abbeilen bzw. entfernen. Dabei werden die mit hellem Fraßmehl verstopften Gänge sichtbar. Ein ausgefranstes ovales Flugloch mit einem Durchmesser von 5 bis 10 mm kennzeichnet den Hausbockbefall.

Mit den langen Fühlern ertastet das Hausbockweibchen Risse im Holz der Umgebung des Fugloche und legt dort ihre Eier ab. Dadurch wird das befallene Holz immer stärker geschädigt.

3 Hausbocklarve | 4 Hausbockkäfer

Weitere Holz zerstörende Insekten sind der braune Splintholzkäfer und der gescheckte Nagekäfer, der auch Totenuhr wegen seines pochenden Geräusches genannt wird.

Aufgaben

1. Beschreiben Sie, wie sich Bläuepilze auf beschichtete Nadelholzflächen auswirken.
2. Nennen Sie Holz zerstörende Pilze und beschreiben Sie ihre Merkmale.
3. Beschreiben Sie die unterschiedlichen Erkennungsmerkmale von Holz zerstörenden Insekten an befallenen Holzoberflächen.

2.11 Holzschutz

Bei den zu treffenden Schutzmaßnahmen unterscheidet man im Außenbereich

- tragende und/oder aussteifende Holzbauteile
- nicht tragende nicht maßhaltige Holzbauteile
- nicht tragende maßhaltige Holzkonstruktionen

2.11.1 Holzschutzmaßnahmen

Holz und Holzwerkstoffe können durch geeignete vorbeugende Maßnahmen wirkungsvoll vor Zerstörung durch Pilze, Insekten und Feuer geschützt werden.

- **Bauliche, konstruktive Maßnahmen**
  Sie haben zum Ziel, Feuchtigkeit vom Holz fernzuhalten, um so Holz zerstörenden Pilzen den Nährboden zu entziehen.
- **Holzbeschichtungen**
  Sie halten das Holz trocken, verhindern das Auswittern und die Rissbildung und schützen so gegen Holz zerstörende Pilze und Insekten.
- **Chemische Holzschutzmittel**
  Sie verringern die Brennbarkeit und erhöhen so den Feuerwiderstand. Durch ihre abtötende Wirkung bekämpfen sie Pilz- und Insektenbefall und beugen diesen vor.

⚠️ **Holzschutzmittel sind meist sehr giftig und schädigen dauerhaft die Gesundheit!**
Daher dürfen Holzschutzmittel nur unter bestimmten Voraussetzungen angewendet werden. Beim Verarbeiten müssen Haut und Augen gegen Berührung geschützt werden.
Schutzbrille und Schutzhandschuhe tragen!

2.11.2 Baulicher Holzschutz

Hierbei gelten folgende Grundregeln:

- Holz muss genügend Abstand zum Erdreich besitzen.
- An den Anschlüssen darf kein Wasser in das Holz eindringen.
- Auf Holzkonstruktionen darf Wasser nicht stehen bleiben.
- Holz muss arbeiten können.

Tragende, aussteifende Holzbauteile wie Dachkonstruktionen und Fachwerk sichern die Standfestigkeit des Bauwerks. Sie müssen so geschützt sein, dass die Funktionen dauerhaft erhalten bleiben.

Nicht tragende, nicht maßhaltige Bauteile, wie Verbretterungen, Dachuntersichten, Zäune usw., sind vor zerstörenden Einwirkungen und zur Erhaltung ihres Aussehens zu schützen. Die Maßbeständigkeit ist hierbei weniger wichtig.

Maßhaltige nicht tragende Holzbauteile wie Fenster und Türen sind außen und innen großen Beanspruchungen ausgesetzt. Auf den kleinen Holzquerschnitt wirken von außen Regen, Eis und Schnee sowie die Wärme- und UV-Strahlen der Sonne. Infolge von Temperaturunterschieden belastet innen Kondenswasser das Holz. Reinigungsmittel setzen innen und außen einer Holz schützenden Beschichtung zu. Hinzu kommen ständige mechanische Beanspruchungen beim Öffnen und Schließen.

Damit die Holzbauteile dauerhaft geschützt ihre Funktionsfähigkeit behalten, müssen trockenes, fehlerfreies Holz zur Herstellung verwendet und die entsprechenden konstruktiven Voraussetzungen erfüllt werden.

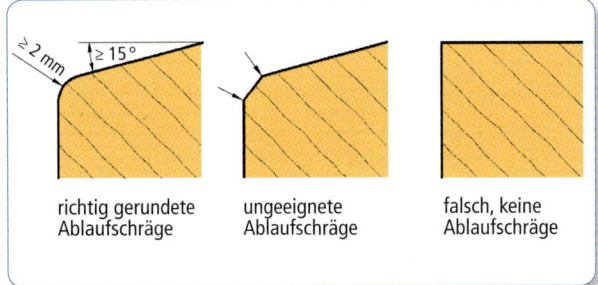

1 Holzkante an maßhaltigen Bauteilen

Hierzu gehören eine Wasser abweisende und Wasser abführende Bauweise mit einer Abschrägung im Winkel von mindestens 15° und gerundeten Kanten mit einem Radius von mindestens 2 mm. Dies allein genügt jedoch nicht!

Maßhaltige Bauteile benötigen zu ihrem Schutz Beschichtungen, die das Holz trocken halten und das Eindringen von Wasser verhindern, damit das Holz nicht quellen kann. Die Beschichtungen müssen gleichzeitig das Holz vor Pilzbefall, Fäulnis und UV-Strahlen schützen.

2.11.3 Chemischer Holzschutz

Holzschutzmittel enthalten biozide[1] Wirkstoffe zum Schutz des Holzes gegen tierische und pflanzliche Schädlinge. Sie sind nach DIN 68 800-3 nur dort zu verwenden, wo dies der Schutz des Holzes erfordert. Zur Beurteilung werden die Holzbauteile in Gefährdungsklassen eingeteilt.

Gefähr-dungs-klasse	Beanspruchung	Gefährdung durch			
		Insek-ten	Pilze	Auswa-schung	Moder-fäule
0	innen verbautes Holz	nein	nein	nein	nein
1	ständig trocken	ja	nein	nein	nein
2	Holz, das weder Erd-kontakt noch direkter Witterung oder Aus-waschung ausgesetzt ist, vorübergehende Befeuchtung möglich	ja	ja	nein	nein
3	Holz, das der Witterung oder Kondensation aus-gesetzt ist, aber nicht in Erdkontakt	ja	ja	ja	nein
4	Holz in dauerhaftem Erdkontakt oder ständig starker Befeuchtung	ja	ja	ja	ja

2.11.4 Kennzeichnung der Holzschutzmittel

Gefährdungs-klasse	Anforderung an das Holzschutzmittel	Erforderliche Prüfprädikate für tragende Bauteile
0	keine Holzschutzmittel erforderlich	
1	Insekten vorbeugend	Iv
2	Insekten vorbeugend pilzwidrig	Iv P (Fäulnisschutz)
3	Insekten vorbeugend pilzwidrig witterungsbeständig	Iv P W
4	Insekten vorbeugend pilzwidrig witterungsbeständig moderfäulewidrig	Iv P W E (ständiger Wasser-/ Erdkontakt)

[1] biozid = zur Bekämpfung lebender Organismen

Regeln für den Einsatz von Holzschutzmitteln

1. Ohne Wissen des Auftraggebers darf kein Holzschutzmittel eingesetzt werden.
2. Gesundheitliche und umweltbezogene Gesichtspunkte sind gegenüber der Gefährdung und Bedeutung der Holzteile zu gewichten.
3. Es dürfen nur Holzschutzmittel benutzt werden, deren Wirksamkeit geprüft und die bei bestimmungsgemäßer Verwendung unbedenklich sind.

2.11.5 Holzschutzlasuren

Im Gegensatz zu den Holzschutzgrundierungen sind Holzschutzlasuren pigmentiert. Durch die Pigmente wird ein besserer UV-Schutz erreicht. Die Pigmente sind so fein abgerieben, dass die Maserung des Holzes sichtbar bleibt.

Drei Arten von Holzschutzlasuren

1. **Dünnschichtlasuren** bestehen aus sehr dünnen, offenen Anstrichfilmen mit hoher Wasserdampfdurchlässigkeit. Sie können auf Holz mit hohem Feuchtigkeitsgehalt aufgetragen werden, ohne abzuplatzen. Durch den hohen Feuchtigkeitsaustausch sind sie nicht für maßhaltige Bauteile geeignet.
2. **Dickschichtlasuren** besitzen einen höheren Festkörpergehalt und bilden dadurch dickere Filmschichten. Sie wittern nicht so schnell ab wie die Dünnschichtlasuren und sind für maßhaltige Bauteile geeignet. Allerdings dringen sie nicht so tief in das Holz ein wie Dünnschichtlasuren und können daher zum Abplatzen neigen.
3. **High-Solid-Lasuren** werden heute häufig anstelle von Dickschichtlasuren eingesetzt. Sie besitzen einen Festkörpergehalt von 68 % und enthalten dadurch weniger Lösemittel.

Beschichtungen sind der wichtigste Holzschutz! Sie blockieren, dass UV-Strahlen die natürlichen Holzinhaltsstoffe, wie Lignin und Farbstoffe, an der Oberfläche zerstören und diese vom Regen ausgewaschen werden. Dadurch kann das Holz nicht vergrauen.

Beschichtungen lassen Regen und Feuchtigkeit nicht in das Holz eindringen und verhindern so ständiges Quellen und Schrumpfen. Risse, die als Brutstätte für Holz zerstörende Insekten dienen, können dadurch vermieden werden.

Beschichtungen bewirken, dass Holzoberflächen nicht verwittern. Auf ihnen setzen sich Staub, Schmutz und Algenbewuchs nicht fest.

Beschichtungen schützen Holzuntergründe vor Pilz- und Insektenbefall.

LF 2

Aufgaben

1. Nennen Sie die drei vorbeugenden Maßnahmen des Holzschutzes.
2. Welche persönlichen Schutzmaßnahmen treffen Sie beim Umgang mit Holzschutzmitteln?
3. Erklären Sie den Unterschied zwischen maßhaltigen und nicht maßhaltigen Bauteilen, besonders im Hinblick auf die Wahl geeigneter Beschichtungsstoffe.
4. Nennen Sie die Regeln, die hinsichtlich des Einsatzes von Holzschutzmitteln einzuhalten sind.
5. Erklären Sie, warum sich Holzschutzsalze nicht als Holzschutzmittel für maßhaltige Bauteile eignen.
6. Vergleichen Sie Dünn- und Dickschichtlasuren hinsichtlich ihres Einsatzes im Bereich des Holzschutzes.

2.12 Einfluss der Holzfeuchte

2.12.1 Bestimmung der Holzfeuchte

Frisch geschlagenes Holz enthält meist mehr als 50 % Wasser. Aber auch scheinbar trockenes Holz weist noch bis zu 20 % Restfeuchtigkeit auf.

Die Holzfeuchte errechnet sich aus der Wassermasse bezogen auf die Darrmasse. Anhand der Darrprobe – Trocknung bis 0 % Holzfeuchte – erhält man die Darrmasse.

$$\text{Holzfeuchte in Prozent} = \frac{(\text{Nassmasse} - \text{Darrmasse}) \cdot 100\,\%}{\text{Darrmasse}}$$

Ist der Feuchtigkeitsgehalt zu hoch, sind die Holzporen mit Wasser angereichert und verhindern so eine gute Verankerung der Beschichtung. Würde das Holz dennoch beschichtet, könnte die große Menge Wasserdampf, die sich bei einer Erwärmung entwickelt, die Beschichtung aufreißen und abblättern lassen.

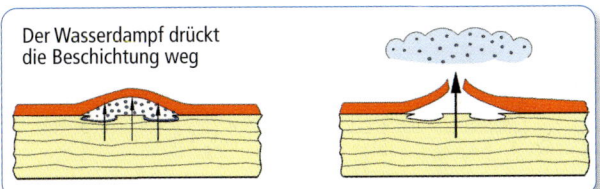

Der Wasserdampf drückt die Beschichtung weg

1 Die Beschichtung platzt bei hoher Holzfeuchte ab.

Um Anstrichschäden zu vermeiden, muss die Holzfeuchte gemessen werden.

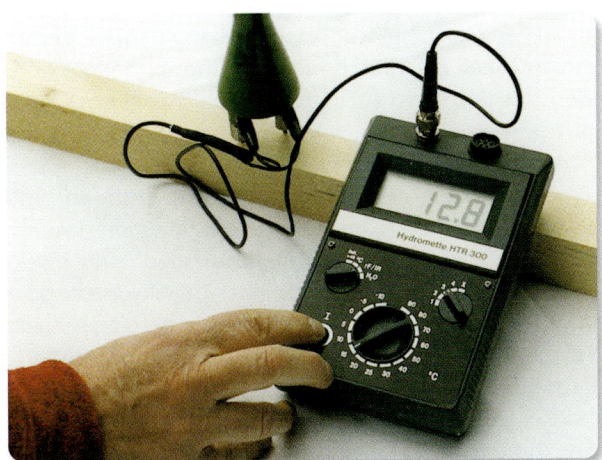

2 Messung der Holzfeuchte mit dem Feuchtigkeitsmesser. Die beiden Nadeln der Rammelektrode werden in Faserrichtung auf Messtiefe eingeschlagen. Die Holzfeuchte wird in Prozent angezeigt.

Feuchtigkeitsmesser messen den elektrischen Widerstand bzw. die elektrische Kapazität zwischen den Elektroden. Nasses Holz leitet elektrischen Strom gut, der Widerstand ist daher gering bzw. die Kapazität hoch. Bei trockenem Holz ist der Widerstand groß und die Kapazität gering.

Übersicht

Beschichtungen abhängig von der Holzfeuchte	Maximale Holzfeuchte bei Normaltemperatur	Messbereich
offene filmbildende Beschichtungen	27–28 %	in 5 mm Tiefe
ventilierende Beschichtungen	18 %	in 5 mm Tiefe
geschlossene filmbildende Beschichtungen – auf Nadelhölzern – auf Laubhölzern – auf tropischen Hölzern	15 % 12 % 15 %	in 5 mm Tiefe in 5 mm Tiefe in der Mitte der Holzdicke

Beschichtungen sind unterschiedlich wasserdampfdurchlässig. Dies hängt von der Schichtdicke und der Art der Filmbildung ab.

Die Auswahl der Beschichtung ist von der im Holz vorhandenen Holzfeuchte abhängig.

2.12.2 Offene filmbildende Beschichtungen

Offene filmbildende Beschichtungen lassen Wasser abperlen und ermöglichen durch die geringe Schichtdicke von maximal 20 μm einen nahezu ungehinderten Feuchtigkeitsaustausch mit der Umgebung. Sie können deshalb auf feuchtes oder halbtrockenes Holz aufgetragen werden. Je nach Bewitterung muss der Anstrich alle 2 bis 3 Jahre erneuert werden.

Typische offene filmbildende Beschichtungen sind Dünnschichtlasuren, Imprägnier- und Grundierlasuren sowie Holzschutzlasuren mit fungiziden[1] und insektiziden[2] Bestandteilen. Lösemittelhaltige Alkydharze oder wasserverdünnbare Acryl- bzw. Alkydharze mit geringem Festkörpergehalt (unter 30 %) dienen als Bindemittel.

Auf maßhaltigen Holzbauteilen werden Dünnschichtlasuren als Imprägnier- bzw. Grundiermittel eingesetzt. Sie ziehen tief ein und bilden für nachfolgende Anstriche eine gute Verankerung. Sie dürfen nicht verdünnt werden, weil sonst die Holz schützende Wirkung verringert wird.

Die Schutzwirkung von Lasuranstrichen ist zeitlich begrenzt. Je nach Witterungsbeanspruchung muss das Holz alle 2–3 Jahre einen Überholungsanstrich erhalten.

> Für maßhaltige Holzbauteile eignen sich offene filmbildende Beschichtungen nicht als Deckanstrich.

2.12.3 Ventilierende Beschichtungen

Maßhaltige Holzbauteile wie Fenster und Türen erhalten zum Schutz gegen eindringende Feuchte häufig deckende filmbildende Anstriche. Hierfür muss das Holz ausreichend trocken sein. Die vorhandene Holzfeuchte ist durch Witterung und umgebende Luft meist zu hoch. Wasserdampf aus dem Untergrund kann Blasen verursachen und die Beschichtung ablösen.

Ventilierende Beschichtungen sind wasserdampfdurchlässig und schützen den Untergrund gegen erneute Wasseraufnahme. Sie tragen so zum Trocknen und zur Maßhaltigkeit der Holzteile bei.

Als Bindemittel dienen spezielle lösemittelhaltige Alkydharze, die ein aufeinander abgestimmtes Anstrichsystem aus Ventilationsgrund, Zwischen- und Decklack bilden. Ventilierende Beschichtungen besitzen matte bis seidenglänzende Oberflächen.

Wasserverdünnbare Acryldispersionslacke sind ebenfalls sehr wasserdampfdurchlässig. Sie werden deshalb

[1] fungizid = gegen Pilzbefall
[2] insektizid = gegen Insektenbefall

besonders für deckende Holzbeschichtungen im Außenbereich eingesetzt.

> Ventilierende Beschichtungen eignen sich gut für maßhaltige Holzbauteile mit einem erhöhten Feuchtigkeitsgehalt bis ca. 18 %.

2.12.4 Geschlossene filmbildende Beschichtungen

Geschlossene Beschichtungsfilme schützen den Untergrund gegen eindringende Feuchtigkeit. Die Durchlässigkeit von Wasserdampf ist gering. Dies setzt besonders trockene Untergründe voraus. Deshalb muss vor der Beschichtung die Holzfeuchte gemessen werden. Sie sollte bei Laubholz 12 %, bei Nadelholz und tropischen Hölzern 15 % nicht übersteigen.

Im Außenbereich bestehen geschlossene Beschichtungen meist aus Holzschutz, Grundierung, Spachtelung, Zwischen- und Deckbeschichtung auf Alkyd- oder Acrylharzbasis.

Im Innenbereich werden geschlossene Beschichtungssysteme überwiegend zum Lackieren von Holzbauteilen und Möbeln sowie zum Versiegeln von Holzfußböden eingesetzt. Neben Alkyd- und Acrylharzlacken werden Ein- und Zweikomponentenlacke auf Polyurethanharzbasis sowie säurehärtende Lacke verwendet. Ihr Aufbau besteht meist aus Grundierung, Spachtelung, Zwischen- und Deckbeschichtung.

> Geschlossene filmbildende Beschichtungen bewahren die Maßhaltigkeit von Holzbauteilen besonders gut: Sie besitzen eine hohe Oberflächengüte, sind abriebfest und schützen das Holz vor eindringender Feuchtigkeit.

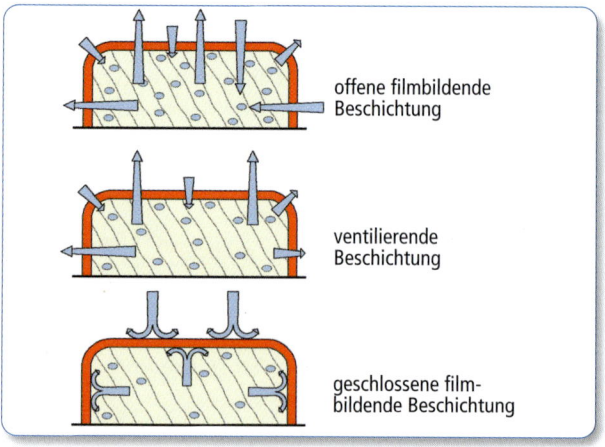

1 Beschichtungsarten – Einfluss der Holzfeuchte

2.13 Beschichtungssysteme auf Holz

Holzuntergründe sind häufig mit Mängeln behaftet. Löcher, Risse, Äste und Harzgallen beeinträchtigen das Aussehen. Harze, Wachse, Gerbsäuren u. a. Holzinhaltsstoffe können die Trocknung der Beschichtung verzögern. Neben den Holzmängeln sind abblätternde oder nicht mehr tragfähige Altbeschichtungen häufig die Ursache für eine mangelhafte Beschichtung. Damit diese fachgerecht behoben werden können, muss der Untergrund genau in Augenschein genommen werden. Weitere übliche Prüfmethoden sind: Feuchtigkeitsmessung, Gitterschnitt, Kratzprobe und Klebebandtest.

2.13.1 Prüfung des Untergrundes

Häufige Holzmängel und ihre Beseitigung

Untergrundmängel	Beseitigung bzw. Maßnahmen
Abgewitterte, vergraute Holzoberfläche	Entfernen durch Abschleifen
Holzrisse, Abrisse	Durch Anstriche nicht zu beseitigen! Mit 2K-Füllmasse oder elastischer Fugenmasse schließen; ggf. Holzteile auswechseln.
Gerissene, lose oder faule Äste	Lose oder faule Äste entfernen oder ausdübeln lassen. Feine Risse mit 2K-Füllmasse schließen.
Ausgedübelte Äste und Kettendübelungen	Bei unzulässigen Abweichungen: Bedenken mitteilen!
Harzgallen, Harzausscheidungen	Sind anstrichtechnisch meist nicht zu beseitigen. Bedenken mitteilen und ggf. holztechnisch beheben lassen.
Holzinhaltsstoffe, die Erhärtung, Haftung und Glanz vermindern.	Holz vor der Beschichtung mit speziellen Beschichtungsstoffen absperren.
Zu hohe gemessene Holzfeuchte; nasse Flecken	Holz trocknen lassen, bis zulässige Holzfeuchte erreicht ist, ggf. offenes Beschichtungssystem anwenden. Ursache der Feuchte möglichst beseitigen.
Fäulnis durch Holz zerstörende Pilze	Faule und befallene Holzteile entfernen, ggf. gesamtes Holzbauteil auswechseln.

Prüfung der vorhandenen Beschichtung

Beschichtungsmangel	Beseitigung bzw. Maßnahmen
Geringe Tragfähigkeit bzw. Haftung der vorhandenen Beschichtung *Prüfmethoden:* Klebebandtest; Gitterschnitt, Abblättern bzw. Absplittern sowie Ausbrüche an den Schnittpunkten feststellen	Entfernen der nicht tragfähigen Beschichtungen
Kreidung bzw. abfärbende Pigmente *Prüfmethoden:* Augenschein, Abwischen mit kontrastfarbenem Tuch	Entfernen durch Abwaschen oder durch Schleifen
Verschmutzungen *Prüfmethoden:* Augenschein, Benetzprobe bei wachs-, öl- oder silikonbehaftetem Untergrund	Reinigen durch Abwaschen, Abbürsten oder Abschleifen. Entfernen mit Silikonentferner oder anderen Chemikalien. Beratung einholen.
Beschichtungsrisse *Prüfmethode:* Augenschein	Entfernen der gerissenen Beschichtung

2.13.2 Vorarbeiten

Unbehandelte Holzuntergründe:

♦ Schleifen, scharfe Kanten brechen
♦ Staub beseitigen
♦ Ast- und Harzstellen absperren
♦ Harzhaltige Hölzer (besonders tropische) mit Nitroverdünnung abwaschen, Holzinhaltsstoffe der obersten Holzschicht entfernen

Beschichtete Holzuntergründe:

♦ Tragfähigkeit und Überstreichbarkeit prüfen. Die Altbeschichtung muss genügend haften, elastisch sein und darf keine zu große Schichtdicke besitzen.
♦ Schleifen, Staub beseitigen.
♦ Spachteln außen: Holzrisse und Löcher mit dauerelastischer Masse schließen, wenn sonst Wasser in das Holz eindringt. Wegen der Abplatzgefahr soll auf flächiges Spachteln möglichst verzichtet werden.
♦ Spachteln innen: Unebenheiten können flächig oder durch Fleckspachtelung ausgeglichen werden. Die Holzfeuchte soll dabei 8 bis 12 % nicht übersteigen.
♦ Nicht tragfähige Beschichtungen können u. a. durch Schleifen, Ablaugen, Abbeizen oder Abbrennen entfernt werden.
♦ Vergraute oder durch Laugen dunkel verfärbte Hölzer können mithilfe von Wasserstoffperoxid oder oxalsäurehaltigen Mitteln aufgehellt bzw. gebleicht werden.

Gesundheitsschutz
Säuren und Laugen wirken ätzend! Beim Ablaugen, Abbeizen und Bleichen **Schutzbrille und Schutzhandschuhe tragen!**

2.13.3 Farblose Innenbeschichtungen

UV-Strahlen durchdringen unpigmentierte Beschichtungen und führen an der Holzoberfläche zum Ligninabbau. Das Holz vergraut. Dabei verringert sich die Haftfestigkeit der Beschichtung mit der Gefahr des Ablösens.

> Für Holz im Außenbereich bieten farblose oder geringfügig pigmentierte Beschichtungen nicht genügend Schutz. Farblose Beschichtungen sind deshalb nur für innen geeignet.

Für farblose Beschichtungen im Innenbereich werden Klarlacke, Ölanstriche und Wachse eingesetzt.

2.13.4 Klarlackierungen

Durch die Lackierung mit einem Klarlack wirkt die Holzstruktur kontrastreich. Sie hebt die natürliche Schönheit der Holzoberfläche hervor, außerdem schützt sie gegen eindringende Feuchtigkeit, gegen Chemikalien, Schmutz, Abrieb und Stoßbelastungen.
Vor dem Lackieren muss die Holzoberfläche *geschliffen*, entharzt und bei hochwertigen Klarlackierungen *gewässert* werden.

> Das Holz wird stets in Richtung des Faserverlaufs von Hand oder maschinell geschliffen.

Körnung bei Schleifpapieren und ihre Verwendung

Körnung	Verwendung
grob: 30; 36; 40; 60; 80	Entfernung von Lackschichten und grober Vorschliff bei Vollholz
mittel: 100; 120; 150 fein: 180; 220	Feinschliff bei Vollholz, furnierten Flächen und nach dem Wässern
sehr fein: 240; 280; 320; 360; 400	Schleifen von gebeizten Flächen, Grundierungen und Lackflächen

> Harzhaltige Hölzer müssen vor dem Lackauftrag entharzt werden.

Die Harzsubstanz wird mit einem Entharzungsmittel angelöst und aus den Holzporen herausgeschwemmt. Hierfür verwendet man:

♦ Laugen aus Kern-, Schmier- und Holzseife,
♦ Testbenzin, Aceton oder Nitroverdünnung.

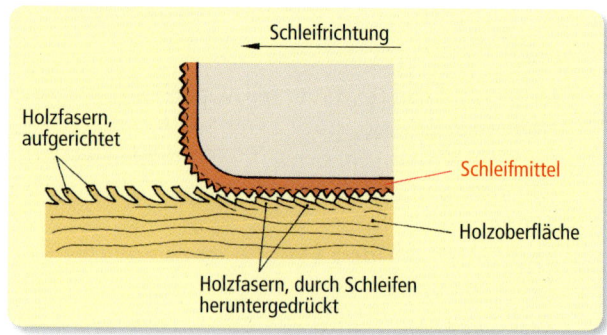

1 *Holzoberfläche während des Schleifvorgangs*

Beim Schleifen werden nicht alle Holzfasern abgeschnitten, vielmehr wird ein Teil von ihnen nur heruntergedrückt. Beim Beizen oder Lackieren quellen die Fasern, richten sich auf und werden erst nach der Beschichtung sichtbar. Deshalb empfiehlt es sich, die Holzoberfläche vor der Lackierung zu wässern.

> Durch Wässern öffnen sich die Holzporen und die Holzfasern richten sich auf.

Gewässert wird mit sauberem, warmem Wasser, das mit einem Schwamm aufgetragen wird. Nach dem Wässern müssen die Oberflächen gleichmäßig und langsam trocknen, damit keine Risse oder Verwerfungen entstehen. Danach können die stehenden Fasern in einem Feinschliff abgeschnitten werden. Die Holzoberfläche ist nun sehr glatt und aufnahmebereit für die nachfolgende Beschichtung.

> Das Grundiermittel muss auf den Decklack abgestimmt sein.

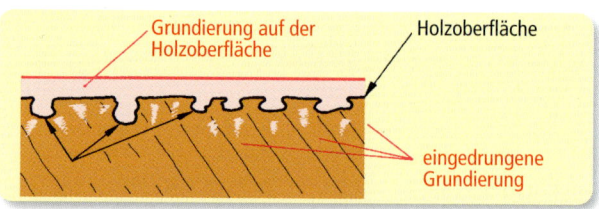

2 *Grundierte Holzoberfläche*

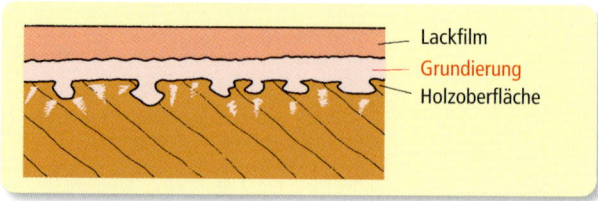

3 *Lackierte Holzoberfläche*

Im Innenbereich werden häufig Grundiermittel auf Cellulosenitratbasis verwendet. Diese trocknen schnell und lassen sich leicht verarbeiten. Sie dienen als Einlass- oder Schnellschliffgrund.

> Die Auswahl des Decklackes hängt von der Holzart und der Beanspruchung der Beschichtung ab.

So eignen sich beispielsweise Cellulosenitratlacke für trockene Holzuntergründe mit geringem Abrieb. Öl und Alkydharzlacke sind Feuchtigkeit abweisend und besitzen eine höhere Abriebfestigkeit. Zweikomponenten-Polyurethanlacke, wasserverdünnbare Polyurethan-Acryl-Dispersionen oder säurehärtende Lacke eignen sich besonders für abriebfeste, feuchtigkeits- und chemikalienbeständige Holzbodenversiegelungen.

2.13.5 Ölanstriche

Pflanzliche Öle, wie Lein- oder Sojaöl, werden als nachwachsende und biozidfreie Anstrichmittel aus ökologischen Gründen zur Holzbehandlung eingesetzt. Ölanstriche bilden keine Anstrichfilme. Sie dringen in das Holz ein, sättigen es mit Öl und reduzieren das Schwinden bzw. Quellen. Die Maßhaltigkeit wird so verbessert. Die Holzporen bleiben frei und wasserdampfdurchlässig. Ölanstriche sind Schmutz abweisend, eignen sich für Holzpanele, Holzböden und wegen der unbedenklichen Rohstoffe auch für Kinderspielzeug.

2.13.6 Wachsbehandlung

Wachse dienen als Oberflächenschutz von Holz im Innenbereich. Sie werden durch Verkochen von Standöl mit Wachsen oder aus Emulsionen von natürlichem Dammar- oder Lärchenharz und Bienen- oder Carnaubawachs (Wachs von der Carnaubapalme) hergestellt. Als Lösemittel dienen u. a. Zitrus- und Pineöl. Das Wachs wird mit dem Lappen oder einem weichen Pinsel aufgetragen und mit einer Bürste in Richtung der Holzmaserung poliert.
Um die Wachsschichten widerstandsfähiger zu machen, sollte vor dem Wachs ein Sperrgrund aufgetragen werden.

> Gewachste Flächen verändern die Eigenfarbe des Holzes kaum. Sie schützen das Holz gegen Verschmutzung und lassen Wasser abperlen.

2.13.7 Lasuren als Beschichtung

Lasuren lassen den Untergrund durchscheinen. Ihre farbig-transparente Beschichtung betont die Maserung des Holzes, was als Feuer bezeichnet wird. Im Vergleich zu Klarlacken besitzen sie eine höhere Wasserdampfdurchlässigkeit und schützen gegen UV-Strahlen und Pilzbefall.
Diese Holz schützende Wirkung ist vor allem im Außenbereich erforderlich. Aufgrund der bioziden Wirkstoffe müssen beim Einsatz die Vorschriften der DIN 68 800 und der Hersteller genau beachtet werden. Wir unterscheiden deshalb zwischen Holzschutzlasuren und biozidfreien Holzlasuren, die vor allem innen angewendet werden.
Im Kapitel 2.11.5 wurden die Eigenschaften der Holzschutzlasuren bereits ausführlich beschrieben, sodass wir uns hier auf den Beschichtungsaufbau beschränken können.

Beschichtungsaufbau von Lasuren
außen: 1. Holzschutz-Grundbeschichtung
        Holzschutzimprägnierlasur, 1 bis 2 Anstriche
     2. Zwischen- und Deckbeschichtung
       a) 2 bis 3 Dünnschichtlasuranstriche für nicht maßhaltige Bauteile
       b) 2 Dickschichtlasuranstriche oder
       c) 2 High-Solid-Lasuranstriche für maßhaltige Bauteile
innen: 1. Grundbeschichtung
        Dünnschichtlasur, farblos, 1 Anstrich
     2. Zwischenbeschichtung
       a) Dünnschichtlasur im gewünschten Farbton, 1 bis 2 Anstriche oder
       b) ein High-Solid-Lasuranstrich im gewünschten Farbton
     3. Deckbeschichtung
       a) Dünnschichtlasur, farblos, 1 bis 2 Anstriche oder
       b) ein High-Solid-Lasuranstrich im gewünschten Farbton bzw. farblos

1 Lasuranstrich

LF 2

101

Holzlasuren werden meist durch Streichen aufgetragen. Hierfür werden spezielle Lasurpinsel, Modler, Vertreiber und Schläger verwendet. Sie lassen sich aber auch gut durch Spritzen oder Tauchen (Imprägnierlasuren) verarbeiten.

2.13.8 Beizen

Durch Beizen wird der natürliche Farbton des Holzes verändert. Struktur und Maserung bleiben erhalten. Beim positiven Beizbild sind die Jahresringe dunkler als das weiche Holz.

> Beim negativen Beizbild tritt das weiche Holz dunkler hervor.

Wir unterscheiden chemische Beizen, bei denen die Farbtonänderung beispielsweise durch eine Lauge erzeugt wird, sowie wasser- und lösemittelhaltige Farbstoffbeizen, bei denen der lösliche Farbstoff in das Holz eindringt. Damit eine gleichmäßige Färbung erzielt wird, muss die Holzoberfläche entharzt und gewässert werden.

2.13.9 Beschichtungssysteme für Holz im Außenbereich

Holz, das der Witterung ausgesetzt ist, stellt an eine Beschichtung höhere Anforderungen als eine witterungsgeschützte, trockene Dachuntersicht. Maßhaltige Bauteile, wie Fenster oder Türen, müssen vor eindringender Feuchtigkeit stärker geschützt werden als nicht maßhaltige Bauteile, wie Schindelfassaden, Verbrettungen oder Holzzäune. Letztere erfordern dagegen eine sehr elastische und wasserdampfdurchlässige Beschichtung. Die Haltbarkeit der Beschichtung kann ein ausführender Betrieb nur garantieren, wenn die Eignung der verarbeiteten Produkte durch international anerkannte Standards nachgewiesen wird. Für einen verbesserten Verbraucherschutz und zur Qualitätssicherung wurde deshalb ein Eignungsnachweis eingeführt. Beschichtungsstoffe, für die eine Zertifizierung durch den Lacklieferanten oder ein unabhängiges Prüfinstitut vorliegt, erhalten nach DIN EN 927-2 eine Kennzeichnung.

> Deckende Außenlackierungen müssen auf die Anforderungen der unterschiedlichen Holzbauteile abgestimmt sein.

Ihre Bindemittel bestehen größtenteils aus Alkydharzen, Polyacrylaten und Mischpolymerisaten. Sie ergeben sehr elastische, schnell trocknende und wetterbeständige Lacke mit Feuchtigkeit regulierenden Eigenschaften. Für besonders hochwertige vergilbungsarme Decklacke mit seidenglänzender, gleichmäßiger und strapazierfähiger Oberfläche setzt man Urethan-Alkydharz als Bindemittel ein.

Außerdem werden die vielfältigen Eigenschaften der deckenden Beschichtungen durch Pigmente, Pigment-Volumen-Konzentration, Festkörpergehalt und Additive (Zusatzmittel) erzielt.

Alkydharzlacke enthalten Lösemittel. Je nach Verarbeitung durch Spritzen, Rollen oder Streichen müssen sie mit Lösemittel verdünnt werden. Die lange Offenzeit ermöglicht einen guten Verlauf und eine ansatzfreie glatte Oberfläche.

1 Blauer Engel

Acrylatdispersionslacke sind wasserverdünnbar und deshalb umweltschonend. Sie trocknen rasch und sind nur kurz offen. Ansätze und eine streifige Oberfläche können die Folge sein.

Entsorgung

> Gebinde mit Alkydharzresten können bei der Sammelstelle für Altlacke abgegeben werden. Die Altlacke werden nicht ausgehärtet entsorgt. Gebinde mit Acrylatdispersionslackresten lässt man aushärten. Danach können sie mit dem Baustellenabfall entsorgt werden.

Beschichtungsaufbau auf Alkydharzbasis
a) Erstbeschichtung – Holz außen
1. Imprägnierung
   Holzschutzimprägnierung nach DIN 68 800-3 nur bei Nadelholz
2. Grundbeschichtung
   Mit lösemittelhaltigem, fungizidfreiem Grundiermittel für außen und innen auf Alkydharzbasis
3. Zwischenbeschichtung
   Mit Vorlack bzw. Decklack, ca. 15 % verdünnt
4. Schlussbeschichtung
   Entsprechender Alkydharzlack

b) Renovierungsbeschichtung

1. Ausbesserungsarbeiten
   Offene Gehrungen, Risse und Löcher mit Leimkitt nachverleimen, abdichten und ggf. fleckspachteln, wenn sinnvoll, größere Holzschäden mit 2-K-Holzreparaturmasse ausbessern
2. Bei intakter Altbeschichtung
   Untergrundvorbereitung
   Abwaschen mit zehnprozentigem Ammoniakwasser, mit klarem Wasser gut nachwaschen, lose Altbeschichtung entfernen und anschleifen
   Grundbeschichtung
   Mit lösemittelhaltigem, fungizidfreiem Grundiermittel, bei Nadelholz 30 % Holzschutzimprägnierung zusetzen
   Zwischen- und Schlussbeschichtung
   Siehe oben Punkt 3 und 4
3. Bei nicht intakter Altbeschichtung
   Untergrundvorbereitung
   Altbeschichtung restlos abbrennen, abbeizen oder abschleifen
   Grundbeschichtung
   Mit lösemittelhaltigem, fungizidfreiem Grundiermittel, bei Nadelholz 30 % Holzschutzimprägnierung zusetzen
   Zwischen- und Schlussbeschichtung
   Siehe oben Punkt 3 und 4
   Vorlack bzw. Decklack, ca. 15 % verdünnt

Beschichtungsaufbau auf Acrylatbasis

a) Erstbeschichtung – Holz außen

1. Imprägnierung
   Mit wasserverdünnbarer Holzschutzimprägnierung nach DIN 68 800-3 gegen Fäulnis und Bläue
2. Grund- und Zwischenbeschichtung
   Mit wasserverdünnbarer Grund- und Zwischenbeschichtung
3. Schlussbeschichtung
   Mit wasserverdünnbarem Acrylatdispersionslack

b) Renovierungsbeschichtung

1. Ausbesserungsarbeiten
   Wie beim Aufbau einer Alkydharzbeschichtung
2. Bei intakter Altbeschichtung
   Untergrundvorbereitung
   Wie beim Aufbau einer Alkydharzbeschichtung
   Grund-, Zwischen- und Schlussbeschichtung
   Wie bei einer Erstbeschichtung auf Acrylatbasis
3. Bei nicht intakter Altbeschichtung
   Altbeschichtung entfernen, sonst wie oben

Aufgaben

1. *Erläutern Sie, warum Holz als Baustoff auch aus ökologischer Sicht einen hohen Stellenwert besitzt.*
2. *Nennen Sie die Faktoren, von denen die Eigenschaften des Holzes abhängen.*
3. *Erklären Sie, was unter dem Begriff „Arbeiten" des Holzes zu verstehen ist, und schildern Sie, welche Auswirkungen dieses auf das Holz hat.*
4. *Nennen Sie die verschiedenen Holzschädlinge und beschreiben Sie ihre jeweiligen Erkennungsmerkmale.*
5. *Nennen Sie die unterschiedlichen Maßnahmen zum Holzschutz und erläutern Sie ihre Wirkungsweise.*
6. *Nennen Sie die unterschiedlichen Gebrauchseigenschaften von offenen filmbildenden, geschlossenen filmbildenden und ventilierenden Beschichtungen.*
7. *Erläutern Sie die Unterschiede zwischen Klarlackierungen, Lasuren und Beizen.*

2.14 Entwicklung der Kunststoffe

2.14.1 Art der Werkstoffe

Ursprünglich wurden Kunststoffe aus chemisch abgewandelten Naturstoffen gewonnen. Hierzu dienten Cellulose, Kautschuk, Naturharze und Casein als Grundlage. Vulkanfiber (VF) und Celluloid (CN) waren die ersten Kunststoffe dieser Art. Das Ziel war, neue Werkstoffe mit besseren und veränderten Eigenschaften herzustellen. Mit der Entwicklung vollsynthetischer Kunststoffe begann der Durchbruch in der Kunststoffindustrie. Bereits 1906 war es dem belgischen Chemiker Baekeland gelungen, Phenolharz aus Phenol und Formaldehyd herzustellen, das unter dem Handelsnamen Bakelit bekannt wurde. Die eigentliche Grundlage der synthetischen Kunststoffe schuf der deutsche Chemiker Staudinger, der 1922 die Herstellung von Kunststoffen durch die Bildung von Makromolekülen erklärte. Diese lassen sich aus Einzelmolekülen durch Polymerisation, Polykondensation und Polyaddition zu Molekülketten chemisch verbinden (siehe Kapitel G.9.16).

2.14.2 Einsatzgebiete von Kunststoffen

Im Maler- und Lackiererhandwerk werden heute zunehmend Werkstoffe und Arbeitsmaterialien aus Kunststoffen eingesetzt. Die folgende Übersicht soll dies verdeutlichen:

- **Bindemittel:** Dispersionen, Kunstharzputze, Spachtelmassen, Lacke, Kleber, Schaum- und Dichtstoffe
- **Folien:** Dampfsperren, Abdeck-, Wetter- und Verpackungsfolien, Bänder
- **Fasern:** Gewebe, Textilien, Teppichböden, Wandbeläge, Seile
- **Bauteile für Gebäude:** Leitungen, Rohre, Dachrinnen, Verschalungen, Isoliermaterial für Wände und Dächer, Fensterrahmen; Möbel-, Tür-, Wand- und Bodenbeläge
- **Werkzeug- und Maschinenteile:** Gehäuse, Griffe, Kabel, Behälter
- **Fahrzeugbau:** Karosserieteile, Verkleidungen, Sitze, Verzierungen, Leitungen, Dichtungen

Kunststoffe besitzen besondere Eigenschaften durch ihre Formbarkeit, Festigkeit, Elastizität, ihre Wärmedämmung und isolierende Wirkung gegen elektrischen Strom sowie ihr geringes Gewicht. Sie eignen sich besonders für Beschichtungen, Bauteile, Werkzeuge, Geräte und Maschinen.

> Die Oberflächen von Kunststoffbauteilen müssen gegen Witterung geschützt oder zur Farbanpassung beschichtet werden.

2.15 Warum beschichtet man Kunststoffe?

2.15.1 Schutz der Kunststoffoberfläche

Kunststoffteile besitzen von Natur aus glatte und verhältnismäßig widerstandsfähige Oberflächen, die häufig unlackiert eingesetzt werden. Je nach Kunststoff und Farbton vermindert sich der Glanz der Oberfläche bereits nach wenigen Jahren. Der Farbton verändert sich. Flecke, feine Haarrisse und Versprödungen weisen auf einen witterungsbedingten Alterungsprozess hin, der durch UV-Strahlen, Umwelteinflüsse, chemische und mechanische Belastungen hervorgerufen wird. Durch Beschichtungen werden Kunststoffe haltbarer und strapazierfähiger. Ältere Kunststoffoberflächen lassen sich mit einer Beschichtung wieder in Ordnung bringen.

2.15.2 Farbgebung

Farbige Kunststoffe erhalten ihren Farbton durch Pigmente, die bei der Herstellung beigemengt werden.

1 Beschichtung einer Dachrinne und eines Regenfallrohres aus Kunststoff

Die Anzahl der Farben ist dadurch begrenzt. Wird eine breite Farbtonpalette oder ein spezieller Glanzgrad gewünscht, ist eine entsprechende Beschichtung unumgänglich. Das Gleiche gilt, wenn Sondereffekte wie Metallic-, Perlglanz- oder Hammerschlageffekte sowie Oberflächen mit speziellem Design gefordert werden.

Bei der Farbgestaltung wirkt die Eigenfarbe der Kunststoffe häufig störend. Außerdem lassen sich bei der Kunststoffherstellung nur eine begrenzte Menge Pigmente zufügen, sodass die Farbe milchig trüb ausfällt.

> Durch Beschichten kann man die Oberflächenqualität der Kunststoffe verbessern, eine optimale Farbtonabstimmung erzielen und den Kunststoffteilen jeden nur denkbaren Farbton und Oberflächeneffekt verleihen.

2.16 Kunststoffarten

Die vielseitigen Einsatzgebiete von Kunststoffen erfordern die unterschiedlichsten Werkstoffeigenschaften. Sie müssen beispielsweise hohe Festigkeit besitzen, chemikalienbeständig oder dauerelastisch sein.

LF 2

1 Vielseitige Verwendung von Kunststoffen

2.16.1 Übersicht (Auswahl)

Die gewünschten verschiedenen Eigenschaften erfordern eine Vielzahl unterschiedlich zusammengesetzter Kunststoffe.

Kurz-zeichen	Chemische Bezeich-nung der Kunststoffe	Kurz-zeichen	Chemische Bezeich-nung der Kunststoffe
ABS	Acrylnitril-Butadien-Styrol	MF	Melamin-Formaldehyd-harz
AK	Alkydharz	PA	Polyamid
AMMA	Acrylnitril-Methylme-thacrylat/	PC	Polycarbonat
		PE	Polyethylen (hart/weich)
AY	Acrylharz	PF	Phenol-Formaldeydharz
B	Bitumen	PMMA	Polymethylmethacrylat
BR	Butadien-Kautschuk		(Acrylglas)
CA	Celluloseacetat	POM	Polyoxynethylen
CN	Cellulosenitrat		(Polyacetal)
CP	Cellulosepropionat	PP	Polypropylen
CR	Chloropren-Kautschuk	PPC	chloriertes Polypropylen
	(Polychloropren)	PS	Polystyrol
CSM	Chlorsulfoniertes	PUR	Polyurethan
	Polyethylen	PUR-T	Polyurethan-Teer-Kom-bination
EP	Epoxidharz		
EPE	Epoxidharzester	PVAC	Polyvinylacetal
EPS	expandiertes Polystyrol	PVB	Polyvinylbutyral
EP-T	Epoxidharz-Teer-Kombination	PVC	Polyvinylchlorid (hart/weich)
GF-EP	glasfaserverstärktes Epoxidharz	RUC	Chlorkautschuk
		RUI	Cyclokautschuk
GFK	glasfaserverstärkter Kunststoff	SB	Styrol-Budatien
		SI	Silicon
GF-UP	glasfaserverstärkter Polyester	SP	gesättigter Polyester
		SR	Polysulfid-Kautschuk
HDPE	Polyethylen hoher Dichte	T	Teer
		UF	Harnstoff-Formaldehyd-harz
LDPE	Polyethylen niederer Dichte	UP	ungesättigter Polyester

2.16.2 Herstellung – Eigenschaften

Bei der Vielzahl der Kunststoffe ist es nicht möglich, diese bestimmten Bauteilen direkt zuzuordnen.

Unterteilen wir die Kunststoffe in
♦ Plastomere (Thermoplaste),
♦ Duromere (Duroplaste)
♦ und Elastomere,
können wir aus der Herstellung wichtige Rückschlüsse auf bestimmte Eigenschaften ziehen.

Plastomere erweichen oder verfließen beim Erwärmen und erhärten beim Abkühlen wieder zu festen Massen. Zur Herstellung von Formteilen verwendet man Granulate aus unvernetztem vollständig polymerisierten Materialien, die bereits Hilfsmittel wie Antistatika, Füllstoffe, Stabilisatoren und Weichmacher enthalten. Beim Verarbeiten wird das Granulat erhitzt und flüssig in Formen gespritzt oder gepresst. Nach dem Erstarren kann das fertige Formteil entnommen werden.

> Plastomere lassen sich unter Wärme verformen und schweißen. In entsprechenden Lösemitteln sind sie quellbar, löslich oder anlösbar.

Folgende Kunststoffe sind Plastomere:
♦ ABS ♦ PE ♦ PTFE
♦ CA ♦ PMMA ♦ PVAC
♦ PA ♦ PP ♦ PVC
♦ PC ♦ PS ♦ SB

Duromere werden aus flüssigen bzw. pulverförmigen Bestandteilen hergestellt. Sie härten in der Form unter Hitze und Druck, wobei ihre Makromoleküle vernetzen. Nach dem Aushärten halten sie starkem Druck stand, ohne zu verfließen oder zu zerbrechen. Kurzzeitiges Erhitzen bis 200 °C überstehen sie, ohne sich zu verändern.

> Duromere sind hart, wärmebeständig, nicht schmelzbar, nur geringfügig quellbar und nicht löslich.

Folgende Kunststoffe sind Duromere:
♦ EP ♦ PF ♦ UF
♦ MF ♦ PUR ♦ UP

Elastomere bestehen aus schwach vernetzten Makromolekülen. Sie sind formstabil. Unter Krafteinwirkung lassen sie sich reversibel elastisch verformen. In höheren Temperaturbereichen werden sie thermoplastisch und verfließen.

Elastomere besitzen bei Normaltemperatur eine gummiartige Elastizität, sind nicht schmelzbar, nicht löslich, jedoch in bestimmten Lösemitteln quellbar.

Folgende Kunststoffe sind Elastomere:
♦ PS ♦ PUR ♦ SI

2.16.3 Zuordnung von Bauteilen

Üblicherweise werden die folgenden Kunststoffe für bestimmte Bauteile verwendet:

Art	Kunststoff	Bauteile
Elastomere	PVC-hart PE, ABS, PP	Fassadenelemente, Fensterprofile, Rollläden, Dachrinnen, Regenfallrohre, Pfosten, Balkonbrüstungen, Gartenmöbel, Abwasserrohre u. a. Rohre
Elastomere	PVC-weich	Handläufe, Vinyl-Wandbekleidungen, Schaumtapeten, beschichtete Planen, Fugenabdeckprofile
Elastomere	PMMA, ABS, PS	Werbetafeln, Schilder, Überdachungen, Balkonverkleidungen, Treppenbrüstungen
Elastomere	PS, PVC, PMMA	Zierprofile, Wärmedämmstoffe, Möbelteile, Heizkörperverkleidungen
Duromere	PF, MF, UP, UF	Tischplatten, Küchenmöbel, Türen, Fensterbänke, Schaltkästen
Duromere	PF-Pressholz, MF, GF-UP	Fensterbänke, Balkonprofile, Gewächshäuser, Boote, Wohnwagen
Duromere	PUR	Möbelteile, Schulmöbel, Dämmplatten
Plastomere	SI, PUR	Fugendichtungen, dauerelastische Massen
Plastomere	PUR-Schaum PS-Schaum	Deckenbekleidungen, Schaumstoff, Dämmstoff

2.16.4 Erkennen von Kunststoffen

Kunststoffe verhalten sich gegenüber Beschichtungen unterschiedlich. So kann beispielsweise die Beschichtung schlecht haften oder das darin enthaltene Lösemittel den Kunststoff anlösen, aufquellen oder zerstören.

Für die Auswahl des geeigneten Beschichtungssystems muss die Art des Kunststoffs bekannt sein.

Durch die Vielzahl der verwendeten Kunststoffe ist es mit baustellenüblichen Mitteln nicht möglich, Kunststoffe sicher zu erkennen. Ist das Bauteil nicht mit dem Kurzzeichen des Kunststoffs gekennzeichnet, sollte beim Auftraggeber, der Montage- oder Herstellerfirma nachgefragt werden. Im Zweifelsfall kann der Beschichtungsstoffhersteller hinzugezogen werden, der durch eine Laborprüfung die Art des Kunststoffs feststellt und das dafür geeignete Beschichtungssystem vor-

schlägt. Ist die Haltbarkeit der Beschichtung nicht gesichert, sollte man die Gewährleistung vor der Auftragsannahme schriftlich ausschließen.

Als Hilfsmittel für die Erkennung des Kunststoffs können folgende Tests dienen:

1. **Augenschein**
   Dadurch kann die allgemeine Beschaffenheit wie Aussehen, Griff und Einsatzgebiet geprüft werden. Rohre aus Polyethylen haben beispielsweise wachsartige, mit dem Fingernagel anritzbare Oberflächen. Rohre aus PVC oder PP sind dagegen glatt und hart.
2. **Lösemitteltest**
   Mit dem Lösemittel des Beschichtungsstoffes betupft man den Kunststoff an einer geeigneten Stelle und prüft die Verträglichkeit.

2.17 Beschichtung von Kunststoffen

2.17.1 Haftprobleme

Bei der Herstellung der Kunststoffe werden vielfach Trenn- und Glättungsmittel eingesetzt, die sich zum Teil in die Kunststoffoberfläche einlagern bzw. mit ihr verpresst werden. Die Verankerung der Beschichtung wird dadurch vermindert.
Die Anhaftung von Beschichtungen kann auch durch zeitlich bedingte Temperaturänderungen beeinträchtigt werden.
Haftprobleme ergeben sich u. a. durch:
♦ glatte Oberflächen bei PVC-Bauteilen
♦ Trenn- und Glättungsmittel, die sich nur schwer entfernen lassen
♦ Siliconverbindungen, die aus Dichtprofilen und Dichtstoffen auswandern und sich auf dem Kunststoff niederschlagen
♦ Reinigungs- und Pflegemittel, die Silicon oder Wachse enthalten
♦ Abbauprodukte bei der Alterung (Flucht der Weichmacher)
♦ falsche Beschichtungssysteme

2.17.2 Oberflächenvorbereitung

Schmutz und Formtrennmittel müssen gründlich entfernt werden, damit sich die Beschichtung gut verankern kann. Hierfür hat sich eine Ammoniak-Netzmittelwäsche bewährt. Auf 10 l Wasser kommen ca. 0,5 l

1 Vorarbeiten von Kunststofffenstern mit Schleifvlies

einer 25-prozentigen Ammoniaklösung und zwei Kronenkorken Netzmittel. Gereinigt und angeschliffen wird mit einem Korund-Kunststoffvlies. Danach muss gründlich mit klarem Wasser nachgewaschen werden.

> Zum Schutz der Haut wird die Schleifarbeit mit Gummihandschuhen ausgeführt. Bei Innenarbeiten ist für gute Belüftung zu sorgen.

Beim Schleifen mit Schleifpapier oder Stahlwolle kann es zur elektrostatischen Aufladung des Bauteils kommen. Damit sich der Staub nicht nachteilig auf die Beschichtung auswirkt, entfernt man ihn mit einem Lappen, der mit netzmittelhaltigem Wasser oder Spiritus getränkt ist.

Die Reinigung mit Lösemitteln ist problematisch, da viele Kunststoffe gegenüber Lösemitteln empfindlich reagieren. So kann z. B. Nitroverdünnung ein starkes Anquellen der Oberfläche, Runzelbildung und Spannungsrisse hervorrufen. Um solche Mängel zu vermeiden, sollte zuvor ein Lösemitteltest durchgeführt oder ein mildes Lösemittel wie Spiritus eingesetzt werden.

2.17.3 Haftgrundierung

Vor der Beschichtung ist festzustellen, ob für das ausgewählte Beschichtungssystem eine Haftgrundierung vorgeschrieben ist.
Je nach Art des Kunststoffs und der Beschichtung kann eventuell darauf verzichtet werden. Häufig wird jedoch ein Kunststoffprimer empfohlen.

> Der Kunststoffprimer bildet eine sichere Haftbrücke zwischen Kunststoff und Beschichtung.

Vor einer Beschichtung mit Dispersionslackfarben ist eine Haftgrundierung besonders notwendig. Je nach Lackhersteller werden Ein- und Zweikomponenten-Haftprimer eingesetzt. Sie werden in 1 – 3 Spritzgängen aufgetragen.

2.17.4 Auswahl des Beschichtungssystems

Die Auswahl des Beschichtungssystems richtet sich nach der Art des Kunststoffs und der zu erwartenden Beanspruchung. Dabei müssen die Herstellerrichtlinien beachtet werden.
Bei der Auswahl des Farbtons ist zu beachten, dass dunkle Farben bei Sonneneinstrahlung stark aufheizen. In den Kunststoffbauteilen können dadurch Verformungen und Spannungen auftreten.

> Im Außenbereich dürfen weiße maßhaltige Bauteile wie Fenster und Türen aus Kunststoff nicht dunkel beschichtet werden.

Beanspruchung – Beschichtungen

- Alkydharz-Kombinationsfarben: für normale Wetterbelastung
- Polymerisatharzfarben: für normale Wetterbelastung, bedingt chemikalienbeständig
- Polyurethanlackfarben: für hohe mechanische Belastung, chemikalien-, wetter- und dauerwasserbeständig
- Epoxidharzlackfarben: für hohe mechanische und chemikalische Belastung, dauerwasserbeständig, neigt bei Bewitterung zum Kreiden
- 2K-Polyacrylatfarben: sehr wetterfest, dauerwasser- und chemikalienbeständig
- Dispersionslackfarben und Dispersionsfarben: für normale Wetterbelastung

Übersicht über Beschichtungssysteme

Beschichtungssysteme für Kunststoffe	Alkydharzgrund	Alkydspezialgrund	2K-PUR	2K-EP	PVC-MP-Farbe	Polyacrylatfarbe	Dispersionsfarbe
Harz-PVC	0	+	+	+		+	+
Polyamid	0	+	+	+	+	+	–
Phenol-/Harnstoff-Melaminharze	–	+	+	+	–	0	+
Epoxidharze	+	+	+	+	–	0	+
PUR-Hartschaum	–	0	+	–	–	+	+
Polystyrol	0	+	–	–	+		+
Polymethylmethacrylat	+	+	+	+	0	+	+
Polycarbonate	+	+	+	+	+	+	+
Polyacetate	–	0	0	0	0	+	+

+ = geeignet 0 = bedingt geeignet – = nicht geeignet

LF 2

2.17.5 Beschichtungsaufbau

a) Erstlackierung von Kunststoffen

1. Prüfung des Untergrundes,
z. B. Kunststoff feststellen und prüfen
Brennprobe, Lösemitteltest

2. Vorbereitung,
z. B. reinigen mit Spiritus oder Nitroverdünnung, anschließend schleifen mit
Kunststoff-Schleifvlies

3. Grundbeschichtung,
z. B. mit Spezialhaftgrund für Kunststoffe
oder Zweikomponenten-PUR-Haftprimer

4. Zwischenbeschichtung,
z. B. mit Spezialhaftgrund für Kunststoffe
bzw. Vorlackfarbe für Kunststoff

5. Schlussbeschichtung,
z. B. mit Acryldispersionslackfarbe

b) Lackierung alter Kunststoffuntergründe

1. Prüfung des Untergrundes,
z. B. Kunststoff feststellen und prüfen
Brennprobe, Lösemitteltest

2. Vorbereitung,
z. B. schleifen bzw. reinigen mit Ammoniak-
Netzmittellösung und Kunststoff-Schleifvlies,
anschließend nachwaschen mit klarem Wasser

3. Grundbeschichtung,
z. B. mit Einkomponenten-Spezialhaftgrund
für Kunststoffe

4. Zwischenbeschichtung,
z. B. mit Spezialhaftgrund für Kunststoffe
bzw. Vorlackfarbe für Kunststoff

5. Schlussbeschichtung,
z. B. mit Acryldispersionslackfarbe

2.17.6 Beschichtungsauftrag

Auf glatten Kunststoffoberflächen erzielt man am besten durch Spritzen einen gleichmäßigen Farbauftrag.
Die Applikation mit Pinsel und Rolle soll zügig erfolgen.

> Dichtprofile an Fenstern und Türen sowie Dicht-
> stoffe, Dehn- und Lüftungsfugen dürfen nicht über-
> strichen werden.

Die darin enthaltenen Weichmacher dringen mit der
Zeit nach außen und führen zum Erweichen und Ver-
kleben der Beschichtung. Durch Zweikomponenten-
Beschichtungsstoffe kann dies verhindert werden.
Die Überlappung der Beschichtung auf dem Dichtstoff
soll auf ca. 1 mm begrenzt bleiben.

Aufgaben

1. Nennen Sie die Ziele, die mit der Herstellung von
   Kunststoffen verfolgt wurden.
2. Nennen Sie die Gründe, die für das Beschichten
   von Kunststoffoberflächen sprechen, und erläutern Sie diese.
3. Nennen Sie die drei Gruppen, in die Kunststoffe
   eingeteilt werden, und ordnen Sie ihnen ihre
   jeweiligen Eigenschaften zu.
4. Erklären Sie, warum vor der Auswahl eines geeigneten Beschichtungssystems die Kunststoffart
   bekannt sein sollte, und nennen Sie Möglichkeiten, diese zu ermitteln.
5. Nennen Sie die Ursachen für Haftprobleme zwischen Kunststoffuntergrund und Beschichtung
   und zeigen Sie Möglichkeiten auf, diese Probleme
   zu verhindern.
6. Nennen Sie Kriterien, die für die Auswahl eines
   geeigneten Beschichtungssystems beachtet werden sollten.

Kundenauftrag

EUGEN - KAISER - SCHULE
**Berufs-, Berufsfach-, Höhere Berufsfach-,
Fach- und Fachoberschule**
Lortzingstraße 16, 63452 Hanau
Telefon 06181/98470 - Telefax 06181/984747
sekretariat@eks-hanau.de

LF 3

EUGEN-KAISER-SCHULE, Lortzingstraße 16, 63452 Hanau

An die Auszubildenden der Klasse 10MA1

Ihre Zeichen/Ihre Nachricht vom   27.08.20xx

Unsere Zeichen   MR/

KURZBRIEF

Renovierung des Klassensaals 114

*Liebe Schülerinnen und Schüler der Klasse 10MA1,
für eine Unterstützung der Schule bei der Renovierung des Klassensaals 114 wäre ich Ihnen
sehr dankbar!
Die Wände sollen mit einem Glasfaser-Wandbelag beklebt und gestrichen werden.
Auch die Tür des Klassensaals ist in einem passenden Farbton von innen zu lackieren.*

Sprechen Sie bitte die Details mit Ihrem Klassenlehrer ab.

Herzliche Grüße

Claudia Borowski, Schulleiterin

Objektbeschreibung

- Messen Sie Länge, Breite und Höhe Ihres Klassensaals und notieren Sie die Werte. Ermitteln Sie, wie viele Fenster und Türen mit welchen Abmessungen und an welchen Stellen es gibt.
- Berechnen Sie die zu bearbeitenden Flächen.
- Zeichnen Sie einen Grundriss sowie eine Abwicklung der Wände (Maßstab 1:20, siehe dazu auch Kapitel 4.6).
- Beschreiben Sie den derzeitigen Zustand der Untergründe (Wände, Tür, Art und Güte der Beschichtung, Sauberkeit, ggf. Risse und Feuchtigkeit usw.) sowie durchzuführende Untergrundprüfverfahren.

Informationsbeschaffung

- Beschreiben Sie die besonderen Eigenschaften und die Zusammensetzung (z. B. Festigkeit, Elastizität, Saugfähigkeit, Diffusionsfähigkeit, Bindemittel) des auf den Wänden vorgefundenen Untergrunds.

Planung

- Schreiben Sie in einem Arbeitsplan die einzelnen Arbeitsschritte nach folgendem Schema auf (Beispiel):

	Pos.	Arbeitsschritt Beschreibung
1		*Fußboden abdecken und abkleben (20 min)*
2		*Untergrundprüfung (Kratzprobe) (5 min)*
3		
4		
5		
6		
...		

- Erstellen Sie eine Liste der für die Renovierung Ihres Klassensaals erforderlichen Werkzeuge und Materialien (einschließlich der benötigten Mengen).

Materialliste (Beispiel)

Arbeitsprojekt:		Termin:		Besteller:	
Position	Beschich-tungsfläche in m²	Material-bedarf	Bestelleinheit/ Gebindegröße	Materialart (z.B. Putz-grund ...)	Hersteller

Durchführung

Baustelle einrichten

- Bevor Sie überhaupt den ersten Pinselstrich machen können, sind in dem (noch eingeräumten und nicht abgedeckten) Klassensaal viele Vorbereitungsarbeiten zu erledigen. Stellen Sie eine Liste mit den zur Einrichtung Ihrer Baustelle erforderlichen Arbeiten auf.

Einen sicheren Arbeitsplatz schaffen

- Für die Vorbereitung, das Tapezieren und den Anstrich der Wände sind Unfallverhütungsvorschriften im Zusammenhang mit elektrischem Strom (Steckdosen, Schalter) sowie Leitern und Behelfsgerüsten zu beachten.
  Welche Vorschriften sind das im Einzelnen?

Vorarbeiten durchführen

- Wie ist die im Klassensaal vorhandene Altbeschichtung vorzubehandeln?
- Welche Werkzeuge werden dafür benutzt?
- Beschreiben Sie die Bindemittel und Eigenschaften der Materialien, welche Sie zur Ausbesserung von Rissen und Löchern in den verschiedenen Untergründen (Wände bzw. Tür) benutzen.

Hauptarbeiten durchführen

Beim Bekleben der Wände mit einem geeigneten Wandbelag (siehe Kundenauftrag) kommt Ihre Schulleiterin zu Besuch. Sie interessiert sich dafür, wie der von Ihnen gewählte Wandbelag hergestellt und verarbeitet wird.

- Schreiben Sie in kurzen Sätzen das Wichtigste zu dem von Ihnen verarbeiteten Wandbelag auf.
- Der Hausmeister interessiert sich dafür, wie eine Pinsellackierung auf der Innenseite der Tür fachmännisch ausgeführt wird und welches Material dafür besonders geeignet ist. Formulieren Sie dazu eine Vorgangs- und Werkstoffbeschreibung.

Abschlussarbeiten durchführen

- Nach Abschluss der Renovierungsarbeiten stellen Sie fest, dass sich ein Kratzer im frisch lackierten Türfalz befindet.
  Wie können Sie das ausbessern?
- Sind Ausbesserungen in einer lackierten Fläche in gleicher Weise möglich?
  Begründen Sie Ihre Antwort.
- Im Wandbelag ist im Bereich einer Fensterleibung ein Stück beschädigt worden.
  Wie können Sie diesen Schaden beheben?
- Geht das genauso bei anderen Tapeten?
  Nehmen Sie begründet Stellung.

Kontrolle

- Vergleichen Sie die unter „Planung" angefertigten Listen mit dem tatsächlichen Arbeitsablauf bei der Renovierung Ihres Klassensaals.
- Ist alles so abgelaufen, wie Sie es geplant hatten? (Warum gab es Abweichungen?)
- Was ist gut gelaufen? Was ist nicht so gut gelaufen?
- Was würden Sie (wie) nächstes Mal besser machen?

Dokumentation und Präsentation

Nachdem die Renovierung des Klassensaals fertiggestellt wurde, kommt die Schulleiterin nochmals zu Besuch.

- Fertigen Sie eine Präsentation (evtl. eine Mappe) mit einer Beschreibung des Arbeitsablaufs an, die Sie der Schulleiterin zeigen. Verwenden Sie dazu möglichst auch Skizzen, Bilder und ggf. Fotos, die während der Renovierung entstanden sind.

LF 3

3 Oberflächen und Objekte herstellen

3.1 Glasfasergewebe

Glasfasergewebe besteht ausschließlich aus Glasfasern und ist deshalb verrottungsfest. Es ist nicht brennbar (Brandschutzklasse A2) und je nach Beschichtung schwer entflammbar (Brandschutzklasse B1).
Glasfasergewebe bieten vielfache Gestaltungsmöglichkeiten:
1. Verkleben auf farbig gestaltetem Untergrund
2. Überstreichen des verklebten Gewebes mit deckenden, lasierenden oder transparenten Beschichtungen
3. Abrakeln noch flüssiger Farbe vom verklebten Gewebe

1 Glasfasergewebe mit Rakeltechnik

3.2 Applikationen

Seit Menschengedenken ist der Pinsel das Werkzeug zum Malen und Anstreichen. Daran hat sich bis auf den heutigen Tag nichts geändert. Daneben verwendet der Maler und Lackierer aber eine Vielzahl von Werkzeugen und Geräten, um die verschiedenen Beschichtungsstoffe rationeller und qualitativ hochwertiger auf die unterschiedlichsten Untergründe aufzutragen. Man spricht daher auch nicht mehr nur vom „Anstreichen", sondern fasst die verschiedenen Farbauftragsverfahren unter dem Begriff **Applikationsverfahren** zusammen.

Übersicht:

Applikationsverfahren	Werkzeuge/Geräte
Streichen	Pinsel, Bürsten
Rollen	Farbroller
Spachteln	Spachtelwerkzeuge
Spritzen	Spritzpistolen, Sprühköpfe
Fluten	Flutwanne/Flutstab
Tauchen	Tauchwanne
Elektrotauchlackierung	Tauchwanne, Elektroden
Pulverbeschichtung	Pulversprühanlage, Einbrennofen
Gießen	Gießmaschine
Siebdruck	Sieb, Rakel

3.2.1 Die Streichwerkzeuge – Pinsel und Bürsten

Pinsel und Bürsten werden nach ihrer Form, Größe und der Art des Besatzes mit Borsten oder Haaren in folgende Gruppen eingeteilt:
- **Streichpinsel** setzt man zum Auftragen von Anstrichmitteln ein.
- **Spezialpinsel** erleichtern das Arbeiten aufgrund ihrer Form oder eignen sich besonders für spezielle Arbeiten.
- **Malpinsel** dienen für gestalterische oder künstlerische Arbeiten.
- **Farbverteilwerkzeuge** bewirken ein gleichmäßiges Auftragen der Anstrichmittel und eine Verteilung in der gewünschten Form.
- **Bürsten** erleichtern das Reinigen großer Flächen und das Auftragen von Anstrichmitteln.

Die Auswahl der Pinsel und Bürsten richtet sich
- nach der zu bearbeitenden Fläche,
- dem zu verarbeitenden Material
- und dem gewünschten Oberflächeneffekt.

3.2.2 Haare

Haare sind weicher als Borsten, sind weniger elastisch und haben einen glatten, spitz zulaufenden, nierenförmigen Schaft. Pinsel mit Haaren sind deshalb für Anstricharbeiten nicht geeignet, sondern werden für Maltechniken verwendet. **Naturhaare** für Pinsel stammen von Wild- und Nutztieren. Je nach Tierart und Körperteil haben sie die unterschiedlichsten Eigenschaften. **Kunsthaare** werden aus Nylon hergestellt und sind meist an ihrer goldbraunen Farbe leicht zu erkennen.

1 Haare

Haarpinsel

Haarpinsel sind weicher und feiner als Borstenpinsel. Sie eignen sich deshalb nicht für das Streichen hochviskoser Materialien.

Haare dienen als Besatz für Malpinsel, Farbverteilwerkzeuge und Spezialpinsel, die für unterschiedliche Techniken eingesetzt werden.

Für Haarpinsel können nur solche Tierhaare verwendet werden, die eine gewisse Festigkeit besitzen, steif genug und trotzdem fein sind. Haare vom selben Tier besitzen je nach Körperteil, von dem sie stammen, unterschiedliche Eigenschaften.

Tierhaare und ihre Verwendung

Rotmarderhaare sind die feinsten, widerstandsfähigsten, aber auch teuersten Haare. Der Rotmarder ist eine Nerzart, die in Sibirien und im Ural beheimatet ist. Ihre Farbe ist rötlich braun, sie haben eine feine und harte Spitze.

Rotmarderhaare sind das wertvollste Besteckmaterial für Schreib-, Mal- und Aquarellpinsel.

> Das Schweifgrannenhaar des Rotmarders ist die wertvollste Haarart für Pinsel und wird Kolinsky genannt.

Rindshaare vom Schweif werden billigen Streichbürsten zugesetzt, vom Ohr werden sie für gute Schrift-, Mal-, und Aquarellpinsel sowie für Schlepper verarbeitet. Oft tragen sie die Bezeichnung Rotmarder-Imitation.

Fehhaare stammen vom Eichhörnchen und werden in Kielen für Mal- und Aquarellpinsel oder für Anschießer eingesetzt.

Iltishaare werden als „Fischhaare" gehandelt. Verwendung finden sie für Öl- und Aquarellpinsel.

Ziegenhaare sind sehr weiche Haare mit geringer Qualität. Sie sind bei billigen Malpinseln oder als Beimischungen üblich.

Dachshaare sind sehr fein und elastisch. Sie werden deshalb für erstklassige Vertreiber benutzt.

Wieselhaare dienen als Ersatz für Rotmarderhaare.

Rosshaare werden billigen Streichbürsten hinzugefügt. Sie sind durch ihr geringes Anhaftevermögen der beste Besatz für Besen.

> ### Aufgaben
> 1. *Welches Tier liefert die wertvollsten Haare für Malpinsel?*
> 2. *Nennen Sie fünf Haararten für Pinsel mit jeweils einem Verwendungszweck.*
> 3. *Für welche Spezialtechnik wird ein Anschießer verwendet?*

3.2.3 Borsten als Besteckmaterial

Das klassische und bevorzugte Besteckmaterial für Streichpinsel und Bürsten sind **Naturborsten** vom Haus- und Wildschwein. Sie sind elastisch, haben durch ihren geschuppten Schaft ein sehr gutes Farbhaltevermögen und ermöglichen durch ihre gespaltene Spitze, die Fahne, eine optimale Verteilung des Anstrichmittels. Naturborsten sind empfindlich gegen Chemikalien, sie zersetzen sich in Laugen nach kurzer Zeit.

> Besonders gute Borsten sind die schwarzen Chinaborsten und die hellen russischen Borsten.

Kunstborsten werden aus Perlon, Nylon und Polyester in unterschiedlichen Formen hergestellt:
- zylindrisch oder konisch zulaufend
- mit rundem oder kreuzförmigem Querschnitt
- und normaler oder mikrofeiner Schlitzung

Kunstborsten sind unempfindlich gegen Chemikalien und besonders abriebfest.

Beim Auftrag von wasserverdünnbaren Acryl- oder Polyurethanlacken erzielt man durch Kunstborsten mit mikrofeiner Schlitzung besonders gute Anstrichergebnisse. Mit normaler Schlitzung sind sie als Ablaugepinsel hervorragend geeignet.

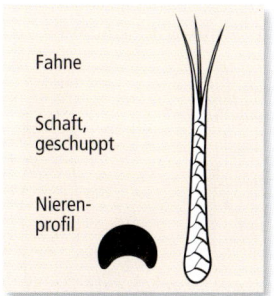

2 Naturborsten

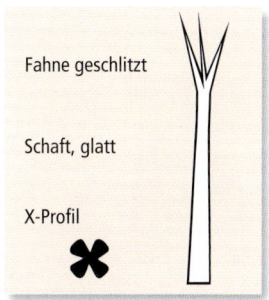

3 Kunstborsten

Streichpinsel

Die gebräuchlichsten Streichpinsel für kleine Flächen sind **Ringpinsel** in runder oder ovaler Form. Sie sind nach dem Metall- oder Kunststoffring benannt, der das Borstenmaterial aufnimmt. Dieses wird durch den dünnen Pinselstiel im Ring festgekeilt und in der Mitte von einem Korken gespreizt, sodass ein Hohlraum entsteht, der als Farbvorrat dient. Mit einer Schnur, dem sogenannten Vorbund, werden die Borsten zusammengehalten und gleichzeitig geschützt. Gelegentlich wird auch Metall oder Kunststoff als Vorbund eingesetzt. Der Vorbund dient zum Verlängern oder Verkürzen der Borstenlänge, dadurch kann der Pinsel auf das zu verarbeitende Material eingestellt werden. Lange Borsten sind für den Auftrag hochviskoser bzw. zähflüssiger Materialien nicht geeignet. Der Anstrichstoff würde zu dick aufgetragen oder aber zu schlecht verteilt. Zu kurze Borsten bei bereits abgearbeiteten Pinseln hinterlassen dagegen Pinselspuren.

> Der Vorbund dient beim Ringpinsel zum Einstellen des Pinsels auf das zu verarbeitende Material.

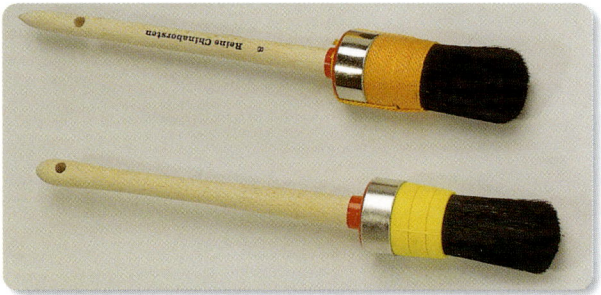

1 Ringpinsel mit Kunststoff- und Schnurvorbund

Kluppenpinsel haben einen dicken, handlichen Stiel. Die Borsten sind in eine Höhlung des Holzgriffes, die *Kluppe*, eingepresst. Sie haben immer einen Schnurvorbund.
Beim **Kapselpinsel** wird das Borstenbündel durch eine runde, ovale oder flache Metallzwinge zusammengehalten und in seine Form gepresst. Von dieser Pinselart gibt es eine Vielzahl unterschiedlicher Formen.

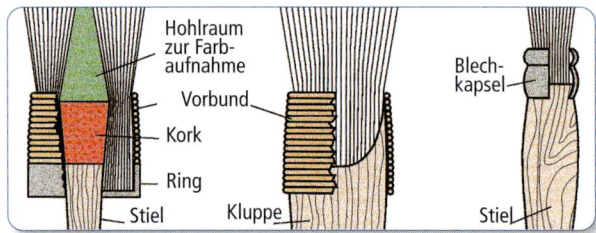

2 Schnitte durch Ring-, Kluppen- und Kapselpinsel

Flachpinsel besitzen eine flache Zwinge mit einem flachen Stiel. Breite Flachpinsel nennt man **Lackierpinsel**, schmale Formen dagegen **Plattpinsel**. Flachpinsel mit langem Stiel und einer abgeknickten Zwinge werden **Heizkörperpinsel** genannt.

3 Lackierpinsel, Plattpinsel, Heizkörperpinsel

Bürsten

Zum Streichen großer Flächen mit Leim-, Kalk-, Zement- oder Dispersionsfarben und Kleister werden Streichbürsten verwendet. Ebenso benutzt man sie zum Abwaschen von Flächen. Güte und Haltbarkeit von Bürsten hängen vor allem vom Bestückungsmaterial und dessen Befestigung im Bürstenkörper ab.
Im Bürstenkörper, der aus Holz, Kunststoff oder Metall sein kann, werden die Borsten entweder bündelweise in eingebohrte Löcher oder in Reihen in eingefräste Nuten *vulkanisiert* bzw. befestigt.

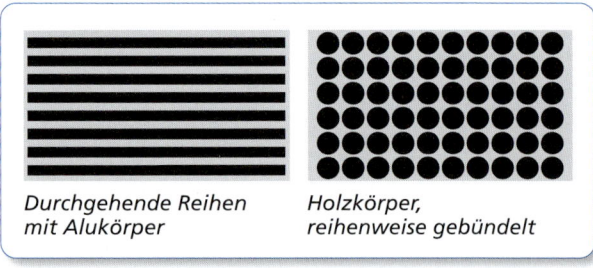

Durchgehende Reihen mit Alukörper

Holzkörper, reihenweise gebündelt

4 Bürsten

Der Griff ist mit dem Bürstenkörper durch ein Gewinde verbunden, das zum besseren Halt in Holzkörpern eine Blechfassung haben sollte.
Bürsten sind unterschiedlich bestückt:
- mit hellen oder schwarzen Naturborsten
- mit Naturborsten mit Haaren
- mit Naturborsten mit Kunstborsten
- mit Kunstborsten mit unterschiedlicher Färbung und Schlitzung

LF 3

1 Decken- und Fassadenbürsten

> Für Bürsten werden lange Borsten verwendet
> (60 bis 100 mm).

Bürsten gibt es in unterschiedlichen Größen von
70 x 24 mm bis 180 x 80 mm und außerdem auch in
ovaler Form.

> Kleine Bürsten von 70 x 24 mm bis 140 x 40 mm
> nennt man Flächenstreicher.

3.2.4 Spezialpinsel

Für die vielen unterschiedlichen Arbeiten im Maler-
und Lackiererhandwerk gibt es eine Vielzahl von speziell für bestimmte Arbeiten hergestellten Pinseln.
Strichzieher werden benutzt, um Ritzer, Striche oder
Bänder zu ziehen. Es gibt sie in unterschiedlichen Formen und Größen.

*2 Ringstrichzieher, Schrägstrichzieher, Doppelstrichzieher,
Strichzieher, rund*

Eine Vielzahl weiterer Pinselformen wird für die
Beschichtung spezieller Flächen oder Dekorationsar-
beiten und Spezialtechniken hergestellt.

*3 Schablonierpinsel, Dreikantbeschneidepinsel,
Fußbodenstreicher*

> ### Aufgaben
>
> 1. Nach welchen Gesichtspunkten wählen Sie Streich-
>   werkzeuge aus?
> 2. Wodurch unterscheiden sich Borsten von Haaren?
> 3. Wozu dient der Verbund beim Ringpinsel?
> 4. Welche Aufgabe erfüllt bei Pinseln die Metall-
>   zwinge?
> 5. Für welche Aufgaben eignen sich Pinsel mit Kunst-
>   borsten besonders gut?
> 6. Sehen Sie sich den Katalog eines Pinselherstellers
>   an und zählen Sie fünf weitere Pinsel- und Bürs-
>   tenarten auf.
> 7. Messen und berechnen Sie die Größe der Wand-
>   flächen in Ihrem Klassensaal und ermitteln Sie den
>   Bedarf an Wandfarbe (Verbrauch: 0,25 l/m²) sowie
>   die Materialkosten (6,50 €/Liter).
> 8. 25 Liter Wandfarbe werden Ihnen zum Preis von
>   200,00 € angeboten.
>   Wie viel kosten
>   a) 5 Liter,
>   b) 10 Liter,
>   c) 15 Liter,
>   d) 20 Liter?
> 9. 25 Liter Wandfarbe wurden mit 1,6 Liter Wasser
>   verdünnt.
>   Wie viel Liter Wasser werden zum gleichen Ver-
>   dünnen wie oben für
>   a) 12 Liter,
>   b) 16 Liter,
>   c) 19 Liter
>   benötigt?

Zur praktischen Anwendung

1. *Lassen Sie sich das Vor- und Rückbinden eines Ringpinsels zeigen und üben Sie es.*
2. *Vergleichen Sie Ringpinsel einer guten Malerqualität mit einem Billigangebot und nennen Sie die Unterschiede.*
3. *Streichen Sie einen hochviskosen Malerlack mit einem neuen, einem eingearbeiteten und einem abgearbeiteten Ringpinsel. Beurteilen Sie das Ergebnis am getrockneten Anstrichfilm.*
4. *Prüfen Sie die Qualität von Malpinseln unterschiedlicher Preisklassen, indem Sie die Spitze der Pinsel anfeuchten und dann leicht gegen eine Fläche drücken. Beobachten Sie, wie sich die Haare nach dem Zurücknehmen verhalten.*
5. *Tragen Sie verschiedenartige Anstrichmittel mit Streichwerkzeugen, die sich in Größe, Besatz und Form unterscheiden, auf Probeflächen auf. Beurteilen Sie die getrockneten Proben nach ihrem Aussehen und stellen Sie fest, welches Streichwerkzeug für das jeweilige Anstrichmittel am besten geeignet ist.*

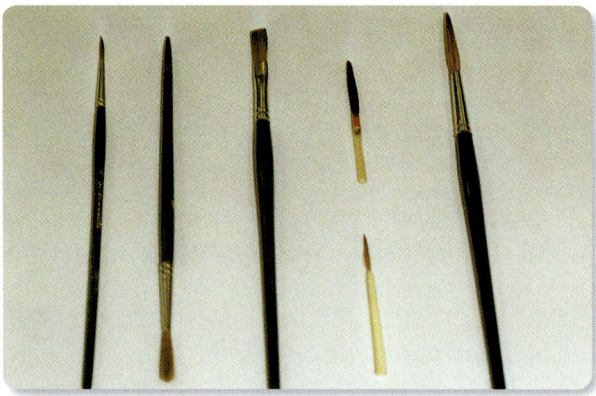

1 Spitzpinsel, stumpfer Haarpinsel, Plakatschreiber, Federkielpinsel, Schlepper

2 Dachsvertreiber, Modler, Schläger, Zackenpinsel, Birkenmodler

3.2.5 Malpinsel

Die Art der Befestigung gibt dem Pinsel die Form. Spitze und runde Pinsel haben eine runde Blech- oder Kunststoffzwinge. Bei flachen Pinseln ist die am Stiel runde Zwinge vorne platt gedrückt.

Eine Besonderheit sind Kielpinsel, bei ihnen sind die Haare in Feder- oder Kunststoffkielen befestigt.

> Für das Arbeiten mit Kielpinseln müssen die Stiele dazu selbst angefertigt werden.

3.2.6 Pinsel für spezielle Techniken

Zur **Holzimitation**, dem *Maserieren*, benutzt man eine ganze Reihe besonderer Pinsel:

♦ **Dachsvertreiber** sind breite, dünne Pinsel mit langen Dachshaaren.
♦ **Modler** sind breite, sehr dünne Borstenpinsel. **Schläger** sind breite, sehr dünne Pinsel mit extrem langen Chinaborsten (über 130 mm).
♦ **Zackenpinsel** sind breite, sehr dünne Pinsel, bei denen die langen Borsten gebündelt und in Abständen angeordnet werden.
♦ **Birkenmodler** sind breite, sehr dünne Pinsel, bei denen sich die Borsten in einer gewellten Blechzwinge befinden.

Zum Vergolden oder Auftragen von Blattmetallen (siehe auch Kapitel 9) werden Pinsel mit sehr weichen Haaren benötigt:

♦ **Anschießer** sind breite, hauchdünne Pinsel, bei denen Fehhaare zwischen zwei Pappstreifen eingeleimt sind.
♦ **Vergolderpinsel** sind Kluppenpinsel mit Fehhaarbesatz.
♦ Für die **Ölmalerei** verwendet man *Künstlerpinsel*: **Gussowpinsel** sind flache Pinsel mit rundem Stiel und ausgesucht feinen hellen, meist weißen Borsten.

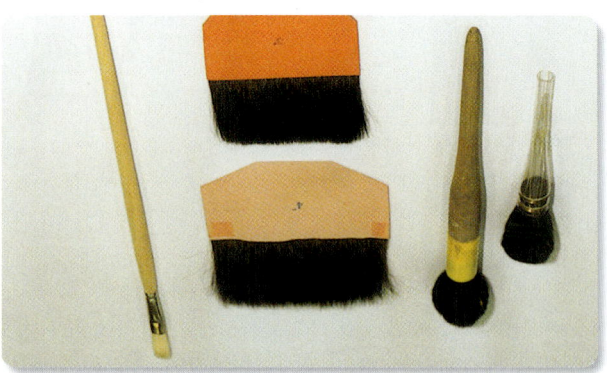

3 Gussowpinsel, Anschießer, Vergolderpinsel

3.2.7 Pinsel- und Bürstengrößen

Die Größe von Ringpinseln wird auf dem Stiel angegeben:

Nr.	2	4	6	8	10	12	14	16	18
Ø in mm	20	25	30	35	40	45	50	55	60

Bei Ringpinseln in Malerqualität nimmt mit der Pinselgröße auch die Borstenlänge zu.

Als **Flachpinselgröße** wird die Zwingenbreite in englischen Zoll oder in Millimetern angegeben:

Zoll	½"	¾"	1"	1½"	2½"	3"	3½"	4"
mm	12,7	19,05	25,4	38,1	63,5	76,2	88,9	101,6

Malpinsel werden in Zoll, in mm, nach Durchmesser oder mit herstellereigenen Nummern bezeichnet. Die Größe von Bürsten wird in cm nach Länge und Breite angegeben.

3.2.8 Farbverteilwerkzeuge

Verschiedene Pinsel und Bürsten eignen sich nicht für den Auftrag von Anstrichstoffen, sondern werden benutzt, um aufgetragene Anstrichstoffe gleichmäßig zu verteilen oder zu strukturieren:

- ◆ **Stupfbürsten** sind kurzborstige Bürsten mit waagerecht am Bürstenkörper angebrachtem Stiel.
- ◆ **Vertreiber** ähneln dem Modler.
  Sie haben nur längere Borsten.
- ◆ **Dachsvertreiber**
- ◆ **Modler**

> Dachsvertreiber sind die teuersten Pinsel, die der Maler und Lackierer verwendet.

1 Stupfbürste

3.2.9 Pinsel- und Bürstenpflege

Erst der sorgfältige Umgang und die gründliche Pflege der Streichwerkzeuge ermöglicht das saubere Arbeiten und ist die Voraussetzung für einwandfreie Arbeitsergebnisse.

Neue Streichwerkzeuge müssen zuerst eingearbeitet werden, um mit ihnen Schlussanstriche ausführen zu können.

Haarpinsel werden bei mangelhafter Reinigung bereits nach einmaligem Gebrauch unbrauchbar.

Ein vorzeitig notwendiger Ersatz verursacht unnötig hohe Kosten. Auf die Reinigung und Pflege von Pinseln und Bürsten muss daher besonders geachtet werden.

Neue Pinsel und Bürsten werden in ihrer Originalverpackung aufbewahrt. So sind sie mottengeschützt und es wird vermieden, dass die Borsten und Haare krumm werden.

Durch das *Zurichten*, das Formgeben der Pinsel bei der Herstellung, enthalten sie Schleifstaub. Beim ersten Gebrauch wird dieser an das Anstrichmittel abgegeben, ebenso lose, nicht einvulkanisierte Borsten. Außerdem haben die Borsten noch keinen *Schluss*.

> Als **Schluss** wird das Borsten- oder Haarbündel bei Bürsten und Pinseln bezeichnet, wenn es geschlossen ist, also keine seitlich abstehenden Haare oder Borsten hat.

Wasserverdünnbare Anstrichstoffe müssen sofort nach Beendigung der Arbeit gründlich mit Wasser aus den Streichwerkzeugen ausgewaschen werden. Die Streichwerkzeuge müssen so aufbewahrt werden, dass sie trocknen können.

Malpinsel müssen zusätzlich mit Wasser und Seife ausgewaschen werden, um sie restlos sauber zu bekommen. Danach werden sie mit den Fingern wieder in ihre ursprüngliche Form gebracht und so aufbewahrt, dass sie mit den Haarspitzen nicht anstoßen.

Lösemittelhaltige Anstrichstoffe werden mit dem entsprechenden Löse- oder Verdünnungsmittel oder Pinselreiniger ausgewaschen. Auch hier empfiehlt sich das Auswaschen mit Wasser und Schmierseife, wenn sie für längere Zeit aufbewahrt werden.

Lackierpinsel für den ständigen Gebrauch bewahrt man am besten in einem speziellen Pinselbehälter in Halböl hängend auf.

Eingearbeitete Pinsel ermöglichen ein wesentlich besseres und leichteres Arbeiten als neue Pinsel. **Spezialpinsel**, wie Strichzieher oder andere, sind am besten, wenn sie vom Benutzer selbst eingearbeitet wurden.

Auswaschwasser und Reinigungsmittelreste dürfen nicht in das Abwasser gelangen! Sie müssen vorschriftsmäßig entsorgt oder besser einem Recyclingprozess zugeführt werden.
Der sparsame Umgang mit Reinigungsmitteln muss selbstverständlich sein. Abfälle vermeiden ist besser als die vorschriftsmäßige Entsorgung.

LF 3

Aufgaben

1. Begründen Sie, warum sich ein neuer Ringpinsel nicht für Schlussanstriche eignet.
2. Wie pflegen Sie einen Lackierpinsel, der nach einem Farbauftrag mit lösemittelhaltigem Bindemittel längere Zeit nicht mehr gebraucht wird?
3. Wie reinigen und behandeln Sie einen Malpinsel, den Sie zum Aufbringen von Dispersionsfarben gebraucht haben?
4. Welche Vorteile haben Sie, wenn Sie Streichwerkzeuge sorgsam und pfleglich behandeln?
5. Wie gehen Sie verantwortungsbewusst mit Reinigungsmittelresten um?

3.2.10 Streichen

Das meistverwendete Applikationsverfahren für kleine Flächen ist das Streichen, weil es ohne großen Aufwand überall angewendet werden kann.
Der Farbauftrag erfolgt immer nach demselben Prinzip:

♦ Borstenspitzen in die Farbe eintauchen, überschüssige Farbe am Gefäßrand abklopfen.
♦ Kleine Flächen durch senkrechtes und waagerechtes (kreuzweises) Verstreichen anlegen.
♦ Verschlichten der angelegten Flächen.
♦ Gleichmäßiges Vertreiben der gesamten Anstrichfläche. Bei großen Flächen teilt man die Fläche in einzelne Abschnitte auf.

Ungleichmäßiger Anstrichauftrag und unzureichendes Verschlichten führt zu Fleck- und Läuferbildung.

Zum Ziehen von Ritzern, Strichen und Bändern benötigen wir ein Malerlineal oder den Malstock, außerdem muss die Viskosität des Anstrichstoffes richtig eingestellt sein. Strichzieher werden hierzu am hintersten Ende des Stieles gehalten und ohne Druck am Lineal oder Malstock entlanggeführt.

1 Mangelhaftes Anlegen beim Streichen

2 Richtiges Anlegen beim Streichen

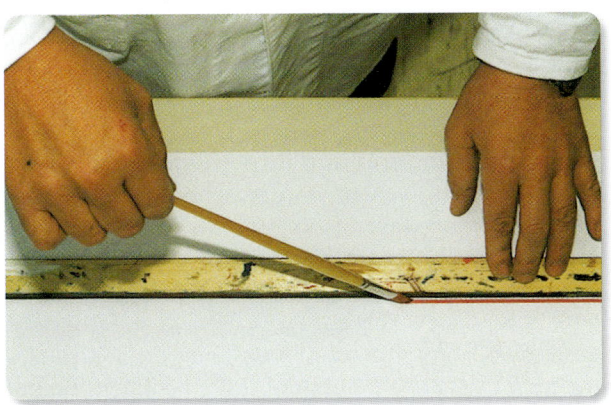

1 Strichziehen mit Schrägstrichzieher und Lineal

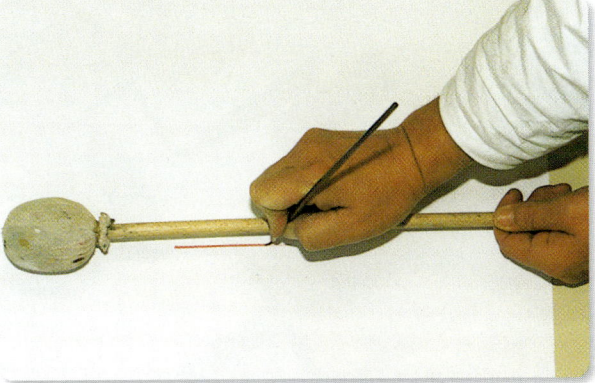

2 Strichziehen mit Ringstrichzieher und Malstock

3.2.11 Rollen – Walzen

Farbrollen und -walzen dienen vorwiegend zum **Auftragen** von Beschichtungen, aber auch zum **Strukturieren** aufgetragener Anstrichmittel. Zum **Bemustern** von Flächen werden spezielle Roller benötigt.

Der Farbauftrag geht in der Regel bei diesem Applikationsverfahren schneller und ist gleichmäßiger als durch Streichen.

Ansätze, wie man sie vom Pinselauftrag kennt, gibt es nicht, weil das Anstrichmittel gleichmäßiger verteilt wird.

Der Anstrich ist aber immer leicht strukturiert, er erhält eine *Körnung*. Raue Flächen, wie beispielsweise Raufasertapeten, streichen sich nicht zu, die Struktur bleibt erhalten.

Die Qualität von Farbrollen und Walzen hängt von verschiedenen Faktoren ab:

♦ Stabilität von Bügel und Griff
♦ zweckgerechte Lagerung des Walzenkörpers
♦ Abriebfestigkeit und Dichte des Belages
♦ Befestigung des Belages am Walzenkörper

Das **Abstreifgitter** ist ein unverzichtbarer Bestandteil beim Arbeiten mit Farbrollen. Es dient zum gleichmäßigen Füllen und Abstreifen überschüssiger Farbe. Es muss deshalb immer etwas breiter als die Walze sein.

Farbrollerbeläge

Lammfell bietet das beste Farbhaltevermögen und den gleichmäßigsten Struktureffekt.

Nachteilig ist, dass es bei bestimmten Anstrichmitteln zu Verbrennungen des Belages durch chemische Reaktionen kommt.

Kunststoffbeläge bestehen aus Perlon, Nylon, Polyester und Moltopren. Kunstplüsch setzt sich aus einer Mischung aus verschiedenen Kunstfasern zusammen.

Gepolsterte Farbwalzen werden auf sehr rauen Untergründen eingesetzt. Die Polsterung ermöglicht, dass sich der Belag an den Untergrund anschmiegt und ein gleichmäßiger Farbauftrag erfolgt.

Perlonwalzen sind die gebräuchlichsten Farbroller für den Auftrag von Dispersions- und Acrylfarben.

Veloursplüsch- und Moltoprenbeläge eignen sich für Lackierarbeiten.

Moltoprenbeläge	–	Porendurchmesser
♦ feinporig		Ø = 0,25 mm
♦ mittelporig		Ø = 2,0 mm
♦ grobporig		Ø = 3,5 mm
♦ eingebrannte Poren		Ø = 9 mm

Walzen zur Flächenbelebung

Strukturroller und Reliefwalzen werden zum Strukturieren von plastischen Massen oder Dekorputzen verwendet.

Dekor- und Musterwalzen benutzt man zur Bemusterung von Flächen. Bei der Verwendung von Musterwalzen benötigt man ein spezielles Bemusterungsgerät.

3 Farbrollen

LF 3

1 Strukturroller, Reliefwalze, Dekorwalze, Musterwalze mit Bemusterungsgerät

Farbroller in Sonderausführung

Zu den Sonderausführungen zählen:

♦ **Eckenwalze:** Spezialform für Eckanstriche.
♦ **Beschneideroller:** Die seitlich befestigte Beschneideplatte ermöglicht exakte Anstriche mit gleichbleibendem Abstand.
♦ **Rohrroller:** Spezialform für Rohranstriche.
♦ **Innengespeiste Farbroller:** Der Beschichtungsstoff wird durch eine Pumpe oder ein Airlessgerät über einen Schlauch und ein Anschlussrohr zum Farbroller gedrückt. Das sonst notwendige wiederholte Füllen des Belages aus dem Gebinde ist überflüssig

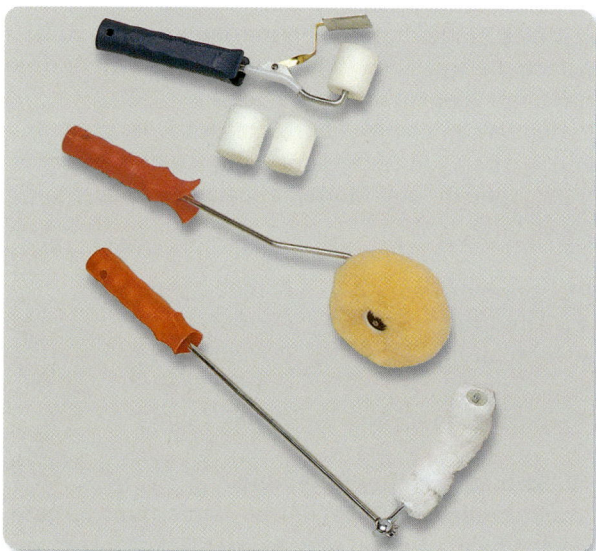

2 Beschneideroller, Eckenwalze, Rohrroller

Roller- und Walzengrößen

Farbroller und -walzen sind in sehr unterschiedlichen Breiten von 4 cm, z.B. Moltopren für Lackierarbeiten, bis 32 cm als größte Breite im Handel.

Walzen über diese Breite hinaus sind unwirtschaftlich, weil ein andauerndes Arbeiten wegen des großen Gewichts nicht möglich ist.

Farbrollerreinigung und ihre Pflege

Farbroller und -walzen werden schon nach einmaligem Benutzen unbrauchbar, wenn sie nicht sofort gründlich gereinigt werden.

Das einfachste Reinigungsgerät ist ein **Waschrohr**, das an einen Wasserhahn angeschlossen wird. Es besteht aus einem Kunststoffrohr, in das man die Walze einhängt. Im Waschrohr befindet sich eine Zuleitung mit feinen Bohrungen, durch die das Wasser strömt und die Walze in Rotation bringt, wodurch das Anstrichmittel herausgeschleudert wird. Problematisch ist das Auffangen des reichlich anfallenden Schmutzwassers. Besser und umweltfreundlicher sind **Farbwalzenreiniger**. Ihnen genügen 3 l Wasser, um in wenigen Sekunden eine Walze gründlich zu reinigen und das Schmutzwasser in einem Behälter aufzufangen.

Die geringste ökologische Belastung lässt sich mit einem **Walzenwaschgerät** erzielen. Das Schmutzwasser wird hierbei aufgefangen. Durch Zugabe von Koagulierungsmittel lassen sich Wasser und Schmutzteile trennen. Diese setzen sich in einem Sedimationsverfahren am Boden des Auffangbehälters im Gerät ab.

> Walzen unter fließendem Wasser oder im Eimer auszuwaschen ist sehr umweltschädlich! Hierbei werden große Mengen Wasser verbraucht und das Abwassersystem nachhaltig geschädigt!

3 Rollerbox

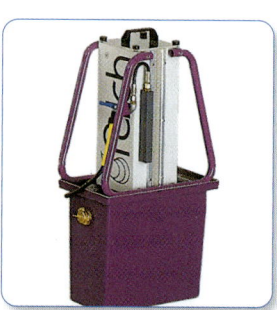

4 Farbwalzenreiniger

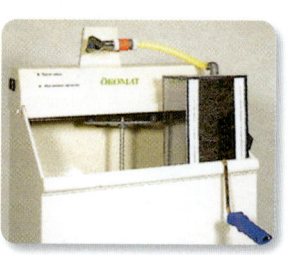

5 Walzenwaschgerät

6 Waschrohr

Farbroller, mit denen lösemittelhaltige Anstrichmittel verarbeitet wurden, können in speziellen Kunststoffboxen mehrere Tage ohne Auswaschen aufbewahrt werden. Für kurze Arbeitsunterbrechungen können sie in Kunststofftüten möglichst luftdicht eingepackt werden. Dadurch bleiben die Farbroller, je nach Anstrichmittel, einige Stunden gebrauchsfähig.

> Das Auswaschen von Farbrollern mit Lösemitteln oder Pinselreiniger verbietet sich von selbst. Die Kosten für das Reinigungsmittel, dessen fachgerechte Entsorgung und die benötigte Zeit stehen in keinem Verhältnis zum Preis einer neuen Ersatzwalze.

Aufgaben

1. Welche Qualitätsmerkmale besitzt ein guter Farbroller?
2. Nennen Sie fünf verschiedene Farbrollerbeläge.
3. Für welche Untergründe werden gepolsterte Farbwalzen bevorzugt?
4. Welche Beläge eignen sich für Lackierarbeiten?
5. Wozu setzt man Strukturroller und Reliefwalzen ein?
6. Wonach richtet sich die Größe des notwendigen Abstreifgitters?
7. Wie werden Farbroller ökologisch unbedenklich, gründlich und schnell gereinigt?
8. Wie können Farbroller mit lösemittelhaltigen Anstrichstoffen für kurzzeitige Arbeitsunterbrechungen gebrauchsfähig gehalten werden?
9. Nennen Sie Gründe, warum sich das Auswaschen von Walzen, mit denen lösemittelhaltige Anstrichstoffe verarbeitet wurden, von selbst verbietet.

3.2.12 Glätten, Spachteln, Auftragen

Unebene Untergründe lassen sich mit Spachtelmassen glätten. Risse und kleine Löcher werden mit speziellen pastösen Massen verschlossen. Putze zieht man auf und Schmucktechniken können mit Spachtelmassen angefertigt werden.

Spachtelwerkzeuge

Spachtel oder Spachtelmesser sind Werkzeuge aus Stahl, Gummi oder Kunststoff zum Auftragen von pastösen Massen. Mit ihnen kann geglättet, aufgetragen oder strukturiert werden.

Der **Malerspachtel** ist ein Universalwerkzeug des Malers. Er besteht aus einer flachen Klinge aus gehärtetem und geschliffenem Stahl mit Holz- oder Kunststoffgriff. Er wird zum Schließen kleiner Löcher, zum Schaben und Kratzen, zum Anrühren von Füllstoff oder Gips und vielem anderen mehr benutzt.

Japanspachtel sind die meistgebrauchten Werkzeuge zum Glätten kleiner Flächen. Sie bestehen aus gehärtetem Federbandstahl in den Breiten 5, 8, 10, 12 und 14 cm und drei verschiedenen Härten:
- I = hart, steif
- II = mittelhart
- III = weich, elastisch

Japanspachtel aus Kunststoff werden vor allem an Rundungen eingesetzt. Sie sind unentbehrlich bei Reparaturlackierungen von Fahrzeugen.

Glättkellen oder Traufeln aus Stahl sind die üblichen Werkzeuge zum Auftragen von Putzen. In Kunststoffausführung dienen sie zum Strukturieren von Kunststoffputzen.

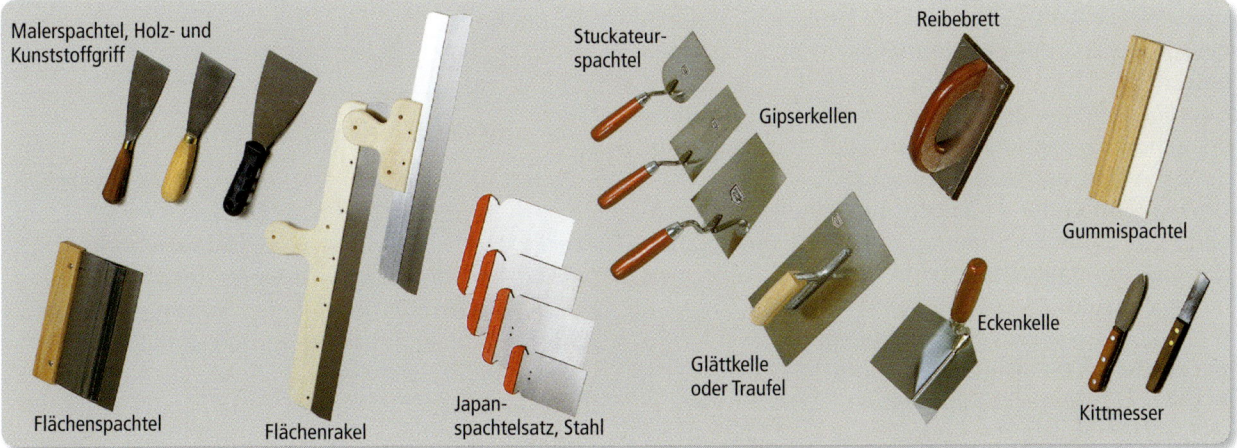

Malerspachtel, Holz- und Kunststoffgriff

Stuckateurspachtel

Reibebrett

Gipserkellen

Gummispachtel

Eckenkelle

Glättkelle oder Traufel

Kittmesser

Flächenspachtel

Flächenrakel

Japanspachtelsatz, Stahl

1 Spachtelwerkzeuge

Gipserkellen und Stuckateurspachtel werden meist zum Anrühren und Entnehmen von plastischen Massen verwendet.

Eckenkellen für Innen- und Außenecken dienen zum Glätten der Ecken.

Reibebretter aus Holz, Metall oder Kunststoff mit Filzbelag setzt man hauptsächlich zum Glätten von Gipsputzen ein.

Flächenspachtel werden zum großflächigen Spachteln benutzt. Es gibt sie in verschiedenen Ausführungen und in Breiten bis 50 cm:

♦ Flächenspachtel mit Stützblech zur Einstellung der Elastizität
♦ Flächenrakel mit Holzheft oder Griff
♦ Türenspachtel, Rechteck oder Trapezform

Gummispachteln mit oder ohne Holzheft setzt man zum Spachteln an Rundungen ein.

Kittmesser werden hauptsächlich zum Verarbeiten von Ölkitt beim Verglasen von Fenstern verwendet.

1 Gummispachtel, Kittmesser

Zahnspachtel

Zum gleichmäßigen, kontrollierten Auftragen von gefüllten, d.h. pastösen Klebern benutzt man Zahnspachtel. Die Auftragsmenge und Struktur wird durch die Form und Größe der unterschiedlichen Zahnungen bestimmt.

Gebräuchlich sind Zahnmutterspachtel oder Traufeln, bei denen bei Zahnungswechsel oder Abnutzung nur die Zahnleiste ausgewechselt wird.

Um die Vielfalt der angebotenen Zahnungen zu ordnen, gibt es die Empfehlung der **TKB** = **T**echnischen **K**ommission **B**auklebstoffe, in der drei Zahnformen festgelegt sind:

♦ Gruppe A: Spitzzahnungen „fein"
♦ Gruppe B: Spitzzahnungen „grob"
♦ Gruppe C: Viereckzahnungen

Spitzzahnung A1:

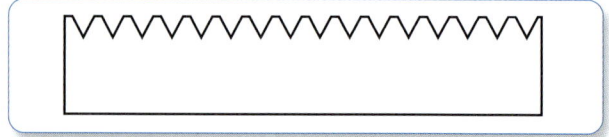

Spitzzahnung B1:

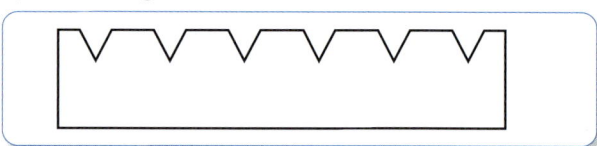

Viereckzahnung C1:

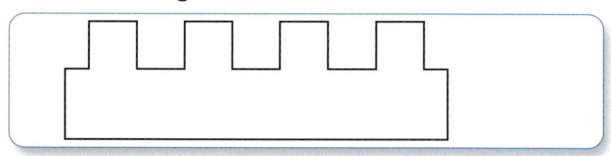

2 Zahnungen

Spachtel- und Auftragswerkzeuge müssen sofort nach Gebrauch gesäubert werden! Erhärtete Spachtel-, Putz- oder Auftragsmasse behindert den nächsten Arbeitsgang und ist schwer vom Werkzeug zu entfernen. Spachtel mit abgerundeten Ecken oder beschädigten Schneiden sind unbrauchbar.

Aufgaben

1. Wozu dienen Glättwerkzeuge?
2. Welches sind die gebräuchlichsten Spachtelarten zum Glätten?
3. Für welchen Zweck werden Gummi- oder Kunststoffspachtel verwendet?
4. Für welche Arbeiten werden Kunststofftraufeln eingesetzt?
5. Wozu haben Zahnspachtel unterschiedliche Zahnungen?

Zur praktischen Anwendung

Tragen Sie mit einem Flächenspachtel mit verstellbarem Stützblatt auf eine Spanplatte vollflächig Lackspachtel auf. Verstellen Sie dabei mehrmals das Stützblatt durch das stufenweise Herausziehen von „weich" auf „hart" und stellen Sie fest, mit welcher Einstellung Sie das beste und gleichmäßigste Auftragsergebnis erzielen.

LF 3

3.2.13 Spritzen

Beim Spritzen wird der Beschichtungsstoff in fein zerstäubten Tröpfchen auf die Fläche übertragen.
Spritzgeräte sind für die Applikation fast aller Beschichtungsstoffe geeignet; bei einigen sind sie das einzig mögliche Auftragsverfahren.

Durch Spritzen werden die Untergründe gleichmäßiger und schneller beschichtet als mit dem Pinsel. Spritzverfahren sind somit rationeller. Ihr größtes Einsatzgebiet liegt in der industriellen Beschichtung von Massenartikeln und in der Fahrzeuglackierung.

Aber nicht überall ist das Spritzverfahren vorteilhaft, weil oft große Aufwendungen an Abdeck- oder Abklebemaßnahmen erforderlich sind.

> Beim Spritzen entstehen Farbnebel, die Mensch und Umwelt belasten. Beim Spritzen im Freien kann man sich zwar durch eine Atemschutzausrüstung selbst schützen, die Umwelt aber ohne großen technischen Aufwand nicht.

Spritzverfahren

Die Spritzverfahren teilt man nach ihrem Zerstäubungsprinzip in zwei verschiedene Arten ein:

- **Pneumatische Verfahren** sind luftzerstäubende Verfahren, bei denen das Spritzmaterial vom Luftstrom der Pistole mitgerissen und zerstäubt wird. Hierbei **unterscheiden wir zwischen Hoch- und Niederdruckspritzverfahren.**
- **Hydraulische Verfahren** zerstäuben das unter hohen Druck gesetzte Spritzmaterial luftlos, wobei durch den plötzlichen Druckabfall nach der Düse eine Zerstäubung eintritt.
  Hydraulische Spritzverfahren bezeichnet man als **Höchstdruck- oder Airlessverfahren.**

Beide Verfahren gibt es auch in kombinierter Form, wobei Spritzmaterial unter Druck zur Pistole geführt und durch Luft zerstäubt wird.
Kombinationsspritzverfahren bezeichnet man als **Kesseldruckspritzen oder Aircoat-Technik**.

Farbsprühgeräte

Handdruckpumpen sind die ältesten Spritzgeräte, mit denen man wässrige Anstrichstoffe wie Kalkfarben oder Imprägniermittel versprühen kann. Sie arbeiten mit einem Druck zwischen 8 und 15 bar. Zur Bedienung sind zwei Arbeitskräfte erforderlich, einer zur Handhabung der Pumpe, der andere zum Sprühen.
Heute werden meist elektrisch betriebene Kolbenpumpen-Sprühgeräte eingesetzt. Sie sind leicht, handlich

und eignen sich zum Auftragen von Imprägnierungen, Grundiermitteln, Tapetenlösern und anderen dünnflüssigen Materialien.
Je nach Gerätetyp wird das Material aus einem zugehörigen Tank oder direkt aus dem Liefergebinde entnommen.
Der Materialdruck liegt zwischen 0,3 und 5 bar.

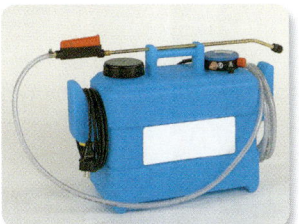 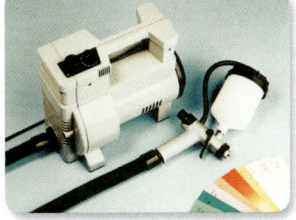

1 *Elektrosprühgerät mit Tank* 2 *Niederdruck-Farbspritzgerät mit Fließbecherpistole*

Niederdruck-Spritztechnik

Niederdruckspritzpistolen benötigen bis zu 2,3 m³ Luft pro Minute und einen vergleichsweise geringen Druck von 0,2 bis 0,5 bar. Die an der Pistole austretende Luft bildet einen gleichmäßig strömenden Luftkegel, der das Material zu kleinsten Partikeln zerstäubt. Zugleich bildet sich um das Spritzmaterial-Luftgemisch eine Art Luftglocke, die ein Abschweben von Materialteilchen verhindert. So entsteht nur wenig Farbnebel.

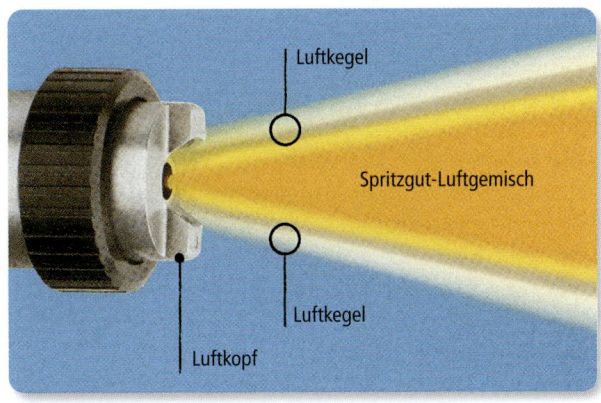

3 *Spritzstrahl bei Niederdruck-Spritzpistolen*

> Geringerer Farbnebel erfordert weniger Abdeckarbeiten, verursacht weniger Luftschadstoffe und ist dadurch nicht so umweltbelastend.

Niederdruck-Spritzgeräte eignen sich vor allem für das Spritzen kleiner Flächen und für Farbeffektaufträge. Gegenüber Hochdruck-Spritzanlagen besitzen sie ein äußerst günstiges Preis-Leistungs-Verhältnis, sind unkompliziert in der Handhabung und einfach in der Wartung.

HVLP-Spritzsystem

HVLP = **H**igh **V**olume **L**ow **P**ressure steht für ein nebel-reduziertes Niederdrucksystem. Es sind elektrische, meist transportable Geräte, die, einem Staubsauger ähnlich, Luft über ein Gebläse ansaugen und diese in einem dicken Schlauch zur Pistole führen. Ein Teil davon wird in den Fließbecher geleitet und drückt das Material zur Düse, wo es vom Rest der Druckluft fein zerstäubt wird.

Der Begriff HVLP bezeichnet ein physikalisches Prinzip, bei dem ein hoher Pistoleneingangsdruck durch die Vergrößerung des Luftvolumens abgesenkt wird, sodass am Luftkopf nur noch ein Zerstäubungsdruck von weniger als 0,7 bar vorliegt. Die Druck- bzw. Volumenumwandlung erfolgt mittels eines Airconverters. Der Vorteil dieser HVLP-Spritzpistolen liegt in der hohen Farbübertragungsrate. Durch den kleinen Zerstäubungsdruck entsteht weniger Farbnebel und der Rückprall der Farbtröpfchen vom Objekt wird verringert. Der Materialverbrauch lässt sich so reduzieren, ebenso die Emission von Luftschadstoffen, außerdem haben die Filtermatten eine wesentlich längere Lebensdauer.

> HVLP-Spritzpistolen funktionieren nur dann optimal, wenn der Luftdruck richtig eingestellt ist. Die exakte Druckeinstellung erfolgt mit einem Pressluftmikrometer am Pistoleneingang und einer Prüfluftkappe anstelle des Luftkopfes zur Kontrolle des Düseninnendrucks.

> HVLP-Spritzpistolen erfüllen die weltweit strengste, die kalifornische Umweltnorm 751, in der festgeschrieben ist, dass bei Spritzpistolen der Luftkappen-Innendruck kleiner als 0,7 bar und die Farbübertragungsrate höher als 65 Prozent sein muss.

Hochdruck-Spritztechnik

Hochdruckspritzen ist das verbreitetste Spritzverfahren für Lackierarbeiten, da sich hiermit qualitativ hochwertige Lackierungen erzielen lassen. Die Materialübertragung und der Verlauf gelingen damit hervorragend. Die **Airbrush-Technik** wird mit Miniaturpistolen auch in diesem Verfahren ausgeführt.

Zum Hochdruckspritzen benötigt man Druckluft aus einem Kompressor. Diese sind in Werkstätten mit Spritzständen oder Lackierräumen fest eingebaut, für Arbeiten außerhalb der Werkstatt werden tragbare oder fahrbare Kompressoren eingesetzt.

Unterschiede gibt es auch in der Bauart:

♦ Kolbenkompressor
♦ Schraubenkompressor
♦ Membrankompressor

Sie werden durch Elektro- oder Benzinmotoren angetrieben.

1 Fahrbarer Kolbenkompressor

> Durch Öl oder Kondenswasser verunreinigte Luft führt beim Spritzen zu Beschichtungsmängeln und zu schlechten Beschichtungsergebnissen.

2 Wasser- und Ölabscheider mit Druckminderer

Hochdruck-Spritzpistolen arbeiten mit einem Luftdruck zwischen 2 und 5 bar. Die Luft wird in einem druckfesten Schlauch mit engem Querschnitt zur Pistole geführt. Je nach Pistolentyp verbrauchen diese bis zu 0,5 m³ Luft pro Minute.

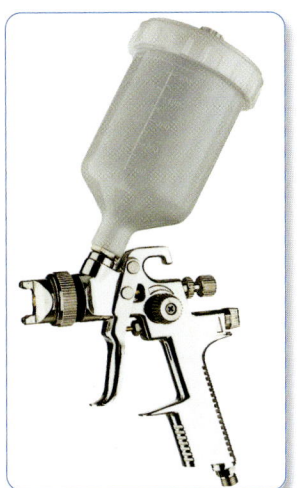

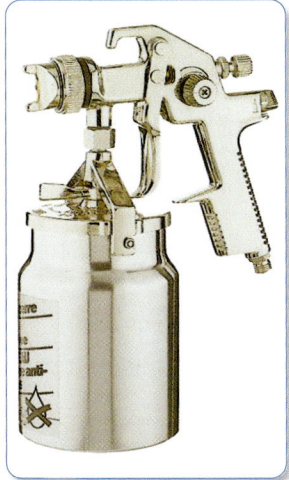

1 Fließbecherpistole   *2 Saugbecherpistole*

> Hochdruck-Spritzpistolen sind Präzisionsgeräte mit feinsten Luftzufuhrkanälen und mikrofein aufeinander abgestimmten Düsen und Luftköpfen.

Druckluft und Beschichtungsstoff werden in der Pistole durch getrennte Kanäle zur Düse geführt. Die Luftzufuhr wird durch Druck auf den Abzugsbügel freigegeben. Beim weiteren Durchdrücken wird der Farbkanal frei und das Material wird vom Luftstrahl fein zerstäubt.

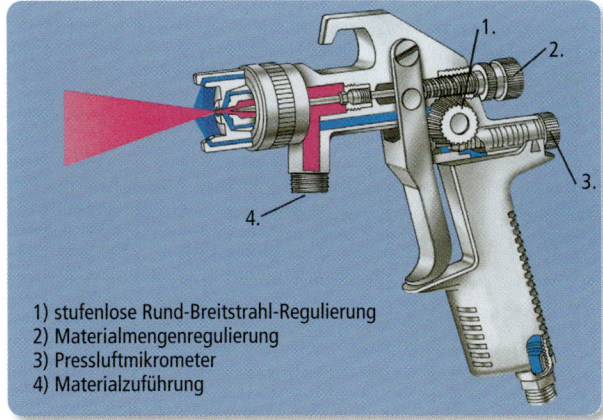

1) stufenlose Rund-Breitstrahl-Regulierung
2) Materialmengenregulierung
3) Pressluftmikrometer
4) Materialzuführung

3 Funktionsweise einer Hochdruck-Spritzpistole

Düsen gibt es in zwei verschiedenen Typen:
- ◆ Außenmisch-Systeme
- ◆ Innenmisch-Systeme

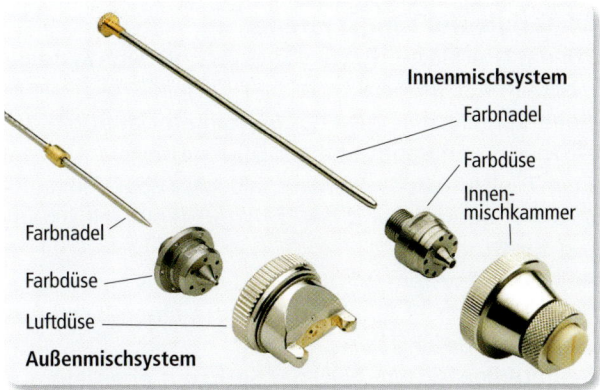

4 Düsensätze

Pistolen mit Außenmischdüsen eignen sich vor allem für niedrigviskose Materialien wie Lack, Vorlack, Füller und Grundierungen.

Außenmischung bedeutet, dass Material und Luft erst außerhalb des Luftkopfes zusammentreffen und dann den Spritzstrahl bilden.

Pistolen mit Innenmischdüsen kommen vor allem für hochviskose Materialien wie Dispersionen, Effektlacke und Spritzputze in Betracht.

Innenmischung bedeutet, dass Material und Luft nach der Düse zusammentreffen und der Spritzstrahl aber innerhalb der Mischkammer im Luftkopf gebildet wird.

> Zu einem **Düsensatz** gehören immer drei Teile, die nur zusammen gewechselt werden dürfen: **Farbnadel**, **Farbdüse** und **Luftkopf**.

Spritzpistolen sind Präzisionsgeräte, die nur bei sorgfältiger Wartung und richtigem Zusammenbau einwandfrei funktionieren.

> **Reinigung und Pflege von Spritzpistolen**
> Hierzu gehören:
> - die Reinigung aller farbführenden Teile, Becher, Materialzufuhr in der Pistole, Farbnadel, Düse und Luftkopf;
> - die Reinigung nach jedem Gebrauch.
> - Die Montage oder Demontage der Düse darf nur mit einem zur Pistole gehörenden Schlüssel vorgenommen werden.
> - Der Düsensatz darf nur komplett gewechselt werden.
> - Der Düsensatz muss zur Pistole gehören.
> - Die Farbnadel, die Düse und der Luftkopf müssen handfest angezogen sein.
> - Die Pistolen dürfen nie im Reinigungsmittel liegen gelassen werden.

LF 3

Materialzuführungssysteme

Für das Druckluftspritzen gibt es verschiedene Systeme der Materialzufuhr:

Beim **Saugsystem** wird das Spritzmaterial durch die Druckluft angesaugt und zur Düse geführt.

Beim **Fließsystem** ist der Materialbecher über dem Luftstrom angebracht und das Spritzgut fließt selbstständig zur Düse.

Beim **Drucksystem** wird das Material aus einem größeren Farbkessel durch Druckluft in einem Schlauch zur Pistole geführt.

Beim **Umlaufsystem** wird das Spritzgut ebenfalls aus einem Druckkessel zur Pistole geführt. Hierbei wird der Anstrichstoff ständig bewegt und es fließt nur so viel Material zur Pistole, wie sie tatsächlich braucht.

Das **Drucksystem** eignet sich besonders zum Spritzen größerer Flächen oder hoher Materialmengen, weil hierbei das ständige Füllen des Bechers entfällt.

Man erzielt eine größere Flächenleistung, erreicht ein besseres Spritzbild und hat weniger Spritznebel. Der Farbkessel wird an die Druckluftversorgung angeschlossen und der Druck wird durch ein Reduzierventil auf 1 bis 2 bar vermindert. Hierdurch wird das Material zur Pistole gepresst und durch den unreduzierten Luftdruck, der zur Pistole geführt wird, zerstäubt.

> Der höchstzulässige Druck, der dem Kessel zugeführt werden darf, ist auf dem Typenschild angegeben und außerdem am Manometer gekennzeichnet.

Das **Umlaufsystem** ist nur beim Einsatz großer Behälter rentabel und wird bei Lackieranlagen eingesetzt. Hierbei hält eine elektrisch betriebene Pumpe das Material in ständiger Bewegung. Das von der Pistole zurückfließende Material wird durch ein Sieb in den Materialbehälter zurückgeführt.

Die Vorteile liegen in der gleichbleibenden Viskosität, Temperatur und Reinheit des Spritzmaterials, das der Pistole zugeführt wird.

2 Farbdruckkessel mit Hochdruckspritzpistole

Thermospritzen oder Heißspritzen

Für luftzerstäubende Spritzpistolen werden Zusatzaggregate angeboten, mit denen das Spritzmaterial erhitzt werden kann.

Bei Fließbecherpistolen wird das Spritzmaterial durch eine Heizplatte im Becherboden bis auf 110 °C erwärmt. Bei Drucksystempistolen wird das Spritzmaterial durch eine Umlenkschnecke gedrückt und dort bis auf 80 °C erwärmt.

> Beim Thermospritzen werden Lacke oder andere hochviskose Materialien durch Erwärmen dünnflüssig und damit spritzfähiger gemacht.
>
> Aus diesem Viskositätsverhalten ergeben sich folgende Vorteile gegenüber dem Spritzen mit kalten Lacken:
> - umweltfreundlich, weil weniger Verdünnungsmittel benötigt werden
> - Qualitätsverbesserung, weil die Oberfläche porenfrei und schneller trocknet
> - materialsparend, weil weniger Spritznebel entsteht
> - deckfähiger, weil die Pigment-Volumen-Konzentration (PVK) nicht beeinträchtigt wird
> - Zeitersparnis, weil weniger Spritzgänge notwendig sind
> - Läuferbildung tritt weniger auf, weil das Material schneller anzieht

Fließ- system	Saug- system	Druck- system	Umlauf- system

1 Materialzuführungssysteme

LF 3

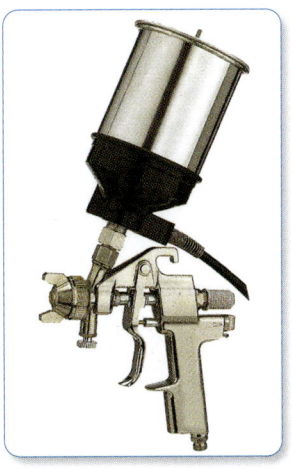

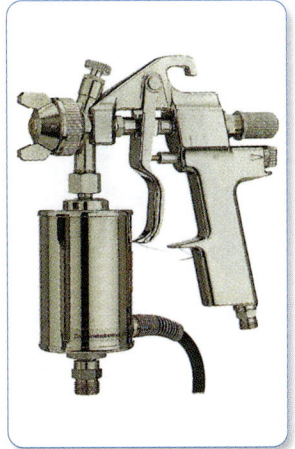

1 Fließbecher-Thermopistole   *2 Saugbecher-Thermopistole*

Höchstdruck- oder Airlessgeräte

Beim Airlessverfahren wird die Druckluft durch hohen Materialdruck bis 250 bar ersetzt. Die Anlage besteht aus der Pumpe für den Materialdruck und der Pistole für die Zerstäubung.

Zwei verschiedene Pumpensysteme sind gebräuchlich:

◆ **Hydraulische Geräte**, bei denen eine hochfeste Kunststoffmembrane durch einen Benzin- oder Elektromotor in Schwingung versetzt und dadurch der hohe Druck auf das Spritzmaterial erzeugt wird.

◆ **Pneumatische Geräte**, bei denen eine Kolbenpumpe, durch Druckluft oder Elektromotor angetrieben, das Spritzmaterial zur Pistole drückt. Um das Pulsieren beim Spritzen zu vermeiden, arbeiten diese Kolbenpumpen doppelhubig. Es wird also bei der Ab- und Aufwärtsbewegung Materialdruck erzeugt.

Bei luftdruckbetriebenen Pumpen wird der Luftdruck auf den Hydraulikteil in einem Übersetzungsverhältnis bis 1:50 übertragen. 1 bar Luftdruck erzeugt also bis zu 50 bar Materialdruck.

Das Spritzmaterial wird je nach Gerätetyp entweder aus dem Originalgebinde entnommen oder aber in einen zum Gerät gehörenden Behälter eingefüllt.

Der Materialdurchlauf kann nur durch die Wahl der Düsengröße oder durch Druckveränderung reguliert werden.

Airlessgeräte eignen sich zum Spritzen aller Beschichtungsstoffe, vom dünnflüssigen Lack bis zur hochviskosen gefüllten Dispersions- oder Flammschutzbeschichtung.

Welche Materialien verarbeitet werden können, hängt von der Förderleistung des Gerätes ab. Für Lacke genügt schon eine Materialförderleistung von 1,4 l/min. Geräte, die für gefüllte Dispersionen verwendet werden, erreichen Förderleistungen von bis zu 8,5 l/min.

> Die Verarbeitung von Materialien mit einem Flammpunkt unter 21 °C darf nur mit einem explosionsgeschützten Airlessgerät erfolgen.

Die **Vorteile** des Airless-Spritzverfahrens sind:

◆ hohe Arbeitsleistung
◆ geringe Spritznebelbildung
◆ Beschichtungsstoffe müssen nicht stark verdünnt werden, dadurch erhält man satte und gut deckende Beschichtungen.

Die **Nachteile** des Verfahrens sind:

◆ Die Oberflächenqualität ist geringer als bei luftzerstäubenden Verfahren.
◆ Bei profilierten Werkstücken ist die Gefahr der Läuferbildung groß.
◆ Die Reinigung ist zeitaufwendig.
◆ Die Anschaffungskosten sind hoch.

Airlesspistolen unterscheiden sich in Form und Bauart stark von luftzerstäubenden Spritzpistolen.

Der Abzugsbügel gibt den Materialdurchfluss frei, der dann an der Schlitzdüse durch den hohen Druck zerstäubt wird.

Der Spritzstrahl wird durch die Größe der Düsenöffnung und den Schlitzwinkel bestimmt.

Die Düsenöffnungen werden in Inch bzw. Zoll angegeben und reichen von 0,011" (Ø 0,28 mm) für dünnflüssige bis 0,026" (Ø 0,66 mm) für dickflüssige Stoffe. Der Schlitzwinkel, der die Strahlbreite bestimmt, liegt zwischen 40° und 50°.

3 Hydraulisches Airlessgerät

LF 3

1 Pneumatisches Airlessgerät

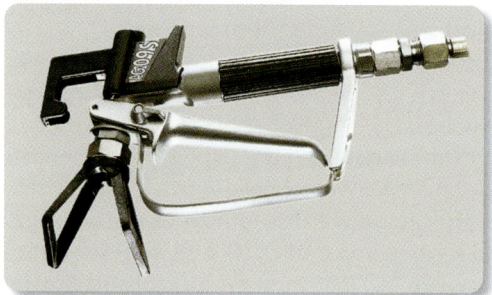

2 Airlesspistole

Bedingt durch diese kleinen Düsenöffnungen muss das Material sehr sauber sein, weil sonst die Düse verstopft. Airlesspistolen werden deshalb im Pistolengriff mit wechselbaren Filtern ausgestattet. Diese Filter gibt es mit unterschiedlichen Maschenweiten für die verschiedenen Beschichtungsstoffe.

Achtung! Unfallgefahr!
Unter Druck stehende Airlesspistolen sind wegen des hohen Drucks an der Düse nicht ungefährlich. Bei Arbeitsunterbrechungen muss deswegen die Abzugssicherung immer betätigt werden.
Die Pistole darf nie auf Menschen gerichtet werden. Auf kurze Distanz können erhebliche Verletzungen entstehen.
Es ist sehr gefährlich, Finger oder Hand vor die Düse zu halten, solange die Pistole nicht druckentlastet ist. Der Schlauch steht ebenfalls unter hohem Druck. Er muss deswegen so geführt werden, dass er nicht beschädigt wird.

Die Reinigung von Airlessgeräten nach dem Spritzen ist zeitaufwendig. Sie erstreckt sich über alle materialführenden Teile:
♦ das Ansaugsystem mit Filterkorb oder Sieb
♦ das Pumpsystem
♦ den Hochdruckschlauch
♦ die Pistole mit Filter
♦ die Düse

Mangelhaft gereinigte Geräte sind für den nächsten Einsatz unbrauchbar und können nur unter großem Zeitaufwand wieder funktionsfähig gemacht werden.

Aufgaben

1. Beschreiben Sie die Arbeitsweise von Niederdruck-Spritzgeräten.
2. Welche Vorteile besitzen Niederdruck-Spritzgeräte?
3. Wodurch unterscheiden sich Niederdruck-Spritzgeräte von Hochdruck-Spritzgeräten?
4. Welche Anforderungen werden beim Spritzen an den Kompressor gestellt?
5. Nennen Sie wesentliche Unterscheidungsmerkmale bei Kompressoren.
6. Wie muss Druckluft aufbereitet sein?
7. Welche unterschiedlichen Zerstäubungsarten gibt es bei Spritzpistolen?
8. Wodurch unterscheiden sich HVLP-Spritzpistolen von herkömmlichen Hochdruck-Spritzpistolen?
9. Welche Teile gehören zu einem Düsensatz?
10. Welche Eigenschaft eines Lackes ändert sich beim Thermospritzen?
11. Nennen Sie drei Vorteile, die sich beim Heißspritzen ergeben.
12. Warum deckt ein heiß gespritzter Lack besser als ein kalt gespritzter?
13. Für welche Beschichtungen eignen sich Airlessgeräte besonders?
14. Bei welchen Flächen ist der Einsatz von Airlessgeräten nicht sinnvoll?
15. Welche Materialien dürfen nur mit einem explosionsgeschützten Airlessgerät verarbeitet werden?
16. Wodurch kann der Spritzstrahl bei Airlesspistolen verändert werden?
17. Wie wird unbeabsichtigtes Betätigen des Abzugsbügels bei Arbeitsunterbrechungen verhindert?
18. Welche Vorsichtsmaßnahme müssen Sie beachten, bevor Sie die Düse berühren?

LF 3

Airmix- oder Aircoatsysteme

Hierbei handelt es sich um eine Kombination aus Hochdruck- und Airlesssystemen. Wie beim Airlessverfahren wird das Material unter Druck, der hierbei allerdings nur 40 bis 50 bar beträgt, zur Pistole geführt. Dort wird das Spritzmaterial mit einem zusätzlichen Luftdruck von etwa 1 bar zerstäubt.

> Bei diesem Spritzverfahren benötigt man zusätzlich zum Airlessgerät Druckluft aus einem Kompressor mit mindestens 200 l/min Leistung.

Die Vorteile dieses Verfahrens sind:
- ein besonders weicher und homogener Spritzstrahl,
- geringe Farbnebelbildung, dadurch eine hohe Materialeinsparung und verminderte Umweltbelastung,
- Qualitätsbeschichtungen, auch auf großen Flächen, aufgrund des geringen Druckes,
- Beschichtungen von profilierten Flächen ohne Gefahr der Läuferbildung,
- der geringe Verschleiß der Düsen, weil die Schleifwirkung des Beschichtungsmaterials viel kleiner ist als beim Höchstdruckspritzen.

1 Airmix- oder Aircoatpistole

Staticoatingsystem

Dieses Verfahren vereinigt Hochdruck-, Airless und elektrostatisches Spritzen in einem System. Der Vorteil dieses Verfahrens liegt darin, dass es zum sogenannten **elektrostatischen Umgriff** kommt und der Körper allseitig beschichtet wird. Beim elektrostatischen Spritzen wird mit einer Hochspannung von bis zu 70 000 Volt und mit einer sehr geringen Stromstärke von 0,2 mA gearbeitet, die von einem Generator erzeugt wird.

Der Beschichtungsstoff wird beim Verlassen der Spritzpistole negativ aufgeladen. Beim Spritzen baut sich zwischen der Pistole und dem zu spritzenden, positiv geladenen Gegenstand ein elektrostatisches Feld auf. Dieses bewirkt, dass sich die Teilchen des Spritzstrahles gleichmäßig auf dem gegenpolig geladenen Gegenstand ablagern.

Die Spezialspritzpistole beim Staticoatingsystem hat einen Magnetschalter, über den die Hochspannung, die direkt in der Pistole erzeugt wird, zu- bzw. abgeschaltet werden kann. Mit einem stufenlosen Luftventil kann man zwischen luftlosem- und luftunterstütztem Spritzen wählen.
Zusätzlich verfügt diese Pistole über eine Multi-Kanal-Wirbeldüse, durch die ein besonders weicher Spritzstrahl erzeugt wird.

Elektrostatisches Spritzen

Das elektrostatische Spritzen ist als industrielles Lackierverfahren weitverbreitet.

Durch die verschiedenpolige elektrische Ladung bestehen zwischen Spritzgut und Werkstück gegenseitige Anziehungskräfte. Praktisch ist daher auch keine Pistole notwendig, die über das zu beschichtende Werkstück geführt werden muss.

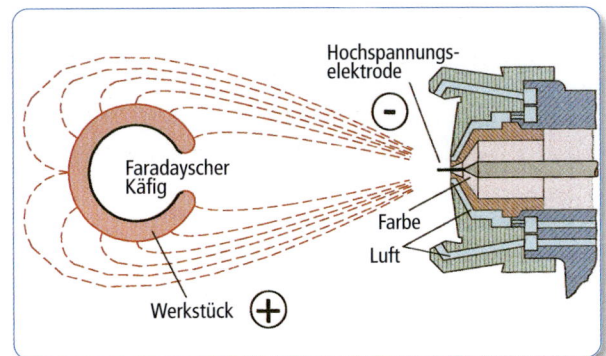

2 Darstellung des elektrostatischen Spritzens

Es genügt ein fest stehender oder rotierender Sprüh-kopf, der die Lackteile nicht gezielt, sondern nur in die Umgebung des Werkstückes spritzt. Wie magnetisiert ändern die Lacktröpfchen ihre Flugbahn und treffen sicher auf dem Werkstück auf. Dabei wird nicht nur die Vorderseite, sondern auch die dem Sprühkopf abgewandte Seite gleichmäßig mit dem Beschichtungs-stoff überzogen.

Elektrostatische Pulverbeschichtung

Außer der üblichen Nassbeschichtung gibt es auch die Trockenbeschichtung.

Bei diesem Verfahren werden lösemittelfreie, in Pul-verform aufbereitete Beschichtungsstoffe versprüht, die sich wie das Nassmaterial auf das kalte Werkstück niederschlagen und es im Umgriff sehr gleichmäßig bedecken. Beim anschließenden Erwärmen im Trocken-ofen auf 140 bis 220 °C verschmilzt das Material zu einem gut haftenden und porenfreien Film. Gegenüber dem Nassverfahren ist die Pulverbeschichtung geruchs-arm und weniger feuergefährlich. Dickere Beschichtun-gen können in einem Arbeitsgang erzielt werden.

Beim elektrostatischen Spritzen gibt es kaum Farbne-bel und fast keinen Materialverlust. Beim elektrosta-tischen Pulverbeschichten kann das überschüssige Pul-ver aufgefangen und zurückgewonnen werden. Außer der Entfettung ist keine weitere Vorarbeit erforder-lich.

1 Elektrostatische Automatikanlage

Pulverbeschichtung ist ein Einschichtverfahren, bei dem kein Haftgrund oder eine Grundierung notwendig ist. Es entstehen Überzüge von sehr hoher Qualität, die mechanisch, thermisch und chemisch sehr widerstands-fähig sind.

Das Betreten des Spritzstandes ist während des Sprit-zens wegen der elektrostatischen Aufladung nicht möglich.

Neben stationären Anlagen gibt es auch Handpistolen für den Einsatz auf dem Bau. Beschichtet werden können nur solche Bauteile werden, die sich elektrostatisch aufla-den lassen. Die Materialien, die verspritzt werden sol-len, müssen ebenfalls elektrostatisch aufladbar sein.

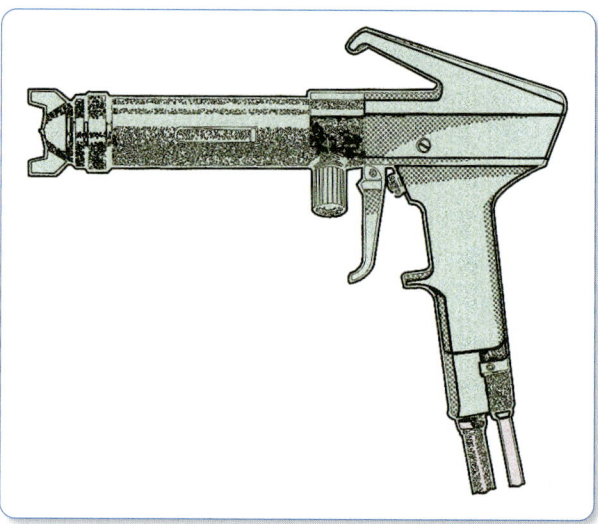

2 Elektrostatische Handspritzpistole

Wassergelöste und sehr metallhaltige Beschichtungs-systeme können wegen der starken elektrostatischen Aufladung nicht mit der elektrostatischen Hand-spritzpistole gespritzt werden.

Um Holz elektrostatisch zu beschichten, reicht eine Holzfeuchtigkeit größer als 10 Prozent aus, ansonsten muss es zuvor mit einer speziellen Imprägnierung ver-sehen werden.

Kunststoffe müssen vor der Beschichtung ebenfalls leit-fähig gemacht werden.

Beim reinen elektrostatischen Spritzen bildet sich bei einem stark verformten Bauteil oder bei Hohlräumen häufig ein **faradayscher Käfig**[1] aus, der verhindert, dass es zum Umgriff des Spritzmaterials kommt.

Das Staticoating-System ist bei solchen Bauteilen vor-teilhafter, weil zusätzlich Luft- und Materialdruck zur Verfügung stehen und dadurch das Vor- oder Nach-spritzen dieser Teile entfällt.

---

[1] Abschirmung gegen elektrische Felder

Aufgaben

1. Nennen Sie die Vorteile, die das luftunterstützte Airless-Spritzen gegenüber dem reinen Höchstdruck-Spritzen bietet.
2. Für welche Beschichtungsarbeiten ist das Airlessverfahren nur schlecht oder gar nicht geeignet?
3. Begründen Sie, warum das industrielle elektrostatische Spritzen als das umweltverträglichste Spritzverfahren gilt.
4. Welche besonderen Eigenschaften müssen Flächen besitzen, die man elektrostatisch beschichten will?
5. Warum ist das Staticoating-System bei nicht stationären Anlagen dem reinen elektrostatischen Spritzen vorzuziehen?
6. Beschreiben Sie die Vorzüge einer Pulverbeschichtung.
7. Welche Beschichtungsstoffe können mit der elektrostatischen Handspritzpistole nicht aufgetragen werden?
8. Nennen Sie die wesentlichen Teile einer Pulverbeschichtungsanlage.
9. Wie kommt es zum „Umgriff" beim elektrostatischen Spritzen?

Das Arbeiten mit der Spritzpistole

Das Arbeiten mit der Spritzpistole erfordert exakte Bedingungen und die richtige Arbeitstechnik.
Zunächst muss der Beschichtungsstoff durch Verdünnen auf die richtige Viskosität gebracht werden. Dies geschieht mit dem DIN- oder ISO-Becher, mit deren Hilfe die Durchlaufzeit in Sekunden und damit die Viskosität gemessen werden. Beim Warm- oder Heißspritzen wird der Beschichtungsstoff zuvor auf 70 °C erwärmt. Dadurch erreicht man meist ohne Zugabe von Verdünnungsmittel die notwendige Viskosität.

Je nach Beschaffenheit des Beschichtungsstoffes und der zu beschichtenden Fläche erfolgt nun die Einstellung des Spritzstrahles durch

♦ die richtige Düsenwahl,
♦ den Mindestdruck von Luft und/oder Material,
♦ den Düseninnendruck bei Verwendung von HVLP-Spritzpistolen,
♦ die Rund- oder Breitstrahleinstellung.

Spritzen mit dem kleinstmöglichen Druck ist in jeder Hinsicht besser als das Spritzen mit dem höchstmöglichen Druck. Die Qualität der Beschichtung wird besser, es entsteht weniger Spritznebel, der Materialver-

lust ist geringer und Mensch und Umwelt werden weniger geschädigt.

Die meisten Pistolen mit Außenmischdüsen sind so konstruiert, dass die Regulierung von Rund- oder Breitstrahl entweder mit einem Strahlregulierknopf oder durch Drehung des Düsenkopfes erfolgen kann. Der Strahlregulierknopf ermöglicht die stufenlose Einstellung von Breit- auf Rundstrahl.

Bei der Strahlregulierung mit dem Luftkopf müssen die Luftkanäle waagerecht zur Pistole stehen, wenn ein senkrechter Breitstrahl erzielt werden soll. Beim waagerechten Breitstrahl befinden sich die Luftkanäle senkrecht zur Pistole und für einen Rundstrahl müssen sie diagonal stehen. Dabei ist nur der Hauptluftkanal geöffnet.

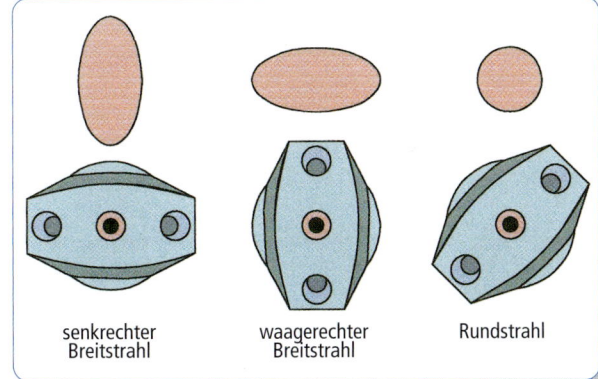

1 Strahlregulierung durch Verstellen des Düsenkopfes

Spritztechnik

Der Materialauftrag erfolgt in der Regel im Kreuzgang. Dabei werden zuerst waagerechte, dann senkrechte Spritzstreifen aneinandergelegt. Man achtet darauf, dass jeder nachfolgende Streifen den bereits aufgetragenen zum Teil überlagert und der Spritzstrahl bereits vor dem zu spritzenden Gegenstand einsetzt.
Kanten und Ränder müssen zuerst beschichtet werden.

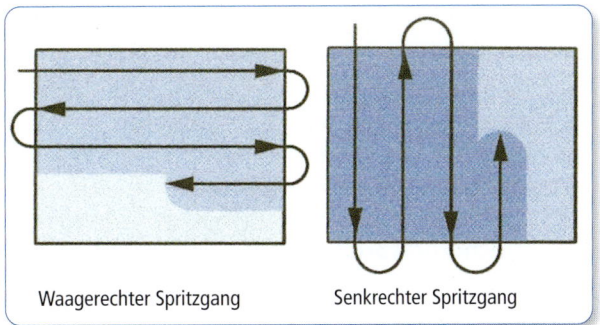

2 Aufbau einer Spritzbeschichtung

Um Läuferbildung zu vermeiden, beginnt man mit dem Vornebeln, lässt einige Minuten ablüften und spritzt dann fertig.

> Chemisch trocknende Anstrichstoffe sind nass in nass aufzutragen, physikalisch trocknende muss man vornebeln, anziehen lassen und dann erst fertigspritzen.

Der Abstand der Pistole zum Werkstück richtet sich nach der Düsengröße und der Pistolenart. Bei herkömmlichen Hochdruckspritzpistolen beträgt er beim Auftragen von Lacken etwa 20 cm. Bei kleineren Düsenweiten ist der Abstand geringer, bei größeren weiter zu halten.
Ist der Abstand zu groß, entsteht übermäßiger Spritznebel und der Beschichtungsstoff verläuft schlecht. Außerdem schlägt sich der Spritznebel auf der schon angezogenen Fläche nieder und verursacht so eine raue Oberfläche. Bei zu kleinem Abstand bilden sich Läufer an stehenden Flächen, ebenso bei Beschichtungen von welligen liegenden Flächen.
Ganz wichtig ist es, dass der Spritzstrahl immer rechtwinklig auf den Untergrund trifft, um ein einheitliches Spritzbild zu erhalten.

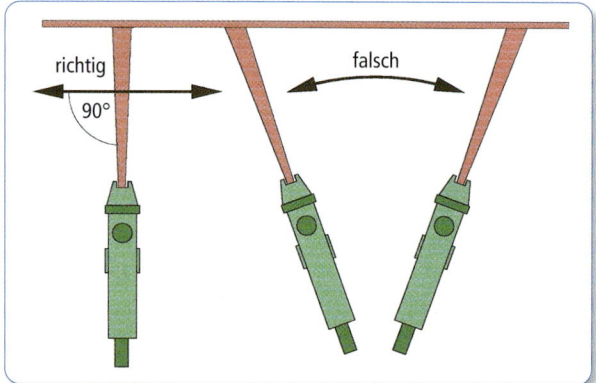

richtig
90°
falsch

1 Halten und Führen der Pistole

Die Düsenweiten bei Hochdruckpistolen variieren zwischen 0,2 mm und 6 mm. Für Lackierarbeiten verwendet man Düsengrößen zwischen 1,2 mm und 2,5 mm. Größere Düsenweiten sind für die Verarbeitung von Spachtelmaterialien, plastischen Massen und Kunststoffputzen geeignet.
Kleinere Düsen bis 0,2 mm sind für Retuschier- oder Airbrush-Spritzarbeiten erforderlich.

HVLP-Hochdruckspritzpistolen erfordern nur einen Spritzabstand zwischen 8 cm und 10 cm zu der zu beschichtenden Fläche.

Gesundheits- und Umweltschutz beim Spritzen

Beim Spritzen entsteht Spritznebel, der Mensch und Umwelt belastet, gleichgültig mit welchem Spritzverfahren gearbeitet wird.
Der Mensch kann sich mithilfe von Atemschutzsystemen gegen gesundheitsschädliche Spritznebel schützen, die Umwelt nicht. Deshalb müssen alle Vorkehrungen getroffen werden, um die Umweltbelastung so gering wie möglich zu halten.
Aus diesem Grund müssen vermehrt lösemittelreduzierte Beschichtungsstoffe und nebelarme Spritzsysteme eingesetzt werden.

Lösemittel sind schwerer als Luft und sammeln sich am Boden oder in Vertiefungen. Sie können ein explosionsgefährliches Gemisch bilden.
In geschlossenen Räumen sind deshalb umfangreiche Sicherheitsmaßnahmen notwendig, um die Feuer- und Explosionsgefahr zu verringern, die Umwelt durch die Abluft so wenig wie möglich zu belasten und die Atemluft sauber zu halten.

> Genehmigungspflichtige Spritzanlagen müssen der VBG[1] 23 entsprechen. Nicht genehmigungspflichtige Anlagen müssen die Vorschriften der TA Luft[2] einhalten.

Die Spritznebelbeseitigung in Anlagen kann durch zwei grundsätzlich unterschiedliche Verfahren erfolgen:
- **Trockenabscheidung:** Der Spritznebel wird über Filtermatten abgesaugt und die Abluft ins Freie geführt. Hierbei gelangen die Lösemittel, wenn die Abluft nicht über Kohlefilter gereinigt wird, in die Umwelt.
- **Nassabscheidung:** Die in der Luft befindlichen Farbtröpfchen werden vom Waschwasser eingefangen und mithilfe von Trennmittel bzw. Koaguliermittel zu Lackschlamm gebunden, der entsorgt bzw. recycelt werden muss. Der Abscheidegrad liegt bei heutigen Anlagen über 99,5 Prozent.

> Jede Anlage zur Beseitigung von Spritznebel erfüllt ihre Funktion nur dann, wenn sie vorschriftsmäßig gewartet und die Filter rechtzeitig ausgewechselt werden.

Atemschutzsysteme verhindern gesundheitliche Schäden, die durch Spritznebel und Lösemitteldämpfe hervorgerufen werden. Wir unterscheiden Halbmasken, belüftete Halbmasken und belüftete Sicherheitshauben.

[1] *VBG = Vorschrift der Berufsgenossenschaft*
[2] *TA Luft = Technische Anleitung zur Reinhaltung der Luft*

Die **Halbmasken** sind mit Filtern gegen Stäube, feste oder flüssige Partikel und gegen Lösemitteldämpfe ausgestattet. Welche Filter eingesetzt werden müssen, richtet sich nach dem zu verarbeitenden Stoff.

> Filter der **Gruppe A** wirken gegen Gase.
> Filter der **Gruppe P** wirken gegen feste und flüssige Partikel.

Ein Filter mit der Bezeichnung A1P1 wird als Standardfilter gegen Lösemittel und Stäube bezeichnet. Die Zahl hinter dem Kennbuchstaben bezeichnet die Filtereigenschaften, gegen die der Filter schützt. Mit steigendem Zahlenwert nimmt die Standzeit und das Rückhaltevermögen des Filters zu.

> Gegen welche Partikel und Gase die Filter wirksam sind, muss den Herstellerinformationen entnommen werden. Die Auswahl darf nur von Fachkräften getroffen werden, die die gesetzlichen und technischen Vorschriften genau kennen.

Die technischen Vorschriften sind in der Unfallverhütungsvorschrift VBG 1 der Berufsgenossenschaften und in dem jeweils neuesten Atemschutzblatt festgelegt.

1 Halbmaske mit Filterset

Um die Funktion von Atemschutzmasken zu erhalten, müssen die Filter rechtzeitig gewechselt werden, spätestens dann, wenn die Schadstoffe durch Geruch oder Geschmack wahrgenommen werden. Belüftete Masken sind regelmäßig auf Dichtheit zu überprüfen. Die Masken müssen außerdem regelmäßig desinfiziert werden.

Die **belüftete Halbmaske** erhält die Atemluft aus dem Kompressor. Sie wird durch einen vorgeschalteten Filter aufbereitet.

Die **belüftete Sicherheitshaube** bedeckt den ganzen Kopf und schließt das Gesichtsfeld nach außen hin dicht ab. Die durch Filter gereinigte Atemluft kommt aus dem Kompressor. Diese Art des Atemschutzes bietet die größtmögliche Sicherheit.

4 Belüftete Sicherheitshaube

2 Regelmäßige Wartung von Atemschutzmasken

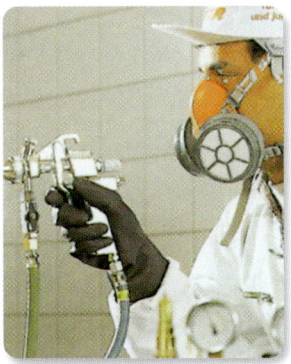

3 Belüftete Halbmaske

LF 3

LF 3

Aufgaben

1. Womit stellen Sie einen Beschichtungsstoff auf die richtige Spritzviskosität ein?
2. Wie stellen Sie die Spritzpistole auf die Beschaffenheit des Beschichtungsmaterials ein?
3. Durch welche Einstellungen können Sie an einer Spritzpistole die Art des Spritzstrahles verändern?
4. Beschreiben Sie die Arbeitsfolge beim Spritzen einer liegenden Fläche im Kreuzgang.
5. Erklären Sie, worin die Vorteile liegen, wenn mit einem möglichst niedrigen Luft- oder Materialdruck gespritzt wird.
6. Zählen Sie Maßnahmen auf, wie die Umwelt und Sie selbst vor zu starker Belastung durch Spritznebel geschützt werden können.
7. Gegen welche gesundheitsschädlichen Stoffe schützen die Filter der Gruppe „A" und gegen welche die Filter der Gruppe „P"?
8. Wann müssen Filter in Atemschutzsystemen spätestens gewechselt werden?
9. Welche Maßnahmen müssen Sie treffen, um die volle Funktion von belüfteten Atemschutzmasken zu erhalten?

Zur praktischen Anwendung

Spritzen Sie nacheinander mit Rundstrahl, waagerechtem Breitstrahl und senkrechtem Breitstrahl je eine
- liegende Fläche,
- stehende Fläche
- und eine stark unterbrochene, profilierte Fläche.

Beurteilen Sie die Ergebnisse und stellen Sie fest, mit welcher Strahlform Sie bei den verschiedenen Flächen das beste Ergebnis erzielen.

3.3   Wasserbasislacke

Wasserbasislacke besitzen gegenüber den lösemittelhaltigen Beschichtungsmitteln viele Vorteile. Ihre Beständigkeit, Qualität und Oberflächengüte steht den lösemittelhaltigen Anstrichstoffen in nichts nach. Sie sind leicht verarbeitbar und gut verdünnbar.

Weitere Vorteile sind:
- Werkzeuge lassen sich mit Wasser problemlos reinigen.
- Gefahrenstoffe werden in der Lagerhaltung und beim Transport reduziert.

- Schädliche Emissionen in die Luft entfallen.
- Feuer- und Explosionsgefahr besteht nicht.
- Schädigungen der Umwelt entstehen bei verantwortlichem Umgang nicht.
- Schädigungen der Gesundheit unterbleiben.

Schadstoffarme Produkte können nach RAL-Beurteilung mit dem Blauen Engel ausgezeichnet werden.

1 Blauer Engel

Aus diesen Gründen werden Wasserbasislacke und wasserbasierte Beschichtungsmittel verstärkt im Maler- und Lackiererhandwerk eingesetzt. Die Lackindustrie unterstützt diese Bestrebung durch viele neue wasserverdünnbare Produkte; auch konnten viele lösemittelhaltige Anstrichstoffe auf Wasserverdünnbarkeit umgestellt werden.

> Wasserbasislacke weisen Eigenschaften herkömmlicher Lacke wie Glanz, Fülle, Verlauf und Festigkeit auf und schädigen Gesundheit und Umwelt nicht.

Wasserbasislacke wurden zuerst in der Industrielackierung eingesetzt. Hierzu wurden Öle, Natur- und Kunstharze mithilfe alkalischer Stoffe in Wasser gelöst bzw. in wasserlösliche Harzseifen umgewandelt. So wurden in der Autolackierung Wasserbasislacke als Einbrennlacke auf der Basis von Phenol-, Melamin-, Acryl- und Alkydharzen verwendet. Sie ersetzten die lösemittelhaltigen Kunstharze und konnten im Tauch- bzw. Elektrotauchverfahren aufgetragen werden, außerdem hatten sie den Vorteil, dass keine gefährlichen Lösemitteldämpfe entstanden. Bald fanden Wasserbasislacke auch ihre Verwendung im Bautenschutz, sodass der inzwischen unzulässige Begriff „Wasserlacke" die Kurzbezeichnung für alle Wasserbasislacke darstellt, die organische Bindemittel enthalten.

Heute unterscheiden wir im Allgemeinen:
- Dispersionsacryllacke
- wasserverdünnbare Alkydharzlacke
- wasserverdünnbare Polyurethanlacke

Sie haben unterschiedliche Eigenschaften. So neigten die Dispersionsacryllacke früher durch ihren thermoplastischen Beschichtungsfilm mitunter zum **Verblocken**. Dabei war zu beobachten, dass nach der vermeintlichen Trocknung eines Fenster- oder Türanstrichs beim Öffnen der Lack verklebte bzw. mitgerissen wurde. Bei den heutigen Lacken kommt diese Erscheinung kaum noch vor.

Beim Schleifen kann das Schleifmittel leicht verkleben und die Beschichtung beschädigt werden. Neben dieser eher nachteiligen Erscheinung besitzen die Dispersionsacryllacke viele beachtliche Vorzüge. Sie können beispielsweise auf vorübergehend feuchten Untergründen aufgetragen werden, was bei den herkömmlichen Lacken zum Abplatzen der Beschichtung führen würde. Die Anstriche können nicht vergilben und auf alkalischen Untergründen nicht verseifen. Sie zeigen einen guten Verlauf, Fülle, Glanz und Elastizität.

> Dispersionsacryllacke zeichnen sich durch eine hohe Wasserdampfdurchlässigkeit aus.

Die Wasserbasislacke stehen den lösemittelhaltigen Typen in den Eigenschaften in nichts nach. Sie sind eher elastischer, wetterfester, vergilbungs- und verseifungsbeständiger und zeichnen sich durch eine gute Haftung und dauerhaften Glanz aus. Auch die wasserverdünnbaren Polyurethanlacke können sich mit den lösemittelhaltigen durchaus messen, sodass vieles dafür spricht, zukünftig Wasserbasislacke noch stärker als bisher einzusetzen.

Ihre Einsatzbereiche sind nahezu unbegrenzt; sie sind für mineralische Untergründe, z. B. Sichtmauerwerk, Putze, Beton, Holzuntergründe, Kunststoffe, Stahlbauteile, Aluminium- und Zinkelemente, Gipskartonplatten, Raufasertapeten und Glasfaserwandbeläge sowie für gut haftende Altanstriche geeignet.

Bei der Verarbeitung gibt es gegenüber den lösemittelhaltigen Lacken beachtenswerte Unterschiede. Besonderes Augenmerk ist dabei auf die Vorarbeiten zu richten, denn sie können Hauptursache von späteren Mängeln sein. Im Gegensatz zu den lösemittelhaltigen Bindemitteln können Wasserbasislacke keine Fette oder fetthaltigen Substanzen binden.

> Die Untergründe müssen fest, fettfrei, sauber und trocken sein.

Beim Verarbeiten sollte auf die Raumtemperatur (18–20 °C) und die relative Luftfeuchtigkeit von (65–85 %) geachtet werden. Die Verarbeitungstemperatur sollte nicht unter 8 °C liegen.

Vorarbeiten: Saugende und poröse mineralische Untergründe sind mit Tiefgrund bzw. gleichartigem Grundanstrichstoff vorzubehandeln, rohes Holz ist mit Holzimprägnierungsgrund zu schützen, Stahl muss nach der Entrostung zwei Korrosionsschutzanstriche erhalten. Alle tragfähigen Kunstharzanstriche sind anzulaugen, nachzuwaschen und danach leicht anzuschleifen.

Verarbeitung: Wasserbasislacke lassen sich durch Spritzen, Rollen oder mit speziell entwickelten langborstigen Kunststoffpinseln verarbeiten. Diese bleiben bei der Arbeit steif und elastisch und garantieren eine gute Farbaufnahme und Verschlichtung. Weil die Lacke sehr schnell antrocknen, ist die Werkzeugreinigung alsbald vorzunehmen; sie erfolgt am besten mit einer Mischung aus Wasser und Spiritus. Dispersionslacke sind mehrmals am Tag überstreichbar; stellenweise Ausbesserungen bleiben sichtbar und sind zu vermeiden.

Aufgaben

1. Warum werden immer mehr Wasserbasislacke verwendet?
2. Welche Lacke bezeichnete man früher als Wasserbasislacke?
3. Wie wurden Wasserbasislacke früher hergestellt?
4. Nennen Sie die heute hauptsächlich verwendeten Wasserbasislacke.
5. Erklären Sie den Fachausdruck „Verblocken" und geben Sie die Ursachen für diese früher häufig aufgetretene Erscheinung an.
6. Warum können Wasserbasislacke auch auf Untergründe mit größerem Feuchtigkeitsgehalt aufgetragen werden?
7. Worauf ist bei den Vorarbeiten für eine Lackierung mit Wasserbasislacken zu achten?
8. Welche Werkzeuge eignen sich für den Auftrag von Dispersionslacken?

LF 3

Zur praktischen Anwendung

1. Tragen Sie wasserverdünnbaren Acryllack mit einem etwa 10 cm breiten Farbroller auf ein vorbereitetes Musterbrettchen auf. Verwenden Sie folgende Walzenbeläge:
   • Perlon
   • kurzer Veloursplüsch
   • feinporiges Moltopren
   Beurteilen Sie nach der Trocknung die Oberfläche und stellen Sie fest, welcher Belag für dieses Anstrichmittel das beste Ergebnis erzielt.

2. Füllen Sie zwei Bechergläser zu ca. einem Viertel mit Leinöl. Gießen Sie auf das Leinöl des ersten Glases Wasser und versuchen Sie, das Leinöl durch Rühren in Wasser zu lösen. Im zweiten Glas fügen Sie dem Öl zunächst etwas Natronlauge hinzu und rühren die beiden Flüssigkeiten gut durch. Geben Sie danach ebenfalls Wasser hinzu und rühren nochmals um. Wie wirkt sich die Natronlauge auf das Öl-Wasser-Gemisch aus? Wie erklären Sie sich das veränderte Verhalten?

3. Stellen Sie je einen Probeanstrich mit lösemittelhaltigem Alkydharzlack, wasserverdünnbarem Alkydharzlack und Dispersionslack auf Acrylbasis her.
   Beachten Sie den Anstrichaufbau und vergleichen Sie die Proben hinsichtlich Verlauf, Glanz, Trocknungsdauer und Kratzfestigkeit. Beurteilen Sie, ob die Wasserbasislacke dem lösemittelhaltigen Lack gleichwertig sind.

Kundenauftrag

Notizen:

🕐 Gespräch vom 28-09-20xx / 08⁰⁰ Uhr

✉ Herr Dipl. Ing. Seeger, beauftragt für das

☎ Objekt Kindergarten „Kinderland", Tel. 0172/6109303

🏭 ☐   🏰 ☐   🏞 ☑   sonstige ☐

📋 Ausführung von Malerarbeiten gem. Angebot:

Innenwandfläche im Eingangsbereich mit dem Schriftzug

„Kinderland" beschriften, zwei Gruppenräume und einen Ruheraum

nach Beratung und Absprache eines Farbkonzepts angemessen

gestalten (jeweils mit einer passenden Bordüre).

Malerbetrieb Roth GmbH
Gewerbepark 136
45131 Essen
Telefon: (0201) 48 67-12
Fax: (0201) 48 67-14
E-Mail: info@malerbetrieb-roth.de

Objektbeschreibung

Das Foto zeigt den Kindergarten „Kinderland". Ihr Ausbildungsbetrieb hat bei der Beteiligung an einer öffentlichen Ausschreibung das günstigste Angebot eingereicht und wurde damit beauftragt, Beschriftungs- und Gestaltungsarbeiten durchzuführen.

Bei der Objektbegehung wurde als Istzustand festgestellt:
Die Decken und Wände sind mit Putz der Mörtelgruppe P II verputzt und mit Dispersionsfarbe nach DIN EN 13 300 beschichtet.
Die Fußböden der Gruppenräume sind mit hellgrauen PVC-Fliesen belegt. In den WCs und Waschräumen sind die Fußböden und die Bereiche um die Waschbecken weiß gefliest. Im Ruheraum ist ein hellgrüner Teppich verlegt worden.
An diesen Fußböden und Fliesenbelägen soll nichts verändert werden. Dies ist im Farbkonzept zu berücksichtigen.

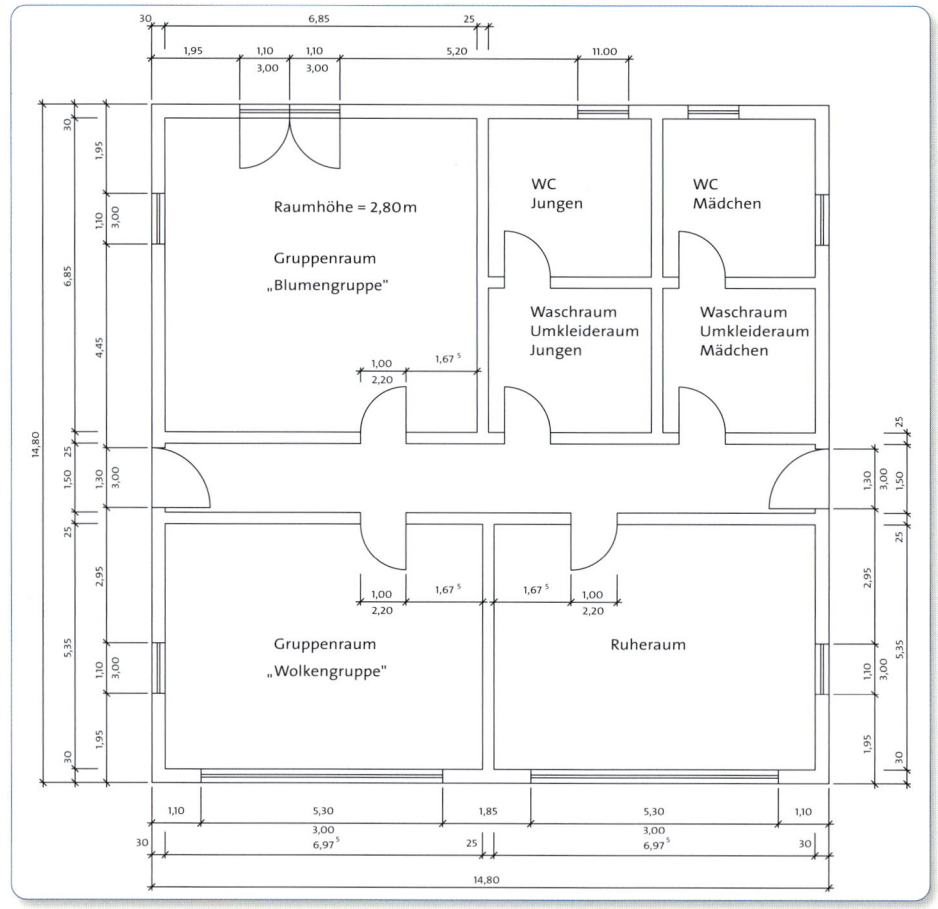

1 Grundrisszeichnung

Informationsbeschaffung

Bevor Sie mit der eigentlichen Planung der Arbeit beginnen, sind folgende Begriffe mithilfe Ihres Fachbuchs (Sachwortverzeichnis), Prospekten oder des Internets zu klären:

- Öffentliche Ausschreibung
- Angebot
- VOB Teil C: Maler- und Lackierarbeiten
  – Beschichtungen (DIN 18363)
- Farbpsychologie
- Wirkung von Farben
- Primär-, Sekundär-, Komplementärfarben
- Farbkontraste
- Spektralfarben
- Schriftarten
- Groteskschrift
- Balkenstärke und Proportion
- Schriftanordnung
- Abwicklung
- Aufmaß
- Bordüre

Planung

Überlegen und notieren Sie:

Welche besonderen Wünsche werden die Kinder, die Erzieherinnen und Erzieher bzw. der beauftragte Architekt an Sie als Maler und Lackierer bezüglich der durchzuführenden Malerarbeiten haben?
Was ist mit dem Zusatz „nach Beratung und Absprache eines Farbkonzepts angemessen gestalten" gemeint?

Fertigen Sie einen Plan mit den Arbeitsschritten, den jeweils vorgesehenen Arbeitszeiten sowie den jeweils benötigten Werkzeugen, Geräten und Materialien an. Arbeiten Sie mit Tabellen, wie sie auf der nächsten Seite als Beispiele abgebildet sind.

Zeichnen Sie Abwicklungen der zu gestaltenden Räume mit Bemaßung (M 1:50).

Drei Beschriftungsentwürfe mit verschiedenen Gestaltungsvorschlägen passend zum Namen des Kindergartens

(Schriftart, -größe, -farbe und -positionierung) sind dem Auftraggeber vorzulegen und zur Diskussion zu stellen. Die Schriftentwürfe sind am PC mit einer geeigneten Gestaltungssoftware anzufertigen (Größe des Schriftfelds: 1188 x 840 mm, Maßstab 1 : 4).

Überlegen und notieren Sie, wie Sie die Auswahl Ihrer Gestaltungsvorschläge gegenüber dem Architekten begründen wollen.

Dem beauftragten Architekten sind drei Farbpläne mit für einen Kindergarten geeigneten Farbtonzusammenstellungen und passenden Bordüren für die zu gestaltenden Wandflächen in den Gruppenräumen und für den Ruheraum als Diskussionsgrundlage vorzulegen. Begründen Sie die Auswahl und Zusammenstellung der Farbtöne und Bordüren. Pro Raum sollen mehrere Farbtöne für die verschiedenen Wände und Decken verwendet werden. Legen Sie Ihre gezeichneten Abwicklungen mit den gewählten Farbtönen aus.

Berechnen Sie die Größen der zu beschichtenden Flächen sowie den Materialbedarf. Informieren Sie sich zur Ermittlung des Materialverbrauchs mithilfe von Technischen Merkblättern.

Die folgenden Beispiele zeigen, wie Sie Ihre Ergebnisse in Tabellenform in Ihren Unterlagen darstellen können:

	Pos.	Arbeitsschritt Beschreibung
1		*Abdecken und Abkleben (1 h)*
2		*Untergrundprüfung per Abrissprobe (10 min.)*
3		
4		
5		
6		
...		

Materialliste (Beispiel)

Arbeitsprojekt:		Termin:		Besteller:	
Position	Beschichtungsfläche in m²	Materialbedarf	Bestelleinheit/ Gebindegröße	Materialart (z. B. Putzgrund ...)	Hersteller

Durchführung

Gemäß Leistungsbeschreibung[1] des Kundenauftrags sind folgende Arbeiten durchzuführen:

Pos. 1: Innenwandfläche im Eingangsbereich mit dem Schriftzug „Kinderland" beschriften

Schriftzug „Kinderland" auf vorhandene Innenwandbeschichtung applizieren mit Dispersionsfarbe nach DIN EN 13 300, Nassabriebsklasse 2; Farbton, Schriftart und Positionierung nach Absprache

Pos. 2: Beschichtung der Wände im Raum der „Blumengruppe" nach Absprache eines Farbkonzepts

Wandflächen mit Dispersionsfarbe nach DIN EN 13 300, Nassabriebsklasse 2, farbig beschichten

Pos. 3: Beschichtung der Wände im Raum der „Wolkengruppe" nach Absprache eines Farbkonzepts

Wandflächen mit Dispersionsfarbe nach DIN EN 13 300, Nassabriebsklasse 2, farbig beschichten

Pos. 4: Beschichtung der Wände im Ruheraum nach Absprache eines Farbkonzepts

Wandflächen mit Dispersionsfarbe nach DIN EN 13 300, Nassabriebsklasse 2, farbig beschichten und mit einer dekorativen Gestaltungstechnik (nach Absprache) versehen

Baustelle einrichten

- Bevor Sie mit Ihrer eigentlichen Arbeit beginnen können, müssen Sie die entsprechenden Räumlichkeiten vorbereiten. Das fängt damit an, dass Sie gleich am ersten Arbeitstag die richtigen Arbeitsmaterialien aus der Werkstatt mit zur Baustelle bringen müssen.

LF 4

---

[1] *Beschreibung der auszuführenden Leistung in einem Leistungsverzeichnis. Die Anforderungen für das Erstellen einer Leistungsbeschreibung sind in der VOB/A (DIN 1960) § 9 Nr. 1–12 aufgeführt: Die Leistung ist eindeutig und so umfassend zu beschreiben, dass alle Bewerber die Beschreibung im gleichen Sinn verstehen müssen und ihre Preise sicher und ohne umfangreiche Vorarbeiten berechnen können (Nr. 1). Dem Auftragnehmer (Kunde) darf kein ungewöhnliches Wagnis aufgebürdet werden für Umstände und Ereignisse, auf die er keinen Einfluss hat und deren Einwirkungen auf Preise und Fristen er nicht im Voraus schätzen kann (Nr. 2). Weitere allg. Hinweise für das Aufstellen einer Leistungsbeschreibung sind in Nr. 3–12 aufgeführt sowie im Abschnitt 0 der DIN 18 299 ff. VOB/C und im Anhang TS der VOB/A. Größere Preisunterschiede von Ausschreibungsergebnissen haben oft ihre Gründe in ungenauen Leistungsbeschreibungen! (Quelle: Malerlexikon, S. 457)*

- Wie bereiten Sie die Baustelle richtig vor, sodass Sie beim zuständigen Architekten und natürlich auch beim Kindergartenpersonal und den Kindern auf der Baustelle Kindergarten „Kinderland" einen „guten Eindruck" hinterlassen?

Einen sicheren Arbeitsplatz schaffen

- Für die Vorbereitung und Durchführung der Malerarbeiten im Kindergarten „Kinderland" sind Unfallverhütungsvorschriften im Zusammenhang mit elektrischem Strom (Steckdosen, Schalter) sowie Leitern, Behelfsgerüsten und fahrbaren Gerüsten zu beachten.
- Welche Vorschriften sind das im Einzelnen?
  Sie müssen auch immer daran denken, dass sich spielende Kinder in dem besonderen Gefahrenbereich Ihrer Arbeitsstelle aufhalten könnten! Wie können Sie diesbezüglich dafür sorgen, dass niemand gefährdet wird?

Vorarbeiten durchführen

- In der Objektbeschreibung ist vermerkt, welche Untergründe Sie an der Baustelle bearbeiten müssen.
  Welches Untergrundprüfverfahren setzen Sie ein, um festzustellen, ob es sich um tragfähige Untergründe für eine Beschriftung bzw. für eine Beschichtung mit Dispersionsfarbe handelt?
- Welche weiteren Untergrundprüfverfahren könnte man durchführen?
  Beschreiben Sie die Durchführung verschiedener Untergrundprüfverfahren.
  Welche Werkzeuge und Geräte werden dazu benötigt?
- Wie müssen die Untergründe beschaffen sein, damit sie gemäß Leistungsbeschreibung bearbeitet werden können?
  Welche Maßnahmen zur Untergrundvorbereitung sind zu treffen?

Hauptarbeiten durchführen

- Stellen Sie eine Präsentationsmappe (siehe dazu Kapitel 0) zusammen, die die Veränderung der Raumwirkung (speziell der Größenwirkung eines Raumes) durch die Farbgestaltung anschaulich vermittelt.
- Auf was müssen Sie beim Streichen bzw. Rollen achten, damit eine ansatzfreie, sauber beschnittene, gleichmäßig deckende Schlussbeschichtung entsteht?
- Beschreiben Sie, wie Sie die Bordüre aufbringen.

Abschlussarbeiten durchführen

- Nach Abschluss der Malerarbeiten finden Sie Fingerfarbe, die wohl ein spielendes Kind hinterlassen hat, auf dem Schriftzug, den Sie im Eingangsbereich aufgebracht haben.
  Wie können Sie das ausbessern?
- Wie können Sie im Falle von Verschmutzungen bzw. Beschädigungen Dispersionsfarbenanstriche ausbessern?
- Was machen Sie mit den Resten der verschiedenen ausgemischten Farbtöne?
- Wie kann man Wandflächen behandeln, damit Verschmutzungen leichter entfernt werden können?

Kontrolle

- Vergleichen Sie die unter Planung angefertigten Listen mit dem tatsächlichen Arbeitsablauf bei der Durchführung der Malerarbeiten im Kindergarten „Kinderland".
- Ist alles so abgelaufen, wie Sie es geplant hatten? (Warum gab es Abweichungen?)
- Was ist gut gelaufen? Was ist nicht so gut gelaufen?
- Was würden Sie (wie) nächstes Mal besser machen?

Dokumentation und Präsentation

- Bereiten Sie Ihre Ergebnisse für eine abschließende Präsentation vor. Stellen Sie Ihre Ergebnisse der Klasse vor und diskutieren Sie diese.
- Korrigieren Sie Ihre Ergebnisse gegebenenfalls und bewerten Sie Ihre Gruppenleistung.

4 Oberflächen gestalten

4.1 Der Farbkreis

Im Farbkreis wird auf einfache Weise eine Systematik der Farben entwickelt. Wir nehmen dabei den zwölfteiligen Farbkreis von Johannes Itten (1888–1967) zum Vorbild. Ausgehend von den Grundfarben werden diese in einem gleichseitigen Dreieck mit gleichen Flächenanteilen dargestellt. Die Farbe Gelb wird in das obere Feld eingetragen, Rot rechts und Blau links. Auf jeder Seite des Dreiecks stoßen zwei Grundfarben aneinander. Ihre Mischung ergibt die jeweiligen Sekundärfarben. Diese füllen die Restflächen des Sechsecks aus, das mithilfe des Umkreises um das Dreieck konstruiert wurde. Durch den größeren Außenkreis wird der zwölfteilige Farbkreis vorbereitet. Nach der Einteilung werden zunächst die Grund- und Sekundärfarben in den zwölfteiligen Farbkreis übernommen. Diese bilden den sechsteiligen Farbkreis. Danach können die Zwischenbereiche durch die Mischung der benachbarten Farben ausgefüllt werden.

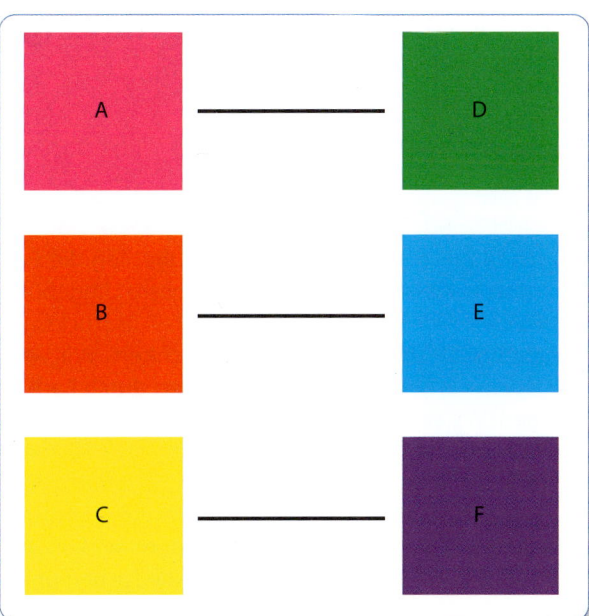

2 Die Gegenfarbpaare des sechsteiligen Farbkreises

LF 4

Tertiärfarben[1] sind Farbmischungen, die Bestandteile aller drei Grundfarben enthalten. Sie können beispielsweise aus einer Grundfarbe und der im Farbkreis gegenüberliegenden Sekundärfarbe gebildet werden.

Tertiärfarben sind im Farbkreis nicht enthalten, z. B. Ocker, Rotbraun, Oliv, Umbra.

Im Farbkreis wird nur die Mischung der „bunten" Farben dargestellt. Die Farbtöne der Natur und der Praxis besitzen aber zusätzlich einen „unbunten" Hell-Dunkel-Anteil aus Schwarz und Weiß. Bunte Farben werden als **chromatische**[2], unbunte Farben als achromatische Farben bezeichnet. Farbtöne, die aus verschiedenen Buntanteilen bestehen, nennt man **polychrome**[3] **Farben**.

Graureihe – Hellbezugswert

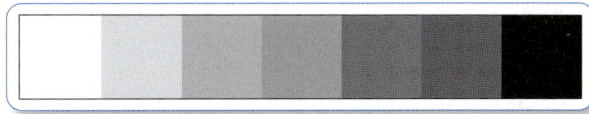

3 Gleichmäßig abgestufte Graureihe

Bunte Farben haben unterschiedliche Helligkeit. Im Vergleich mit einer Graureihe lässt sich deren Helligkeit und damit der Hellbezugswert feststellen.

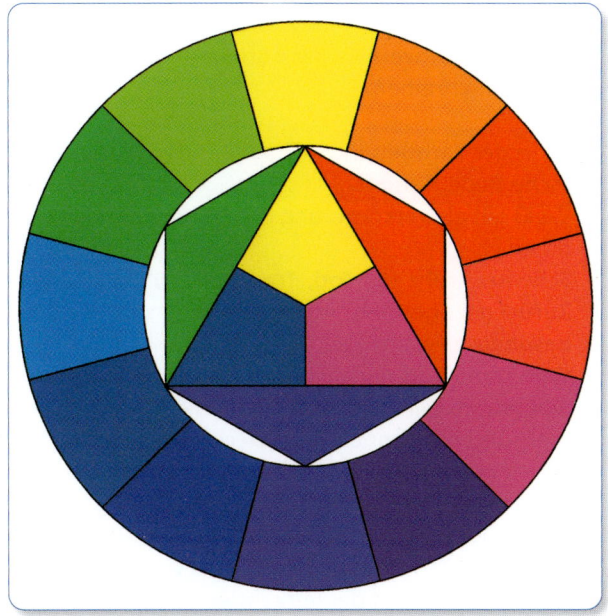

1 Zwölfteiliger Farbkreis

Komplementärfarben
Farben, die im Farbkreis einander gegenüberliegen, werden als Gegenfarben, Ergänzungsfarben oder als Komplementärfarben bezeichnet.

Als Farbenpaar gegeneinandergestellt bilden die Komplementärfarben den stärksten möglichen Farbkontrast.
Mischt man sie miteinander, so ergänzen sie sich zu einem dunklen Grau- bzw. Braunton.

---

[1] tertiär (lat. tertia = die Dritte)
[2] chromatisch (griech. chromos = Farbe)
[3] polychrom = vielfarbig (griech. polys = viel, viele)

4.2 Grundlagen der Gestaltung

4.2.1 Wahrnehmung und Farbempfindung

Farbreize

Das Licht bringt eine Welt von Farben hervor und wir umgeben uns gerne mit Farben. Wir wählen die Farben unserer Kleidung und gestalten unsere Umgebung mit Farben. Wir nutzen die Farben als Ausdrucksmittel, als Signal- und Mitteilungsmöglichkeit. Wir werden durch Farben angeregt und wollen durch Farben anregen. Wir sind beeindruckt von der Stimmung eines Sonnenuntergangs, der Farbenpracht einer Blumenwiese im Frühsommer und der Farbharmonie fallender Blätter im Herbst. Wir gestalten Gebäude, Straßenzüge und Wohnungen, sie sollen einladend wirken und Wohlgefühle verbreiten. Wir wählen die Farben unserer Autos nach Farbgefühl und Lieblingsfarbe, nach Ausdruck und gefühlsmäßiger Bindung.

Wir fühlen uns wohl in einer Farblandschaft, wir lassen uns anregen und leiten durch Farben. Farben können aber auch abstoßend wirken, erschrecken und Aggressionen hervorrufen. Farben strahlen Wärme und Kälte aus, sie können anregen und beruhigen, Freude und Trauer ausdrücken. Der durch das reflektierte Licht einer Farbe ausgelöste Farbreiz beeinflusst unser Denken und Handeln und bestimmt unsere Empfindungen und Gefühle.

> Als Farbreiz bezeichnen wir das von unseren Augen wahrgenommene reflektierte Licht einer Farbe (physikalischer Vorgang).

Farbreize werden in unserem Gehirn zu einem Farbeindruck verarbeitet und lösen abhängig von unserer Gefühlslage entsprechende Farbempfindungen aus.

> Farbempfindungen sind das Ergebnis von Farbeindrücken, die vom seelischen Zustand beeinflusst werden oder diesen beeinflussen (psychologischer Vorgang).

Stimmung und Farbe

Abgesehen von krankheitsbedingter Fehlsichtigkeit hängt das Farbempfinden von vielen Faktoren ab. Ein ganz entscheidender Faktor ist dabei die Stimmung, in der wir uns im Augenblick befinden. Bei Trauer oder Freude, bei Stress oder Erholung, am Arbeitsplatz oder im Urlaub, stets werden wir von anderen Stimmungen geleitet, die uns die Umgebung in einem anderen Licht erscheinen lassen.

Auch das Lebensalter spielt dabei eine große Rolle. Was von einem Jugendlichen als anregende Farbe empfunden wird, kann für einen alten Menschen schreiend und abstoßend sein.

4.2.2 Symbolische Bedeutung der Farben

Jeder hat sich schon einmal grün und blau geärgert oder ist mit einem blauen Auge davongekommen. Von Verliebten behauptet man, sie sähen alles durch eine rosarote Brille und in der Werbung fahren wir rosigen Zeiten entgegen. Bei einem Vertragsabschluss sind wir erst zufrieden, wenn wir das Ergebnis schwarz auf weiß vorliegen haben. Und schon mancher hat sein blaues Wunder erlebt oder vor lauter Ärger rot gesehen.

Die Beispiele zeigen, dass Farben zu unserer sprachlichen Ausdrucksfähigkeit gehören.

Durch sie erhalten Redewendungen symbolische Bedeutung. Sachverhalte und Stimmungen lassen sich so kurz umschreiben.

Auch in der Farbgebung ordnen wir den Farben symbolische Bedeutung zu:

- Weiß gilt als Verkörperung des Reinen und Unschuldigen.
- Schwarz steht für Tod, Trauer, Gefühlskälte und Zurückgezogenheit, in Kombination mit Weiß für besondere Festlichkeit.
- Gelb stimmt als reine Farbe heiter, optimistisch und lebensfroh. Wir verbinden mit ihr die Farbe des Sommers und der Sonne. Gelbe Decken geben Räumen einen warmen, freundlichen Charakter. In ihrer Leuchtkraft dient Gelb zur Kennzeichnung.
- Rot symbolisiert Aggressivität, Kampf, Blut, Feuer und Aktivität. Rot strahlt Wärme aus. Im Verkehr signalisiert das Rot der Verkehrsampel „Stopp!" und bildet den Grundton von Verbotsschildern. Rot dient der Abwehr von Gefahren.
- Blau wirkt kühl, transparent, öffnet den Raum, symbolisiert Geist, Vernunft, Fantasie und Utopie. Blau gilt auch als Schutz- und Abwehrfarbe. So wird die Mutter Gottes häufig im blauen Kleid dargestellt oder Gebotsschilder sind in blauem Grundton gehalten.
- Grün steht für Natur, Leben, Freiheit, Jugend und Frische.

4.2.3 Farbwirkung – Kontraste

Durch die Kombination von Farben lassen sich bestimmte Farbwirkungen erzielen. Kontraste sind Farbwirkungen, die bestimmte Gegensätze zum Ausdruck bringen. Nach Itten unterscheiden wir sieben Kontraste:

♦ Komplementärkontrast
♦ Simultankontrast
♦ Hell-Dunkel-Kontrast
♦ Farbe-an-sich-Kontrast
♦ Kalt-Warm-Kontrast
♦ Qualitätskontrast
♦ Quantitätskontrast

Komplementärkontrast[1]

Im Farbkreis oder im Farbdreieck nach Goethe (siehe Kap. 8.7) enthalten die einander gegenüberliegenden Farben alle drei Grundfarben, wie die folgenden Beispiele zeigen:

Gelb – Violett   (Rot + Blau)
Rot – Grün   (Blau + Gelb)
Blau – Orange (Rot + Gelb)

Bei ihrer Mischung ergänzen sie sich zu einem dunklen Grau- bzw. Braunton. Sie werden daher als Komplementärfarben bezeichnet. Komplementäre Farbenpaare stehen in größtmöglichem Kontrast zueinander.

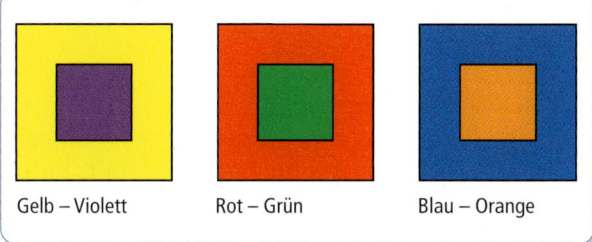

Gelb – Violett   Rot – Grün   Blau – Orange

1 Komplementärkontrast

> Ein Komplementärkontrast ist eine Komposition aus komplemtären Farbtönen. In ihrem Gegensatz steigern sich die Farben zu höchster Leuchtkraft.

Dabei zeigt sich, dass Gelb gegenüber Violett und Orange gegenüber Blau größere Leuchtkraft besitzen, wobei Gelb und Violett sich besonders stark in ihrer Leuchtkraft unterscheiden.
Grün und Rot dagegen unterscheiden sich in ihrer Leuchtkraft nicht.

Simultankontrast

2 Simultankontrast

Betrachten wir das weiße Quadrat auf schwarzem Grund und blicken dann weg, erscheint im Auge ein schwarzes Nachbild. Ein schwarzes Quadrat auf weißem Grund führt zu einem weißen Nachbild.
Das weiße Quadrat überstrahlt den schwarzen Grund und erscheint daher größer. Beim schwarzen Quadrat ist es gerade umgekehrt.
Wirken zwei Farbtöne zusammen, versucht jeder Farbton, den anderen in sein komplementäres Nachbild zu drängen. Die Farbtöne erscheinen verändert. Beispielsweise erscheint ein mittleres Grau gegenüber Schwarz hell und gegenüber Weiß dunkel.

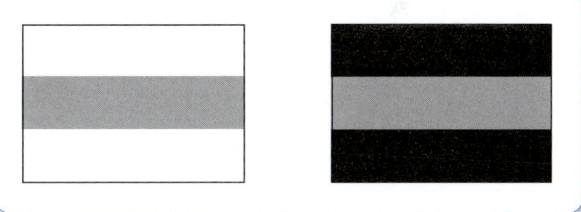

3 Scheinbare Änderung des Farbtons

> Als Simultankontrast bezeichnen wir die Erscheinung, dass unser Auge zu einer gegebenen Farbe immer gleichzeitig, d.h. simultan, ein komplementäres Nachbild erzeugt.

So erzeugt beispielsweise ein reines Rot ein grünes Nachbild oder ein reines Gelb ein violettes Nachbild. Dementsprechend erscheinen uns die Farben verändert.

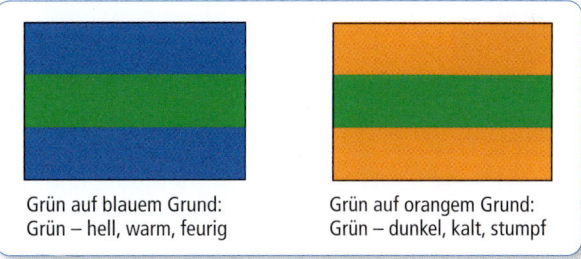

Grün auf blauem Grund:
Grün – hell, warm, feurig

Grün auf orangem Grund:
Grün – dunkel, kalt, stumpf

4 Änderung der Farbwirkung

---

[1] komplementär = ergänzen (lat. complere = anfüllen)

Die Änderung der Farbwirkung lässt sich mit bunten wie unbunten Farbkombinationen zeigen.

So erscheint ein grauer Streifen auf violettem Grund mit hellgrünem Schimmer, ein gleichgrauer Streifen auf hellgrünem Grund mit violettem Schimmer.

Ein rotvioletter Streifen auf Blau wirkt heller und rötlicher, das gleiche Rotviolett auf Orange dagegen dunkel und blaustichig.

Kombinieren wir Rot und Grün in voller Sättigung, so entsteht ein unangenehmer Flimmereffekt.

1 Flimmereffekt

Es scheint, als ob die Unruhe, das Flimmern und Vibrieren, auf einen Machtkampf zwischen den Farben zurückzuführen sei.

Der Flimmereffekt zwischen Rot und Grün entsteht durch ihre Leuchtkraft und gleiche Helligkeit.

Hell-Dunkel-Kontrast

2 Hell-Dunkel-Kontrast

Tag und Nacht, Hell und Dunkel, Vordergrund und Hintergrund, Höhen und Tiefen symbolisieren scharfe Gegensätze. Licht und Schatten geben dem Raum Tiefe und Körpern eine räumliche Wirkung. Tragende Bauteile gestalten wir dunkel und heben sie gegenüber ihrer hellen Umgebung hervor. Wir symbolisieren so

beispielsweise die Stabilität und Tragfähigkeit eines Fachwerks, dessen Holzkonstruktion dunkel, der füllende Putz oder das Mauerwerk hell dargestellt wird. Schwarze Schrift auf weißem Papier ermöglicht die beste Lesbarkeit.

> Mit einen Hell-Dunkel-Kontrast lassen sich Gegensätze verdeutlichen, klare Abgrenzungen treffen und räumliche Wirkungen erzielen.

Im unbunten wie im bunten Bereich gehört der Hell-Dunkel-Kontrast zu den stärksten Ausdrucksmitteln.

Farbe-an-sich-Kontrast

3 Farb-an-sich-Kontrast

Farben in ihrer ungetrübten Frische bringen die Symbolkraft der Farben zum Leuchten. Lebendigkeit, Jugendlichkeit, Freude und Trauer, Vielfalt, Natur, Kraft und Bewegung lassen sich ausdrucksvoll hervorheben.

> Im Farb-an-sich-Kontrast können die Farben ungetrübt in ihrer stärksten Leuchtkraft nebeneinander verwendet werden. Ihre Ausdruckskraft und symbolische Bedeutung wird voll zur Geltung gebracht.

Kalt-Warm-Kontrast

Farben können als kalt oder warm empfunden werden. Je nach Kombination der Farben wird dies jedoch sehr unterschiedlich wahrgenommen. Generell werden Gelb, Gelborange, Orange, Rotorange, Rot und Rotviolett als warme, Gelbgrün, Grün, Blaugrün, Blau, Blauviolett und Violett als kalte Farbtöne bezeichnet. Als kälteste Farbe gilt Blaugrün, als wärmste Rotorange.

Die Wandgestaltung im abgebildeten Mehrzweckraum des Stuttgarter Planetariums zeigt einen Kontrast zwischen warmen und kalten Farbtönen. Die ausstrahlenden warmen Farbtöne in der Mitte werden zu den raumöffnenden kalten Randflächen hin abgestuft.

1 Kalt-Warm-Kontrast

> Durch einen Kalt-Warm-Kontrast lassen sich u. a. Empfindungen wie fern und nah, leicht und schwer, beruhigend und erregend, schattig und sonnig vermitteln. Rotorange und Blaugrün sind die Pole des Kalt-Warm-Kontrastes.

Qualitätskontrast

In der Farbgestaltung wird die Farbqualität nach dem Reinheits- und Sättigungsgrad beurteilt. Reine, gesättigte Farben wirken leuchtend, ungesättigte dagegen trüb und stumpf.

> Beim Qualitätskontrast werden reine, gesättigte Farbtöne ungesättigten Farbtönen gegenübergestellt.

2 Qualitätskontrast (drei leuchtende Farben gleicher Helligkeit gemischt mit neutralen Grautönen)

Durch einen Qualitätskontrast wird den gesättigten Farben ihre Schärfe genommen. Sie verlieren ihre Leuchtkraft, gewinnen aber an Tiefe. Sie wirken zurückhaltend, so als würden sie ein inneres Licht ausstrahlen.

Quantitätskontrast

> Beim Quantitätskontrast stellt man kleine Farbflächen großen gegenüber.

Dabei beeinflussen die Leuchtkraft der einzelnen Farbe und die Größe der Farbfläche die Farbwirkung.

4.2.4 Gewichtung der Farben

Will man reine Farbtöne in einem ausgewogenen Verhältnis einander gegenüberstellen, hat Goethe für die komplementären Farbenpaare einfache Lichtwerte herausgearbeitet, die sehr brauchbare Flächenverhältnisse ergeben.

Gelb   : Violett = 1 : 3
Orange : Blau   = 1 : 2
Rot   : Grün   = 1 : 1

3 Harmonische Flächen

Durch ihre Ausgewogenheit bezeichnen wir diese Flächenaufteilung als harmonisch.

4.2.5 Matte und glänzende Flächen

Bei einer glänzenden Fläche werden die auftreffenden Lichtstrahlen gleichgerichtet zurückgestrahlt. Es zeigt sich ein klares, abgegrenztes Abbild der Fläche.

LF 4

Hochglänzende, dunkle Oberflächen betonen die Körperformen eines Gegenstandes durch Reflexionen und Abbildungen der Schatten. Sie wirken glatt, hart und kalt.

Bei einer matten Fläche werden durch die unebene Oberfläche die Lichtstrahlen diffus, d. h. unbestimmt oder nicht gleichgerichtet zurückgestrahlt. Es entsteht eine unscharfe, matt aussehende Oberfläche.

Matte Oberflächen erscheinen zurückhaltender und weicher. Sie lassen z. B. Unebenheiten von Wänden und Decken nicht sichtbar werden. Sie wirken rauer, weicher und wärmer.

1 Hochglänzend   *2 Matt*

4.3 Farbgestaltung in Räumen

In Räumen will sich der Mensch wohlfühlen. Hier sind aufregende, spannungsgeladene Farbtöne zu vermeiden. Farben, Beleuchtung, Möbel, architektonische Gestaltungselemente usw. müssen aufeinander abgestimmt sein. Warme Farben beeinflussen zwar nicht das tatsächliche Raumklima, wohl aber die psychologische Empfindung der ausstrahlenden Wärme. Kalte Farbtöne vermitteln den Eindruck distanzierter, kalter Sachlichkeit. Je nach dem Eindruck, der vermittelt werden soll, werden eher warme oder kalte Farbtöne in der Farbgestaltung gewählt.

Größenwirkung eines Raumes

Die Farbgestaltung kann die Größenwirkung eines Raumes beeinflussen. Die in Bild 3 dargestellten Farbvarianten verdeutlichen diesen Zusammenhang.

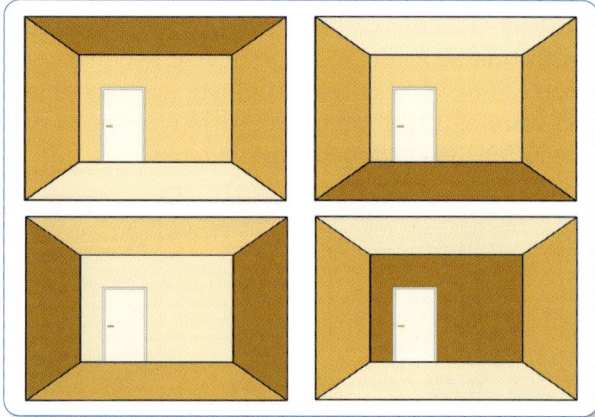

3 Veränderung der Raumwirkung durch Farbgestaltung

Damit können wir optische Korrekturen in Innenräumen vornehmen, bei denen die Abmessungen in einem ungünstigen Verhältnis zueinander stehen.

Helle Decken und senkrecht gemusterte Wände lassen einen Raum höher erscheinen.
Dunkel abgetönte Decken drücken einen Raum.

Wir empfinden den Raum bei dunklen Decken optisch niedriger. Dieser Eindruck wird noch verstärkt, wenn der Deckenanstrich als Fries in die Wände herabgezogen wird.

Dunkle Farbtöne kommen auf uns zu, verengen den Raum und machen ihn optisch kleiner bzw. niedriger. Helle Farben hingegen weiten einen Raum. Horizontal gemusterte Wände ziehen einen Raum in die Breite, darum wirkt er auch niedriger. Durch entsprechende Farben im Fußbodenbelag kann die Wirkung der Decken- und Wandfarben noch unterstützt werden.

Beispiele für Farbgestaltungen

4 Fabrikhalle

1 Arbeitszimmer und Wohnraum

2 Wohnzimmer

3 Korrosionsschutz und Farbgestaltung in einem Kraftwerk

4 Die blaugrünen Wände wirken kühl und vermitteln Ruhe.

LF 4

Aufgaben

1. Wodurch unterscheiden sich Farbreize von Farbempfindungen?
2. Erklären Sie, warum Farbempfindungen von der persönlichen Stimmung abhängig sind.
3. Wie stellt man durch Farben gleicher Ausmischung eine Farbharmonie her?
4. Welche symbolische Bedeutung haben die Farben Gelb, Rot und Blau?
5. Nennen Sie die Farbkontraste nach Itten.
6. Welche Auswirkung hat ein Simultankontrast?
7. Wie entsteht ein Flimmereffekt?
8. Welche Farben stehen sich beim Kalt-Warm-Kontrast gegenüber?
9. Aus welchen Gründen gestalten wir Oberflächen matt oder glänzend?
10. Wie können hohe, schmale Räume optisch niedriger gestaltet werden?
11. Wodurch können Sie die Tiefe eines Raumes optisch vergrößern?

Zur praktischen Anwendung

1. Stellen Sie zwei Flächengliederungen mit gleicher Flächeneinteilung her und gestalten Sie die eine mit Farben gleicher Helligkeit, die andere mit Farben gleicher Sättigung. Beurteilen Sie die Farben der Farbharmonien und überlegen Sie, wo Sie diese in der Farbgestaltung einsetzen können.
2. Untersuchen Sie Gemälde verschiedener Zeitepochen, z. B. anhand von Kunstmappen, nach vorhandenen Farbkontrasten. Überlegen Sie, warum der Künstler den entsprechenden Farbkontrast gewählt hat.

4.4 Formgebung

4.4.1 Gestaltungskräfte

Bisher haben wir die Farb- und Materialauswahl als wichtiges Gestaltungselement kennengelernt. In der Gestaltung spielt aber auch die Form der einzelnen Gestaltungselemente, ihre innere Beziehung und Anordnung eine große Rolle. Wir unterscheiden drei Gestaltungskräfte:

♦ Kontrast
♦ Dynamik
♦ Rhythmus

1 Kontrast

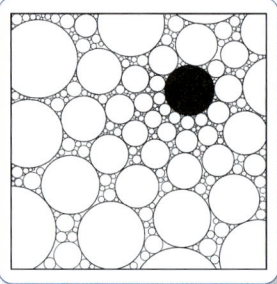

2 Dynamik

3 Rhythmus

4.4.2 Strukturen

Ordnen wir die Elemente einer Form nach einer bestimmten Grundidee, entsteht eine Struktur der Formgebung.

> Die innere Gliederung, der Aufbau und die Anordnung der Formen bezeichnen wir als Struktur.

Jede Form kann man auf Punkt-, Linien- und Flächenstrukturen zurückführen.

Punktstrukturen dienen in der Drucktechnik u. a. zur Herstellung von Rastern. Dadurch lassen sich die Farbtöne abgrenzen und feine Farbtonabstufungen erzielen.

Als einfachste geometrische Grundform werden Punktstrukturen häufig bei der Gestaltung von Tapeten und Stoffen, als Stilelement in der Werbung und als Grundform bei Flächengestaltungen angewendet.

Punktstrukturen lassen sich sehr vielseitig anordnen:

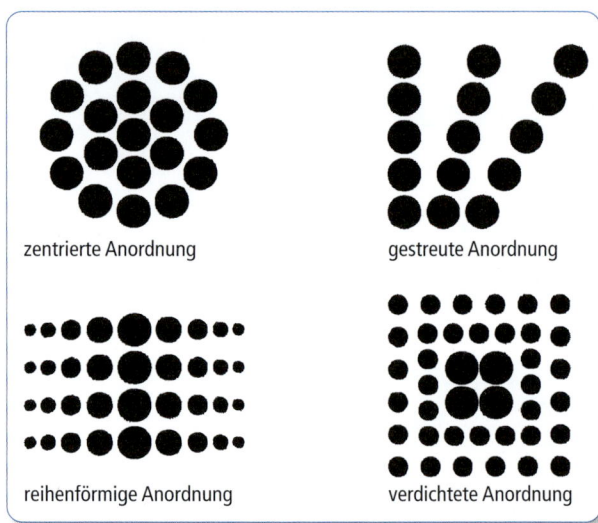

4 Punktstrukturen

Linien sind Grundelemente im zeichnerischen Gestalten, z. B. im technischen Zeichnen, bei Skizzen, Aufrissen oder bei kunsthandwerklichen Radierungen. Im zeichnerischen Gestalten unterscheiden wir:

♦ Linien unterschiedlicher Dicke
♦ Linien verschiedener Abstände
♦ punktierte Linien
♦ gestrichelte Linien
♦ strichpunktierte Linien
♦ Freihandlinien

4.4.3 Linienarten nach DIN EN ISO 128-20

Wichtige Linienarten und deren Verwendung:

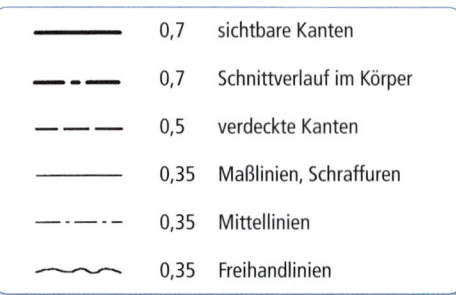

	0,7	sichtbare Kanten
	0,7	Schnittverlauf im Körper
	0,5	verdeckte Kanten
	0,35	Maßlinien, Schraffuren
	0,35	Mittellinien
	0,35	Freihandlinien

5 Linienarten

LF 4

Mit Linien lassen sich viele Gestaltungselemente entwickeln. Dabei unterscheiden wir folgende Gestaltungselemente:

♦ Schraffuren
♦ Gitter
♦ Netze
♦ Bänder
♦ Bündelungen
♦ Überlagerungen
♦ Strukturen
♦ Flächen

Die folgenden Abbildungen zeigen einfache Beispiele für eine Bündelung, eine Überlagerung und die Entwicklung eines Bandes.

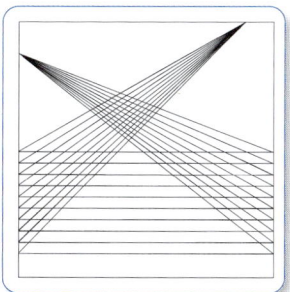 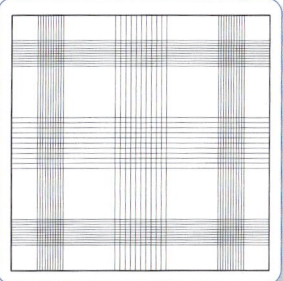

1 Bündelung   *2 Überlagerung*

Bei einer Bündelung werden die Linien an bestimmten Punkten zusammengeführt bzw. gebündelt.
Bei einer Überlagerung überschneiden sich die verschiedenen Linien und kommen unterschiedlich stark zur Geltung.
In unserem Beispiel kreuzen sich waagrechte und senkrechte Linien und bilden an den Überlagerungsstellen mehr oder weniger feine Gitterstrukturen. Durch ihre symmetrische Anordnung ist es leicht vorstellbar, diese Gliederung nach allen Seiten wiederholt fortzusetzen, sodass eine entsprechende Linienstruktur entsteht.

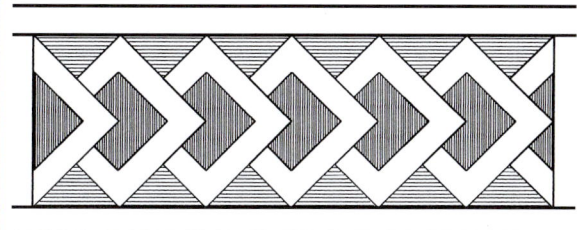

3 Entwicklung einer Randverzierung

Die dargestellte Randverzierung lässt sich als Band fortsetzen. Sie enthält Linienschraffuren und überlagerte Flächen als Gestaltungselemente.

> Linien- und Flächenstrukturen sind Anordnungen von gleichen oder verschiedenen Gestaltungselementen aus Linien bzw. Flächen, die sich nach bestimmten Regeln über die gesamte Fläche fortsetzen bzw. wiederholen.

Flächenstrukturen lassen sich in geometrische, natürliche, abstrakte und symbolhafte Strukturen einteilen.

4.4.4 Ornamente

Ornamente sind Schmuckelemente. Sie sind reines Zierwerk für beliebige Träger und Untergründe.

> Ornamente sind aneinandergereihte, sich ständig wiederholende Formen oder Strukturen.

Eier- Perlstab

Mäander

Flechtbad

Korbschnitt

Laufender Hund

Blatt-Rauten-Band

Kettenband

Zierleiste Jugendstil

4 Historische Ornamentformen

Aufgaben

1. *Nennen Sie einen Kontrast in der Formgebung.*
2. *Wodurch ist eine Struktur in der Formgebung gekennzeichnet?*
3. *Nennen Sie vier verschiedene Punktstrukturen.*
4. *Nennen Sie die Linienarten nach DIN EN ISO 128-20 und geben Sie die jeweilige Strichstärke an.*
5. *Aus welchen Gestaltungselementen lassen sich Linien und Flächenstrukturen herstellen?*
6. *Wozu werden Ornamente eingesetzt?*

LF 4

4.5 Grundlagen der Schrift

4.5.1 Sprache und Schrift

Die lateinische Sprache prägte wie keine andere die Kultur Europas. Sie diente bis ins ausgehende Mittelalter als länderübergreifendes Verständigungsmittel. Die Fachbegriffe der Medizin werden noch heute in Latein ausgedrückt. Viele unserer gebräuchlichen Wörter entstammen dem Latein.

Auch ist die von den Römern entwickelte Schrift das Vorbild und die Ausgangsform der europäischen Schriften. Da sie nur aus Großbuchstaben besteht, wird sie *Capitalis* genannt. In ihrer Klarheit und Formvollendung ist sie bis heute unübertroffen.

RÖMISCHE KAPITALSCHRIFT

1 Capitalis Quadrata

4.5.2 Romanische Schriften

Frühchristliche Schriften, wie die *Unziale* und *Halbunziale,* verbreiteten sich durch die Ausdehnung des Christentums im ganzen Abendland. Sie haben bis heute Bestand.

Im 8. Jh. entstand unter Karl dem Großen die wahrscheinlich von Alcuino von York geschaffene *karolingische Minuskel*. Durch die gerundeten Formen ist sie schnell und bequem zu schreiben. Die Ober- und Unterlängen der einzelnen Buchstaben stehen in einem ausgewogenen Verhältnis zueinander und verbessern so die Lesbarkeit. Gleichzeitig wurde die Silben- und Worttrennung eingeführt.

UNCIALE   halbunciale
karolingische minuskel

2 Romanische Schriften

Die Buchmalerei widmete sich vor allem der christlichen Literatur und der des Altertums.

Bücher waren kostbar. Sie wurden von Hand in den Schreibstuben der Klöster abgeschrieben. Dabei wurden die Initialen (Anfangsbuchstaben) kunstvoll verziert und mit handgemalten Miniaturen (kleinen Bildern) ergänzt. Die Einbände aus Leder, Edelsteinen und Goldschmiedearbeiten wurden prunkvoll gestaltet.

3 Romanische Buchmalerei (Der Evangelist Lukas ist der Schutzpatron der Maler.)

4.5.3 Gotische Schriften

Die karolingische Minuskel wird durch den Stilwandel von der Romanik zur Gotik ebenfalls verändert. Alle geraden und gerundeten Formen werden steil aufgerichtet und gebrochen.

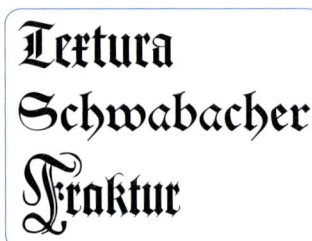

4 Gebrochene Schriften

4.5.4 Schrift der Renaissance

In der *Antiqua* werden die Versalien (Großbuchstaben) der römischen Capitalis durch Minuskeln ergänzt. Die *Fraktur* wird zeitgemäß angepasst.

5 Humanistische Schrift

4.5.5 Schriften im Barock

Passend zum Stil des Barocks und Rokokos entstand die Kursivschrift. Die zum Teil stark verschnörkelten Auf- und Abschwünge der Großbuchstaben wurden von der Schreibschrift aufgenommen. Die Fraktur wurde dem Geschmack der Zeit entsprechend angepasst.

1 Barocke Schriften

4.5.6 Schriften im 19. Jahrhundert

Aus England kommen mit der *Egyptienne* und der *Grotesk* zwei neue Schriften. Beide entstammen der Linear-Antiqua, wobei die Egyptienne serifenbetont, die Grotesk dagegen serifenlos ist. Die Schriften des Jugendstils sind dagegen völlige Neuschöpfungen.

2 Schriften z. Z. des Klassizismus

3 Schriften z. Z. des Jugendstils

4.5.7 Moderne Schriften

Die heutigen Schriften stellen meist variationsreiche Abwandlungen der Antiqua-, Egyptienne-, Grotesk- und von Schreibschriftformen dar.

4 Moderne Schriften

4.6 Grundlagen des technischen Zeichnens

4.6.1 Bemaßung

Bei der täglichen Arbeit wird von Malern und Lackierern häufig verlangt, dass sie Beschichtungsflächen berechnen, bevor diese praktisch bearbeitet werden. In diesen Fällen müssen die Maße aus Bauzeichnungen entnommen werden. Maler und Lackierer müssen diese Bauzeichnungen lesen können.

Bei den Maßen aus der Zeichnung handelt es sich um die *Konstruktionsmaße*, während beim Aufmessen am Objekt die *Fertigmaße* ermittelt werden.
In der DIN 1356-1 sind die Grundlagen für Bauzeichnungen enthalten. Maler und Lackierer müssen für die Aufmaßtechnik insbesondere die *Bemaßung* von Zeichnungen beherrschen.

Rechenregeln mit Beispiellösung

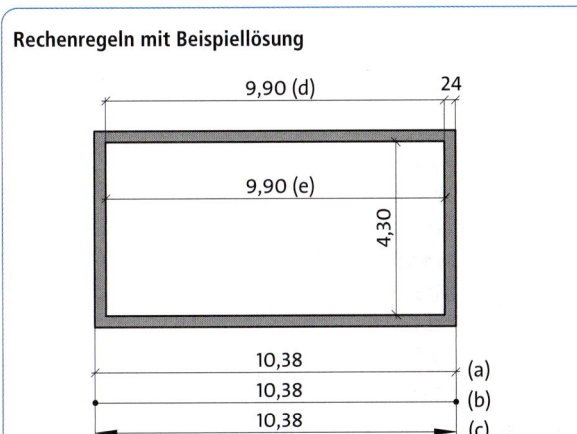

Maße werden mit **Maßlinien**, die durch 45°-Striche (a), Punkte (b) oder Pfeile (c) begrenzt sind, angegeben. **Maßzahlen** werden in der Regel als Dezimalzahlen in m geschrieben, Werte unter 1,00 m als cm.

Das **lichte Maß** von Räumen kann außen (d) oder innen (e) angegeben werden.

$A = 9{,}90 \cdot 4{,}30$

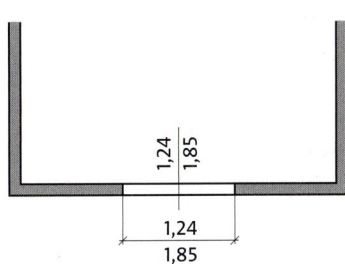

Maße von Öffnungen (Fenster, Türen) können auf zwei Arten angegeben werden. Dabei steht das Breitenmaß oben und das Höhenmaß unten.

Es gelten die kleinsten Lichtmaße.

Fenster: $A = 1{,}24 \cdot 1{,}85$

5 Bemaßung in Bauzeichnungen

4.6.2 Maßstab

Maler und Lackierer müssen Bauzeichnungen lesen können, d. h., sie müssen Maße daraus entnehmen und errechnen. Im beruflichen Alltag wird sowohl mit maßstäblich verkleinerten Plänen und Zeichnungen (meist Bauzeichnungen) gearbeitet als auch mit Vorlagen (z. B. für Logos oder Beschriftungen), die im Maßstab zu vergrößern sind.

LF 4

Die wirkliche Länge wird als *Wirklichkeitsmaß* (WM) bezeichnet, die gezeichnete Länge als *Zeichnungsmaß* (ZM). Zueinander ins Verhältnis gesetzt, bestimmen diese Größen das Verkleinerungs- bzw. das Vergrößerungsverhältnis (M 1 : n bzw. M n : 1), den *Maßstab* (M).

Maßstäbe sind Proportionen und werden wie folgt gelesen:

Verkleinerungen:

> *M 1 : 100 Maßstab 1 zu 100*

Vergrößerungen:

> *M 5 : 1 Maßstab 5 zu 1*

Bauzeichnungen sind üblicherweise in den Maßstäben 1 : 200, 1 : 100, 1 : 50 verkleinert, besondere Details in den Maßstäben 1 : 10 bzw. 1 : 5. Oft verwendete Vergrößerungsmaßstäbe sind 2 : 1, 5 : 1 und 10 : 1.

Rechenhilfen mit Beispiellösungen*)

Das **Zeichnungsmaß** kann aus dem Wirkklichkeitsmaß errechnet werden:	Mit Maßstäben rechnen (Rechenbeispiele)
bei Verkleinerungen durch **TEILEN** bei Vergrößerungen durch **MALNEHMEN**	20 cm : 10 = 2 cm

Das **Wirklichkeitsmaß** kann aus dem Zeichnungsmaß errechnet werden:

bei Verkleinerungen durch **MALNEHMEN** bei Vergrößerungen durch **TEILEN**	2 cm · 10 = 20 cm

Maßstabsrechnungen können auch mithilfe von **Proportionen** gelöst werden:

a)
$1 : 5 = 8\ \text{cm} : x$
$1 \cdot x = 5 \cdot 8\ \text{cm}$
$\dfrac{5 \cdot 8\ \text{cm}}{1} = 40\ \text{cm}$

b)
$x : 5 = 60\ \text{cm} : 4\ \text{cm}$
$1 \cdot x = 1 \cdot 60\ \text{cm}$
$\dfrac{1 \cdot 60\ \text{cm}}{4\ \text{cm}} = \dfrac{60}{4} = \dfrac{15}{1}$
$x = 15 : 1$

Ebenso können **Maßstabsrechnungen** mithilfe von **Formeln**)** gelöst werden:

Maßstab***) $M = \dfrac{ZM}{WM}$ $\dfrac{ZM}{M \cdot MW}$

Zeichnungsmaß $ZM = WM \cdot M$ $M = \dfrac{ZM}{WM} = \dfrac{4\ \text{cm}}{60\ \text{cm}} = \dfrac{1}{15} = 1 : 15$

Wirklichkeitsmaß $WM = \dfrac{ZM}{}$ $WM = \dfrac{ZM}{M} = \dfrac{40\ \text{cm}}{\frac{5}{1}} = \dfrac{40\ \text{cm}}{5} = 8\ \text{cm}$

*) Die Lösungen der Beispiele zeigen, dass Aufgaben zum Maßstabsrechnen auf verschiedene Weisen gelöst werden können.
**) Rechnerische Umstellung von (Formel-)Gleichungen:
    Aus $M = ZM/WM$ (folgt durch I · *WM*)
    $ZM = WM \cdot M$ (daraus durch I : *M*)
    $WM = ZM/M$ (daraus die Ausgangsgleichung durch I · *M* I : *WM*)
***) Üblicherweise wird der Maßstab als Proportion dargestellt (1 : 15), ebenso ist die Darstellung als gebrochene Zahl möglich (als Bruchzahl $^1/_{15}$ bzw. als Dezimalzahl 0,067). Letzteres kann beim Rechnen mit dem Maßstab hilfreich sein.

4.6.3 Abwicklung

Beschichtungsflächen entsprechen sehr oft den Oberflächen von Körpern. Wenn Flächen in der gleichen Technik bearbeitet werden, so sind sie auch zusammen aufzumessen. Dies gilt besonders für Räume und Fassaden.

Wie bei der Berechnung von Körperoberflächen werden auch bei der Wandflächenberechnung die Flächen wie ein Mantel abgewickelt.

Rechenregel mit Beispiellösung

Zeichnerische Abwicklung der Wandflächen:

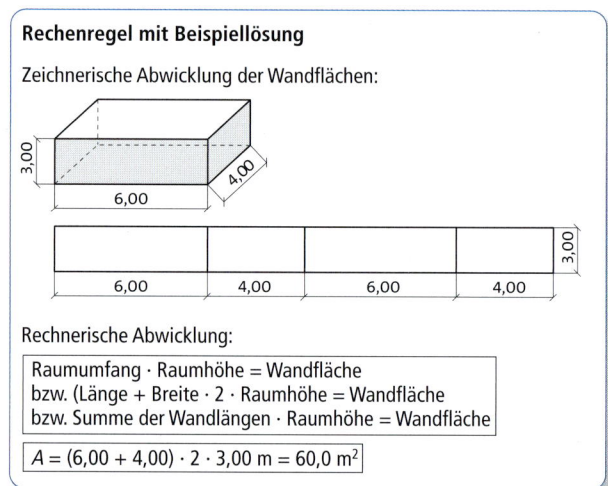

Rechnerische Abwicklung:

> Raumumfang · Raumhöhe = Wandfläche
> bzw. (Länge + Breite · 2 · Raumhöhe = Wandfläche
> bzw. Summe der Wandlängen · Raumhöhe = Wandfläche
>
> $A = (6,00 + 4,00) \cdot 2 \cdot 3,00\ \text{m} = 60,0\ \text{m}^2$

1 Beispiel zur Abwicklung einer Wandfläche

Auch bei der Berechnung von Fassadenflächen ist es üblich, diese abzuwickeln, falls sie rundum beschichtet werden.

Rechenregel mit Beispiellösung

1. Zeichnerische Abwicklung:

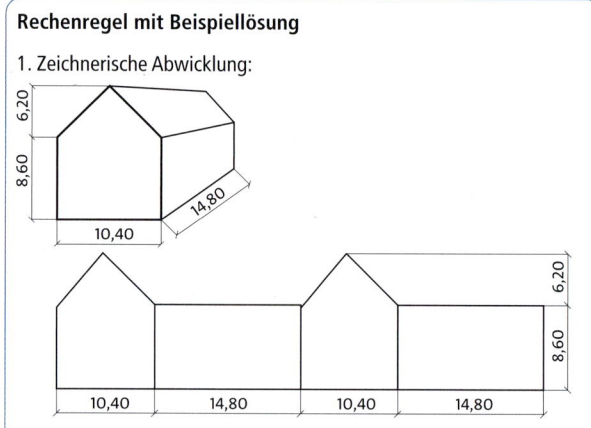

Einzelne Fassadenflächen werden wie normale Wandflächen berechnet. Mehrteilige Fassadenflächen werden abgewickelt. Zusammengesetzte Flächen werden in berechenbare Einzelflächen zerlegt und addiert.

2. Rechnerische Abwicklung:

> $A = (14,80 + 10,40) \cdot 2 \cdot 8,60 + 2 \cdot \dfrac{10,40 \cdot 6,20}{2} = 497,92\ \text{m}^2$

2 Beispiel zur Abwicklung einer Fassadenfläche

4.6.4 Vergrößerungsverfahren

Zum Vergrößern von Vorlagen in manueller Technik werden vorrangig zwei Verfahren genutzt:

Gitternetzverfahren

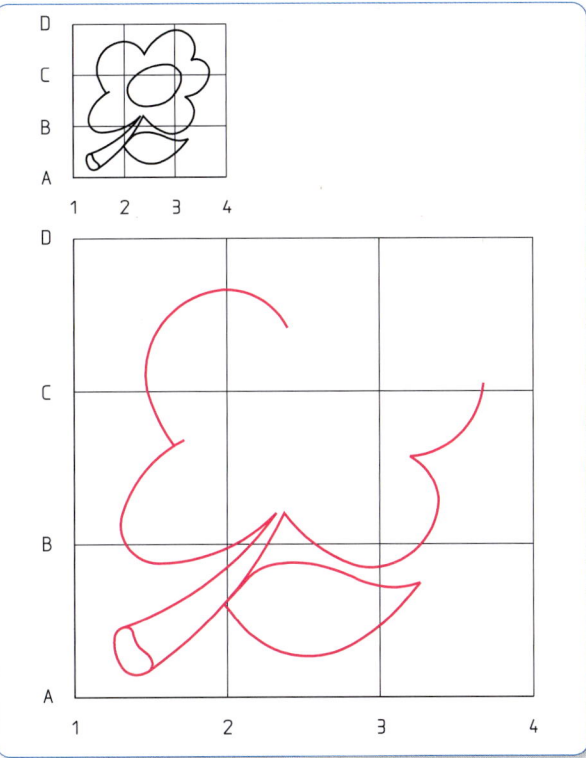

1 Gitternetzverfahren

Über die zu vergrößernde Vorlage (im Bild oben) wird ein Gitternetz gezeichnet. Die Endpunkte der waagerechten Linien werden dann mit Buchstaben bezeichnet, die Endpunkte der senkrechten Linien mit Zahlen. Danach wird auf einem ausreichend großen Blatt das Vergrößerungsgitternetz im gewünschten Maßstab gezeichnet und wie das erste Gitternetz beschriftet. Nun werden die Schnittpunkte der Vorlagezeichnung mit den Gitternetzlinien auf das Vergrößerungsgitternetz übertragen und die Schnittpunkte miteinander verbunden.

Wenn sehr feine Details zu übertragen sind, muss das Gitternetz in geeigneter Weise kleiner eingeteilt werden.

Diagonalverfahren (Strahlensatz)

Zuerst wird über die zu vergrößernde Vorlage ein Rechteck mit den Eckpunkten A, B, C und D gezeichnet. Die Diagonale vom „Ursprung" (A) wird durch den Eckpunkt C gezeichnet und verlängert.

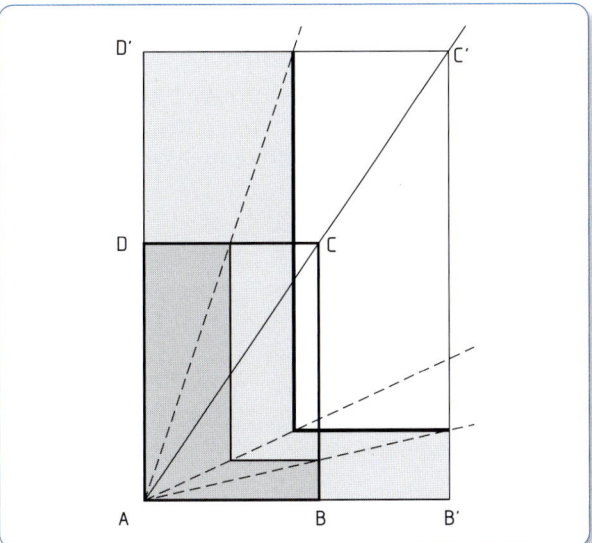

2 Diagonalverfahren

Dann werden die Seiten $\overline{AB}$ und $\overline{AD}$ verlängert und je nach gewünschtem Maßstab zum Vergrößerungsrechteck mit der Diagonalen vervollständigt. Auf diese Weise entstehen die Punkte A´, B´, C´ und D´.

Jetzt werden ausgehend vom „Ursprung" (A) „Strahlen" durch die Eckpunkte der Vorlage gezeichnet und verlängert.

Schließlich werden durch die Schnittpunkte der verlängerten „Strahlen" mit dem Vergrößerungsrechteck senkrechte bzw. waagerechte Parallelen zu den Rechteckseiten eingezeichnet.

4.6.5 Sonstige Vergrößerungsverfahren

Großflächige Vergrößerungen sind mithilfe von Beamern und Schneideplottern möglich.

Vergrößerungen können auch mittels moderner Kopiergeräte in Farbe hergestellt und beliebig oft reproduziert werden.

Durch die CAD-Technik (Computer Aided Design) sind die früher üblichen Reproduktionsverfahren, wie z.B. „Lichtpausen", zurückgedrängt worden. Heute können Vorlagen mit einem Scanner eingescannt bzw. als Digitalfoto eingelesen und im PC weiterbearbeitet werden. Plotter reproduzieren in kurzer Zeit ebenso wie Tintenstrahl- oder Laserdrucker beliebig viele Kopien. Bei der Beschriftung unter Verwendung von Schneideplottern ergeben sich umfangreiche Gestaltungsmöglichkeiten (siehe Kapitel 12.1.5).

LF 4

4.6.6 Proportionslehre: Der Goldene Schnitt

Eine Proportion ist ein Maßverhältnis zwischen zwei Größen. Eine als besonders harmonisch empfundene Proportion ist der in der Antike entwickelte und in der Renaissance wiederentdeckte „Goldene Schnitt":

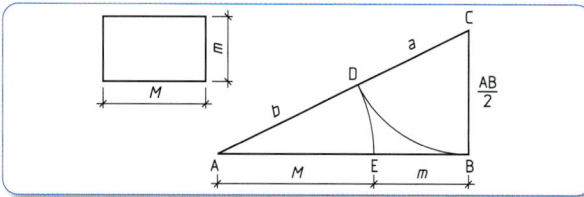

1 Konstruktion des Goldenen Schnitts

Bei dieser harmonischen Proportion ist das Maßverhältnis zwischen dem „Major" (M) und dem „Minor" (m) wie folgt festgelegt: $M : m = a : b = b : (a + b)$.

Beispiele für Streckenverhältnisse, die nach dem Goldenen Schnitt geteilt sind: $3 : 5, 5 : 8, 8 : 13, 13 : 21, 21 : 34, \ldots$

Im Jahr 1946 näherte sich Le Corbusier mit seiner als „Modulor" bezeichneten Proportion in Anlehnung an den menschlichen Körper dem Goldenen Schnitt:

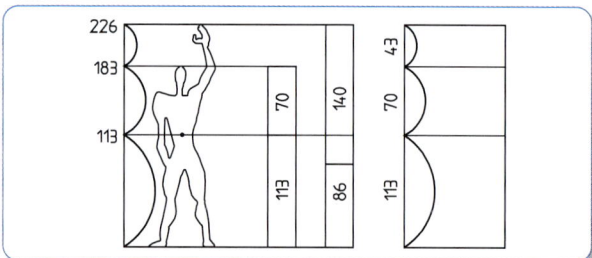

2 „Modulor" von Le Corbusier

Aufgaben

1. Ordnen Sie die Abwicklungen den Gebäudezeichnungen zu. Berechnen Sie anschließend die zwei Fassadenflächen.

a)

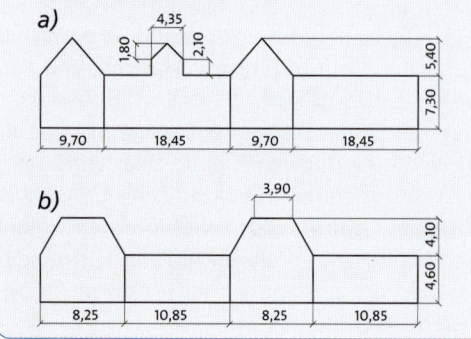

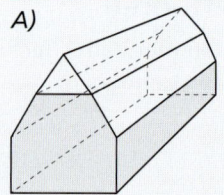
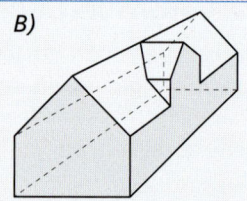

A)   B)

2. Zeichnen Sie die Vierecke und bemaßen Sie diese normgerecht:
   a) Rechteck: 8,00 m lang und 5,30 m breit, M 1:50 und M 1:100
   b) Quadrat: 3,70 m Seitenlänge, M 1:50 und M 1:20
   c) Rechteck: 2,5 cm lang und 1,7 cm breit, M 2:1 und M 5:1
   d) Quadrat: 3,5 cm Seitenlänge, M 2:1 und M 5:1

3. Berechnen Sie das jeweilige Zeichnungsmaß (ZM), wenn die Maßstäbe und die Wirklichkeitsmaße (WM) gegeben sind:
   M 1:10, WM= a) 2,71 cm   b) 3,75 cm c) 8,55 cm
   M 1:20, WM= a) 5,25 m   b) 2,77 m c) 1,79 m
   M 1:50, WM= a) 2,75 m   b) 4,02 m c) 7,75 m
   M 2:1, WM= a) 3,5 cm   b) 2,1 cm c) ,044 cm
   M 5:1, WM= a) 12,5 cm   b) 46 cm   c) 1,10 m

4. In welchem Maßstab (M) wurde jeweils verkleinert bzw. vergrößert?
   a) WM = 7,50 m   ZM = 75 cm
   b) WM = 5,00 m   ZM = 1,00 m
   c) WM = 1,25 m   ZM = 12,5 cm
   d) WM = 15 cm   ZM = 3,00 m
   e) WM = 72 cm   ZM = 3,60 m
   f) WM = 19 cm   ZM = 76 cm

5. Wie groß ist das jeweilige Wirklichkeitsmaß (WM), wenn die Maßstäbe (M) und die Zeichnungsmaße (ZM) gegeben sind?
   M 1:5, ZM=   a) 20 cm   b) 25 cm   c) 47,5 cm
   M 1:50, ZM= a) 4,5 cm b) 6,2 cm c) 13,7 cm
   M 3:1, ZM=   a) 16 cm   b) 28 cm   c) 0,68 m
   M 10:1, ZM= a) 18 cm   b) 39 cm   c) 48 cm

Zur praktischen Anwendung

Vergrößern Sie das Logo Ihres Ausbildungsbetriebes
a) im M 3:1 mit dem Gitternetzverfahren,
b) im M 2:1 mit dem Diagonalverfahren.

LF 4

Kundenauftrag

TELEFONNOTIZ

Malerbetrieb Roth GmbH
Gewerbepark 136
45131 Essen
fon 0201 4867-12
fax 0201 4867-14
e-mail: info@Malerbetrieb-roth.de
www.Malerbetrieb-roth.de

Gesprächspartner: Datum: 17.08.20xx

RA Dr. Thorsten Kassner
Oststr. 124
26789 Leer/Osfriesl.
Tel. 0491-4923098

Gesprächsinhalt:

– Betonschäden (Fassade) sanieren
– Bodenbeschichtung (Tiefgarage) erneuern
– Brandschutzbeschichtung (Stahlstützen in der Tiefgarage)

Objektbeschreibung

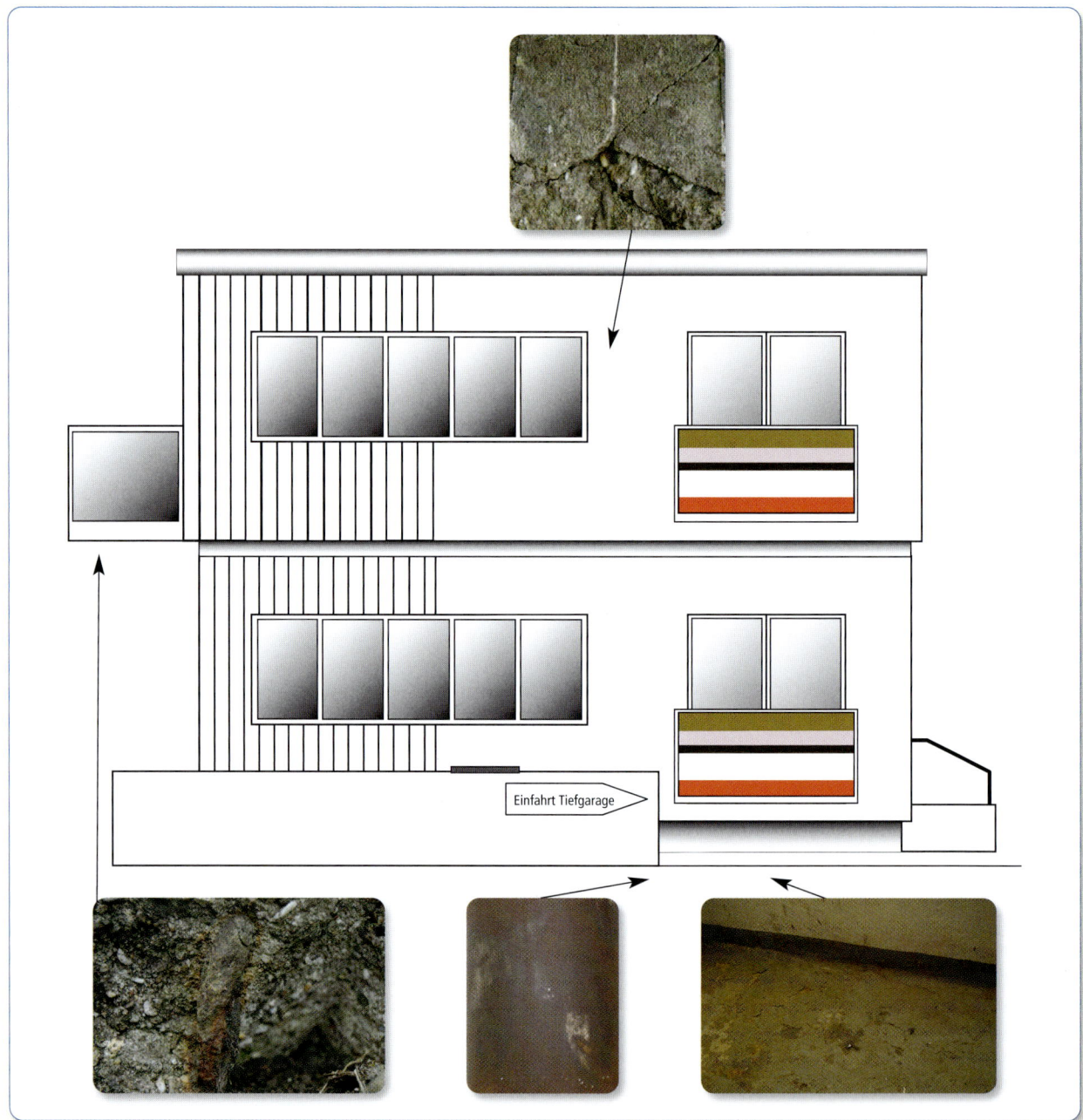

1 Gesamtansicht mit Schadensbildern

Fassadenfläche (Beton):

- Stahlbeton XC4
- Risse und Betonabsprengungen
- frei liegender Bewehrungsstahl, stark rostig

Tiefgarage:

- Betonboden, vorhandene Altbeschichtung 2K-Epoxidbeschichtung, Farbton RAL 7032 (Kieselgrau), abblätternd und teilweise abgelaufen
- vier frei stehende Stahlstützen aus unbeschichtetem Rundrohr, Außendurchmesser 25 cm, Höhe (Boden bis Decke) 3,30 m, geforderte Feuerwiderstandsklasse F 30

Informationsbeschaffung

Um mit der Bearbeitung dieses Kundenauftrags beginnen zu können, sollten Sie sich mithilfe der folgenden Fachbegriffe in das Thema einarbeiten (siehe auch Kapitel 2.6):
Stahlbeton, Betonfestigkeitsklassen, Alkalitätsverlust, pH-Wert, Carbonatisierung, Korrosion, Entrostungsverfahren, Korrosionsschutzpigmente, Passivierung, 2K-Epoxidharzbeschichtung, Topfzeit, Stammlack, Härter, Brandschutzbeschichtung, Feuerwiderstandsklassen

Planung

Wie aus dem Auftrag hervorgeht, weist die Fassade erhebliche Betonschäden auf. Erstellen Sie eine Auflistung eventueller Ursachen für diese Schäden, um erneute Schäden verhindern zu können.

Informieren Sie sich darüber, inwiefern der rostende Bewehrungsstahl der Fassade einer Entrostung unterzogen werden muss, und machen Sie ggf. Angaben zum Reinheitsgrad der Entrostung.

Notieren Sie die Anforderungen, die ein geeignetes Beschichtungssystem für die Fassade zu erfüllen hat, und begründen Sie Ihre Ausführungen vor Herrn Kassner.

Für die Bodenbeschichtung in der Tiefgarage muss ein geeignetes Beschichtungssystem ausgewählt werden. Erstellen Sie eine Liste der Anforderungen, die dieses System erfüllen sollte.

Der Boden der Parkplätze in der Tiefgarage weist eine 2K-Epoxidbeschichtung auf. Erläutern Sie die Gründe, die zur Entscheidung für dieses bisherige Beschichtungssystem geführt haben könnten, und treffen Sie bezüglich eines neuen Beschichtungssystems für die Überholungsbeschichtung eine Entscheidung.

Begründen Sie gegenüber Herrn Kassner die Notwendigkeit einer Brandschutzbeschichtung der Stahlstützen in der Tiefgarage und erklären Sie ihm in diesem Zusammenhang die Bedeutung der geforderten Feuerwiderstandsklasse F30.
Erstellen Sie mithilfe der Informationen aus der Objektbeschreibung für diesen Auftrag eine Positionsbeschreibung.

Durchführung

Baustelle einrichten
Informieren Sie sich über die Maßnahmen, die bei einer Entrostung des Bewehrungsstahls der Fassade getroffen werden müssen, um u. a. Passanten zu schützen, und listen Sie diese auf.

Besonders bei den Beschichtungsarbeiten am Boden in der Tiefgarage muss gewährleistet werden können, dass der Boden durch unliebsamen Publikumsverkehr geschützt wird. Erläutern Sie hier Ihre Vorgehensweise.

Einen sicheren Arbeitsplatz schaffen
Bei der Durchführung der verschiedenen Beschichtungsarbeiten sollte der Schutz Ihrer Gesundheit stets im Vordergrund stehen. Ordnen Sie den anschließenden Vor- bzw. Hauptarbeiten persönliche Schutzausrüstungen zu, die Sie sich für die jeweilige Tätigkeit bereitstellen sollten.

Klären Sie bezüglich Ihrer Entscheidung für ein Beschichtungssystem in der Tiefgarage, ob neben einer ggf. notwendigen persönlichen Schutzausrüstung weitere Maßnahmen zum Gesundheitsschutz getroffen werden müssen.

Vorarbeiten durchführen
Notieren Sie Ihre Vorgehensweise bei der Behebung der Schäden an der Fassadenfläche in chronologischer Reihenfolge.

Entwickeln Sie beschriftete Skizzen, die Ihre Vorgehensweise bei der Betonsanierung verdeutlichen, um dem Kunden in einem Fachgespräch Ihre Arbeitsweise präsentieren zu können.

Informieren Sie sich darüber, in welchem Zustand der Boden in der Tiefgarage sein muss, um die Überholungsbeschichtung aufbringen zu können, und nennen Sie geeignete Vorbereitungsverfahren.

Erläutern Sie die Maßnahmen, die bei der Vorbereitung des Beschichtungsstoffes für die Bodenbeschichtungsarbeiten in der Tiefgarage getroffen werden müssen.

Die zu beschichtende Bodenfläche der Tiefgarage beträgt 125 m². Berechnen Sie mithilfe eines Technischen Merkblattes die Mengen an Stammmaterial und Härter, die benötigt werden.

Berechnen Sie die Materialmengen der Grund-, Zwischen- und Schlussbeschichtung, die benötigt werden, um die vier Stahlstützen zu beschichten. Nehmen Sie ein entsprechendes Technisches Merkblatt zur Hilfe.

Hauptarbeiten durchführen
Wählen Sie mithilfe der notierten Anforderungen aus der Planungsphase ein geeignetes Beschichtungssystem für die Neubeschichtung der Fassadenfläche aus.

Wählen Sie ein Beschichtungssystem für den Betonboden der Tiefgarage aus. Nehmen Sie für Ihre Auswahl die notierten Anforderungen aus der Planungsphase zur Hilfe. Skizzieren Sie den Beschichtungsaufbau.

Wählen Sie ein geeignetes Applikationsverfahren für die Beschichtungsarbeiten des Betonbodens aus und begründen Sie Ihre Entscheidung.

Fertigen Sie eine beschriftete Skizze an, die den Beschichtungsaufbau der Brandschutzbeschichtung darstellt.

Abschlussarbeiten durchführen
Nach den Beschichtungsarbeiten des Bodens sollen die Gebindereste fachgerecht entsorgt werden. Schildern Sie, wie in diesem Fall vorzugehen ist.

Kontrolle

Prüfen Sie ihre schriftliche Ausfertigung des Auftrags auf Vollständigkeit und Verständlichkeit.

Überdenken Sie Ihre Ausführungen bezüglich einer praktischen Durchführung in Ihrem Betrieb. Entsprechen Ihre Ausführungen einem realen betrieblichen Ablauf?

Diskutieren Sie Ihre Arbeitsweise im Team. Überprüfen Sie, ob Ihre Teamvereinbarungen eingehalten wurden und entwickeln Sie ggf. Vorschläge, um künftig optimaler im Team zu arbeiten.

Dokumentation und Präsentation

Bereiten Sie ein Fachgespräch mit Ihrem Kunden Herrn RA Dr. Kassner vor. Gestalten Sie hierfür eine optisch ansprechende, übersichtliche Stellwand.

Stellen Sie mithilfe der gestalteten Stellwand Ihre Lösung dieses Kundenauftrags in der Klasse vor und diskutieren Sie diese.

Korrigieren Sie Ihre Ergebnisse gegebenenfalls und bewerten Sie Ihre Gruppenarbeit.

5 Schutz- und Spezialbeschichtungen ausführen

5.1 Betonschutz

5.1.1 Ursachen für Betonschäden

Umwelteinflüsse

Abgase, saure Niederschläge, Frost und Tausalze greifen Beton an, zerstören dessen Oberfläche und verändern die chemischen Eigenschaften so, dass die Stahlarmierung im Beton zu rosten beginnt. Rost nimmt ein größeres Volumen ein als nicht korrodierter Stahl. Druckspannungen sind die Folge. Der überdeckende Beton bekommt Risse und sprengt ab.

Herstellungsmängel

Schwindrisse, Sanden, Kiesnester und zu geringe Betondeckung sind typische Mängel, die bereits bei der Herstellung verursacht werden. Netzartige Schwindrisse und eine sandende Oberfläche entstehen, wenn die Betonoberfläche trocknet, bevor der Beton abgebunden hat. Dadurch wird die Kristallbildung gestoppt und die Festigkeit erheblich verringert. Die Betonoberfläche sollte deshalb möglichst mit Wasser feucht gehalten oder mit Folie abgedeckt werden, bis der Beton abgebunden hat.

Kiesnester weisen einen zu hohen Anteil an grobem Kies auf. Sie lassen sich meist auf eine mangelhafte Vermengung im Betonmischer oder eine zu geringe Verdichtung beim Betonieren zurückführen. Risse oder abgeplatzte Stellen breiten sich aus, wenn die Stahlarmierung zu dicht unter der Betonoberfläche liegt und deshalb zu rosten beginnt. Zum Schutz der Bewehrung gegen Korrosion ist eine Mindestbetondeckung vorgeschrieben. Diese beträgt je nach Expositionsklasse zwischen 10 und 40 mm.

Betonmangel	Abhilfe
Trennmittelrückstände (z. B. Schalungsöle), Schmutz, Algen- und Moosbefall	Abwaschen mit Reinigungszusätzen, Abbürsten, Hochdruckreinigen, Dampfstrahlen
Kiesnester	Reinigen, Vornässen, Haftschlämmen; mit kunstharzvergütetem, zementgebundenem Mörtel ausfüllen
Haarrisse	Tiefgrundieren, Beschichten mit entsprechendem Betonschutzsystem
Oberflächenerosion durch Umwelteinflüsse	Abklopfen der losen Teile, Abbürsten, Sandstrahlen, Flammstrahlen oder Hochdruckwasserstrahlen, Tiefgrundieren, Glätten mit kunststoffvergütetem Feinmörtel, Beschichten mit Betonschutzsystem
Risse und Betonabsprengungen durch rostende Armierung	Freilegen der Bewehrungsstähle, Entrosten (gemäß DIN EN ISO 12944-4, Reinheitsgrad SA 2½, metallisch rein); zwei Korrosionsschutzanstriche auf Epoxidharzbasis, den zweiten Anstrich mit Quarzsand absanden, Haftschlämme, Reparaturmörtel, Feinspachtel, Beschichten mit Betonschutzsystem
bautechnisch bedingte oder baudynamische Risse	Erweitern und Ausbürsten der Risse, Setzen von Hülsen (sogen. Packer) in den Rissverlauf, Risse verdämmen und verpressen, Abschlagen der Packer, Verspachteln, Beschichten mit Betonschutzsystem

2 Rissverpressung mit dem entsprechenden Injektionsharz

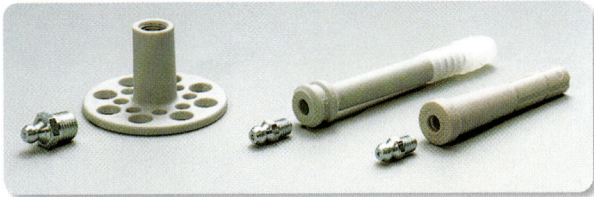

3 Hülsen (sogen. Packer)

5.1.2 Betoninstandsetzung

Zum Korrosionsschutz der Stahlarmierung haben sich Zweikomponenten-Epoxidharzprodukte, wie beispielsweise Epoxidharzmennige, bewährt. Vor dem Auftragen müssen beide Komponenten im vorgeschriebenen

1 Betonschaden durch zu geringe Betondeckung

LF 5

159

Verhältnis gut miteinander vermischt werden. Der Korrosionsschutz besteht aus zwei Anstrichen. Zur besseren Verankerung des nachfolgenden Füllmaterials wird der zweite Anstrich mit mittelgroßem Quarzsand abgesandet. Als Füllmaterial werden kunstharzmodifizierte Zementmörtel auf der Basis von Kunstharzdispersionen oder Reaktionsmörtel auf der Basis von Epoxidharz verwendet. Reine Zementmörtel sind für die Oberflächeninstandsetzung ungeeignet. Sie neigen zum Reißen und haften meist nur mangelhaft am Untergrund.

Beim Auffüllen der Fehlstellen wird zunächst eine Haftschlämme als Haftbrücke auf eine reichlich vorgenässte Oberfläche aufgebracht. Danach wird der Reparaturmörtel schichtweise aufgetragen. Schichtdicken über 2 cm sollten vermieden werden. Abschließend wird mit dem Feinspachtel die instand gesetzte Fläche an die Betonstruktur angepasst.
Mit einem Schlämmanstrich lassen sich Oberflächenunterschiede ausgleichen.

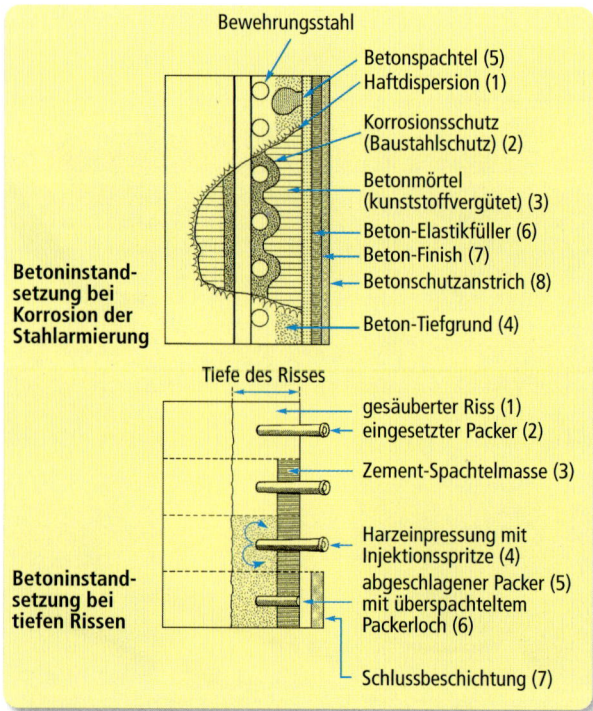

1 Betoninstandsetzung

5.1.3 Betonschutzbeschichtung

Ein wirksamer Betonschutz lässt sich erzielen, wenn die Beschichtung folgende Anforderungen erfüllt:

1. Hohe Gasundurchlässigkeit
  Sie reduziert das Eindringen von sauren Gasen und erhält so die notwendige Alkalität.

2. Chemikalienbeständigkeit
  Sie schützt die Betonoberfläche gegen Umwelteinflüsse und aggressive Substanzen.

3. UV-Beständigkeit
  Sie trägt dazu bei, dass die Schutzwirkung der Beschichtung erhalten bleibt.

4. Hohe Dauerelastizität
  Sie überbrückt Schwundrisse und gleicht unterschiedliche Wärmeausdehnungen aus.

5. Geringe Schmutzhaftung
  Sie verhindert Moos- und Algenbefall und erleichtert die Reinigung.

6. Hohe Haftfestigkeit
  Sie sorgt für eine gute Verankerung im Untergrund und verhindert das Abplatzen und Abwittern der Beschichtung.

Als Betonschutzbeschichtungen haben sich folgende Beschichtungssysteme bewährt:
- lösemittelhaltige Acrylharzlacksysteme
- Dispersionsbeschichtungen auf der Basis von Acryl-Mischpolymerisaten
- Polyurethanbeschichtungen
- Epoxidharzbeschichtungssysteme
- Silikat-Dispersionsverbundsysteme

Die genannten hohen Anforderungen für den Außenbereich sind im Innenbereich selten notwendig. Hier eignen sich die auf mineralischen Untergründen üblichen Beschichtungen wie Kalk-, Zement-, Silikat- und Dispersionsfarben.

Aufgaben

1. Erklären Sie, warum Umwelteinflüsse wie z. B. saure Niederschläge oder Tausalze Stahlbeton zerstören können.
2. Erläutern Sie, was mit einem frisch aufgetragenen Beton bei starker Sonneneinstrahlung geschieht und welche Maßnahmen getroffen werden müssen, um dies zu verhindern.
3. Erläutern Sie Ihre Arbeitsschritte zur Instandsetzung bei Korrosion der Stahlarmierung und zur Betoninstandsetzung bei tiefen Rissen mithilfe der Schaubilder.
4. Nennen Sie das Beschichtungssystem, das sich für den Korrosionsschutz der Stahlarmierung besonders bewährt hat, und erläutern Sie mithilfe einer Skizze, warum der zweite Korrosionsschutzanstrich mit Quarzsand abgesandet wird.

LF 5

5.2 Lacke auf Kunststoffbasis

> Lacke setzen sich aus Lackbindemittel, Lösemittel, Zusatzmittel und Farbmittel zusammen.

Die **Lackbindemittel** stellen als Lackkörper den wichtigsten Bestandteil der Lacke dar. Ihre chemischen und physikalischen Eigenschaften bestimmen das Verhalten des flüssigen Anstrichstoffes, seine Filmbildung, das Erscheinungsbild des ausgehärteten Lacküberzugs, dessen Beständigkeit, Zusammenhalt und Haftung auf dem Untergrund.

> Als Filmbildung wird der Übergang vom flüssigen Beschichtungsstoff in den ausgehärteten Lacküberzug bezeichnet. Diese kann durch physikalische Trocknung oder durch chemische Vernetzung bzw. Erhärtung erfolgen.

Lackbindemittel sind Öle, Natur- und Kunstharze, Cellulosenitrat und Kautschukabkömmlinge.

Die **Lösemittel** sind Bestandteil des flüssigen Beschichtungsstoffes. Sie lösen bzw. verteilen die Lackkörper und bringen den Lack in verarbeitungsfähige bzw. streich- und spritzfähige Form. Beispielsweise löst sich Kolophonium in Testbenzin zu Harzlack. Schellack in Spiritus gelöst ergibt Spirituslack.

In beiden Fällen entsteht eine einheitliche dickflüssige Lösung, die wir als Lack bezeichnen. Aus dem flüssigen Film verdunsten sie oder werden durch Wärmezufuhr zum Verdunsten gebracht. Im festen Lacküberzug sind keine Lösemittel mehr vorhanden. Da das Verdampfen der organischen Lösemittel umweltbelastend ist, werden diese immer mehr durch wasserverdünnbare Lacke oder durch lösemittelfreie Pulver- oder Schmelzbeschichtungen ersetzt.

Die **Zusatzmittel**, auch Additive genannt, werden dem Lack stets nur in geringen Mengen zugefügt. Sie verbessern die Verteilung (Dispergierung) der Pigmente bei der Lackfarbenherstellung, unterdrücken die Neigung der Pigmente zum Absetzen und beeinflussen das Fließverhalten beim Beschichten. Sie verbessern den Verlauf, verhindern das Aus- und Aufschwimmen der Pigmente, beschleunigen die Härtung und beeinflussen den Glanz bzw. die Mattierung. Thixotropie-, Antihaut- und Konservierungsmittel sind weitere Zusatzmittel. Bezogen auf die Menge stellen die Weichmacher eine Ausnahme dar. Sie werden stets in großen Anteilen dem Bindemittel zugefügt. Weichmacher

verbessern und erhalten die Elastizität in ölfreien Lacken, z. B. Cellulosenitrat-, Chlorkautschuk- und Polymerisatharzlacken. Als Weichmacher werden nicht trocknende Öle (wie Rizinusöl) und Ester (wie Fettsäure- und Phthalsäureester) verwendet.

Als **Farbmittel** werden in Lackfarben geeignete weiße, bunte oder schwarze Pigmente eingesetzt. Die Grobdispergierung erfolgt im Knetwerk, die Feindispergierung auf dem Walzenstuhl, wobei das Gemisch aus Pigmenten und Bindemittel zwischen den Walzen vermahlen wird.

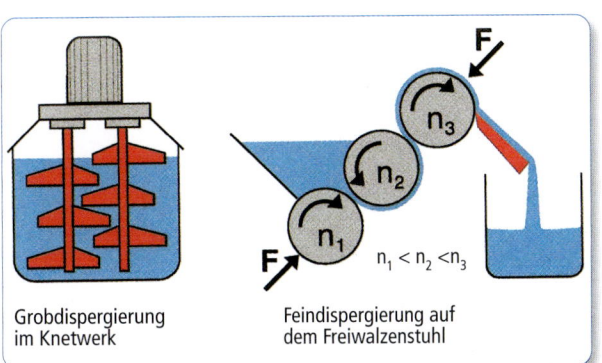

Grobdispergierung im Knetwerk   Feindispergierung auf dem Freiwalzenstuhl

1 Dispergierung

5.2.1 Polymerisatharzlacke

Polymerisation

> Bei einer Polymerisation bilden ungesättigte Einzelmoleküle, die eine oder mehrere Doppelbindungen besitzen, Makromoleküle.

Polymerisationen können unterschiedlich ablaufen. Am häufigsten ist die Polymerisation durch sogenannte Radikale, das sind Stoffe, die ungepaarte Elektronen besitzen. Am Beispiel des Ethen, auch bekannt unter dem Namen Ethylen, lässt sich eine Polymerisation aufzeigen. Stößt ein Radikal mit einem Ethenmolekül zusammen, bricht dessen Doppelbindung auf, das Ethen verbindet sich mit dem Radikal und erhält dadurch selbst ein ungepaartes Elektron. Trifft diese Verbindung auf ein weiteres Ethen, wiederholt sich der Vorgang; Es kommt zu einer Kettenbildung. Diese Kettenreaktion ist erst dann beendet, wenn zwei Radikale aufeinanderstoßen. Es hat sich Polyethylen (PE) gebildet.

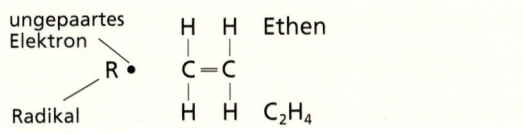

Die Makromolekülbildung verläuft in zwei Stufen:

1. Aufspaltung der Doppelbindung und Reaktion mit dem Radikal

$$R-\overset{\displaystyle H}{\underset{\displaystyle H}{\overset{|}{\underset{|}{C}}}}-\overset{\displaystyle H}{\underset{\displaystyle H}{\overset{|}{\underset{|}{C}}}}\bullet \ + \ \overset{\displaystyle H}{\underset{\displaystyle H}{\overset{|}{\underset{|}{C}}}}=\overset{\displaystyle H}{\underset{\displaystyle H}{\overset{|}{\underset{|}{C}}}}$$

2. Makromolekülbildung

$$R-\overset{\displaystyle H}{\underset{\displaystyle H}{\overset{|}{\underset{|}{C}}}}-\overset{\displaystyle H}{\underset{\displaystyle H}{\overset{|}{\underset{|}{C}}}}-\overset{\displaystyle H}{\underset{\displaystyle H}{\overset{|}{\underset{|}{C}}}}-\overset{\displaystyle H}{\underset{\displaystyle H}{\overset{|}{\underset{|}{C}}}}\bullet \quad \xrightarrow{\ \text{Kettenbildung}\ }$$

1 Polymerisation

Neben der Polymerisation[1] durch ein Radikal kann die Polymerisation auch durch Druck und Wärme oder einen Katalysator eingeleitet werden.

> Durch Polymerisation entstehen meist thermoplastische Kunststoffe.

Beispiele hierfür sind:
- Polyethylen (PE)
- Polyvinylchlorid (PVC)
- Polyacrylat (PMMA)
- Polystyrol (PS)

> Polymerisatharzlacke sind Beschichtungsstoffe auf Kunststoffbasis, die durch Polymerisation trocknen bzw. erhärten.

Nach der Trocknung bzw. Erhärtung lassen sich drei Gruppen der Beschichtungen unterscheiden:
- **Dispersionslacke:**
  Die Kunststoffe sind fein verteilt und von einer wässrigen Lösung umgeben.
  Beim Verdunsten des Wassers fließen die Kunststoffteilchen zusammen und bilden den Anstrichfilm.
- **Lösemittelhaltige Lacke:**
  Die Polymerisatharze sind in Lösemittel gelöst und bilden so das Bindemittel.
- **Mischpolymerisat- und Zweikomponentenlacke:**
  Sie erhärten durch Zugabe von trocknungsbeschleunigenden Härtern oder durch Erwärmen.

5.2.2 Acrylharze (AY)

Aufgrund der guten und vielseitigen Eigenschaften stellen die Acrylharze die Basis für die meisten Polymerisatharzlacke und viele andere Beschichtungswerkstoffe, wie Spachtel-, Klebe- und Dichtungsmassen, dar.

> Acrylharze sind sehr lichtecht, widerstandsfähig gegen chemische und mechanische Einflüsse, nicht verseifbar und von langer Lebensdauer.

Acrylharze werden aus den Estern der Acryl- oder Methacrylsäure, durch Polymerisation gleicher Ausgangsstoffe (Monomere[2]) oder verschiedener Molekülstrukturen (Copolymere) hergestellt. Sie werden in Dispersionslacken und wasser- oder lösemittelverdünnbaren Lacken verwendet. Lösemittelverdünnbare Acrylharze lassen sich mit Testbenzin verdünnen. Sie eignen sich gut für Beton u. a. alkalische Untergründe.
Durch die Copolymerisation erhalten die thermoplastischen Acryllacke die erforderliche Härte und Elastizität.
Weitere Eigenschaften lassen sich durch Copolymerisation, u. a. mit Carboxyl-, Hydroxyl-, Amid und Epoxidgruppen, erreichen. Beispielsweise können so durch Zusatz von Isocyanat (Härter) sehr widerstandsfähige Fahrzeuglacke aus Polyurethan-Acrylharzen entstehen.

Acryl-Einbrennlacke reagieren nach Filmbildung durch Wärmeeinwirkung mit funktionellen Gruppen und vernetzen sich so zu unlöslichen, duroplastisch wirkenden Harzen, die sich durch Schmelzen nicht erweichen lassen.

Acrylharz-Kombinationslacke bilden durch Mischen von Acrylharz, u. a. mit Cellulosenitrat, Phenol-, Styrol- und Alkydharz, lufttrocknenden Anstrichstoffen, mit Epoxidharzen wärmehärtende Einbrennlacke für industrielle Metallbeschichtungen.

5.2.3 Polymethylmetacrylatlacke (PMMA)

Sie kommen für chemikalienfeste Beschichtungen und Lackierungen auf Metall oder als Überzugslacke auf Dispersionsanstrichen infrage. Neben den Acrylharzen wird auch Polyvinylchlorid als Bindemittel für Lacke verwendet.

---

[1] *Polymere (griech. poly = viele + meros = Teil)*

[2] *Monomere (griech. monos = allein + meros = Teil)*

5.2.4 Polyvinylchloridlacke (PVC)

Ähnlich wie die Chlorkautschuklacke werden sie überall dort verwendet, wo besondere Wasser-, Treibstoff- und Chemikalienbeständigkeit gefordert sind. PVC-Lacke werden sehr hart und sind als Anstrichfilm schwer entflammbar. Ihre Verarbeitung auf Metallen erfordert einen speziellen Grundprimer[1] bzw. ein anschließendes Einbrennen, um die nötige Haftfestigkeit zu erreichen. Als Mischpolymerisat werden sie auf alkalischen Untergründen (wie Beton und Asbestzement) und auf Metalluntergründen (wie Stahl, Aluminium und Zink) eingesetzt.

5.2.5 Polyvinylacetatlacke (PVAC)

Sie dienen vor allem zum Beschichten von Leichtmetallen und als hitzebeständige Aluminiumlackfarben. Als Klebemittel für Holz, Papier, Textilien und Keramik sind sie gebräuchlich. Des Weiteren spielen sie als Grundiermittel für mineralische Untergründe und als Absperrmittel für durchschlagende Bitumen-, Teer-, Wasser- und Nikotinflecke eine beachtliche Rolle.

> Die Polymerisatharzlacke sind vielseitig einsetzbar. Sie eignen sich beispielsweise als Anstrichstoff für Metalluntergründe aus Aluminium und verzinktem Stahl, für mineralische Untergründe aus Beton, Putz und Asbestzement, auf Holz, Textilien, Leder und Kunststoff. Ferner dienen sie als Bindemittel für Spachtel-, Klebe- und Dichtungsmassen. Sie sind meist wasserverdünnbar. Bei lösemittelverdünnbaren Typen wird die erforderliche Streich- bzw. Spritzviskosität mit Testbenzin oder Speziallösemittel eingestellt.

Aufgaben

1. *Nennen Sie die drei Gruppen, in die die Polymerisatharzlacke entsprechend ihrer Tocknung bzw. Erhärtung unterschieden werden können, und arbeiten Sie die Unterscheidungsmerkmale der Gruppen heraus.*
2. *Ordnen Sie den unterschiedlichen Polymerisatharzlacken die Begriffe Trocknung und Erhärtung zu.*
3. *Erklären Sie, warum die Acrylharzlacke die Basis für die meisten Polymerisatharzlacke darstellen.*
4. *Nennen Sie Einsatzmöglichkeiten für Polyvinylchloridlacke und begründen Sie diese.*

[1] *Primer = Grundanstrich (lat. primus = der Erste)*

5.3 Polykondensatharzlacke

Polykondensation

> Bei einer Polykondensation werden verschiedene Einzelmoleküle unter Abspaltung von Nebenprodukten (Kondensate) miteinander verbunden.

Als Kondensat kann sich u. a. Wasser abspalten. Das folgende Beispiel zeigt, wie durch eine Polykondensation aus Benzol und Formaldehyd Phenolharz entsteht.

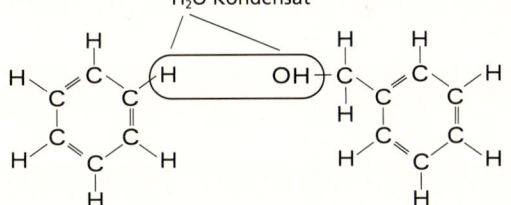

1 *Polykondensation*

Nach der Abspaltung des H_2O-Kondensats verbinden sich die beiden ringförmigen Moleküle. Stehen weitere Benzol- und Formaldehydmoleküle zur Verfügung, bildet sich ein stark vernetzter Kunststoff, das duroplastische Phenolharz.

Andere Duroplaste sind:
- Harnstoffharz
- Melaminharz
- ungesättigter Polyester
- Polyamid

5.3.1 Ungesättigte Polyester (UP)

> Ungesättige Polyester werden aus Alkohol (Glycol) und Dicarbonsäure (z. B. Phthalsäure) durch Polykondensation hergestellt.

Sie dienen als Stammlack für Gießharze, Spachtelmassen und ungesättigte Polyesterharzlacke.

5.3.2 Ungesättigte Polyesterharzlacke

> Ungesättigte Polyesterharzlacke bestehen aus zwei Komponenten, dem **Stammlack** und dem **Härter**.

Als **Stammlack** bezeichnet man den in Styrol gelösten ungesättigten Polyester. Er enthält zur schnelleren Erhärtung Beschleunigungsmittel und bei Lackfarben die entsprechende Pigmentierung.

Als **Härter** bzw. **Beschleuniger** dienen Peroxide. Hierbei handelte es sich um reaktionsfreudige Sauerstoffverbindungen, die in Weichmacher gelöst und mit Lösemittel verdünnt wurden.

> Die **Erhärtung** von ungesättigten Polyesterharzen erfolgt durch Polymerisation.

Insofern hätten wir diese auch dem vorherigen Kapitel zuordnen können. Aufgrund seiner Herstellung aus einem Polykondensat und seiner duroplastischen Eigenschaften nach der Erhärtung haben wir diese Einteilung gewählt.
Nach der Mischung von Härter und Stammlack löst der Härter zwischen dem Styrol und dem ungesättigten Polyester die Makromolekülbildung aus, wobei sich das Styrol mit dem ungesättigten Polyester vernetzt. Ein Verdunsten des Lösemittels bzw. des Styrols findet daher kaum statt.

Die **Beschleunigungsmittel** bzw. **Härter** tragen mit dazu bei, dass die Polymerisation bei Raumtemperatur in 20 bis 30 Minuten einsetzt. Bei höheren Temperaturen verkürzt sich diese Zeit. Danach ist die Mischung nicht mehr verarbeitbar.

> Die Zeit, in der die Mischung aus Härter und Stammlack verarbeitet werden kann, nennt man **Topfzeit**.

Farbauftrag: Die relativ kurze Topfzeit führt dazu, Polyesterlacke durch entsprechende Spritzverfahren zu verarbeiten. Hierzu gibt es spezielle Spritzpistolen, die eine getrennte Zuführung von Härter und Stammlack besitzen und diese erst im Spritzstrahl mischen.

Lack und Härter vermischen sich im Spritzstrahl

Lack   Härter

1 *Arbeitsweise einer Zweikomponenten-Spritzpistole*

> Eine Lackierung oder Spachtelmasse aus ungesättigtem Polyester kann dickschichtig in einem Arbeitsgang aufgetragen werden, da die Beschichtung spannungsarm erhärtet. Dies liegt daran, dass das Styrol als Lösemittel bei der Mischpolymerisation mit dem Polyester chemisch gebunden wird.

Dadurch ist die Lackierung nahezu wasserdampfundurchlässig. Holz, das mit Polyesterharz beschichtet wird, muss daher sehr trocken sein. Eine Holzfeuchte von max. 12 % sollte eingehalten werden. Bei größerer Holzfeuchte besteht die Gefahr, dass durch Wärme ein Dampfdruck entsteht, der Risse verursachen oder die Beschichtung absprengen kann.

> Polyesterlacke sind widerstandsfähig gegen Wasser, Lösemittel, Chemikalien und Abrieb. Sie ergeben harte und elastische Beschichtungen.

Luftsauerstoff wirkt sich auf den Erhärtungsprozess störend aus. Die Oberfläche bleibt klebrig. Durch wachsartige Zusätze, die den Sauerstoff abhalten, kann dies verhindert werden.

Verwendung: Die schnelle und spannungsarme Erhärtung begünstigt den Einsatz von ungesättigtem Polyester als Spachtelmasse, sowohl in der Holz und Metall verarbeitenden Industrie als auch bei der Autoreparaturlackierung.
Als Lacke werden ungesättigte Polyester vor allem in der Möbelindustrie eingesetzt. Neben Lacken und Lackfarben gibt es Grund- und Zwischenanstrichstoffe auf der Basis von Polyesterharzen sowie Gieß- und Laminierharze.
Besondere Bedeutung besitzen die **glasfaserverstärkten ungesättigten Polyester (GFK)**.

Gesundheitsschutz beim Umgang mit ungesättigten Polyesterharzen

Peroxide wirken stark ätzend! Augen und Haut schützen! Durch die Peroxide können Explosionen ausgelöst werden. Deshalb dürfen Polyesterharzlacke niemals in Spritzanlagen verarbeitet werden, in denen zuvor Öl-, Alkydharz- und Nitrolacke verarbeitet wurden.

Styrol ist giftig, wirkt narkotisierend! **Atemschutz tragen!**

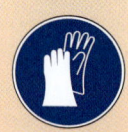

5.3.3 Gesättigte Polyester

Zu ihnen zählen u. a. die bekannten Polyurethanharze, die als Grundlagen der PUR-Lacke dienen. Sie entstehen beispielsweise aus Polyisocyanat und Polyester.

5.3.4 Säurehärtende Lacke

> Säurehärtende Kunstharze entstehen durch Polykondensation.

Säurehärtende Lacke lassen sich aus Phenol-, Harnstoff- oder Melaminharz herstellen. Hierzu werden die Harze in Lösemitteln gelöst. Als Härter dienen verschiedene Säuren und Salze. Sowohl anorganische als auch organische Säuren und saure Salze können mit den Harzlösungen die Reaktion der Vernetzung durch Polykondensation in Gang setzen.

Eine Polykondensation ist auch ohne Säureeinwirkung durch Erwärmung möglich. Bei ca. 180 bis 220 °C vernetzen die Harzlösungen ebenfalls durch Polykondensation.

Verwenden wir die Harzlösungen als Bindemittel, so zeigt sich, dass der erhärtete Lackfilm – gleichgültig ob durch Reaktion mit Säure oder Hitzeeinwirkung entstanden – sich durch Wärme nicht mehr erweichen lässt. Die Beschichtung ist ein Duroplast.

Eigenschaften: Die Lackierungen trocknen sehr hart auf. Sie sind widerstandsfähig gegen Wasser, Chemikalien und Lösemittel. Manche Lacksorten neigen zum Verspröden und dürfen nur dünn aufgetragen werden. Nicht alle Typen sind lichtbeständig, insbesondere Phenolharz vergilbt leicht.

Verwendung: Säurehärtende Lacke eignen sich für farblose und farbige Lackierungen auf Holz, beispielsweise für Parkettversiegelung, Sitzmöbel, Tische und Sportgeräte. In der Metallbeschichtung dienen sie als Haftgrundierungen, Wash-Primer1 und als Einbrennlacke für Kühlschränke, Waschmaschinen usw. Aufgrund der Abspaltung von Formaldehyd bei der Filmbildung ist der Einsatz von säurehärtenden Lacken im Handwerk stark zurückgegangen.

Verarbeitung: Dem Stammlack werden je nach Gebrauchsanweisung ca. 10 % Härter zugesetzt. Der Lack dickt allmählich ein. Er sollte deshalb noch am selben Tag verarbeitet werden.

> *Aufgaben*
>
> 1. *Erläutern Sie den Vorgang der Erhärtung eines ungesättigten Polyesterharzlackes.*
> 2. *Erklären Sie am Beispiel der ungesättigten Polyesterharzlacke, was unter dem Fachbegriff Topfzeit verstanden wird.*
> 3. *Begründen Sie den Einsatz von Spritzpistolen mit getrennter Zuführung von Stammlack und Härter für den Farbauftrag von Polyesterharzlacken.*
> 4. *Erklären Sie, warum es sich bei dem erhärteten Lackfilm eines säurehärtenden Lacks um ein Duroplast handelt.*

5.4 Polyadditionsharzlacke

Die Vernetzung verläuft immer dreidimensional. Je nach Stärke der Vernetzung lassen sich durch Polyaddition dauerelastische oder harte, schlagfeste Kunststoffe herstellen, die sehr beständig gegen mechanische und chemische Belastungen sind.

Hauptsächlich verwendet werden:
- Polyurethan
- Epoxidharz

Sie eignen sich besonders gut für Beschichtungen von Industrieböden und hochwertigen Holzlackierungen, als Korrosionsschutz, für Bindemittel in der Betonsanierung und als Zweikomponenten-Kleber.

Polyurethan ist auch als dauerelastischer Schaumstoff ein vielseitig eingesetzter Werkstoff, z. B. zum Isolieren und Wärmedämmen, zum Ausschäumen und Abdichten von Hohlräumen, für Schwämme, Rollwerkzeuge in der Anstrichtechnik (Moltoprenrollen), für Tapeten mit Schaumstoffstrukturen.

Bei der Schaumstoffherstellung reagiert überschüssiges Isocyanat mit Wasser und bildet dabei Kohlendioxid. Dieses Gas treibt den Kunststoff schaumartig auf. Der Schaumstoff behält nach dem Erhärten seine dauerelastische Form.

Polyaddition

> Bei einer Polyaddition werden verschiedene Makromoleküle, die reaktionsfähige Atomgruppen besitzen, zusammengefügt. Dabei wandern Wasserstoffatome von einer Molekülgruppe zur anderen und ermöglichen so die Verkettung zu einem Polyaddukt.

LF 5

165

Ein Beispiel für eine Polyaddition ist die Herstellung von Polyurethan.

1 Polyaddition

5.4.1 Polyurethanlacke (PUR)

Polyurethanlacke bestehen aus Polyester bzw. Polyether als Stammlack und Polyisocyanaten als Härter. Bei Lackfarben sind die Pigmente immer im Stammlack enthalten.

> Polyurethanlacke erhärten durch Polyaddition. Die Vernetzung zwischen den Makromolekülen kommt dadurch zustande, dass Wasserstoffatome von einer Molekülgruppe zur anderen wandern und so die Verkettung ermöglichen.

Polyurethanlacke sind auch unter dem Namen DD-Lacke bekannt. Die Abkürzung DD steht für Desmophen (Dialkohol bzw. Polyester) und Desmodur (Diisocyanat bzw. Polyisocyanat).

2 Polyurethan-DD-Lack

Das Mischungsverhältnis zwischen Stammlack und Härter ist je nach Fabrikat unterschiedlich. Beim Verarbeiten sind deshalb die Herstellerrichtlinien genau zu beachten. Falsche Mischungen führen zu Beschichtungsmängeln oder zu Trocknungsstörungen. Das Polyisocyanat reagiert auch mit Feuchtigkeit. Der Anstrich wird milchig und kann unansehnlich und klebrig bleiben. Deshalb dürfen Polyurethanlacke nur auf absolut trockenen Untergründen aufgetragen werden.

Wie wir bereits bei den Polyurethan-Acrylharzen gesehen haben, lassen sich Polyurethanlacke mit anderen Kunststoffen abwandeln. Außerdem stehen unterschiedliche Typen zur Verfügung:

- Zweikomponenten-Polyurethanlacke
- feuchtigkeitshärtende Polyurethanlacke
- Polyurethan-Einbrennlacke
- Polyurethan-Acrylharzlacke
- Polyurethan-Alkydharzlacke
- Polyurethan-Teerlackfarben

Zweikomponenten-Polyurethanlacke erhärten durch Mischen von Stammlack und Härter. Zu ihnen zählen die lufttrocknenden, ofentrocknenden und lösemittelfreien Typen. Die lufttrocknenden Sorten erhärten bei Normaltemperatur in 4 bis 6 Stunden, die ofentrocknenden nach ca. 2 Stunden bei 80 °C bzw. ca. 1 Stunde bei 120 °C. Lösemittelfreie Typen bilden bereits nach ca. 30 Minuten ohne Schwund einen Anstrichfilm.

Feuchtigkeitshärtende Polyurethanlacke sind gebrauchsfertige Einkomponentenlacke. Sie benötigen zum Erhärten die Luftfeuchtigkeit. Die Trocknungsdauer beträgt bei Normaltemperatur ca. 6 Stunden, hohe Luftfeuchtigkeit begünstigt den Aushärtungsprozess.

Bei **Polyurethan-Einbrennlacken** werden die beiden Komponenten miteinander vermischt geliefert. Da in ihnen das Isocyanat blockiert ist, kommt bei Raumtemperatur keine Filmbildung zustande. Die Blockierung wird bei ca. 160 °C aufgebrochen, die Erhärtung kann einsetzen.

Die **Polyurethan-Acrylharzlacke** erhärten durch die beiden Komponenten, wobei als Stammlack Acrylharze mit freien Hydroxylgruppen (OH-Gruppen) dienen.

Die **Polyurethan-Teerlackfarben** erhärten wie die PUR-Acrylharzlacke, wobei als Stammlack Teerlackfarben fungieren und mit Isocyanat aushärten.

Urethan-Alkydharzlacke erhärten oxidativ. Sie sind härter und widerstandsfähiger gegen Wasser, Lösemittel und Chemikalien als die einfachen Alkydharze.

Verarbeitung: Die Polyurethanlacke sind dünnflüssige, leicht zu verarbeitende Lacke. Sie lassen sich durch Spritzen, Rollen und Streichen gut auftragen. Bei lösemittelverdünnbaren Typen wird die Viskosität mit Spezialverdünnung eingestellt.

Eigenschaften: Polyurethanlacke sind wetterbeständig, sehr abriebfest, beständig gegen Säuren, schwache Laugen, Öle und Lösemittel. Sie können sehr elastisch oder je nach Verwendungszweck auch sehr hart eingestellt sein.

Verwendung: Die Lacke werden überall dort eingesetzt, wo eine hohe Beanspruchung an die Beschichtung gestellt wird, z. B. auf Holz zur Versiegelung von Fußböden und Tischplatten, auf Putz, Asbest, Zementfußböden und Beton in Werkräumen, Laboratorien, Molkereien. Die Beschichtungen können auch auf alkalisch reagierenden Untergründen aufgetragen werden, da PUR-Lacke nicht verseifen. Sie eignen sich ebenso für hochwertige Metall- und Kunststoffbeschichtungen, z. B. auf Karosserien und Flugzeugen, außerdem auf Papier, Textilien und Gummi.

> **Gesundheitsschutz beim Umgang mit Polyurethanlacken**
> Polyurethanlacke können Allergien auslösen und die Atmungsorgane angreifen.
>
>
> **Deshalb sind Schutzhandschuhe und Atemschutzmaske zu tragen!**
>
>
> **Vorsicht!**
> **Leicht entzündliche Lösemittel!**

5.4.2 Epoxidharzlacke (EP)

Der Ausgangsstoff Epoxidharz wird durch Polykondensation aus Epichlorhydrin und Polyphenol gewonnen. Abhängig von der Molekülgröße sind Epoxidharze fest oder flüssig. Neben Bindemitteln von Lacken eignen sich die Epoxide auch für Klebstoffe, Gießharze, glasfaserverstärkte Kunststoffe, Schichtstoffe und Hartschaumstoffe.

> **Epoxidharzlacke** erhärten durch Polyaddition. Die Vernetzung zwischen den Makromolekülen kommt durch chemische Reaktion mit dem Härter zustande.

Sie kommen in unterschiedlichen Typen vor:
- Zweikomponenten-Epoxidharzlacke
- wasserverdünnbare Epoxidharzlacke
- Epoxid-Teer-Kombinationen
- Epoxid-Alkydharz-Kombinationslacke
- Epoxid-Einbrennlacke

> Bei den Epoxidharzlackfarben sind die Pigmente stets im Stammlack enthalten.

Bei den **Zweikomponenten-Epoxidharzlacken** werden Stammlack und Härter getrennt geliefert. Als Härter werden Polyamine, Polyamide und Polyisocyanate verwendet. Diese beeinflussen die Eigenschaften der Beschichtung ebenso wie die unterschiedlichen Stammlacke.

Polyamine führen zu besonders lösemittel- und chemikalienbeständigen Beschichtungen, **Polyamide** zu besonders elastischen, wasserbeständigen Beschichtungen und **Polyisocyanate** zu besonders säure- und lösemittelbeständigen Beschichtungen.

Das Mischungsverhältnis zwischen Stammlack und Härter ist je nach Fabrikat unterschiedlich. Deshalb müssen die Herstellerrichtlinien genau eingehalten und der vom Hersteller vorgesehene Härter eingesetzt werden. Falsche Mischungen und Härter führen zu Beschichtungsmängeln oder zu Trocknungsstörungen.

Zu den Zweikomponenten-Epoxidharzlacken gehören die **kalthärtenden** und **lösemittelfreien** sowie **wasserverdünnbaren** Typen.
Kalthärtende Epoxidharzlacke erhärten bei einer Raumtemperatur von 20 °C und darüber. Darunter verläuft die Reaktion nur sehr zögerlich. Im Normalfall erfolgt die Trocknung in 3 bis 6 Stunden. Das erforderliche Speziallösemittel enthält u. a. Ketone, Alkohole, Xylol und Toluol.
Lösemittelfreie Epoxidharzlacke bestehen aus niedrigmolekularen bzw. kurzen Molekülketten. Dadurch ist der Stammlack bereits so flüssig, dass er nicht weiter mit Lösemittel verdünnt zu werden braucht. Chemisch gesehen sind sie den kalthärtenden Epoxidharzlacken ebenbürtig. Ihr Vorteil liegt in der erzielbaren Schichtdicke. Weil sie keine Lösemittel enthalten, können dickere Schichten aufgetragen werden, ohne dass Män-

LF 5

gel in der Beschichtung zu befürchten sind. Sie erhärten vollständig in ca. 12 Stunden, ungeachtet der größeren Schichtdicke.

Die Zweikomponenten-Epoxidharzlacke eignen sich für Grund- und Deckbeschichtungen auf nahezu allen Untergründen. Sie werden zum Korrosionsschutz und als Unterwasseranstriche auf Stahl und Beton eingesetzt. Die Beschichtungen sind nach 5 bis 10 Tagen völlig ausgehärtet und sehr wasser-, wetter- und chemikalienbeständig. Sie besitzen eine gute Haftfestigkeit auf Metall und Beton; allerdings neigen Außenanstriche zum Kreiden und verlieren Farbe und Glanz.

Saugende Untergründe sind unpigmentiert mit Epoxidharz zu grundieren. Metalle grundiert man mit Wash-Primer oder Dickschichtfüller auf Epoxidharzbasis.

Gesundheitsschutz beim Umgang mit Zweikomponenten-Epoxidharzlacken

 **Polyamine wirken ätzend! Augen und Haut schützen!**

Die Dämpfe der flüssigen Polyamine und Polyisocyanate sind sehr gesundheitsschädlich. Deshalb ist für eine gute Raumentlüftung zu sorgen!

Wasserverdünnbare Epoxidharzlacke sind so eingestellt, dass Stammlack und Härter wasserverdünnbar werden. Sie erhärten nach dem Vermischen von Stammlack und Härter innerhalb weniger Stunden. Die Werkzeuge können nur innerhalb der Topfzeit gereinigt werden.
Die abriebfesten und alkalibeständigen Anstriche eignen sich besonders gut zur Beschichtung von Betonböden. Ihre Chemikalienbeständigkeit ist geringer als bei den lösemittelhaltigen Epoxidharzlacken.

Epoxid-Teer-Kombinationen eignen sich besonders für sehr beständige Unterwasseranstriche. Sie haften sehr gut auf Metall und Beton, sind schlag- und abriebfest. Bei der Reaktion von Stammlack und Härter verbinden sich diese zusätzlich mit dem Teer. Dadurch wird die Wasser-, Mineralöl- und Chemikalienbeständigkeit gegenüber vergleichbaren Alkydharzen erhöht. Sie ist aber geringer als bei den Epoxidharzlacken.

Epoxid-Alkydharz-Kombinationslacke erhärten wie die Alkydharze oxidativ. Dabei kommt es zur Veresterung von Epoxidharz mit der Fettsäure des Alkydharzes. Die

Beschichtung ist dadurch widerstandsfähiger als von Öl- oder Alkydharzlacken, erreicht jedoch nicht die Belastbarkeit der Zweikomponenten-Epoxidharzlacke. Man verwendet die Epoxidesterlacke als schnell trocknende Malerlacke für Innen- und Außenarbeiten. Die Trockenzeit beträgt ca. 6 Stunden bei Normaltemperatur.
Sie werden vor allem für Korrosionsschutzbeschichtungen, Grundierungen und Fußbodenbeschichtungen eingesetzt.

Epoxid-Einbrennlacke sind mit Phenol-, Harnstoff- und Melaminharzen kombinierte Lacke, die beim Einbrennen bei ca. 180 bis 220 °C vernetzen und erhärten.
In ihrer Widerstandsfähigkeit gegen Chemikalien und Korrosion werden diese Beschichtungen von keinem anderen Anstrichstoff übertroffen. Sie werden vorwiegend in der industriellen Beschichtung von Kühlschränken, Waschmaschinen usw. angewendet.

Epoxidharzlacke und -lackfarben eignen sich für alle mineralischen Untergründe, für Metalle, Holz und Kunststoffe, die fest, griffig und frei von Öl und Fett sind. Sie sind bewährte Unterwasseranstrichstoffe, besonders in Verbindung mit Teer. Ihre Verwendung erstreckt sich auf alle Beschichtungen für höchste Ansprüche an Fahrzeugen, Maschinen, Schiffen und im Bauwesen.

> Epoxidharzlacke und -lackfarben ergeben seidenglänzende bis glänzende Beschichtungen von hoher Festigkeit und Widerstandsfähigkeit gegen Säuren, Laugen, Lösemittel, Treibstoffe, Fette, Öle und Korrosion.

Aufgaben

1. Beschreiben Sie die Erhärtung eines Polyurethanlacks mithilfe des schematischen Beispiels des Polyurethan-DD-Lacks.
2. Beschreiben Sie die Erhärtung eines Epoxidharzlacks.
3. Nennen Sie die drei Zweikomponenten-Epoxidharzlacke und erläutern Sie ihre Unterschiede.
4. Erläutern Sie, worin sich die Epoxid-Alkydharz-Kombinationslacke von den Alkydharzlacken unterscheiden.
5. Nennen Sie die Eigenschaften, durch die sich Epoxid-Einbrennlacke besonders auszeichnen, und führen Sie die daraus resultierenden Einsatzgebiete auf.

LF 5

5.5 Brandschutzbeschichtungen

5.5.1 Brandschutz

Bauliche Anlagen müssen so beschaffen sein, dass der Entstehung eines Brandes und der Ausbreitung von Feuer und Rauch vorgebeugt wird. Dabei müssen Gefahren für das Leben und die Gesundheit von Menschen, Tieren und Umwelt abgewendet sowie Löscharbeiten ermöglicht werden. Die notwendigen Brandschutzanforderungen sind gesetzlich in den Landesbauordnungen vorgeschrieben.

5.5.2 Vorbeugender baulicher Brandschutz

Der vorbeugende Brandschutz soll u. a. das Ausbrechen eines Brandes durch die entsprechende Auswahl von Baustoffen verhindern.

Baustoffklassen nach DIN 4102-1

Bau-stoff-klasse	Benennung	Beispiele
A	**nicht benennbare Baustoffe**	
A1	… ohne brennbare Bestandteile	Beton, Mörtel, Stahl, Steinwolle
A2	… mit brennbaren Bestandteilen	Gipskartonplatten
B	**brennbare Baustoffe**	
B1	schwer entflammbare Baustoffe	Leichtbauplatten
B2	normal entflammbare Baustoffe	Holz
B3	leicht entflammbare Baustoffe	Papier

Darüber hinaus werden z. B. Wände, Decken, Stützen und Treppen in fünf **Feuerwiderstandsklassen** (F30, F60, F90, F120 oder F180) eingeteilt. Sie geben in Minuten an, wie lange ein Bauteil den Flammen mindestens standhalten muss.

Für Bauteile, die die vorgeschriebene Feuerwiderstandsklasse nicht erreichen, stellen Brandschutzbeschichtungen eine Abhilfe dar.

Sollte die bauaufsichtlich geforderte Feuerwiderstandsklasse durch die Applikation einer Brandschutzbeschichtung aus technischen Gründen nicht erreicht werden können, besteht die Möglichkeit, diese durch entsprechende Dämm- und Montagearbeiten (Trockenbau) zu erzielen.

> Durch die Brandschutzbeschichtung muss eine bestimmte Feuerwiderstandsklasse garantiert werden.

Vorgeschrieben sind häufig F30. Die Bauteile müssen also mindestens 30 Minuten dem Feuer trotzen. Für die sorgsam aufgetragene Brandschutzbeschichtung kann deshalb nur geschultes Fachpersonal die Gewährleistung übernehmen.

5.5.3 Zweck der Brandschutzbeschichtungen

Brandschutzbeschichtungen sollen gegen Entflammen, Verbrennen und Formänderung bei starker Erwärmung schützen. Gegen Verbrennen müssen vor allem Bauteile oder Baustoffe aus Holz, Papier, Textilen und Kunststoffen geschützt werden. Nicht brennbare Stahlkonstruktionen verlieren bei Temperaturen von 500 bis 600 °C ihre Tragfähigkeit. Bei Leichtmetallen liegt diese Temperatur noch niedriger.

In einem brennenden Raum können bereits nach wenigen Minuten Temperaturen über 1000 °C vorherrschen. Um eine Formänderung oder gar ein Zusammenstürzen von Stahl- und Leichtmetallkonstruktionen zu verhindern, müssen Brandschutzbeschichtungen eine stark wärmedämmende Wirkung entfalten.

5.5.4 Brennvorgang im Holz

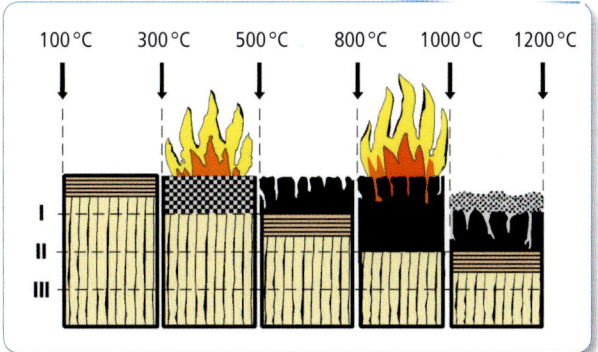

1 Verlauf des Brennvorgangs von Holz

Bei Temperaturen über 200 °C werden im Holz brennbare Holzgase frei. Durch den Brennvorgang steigt die Temperatur weiter an und fördert so die Gasbildung und Verbrennung. Gleichzeitig bildet sich Holzkohle. Diese schützt durch ihre geringe Wärmeleitfähigkeit das darunterliegende Holz zunächst vor dem Verbrennen. Bei weiterem Temperaturanstieg setzt sich die Verbrennung auch in tieferen Schichten fort.

LF 5

5.5.5 Wirkung der Brandschutzbeschichtung

Das abgebildete Holzhäuschen wurde zur Hälfte mit Brandschutzmittel beschichtet. Die Brandprobe zeigt, die unbehandelte Seite verbrennt und das Brandschutzmittel wirkt.

1 Brandversuch

5.5.6 Brandschutzmittel

In der Regel werden zwei Arten von Brandschutzmitteln eingesetzt:

1. Dämmschicht bildende Beschichtungen
Der Anstrich entwickelt bei Feuer und hohen Temperaturen eine 2 bis 3 cm dicke, nicht brennbare Schaumschicht, die als Wärmedämmung dient und die Zersetzung von Holz und anderen brennbaren Stoffen bzw. die Formänderung von Metallbauteilen verhindert.

2. Imprägnierende Brandschutzsalze für Holz
Brandschutzsalze beschleunigen bei einem Brand die Verkohlung des Holzes und vermindern so den Heizwert der entstehenden Gase. Hierdurch wird die weitere Zersetzung im Inneren des Holzes verhindert und die Ausbreitung des Feuers verzögert. Bei den imprägnierenden Brandschutzsalzen kommt es darauf an, dass die Salzlösung tief in das Holz eindringt. Daher eignen sich industrielle Kesseldruckverfahren besonders gut. Das Holz wird dabei vor dem Imprägnieren fertig zugeschnitten.
Später entstehende Schnittstellen müssen mit konzentrierter Salzlösung nachbehandelt werden.

> Imprägniertes Holz muss vor Regen, Feuchtigkeit und Wasser geschützt werden, um ein Auswaschen des Brandschutzsalzes zu verhindern.

5.5.7 Beschichtungsaufbau

Brandschutzbeschichtungen benötigen trockene, von Staub, Schmutz, Fett und Wachs freie Untergründe. Alte Anstriche müssen restlos entfernt sein.

Transparente und deckende Brandschutzbeschichtungen werden wie folgt aufgebaut:
♦ Brandschutzgrundierung
♦ mehrere Schichten Brandschutzfarbe, bis die vorgeschriebene Auftragsmenge erreicht ist
♦ Schutzlack

Brandschutzbeschichtungen müssen möglichst allseitig aufgetragen werden. Die vom Hersteller vorgeschriebenen Auftragsmengen sind genau einzuhalten:
♦ Brandschutzbeschichtung 300 bis 450 ml/m^2
♦ Schutzlack ca. 100 ml/m^2

> Brandschutzbeschichtungen dürfen <u>nicht</u> in Räumen angewendet werden, in denen lang anhaltend eine Luftfeuchtigkeit von über 70 % vorherrscht. Sie eignen sich <u>nicht</u> für Bauteile wie Türen und Treppenstufen, die mechanisch stark beansprucht sind.

Brandschutzbeschichtungen können mit Pinsel, Bürste, Rolle oder im Airless-Spritzverfahren aufgetragen werden.

> Beim Auftragen der Beschichtung ist darauf zu achten, dass die Temperatur des Untergrundes mindestens + 5 °C beträgt.

Aufgaben

1. Erklären Sie, welche Aufgaben der Brandschutz erfüllt und was unter einem vorbeugenden Brandschutz zu verstehen ist.
2. Erklären Sie, welche Informationen aus den Bezeichnungen der Feuerwiderstandsklassen hervorgehen und welche Rolle in diesem Zusammenhang Brandschutzbeschichtungen spielen.
3. Erklären Sie die Funktionsweise
   a) einer Dämmschicht bildenden Beschichtung als Brandschutzmittel,
   b) von imprägnierenden Brandschutzsalzen als Brandschutzmittel.
4. Nennen Sie die Aspekte, die bei der Ausführung einer Brandschutzbeschichtung besonders beachtet werden müssen.

LF 5

Kundenauftrag

ARCHITEKTURBÜRO
PLANQUADRAT
Lang & Partner GmbH
Hebbelstraße 25
78628 Rottweil

ARCHITEKTURBÜRO PLANQUADRAT | Lang & Partner GmbH | Hebbelstraße 25 | 78628 Rottweil

Malerbetrieb Roth GmbH
Gewerbepark 136
45131 Essen

Tel.: 0741 52 50 30
Fax.: 0741 52 50 301
Email: planquadrat@rottweil.de
http://www.planquadrat.de

Datum: 15. April 20XX

Vergabe von Instandhaltungsmaßnahmen

Sehr geehrte Damen und Herren,

die Besitzer des ehemaligen Gasthauses Hohenzollern haben unser Architekturbüro mit der Bauleitung und Vergabe der Instandhaltungsmaßnahmen beauftragt.
Die Ausschreibung hat ergeben, dass Ihre Firma den Auftrag zur Durchführung der Malerarbeiten erhält.
Die Arbeiten sind nach VOB DIN 18 363 auszuführen. Das vorliegende Leistungsverzeichnis ist zu beachten.
Die Ausführungstermine sind in Absprache mit unserem Architekturbüro festzulegen und einzuhalten.

Mit freundlichen Grüßen
gez. Lang & Partner GmbH

Malerarbeiten

POS.	Leistungsbeschreibung	Menge
1	Entfernen der alten Holzverkleidung mit Schindelverschalung	192 m²
2	Holzuntergrund vorbereiten, reinigen	234 m²
2.1	Ortgangsbretter, Dachuntersichten, Fachwerk, Fenstereinfassungen, Fensterläden und Haustür sind auf Tragfähigkeit zu prüfen und für nachfolgende Beschichtungen vorzubereiten und zu reinigen.	
2.2	(Zu ersetzende Holzbauteile werden vom Zimmerer bzw. Tischler erneuert.)	
3	Mineralische Fassadenflächen reinigen und instand setzen	196 m²
3.1	Lose Putzflächen entfernen Fehlstellen beiputzen Putzrisse entfernen	12 m²
3.2	Sockel und Bauteile aus Sandstein reinigen	68 m²
3.3	(Ausgewittertes Sandsteinmauerwerk und Treppenaufgang werden vom Steinmetz erneuert.)	
4	Mineralische Untergründe beschichten	
4.1	Putzflächen Silan-Fassadenputz, Körnung 3 mm	196 m²
4.2	Putzflächen Silan-Fassadenfarbe auf Nano-Quarzgitter-Basis	196 m²
4.3	Sandsteinflächen mit Siloxan imprägnieren	68 m²
5	Holzuntergründe beschichten	
5.1	Fachwerk deckend beschichten	234 m²
5.2	Neue Holzfenster lasierend beschichten (Vorhandene Fenster werden durch neue, energiesparende Holzfenster mit Isolierverglasung ersetzt.)	87 m²
6	Metalluntergründe beschichten	
6.1	Verzinkte Dachrinnen und Fallrohre	46 lfm
6.2	Geschmiedete Bauteile (Treppengeländer, Fenstergitter, Gartentor)	6,8 m²

Objektbeschreibung

1 Altes, renovierungsbedürftiges Gasthaus

Das ehemalige Gasthaus stand in den vergangenen Jahren leer. Die neuen Besitzer wollen das Gebäude instand setzen lassen und beauftragen mit der Bauleitung einen Architekten, der die einzelnen Gewerke ausschreibt.

- Die verzinkten Dachrinnen und Fallrohre sind teilweise beschichtet.
- Das schmiedeeiserne Treppengeländer, die Fenstergitter und das Gartentor sind beschichtet. Roststellen sind nur geringfügig vorhanden.
- Kastenfenster mit Einfachverglasung.
- Holzfensterläden mit Lamellen.
- Altbeschichtung nur noch teilweise vorhanden.
- Die Gefache des Fachwerks sind mit einem Grundputz der Mörtelgruppe P II grob verputzt, ein Deckputz ist nicht vorhanden.
- Die Putzflächen besitzen Risse und Fehlstellen.
- Der weiße Altanstrich platzt teilweise ab.
- Das Fachwerkgebälk ist nicht fachgerecht beschnitten und teilweise mit der Putzfarbe übermalt.

2 Das Fachwerk unter der Holzverschalung ist gut erhalten

3 Sandsteintreppe

4 Fenster mit Läden

5 Fachwerk

6 Metallische Untergründe

7 Algenbildung und Farbreste am Sandsteinsockel

LF 6

Informationsbeschaffung

Zur Durchführung der Instandhaltungsmaßnahmen ist ein Arbeitsgerüst erforderlich. Der Architekt beauftragt eine Gerüstbaufirma, das Arbeitsgerüst zu stellen. Wasser und elektrischer Strom stehen an der Baustelle zur Verfügung.

- Wie kann die zu entfernende Holzverschalung entsorgt werden?
- Welche Fachfirmen bieten die in der Leistungsbeschreibung festgelegten Beschichtungsstoffe (Pos. 4) an?
- Informieren Sie sich über Eigenschaften, Verbrauch, Untergrundvorbereitung und Verarbeitung dieser Werkstoffe.

Planung

Um Gerüstkosten zu sparen und den Kundenauftrag in möglichst kurzer Zeit abwickeln zu können, müssen die Malerarbeiten, der Einbau der neuen Fenster und die Steinmetzarbeiten zeitlich aufeinander abgestimmt werden.

- Erstellen Sie im Team einen Arbeitsplan und bestimmen Sie den Zeitbedarf für die einzelnen Positionen der durchzuführenden Malerarbeiten.
- Ermitteln Sie für die Bestellung der erforderlichen Werkstoffe den Materialbedarf. Verwenden Sie hierzu technische Merkblätter und die in der Leistungsbeschreibung angegebenen Flächen und Maße. Für die metallischen Untergründe können Sie auf ausreichende Lagerbestände zurückgreifen.
- Erstellen Sie eine Checkliste der Werkzeuge, Geräte, Maschinen und Anlagen, die Sie auf der Baustelle benötigen.

Bevor Sie mit der Durchführung der Arbeiten beginnen, stimmen Sie mit dem Architekten die Farbgebung der Instandhaltungsmaßnahme ab. Berücksichtigen Sie die regional typische Farbgebung von Fachwerkhäusern und erstellen Sie danach einen einfachen tabellarischen Farbplan.

Übertragen Sie die Tabelle auf ein Zeichenblatt (DIN A3) und berücksichtigen Sie durch größere oder kleinere Tabellenfelder die wirkliche Größe der Farbflächen

Bauteil	Farbvorschlag
Dachfläche	
Ortgangsbretter, Dachuntersicht	
Fachwerkgebälk	
Gefache	
Fensterrahmen	
Einfassungen von Fenstern und Türen	
Rahmen der Fensterläden	
Füllung bzw. Lamellen der Fensterläden	
Dachrinnen	
Eingangstüren	
schmiedeeiserne Geländer, Gartentor, Fenstergitter	
Sandsteinsockel	

Durchführung

- Welche Vorkehrungen und Vorschriften müssen Sie zum Schutz von Mensch und Umwelt bei der Durchführung der Instandhaltungsmaßnahme beachten?
- Begründen Sie, warum Sie die vorliegenden Untergründe mit unterschiedlichen handwerklichen Methoden prüfen. Welche Erkenntnisse können Sie daraus gewinnen?
- Legen Sie im Team fest, welche Verfahren und Arbeitstechniken Sie zum Reinigen, Entfernen nicht tragfähiger Altanstriche und zum Beschichten einsetzen.
- Bestimmen Sie im Team für die Pos. 2 bis 6 der Leistungsbeschreibung die zur Durchführung der Malerarbeiten erforderlichen Arbeitsgänge.

LF 6

Kontrolle

Bevor Sie die geleistete Arbeit dem bauleitenden Architekten zur Abnahme vorstellen, überprüfen Sie ihre Arbeitsergebnisse:

- Welche Ursachen können Zeitüberschreitungen gegenüber dem im Arbeitsplan veranschlagten Zeitbedarf haben. Wie würden Sie die Zeitabweichungen in Ihrem Abschlussbericht notieren?
- Überprüfen Sie im Team, welche Gründe es gibt, dass der errechnete Materialbedarf von der tatsächlich benötigten Menge abweicht.
- Kontrollieren Sie die von Ihnen durchgeführten Arbeiten auf Mängel. Überlegen Sie, welche handwerklichen Mängel bei dem vorliegenden Auftrag entstanden sein könnten.
- Nach Abschluss der Arbeit möchte das verantwortliche Team gerne wissen, ob der Kunde mit der geleisteten Arbeit und den beteiligten Mitarbeitern zufrieden war. Wie können Sie ein entsprechendes Feedback einholen?

Dokumentation und Präsentation

Bei der Schlussabnahme mit der Bauleitung und dem Kunden stellen Sie die durchgeführten Malerarbeiten vor.

- Erklären Sie anhand der Fotos nochmals den Ausgangszustand vor der Instandhaltungsmaßnahme.
- Erarbeiten Sie im Team eine Dokumentation der fertiggestellten Malerarbeiten. Legen Sie dieser die Leistungsbeschreibung zugrunde. Erläutern Sie zu den einzelnen Positionen die durchgeführten Arbeiten und die damit verbundenen Schwierigkeiten.
- Bereiten Sie im Team die Schlussabnahme vor. Üben Sie diese und wählen Sie hierfür eine geeignete Methode.
- Stellen Sie Ihrer Klasse vor, wie Sie mit Ihrem Team bei der Schlussabnahme dem Architekten und Kunden Ihre Arbeit präsentieren wollen.

LF 6

6 Instandhaltungsmaßnahmen ausführen

6.1 Untergrundmängel

6.1.1 Beseitigung von Untergrundmängeln

Viele Untergründe sind mit Mängeln behaftet. Werden diese nicht oder nur unzureichend beseitigt, kann sich eine Beschichtung im Untergrund nur unzureichend verankern. Ein schnelles Abwittern oder Abblättern wäre die Folge. Besonders gründlich müssen die auftretenden Mängel bei Renovierungs- und Sanierungsarbeiten behoben werden. Nur so kann die geforderte Leistung frei von Sachmängeln an den Kunden übergeben und die Mängelhaftung für eine bestimmte Verjährungsfrist übernommen werden.

> Grundsätzlich kann die beste Beschichtung nur so gut sein, wie der sie tragende Untergrund.

Viele Untergrundmängel lassen sich mit handwerklichen Mitteln fachgerecht beheben.

Beispiele:

- Wasserflecke, Nikotinschäden u. a. durchschlagende Stoffe werden mit Absperrmittel behandelt.
- Risse, Löcher u. a. Beschädigungen im Untergrund sind durch Füllmassen zu schließen oder durch Rissarmierungen zu überbrücken.
- Salzausblühungen auf trockenen mineralischen Untergründen lassen sich durch Fluatieren beseitigen, sandende Stellen lassen sich durch Fluate festigen.
- Grundierungen dienen der guten Verankerung der nachfolgenden Beschichtungen und dem Korrosionsschutz.
- Nicht tragfähige Altbeschichtungen müssen entfernt und neu aufgebaut werden.
- Natursteinfassaden lassen sich nach der Reinigung und Konservierung durch Imprägnieren schützen.
- Unebenheiten können durch geeignete Glättungsmittel ausgeglichen werden.

6.1.2 Mängelhaftung

Lassen sich festgestellte Mängel mit handwerklichen Mitteln nicht dauerhaft beseitigen, weil beispielsweise der Alterungsprozess bereits zu weit fortgeschritten ist und sich statische Risse bzw. Setzrisse zeigen oder die Wände durch aufsteigende Feuchtigkeit durchnässt sind, muss der Auftraggeber über den nicht behebbaren Baumangel umgehend informiert werden. Gegen die vorgesehene Art der Ausführung müssen die Beden-

ken möglichst schriftlich mitgeteilt werden. Nur so kann eine spätere Haftung für Mängel ausgeschlossen werden. Die Mängelhaftung ist in der VOB Teil B[1] und im Bürgerlichen Gesetzbuch (BGB) verbindlich geregelt.

> Der Auftragnehmer hat dem Auftraggeber seine vertraglich zugesicherte Leistung zum Zeitpunkt der Abnahme frei von Sachmängeln zu übergeben. Werden Sachmängel nachgewiesen, müssen diese während einer gesetzlich geregelten oder nach VOB festgelegten Verjährungsfrist geltend gemacht werden.

6.1.3 Prüfung der Untergründe

Bevor eine Beschichtung auf einen Untergrund aufgetragen werden kann, muss dieser gründlich gereinigt werden. Danach lassen sich die vorhandenen Mängel erfassen und durch geeignete Prüfmethoden die Tragfähigkeit und Eigenschaften des Untergrundes feststellen. Nur so sind eine fachgerechte Beseitigung der Mängel und eine dauerhafte Beschichtung denkbar.

Übliche Prüfmethoden:

Prüfmethode	Anwendung
Augenschein	Algen-, Moos- und Pilzbefall, Schmutz, Wasserflecken, Ausblühungen, Risse, Korrosion
Benetzprobe	Haarrisse, Saugfähigkeit
Brennprobe	Erkennung von Kunststoffen, Metalltapeten
Gitterschnitt	Haftfähigkeit von Altanstrichen
Klebebandtest	Sanden, Haftfähigkeit
Kratzprobe	Haftfähigkeit, Farbschichten
Reibeprobe	Sanden, Haftfähigkeit, Festigkeit
Klopfprobe	Haftfestigkeit von Putz
Indikatorpapier	pH-Wert, Alkalitätstest
Feuchtigkeitsmessung	Holzfeuchte

6.2 Reinigung

6.2.1 Aufgaben der Reinigung

- **Beseitigung von Verschmutzungen**
  Verschmutzungen verhindern je nach Art und Verschmutzungsgrad die feste Verankerung jeder aufgetragenen Beschichtung.

---

[1] *VOB = Vergabe- und Vertragsordnung für Bauleistungen Teil B = Allgemeine Vertragsbedingungen DIN 1961*

♦ **Beseitigung von Umweltschäden**
Abgase, saure Niederschläge, UV-Strahlen und aggressive Dämpfe wirken auf die Oberfläche und den Untergrund zerstörend und führen zu Haftschäden.

♦ **Hygiene**
Wände und andere Bauteile, die verschmutzt oder feucht sind, werden häufig von gesundheitsschädlichen Mikroorganismen sowie von Schimmelpilz, Algen und Moos befallen. Reinigen dient daher dem Gesundheitsschutz.

♦ **Schaffung von tragfähigen Untergründen**
Beim Reinigen öffnen sich die verschlossenen Poren, lose Bestandteile werden abgetragen, die Beschichtung kann sich im Untergrund fest verankern.

6.2.2 Reinigungsverfahren

Eine gründliche Reinigung ist zeitaufwendig und dadurch sehr lohnintensiv. Mit entsprechenden Reinigungsmitteln und speziellen Reinigungsgeräten kann der Zeitaufwand begrenzt werden.

1 Reinigungsarbeiten einer Fassade

> Die Auswahl des Reinigungsverfahrens hängt von der Art der notwendigen Reinigung, den örtlichen Gegebenheiten und dem zu reinigenden Objekt ab.

Zur Reinigung dienen u. a. folgende Werkzeuge und Maschinen:

♦ **Werkzeuge**
Staubfeger, Drahtbürste, Malerspachtel, Hammer und Meißel

♦ **Maschinen**
Winkelschleifer, Exzenterschleifgerät, Nass- und Trockenstaubsauggerät, Nadelpistole, Meißelhammer, Hochdruckreiniger für Kalt- und Heißwasser, Abstrahl- und Flammstrahlgerät

Bei einer großflächigen Fassadenreinigung werden in der Regel Hochdruckreiniger eingesetzt. Je nach Verschmutzungsgrad und Untergrund können Druck, Wassermenge und -temperatur eingestellt werden. Oft genügt Wasser zur Reinigung. Durch den hohen Wasserdruck kann meist auf chemische Zusätze verzichtet werden. Mit Hochdruckreinigern wird eine hohe Wirtschaftlichkeit bei einer bestmöglichen Reinigung erzielt.

6.2.3 Reinigungsmittel

♦ **Netzmittel:** bei Öl- und fetthaltigen Substanzen, Schalölrückständen, Ruß u. a.

♦ **Steinreiniger S:** Nur auf säureunempfindlichen Untergründen anwenden, z. B. Salzausblühungen (S = Säurebasis).

♦ **Steinreiniger A:** Auf kalkhaltigen Untergründen, losen Altanstrichen und bei fettigen Verunreinigungen anwenden (A = Alkalibasis).

♦ **Zusätze:** Fungizide, Festiger, Imprägnier- und Hydrophobiermittel

6.2.4 Schutzmaßnahmen beim Hochdruckreinigen

Durch den hohen Arbeitsdruck können Hochdruckreiniger Schäden auf angrenzenden Untergründen und in der Umgebung verursachen. Daher sind Holz-, Kunststoff-, Metall- und Glasflächen mit Folien abzukleben. Passanten, parkende Autos, Pflanzen usw. sind im Bearbeitungsbereich durch Planen zu schützen.

> Haut und Augen sind durch Schutzhandschuhe, Schutzanzug, Gummistiefel, Schutzbrille und Schutzhelm vor Spritzern und abgesprengten Teilchen zu schützen.

>
> Schmutzwasser und Farbreste können mit einem Nasssauger fachgerecht aufgesaugt und danach umweltgerecht entsorgt werden.

LF 6

Aufgaben

1. Warum ist die Beseitigung von Untergrundmängeln vor einer Beschichtung so wichtig?
2. Nennen Sie vier häufig auftretende Untergrundmängel und erklären Sie, wie Sie diese normalerweise beseitigen.
3. Wie müssen Sie sich verhalten, wenn ein Untergrund Mängel aufweist, die Sie mit den üblichen handwerklichen Mitteln nicht beheben können?
4. Erklären Sie den Begriff Mängelanspruch.
5. Nennen Sie vier berufsübliche Prüfmethoden, die Sie bei der Prüfung von Untergründen anwenden.
6. Welche Aufgaben erfüllt die Reinigung bei der Untergrundvorbereitung?
7. Warum werden zur Reinigung großflächiger Fassaden in der Regel Hochdruckreiniger eingesetzt?
8. Worin unterscheiden sich Steinreinigungsmittel?
9. Wozu werden Netzmittel in der Reinigung verwendet?
10. Worauf ist beim Arbeiten mit Hochdruckreinigern zu achten?

6.3 Schleifen

Untergründe werden häufig durch Schleifen für eine Beschichtung vorbereitet. Dabei erfüllt das Schleifen folgende Aufgaben:

♦ **Reinigen:** Vorhandener Schmutz wird beseitigt und lose, nicht tragfähige Altanstriche sowie Korrosion bzw. Rost entfernt.
♦ **Glätten:** Unebenheiten werden ausgeglichen und Erhöhungen abgetragen.
♦ **Aufrauen:** Dadurch verankern sich die Beschichtungen stärker im Untergrund. Bei glatten Oberflächen wird die Adhäsionsfläche vergrößert und die Haftfähigkeit zwischen Untergrund und Beschichtung erhöht.

Der Schleifvorgang wird vor allem durch das ausgewählte *Schleifmittel* und die entsprechenden Schleifkornträger bestimmt. Der Schleifvorgang kann nass oder trocken, von Hand oder mithilfe von Schleifgeräten oder Schleifmaschinen ausgeführt werden.
Der Einsatz und die Art der unterschiedlichen Schleifmittel und Geräte richten sich nach

♦ der Art des zu bearbeitenden Untergrundes,
♦ der Härte der zu entfernenden Schicht und
♦ der Aufgabe, die das Schleifen erfüllen soll.

6.3.1 Gesundheitsschutz beim Schleifen

 Trockenes Schleifen verursacht gesundheitsschädlichen Schleifstaub! Daher muss bei länger andauernden Schleifarbeiten eine Atemschutzmaske getragen werden.

Bei Schleifgeräten oder Schleifmaschinen sind solche zu bevorzugen, die über eine gute Staubabsaugung verfügen.
Enthalten Beschichtungen giftige Bestandteile, wie beispielsweise Bleimennige, muss **nass** geschliffen werden.

 Bei elektrischen Schleifmaschinen muss darauf geachtet werden, dass das Kabel nicht verletzt wird. Maschinen mit mangelhaftem Kabel oder Stecker dürfen nicht benutzt werden.

Wird nass geschliffen, sind beim Umgang mit elektrischen Geräten besondere Unfallverhütungsvorschriften zu beachten. Die eingesetzten elektrischen Geräte müssen entweder durch einen Trenntransformator geschützt sein oder mit Niederspannung betrieben werden können. Pneumatisch angetriebene Schleifgeräte schließen diese Gefahren von vornherein aus.

6.3.2 Schleifmittel

Schleifmittel sind Hilfsstoffe, Maschinen und Werkzeuge zum Schleifen.

Dabei unterscheiden wir je nach Anpassungsfähigkeit an die zu schleifende Form

♦ **unflexible** Schleifsteine bzw. Schleifklötze,
♦ **flexible** Schleifpapiere und -gewebe, Schleifvliese, Stahlwolle und Schleifgitter,
♦ **pulverförmige** Schleifpulver, Schleifpasten und Poliermittel.

Der Maler und Lackierer verwendet vor allem flexible Schleifmittel, die in verschiedenen Größen in Form von Rollen, Bögen, Bändern und runden Scheiben mit unterschiedlichen Körnungen im Handel sind. Hierfür dienen hauptsächlich Korund und Siliciumcarbid als Schleifkorn.

Korund besteht aus kristallinem Aluminiumoxid. Es wird bei ≅ 2000 °C in Elektroöfen hergestellt.
Siliciumcarbid entsteht ebenfalls bei ≅ 2000 °C durch chemische Reaktion aus Quarz und Koks.

Beide Schleifkornarten sind sehr hart, wie der Vergleich mit Diamant und den anderen Kornarten zeigt.

Schleifkornart	Härte nach Mohs
Diamant	10
Siliciumcarbid	9,8
Korund	9,5
Flintpapier	7
Glaspapier	5

> Das Schleifmittel muss immer härter sein als der zu schleifende Untergrund.

Neben der Härte ist auch die Korngröße für die Schleifwirkung entscheidend.

Die Hersteller geben die Körnung durch Zahlen auf der Rückseite der Schleifmittel an. Sie sind nach DIN ISO 6344 wie folgt festgelegt:

Einteilung	Korngrößen	Verwendung
Sehr grob	P 12 bis P 40	Entfernen von Beschichtungen
Grob	P 50 bis P 80	Glätten von groben Unebenheiten
Mittel	P 100 bis P 180	Glätten von Spachtelmassen, Aufrauen von Altbeschichtungen
Fein	P 220 bis P 360	Glätten von Füllern, Aufrauen von Beschichtungen
Sehr fein	P 400 bis P 1200	Glätten und Aufrauen von Füllern und Deckbeschichtungen

Der Kennbuchstabe „**P**" bedeutet, dass es sich um ein flexibles Schleifmittel handelt. Die anschließende Zahl gibt die Anzahl der Schleifkörner an, die ein Sieb mit einer Quadratzollfläche durchdringen können.

> Je größer die Zahl auf dem Schleifpapier oder Gewebe ist, umso feiner sind die Körnung und damit das Schleifergebnis.

Ein weiteres Kriterium für das Schleifergebnis ist die Art der Streuung des Schleifkorns.

Bei der offenen Streuung sind nur etwa 2/3 der Trägerfläche mit Schleifkörnern bedeckt. Dadurch wird erreicht, dass sich das Schleifmittel beim Schliff nicht so schnell zusetzt.

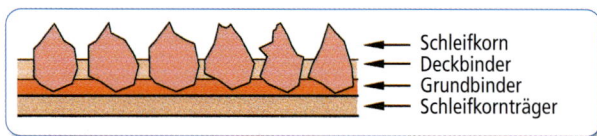

1 Aufbau von Schleifpapier

Bei der dichten Streuung liegen die Schleifkörner lückenlos nebeneinander. Diese Streuung wird vor allem bei sehr feinen Körnungen gewählt, um ein Schleifergebnis mit hoher Güte zu erzielen.

Für hochwertige Nass- und Trockenschleifpapiere und -gewebe werden Siliciumcarbid oder Elektrokorund eingesetzt und mit Spezialklebstoff wie Alkydharz- oder PUR-Klebelack gebunden.

Bei einfachen, nur zum Trockenschliff geeigneten Glas- oder Flintpapieren besteht der Grund- und Deckbinder aus Leim.

Bestehen der Grundbinder aus Leim und der Deckbinder aus Kunstharz, spricht man von einer Kunstharzbindung. Bei einer Vollkunstharzbindung werden Grund- und Deckbinder mit Spezialklebstoff aus Kunstharzen ausgeführt.

Schleifpapiere – Schleifgewebe
Papier, Gewebe und Fiber aus flexiblem Schichtpressmaterial dienen als Schleifkornträger. Für grobe Schleifpapiere werden dickere Sorten verwendet als für feine.

Ausgehend vom leichten Papiergewicht unterteilt man in folgende Sorten:
A   Papier Gewicht bis 80 g/m^2
B   Papier Gewicht bis 105 g/m^2
C   Papier Gewicht bis 124 g/m^2
D   Papier Gewicht bis 158 g/m^2
E   Papier Gewicht bis 218 g/m^2
J   Gewebe leichte, flexible Qualität
X   Gewebe schwere, steife Qualität
T   Fiber Dicke 0,38 mm
U   Fiber Dicke 0,45 mm
V   Fiber Dicke 0,65 mm
W   Fiber Dicke 0,78 mm

Die Art des Schleifmittelträgers entscheidet auch über dessen Einsatz als Nass- oder Trockenschleifpapier. Wasserfeste Schleifpapiere werden mit Kunststoff veredelt und hochwertige Trockenschleifpapiere mit staubabweisenden Schichten versehen. Ein vorzeitiges Verkleben mit Schleifstaub lässt sich so verhindern. Wird nass geschliffen, spült das Wasser bzw. die verwendete Flüs-

LF 6

sigkeit die Körnung frei, sodass sich der Schleifstaub nicht so schnell ablagern kann. Hierin liegt auch der Grund, warum diese Schleifpapiere feiner und dichter gestreut hergestellt werden können.

> Schleifpapiere, mit denen nass geschliffen werden kann, haben bei gleicher Körnung eine bessere Schleifwirkung als Trockenschleifpapiere.

Nass geschliffen wird überall dort, wo man feine Schliffe erzielen will. Der Vorteil liegt darin, dass feinere Körnungen verwendet werden können und kein lästiger und gesundheitsschädlicher Schleifstaub entsteht. Aufquellende Untergründe können nicht nass geschliffen werden, ebenso wenig Stahl wegen der Korrosionsgefahr.

Schleifpapiere und Schleifgewebe werden je nach Einsatz in verschiedenen Formen angeboten.

Wie die Schleifpapiere und Schleifgewebe an den Werkzeugen und Geräten befestigt werden, lässt sich an der Beschaffenheit der Rücken erkennen:
- glatter Rücken – Klemmbefestigung
- Klebeschicht – selbstklebende Befestigung
- Filz – kletthaftende Befestigung

Die richtige und nicht flatternde Befestigung von Schleifmitteln auf den Schleifgeräten ist für den einwandfreien Schliff und die Standzeit des Schleifmittels von großer Bedeutung.
Als Standzeit wird die Zeitdauer des Einsatzes bis zum Verschleiß des Schleifmittels bezeichnet.

Schleifvliese

Schleifvliese bestehen aus Nylonfaservlies, in das die Schleifkörner eingearbeitet sind. Sie sind wasser- und lösemittelbeständig.

Schleifvliese eignen sich besonders für Feinschleifarbeiten wie beispielsweise zum Ausschleifen von Lackierfehlern, Reinigen und Entfetten von Metallen oder zum Schleifen von Profilen und Vertiefungen. Sie sind sehr anschmiegsam und passen sich deshalb dem Untergrund an.

Schleifvliese werden als Rollen, Platten oder Scheiben geliefert und in zwei Sorten hergestellt.

Sorte	Art	Verwendung
Typ A rotbraun	Korund	Mattschliff von Beschichtungen, Aufrauen von Aluminium
Typ S anthrazit	Siliciumcarbid	Endschliff und Ausbessern von Lackierfehlern

Weitere Schleifmittel

1 Bögen und Rollen

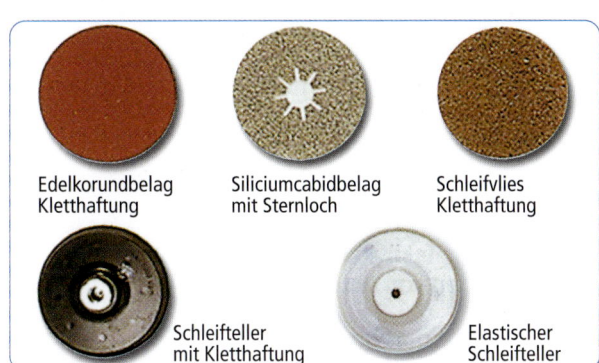

2 Schleifscheiben Ø 115 mm und Ø 125 mm

3 Schleifscheiben mit Lochung zur Staubabsaugung

4 Schleifvliese

LF 6

179

Gitterschleifmetall und Gitterschleifleinen dienen der Bearbeitung rauer Flächen, sind sehr strapazierfähig und verkleben sich auch nach längerem Gebrauch nicht mit dem Schleifstaub. Sie sind beidseitig verwendbar.

Stahlwolle wird zum Reinigen, Schleifen und Polieren verwendet. Sie ist in Bauschen in den Feinheiten 0000, 00, 0, 1, 2, 3, 4 und 5 erhältlich. Je kleiner die Zahl ist, umso feiner ist die Stahlwolle.

1 Stahlwolle

Stahlspäne bestehen aus geflochtenen Stahlmatten. Sie werden vor allem für die schonende Reinigung von Holz- und Steinflächen verwendet. Ihre Feinheit richtet sich nach der Drahtstärke. Stahlspäne sind in den Feinheiten grob, mittel, fein und fein-fein im Handel.

2 Stahlspäne

Schleifpulver aus Bimsstein, Quarz oder Kieselgur dienen als Nassschleifmittel für Schleifmodler und Schleiffilze.

Schleifpasten werden zum Polieren verwendet. Sie bestehen aus Paraffinpasten oder Wachsemulsionen, in die Schleifkörner eingerührt sind. Es gibt sie in grober und feiner Körnung.

6.3.3 Werkzeuge und Geräte zum Schleifen

Handschleifgeräte: Als solche dienen Schleifklötze und Handschleifer aus verschiedenen Werkstoffen und Formen mit oder ohne Klemmvorrichtung für das Schleifpapier. Man benutzt sie zum leichten und vorsichtigen Glätten und zum Schleifen an Stellen, die für Schleifmaschinen unzugänglich oder ungeeignet sind.

3 Handschleifgeräte

Schleifmaschinen sind unentbehrliche Geräte für die Untergrundvorbereitung. Art und Einsatz der unterschiedlichen Schleifmaschinen richten sich nach der Art des zu bearbeitenden Untergrundes,
♦ ob der Untergrund geglättet oder die alte Beschichtung entfernt werden soll,
♦ nach der Härte des Untergrundes.

Schwingschleifer, auch **Rutscher** genannt, gehören zu den meistverwendeten Schleifgeräten. Mit ihrem rechteckigen Schleifschuh sind sie ideal für die Bearbeitung von Flächen, Ecken und Kanten. Mit ihm wird ein gleichmäßiger Schliff auch bei hoher Beanspruchung erzielt.
Gebräuchliche Schleifschuhgrößen sind: 130 x 80 mm, 175 x 93 mm oder 225 x 115 mm.

LF 6

1 Schwingschleifer oder Rutscher

Exzenterschleifer werden dann eingesetzt, wenn es auf höchste Schleifqualität ankommt. Sie sind zum Schleifen planer und gewölbter Flächen besonders gut geeignet.

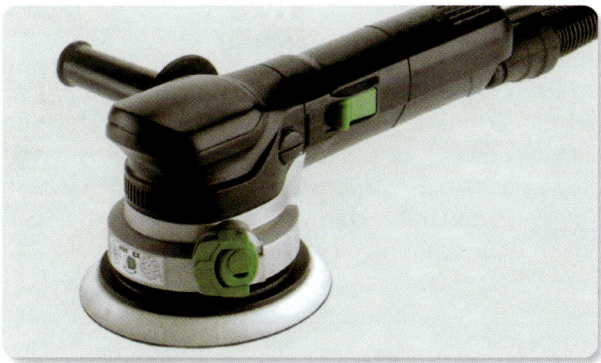

2 Exzenterschleifer

Rotationsschleifer werden für grobe Entschichtungsarbeiten und zum Entrosten eingesetzt. Sie besitzen meist einen elektronisch regelbaren Drehzahlbereich zwischen 2000 und 5000 U/min, der sich für Malerarbeiten besonders gut eignet.

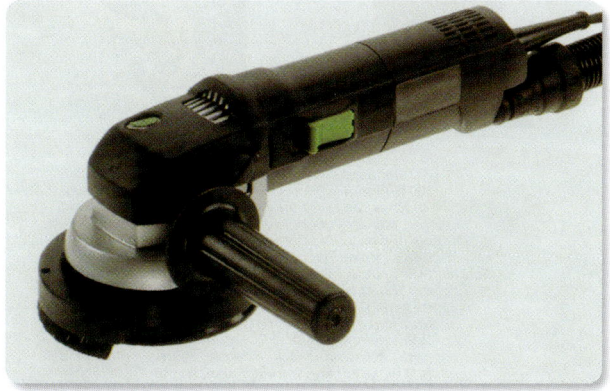

3 Rotationsschleifer

Einhandwinkelschleifer werden im Metall- und Baugewerbe für Trenn- oder Schruppscheiben benutzt, für die ca. 10000 U/min notwendig sind. Mit starren Schleifscheiben lassen sich Stahlteile punktentrosten. Trennscheiben werden u. a. zum Trennen von Metall-, Stein- und Keramikbaustoffen eingesetzt.

Schwing-, Exzenter- und Rotationsschleifer gibt es neben dem üblichen Elektromotorantrieb auch mit **Druckluftantrieb**.
Dieser Antrieb besitzt gegenüber vergleichbaren Elektrogeräten viele Vorteile. Durch das geringere Bauvolumen sind diese Geräte leichter und handlicher. Sie verfügen über eine vier- bis fünffache Standzeit und bieten beim Nassschleifen oder beim Arbeiten in explosionsgefährdeten Räumen eine größere Sicherheit. Nachteilig ist der wesentlich höhere Energieverbrauch dieser Geräte.

Moderne Schleifgeräte sind mit einer Staubabsaugung ausgerüstet. Dies geschieht entweder mit Staubbeuteln am Gerät oder durch Absaugung mit speziell hierfür ausgelegten Staubsaugern oder Absauganlagen.

LF 6

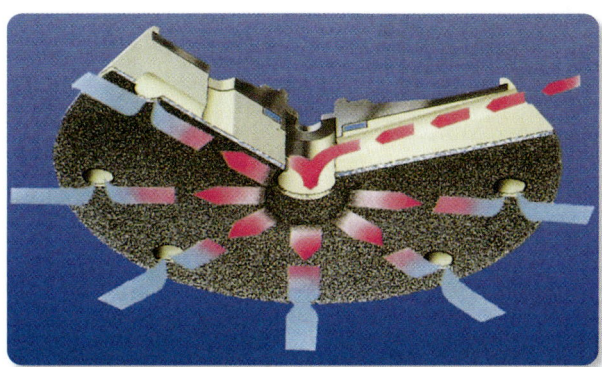

4 Schleifstaubabsaugung

Geräte mit Staubabsaugung sind weniger lästig, sie schützen die Gesundheit und die Umwelt.

Gesundheitsschutz
Beim Arbeiten mit Rotations- oder Einhandwinkelschleifern muss eine Schutzbrille getragen werden!

Zum Schutz gegen die hohe Staubentwicklung ist unbedingt ein geeigneter Atemschutz erforderlich!

LF 6

Zur praktischen Anwendung

1. Schleifen Sie von Hand eine Altlackierung trocken und nass mit dem jeweils geeigneten Schleifpapier der Körnung P 220.
   Stellen Sie fest, mit welchem Schleifpapier Sie die größere Schleifwirkung erzielen.
2. Prüfen Sie die verschiedenen Befestigungstechniken von Schleifpapieren und Schleifscheiben an Schleifmaschinen:
   a) auf einfache und schnelle Befestigung
   b) auf flatterfreie Befestigung
   c) auf Wiederverwendung bereits benutzter Schleifmittel auf demselben Gerät
   Stellen Sie fest, welche Befestigungsart das beste Ergebnis erzielt.
3. Prüfen Sie, welches Schleifmittel sich zum Schleifen von Hand bei Holzprofilleisten am besten eignet:
   a) Trockenschleifpapier P 120
   b) Schleifvlies Type A (rotbraun)
   c) Stahlwolle Sorte 00

Aufgaben

1. Erläutern Sie die Angabe „P 120" auf einem Schleifpapier.
2. Nennen Sie die hauptsächlich eingesetzten Materialien für Schleifkörner.
3. Welche Bestandteile der Schleifpapiere entscheiden darüber, ob sie sich als Nass- oder Trockenschleifpapier einsetzen lassen?
4. Bei welchen Arbeiten ist der Einsatz von Schleifvliesen vorteilhaft?
5. Wozu dienen Schleifpasten?
6. Für welche Arbeiten werden Schleifklötze oder Handschleifer eingesetzt?
7. Wonach richtet sich der Einsatz der unterschiedlichen Schleifgeräte?
8. Welche Vorteile haben Druckluftschleifgeräte?
9. Durch welche Einrichtung wird die Staubentwicklung bei Schleifgeräten vermindert?
10. Wie müssen Sie sich vor Gesundheitsschäden beim Arbeiten mit Rotationsgeräten schützen?

6.4 Entfernen von Beschichtungen

Wenn Beschichtungen rissig, schlecht haftend oder für die nachfolgende Beschichtung ungeeignet sind, müssen sie entfernt werden.
Für diese Entschichtung gibt es verschiedene Verfahren mit ganz unterschiedlichem Einsatzbereich und Aufwand.

Art der Entfernung	Verfahrensbezeichnung
physikalisch-mechanisch	Abstoßen, Abschaben, Abschleifen, Abstrahlen
physikalisch-thermisch	Abbrennen, Flammstrahlen
physikalisch-lösend	Abwaschen, Abbeizen mit Fluid
chemisch-verseifend	Abbeizen mit Lauge

6.4.1 Mechanische Verfahren

Abstoßen und Abkratzen eignet sich nur für lose und schlecht haftende Beschichtungen oder leicht anhaftenden Schmutz. Geeignete Werkzeuge hierfür sind Ziehklingen und verschiedene Schaber. Außerdem werden verschiedene Drahtbürsten in unterschiedlichen Formen und Drahtarten verwendet. Lose sitzenden Staub oder Schmutz entfernt man üblicherweise mit dem Abstauber.

1 Werkzeuge für mechanische Verfahren

Abschleifen: Hierzu eignen sich alle Schleifwerkzeuge und Geräte. Die Rotationsschleifmaschine ist dabei am wirksamsten. Der Einsatz grober Schleifmittel führt zu tiefen Kratzern und Riefen und erfordert meist ein umfangreiches Nacharbeiten.

Abstrahlen ist ein oft angewandtes Verfahren bei der Entschichtung von Stahlteilen, der Beseitigung von Rost, Zunder- oder Sinterschichten sowie der Reinigung von Natursteinen.

Als Strahlmittel werden u. a. folgende Werkstoffe eingesetzt:
- Hochofenschlacke
- Strahlglas
- Schmelzkammerschlacke
- Korund bzw. Aluminiumoxid
- Stahl-Hartguss-Granulat

Die Auswahl des Strahlmittels richtet sich nach folgenden Kriterien:
1. nach den gesundheitlichen Risiken
2. nach seiner Härte und Kantigkeit
3. nach der Korngröße
4. nach der Wirtschaftlichkeit

1 Abstrahl-Atemschutz-Ausrüstung

Sandstrahlgeräte bestehen aus einem leistungsstarken Kompressor, dem Strahlmittelbehälter und einer besonders harten Strahldüse.

Abstrahlpistolen eignen sich für kleine Flächen. Es handelt sich hierbei um eine Saugbecherpistole mit ca. einem Liter Strahlmittelinhalt.

Freistrahlgebläse sind transportable Geräte mit Behältern von 25 l bis 200 l Inhalt.

Stationäre Anlagen weisen einen geschlossenen Kreislauf auf, bei dem das Strahlmittel gereinigt und zurückgeführt wird.

Beim Entschichten wird das Strahlmittel mit einem Druck von 2 bis 8 bar durch eine Düse auf den Untergrund geschleudert. Durch das scharfkantige Strahlgut und den Luftdruck wird die Oberfläche abgetragen.

Sandstrahlen ist mit einer starken Staubentwicklung verbunden. Beim Arbeiten mit transportablen Geräten sind deshalb die Umweltschutzvorschriften zu beachten.

Die Staubbelästigung beim Abstrahlen lässt sich durch folgende Verfahren vermindern:
- **Nassstrahlen**, durch ein Gemisch aus Strahlmittel und Wasser.
- **Feuchtstrahlen**, das Strahlmittel wird vor der Düse mit Wasser umhüllt.
- **Vakuumstrahlen**, ein um die Strahldüse erzeugtes Vakuum saugt den Staub ab.

Fräsen können für zahlreiche Sanierungsarbeiten eingesetzt werden.
Sie eignen sich zum Abtragen von Altanstrichen und Putzen, zum Aufrauen von Betonuntergründen, Entfernen von Sinterschichten und zum Abfräsen von Unebenheiten.

2 Fräskopf

Sie sind mit Spezialhartmetall- und Fräsrädern bestückt und besitzen eine wirkungsvolle Staubabsaugung.

Gesundheitsschutz
Absplitternde Farbreste und lose Teile aus dem Untergrund können zu Haut- und Augenverletzungen führen. Deshalb müssen bei diesen Arbeiten Schutzbrille und Schutzhandschuhe getragen werden.

Sandstrahlarbeiten erfordern geeignete Schutzkleidung und spezielle geschlossene Atemschutzhauben.

LF 6

6.4.2 Thermische Verfahren

Durch die Einwirkung von Wärme lassen sich viele Beschichtungen entfernen. Organische Beschichtungen werden weich und lassen sich abstoßen. Nicht oder gering haftende Teile platzen vom Untergrund ab.

Abbrennen – Abbrenngeräte Propangasbrenner mit einer Propangasflasche. Durch Rund- oder Breitbrenner lässt sich die Form der offenen Flamme verändern.

Heißluftabbrenngeräte erzeugen elektrisch einen 100 bis 800 °C heißen Luftstrom. Dieser wird von einem Gebläse durch eine Rund- oder Breitstrahldüse geleitet. Der Vorteil von Heißluftgeräten gegenüber Gasbrennern liegt darin, dass nicht mit offener Flamme gearbeitet wird und die Wärme regelbar ist.

Untergründe, die sich zum Abbrennen von Beschichtungen nicht eignen, sind:
♦ Kunststoffe, die schmelzen,
♦ dünne Bleche, die sich verbiegen,
♦ Naturholz, das durch Hitze ankohlt.

Beschichtungen, die sich nicht abbrennen lassen sind:
♦ mineralische, anorganische Beschichtungen,
♦ sehr dünne organische Beschichtungen wie beispielsweise Lasuren.

Im Gegensatz dazu lassen sich alte Öl- oder Kunstharzanstriche besonders gut abbrennen. Die Altbeschichtung wird mit der Flamme oder der Heißluft erwärmt und sofort mit einem Spezialabbrennspachtel vom Untergrund abgeschabt. Die noch vorhandenen Rückstände lassen sich nach dem Erkalten abschleifen.

Beim Abbrennen mit Flamme oder Heißluft muss man darauf achten, dass die Hitze nicht zu lange auf eine Stelle einwirkt, weil sonst die brennbaren Untergründe entflammen oder verkohlen.

1 Entfernung einer Beschichtung mit Heißluft

> **Sicherheitsvorschriften**
> Abbrennarbeiten dürfen nicht in geschlossenen Räumen und in der Nähe feuergefährlicher Stoffe durchgeführt werden. Wegen der großen Entzündungsgefahr ist es verboten, an brandgefährdeten Gebäuden Abbrennarbeiten durchzuführen. Bei Abbrennarbeiten müssen stets geeignete Feuerlöschgeräte griffbereit sein.

Flammstrahlen

Mit einem Acetylen-Sauerstoff-Gemisch wird eine ca. 3000 °C heiße Flamme erzeugt und über die zu reinigende Fläche geführt. Durch die Hitze entstehen an der Oberfläche Spannungen, sodass lose Teile abplatzen. Flammstrahlen setzt man vor allem großflächig ein, beispielsweise in der Betonsanierung, um lose und nicht mehr tragfähige Schichten der Betonoberfläche abzuschälen. Mit Flammstrahlen lassen sich Zunderschichten und Rost entfernen. Hierbei wird dem Zunder und Rost Sauerstoff entzogen und das im Rost gebundene Wasser abgespalten. Durch die Hitzespannung wird der lose Zunder abgesprengt. Beim Flammstrahlen sind umfangreiche Sicherheitsvorschriften zu beachten!

6.4.3 Lösende Verfahren

Abwaschen, Abbeizen und Ablaugen sind häufig angewandte Verfahren, um Untergründe für eine Neubeschichtung vorzubereiten.

Abwaschen dient dem Reinigen verschmutzter Flächen. Noch tragfähige Untergründe können danach neu beschichtet werden. Fett und Schmutz lassen sich mit Wasser und Schmierseife oder mit Zusätzen von Haushalts- oder Spezialreinigern lösen und entfernen. Werden dem Abwaschwasser Anlaugemittel wie Salmiak oder Anlaugepulver beigemischt, lösen sich alte, noch tragfähige Öl- oder Kunstharzanstriche an. Die neue Beschichtung kann sich darauf gut verankern.

Hochdruckreiniger werden zum Reinigen verschmutzter Flächen und zum Entfernen von Beschichtungen oder losen Teilen eingesetzt. Ihre Reinigungskraft liegt im hohen Druck des heißen oder kalten Wassers, das auf die Fläche einwirkt und dem noch Reinigungsmittel zugesetzt werden können. Hochdruckreiniger gibt es als unbeheizte oder beheizte Geräte mit Elektro- oder Verbrennungsmotoren. Ihr Wasserdruck beträgt bis zu 240 bar. Das Wasser kann bis 80 °C erhitzt werden. Die Reinigungswirkung ist entscheidend von der Form des Wasserstrahls abhängig.

Mit einem **Flachstrahl** lassen sich Schmutz, Beschichtungen oder lose Teile abschälen.

Durch einen **Punktstrahl** lösen sich besonders fest haftende Teile. Mit dem **Rotationsstrahl** erreicht man eine Kombination zwischen Punkt- und Flachstrahl. Düsen mit Rotationsstrahl werden auch als „Dreckfräsen" bezeichnet.

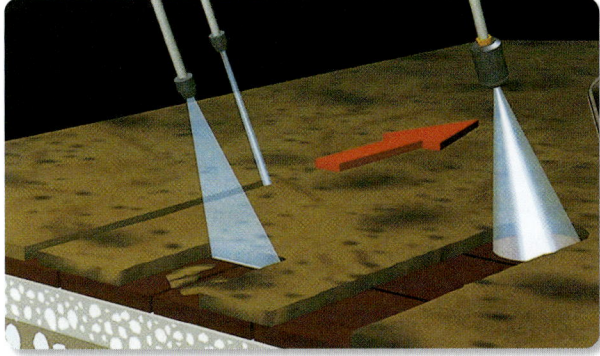

1 Flachstrahl, Punktstrahl, Rotationsstrahl

Umweltschutz
Werden beim Hochdruckreinigen chemische Zusatzmittel eingesetzt, darf das Abwasser nicht in den Boden gelangen. In die Kanalisation ist eine Einleitung nur zulässig, wenn sichergestellt ist, dass die Abwässer über ein Klärbecken geleitet werden und die Schadstoffmenge begrenzt ist. Feste Stoffe müssen in jedem Fall vorher aufgefangen werden. Abbeizreste, auch wenn sie biologisch abbaubar sind, dürfen nicht in die Kanalisation gelangen.

Die Reinigungsabwässer aufzufangen, erfordert umfangreiche Maßnahmen. Vor allem bei Reinigungs- oder Entschichtungsarbeiten an Fassaden, bei denen Hochdruckreiniger bevorzugt und wirtschaftlich eingesetzt werden, gestaltet sich dies oft recht schwierig.

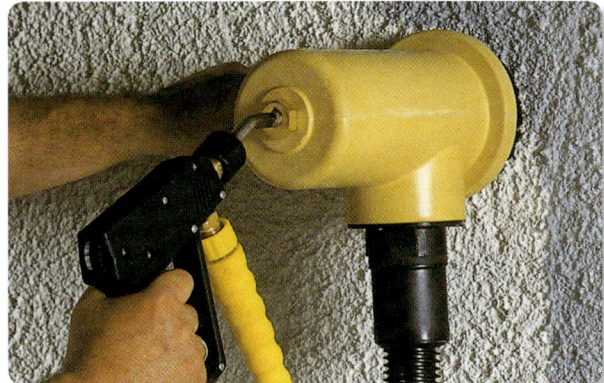

2 Abbeizhaube

Abbeizhauben für Hochdruckreiniger bieten hier eine wirksame Abhilfe. Das Schmutzwasser wird mit einem Nasssauger direkt an der Düse abgesaugt. Das kostspielige Anbringen von Schmutzwasserfangrinnen wird so überflüssig.

Weitere notwendige Schutzmaßnahmen beim Hochdruckreinigen sind:
♦ **Schützende Vorarbeiten:** Holz-, Kunststoff-, Metall- und Glasflächen müssen abgedeckt werden.
♦ **Schutz der Umgebung:** Passanten, parkende Autos, Pflanzen usw. müssen im Arbeitsbereich durch Planen geschützt werden.
♦ **Persönlicher Schutz:** Tragen von Schutzkleidung, Gummihandschuhen, Gummistiefeln, Schutzbrille und Schutzhelm.

Abbeizen mit Abbeizfluiden
Abbeizfluide sind physikalisch lösende Anstrichentferner. Sie enthalten Lösemittelgemische aus Chlorkohlenwasserstoffen, Benzol und Alkoholen. Hinzu kommen Verdickungsmittel, die das Ablaufen an senkrechten Flächen verhindern, sowie Wachse und Paraffine, die das schnelle Verdunsten der Lösemittel verzögern und dadurch ihre Wirkung verlängern.

Abbeizfluide erweichen die Anstrichschichten, die danach abgeschabt oder mit Hochdruckreinigern abgestrahlt werden können. Mit Abbeizfluiden lassen sich auch schwer lösliche Reaktionslacke entfernen. Hölzer werden von ihnen nicht verfärbt und Borstenpinsel nicht zerstört.

3 Abbeizen

Sie werden mit Pinsel oder Spachtel satt aufgetragen. Nach einer gewissen Einwirkzeit kann der Anstrich entfernt werden. Ihre Wirkung lässt sich noch verstärken, wenn die eingestrichene Fläche durch Folien abgedeckt und so das Verdunsten der Lösemittel verhindert wird. Abbeizfluide greifen viele Kunststoffe an. Nach der

LF 6

Entfernung der Beschichtung müssen die Flächen, je nach verwendetem Abbeizfluid, mit Wasser oder Terpentin nachgewaschen werden.

> **Umweltschutz**
> Entschichtetes Material ist als Sonderabfall vorschriftsmäßig zu entsorgen. Es darf auf keinen Fall in den Hausmüll gelangen.

Abbeizen mit Laugen

Die im Malerhandwerk eingesetzten Abbeizer bestehen meist aus Natron- oder Kalilauge, die mit Verdickungsmittel gebunden sind. Mit ihnen können Öl-, Öllack- und Alkydharzbeschichtungen in wasserlösliche Seifen umgewandelt werden. Holz verfärbt sich durch Laugen dunkel und muss deshalb mit Oxalsäure oder Wasserstoffperoxid wieder aufgehellt werden.
Die Abbeizer werden mit Fibre- oder Kunststoffborstenpinsel dick aufgetragen. Je nach Schichtdicke kann der Anstrich nach einer gewissen Einwirkzeit abgeschabt oder mit Wasser abgewaschen werden. Besonders bei Holzuntergründen muss gründlich nachgewaschen werden, um die Alkalität wieder zu neutralisieren. Auf Holz sollte der Abbeizer daher nicht zu lange einwirken, weil sonst die Lauge zu tief eindringt und die Alkalität nur schwer oder gar nicht beseitigt werden kann.

> Naturborsten zersetzen sich im Abbeizer. Sie sind nach kurzer Zeit nicht mehr zu gebrauchen.

> **Gesundheitsschutz**
> **Abbeizmittel sind feuergefährlich!**
> Das Einatmen der Dämpfe ist gesundheitsschädlich. Die Schutzvorschriften der TRGS 612[1] sind zu beachten. Für gute Belüftung sorgen! Augen und Haut vor Spritzern schützen! Schutzbrille und Schutzhandschuhe tragen! Bei Berührung sofort mit Wasser abwaschen.
>
>
>
> **Abbeizer sind stark ätzend!** Schutzkleidung tragen. Augen und Haut durch Schutzbrille und Schutzhandschuhe schützen.
>
>

---

[1] *Technische Regeln für Gefahrstoffe (TRGS) 612 „Ersatzstoffe, Ersatzverfahren und Verwendungsbeschränkungen für dichlormethanhaltige Abbeizmittel"*

> **Zur praktischen Anwendung**
> 1. *Alte Beschichtungen auf der Basis von Nitrolack und Alkydharzlack sollen mit Abbeizer entfernt werden. Versuchen Sie, nach gleicher Einwirkzeit die Beschichtungen zu entfernen. Welche Folgen sind zu beobachten?*
> 2. *Tragen Sie etwas Abbeizfluid auf ein Stück Styropor auf. Welche Auswirkungen stellen Sie fest?*

> **Aufgaben**
> 1. *Für welche Entschichtungsarbeiten eignen sich Schaber und Kratzer?*
> 2. *Nennen Sie Reinigungsarbeiten, die mit Drahtbürsten ausgeführt werden.*
> 3. *Begründen Sie, warum die Anstrichentfernung mit einer Rotationsschleifmaschine auf einem nicht sehr harten Untergrund problematisch ist.*
> 4. *Nennen Sie technische Verfahren, wie sich die Staubentwicklung beim Sandstrahlen verringern lässt.*
> 5. *Welche Altbeschichtungen können durch Abbrennen nicht entfernt werden?*
> 6. *Wo dürfen Abbrennarbeiten nicht durchgeführt werden?*
> 7. *Worauf müssen Sie bei Abbrennarbeiten achten, um keine Schäden am Untergrund zu verursachen?*
> 8. *Für welche Entschichtungsarbeiten wird das Flammstrahlen eingesetzt?*
> 9. *Worin unterscheiden sich Abbeizfluide von Abbeizern?*
> 10. *Welche persönlichen Schutzmaßnahmen sind notwendig, wenn Sie*
>   *a) mit Abbeizern arbeiten,*
>   *b) mit Abbeizfluiden arbeiten?*
> 11. *Wie kann die Wirkung von Abbeizfluiden verstärkt werden?*

6.5 Absperren

6.5.1 Absperren – Einsatz

In Räumen, in denen viel geraucht wird, dringen die Teerinhaltsstoffe des Rauches in Wände und Decken ein. Bei einer späteren Renovierung lösen sich diese und verursachen auf der Beschichtung braune Schlieren und Flecken. Ein nochmaliges Überstreichen hilft meist wenig. Der Schadstoff schlägt erneut durch. Eine wirkliche Abhilfe lässt sich nur durch Absperren erreichen.

LF 6

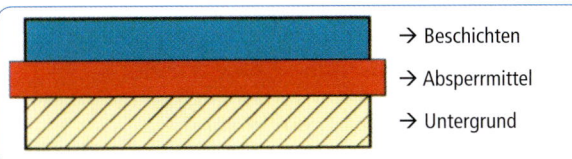

→ Beschichten

→ Absperrmittel

→ Untergrund

1 Absperren

> Das Absperren verhindert, dass Schadstoffe aus dem Untergrund in den Anstrich dringen können.

Die Ursache für das Durchschlagen liegt in der leichten Löslichkeit des Schadstoffes. So müssen auch Salze, die sich beispielsweise durch einen Wasserschaden gebildet haben, abgesperrt werden.

6.5.2 Absperrmittel

Als Absperrmittel dienen Salze, lösemittelhaltige Grundiermittel und Absperrlacke.

Absperrsalze können durch ihre Kristallbildung oder durch ihre neutralisierende Wirkung verhindern, dass Schadstoffe vom Untergrund in den Anstrich durchschlagen können.

Alaun ist ein tonerdehaltiges Salz aus Kalium- oder Aluminiumsulfat, das sich in Wasser leicht lösen lässt und bei der Trocknung eine absperrend wirkende Kristallschicht bildet. Diese Schicht ist in der Lage, Nikotin- und Wasserflecken abzusperren, die Putzoberfläche zu härten und zu egalisieren, ohne die Wasserdampfdiffusion zu beeinträchtigen.

> Alaun ist ungiftig und eignet sich durch die gute Wasserlöslichkeit nur für innen. Es wird hauptsächlich auf mineralischem Innenputz wie Gips eingesetzt.

Alaunsalz wird im Verhältnis 1:4 bis 1:8 in Wasser gelöst und großflächig auf den Putz aufgetragen. Nach dem Trocknen werden die überschüssigen Salzkristalle abgekehrt.

Fluate sind ebenfalls Salze. Sie bestehen aus Verbindungen von Kieselfluorwasserstoffsäure und den Metallen Aluminium, Blei, Magnesium und Zink. Bleifluat wirkt bei Nikotin- und Wasserflecken absperrend. Aluminiumfluat wird zum Neutralisieren von alkalischen Putzen verwendet. Magnesiumfluat festigt mürbe Putzteile und Zinkfluat wirkt pilz- und keimtötend. In vielen Produkten sind mehrere Fluate kom-

biniert, um sie möglichst vielseitig verwenden zu können. Fluate eignen sich nur für kalk- und zementhaltige Putze sowie für Beton, **nicht** jedoch für Gipsuntergründe.

Fluate werden im Verhältnis 1:1 bis 1:4 nach Herstellerangabe in Wasser gelöst und ein- bis zweimal satt aufgetragen. Anschließend wird das überschüssige Salz mit Wasser gründlich abgewaschen. Beim Fluatieren reagiert das Fluat beispielsweise mit Kalk und bildet auf der Putzoberfläche ein wasserunlösliches Salz aus Calciumfluorid. Dabei wird Kohlendioxid frei, was sich am Aufschäumen bei der chemischen Reaktion beobachten lässt.

> Durch Fluate werden die Alkalität beseitigt, Putzoberflächen gehärtet und abgesperrt sowie Bakterien, Fäulnispilze und Mooswucherungen zerstört.

Gesundheitsschutz
Fluate sind gesundheitsschädliche, stark ätzende Arbeitsstoffe. Sie müssen entsprechend gekennzeichnet werden. **Abbeizmittel sind feuergefährlich!**
Augen und Haut sind vor Spritzern zu schützen!

Vorsicht, giftige Dämpfe!
Beim Fluatieren darf nicht geraucht oder gegessen werden. Die Hände sind sofort nach der Arbeit zu waschen. Fluate ätzen Metalle, Glas und Keramik. Sie dürfen daher nur in säurebeständigen Kunststoffbehältern aufbewahrt werden.

Lösemittelhaltige Grundiermittel können auch als Absperrmittel eingesetzt werden. Wir beschränken uns deshalb auf die für innen gebräuchlichen Nitrosperrgründe und die für innen und außen vielseitig einsetzbaren lösemittelhaltigen Polymerisatharze.

Nitrosperrgründe, die auch als Sperrgrund oder Schnellschliffgrund im Handel sind, basieren auf Cellulosenitrat.
Aufgrund ihrer speziellen Zusammensetzung lösen sie bereits beschichtete Untergründe nicht an und werden auch nicht von nachfolgenden Anstrichen angelöst.

LF 6

Besondere Verwendung finden Nitrosperrgründe zur Festigung klebender Anstriche.

Sie können gestrichen oder gespritzt werden und sind bereits nach 30 bis 60 Minuten schleifbar und weiterbearbeitbar. Einige Fabrikate sind sowohl mit Nitroverdünnung als auch mit Spiritus verdünnbar.

Lösemittelhaltige Polymerisatharze, weißpigmentiert oder farblos, sind hochwertige Absperrmittel auf der Basis von Acrylharzen. Sie sperren Ruß-, Rauch- und Wasserflecken ab und eignen sich auch bei Bitumen- und Teeruntergründen. Da sie nicht verseifen, zeichnen sie sich vor allem auf frischem Beton und mineralischem Putz aus.

1 Wasserflecke nach einem Rohrbruch müssen abgesperrt werden.

Absperrlacke können aus unterschiedlichsten Bindemitteln hergestellt werden. Beispielhaft betrachten wir hier die Polyurethanlacke näher.

Polyurethanlacke (PUR-Lacke) werden zum Absperren von tropischen Hölzern verwendet. Die Inhaltsstoffe dieser Hölzer können durch alle gebräuchlichen Beschichtungsstoffe durchschlagen und die Trocknung beeinträchtigen.

Beheben lässt sich dies, indem man die Inhaltsstoffe mit Nitroverdünnung auswäscht, das Holz mit Stahlwolle nachreibt und PUR-Lack aufträgt. Danach kann mit üblichen Lacken weitergearbeitet werden.

6.6 Imprägnieren

6.6.1 Wirkungsweise der Imprägniermittel

Poröse Baustoffe wie Holz, Stein und Putz werden durch Witterungseinflüsse, Bakterien- und Pilzbefall in ihrer Haltbarkeit beeinträchtigt. Holz kann außerdem durch Insektenbefall oder durch Brennen zerstört werden.

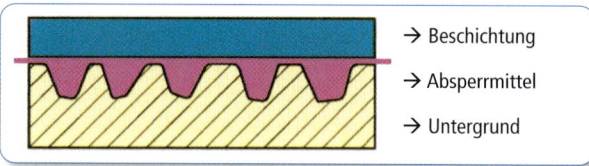

→ Beschichtung
→ Absperrmittel
→ Untergrund

2 Imprägnieren

Das Imprägnieren schützt und konserviert Untergründe gegen Witterungseinflüsse, Insekten- und Pilzbefall, verleiht Untergründen Wasser abstoßende Wirkung und schützt gegen Brandgefahr.

6.6.2 Imprägniermittel

Zur Imprägnierung von Holz verwendet man vor allem Holzschutzsalze. Sie beugen gegen Pilz- und Fäulnisbefall vor, verhindern oder verzögern das Entflammen und Brennen. Sie werden deshalb bei tragenden Bauteilen, z. B. bei Dachstühlen, und im Außenbereich, z. B. bei Palisaden, eingesetzt. Da Holzschutzsalze durch Regen und Feuchtigkeit ausgewaschen werden können, reicht eine einfache Beschichtung wegen der geringen Eindringtiefe meist nicht aus. Ein verbesserter Schutz lässt sich durch Druckimprägnierung erzielen. Dieses Verfahren wird im Allgemeinen bereits bei der Herstellung der Holzbauteile eingesetzt.

Holzschutzsalze vermindern häufig auch die Brandgefahr. Sie spalten unter Hitze Stickstoff ab. Dieser bindet den Sauerstoff und verhindert so die Brennbarkeit.

Zur Imprägnierung von Putz- und Steinuntergründen werden vor allem Wasser abstoßende Siliconharzbeschichtungen, insbesondere überstreichbare Siloxane, verwendet. Sie verringern die Wasseraufnahme und damit die Verwitterungsgefahr bei Frost. Gleichzeitig kann weniger Schmutz eindringen. Ein Algen-, Moos- und Pilzbefall wird erschwert.

Beschichtungen aus mineralischen Bindemitteln nehmen ebenfalls gerne Wasser auf.

> Durch einen Überzug mit Silconimprägniermitteln erhalten Untergründe eine Wasser abstoßende, hydrophobierende[1] Schutzschicht.

Aufgaben

1. *Welche Aufgaben erfüllen Imprägnierungen?*
2. *Warum wird Holz häufig druckimprägniert?*
3. *Wozu imprägniert man Putz und Stein?*
4. *Wodurch wirken Imprägnierungen feuerhemmend?*
5. *Erklären Sie, welche Aufgaben eine hydrophobierende Schutzschicht erfüllt.*

6.7 Grundieren

6.7.1 Aufgaben von Grundierungen

Mit dem Fachausdruck Grundieren ist bereits seine Aufgabe innerhalb einer Beschichtung klar beschrieben. Grundieren bedeutet, eine gute Grundlage für den Aufbau der nachfolgenden Beschichtungen zu schaffen. Hierzu gehören die Haftvermittlung, eine gute Verankerung im Untergrund und ein erster Schutz, z. B. gegen Korrosion.

---

[1] *Anmerkung: Außer hydrophoben Stoffen, die Wasser abstoßen, gibt es auch hydrophile Stoffe. Sie nehmen Feuchtigkeit auf, die sie später wieder abgeben können. Hygroskopische Stoffe dagegen behalten die aufgenommene Feuchtigkeit und sind zumeist für Anstrichzwecke unbrauchbar.*

Grundierungen werden deshalb auch als Grundbeschichtung oder Primer bezeichnet.

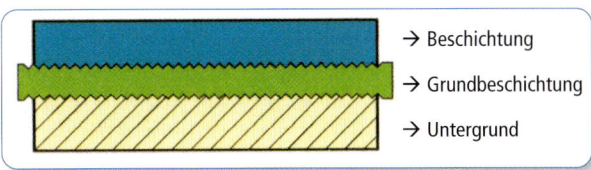

→ Beschichtung

→ Grundbeschichtung

→ Untergrund

1 Grundierungen

> Grundieren dient der Haftvermittlung zwischen Untergrund und Beschichtung.

6.7.2 Grundbeschichtungen

Grundbeschichtungen werden in pigmentierte und unpigmentierte Anstrichstoffe eingeteilt.

2 Tiefgrundieren eines sandenden Putzes

Pigmentierte Grundbeschichtungen erhöhen die Schichtdicke, dienen dem Korrosionsschutz, verbessern die Saugfähigkeit und damit die Haftvermittlungseigenschaften.

Unpigmentierte Sorten wirken u. a. grundfestigend, absperrend und ausgleichend. Auf Metall und Kunst-

LF 6

stoff werden häufig pigmentierte, auf Holz und mineralischen Untergründen meist unpigmentierte Grundbeschichtungen aufgetragen.

Die Art der Grundierung hängt von der nachfolgenden Beschichtung ab. So besteht die Grundierung bei einem Silicatfarbenanstrich aus reinem Wasserglas, dem Fixativ.

Putz im Außenbereich wird vor einem Dispersionsfarbenanstrich mit lösemittelhaltigem Tiefgrund behandelt. Der Tiefgrund dringt tief in den porösen Untergrund ein, festigt lose und sandende Putze und sorgt für eine gleichmäßige Saugfähigkeit. Im Innenbereich wird meist wasserverdünnbarer Tiefgrund verwendet.

Je nach Beschichtungssystem werden auf Beton-, Metall- und Kunststoffuntergründen Zweikomponenten-Grundbeschichtungen eingesetzt.

Auf Holz werden meist dünnflüssige Grundbeschichtungen auf der Basis von Acryl- und Alkydharzen sowie anderen Lackrohstoffen verwendet.

Holzschutzmittel sind aufgrund ihrer bioziden[1] Wirkung gesundheitsschädlich und dürfen deshalb nach DIN 68 800-3 nur dort verwendet werden, wo dies der Schutz des Holzes erfordert. Die Warnhinweise und Sicherheitsratschläge auf den Gebinden sowie die Vorschriften der Gefahrstoffverordnung, der Anwendungsbeschränkungen der Prüfbescheide und der Technischen Merkblätter der Hersteller sind zu berücksichtigen.

6.8 Dichtungsmassen

Dank der fortschreitenden Entwicklung auf dem Kunststoffsektor gibt es heute Stoffe zum Abdichten von Fugen, Spalten und Rissen an Gebäuden und im Sanitärbereich, die dauerhaft elastisch und dicht sind. Sie verhindern, dass Feuchtigkeit oder Staub eindringen können und sich Folgeschäden ergeben. Durch ihre Elastizität werden Bewegungen und Erschütterungen von aneinanderstoßenden Bauteilen aufgenommen und abgebremst. Außerdem tragen die Dichtungsmassen mit dazu bei, das Aussehen von Objekten zu verbessern.

---

[1] biozid = Sammelbegriff für pilz- und insektenbekämpfende Mittel

6.8.1 Einsatzgebiete von Dichtstoffen

Fugenart	Einsatzbeispiel
Anschlussfuge	Schließen von Fugen zwischen Mauerwerk und Türstock
Sanitärfuge	Abdichten des Spalts zwischen Fliesen und Waschbecken
Dehnfuge	Überbrückung von Ansätzen zwischen Baufertigteilen
Putzrisse	Füllen von Fassadenrissen

Je nach Belastung muss eine Dichtungsmasse dauerhaft plastisch, elastisch oder plastisch-elastisch sein.

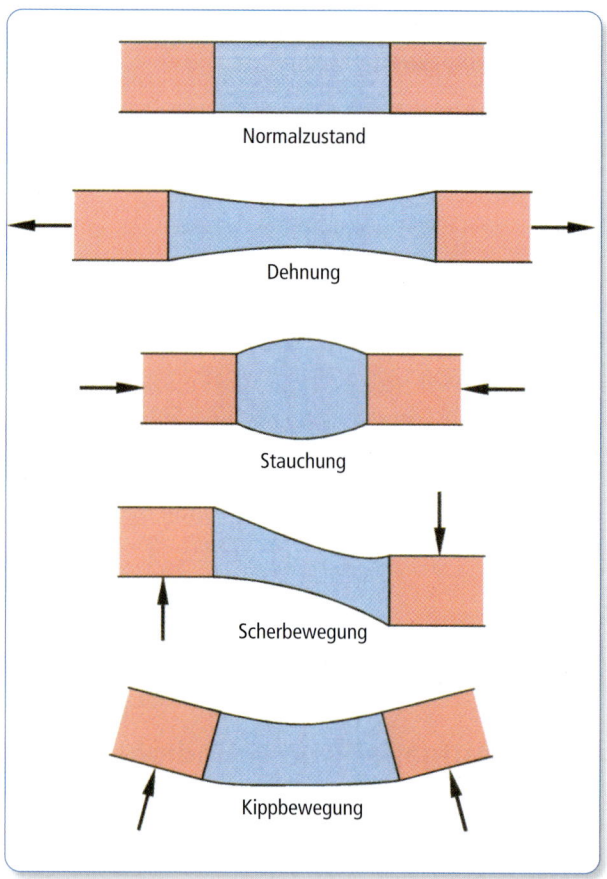

Normalzustand

Dehnung

Stauchung

Scherbewegung

Kippbewegung

1 Veränderungsmöglichkeiten eines Fugen-Dichtstoff-Verbundes

Trotz ständiger Fugenbewegung durch Dehnung oder Stauchung soll ein Dichtstoff seine Form beibehalten bzw. zurückgewinnen. Diese Eigenschaft wird als *Rückstellvermögen* bezeichnet.

Fugendichtstoffe unterscheiden sich nach DIN 18 540 in frühbeständige oder nicht frühbeständige Dicht-

LF 6

stoffe. Sie werden mit dem Kurzzeichen F für frühbeständig oder NF für nicht frühbeständig bezeichnet. Beispiel: Fugendichtstoff DIN 18 540-F

6.8.2 Verarbeitung von Dichtstoffen

Verarbeitungsschritte
1. Nur auf trockenen Untergründen anwenden.
2. Fugen und Risse säubern.
3. Nach Anweisung des Herstellers evtl. grundieren und trocknen lassen.
4. Abdecken der Fugenkante mit Klebeband.
5. Einbringen des Dichtstoffes mit Handdruckpistole oder Kartuschenpresse. Tiefe Fugen mit Hinterfüllmaterial auslegen.
6. Bevor der Dichtstoff fest wird, Klebeband entfernen.
7. Glätten des Dichtstoffes mit dem Glättespachtel oder mit angefeuchtetem Finger.

1 Fugendichtung

Dichtstoffe weisen im Allgemeinen ein hohes Dehnvermögen auf, das von den wenigsten Beschichtungen erreicht wird. Dichtstoffe sind daher meist nicht überstreichbar.

Beschichtungen, die nach und nach abplatzen, ergeben ein unansehnliches Bild. Auf siliconhaltigen Dichtstoffen lassen sich Beschichtungen nicht verankern. Sie dürfen deshalb nicht überstrichen werden. Es ist somit ratsam, Dichtstoffe von vornherein nicht in die Beschichtung mit einzubeziehen, sondern sie in einer Eigenfärbung passend zum Anstrich einzufügen.

6.8.3 Übersicht über die Dichtstoffe

Art	Rückstell-vermögen	Bezeichnung	Anwendung
plastisch	5 %	Butyl-Dichtstoff	Abdichten nicht beweglicher Teile
elastisch	25 %	Silicon-Dichtstoff	Dehnfugen, Glasversiegelung, Sanitärfugen
	25 %	Thiokol-Dichtstoff	Anschlussfugen, Dehnfugen, Glasversiegelung
	25 %	Polyurethan-Dichtstoff	
plastisch-elastisch	10 % … 20 %	Acrylat-Dichtstoff auf Dispersionsbasis	Anschlussfugen, Putzrisse
	15 %	Acrylat-Dichtstoff auf Lösemittelbasis	Holzsanierung

Aufgaben
1. Welche Vorteile haben Dichtstoffe, die teils plastisch und teils elastisch sind?
2. Für welche Arbeiten werden Dichtstoffe eingesetzt?
3. Welche Eigenschaft wird als Rückstellvermögen eines Dichtstoffes bezeichnet?
4. Warum sollen Dichtstoffe nicht überstrichen werden?

6.9 Prüfung von Beschichtungen

Beschichtungen werden aus unterschiedlichen Gesichtspunkten geprüft:
♦ Vor der Beschichtung von Altanstrichen muss deren Tragfähigkeit festgestellt werden. Hierzu wird beispielsweise die Haftfestigkeit und Verträglichkeit mit der nachfolgenden Beschichtung untersucht.
♦ Um die Qualität und Eigenschaften einer Beschichtung nachzuweisen, werden u. a. Deckvermögen, Trocknung, Glanzgrad, Elastizität, Härte, Kreidung, Blockfestigkeit, Witterungs- und Chemikalienbeständigkeit überprüft.
♦ Um im Schadensfall die Ursachen belegen zu können, werden u. a. der Anstrichaufbau und die Schichtdicke untersucht.

Für den genauen Nachweis steht eine Vielzahl genormter Prüfmethoden zur Verfügung, die zum Teil technisch aufwendige Prüfgeräte erfordern. Für die handwerkliche Beurteilung genügen meist einfache Proben und Messmethoden.

6.9.1 Tragfähigkeit von Altbeschichtungen

Kratzprobe: Soll eine Altbeschichtung einen neuen Farbauftrag erhalten, muss zunächst die Tragfähigkeit der Altbeschichtung geprüft werden. Nur ein einwandfrei haftender Altanstrich eignet sich als Anstrichgrund für eine darauf aufbauende Beschichtung. Lockere, zum Abplatzen neigende bzw. abkreidende Anstriche müssen entfernt werden. Überstreicht man Altbeschichtungen ungeprüft, kann die Beschichtung abplatzen. Der eingetretene Schaden steht in keinem Verhältnis zu einer einfachen Kratzprobe. Dabei kratzt man mit einem Spachtel oder einer Messerklinge die Oberfläche an. Ergeben sich dabei Späne, die sich leicht zerbröseln lassen, ist die Altbeschichtung spröde und daher nicht mehr tragfähig. Sie muss entfernt werden. Sind die abgeschälten Späne dagegen elastisch, kann der Altanstrich als Untergrund dienen.

Abrissprobe: Sie wird mithilfe von Klebeband durchgeführt. Dabei presst man ein Stück Klebeband fest auf die Altbeschichtung und zieht es ruckartig ab. Sobald Anstrichteile mitgerissen werden, reicht die Haftfähigkeit für eine Neubeschichtung nicht mehr aus.

Anlöseprobe: Wird eine Altbeschichtung vom Löse- oder Verdünnungsmittel des Beschichtungsstoffes angegriffen, ist eine sichere Neubeschichtung nicht möglich. Die Altbeschichtung muss zuvor entfernt werden.

> Bei der Anlöseprobe benetzt man die Altbeschichtung mit dem Löse- oder Verdünnungsmittel des darauf aufbauenden Beschichtungsauftrages und überprüft die Verträglichkeit.

Gitterschnittprüfung: Durch sie lässt sich das Haften von ein- oder mehrschichtigen Anstrichen auf dem Untergrund sowie das Haften einzelner Schichten untereinander beurteilen. Mit der Gitterschnittprüfung lassen sich im Labor und in der handwerklichen Praxis qualifizierte Aussagen treffen. Hierfür verwendet man Prüfgeräte nach DIN EN ISO 2409 mit jeweils sechs Schneiden, die im Abstand von 1 mm oder 2 mm angeordnet sind.

In der handwerklichen Praxis wird zum Gitterschnitt häufig das Cuttermesser behelfsmäßig eingesetzt. Der Gitterschnitt wird rechtwinklig jeweils bis auf den Untergrund in gleichen Abständen und in gleicher Geschwindigkeit ausgeführt.

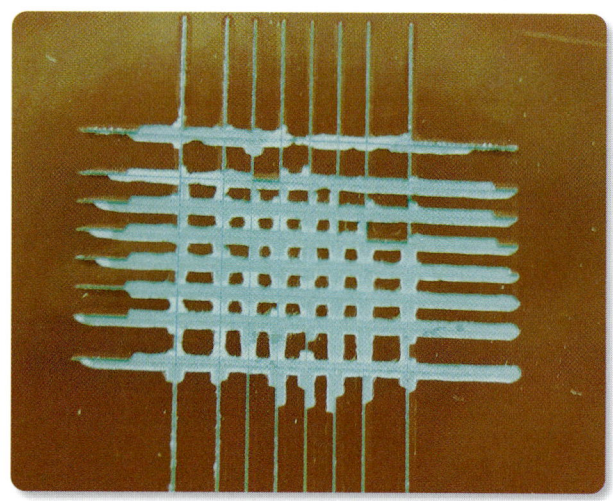

1 *Gitterschnitt mit Kennwert GT2*

Gitterschnitt nach DIN EN ISO 2409

Gitter-schnitt-kennwert	Beschreibung	Bild
Gt0	Die Schnittränder sind vollkommen glatt, kein Teilstück des Anstriches ist abgeplatzt.	–
Gt1	An den Schnittpunkten der Gitterlinien sind kleine Splitter des Anstriches geplatzt; abgeplatzte Fläche etwa 5 % der Teilstücke.	
Gt2	Der Anstrich ist längs der Schnittränder und/oder an den Schnittpunkten der Gitterlinien abgeplatzt; abgeplatzte Fläche etwa 15 % der Teilstücke.	
Gt3	Der Anstrich ist längs der Schnittränder teilweise oder ganz in breiten Streifen abgeplatzt und/oder der Anstrich ist von einzelnen Teilstücken ganz oder teilweise abgeplatzt; abgeplatzte Fläche etwa 35 % der Teilstücke.	
Gt4	Der Anstrich ist längs der Schnittränder in breiten Streifen und/oder von einzelnen Teilstücken ganz oder teilweise abgeplatzt; abgeplatzte Fläche etwa 65 % der Teilstücke.	
Gt5	Abgeplatzte Fläche mehr als 65 % der Teilstücke.	–

Nur gleichmäßige Untergründe, wie Stahlblech oder Kunststoff, liefern auch vergleichbare Ergebnisse. Auf Holz mit seiner unterschiedlichen Maserung, auf gespachtelten Flächen und auf Putz oder Beton lassen sich wegen der ungleichen Oberflächenstruktur nur eingeschränkt vergleichbare Ergebnisse erzielen.

LF 6

An den abgeplatzten Flächen lässt sich feststellen, ob die Beschichtung gut oder schlecht haftet.

6.9.2 Messung der Schichtdicke

Die Schichtdicken von Beschichtungssystemen sind vor allem bei besonderen Belastungen verbindlich vorgeschrieben. Eine leichte Korrosionsschutzbeschichtung soll eine Gesamtschichtdicke von 100 bis 200 µm, eine schwere Korrosionsschutzbeschichtung 300 µm und mehr aufweisen.

Ebenso kommt es beispielsweise bei Unterwasseranstrichen und Flammschutzbeschichtungen entscheidend auf die Schichtdicke an. Bei der Messung muss zwischen der Nass- und Trockenschichtdicke unterschieden werden.

Gemessen wird in Mikrometer (µm); 1 µm = 1/1000 mm. Die Schichtdicke des Nassfilms ist je nach Beschichtungsmittel erheblich größer als die Trockenschichtdicke.

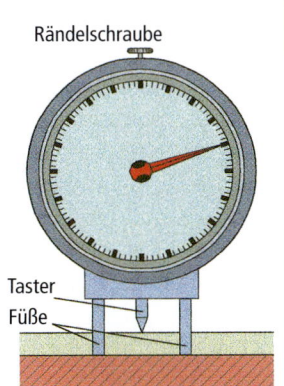

a) Beide Füße in den Nassfilm eindrücken, bis sie auf dem Untergrund stehen.

b) Durch Drehen an der Rändelschraube wird der Taster an die Oberfläche der Beschichtung herangeführt.

c) Der Zeigerausschlag gibt die Nassschichtdicke in µm an.

1 Schichtdickenmesser für Nassfilme

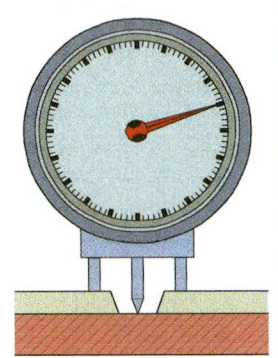

a) Mit einem scharfen Gegenstand (Messer) legt man den Untergrund an einer Stelle frei.

b) Die Füße des Schichtdickenmessers werden so auf die trockene Beschichtung gestellt, dass der Taster den Untergrund berühren kann.

c) Der Zeigerausschlag gibt die Trockenschichtdicke in µm an.

2 Schichtdickenmesser für Trockenfilme

1 Messung der Schichtdicke mit Messuhren

Magnetische Schichtdickenmesser

Sie eignen sich nur für Stahlblech u. a. eisenhaltige Metalluntergründe.

Die magnetische Anziehungskraft hängt von der Dicke der Beschichtung ab.

Das Schichtdickenmessgerät ist entsprechend geeicht, sodass es beim Aufsetzen auf die Oberfläche der Beschichtung die Filmdicke auf einer Skala anzeigt.

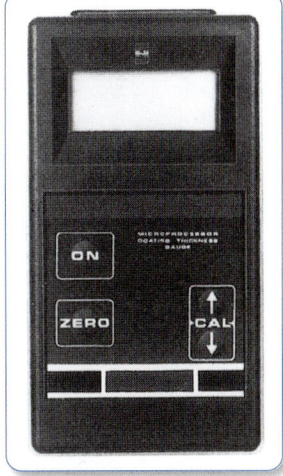

2 Magnetischer Schichtdickenmesser

6.10 Beseitigung von Putzmängeln

Die handwerkliche Prüfung des Untergrundes hat vorrangig zum Ziel, Putzmängel festzustellen und ihre Beseitigung in die Wege zu leiten. Im Lernfeld 2 wurden in der vorgestellten Übersicht die häufigsten Putzmängel aufgezeigt und ihre Abhilfe beschrieben. Aus diesem Grund wollen wir hier nur noch näher auf die Beseitigung von Rissen eingehen. Das Erkennen der unterschiedlichen Risse und ihrer Ursachen ist für deren Beseitigung von ausschlaggebender Bedeutung.

6.10.1 Risse und ihre mögliche Beseitigung

Nicht alle Risse lassen sich dauerhaft beseitigen. Dies gilt besonders, wenn die Rissbildung vom Baugrund ausgeht und diese noch nicht zum Stillstand gekommen ist. So können Setzungen infolge von Grundwasserabsenkungen und Erschütterung durch Verkehr und Fluglärm zu dauerhaften, nicht behebbaren Rissen führen. Auch können Risse, die ihre Ursache im Gebäude oder Putzgrund haben, z. B. bei mangelhaftem Fundament, schadhaftem Fachwerk oder vorliegenden Baumängeln, nur teilweise beseitigt werden. Viele Risse lassen sich jedoch durch entsprechend elastische Beschichtungen und mithilfe von Rissarmierungssystemen ausbessern. Danach lassen sich die Risse in drei Rissarten einteilen:

LF 6

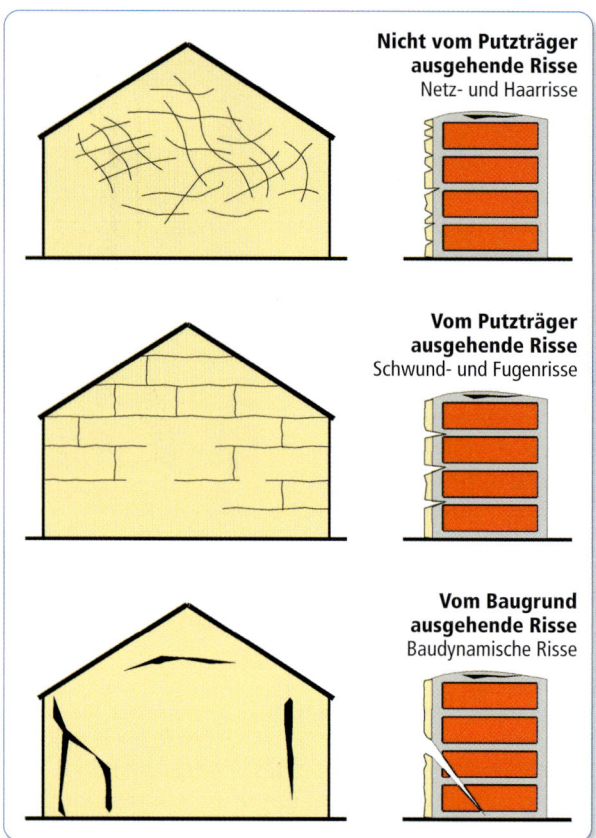

Nicht vom Putzträger ausgehende Risse
Netz- und Haarrisse

Vom Putzträger ausgehende Risse
Schwund- und Fugenrisse

Vom Baugrund ausgehende Risse
Baudynamische Risse

1 Fassadenrisse

Netz- und Haarrisse lassen sich auf falsche Zusammensetzung des Putzmörtels und fehlerhafte Verarbeitung zurückführen. Feuchtigkeit, Frost und Sonne vergrößern die Risse, Schmutz macht sie sichtbar.

Schwund- und Fugenrisse entstehen durch zu frisch verarbeitete Baumaterialien, nicht fachgerecht ausgeführtes Mauerwerk sowie durch Mischmauerwerk. Die Risse folgen dem Schwundverlauf, sie werden über schlechten Mauerfugen sichtbar.

Baudynamische Risse sind eine Folge der Spannungen im Bauwerk, die durch unterschiedliche Ausdehnung, Erdreichsenkung, nachgebendes Mauerwerk und Erschütterung erzeugt wurden. Sie durchdringen Putz und Mauerwerk meist mit tiefen Rissen.

6.10.2 Rissarmierungen

Feine Netz- und Haarrisse, die nur in der Oberfläche vorhanden sind und die Putzlage nicht durchdringen, können nach einer Tiefgrundierung mit einem Rissüberbrückungssystem überdeckt werden. Dieses wird in einer Zwischenschicht und einer Deckschicht aufgetragen.

> Rissüberbrückungssysteme sind plastoelastische Beschichtungsmittel auf Dispersionsbasis.

Risse, die die Putzlagen oder gar das ganze Mauerwerk durchdringen, müssen mit einem Rissarmierungssystem überzogen werden.

> Rissarmierungssysteme überbrücken großflächig die mit Rissen behaftete Putzfläche und dienen gleichzeitig als tragfähiger Beschichtungsgrund.

2 Netz- und Haarrisse (eindringende Feuchtigkeit und Algenbefall)

3 Einbetten des Armierungsgewebes in den Armierungskleber

Ihre Auswahl und Verankerung auf dem Putz hängen von der Rissart ab.

Bei **Netz- und Haarrissen** wird ein Glasfaservlies in eine spezielle Dispersionsfarbe eingedrückt, eingewalzt und nochmals satt überstrichen. Bei **Schwund- und Fugenrissen** werden reißfeste, elastische Kunstfasergewebe vollflächig mit Armierungskleber auf dem Untergrund verankert. Bei **baudynamischen Rissen** ist eine Doppelarmierung erforderlich. Vor der vollflächigen Rissarmierung mit dem Kunstfasergewebe wird eine dem Rissverlauf folgende Spezialrissbrücke mit Armierungskleber befestigt.

Bei der Verarbeitung von Rissarmierungen wird der Putzgrund wie für einen Neuanstrich vorbereitet. Der Untergrund muss gründlich gereinigt, die Risse aufgekratzt, lose Farb- und Putzreste entfernt und mit einer entsprechenden Grundierung versehen werden. Auf die Rissarmierung wird in der Regel eine elastische Spachtelmasse aufgetragen und mit einer elastischen Zwischen- und Schlussbeschichtung auf Dispersionsbasis abgeschlossen. Anstelle der Zwischen- und Schlussbeschichtung kann auch ein Kunstharzputz mit hoher Dehnfähigkeit das Rissarmierungssystem fertigstellen.

6.10.3 Alter und mürber Putz

Alte mineralische Putze nehmen verstärkt Feuchtigkeit auf. Sie verlieren mit den Jahren an Festigkeit, neigen zum Sanden und zu Salzausblühungen, werden

1 Mangelhafte Vorarbeiten – alte Beschichtung blättert ab

von Algen und Moos befallen und verringern die Verankerung der aufgetragenen Beschichtungen. Diese lösen sich und platzen ab. Deshalb ist der Untergrund gründlich zu reinigen und vorhandene Salzausblühungen sind zu beseitigen.

Beim Ausbessern der Putzstellen muss die Oberfläche an die Putzstruktur angepasst und die Mörtelgruppe des alten Putzes beachtet werden.

> Die beigeputzte Fläche neigt zum Abplatzen, wenn ihre Druckfestigkeit größer ist als die des umgebenden Putzes.

Auf alte und mürbe Putze müssen deshalb möglichst spannungsarme Beschichtungen aufgetragen werden.

Abblätternde Dispersionsanstriche und dicke gerissene Öl- und Lackfarbenschichten werden heute mit modernen Hochdruckreinigungsgeräten entfernt. Sie sind weniger umweltbelastend als die früher vielfach verwendeten Abbeizmittel.

Tragfähige Altanstriche werden am besten mit dem Hochdruckreinigungsgerät gereinigt und entsprechend grundiert. Die Beschichtung ist von dem vorhandenen Altanstrich abhängig, je nachdem, ob es sich um einen Kalk-, Dispersions- oder Silikatfarbenanstrich handelt. Besonders bewährt haben sich spannungsarme Siliconharz-Beschichtungen.

Ölhaltige Altbeschichtungen sollten vor einem neuen Anstrich angeschliffen oder mit Salmiaklösung 1:4 angelaugt und nachgewaschen werden.

> ### Aufgaben
>
> 1. *Warum ist die Prüfung von Putzuntergründen vor einer Beschichtung unbedingt notwendig?*
> 2. *Nennen Sie die wichtigsten handwerklichen Prüfmethoden für Putzuntergründe und geben Sie an, welche Mängel damit festgestellt werden können.*
> 3. *Welche Untergrundmängel können durch Augenschein festgestellt werden?*
> 4. *Worin unterscheiden sich die Rissarten?*
> 5. *Erklären Sie den Aufbau von Rissarmierungssystemen.*
> 6. *Warum muss beim Ausbessern von altem Putz die Mörtelgruppe oder die Druckfestigkeit beachtet werden?*
> 7. *Warum ist bei abblätternden Anstrichen eine Hochdruckreinigung dem Abbeizen vorzuziehen?*

LF 6

6.11 Erneuerung von Fassadenputzen

6.11.1 Vorarbeiten

Lose und schlecht haftende Putzstellen eignen sich nicht als Anstrichgrund. Die Beschichtung würde abplatzen. Sie müssen entfernt, gereinigt und neu verputzt werden. Sandender, mürber Putz kann nach einer gründlichen Reinigung (Hochdruckreinigung) mit lösemittelhaltigem Tiefgrund oder mit Siliconharz grundiert werden. Gipsfreie mineralische Putze lassen sich auch mit Wasserglaslösungen oder Fluaten festigen.

6.11.2 Silan-Bindemittel für Fassadenputze

Soll auf einen alten Putzuntergrund ein neuer Fassadenputz aufgetragen und anschließend mit einer Fassadenfarbe beschichtet werden, sind die vom Putzgrund ausgehenden Anforderungen an die nachfolgende Beschichtung zu beachten.

Sie bestimmen vor allem die Eigenschaften, die der Fassadenputz und die nachfolgende Beschichtung erfüllen müssen.

Um bei der Abnahme der Renovierungsarbeiten die geforderte Mängelhaftung übernehmen zu können, müssen der Fassadenputz und die nachfolgende Fassadenfarbe folgende Eigenschaften besitzen:

- **Spannungsarme Erhärtung**
  Dadurch wird die Gefahr verringert, dass der aufgetragene Fassadenputz und die Fassadenfarbe nach dem Erhärten abplatzen.
- **CO_2-durchlässige, nicht filmbildende Beschichtung**
  Durch die mögliche CO_2-Aufnahme behält der überdeckte Kalkputz die notwendige Härte. Eine filmbildende Beschichtung würde die CO_2-Diffusion behindern.
- **Hohe Wasserdampfdurchlässigkeit**
  Die in der Wand vorhandene Feuchtigkeit kann den Putz durchdringen. Die Entstehung eines Dampfdruckes, der die Beschichtung absprengen könnte, wird so verhindert.
- **Niedrige Wasserdurchlässigkeit**
  Durch den Putzauftrag und die Fassadenfarbe wird das Eindringen von Wasser in die Wand verhindert. Die Wärmedämmung der Wand wird dadurch erhöht, Algen- und Moosbefall behindert und die Verschmutzung der Wandoberfläche verringert.

Suchen wir nach Fassadenputzen und Fassadenfarben, die diese Anforderungen erfüllen, stellen wir fest, dass sich hierfür Siliconharze besonders gut eignen. Siliconharze als Bindemittel für Fassadenfarben oder Putze werden häufig mit der Abkürzung „Silan" bezeichnet. Ihre Produktbeschreibung und Verarbeitung können den Technischen Informationen oder Technischen Merkblättern der Hersteller entnommen werden. Für Silan-Fassadenfarbe mit Nanotechnologie ist ein Technisches Merkblatt als Anhang diesem Lernfeld angefügt (siehe Kapitel 6.17).

6.11.3 Nanotechnologie – Fassadenfarbe

Durch technologische Fortschritte ist es gelungen, in immer kleinere Bereiche der Materie vorzustoßen, deren Teilchen und Eigenschaften zu beeinflussen und zu verändern. Die zugrunde liegende Wissenschaft wird mit Nano[1]-Technologie umschrieben.
Im Bereich der Farbtechnik nutzte man die Nanotechnologie zuerst, um den sog. Lotuseffekt der Natur nachzuahmen.

1 Lotuseffekt: Wasser perlt – Selbstreinigung

Durch die geringe Benetzbarkeit der Oberfläche perlt Wasser in Tropfen ab und nimmt damit die Schmutzpartikel mit. Verantwortlich dafür ist der spezifische Aufbau der Oberfläche im Nanobereich, der die Schmutzhaftung minimiert.
Beschichtungen mit diesen Eigenschaften verschmutzen weniger, trocknen schneller, verhindern das Eindringen von Wasser in die Beschichtung oder den

---

[1] *Nano (griech. = Zwerg)*
Ein Nanometer entspricht einem Millionstel Millimeter.

LF 6

Untergrund und bieten Moos- und Algenbefall einen geringeren Nährboden.

Nach den Erfahrungen, die seit der Einführung von Beschichtungen mit Lotuseffekt gemacht werden konnten, zeigte sich, dass der Lotuseffekt nicht dauerhaft anhält. An den Grenzflächen der Wassertropfen lagert sich Feinstaub ein, der nach dem Abtrocknen als Staubrand sichtbar zurückbleibt.

Mit der Zeit bindet der zurückgebliebene Feinstaub Feuchtigkeit, Algen, Sporen, Pilze und die erwartete Schutzwirkung geht nach und nach verloren.

Die Weiterentwicklung der Nanotechnologie führte zu neuen Produkten und verbesserten Eigenschaften bei Versiegelungen, Lacken, Holzschutzmitteln und Fassadenfarben.

Nano-Quarz-Gitterstrukturen bilden Bindemittel mit großer Härte, die auch bei großer Hitze nicht thermoplastisch werden. Das Ankleben von Schmutzpartikeln, Feinstaub und Sporen wird dadurch gesenkt und die Neigung zur Verschmutzung entscheidend verringert. Fassadenfarben mit Nano-Quarz-Gitter-Technologie besitzen eine hohe Wasser abweisende Wirkung und verankern sich fest im Mauerwerk und auf mineralischen Putzen. Im Gegensatz zum Lotuseffekt wird bei Regen die Oberfläche vollkommen benetzt und damit ein Abwaschen der Fassade unterstützt. Gleichzeitig verhindert die Nanostruktur ein Eindringen der Feuchtigkeit. Die Fassade trocknet nach der Bewitterung schnell ab. Dadurch wird die Schutzfunktion der Beschichtung verbessert und die Farbbrillanz erhalten.

Vereinfacht lässt sich zusammenfassen:
Die Nano-Quarz-Gitter-Technologie vereinigt die Vorzüge der Silikonharzfarben mit den Vorteilen der Silikatfarben.

6.12   Mauerwerk

6.12.1 Sichtmauerwerk

Beim Sichtmauerwerk bleibt die Steinoberfläche in ihrer Struktur sichtbar. Wegen seiner belebenden Schönheit wird es normalerweise nicht verputzt, verblendet oder verkleidet. Im Außenbereich sollte daher das Sichtmauerwerk witterungsbeständig, Wasser und Schmutz abweisend sowie widerstandsfähig gegen einwirkende Chemikalien sein. Die verwendeten Natursteine oder Baustoffe spiegeln das regionale Vorkommen wider. So sind Gebäude mit Ziegel- oder unterschiedlichem Natursteinmauerwerk charakteristisch für bestimmte Landschaften.

Für Sichtmauerwerk im Außenbereich haben sich folgende Bausteine bewährt:
♦ Vormauerziegel
♦ Klinker
♦ Kalksandsteine
♦ Natursteine

Vormauerziegel sind aus Lehm oder Ton, Klinker aus Ton und mineralischen oder metallischen Zusätzen gebrannte Bausteine. Vormauerziegel erhalten durch das Brennen bei 900 °C – 1200 °C hohe Festigkeit, Witterungsbeständigkeit, Wärmedämmung und Widerstandsfähigkeit gegen Chemikalien.

Klinker werden bei 1500 °C gebrannt. Durch die hohe Temperatur und die Zusätze (Flussmittel) schmelzen die Bestandteile zu einer dichten, harten, glasartigen Masse. Diesen Vorgang bezeichnet man als Sinterung. Klinker sind besonders chemikalien- und witterungsbeständig. Sie sind Schmutz abweisend und lassen sich leicht reinigen.

Kalksandsteine werden als Mauersteine für innen und außen verwendet. Durch ihre glatte, gleichmäßige Oberfläche eignen sie sich gut als Sichtmauerwerk. Wegen ihrer geringen Widerstandsfähigkeit gegen Chemikalien ist im Außenbereich eine schützende Beschichtung notwendig. Außerdem dürfen außen nur frostsichere Typen eingesetzt werden.

Natursteine dienen als Baustoff, seit Menschen begannen, planmäßig zu bauen. Großartige Bauwerke aus Naturstein geben uns heute Zeugnis der Baukunst aus unterschiedlichen Epochen der Menschheitsgeschichte. Wir denken dabei an die Pyramiden der Ägypter, die Tempel der Griechen, die Paläste, Amphitheater und Brückenbauwerke der Römer, an romanische und gotische Kirchen, Kaiserdome und Kathedralen, an Burgen und Schlösser, an die Paläste der Renaissance, die Bauwerke des Klassizismus und Historismus. Natursteine als Baustoffe zieren heute moderne Fassaden von Museen, Banken und Geschäftsgebäuden.

6.12.2 Natursteinmauerwerk

Natursteinmauerwerk wird bei Ziermauerwerk, Sockeln für Außenwände, Pfeilern und Säulen sowie bei Wandverblendungen eingesetzt. Witterungseinflüsse, Abgase und saure Niederschläge greifen Bausteine und Fugenmaterial von Sichtmauerwerk an und zerstören

LF 6

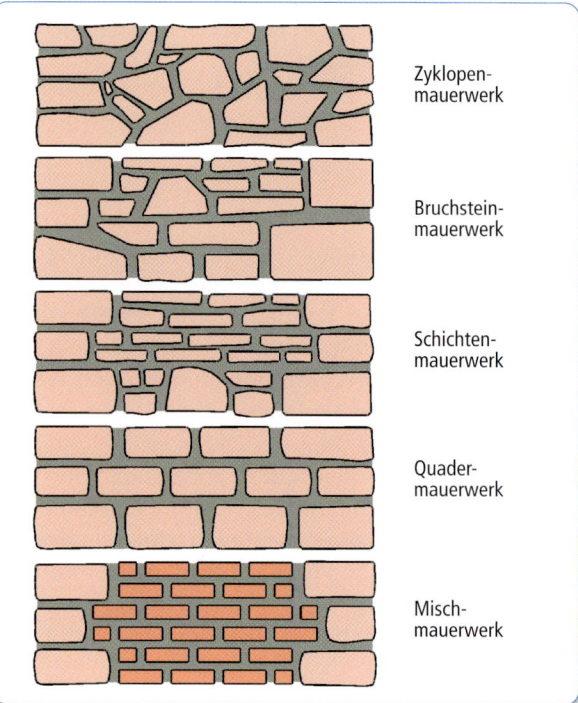

1 Bezeichnung von Natursteinmauerwerk

besonders kalkhaltige Natursteine wie Kalkstein, Marmor und kalkhaltigen Sandstein.

Durch eine Konservierung und eine sich anschließende Imprägnierung kann Wasser in das Mauerwerk nicht mehr eindringen. Die Erosion wird dadurch verringert und der Zerfall von Naturstein- und Sichtmauerwerk aufgehalten, solange die Schutzwirkung anhält.

2 Mit Siliconimprägnierung geschütztes Mauerwerk

6.12.3 Natursteinkonservierung

Zur Natursteinkonservierung werden u. a. Fluate, Wasserglas, Kieselsäureester und organische Harze aus Acrylat (PMMA), Epoxidharzen und Nano-Beschichtungen eingesetzt. Vor der Konservierung und Imprägnierung ist eine gründliche, fachgerechte Reinigung und Prüfung des Untergrundes notwendig. Bei der Auswahl des Verfahrens und der Reinigungsmittel müssen

der Verwitterungs- und Verschmutzungsgrad sowie die Gesteinsart berücksichtigt werden. Häufig sind Natursteine durch Umweltzerstörung und Verwitterung bereits so geschädigt, dass ein Hochdruckreinigen den Schaden noch vergrößern würde. Ebenso ist vom Untergrund abhängig, ob ein Reiniger auf Säure- oder Alkalibasis ausgewählt und welche Zusätze verwendet werden müssen.

3 Imprägnieren einer Natursteinfassade

Bei der Beurteilung der Natursteine spielt die Härte und Festigkeit eine wichtige Rolle.

Härte	Naturstein
weich	Kalkstein, Kalktuff, Travertin, weicher kalkhaltiger Sandstein
hart	harter Kalkstein, Dolomit, Marmor, Quarzite, Sandstein mit kieseligem Bindemittel
sehr hart	Granit, Porphyr, Basalt

Wetterbeständige Natursteinarten sind:
◆ Sandstein (kieseliges Bindemittel)
◆ Granit

6.12.4 Mauerwerksmängel

Mauerwerk dient innen und außen häufig als Putzträger. Ist es mit Mängeln behaftet, dann ist die Haltbarkeit von Putz und weiteren Beschichtungen infrage gestellt.

Feuchtigkeit schädigt Einrichtungsgegenstände, wirkt sich auf das Raumklima aus, verringert die Wärmedämmung und kann Krankheiten auslösen. Häufige Ursachen sind aufsteigende Nässe aus dem Erdreich, Risse im Außenmauerwerk, mangelhafte Anschlüsse oder schadhafte Dacheindeckungen.

Salzausblühungen entstehen, wenn Salze sich in Feuchtigkeit lösen und auf der Oberfläche kristallisieren. Salze können im Mörtel oder Mauersteinen vorhanden sein oder als Salzlösung ins Mauerwerk gelangen.

Mischmauerwerk besteht aus verschiedenen Baustoffen. Bei Temperaturänderungen dehnen sich diese unterschiedlich aus. Spannungen und Risse im Mauerwerk sind die Folge.

6.12.5 Bausteine in der Übersicht

Bausteinarten:
- Ziegelsteine – Vollziegel (Mz)
- Hochlochziegel (Hlz)
- Langlochziegel (Llz)
- Kalksandsteine – Kalksand-Vollsteine (KS)
- Kalksand-Lochsteine (KLS)
- Kalksand-Hohlblocksteine (KLS)
- Leichtbetonsteine – Vollsteine
- Hohlblocksteine
- Gasbeton- bzw. Porenbetonsteine

Aus Gasbeton werden auch ganze Wand- und Deckenelemente als Fertigbauteile geliefert. Die charakteristischen Poren bilden sich durch Aufschäumen von gasentwickelnden Zusätzen aus Aluminiumpulver und Calciumcarbid u. a. während des Herstellungsprozesses. Gasbeton ist sehr wasseranziehend und trocknet nur sehr langsam. Durch eine Wasser abweisende Tiefgrundierung und Beschichtung lässt sich die Feuchtigkeitsaufnahme reduzieren. Sollen Gasbetonflächen einen Putz erhalten, müssen die Steine oder Platten eine bestimmte Festigkeit besitzen. Die Druckfestigkeit des Gasbetons muss dabei stets höher sein als die des Putzes, da sonst mit Rissbildung zu rechnen ist.

Aufgaben

1. Welche Eigenschaften sollte Sichtmauerwerk im Außenbereich besitzen?
2. Wie lässt sich Natursteinmauerwerk gegen Umweltbelastungen schützen?
3. Warum ist die Haltbarkeit von Putz bei Mängeln im Mauerwerk Infrage gestellt?

6.13 Holzfachwerk

Holzfachwerkbauten genießen heute eine besondere Wertschätzung. Sie prägen das Stadtbild und beleben ganze Straßenzüge. Die Fachwerke unterscheiden sich regional. Dadurch sind sie ein Kennzeichen ihrer Landschaft. Sie verbinden heutige Lebensweise mit der Vergangenheit. Auf ihre Erhaltung und Restaurierung wird daher großer Wert gelegt.

6.13.1 Schutz von Holzfachwerk

1 Freigelegtes Fachwerk

An dem Ausschnitt des freigelegten Fachwerks kann man erkennen, dass das Gebälk offensichtlich durch die Holzverschalung gut geschützt war und sich deshalb in einem guten Zustand befindet.
Dieser Schutz fällt nach dem Freilegen des Fachwerks weg. Zwischen dem Gebälk und dem Grundputz sind über die Jahre Risse entstanden, durch die Wasser eindringen kann. Das Wasser kann sich in den Zapfenlöchern der Balken sammeln und dort Holzfäule hervorrufen.

Feuchtigkeit im Fachwerk kann aber auch auf das geänderte Heizverhalten zurückgeführt werden. Wurde früher meist nur ein Raum im Gebäude beheizt, stehen heute in jedem Raum Heizkörper zur Verfügung. Die höhere Luftfeuchte beheizter Räume schlägt sich durch das Temperaturgefälle zwischen innen und außen als Wasser im Fachwerk nieder.
Um Schäden durch Freilegen und Instandsetzen von Fachwerk zu vermeiden, müssen u. a. folgende Grundregeln beachtet werden:
- Sichtfachwerk gegen Schlagregen schützen.
- Grundputz muss durch homogenen Deckputz verstärkt werden.

- Deckputz muss rissfrei an das Gebälk anschließen.
- Durchfeuchtung der Gefache und des Gebälks durch deckende, stark Wasser abweisende Beschichtungen schützen.
- Bildung von Tauwasser in den Außenwänden durch geeignete Wärmedämmung auf der Innenseite verhindern.

6.13.2 Vorarbeiten vor dem Beschichten von Holzfachwerk

Vor der Beschichtung müssen die vorhandenen Holzschäden durch den Zimmermann beseitigt werden. Hierzu gehören u. a. das Ersetzen von morschen Holzbalken, das Anschuhen, Aufdoppeln und Ausspänen von Rissen über 8–10 mm mit artgleichem, vorgetrocknetem Holz, das später aufquillt und sich in Fuge oder Riss einpresst. Alte, nicht mehr tragfähige Beschichtung entfernt man am besten durch Schleifen. Durch Abbeizen oder Abstrahlen mit dem Hochdruckreiniger gelangt zu viel Wasser in das Fachwerk. Muss das Gefach bei der Instandsetzung entfernt oder ersetzt werden, sollte bei dieser Gelegenheit die Gefachseite des Gebälks mit Holzschutz imprägniert werden. Da Spachtelmassen sich nur unzureichend verankern las-

sen und Fugendichtmassen häufig abreißen, sollte man darauf verzichten. Mangelhafte Fugendichtungen bilden Kapillaren, durch die das Wasser stärker eindringen kann als durch breite Fugen oder Risse.

6.13.3 Beschichtung von Holzfachwerk

Für die Grund-, Zwischen- und Deckbeschichtung von Holzfachwerken eignen sich u. a. Beschichtungsstoffe auf Acrylat- und Alkydharzbasis (vgl. Kapitel 6.15). Sie müssen folgende Anforderungen erfüllen:
- gute Haftung auf Holz
- hohe Wasserdampfdurchlässigkeit
- Wasser muss abperlen
- Holzstruktur erhalten
- hohe Elastizität und Lebensdauer

6.14 Fenster

6.14.1 Verglasungsarten

- **Einfachfenster (EV) mit Einscheibenglas:** Hierbei sind die Flügelprofile einteilig und nur mit einer Scheibe verglast.

1 Vor ca. 10 Jahren renoviertes freigelegtes Fachwerk

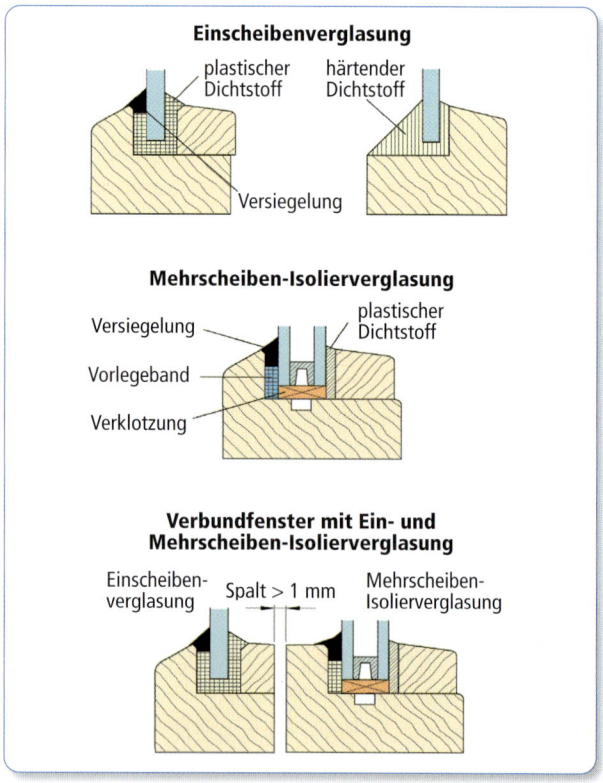

2 Verglasungssysteme

- **Einfachfenster (IV) mit Mehrscheiben-Isolierglas:** Der einteilige Flügel liegt in einem Doppelfalz mit einem zusätzlichen Dichtprofil und ist mit einer Isolierglasscheibe verglast.
- **Verbundfenster (DV) mit Einscheiben- und/oder Mehrscheiben-Isolierglas:** Sie werden meist als Doppelfenster bezeichnet und haben zwei Flügelrahmenprofile. Diese sind entweder in beiden Flügeln mit einer Einfachverglasung versehen oder aber in einem Flügel mit einer Einfach- und im anderen mit einer Isolierverglasung. Das Luftpolster zwischen den Flügeln bewirkt eine zusätzliche Wärmedämmung.

6.14.2 Verklotzung von Glasscheiben

Damit in der eingebauten Glasscheibe und im Fensterrahmen keine Spannungen entstehen, die zum Glasbruch führen oder die Gängigkeit des Flügels einschränken, werden die Scheiben auf Kunststoffklötzen aus Polyamid gelagert.

> Als Verklotzung bezeichnet man die Lagerung der Scheiben auf Trag- und Distanzklötzen.

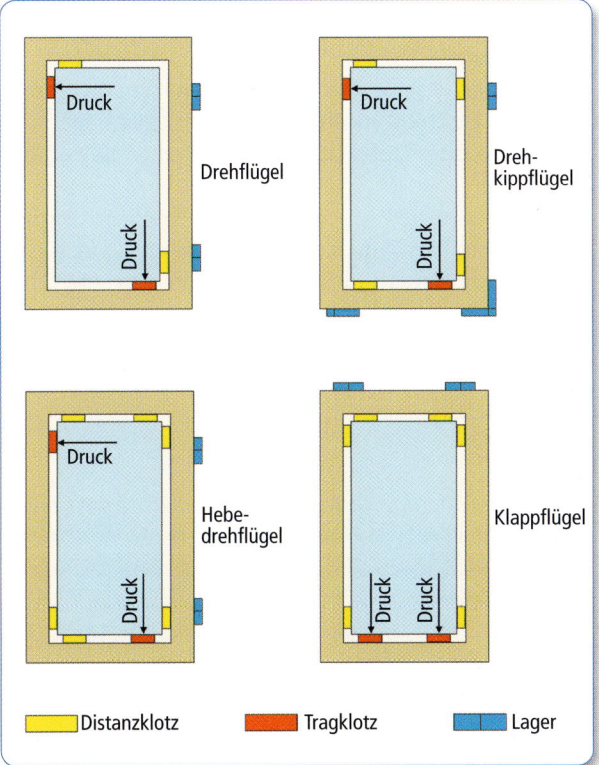

Distanzklotz   Tragklotz   Lager

1 Verklotzung unterschiedlicher Flügelarten

Tragklötze nehmen die Druckkräfte der Scheibe im Flügelrahmen auf. Sie müssen etwa 2 mm breiter als die Dicke der Scheibe sein. Sie sind ca. 5 mm dick und zwischen 60 mm und 150 mm lang. In der Regel werden sie 50 mm bis 100 mm von der Falzecke entfernt in den Falz geklebt.

Distanzklötze dienen dem gleichmäßigen Abstand zwischen Glasscheibe und Rahmen. Sie sind zwischen 0,5 mm und 1 mm dünner als die entsprechenden Tragklötze.

6.14.3 Vorbereitung der Glasfalze

Vor der Verglasung müssen die Glasfalze nach den Vorschriften des Dichtstoffherstellers vorbereitet werden. In jedem Falle müssen sie trocken und sauber sein. Die Holzfeuchtigkeit darf den vorgeschriebenen Maximalwert für das entsprechende Anstrichsystem nicht überschreiten.

Glasfalze und Glashalteleisten müssen vor dem Verglasen grundiert und vorgestrichen sein. Der Anstrich muss den Richtlinien des Merkblatts „Anstrichsysteme für Holzfenster, Anforderungen an lasierende und deckende Beschichtungen für maßhaltige Bauteile" entsprechen.

Bei **Aluminium- und Kunststofffenstern** müssen die Glasfalze mit einem Haftvermittler gestrichen werden, um die Haftung des Dichtstoffes zu ermöglichen oder zu verbessern.

6.14.4 Dichtstoffe für Verglasungen

Die Dichtstoffe für Verglasungen werden wie folgt unterschieden:

- **Elastische Dichtstoffe:** Sie bestehen aus dauerelastischen Kunststoffen wie Siliconkautschuk, Dispersionsacrylat, Polyurethan und Polysulfid. Je nach Art des Kunststoffes werden sie als Ein- oer Zweikomponenten-Werkstoff geliefert. Entsprechend trocknen und erhärten sie durch Verdunsten der Lösemittel, durch Reaktion mit der Luftfeuchtigkeit oder Reaktion der beiden Komponenten.
- **Erhärtende Dichtstoffe:** Sie sind als Ölkitt oder Glaserkitt bekannt, die aus pflanzlichen und synthetischen Ölen hergestellt werden. Diese erhärten oxidativ und müssen überstrichen werden, weil die Oberfläche nicht witterungsbeständig ist.

Dichtstoffe müssen grundsätzlich überstreichbar sein. Sie werden in fünf Dichtstoffgruppen von A bis E eingeteilt. Ihre Eignung für verschiedene Verglasungssysteme ist in DIN 18545-2 bzw. DIN 18545-3 festgelegt.

6.14.5 Das Kälte-Wärme-Spiel im Holz

Holz leitet Wärme schlecht. Es dehnt sich unter Wärme nur geringfügig aus und ermöglicht so, maßhaltige Bauteile wie Fenster und Türen aus Holz zu fertigen. Die isolierende Wirkung gegen Wärme und Kälte erlaubt, Holzbauteile mit geringen Querschnitten herzustellen.

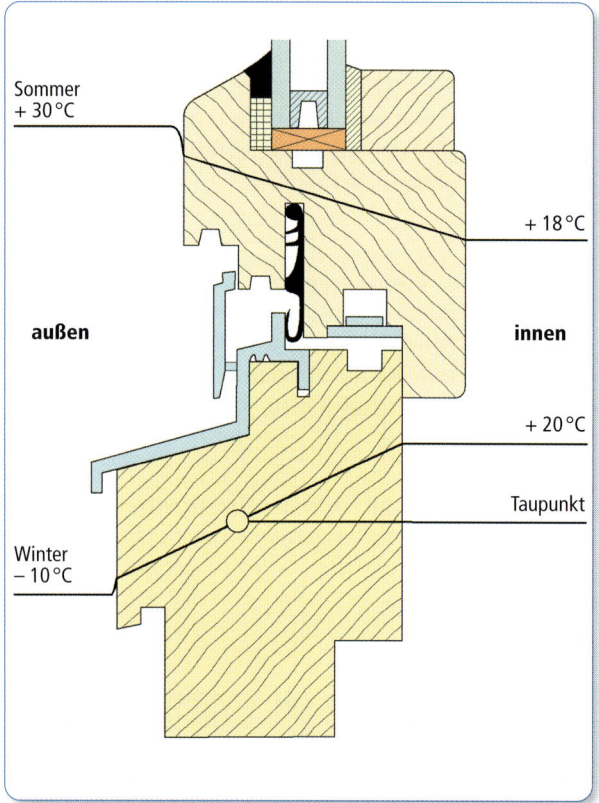

1 Temperaturverlauf in einem Fenster

Je nach Witterungslage enthält Luft mehr oder weniger Luftfeuchte in Form von Wasserdampf. Dieser dringt in das Holz ein und ist so auch in den Holzporen vorhanden. Unterhalb des Taupunktes kondensiert der Wasserdampf. Sinkt die Temperatur weiter ab, kann das Wasser im Holz gefrieren. Wasser und Eis bewirken Spannungen und Ausdehnungen im Holz, die mit dem Begriff „Arbeiten des Holzes" (vgl. LF 2)

umschrieben werden. Bei steigenden Temperaturen bildet sich aus dem Wasseranteil wieder Wasserdampf, das Holz schwindet. Der Temperaturverlauf im Holz ändert sich nicht nur im jahreszeitlichen Wechsel, sondern auch im Laufe eines Tages, meist sogar in nur kurzen Zeitabständen.

> Die ständigen Temperaturwechsel bezeichnet man als Kälte-Wärme-Spiel.

Das Kälte-Wärme-Spiel verursacht im Holz ständig Spannungen. Durch die anfallende Feuchtigkeit können Pilzbefall und Fäulnis entstehen.

6.14.6 Anforderungen an die Beschichtung von Holzfenstern

Holzfenster sind durch ihre geringen Querschnitte dem Kälte-Wärme-Spiel und den Belastungen der Witterung besonders ausgesetzt. Deshalb müssen an Konstruktion, Herstellung und Beschichtung hohe Anforderungen gestellt werden, wie der nebenstehende Querschnitt durch ein modernes Holzfenster zeigt. Ältere Holzfenster haben häufig Mängel, die Holzfäule und Pilzbefall auslösen oder eine Beschichtung nur schlecht haften lassen.

Vorarbeiten:
♦ Entfernen alter Beschichtungen bzw. nicht mehr tragfähiger Beschichtungsteile bis auf das tragfähige Holz.
♦ Scharfe oder gefaste Kanten durch Schleifen abrunden.
♦ Lose, gerissene Kitt- oder Dichtstoffteile entfernen.
♦ Anlaugen bzw. Anschleifen tragfähiger Altanstriche.
♦ Rostende Befestigungen gründlich entrosten, mit Korrosionsschutz grundieren.
♦ Entfernte Kitt- und Dichtstoffteile angleichen.
♦ Entfernte Dichtprofile erneuern.

> ### Aufgaben
>
> 1. Nennen Sie drei unterschiedliche Fenstersysteme.
> 2. Welche Verglasungsarten sind bei Fenstern üblich?
> 3. Welchen Zweck erfüllt die Verklotzung der Fensterscheiben?
> 4. Worauf muss bei der Vorbereitung der Glasfalze geachtet werden?

6.15 Beschichtungssysteme für Holz im Außenbereich

6.15.1 Qualitätssicherung

Holz, das der Witterung ausgesetzt ist, stellt an eine Beschichtung höhere Anforderungen als eine witterungsgeschützte, trockene Dachuntersicht.

Maßhaltige Bauteile, wie Fenster oder Türen, müssen vor eindringender Feuchtigkeit stärker geschützt werden als nicht maßhaltige Bauteile, wie Schindelfassaden, Verbrettungen oder Holzzäune. Letztere erfordern dagegen eine sehr elastische und Wasserdampf durchlässige Beschichtung. Die Haltbarkeit der Beschichtung kann ein ausführender Betrieb nur garantieren, wenn die Eignung der verarbeiteten Produkte durch international anerkannte Standards nachgewiesen wird. Für einen verbesserten Verbraucherschutz und zur Qualitätssicherung wurde deshalb ein Eignungsnachweis eingeführt:

6.15.2 Lackmindestqualität nach DIN EN 927-2

Beschichtungsstoffe, für die eine Zertifizierung durch den Lacklieferanten oder ein unabhängiges Prüfinstitut vorliegt, erhalten nach DIN EN 927-2 folgende Kennzeichnung:

1 *Zertifizierung von Holzbeschichtungssystemen für außen nach DIN EN 927-2 des Wilhelm-Klauditz-Instituts*

Beschichtungsstoffe mit diesem Kennzeichen erfüllen die festgelegten Mindestqualitätsstandards. Längerfristige Garantiezusagen, z. B. 5 Jahre, lassen sich gegenüber dem Kunden gesicherter abgeben.

Beschichtungssysteme für Außenlackierungen müssen die Eigenschaften von einheimischen Nadel-, Laub- oder von Tropenhölzern berücksichtigen.
Sie müssen mechanisch widerstandsfähig, reinigungsfähig, gut deckend, füllend und lichtecht sein. Außerdem sind die Ansprüche an Glanz und gleichmäßigen Oberflächeneffekt je nach Holzbauteil verschieden.

> Deckende Außenlackierungen müssen auf die Anforderungen der unterschiedlichen Holzbauteile abgestimmt sein.

6.15.3 Beschichtungsstoffe

Ihre Bindemittel bestehen größtenteils aus Alkydharzen, Polyacrylaten und Mischpolymerisaten. Sie ergeben sehr elastische, schnell trocknende und wetterbeständige Lacke mit feuchtigkeitsregulierenden Eigenschaften. Für besonders hochwertige vergilbungsarme Decklacke mit seidenglänzender, gleichmäßiger und strapazierfähiger Oberfläche setzt man Polyurethan-Alkydharz als Bindemittel ein.
Außerdem werden die vielfältigen Eigenschaften der deckenden Beschichtungen durch die Pigmente, die Pigment-Volumen-Konzentration, den Festkörpergehalt und die Additive (Zusatzmittel) erzielt.

Alkydharzlacke enthalten Lösemittel. Je nach Verarbeitung durch Spritzen, Rollen oder Streichen müssen sie mit Lösemittel verdünnt werden.
Die lange Offenzeit ermöglicht einen guten Verlauf und eine ansatzfreie glatte Oberfläche.

Acrylatdispersionslacke sind wasserverdünnbar und deshalb umweltschonend. Sie trocknen rasch und sind nur kurz offen. Ansätze und eine streifige Oberfläche können die Folge sein.

2 *Blauer Engel*

6.15.4 Beschichtungsaufbau auf Alkydharzbasis

Erstbeschichtung – Holz außen

1. Imprägnierung
   Holzschutzimprägnierung nach DIN 68 800-3 nur bei Nadelholz
2. Grundbeschichtung
   Mit lösemittelhaltigem fungizidfreiem Grundiermittel für außen und innen auf Alkydharzbasis
3. Zwischenbeschichtung
   Mit Vorlack bzw. Decklack ca. 15 % verdünnt
4. Schlussbeschichtung
   Entsprechender Alkydharzlack

Renovierungsbeschichtung

1. Ausbesserungsarbeiten
   offene Gehrungen, Risse und Löcher mit Leimkitt nachverleimen, abdichten und ggf. fleckspachteln, wenn sinnvoll größere Holzschäden mit 2-K-Holzreparaturmasse ausbessern
2. Bei intakter Altbeschichtung
   Untergrundvorbereitung
   abwaschen mit zehnprozentigem Ammoniakwasser, mit klarem Wasser gut nachwaschen, lose Altbeschichtung entfernen und anschleifen
   Grundbeschichtung
   mit lösemittelhaltigem fungizidfreiem Grundiermittel, bei Nadelholz 30 % Holzschutzimprägnierung zusetzen
   Zwischen- und Schlussbeschichtung
   siehe oben Punkt 3 und 4
3. Bei nicht intakter Altbeschichtung
   Untergrundvorbereitung
   Altbeschichtung restlos abbrennen, abbeizen oder abschleifen
   Grundbeschichtung
   mit lösemittelhaltigem fungizidfreiem Grundiermittel, bei Nadelholz 30 % Holzschutzimprägnierung zusetzen

6.15.5 Entsorgung

Gebinde mit Alkydharzresten können bei der Sammelstelle für Altlacke abgegeben werden. Ölhaltige Altlacke werden *nicht ausgehärtet* entsorgt.

Gebinde mit Acrylatdispersionslackresten lässt man *aushärten*. Danach können sie mit dem Baustellenabfall entsorgt werden.

6.16 Berechnungen zum Zeit- und Materialbedarf

Das Leistungsverzeichnis für einen Kundenauftrag listet in Kurzform die durchzuführenden Arbeiten auf und gibt die Maße der zu behandelnden Flächen an.

Das Vergabeschreiben des Architekturbüros PLANQUADRAT (s. S. 171) enthält ein solches Leistungsverzeichnis, auf das sich die folgenden Aufgaben beziehen.

Aufgabenbeispiel:
Im Leistungsverzeichnis *Malerarbeiten* sind nach *Pos. 1* 192 m² alte Holzverkleidung und Schindelverschalung zu entfernen (vgl. S. 171).

Die entfernten Teile werden in Abfall-Containern abgefahren. Ein Container fasst durchschnittlich 72 m² Abfallholz.

Zum Entfernen von 1 m² Holz- und Schindelverkleidung benötigt 1 Arbeiter nach Erfahrungswerten 12 Minuten.

a) Wie viele Container müssen abgefahren werden?
b) Welche Arbeitszeit müssen Sie für diese Leistung einplanen, wenn 3 Arbeiter dafür bereitgestellt werden?

Lösung:
a) $\dfrac{192 \text{ m}^2}{72 \text{ m}^2} = 2{,}66$ Container

   Man benötigt <u>3 Container</u>.
b) Für 1 m² benötigt 1 Maler 12 min.
   Für 192 m² benötigt 1 Maler
   192 m² · 12 min = 2304 min.
   Für 192 m² benötigen 3 Maler
   $\dfrac{2304 \text{ min}}{3} = 768$ min = 12 Std. 48 min.

   3 Maler benötigen für 192 m² <u>12 Std. 48 min.</u>

LF 6

6.16.1 Geplante Arbeitszeit berechnen

1. Für das Reinigen und Vorbereiten der Holzuntergründe, Leistungsverzeichnis Pos. 2, werden pro m^2 8 min veranschlagt.

   Welche Arbeitszeit in Stunden und Minuten müssen Sie für diese Leistung einplanen, wenn Sie 4 Arbeiter einsetzen?

2. Berechnen Sie für Pos. 3 die erforderliche Arbeitszeit, wenn zu den allgemeinen Reinigungs- und Instandsetzungsarbeiten die Leistungen der Pos. 3.1 und 3.2 zusätzlich ausgeführt werden müssen. Für die Pos. 3 und 3.1 werden 3 Arbeiter und für die Pos. 3.2 ein Arbeiter eingesetzt.

   Zeitbedarf: Pos. 3:   pro m^2 7,5 min
   Pos. 3.1 pro m^2 25 min
   Pos. 3.2 pro m^2 1,5 min

6.16.2 Berechnung der Materialmenge

1. Für den Silan-Fassadenputz, Körnung 3 mm, Pos. 4.1, werden nach dem Technischen Merkblatt des Herstellers 3,4 kg/m^2 benötigt.
   a) Wie viel kg Putz werden nach diesen Angaben benötigt?
   b) Damit die Putzmenge mit Sicherheit ausreicht, werden 10 Prozent mehr bestellt als im Technischen Merkblatt angegeben ist. Berechnen Sie die danach benötigte Menge.
   c) Wie viele Eimer Fassadenputz müssen Sie bestellen, wenn ein Eimer 25 kg enthält?

2. Berechnen Sie für Pos. 4.2 den Materialverbrauch für die Grundierfarbe und die Silan-Fassadenfarbe mithilfe des angefügten Technischen Merkblattes. Verwenden Sie die jeweils oberen Verbrauchsangaben.

3. Das in Pos. 4.3 verwendete Siloxan-Imprägierungsmittel wird in Gebindegrößen von 10 l geliefert. Wie viele Behälter müssen eingekauft werden?

6.16.3 Erweiterte Aufgaben

1. Berechnen Sie für Pos 5.1
   a) den Zeitbedarf, wenn für das Beschichten von 1 m^2 Fachwerk 32 min veranschlagt werden.
   b) den Materialbedarf, wenn für die Grundierung 25 ml/m^2, den Zwischen- und Decklack je 40 ml/m^2 veranschlagt werden.

2. Berechnen Sie für Pos 5.2
   a) den Zeitbedarf, wenn für das Beschichten von 1 m^2 neuer Holzfenster 7,5 min veranschlagt werden.
   b) den Materialbedarf, wenn für die Grundierung 8 ml/m^2, die Zwischen- und Deckbeschichtung je 12 ml/m^2 veranschlagt werden.
   c) Grundierung, Zwischen- und Deckbeschichtung bestehen aus dem gleichen Anstrichstoff. Berechnen Sie den Farbbedarf.
   d) Es stehen folgende Gebindegrößen zur Verfügung: 5 l, 2,5 l und 750 ml.
   Stellen Sie die Bestellung für die benötigte Lasurfarbe so zusammen, dass die Restmenge möglichst gering ist.

LF 6

6.17 Anhang: Technisches Merkblatt Silan-Siliconharz-Fassadenfarbe

Technisches Merkblatt Nr. …	Silan-Siliconharz-Fassadenfarbe mit Nano-Quarz-Gitterstruktur hydrophob, mineralmatt, TÜV-geprüfte Fassadenqualität

Produktbeschreibung

Verwendungszweck:

Organisch vernetzte Nano-Quarz-Partikel bilden eine dichte, mineralisch harte Quarzstruktur. Das Ankleben von Schutz, Feinstaub und Sporen wird gesenkt und die Fassade bleibt länger sauber. Durch die Siliconharz-Bindemittelkombination entstehen regenabweisende, hoch wasserdampfdurchlässige Fassadenanstriche auf Putzen und mineralischen Untergründen sowie für Renovierungsanstriche auf festhaftenden Silikat- und matten Dispersionsfarben-Anstrichen, Kunstharzputzen und intakten Wärmedämm-Verbundsystemen.

Silan-Siliconharz-Fassadenfarbe vereinigt die Vorzüge der Dispersionsfarben mit den Vorteilen der Silikatfarben. Sie eignen sich besonders auf denkmalgeschützten Objekten sowie kalkreichen Putzen.

TÜV geprüfte Fassadenqualität:

Lange Sauberkeit durch geringe Vergrauung, gemessen nach DIN EN ISO 2810, höchster Wetterschutz entsprechend den besten Klassen nach DIN EN 1062-1, lange Haltbarkeit durch geringsten Beschichtungsabbau entsprechend Klasse 0 bis 1 nach DIN EN ISO 4628-2, hohes Deckvermögen entsprechend der besten Klasse nach DIN EN 13 300 und gleichmäßig matte Optik nach DIN EN 1062-1.

Eigenschaften:

Spannungsarm, nicht thermoplastisch. Nicht filmbildend, mikroporös.
– Bildung einer kapillaraktiven Trockenzone
– CO_2-durchlässig
– Beständig gegen aggressive Luftschadstoffe
– Enthält spezielle photokatalytisch wirkende Pigmente.

Kenndaten nach DIN EN 1062:
Silan-Siliconharz-Fassadenfarbe

Glanz:	matt	G_3
Trockenschichtdicke: 100–200 µm		E_3
Max. Korngröße:	< 100 µm	S_1
Wasserdampfdurchlässigkeit (sd-Wert):		
0,05 m (hoch)		V_1
Wasserdurchlässigkeit (w-Wert):		
0,05 [kg/(m³)] (niedrig)		W_3

Durch Abtönung sind Abweichungen bei den technischen Kenndaten möglich.

Gebindegröße Standardware:

12,5 Liter

Gebindegrößen Express-Color-System:

1,25 Liter, 2,5 Liter, 7,5 Liter und 12,5 Liter Silan-Siliconharz-Fassadenfarben sind mit Silan-Siliconharz-Volltonfarben selbst abtönbar. Bei Selbstabtönung benötigte Gesamtmenge untereinander vermischen um Farbtonunterschiede zu vermeiden.

Silan-Siliconharz-Fassadenfarbe ist im Express-Color-System maschinell nach allen gängigen Farbtonkollektionen begrenzt abtönbar.

Silan-Grundierfarbe ist im Express-Color-System maschinell nach allen gängigen Farbtonkollektionen in hellen bis ca. Hellbezugswert 70 Farbtönen abtönbar. Brilliante, intensive Farbtöne weisen unter Umständen ein geringeres Deckvermögen auf. Es empfiehlt sich deshalb bei diesen Farbtönen einen vergleichbaren, deckenden, auf Weiß basierenden, pastelligen Farbton vorzustreichen. Evtl. kann ein zweiter Deckanstrich erforderlich werden.

Farbtonbeständigkeit gemäß BFS-Merkblatt Nr. 26: Silan-Fassaden und Volltonfarbe:

Klasse: B   Gruppe: 1

Bindemittel:

Kombination aus Siliconharz-Emulsion und neuartiges Hybrid-Bindemittel auf anorganisch/organischer Basis.

Dichte: ca. **1,5** g/cm³

Gefahrenhinweise und Sicherheitsratschläge (Stand bei Drucklegung):

Schädlich für Wasserorganismen, kann in Gewässern längerfristig schädliche Wirkungen haben. Darf nicht in die Hände von Kindern gelangen. Bei Berührung mit den Augen gründlich mit Wasser abspülen und Arzt konsultieren. Bei Berührung mit der Haut sofort mit viel Wasser und Seife abwaschen. Nicht in die Kanalisation/Gewässer oder ins Erdreich gelangen lassen. Augen und Haut vor Farbspritzern schützen. Bei Verschlucken sofort ärztlichen Rat einholen, da die Darmflora gestört werden kann. Nur im Streich- und Rollauftrag verarbeiten. Nähere Angaben: s. Sicherheitsdatenblatt.

Lagerung:

Kühl, aber frostfrei. 12 Monate lagerfähig.

Entsorgung:

Nur leere Gebinde zum Recycling geben. Flüssige Materialreste können als Abfälle von Farben auf Wasserbasis eingetrocknete und als ausgehärtete Materialreste als Hausmüll entsorgt werden.

Deklaration der Inhaltsstoffe:

Hybrid-Bindemittel (Organo-Silikat/Acrylat), Siliconharz, Titandioxid, Silikate, Calcium-carbonat, Wasser, Filmbildehilfsmittel, Additive, Konservierungsmittel.

Verarbeitung

Beschichtungsaufbau:

Grund- bzw. Zwischenanstrich mit Silan-Siliconharz-Fassadenfarbe mit max. 10 % Wasser verdünnt. Auf rauen Untergründen, je nach Struktur und Saugfähigkeit, muss die Zwischen- und Schlussbeschichtung etwas höher verdünnt und gut ausgetrocknet werden. Der Verdünnungsgrad ist durch Probeanstrich zu ermitteln. Schlussanstrich mit max. 5–10 % Wasser verdünnt. Bei intensiven Farbtönen ist zur Erzielung einer streifenfreien Oberfläche die Schlussbeschichtung mit 10 % Wasser zu verdünnen. Zwischen den Anstrichen mind. 12 Stunden Trocknungszeit einhalten.

Auftragsverfahren:

Zu verarbeiten mit Pinsel, Rolle und Airless-Spritzgeräten.

Verbrauch:

Die Verbrauchswerte gelten für einen Anstrich auf glattem Untergrund. Auf rauen Flächen erhöht sich der Verbrauch entsprechend. Exakten Verbrauch durch Probebeschichtung ermitteln.
Silan-Siliconharz-Fassadenfarbe:150–200 ml/m².
Grundierfarbe 150–250 ml/m², je nach Beschaffenheit und Saugfähigkeit des Untergrundes.

Untere Temperaturgrenze bei der Verarbeitung und Trocknung:

+5 °C für Umluft und Untergrund.

Trockenzeit:

Bei +20 °C und 65 % rel. Luftfeuchte nach 2–3 Std. oberflächentrocken, nach 12 Std. überstreichbar, nach 2–3 Tagen durchgetrocknet. Bei niedrigerer Temperatur und höherer Luftfeuchte längere Trocknungszeiten einhalten.

Beachten:

Zur Vermeidung von Ansätzen größere Flächen nass-in-nass in einem Zug beschichten. Bei Airless-Spritzauftrag Farbe gut aufrühren und durchsieben.
Nicht auf waagerechten Flächen mit Wasserbelastung einsetzen.
Bei dunklen Farbtönen kann eine mechanische Beanspruchung (kratzen) zu hellen Streifen (Schreibeffekt) führen.

Geeignete Untergründe und deren Vorbehandlung

Die Untergründe müssen frei von Verschmutzungen, trennenden Substanzen und trocken sein. VOB, Teil C, DIN 18363, Abs. 3. beachten.

Neue und bestehende, intakte Wärmedämm-Verbund Systeme mit Oberflächen aus Kunstharz-, Silikat-, Siliconharz-, Kalk-Zementputz (PII):
Altputze mit geeigneter Methode reinigen. Bei Reinigung mit Druckwasserstrahlen mit einer max. Temperatur von 60 °C und einem Druck von max. 60 bar. Nach der Reinigung ausreichende Trockenzeit einhalten.

Putze der Mörtelgruppen PIc, PII u. PIII oder Silikatputze:
Neue Putze sind nach 2 Wochen bei ca. 20 °C und 65 % rel. Luftfeuchtigkeit beschichtbar. Bei ungünstigeren Wetterbedingungen, z.B. beeinflusst durch Wind oder Regen müssen deutlich längere Standzeiten eingehalten werden.
Alte Putze: Nachputzstellen müssen gut abgebunden und ausgetrocknet sein. Auf grob porösen, saugenden, leicht sandenden Putzen ein Grundanstrich mit Silan-Tiefgrund LF. Auf stark sandenden Putzen ein Grundanstrich mit Silan-Putzfestiger.

Alte Silikat-Farben:
Festhaftende Beschichtungen mechanisch oder durch Druckwasserstrahlen unter Beachtung der gesetzlichen Vorschriften reinigen.
Nicht festhaftende, verwitterte Beschichtungen durch Abschaben, Abschleifen, Abkratzen entfernen.
Ein Grundanstrich mit Silan-Putzfestiger.

Tragfähige Untergründe:
Mit geeigneter Methode reinigen. Bei Nassreinigung die Flächen vor der Weiterbehandlung gut durchtrocknen lassen. Ein Grundanstrich mit Silan-Grundierfarbe bzw. Silan-Putzfestiger. Neue Kunstharz- bzw. Siliconharzputze ohne Vorbehandlungen beschichten. Bei mineralischen Strukturputzen ein Grundanstrich mit Silan-Grundierfarbe.

Nicht tragfähige Untergründe:
Mit geeigneter Methode restlos entfernen, z.B. mechanisch oder durch Abbeizen und Nachreinigen durch Hochdruckheißwasserstrahlen unter Beachtung der gesetzlichen Vorschriften. Grundanstrich mit Silan-Grundierfarbe, bei mehlenden, sandenden, saugenden Flächen mit Silan-Putzfestiger. Zwischenanstrich mit Silan-Compact.

Kalksandstein- und Ziegel-Sichtmauerwerk:
Nur frostbeständige Vormauersteine oder Klinker ohne Fremdeinschlüsse geeignet. Fugen müssen frei von Rissen und Salzausblühungen sein. Ein Grundanstrich mit Silan-Putzfestiger.

Pilz- oder algenbefallene Flächen:
Mit der fungiziden und algiziden Spezialfarbe beschichten.

Flächen mit Salzausblühungen:
Salzausblühungen trocken durch Abbürsten entfernen. Ein Grundanstrich mit Silan-Putzfestiger. Beim Beschichten von Flächen mit Salzausblühungen kann keine Mängelhaftung übernommen werden.

Technische Beratung

Alle in der Praxis vorkommenden Untergründe und deren anstrichtechnische Behandlung können in dieser Druckschrift nicht abgehandelt werden. Sollen Untergründe bearbeitet werden, die in dieser Technischen Information nicht aufgeführt sind, ist es erforderlich, mit uns oder unseren Außendienstmitarbeitern Rücksprache zu halten. Wir sind gerne bereit, Sie detailliert und objektbezogen zu beraten.

LF 6

Kundenauftrag

Telefax

Knoll GmbH & Co.
Bauunternehmung
Eichenallee 88
49733 Haren

Datum: 23.06.20xx

Malerbetrieb Roth GmbH
z.H. Herrn Roth

Fax: 0201-486714

Sehr geehrter Herr Roth,

wie bei der Baustellenbegehung am 20.06.20xx bereits besprochen, beauftragen
wir Sie hiermit, an unserem Verwaltungsgebäude folgende Arbeiten auszuführen:

Pos. 01: Erstellen einer Büro-Trennwand einschl. der erforderlichen
              Dämm- und Spachtelarbeiten

Pos. 02: Reparaturverglasung einer Nebeneingangstür
              mit Wärmeschutzverglasung

Wir gehen von einer termingerechten Ausführung des Auftrages aus und verbleiben
mit freundlichen Grüßen

Dr. G. Knoll

Knoll GmbH & Co. 05934-9304-0, xx-06-23, 16:32 Uhr, Seite 001 von 001

Objektbeschreibung

Die beiden Positionen des Auftrags sollen in dem vor einem Jahr errichteten Büro- und Verwaltungsgebäude eines Hoch- und Tiefbauunternehmens ausgeführt werden.

1 Büro- und Verwaltungsgebäude – Vorderansicht

2 Büro- und Verwaltungsgebäude – Seitenansicht

Trennwand:

Um von einem Büroraum ein gesondertes Aktenarchiv abzutrennen, soll eine nicht tragende Trockenbauwand, bestehend aus Metallprofilen und Gipsplatten, einschl. der erforderlichen Dämmung erstellt werden (rote Linie). Die Trennwand soll eine Gesamtstärke von 100 mm aufweisen. Besondere Anforderungen an den Brand- und Schallschutz bestehen nicht. Die verspachtelte Oberfläche muss der Qualitätsstufe Q 2 entsprechen.

Nebeneingangstür:

Es handelt sich um eine Nebeneingangstür aus pulverbeschichteten Aluminiumprofilen, Anschlag DIN links. Die beschädigte Verglasung besteht aus einer insgesamt 30 mm starken Isolierglasscheibe mit den Maßen 88,9 cm x 195,3 cm, Scheibenzwischenraum 20 mm. Die mittels Steckverbindung innen angebrachten Glashalteleisten sind aus Aluminium und mit einer Profil-Gummidichtung versehen.

Um einen zu hohen Energieverlust durch die Glasflächen zu verhindern und um eine einheitliche Außenansicht mit den angrenzenden Verglasungen zu gewährleisten, wünscht der Auftraggeber eine Wärmeschutzverglasung. Die innere Scheibe des Isolierglases soll aus Sicherheitsgründen aus Verbundsicherheitsglas bestehen.

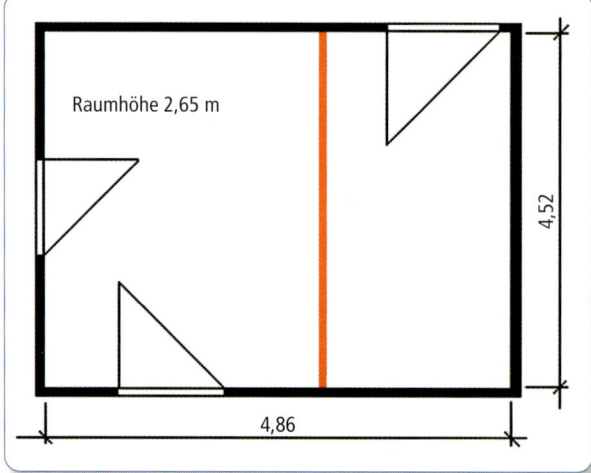

Raumhöhe 2,65 m

4,52

4,86

3 Grundriss mit vorgesehener Lage der Raumtrennwand

4 Nebeneingangstür mit defekter Wärmeschutzverglasung

Informationsbeschaffung

Um mit der Realisierung dieses Kundenauftrags beginnen zu können, sollten Sie sich mithilfe der folgenden Fachbegriffe in das Thema einarbeiten:
nicht tragende Bauteile, Metallprofile, Feuerwiderstandsklassen, Qualitätsstufen, pulverbeschichtete Aluminiumprofile, Metallbedampfung, Isolierglas, Verbundsicherheitsglas.

Planung

- Listen Sie die Vorteile auf, die eine Trockenbauwand gegenüber einer Trennwand aus Stein und Mörtel aufweist.
- Für die Unterkonstruktion der Trockenbauwand wurden in diesem Fall Metallprofile einer Holzkonstruktion vorgezogen. Begründen Sie diese Entscheidung.
- Wählen Sie eine Gipsplatte mit entsprechender Kantenausbildung aus, die Ihnen für die geplante Konstruktion und die geforderte Oberflächen-Qualitätsstufe geeignet erscheint. Begründen Sie Ihre Entscheidung.
- Erstellen Sie eine Materialliste, in der die Mengen an Gipsplatten und Metallprofilen aufgeführt sind.
- Zeichnen Sie einen Querschnitt im Maßstab 2:1 (inkl. Bemaßung), der den Aufbau der Isolierglasscheibe darstellt.
- Begründen Sie die Auswahl der von Ihnen ermittelten Glasstärken der Isolierglasscheibe.

Durchführung

Baustelle einrichten
Nennen Sie die Maßnahmen, die zu ergreifen sind, bevor mit dem Einbau der Raumtrennwand im Büroraum begonnen werden kann.

Einen sicheren Arbeitsplatz schaffen
Beschreiben Sie Ihre persönliche Schutzausrüstung, die Sie bei den Verglasungsarbeiten benötigen.

Vorarbeiten durchführen
Um die Trennwand fachgerecht im Raum montieren zu können, muss die spätere Position der Wand angezeichnet werden. Beschreiben Sie Ihr Vorgehen bei dieser Tätigkeit und listen Sie das zu benötigende Werkzeug für diesen Arbeitsschritt auf.

Hauptarbeiten durchführen
- Um die Trennwand montieren zu können, sollen nun die Metallprofile im Raum positioniert werden. Außerdem soll die Montage der Gipsplatten erfolgen. Schildern Sie Ihre Vorgehensweise.
- Nachdem alle Gipsplatten vollständig auf die Metallprofile aufgeschraubt worden sind, erkennen Sie Schraublöcher und unverschlossene Fugen. Erklären Sie (auch im Hinblick auf die zu erreichende Qualitätsstufe) Ihr Vorgehen, um die Trennwand fachlich korrekt fertigzustellen.
- Beschreiben Sie Ihre Vorgehensweise vom Ausbau der alten Scheibe bis zum Einbau der neuen Scheibe.

Abschlussarbeiten durchführen
- Als Herr Dr. Knoll am Abend die Raumtrennwand begutachtet, bemängelt er unschöne Schattierungen, die an der Wand erkennbar sind. Er möchte nun von Ihnen bezüglich einer Behebung der Mängel informiert werden.
- Beschreiben Sie die Tätigkeiten, die nach fachgerechtem Einbau der Raumtrennwand von Ihnen noch zu verrichten sind, bevor Sie Ihre Arbeit als abgeschlossen betrachten können.
- Erkundigen Sie sich über Entsorgungsmöglichkeiten von Flachglas, um die ausgebaute Scheibe fachgerecht entsorgen zu können.

Kontrolle

- Prüfen Sie Ihre schriftliche Ausfertigung des Auftrags auf Vollständigkeit und Verständlichkeit.
- Überdenken Sie Ihre Ausführungen bezüglich einer praktischen Durchführbarkeit. Entsprechen Ihre Ausführungen einem realen betrieblichen Ablauf?
- Diskutieren Sie Ihre Gruppenumgangs- und Arbeitsweise. Listen Sie positive und negative Aspekte Ihrer Gruppenarbeit auf.

Dokumentation und Präsentation

- Bereiten Sie Ihre Ergebnisse für eine abschließende Präsentation vor.
- Stellen Sie Ihre Lösung dieses Kundenauftrags in der Klasse vor und diskutieren Sie diese.
- Korrigieren Sie Ihre Ergebnisse gegebenenfalls und bewerten Sie Ihre Gruppenarbeit.

LF 7

7 Dämm-, Putz- und Montagearbeiten ausführen

7.1 Trockenbau

Zur rationellen Herstellung von nicht tragenden Wänden, bei Schall- und Brandschutzmaßnahmen, zur dekorativen Deckengestaltung und für den Dachgeschossausbau haben Trockenbausysteme gegenüber der herkömmlichen Bauweise viele Vorteile.

Beim Trockenbau werden Bauplatten auf Unterkonstruktionen aus Holz oder Metall aufgeschraubt bzw. eingehängt. Dadurch entfallen die bei der konventionellen Bauweise mit Stein und Mörtel auftretenden Trocknungszeiten.

Elektro- und Sanitärinstallationen können ohne aufwendige Stemmarbeiten vor der Beplankung mit Bauplatten in der Unterkonstruktion montiert werden.

Im Objektbereich bieten Trockenbausysteme durch die relativ schnelle Montage und Demontage die Möglichkeit, flexibel auf sich ändernde Raumanforderungen zu reagieren.

Da Trockenbauwände im Vergleich zu massiven Steinwänden sehr viel weniger Gewicht aufweisen, spielen statische Überlegungen (z. B. Tragfähigkeit der Bodenkonstruktion) eine untergeordnete Rolle.

7.1.1 Gipsplatten

Gipsplatten sind ein beliebter Baustoff für den Trockenausbau.

DIN 18 180 bzw. DIN EN 520 unterscheidet mehrere Arten von Gipsplatten:

AK =	abgeflachte, ummantelte Längskante für fugenlose Bekleidung
VK =	volle, kartonummantelte Längskante für sichtbaren Plattenstoß
RK =	runde, kartonummantelte Längskante für sichtbaren Plattenstoß
HRK =	halbrunde, kartonummantelte Längskante für sichtbaren Plattenstoß
HRAK =	halbrunde, abgeflachte ummantelte Längskante für fugenlose Bekleidung

1 Kantenausbildung bei Gipsplatten

Verarbeiten von Gipsplatten

Gipsplatten können an Wänden bzw. senkrechten Bauteilen ohne Unterkonstruktion verlegt werden.

Auf Decken, unebenen Wänden oder problematischen Untergründen muss eine tragfähige Unterkonstruktion vorhanden sein. Ohne Unterkonstruktion wird die Gipsplatte durch punktförmiges Auftragen von Gipsmasse bzw. Ansetzbinder verlegt.

a)

DIN EN 520	DIN 18 180	Eigenschaften
Typ A	GKB ab 6,5 mm Dicke	Standard-Gipsplatte
Typ D	GKB ab 9,5 mm Dicke	Gipsplatte mit einer definierten Dichte von mind. 800 kg/m^3 (entspricht für eine 12,5 mm dicke Platte einem Flächengewicht von mind. 10 kg/m^2)
Typ F	GKF	Gipsplatte mit verbessertem Gefügezusammenhalt bei hohen Temperaturen (Brandfall) (Rohdichte und Mindestflächengewicht entspricht Typ D)
Typ H	GKBI = Typ H2	Gipsplatte mit reduzierter Wasseraufnahmefähigkeit (H1, H2 und H3)
Typ I		Gipsplatte mit erhöhter Stoßbelastung bzw. Oberflächenhärte
Typ P		Putzträgerplatte für den Auftrag von Gipsputzen
Typ R		Gipsplatte mit erhöhter Biege und Zugfestigkeit
Typ E		Gipsplatte zur Beplankung von Außenwandelementen, die nicht dauernd der Außenbewitterung ausgesetzt sind
Gipsplatte DFH2-12,5 DIN EN 520		entspricht Gipsplatte GKFI DIN 18 180

b)

Vom Hersteller bearbeitete Gipsplatten:	
Zuschnittplatten	rechteckige oder quadratische Kassettenplatten
Lochplatten	Schallschluckplatten
Verbundplatten	mit mineralischen Faserdämmstoffen, Polystyrol- oder Polyurethan-Hartschaum zur Wärmedämmung
weitere Plattenarten	z. B. beschichtete Dekorplatten

1 Punktförmiges Auftragen des Ansetzbinders

2 Anlegen der Gipsplatte auf Ansetzbinder

Verspachteln der Gipsplatten

Nach dem Verlegen werden die Vertiefungen verspachtelt, die durch das Befestigen mit Schrauben, Klammern oder Nägeln entstanden sind. Ebenfalls müssen die Stoßfugen mit gipsfreier Fugenfüllmasse verfugt werden. Zur besseren Verbindung wird in die Spachtelmasse über der Stoßfuge meist ein Gewebestreifen eingebettet. Hierzu eignen sich am besten AK-Platten mit abgeflachter Kante. Die hier im Stoßbereich vorhandene Hohlkehle füllt man mit Fugenfüllmasse aus, legt den Bewehrungsstreifen beidseitig überdeckend ein und drückt ihn gleichzeitig mit der Spachtelklinge an.

3 Einlegen und Andrücken des Bewehrungsstreifens

Als Alternative zu den herkömmlichen Bewehrungsstreifen aus Gaze oder Vlies setzt sich immer häufiger selbstklebendes Glasgitter-Fugenband durch. Dieses Fugenband wird auf die ungespachtelten Stoßfugen geklebt und anschließend entsprechend der geforderten Oberflächen-Qualitätsstufe gespachtelt.

Bei Platten mit gefalzten Längskanten ist der Bewehrungsstreifen überflüssig; hier genügt es, die Stoßfuge zu verspachteln. An frei stehenden Kanten, Leibungen, Vorsprüngen usw. werden Eckschutzschienen eingespachtelt.

Nach kurzer Zeit können die so verlegten Gipsplatten gestrichen, tapeziert oder mit Keramikplatten und anderen Wandbelägen versehen werden. Mit Gipsplatten lassen sich Räume auf einfache Weise verschönern, indem Rohre und andere Installationen problemlos überdeckt werden.

Dabei muss die Wand eben und nicht stark saugend sein. Auf unebenen Wänden wird zunächst mit Gipskartonstreifen eine Ebene hergestellt. Auf diesen kann danach die Gipsplatte mit entsprechend streifenförmig aufgezogenem Ansetzbinder befestigt werden. Bei Gipsverbundplatten mit Mineralfaser- oder Styropordämmstoff kann der Ansetzbinder mit dem Kammschlitten (Dünnbett) oder punktförmig aufgebracht werden. Auf Unterkonstruktionen werden Gipsplatten durch Schrauben, Klammern, Nägel oder Einhängen in vorgefertigte Rahmen befestigt.

LF 7

Auch für Feuchträume sind Gipsplatten einsetzbar. Hier verwendet man imprägnierte Platten, die ein geringes Saugvermögen haben und Wasser schnell wieder abgeben.

Oberflächengüten

Um Art und Umfang der Verspachtelung der weiteren Beschichtung entsprechend anpassen zu können, wurden vom Bundesverband der Gipsindustrie die Oberflächengüten von gespachtelten Gipsplatten in vier Qualitätsstufen eingeteilt.

Qualitätsstufe 1 (Q 1)

Für Oberflächen, an die keine optischen (dekorativen) Anforderungen gestellt werden, ist eine Grundverspachtelung (Q 1) ausreichend.

> Die Verspachtelung nach Qualitätsstufe 1 umfasst:
> - das Füllen der Stoßfugen zwischen den Gipsplatten und
> - das Überziehen der sichtbaren Teile der Befestigungsmittel.

Überstehendes Spachtelmaterial ist abzustoßen. Werkzeugbedingte Markierungen, Riefen und Grate sind zulässig.

Die Grundverspachtelung schließt das Einlegen von Fugendeckstreifen (Bewehrungsstreifen) ein, sofern das gewählte Verspachtelungssystem (Spachtelmaterial, Kantenform der Platten) dies vorsieht.
Darüber hinaus sind Fugendeckstreifen einzulegen, wenn dies aus konstruktiven Gründen für notwendig erachtet wird.

Bei mehrlagigen Beplankungen ist bei den unteren Plattenlagen ein Füllen der Stoß- und Anschlussfugen ausreichend, allerdings auch notwendig. Auf das Überspachteln der Befestigungsmittel kann bei den unteren Plattenlagen verzichtet werden.

Bei Flächen, die mit Bekleidungen und Belägen aus Fliesen und Platten versehen werden sollen, ist das Füllen der Fugen ausreichend. Glätten ist ebenso zu vermeiden wie das seitliche Verziehen des Spachtelmaterials über den unmittelbaren Fugenbereich hinaus.

Anstelle der für Gipsplatten üblichen Spachtelmassen können die Fugen unter Beachtung der Verarbeitungshinweise des Kleberherstellers auch mit den für keramische Bekleidungen verwendeten Klebstoffen (Dispersionsklebstoff) oder Epoxidharzklebstoff oder geeigneten Mörteln (Gipsverträglichkeit beachten) geschlossen werden.

Qualitätsstufe 2 (Q 2)

Die Verspachtelung nach Qualitätsstufe 2 (Q 2) ist die Standardverspachtelung. Sie genügt den üblichen Anforderungen an Wand- und Deckenflächen.
Ziel der Verspachtelung ist es, den Fugenbereich durch stufenlose Übergänge der Plattenoberfläche anzugleichen. Gleiches gilt für Befestigungsmittel, Innen- und Außenecken sowie Anschlüsse.

> Die Verspachtelung nach Qualitätsstufe 2 umfasst:
> - die Grundverspachtelung (Q 1) und
> - das Nachspachteln (Feinspachteln, Finish) bis zum Erreichen eines stufenlosen Übergangs zur Plattenoberfläche.

Dabei dürfen keine Bearbeitungsabdrücke oder Spachtelgrate sichtbar bleiben. Falls erforderlich, sind die verspachtelten Bereiche zu schleifen.

Diese Oberfläche kann beispielsweise geeignet sein für:
- mittel und grob strukturierte Wandbekleidungen, z. B. Tapeten wie Raufasertapete (Körnung RM oder RG nach BFS-Merkblatt Nr. 05/01),
- matte, füllende, mittel und grob strukturierte Anstriche/Beschichtungen (z. B. Dispersionsanstriche), die manuell – mit Lammfell- oder Strukturrolle – aufgetragen werden,
- Oberputze (Korngrößen/Größtkorn über 1 mm), soweit sie vom Putz-Hersteller für das jeweilige Gipsplattensystem freigegeben sind.

Wird die Qualitätsstufe 2 (Standardverspachtelung) als Grundlage für Wandbekleidungen, Anstriche und Beschichtungen gewählt, sind Abzeichnungen – insbesondere bei Einwirkung von Streiflicht – nicht auszuschließen. Eine Verringerung dieser Effekte ist in Verbindung mit einer Verspachtelung nach Qualitätsstufe 3 zu erreichen.

Qualitätsstufe 3 (Q 3)

Werden erhöhte Anforderungen an die gespachtelte Oberfläche gestellt, sind zusätzliche über Grund- und Standardverspachtelung hinausgehende Maßnahmen erforderlich.

Die Verspachtelung nach Qualitätsstufe 3 umfasst:
• die Standardverspachtelung (Q2) mit
• einem breiteren Ausspachteln der Fugen sowie ein scharfes Abziehen der restlichen Kartonoberfläche zum Porenverschluss mit Spachtelmaterial.

Im Bedarfsfall (z. B. Spachtelgrate) sind die gespachtelten Flächen zu schleifen.

Diese Oberfläche kann beispielsweise geeignet sein für:
♦ fein strukturierte Wandbekleidungen,
♦ matte, fein strukturierte Anstriche/Beschichtungen,
♦ Oberputze, deren Körnung/Größtkorn nicht mehr als 1 mm beträgt, soweit sie vom Putzhersteller für das jeweilige Gipsplattensystem freigegeben sind.

Auch bei dieser Verspachtelung sind bei Streiflicht sichtbar werdende Abzeichnungen nicht auszuschließen und nach VOB/C, DIN 18340, Nr. 3.1.3, bzw. ÖNORM B 3415 No. 4.3.10.3 zulässig.
Grad und Umfang solcher Abzeichnungen sind jedoch gegenüber der Standardverspachtelung geringer.

Qualitätsstufe 4 (Q 4)
Um höchste Anforderungen an die gespachtelte Oberfläche zu erfüllen, stehen
♦ eine Vollflächenspachtelung oder
♦ ein Abstucken der gesamten Oberfläche
zur Auswahl.

Im Unterschied zur Verspachtelung Q 3 wird dabei die gesamte Kartonoberfläche mit einer durchgehenden Spachtel-/Putzschicht überzogen

Die Qualitätsstufe 4 umfasst:
• die Standardverspachtelung Q 2 und
• ein breites Ausspachteln der Fugen sowie ein vollflächiges Überziehen und Glätten der gesamten Oberfläche mit einem dafür geeigneten Material (Schichtdicke größer 1 mm).

Diese Oberfläche kann beispielsweise geeignet sein für:
♦ glatte oder strukturierte Wandbekleidungen mit Glanz, z. B. Metall- oder Vinyltapeten,
♦ Lasuren oder Anstriche/Beschichtungen bis zu mittlerem Glanz,
♦ Stuccolustro oder andere hochwertige Glätt-Techniken.

Eine Oberflächenbehandlung, die nach dieser Klassifizierung die höchsten Anforderungen erfüllt, minimiert die Möglichkeit von Abzeichnungen der Platten-

oberfläche und Fugen. Soweit Lichteinwirkungen (z. B. Streiflicht) das Erscheinungsbild der fertigen Oberfläche beeinflussen können, werden unerwünschte Effekte (z. B. wechselnde Schattierungen auf der Oberfläche oder minimale örtliche Markierungen) weitgehend vermieden. Sie lassen sich nicht völlig ausschließen, da Lichteinflüsse in einem weiten Bereich variieren und nicht eindeutig erfasst und bewertet werden können (z. B. bei natürlichem Lichteinfall). Grundsätzlich müssen die Beleuchtungsverhältnisse, wie sie bei der späteren Nutzung vorgesehen sind, bekannt sein. Zweckmäßigerweise sollten sie bereits zum Zeitpunkt der Spachtelarbeiten vorhanden sein. Darüber hinaus sind die Grenzen der handwerklichen Ausführung vor Ort zu beachten. Spachtelflächen, die auch bei Einwirkung von Streiflicht absolut eben und schattenfrei erscheinen, sind nicht ausführbar.

In Einzelfällen kann es erforderlich sein, dass in Verbindung mit Beschichtungs- und Klebearbeiten weitere Maßnahmen zur Vorbereitung der Oberfläche für die Schlussbeschichtung notwendig sind, z. B. für glänzende Beschichtungen, Lackierungen, Lacktapeten.

7.1.2 Unterkonstruktionen

Unterkonstruktionen für Bauplatten können aus Holz (Kanthölzer und Latten) oder aus speziellen Metallprofilen (verzinktes Stahlblech) erstellt werden. Holz als Material für die Unterkonstruktion findet häufig im Dachgeschossausbau Verwendung. Die Holzlatten werden dabei direkt an die Sparren oder Pfetten geschraubt. Für Deckenkonstruktionen und Trennwände hat sich der Einsatz von Metallprofilen durchgesetzt, da diese bei gleicher Stabilität sehr viel leichter als Holzkonstruktionen sind, höheren Brandschutzanforderungen gerecht werden und es für viele besondere Anwendungen spezielle systemgerechte Profile gibt (z. B. Rundungen und Bögen, Tür- und Fensterstürze).

Profile für Wandkonstruktionen
UW-Profil:
Zur Erstellung von Trennwänden werden UW-Profile unter der Decke und am Boden befestigt.

1 Wandkonstruktion aus Metallprofilen

CW-Profil:
Zur Erstellung von Trennwänden werden die CW-Profile in die am Boden und unter der Decke montierten UW-Profile gestellt.

1 CW-Profil

Zusätzlich gibt es für die Erstellung von Wänden Profile mit besonderen Eigenschaften, wie z. B. Aussteifungsprofile (UA-Profile) als stabilisierende seitliche Einfassung für Türöffnungen und spezielle Tragtraversen für die Montage von Bauteilen oder Installationen.

2 UA-Profil

3 Traverse für Sanitärinstallation

Profile für Deckenkonstruktionen

4 Deckenkonstruktion aus Metallprofilen

UD-Profil:
UD-Profile werden bei Deckenkonstruktionen umlaufend an den Wänden befestigt.

CD-Profil:
CD-Profile werden bei Deckenkonstruktionen in die umlaufend an den Wänden montierten UD-Profile eingelegt und abhängig von der Deckenfläche bzw. geplanten Beplankung mit Deckenabhängern in der entsprechenden Höhe fixiert. Quer unter den eingelegten Profilen können mit Kreuzverbindern weitere CD-Profile als Konterlattung befestigt werden.

5 CD-Profil

Sowohl die Wand- als auch die Deckenprofile werden in verschiedenen Breiten und Längen angeboten. Bei der Auswahl von UW- und CW-Profilen richtet sich die Breite nach der gewünschten Wandstärke und der erforderlichen Dämmung. Die Breite wird in Millimetern hinter der Profilbezeichnung angegeben (z. B. CW 100 für ein 100 mm breites CW-Profil). Bei der Auswahl der Profile für eine vorgegebene Wandstärke sind die Plattenstärken der aufzubringenden Beplankung zu berücksichtigen.

LF 7

7.1.3 Erstellen einer Trockenbauwand

Die vorgesehene Lage der Trockenbauwand wird mit einer Wasserwaage und einem Bleistift, einer Schlagschnur oder einem Rotationslaser auf dem Boden, an der Decke und an den Wänden angezeichnet. Dabei ist darauf zu achten, dass die geplante Wand rechtwinklig zu den Seitenwänden und absolut senkrecht steht.

Die UW-Profile werden der Länge entsprechend mit einer Eisensäge oder Blechschere zugeschnitten. Die Rückseiten der Profile werden zur Vermeidung von Schallbrücken mit selbstklebenden Dämmstreifen beklebt und auf dem Boden sowie an der Decke mit Schrauben und Dübeln oder sogen. Schlagdübeln befestigt.

1 Montage von UW-Profil

Die CW-Profile werden zugeschnitten und senkrecht zwischen die UW-Profile geklemmt. Die beiden äußeren CW-Profile werden auf der Rückseite mit einem Dämmstreifen beklebt und mit diesen an die begren-

zenden Wände gestellt. Der Abstand der senkrechten Profile sollte eine halbe Plattenbreite betragen (bei einer Standard-Gipsplatte mit den Maßen 1,25 m x 2,00 m also 62,5 cm). Die CW-Profile werden nach dem Ausrichten mit einer Krimperzange oder durch Blindnieten an den UW-Profilen fixiert.

Ist es aus Schall- oder Wärmeschutzgründen erforderlich, eine Dämmung einzubauen, deren Materialstärke die Profilbreite der Unterkonstruktion übersteigt, werden zwei UW-Profile (sowohl an der Decke als auch auf dem Boden) nebeneinandergeschraubt, in die dann auch die CW-Profile doppelt eingestellt werden. Die Beplankung erfolgt dann jeweils nur auf den Außenseiten.

Beim Beplanken der ersten Seite werden die Gipsplatten mit Schnellbauschrauben (bei Metallprofilen mit Feingewinde, bei Holzunterkonstruktionen mit Grobgewinde, bei Aussteifungsprofilen mit selbstschneidender Spitze) auf die Unterkonstruktion geschraubt. Die senkrechten Stoßfugen sollten mittig auf den CW-Profilen liegen.

2 Beplanken der Metallkonstruktion

Die Schraubenköpfe müssen bündig mit der Plattenoberfläche sein und dürfen nicht überstehen. Der Abstand zwischen den Schrauben sollte 20 – 30 cm betragen. Die Gipsplatten werden mit ca. 5 mm Abstand zum Boden angesetzt. Werden Gipsplatten mit abgeflachten Kanten (AK oder HRAK) verarbeitet, sollte die Abflachung der an die vorhandenen Wände angrenzenden Kanten abgeschnitten werden, da ein erforderliches Verspachteln der Abflachung zu einer statischen Verbindung mit den angrenzenden Bauteilen führen würde.

LF 7

Beim Ansetzen der Platten muss darauf geachtet werden, dass die waagerechten Fugen versetzt liegen, damit keine Kreuzfugen entstehen.

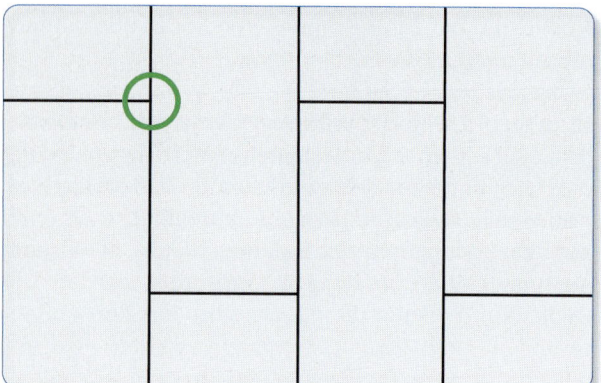

1 Korrekte Anordnung der Plattenstöße

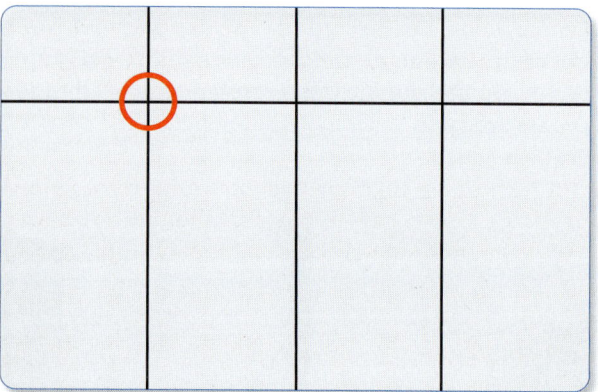

2 Fehlerhafte Anordnung der Plattenstöße, sogen. „Kreuzfugen"

Das Zuschneiden der Gipsplatten erfolgt mit einer Säge oder durch Anschneiden der Kartonschicht mittels Universalmesser mit Trapezklinge und anschließendem Brechen über einer Kante. Die geschnittenen Kanten müssen mit einem speziellen Kantenhobel oder einer Raspel angefast werden, damit beim späteren Verspachteln genügend Spachtelmasse in die Fuge gelangt und sich verankern kann.

Vor dem Beplanken der zweiten Seite wird die Dämmung (in der Regel aus Mineralwolle) zugeschnitten und vollflächig zwischen die Profile geklemmt.

Beim Zuschneiden der Gipsplatten für die zweite Seite achtet man darauf, dass die Stoßfugen versetzt zu den Fugen der ersten Seite liegen. Nach dem Anbringen der Gipsplatten werden die Stoßfugen und die Schraubenköpfe entsprechend der geforderten Qualitätsstufe wie oben beschrieben verspachtelt.

3 Anfasen der geschnittenen Plattenkante

Die Anschlussfugen zu den angrenzenden Bauteilen werden mit Acrylatdichtstoff verfugt. Um eine höhere Feuerwiderstandsklasse (F 90) der Trockenbauwand zu erreichen, ist es erforderlich, die Unterkonstruktion (mind. UW/CW 100, Gipsplatte Typ F, Dämmung aus Mineralwolle) beidseitig doppelt zu beplanken. Dabei müssen nach Anschrauben der ersten Plattenlage alle Stoßfugen und Schraubenköpfe verspachtelt werden. Nach dem Trocknen der Spachtelmasse wird die zweite Lage mit versetzten Stoßfugen auf die erste geschraubt und entsprechend der geforderten Oberflächengüte verspachtelt.

4 Verspachteln der Plattenstöße

LF 7

7.2 Funktionsglas

7.2.1 Mehrscheiben-Isolierglas

Definition gemäß DIN 1259-2:
Verglasungseinheit, hergestellt aus zwei oder mehreren Glasscheiben (Floatglas, Ornamentglas, gezogenes Flachglas), die durch einen oder mehrere luft- bzw. gasgefüllte Zwischenräume voneinander getrennt sind. An den Rändern sind die Scheiben luft- bzw. gas- und feuchtigkeitsdicht durch organische Dichtungsmassen, Verlöten oder Verschweißen verbunden. Mehrscheiben-Isolierglas bietet je nach Ausführung hohe Wärmedämmung und/oder Schallisolation.

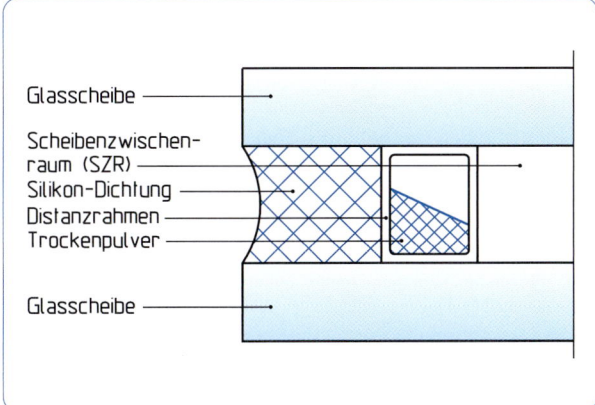

1 *Aufbau von Mehrscheiben-Isolierglas*

Ausführungen von Isolierglas

Isolierglas wird in heutiger Zeit von den Herstellern mit zahlreichen Zusatzfunktionen angeboten.

Die häufigste Ausführung ist dabei Isolierglas als **Wärmeschutzisolierglas**. Dabei wird eine der beiden oder werden drei Einzelscheiben von innen mit einer sehr dünnen farbneutralen Metallschicht bedampft. Zusätzlich wird der Scheibenzwischenraum vergrößert und mit Edelgas (Argon oder Krypton) gefüllt. Gemäß Energieeinsparverordnung ist bei Neubauten der Einsatz von Wärmeschutzisolierglas verpflichtend.

Isolierglas als **Schallschutzisolierglas** entsteht durch die Verwendung von in der Regel drei Einzelscheiben mit erhöhter Glasstärke.

Bei **Sonnenschutzisolierglas** wird die äußere Scheibe mit einer reflektierenden, farbigen Metallbedampfung versehen. Sonnenschutzglas wird in den Farbtönen Blau, Silber und Bronze hergestellt.

Um **Sicherheitsisolierglas** herzustellen, werden eine oder alle Einzelscheiben als Einscheiben- oder Verbundsicherheitsglas ausgeführt.

7.2.2 Sicherheitsglas

Sicherheitsglas verringert bei Bruch einer Verglasung die Gefährdung anwesender Personen erheblich. Zusätzlich weist Sicherheitsglas eine höhere Biegefestigkeit und Belastbarkeit als einfaches Floatglas derselben Stärke auf. Eingesetzt wird Sicherheitsglas (auch als Bestandteil einer Isolierverglasung) für Glasdächer, Wintergärten, öffentliche Gebäude, als Balkon- oder Geländerbrüstung, in Fahrzeugen, für Ganzglastüren sowie für weitere sicherheitsrelevante Anwendungen.

Es werden zwei Arten von Sicherheitsglas unterschieden:

Einscheibensicherheitsglas (ESG)
Durch starkes Erhitzen und Abkühlen (thermisches Vorspannen) von Floatglas entsteht Einscheibensicherheitsglas (ESG). Bei Bruch von Einscheibensicherheitsglas zerspringt dieses in viele sehr kleine Würfel mit niedriger Verletzungsgefahr. ESG wird je nach Verwendungszweck in verschiedenen Stärken hergestellt. Nachträgliches Zuschneiden ist bedingt durch die Vorspannung nicht möglich.

Verbundsicherheitsglas (VSG)

Bei der Herstellung von Verbundsicherheitsglas (VSG) werden zwischen Floatglasscheiben transparente Kunststofffolien gelegt und durch Erhitzen fest miteinander verbunden. Die Verletzungsgefahr bei Bruch von Verbundsicherheitsglas ist gering, da die Glasscherben und Splitter durch die Folie gebunden bleiben. Für den Standardeinsatz werden zwei 3 mm starke Floatglasscheiben mit einer Kunststofffolie verbunden, für besondere Einsatzzwecke (einbruch- oder durchschussfestes Glas) können aber auch stärkere Scheiben in mehreren Lagen zusammengefügt werden. Werden bei der Herstellung zur weiteren Erhöhung der Stabilität zusätzlich zur Kunststofffolie dünne Stahldrähte eingelegt, entsteht Stahlfadenverbundglas.

Bei zweilagigem Verbundsicherheitsglas kann der Zuschnitt nach der Herstellung erfolgen.

7.2.3 Brandschutzglas

Brandschutzglas wird eingesetzt, wenn eine höhere Feuerwiderstandsklasse vorgeschrieben ist. Da auch der Rahmen und die Ausführung der Verglasung die Anforderungen dieser Feuerwiderstandsklasse erfüllen müssen, dürfen Brandschutzverglasungen nur durch zertifizierte Betriebe ausgeführt werden.

> ### Aufgaben
>
> 1. Beschreiben Sie den Aufbau eines Mehrscheiben-Isolierglases.
> 2. Erläutern Sie, was unter Wärmeschutzisolierglas zu verstehen ist.
> 3. Erklären Sie, worin sich Einscheiben- und Verbundsicherheitsglas hinsichtlich ihrer Herstellung und ihrer Verarbeitung voneinander unterscheiden.
> 4. Erklären Sie, was unter Stahlfadenverbundglas zu verstehen ist.

LF 7

Kundenauftrag

Notizen:

Golfclub Schloss Vornholt

Ansprechpartnerin: Frau Hattenhorst

Steinpatt 13

59320 Ennigerloh-Ostenfelde

0 25 24/95 15 51

Malerbetrieb Roth GmbH
Gewerbepark 136
45131 Essen
fon 0201 4867-12
fax 0201 4867-14
e-mail: info@Malerbetrieb-roth.de
www.Malerbetrieb-roth.de

Roth

Objekt: Golfclub Schloss Vornholz
Besonderheiten: gehobene Kategorie, modernes und freundliches Ambiente, englischer Einrichtungsstil

Neugestaltung des Clubraums II:
Der Kunde wünscht eine Neugestaltung des Clubraums II in einen gemütlichen Loungebereich. Die Wände sollen tapeziert und der Fußboden mit einem neuen Bodenbelag versehen werden. Die Holzbalken an der Decke werden entfernt und dafür werden umlaufend Zierprofile an der Decke angebracht.

Der Kunde möchte bis zum 20.06.20xx eine umfassende Präsentationsmappe:
– Raumabwicklung
– Farbenleitplan
– Mustertapetenplatten
– Muster geeigneter Bodenbeläge
– Aufstellung anfallender Kosten

Objektbeschreibung

Clubraum II
Wände:
– quarzgefüllter grober Streichputz, im Kreuzschlag aufgetragen
– gelbe Wischtechnik an den Wänden

Decke:
– weiß mit Dispersionsfarbe gestrichen
– Kiefernbalken
– indirekte Beleuchtung durch eingelassene Halogenstrahler in der Decke

Fußboden:
– gefliest im Landhausstil in hellen Terrakottatönen

Fenster:
– neu aus Kunststoff in RAL 9010 Reinweiß

Wandschrank:
– lackiertes Holz in RAL 9010 Reinweiß, RAL DS 050 40 50

Ausstattung (geplant)
– weißer Wandschrank (bleibt)
– Ledersessel aus der Kollektion Rolf Benz EGO Clubsessel in Dunkelbraun
– Glastische Rolf Benz 8130; Maße: 45 cm hoch, 60 x 60 cm Glasplatte; Untergestell: Nussbaum furniert; Metallwangen: Aluminium hochglanzverchromt

1 Wappen des Golfclubs

1 Raumansicht 1

3 Raumansicht 3

2 Raumansicht 2

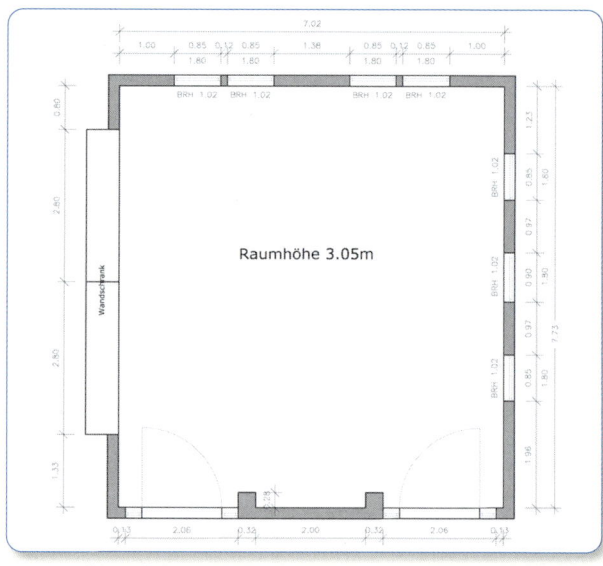

4 Grundriss Clubraum II

Informationsbeschaffung

Dieser Kundenauftrag beschäftigt sich im Schwerpunkt mit der Gestaltung von Innenräumen. Bevor Sie jetzt mit der Arbeitsplanung beginnen, sollten Sie verschiedene Informationsquellen nutzen, um einen Überblick über das Thema *kundenorientierte Innenraumgestaltung* zu bekommen.

Recherchieren Sie dazu mithilfe Ihres Fachbuchs, verschiedener Broschüren oder des Internets zur Klärung folgender Begriffe:

harmonische Farbgestaltung, symbolische Bedeutung von Farben, Gestaltung von Innenräumen.

Dies ist die Wissensgrundlage einer professionellen Gestaltung, unabhängig davon, ob Sie z. B. Innenräume, Fassaden, Wände oder Böden gestalten. Diese grundlegenden Regeln helfen bei dem sicheren Umgang und der Kombination von Farben, sodass Sie bei Ihrer Arbeit

mit eigenen Gestaltungsentwürfen überzeugen können.

In einem weiteren Schritt informieren Sie sich über die zu verwendenden Materialien:

- **Tapetenarten** für Innenräume und andere hochwertige Materialien für **Tapezier-, Klebe-, Verlege-** und **Spannarbeiten.** Berücksichtigen Sie dabei die anfallenden Kosten in €/m².
- **Bodenbeläge** für ein **angenehmes Raumklima,** hohen **Komfort** und eine lange **Haltbarkeit** und **Belastbarkeit.** Berücksichtigen Sie dabei die anfallenden Kosten in €/m².

In einem dritten Schritt lesen Sie sich den Kundenauftrag aufmerksam durch und machen sich ein genaues Bild über die Wünsche des Kunden. Informieren Sie sich mithilfe des Kundenauftrags und der Objektbe-

LF 8

schreibung über den gewünschten **Gestaltungsstil** der Räume, die vorhandenen **Ausstattungsmöbel** und die verwendeten **Materialien** im Raum (Wände, Böden usw.).

Planung

Für das Kundengespräch sollen Sie eine umfassende Präsentationsmappe anlegen. Diese Mappe soll dem Kunden helfen, sich Ihre Ideen für die jeweilige Raumgestaltung vorzustellen. Zusätzlich kann sich der Kunde von der Arbeitsqualität der Firma überzeugen. Er kann die Musterplatten und Materialien aneinanderhalten, er kann sie anfassen und auch z. B. in verschiedenen Lichtverhältnissen betrachten. Dies ermöglicht ihm, sich vorzustellen, wie der Raum nach der Umgestaltung aussehen wird.

Neben der räumlichen Vorstellung durch die Raumabwicklung können Sie mit dem Farbenleitplan eine Übersicht über die eingesetzten Materialien, Farben und Formen geben (siehe Beispiel Farbenleitplan).

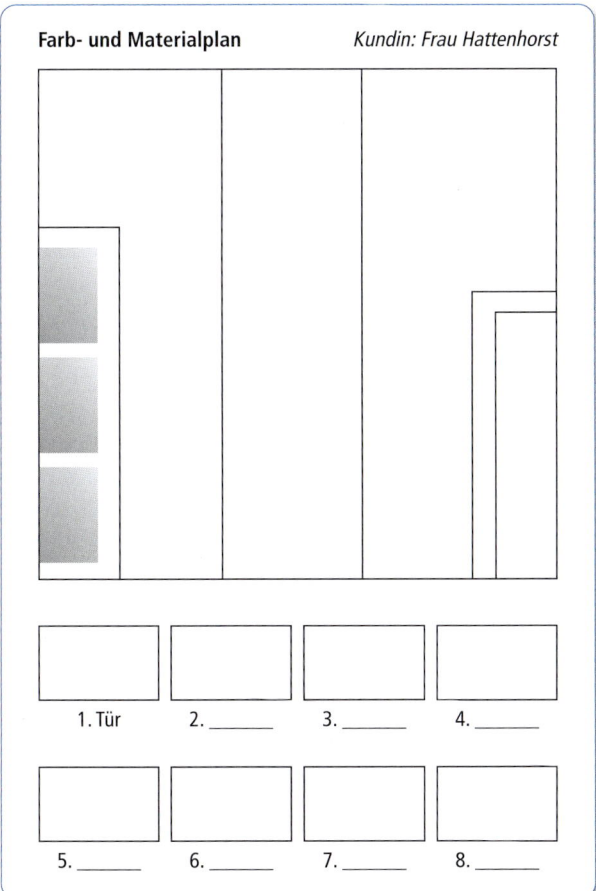

| Farb- und Materialplan | *Kundin: Frau Hattenhorst* |

1. Tür   2. _____   3. _____   4. _____

5. _____   6. _____   7. _____   8. _____

1 Beispiel Farbenleitplan

Hierzu werden die einzelnen Felder des Farbenleitplans mit den verwendeten Materialien ausgelegt:

1. Die obere Zeichnung des Farb- und Materialplans stellt eine **Zusammenstellung der einzelnen Flächen im Raum** dar. Dabei handelt es sich nicht um den originalen Grundriss oder die Größenverhältnisse des Raumes. Die Zusammenstellung der einzelnen Flächen wird mit den verwendeten (originalen!) Farben ausgelegt. Der Kunde kann sich daraufhin ein Bild davon machen, wie die einzelnen Flächen in der Zusammenstellung wirken. Er kann danach erkennen, ob die Farbzusammenstellung seiner Vorstellung entspricht und ob die gesamte Farbwirkung ihm zusagt.

2. Im unteren Teil des Farbenleitplans werden die aufgezeigten **Flächen** des Raumes noch einmal **einzeln ausgelegt**.

Da dieser Farb- und Materialplan die Grundlage Ihres Kunden- bzw. Verkaufsgesprächs darstellt, muss er besonders sorgfältig und sauber ausgelegt werden. Schmutz, Farbkleckse oder sogar Risse im Papier machen einen unsauberen Eindruck und der Kunde zieht damit Rückschlüsse auf Ihre Arbeitsweise.

Die von der Kundin gewünschten Musterplatten dienen ihr als Orientierung, um schon während der Renovierung z. B. Gardinen, Polsterstoffe oder auch Dekorationsartikel auszusuchen.

Des Weiteren können Sie die einzelnen Arbeitsproben nutzen, um die Kundin von Ihrer Fach- und Sachkompetenz überzeugen, denn Sie sind für das kommende Verkaufsgespräch durch eine saubere und akkurate Arbeitsprobe professionell vorbereitet. Für das Gespräch bieten Sie der Kundin eine Gesprächsgrundlage, mit deren Hilfe Sie auf ihre Fragen durch die vorgefertigte Darstellung zielgerichtet antworten können.

Ihre Kundin ist die Betreiberin des Clubhauses. Die Zeit der Renovierung kostet die Kundin nicht nur Geld, sondern auch Einnahmen, da sie für die Zeit der Renovierung das Clubhaus schließen muss. Sie wünscht aus diesem Grund ein umfangreiches Angebot und einen konkreten zeitlichen Ablauf des Bauvorhabens, damit sie ihr Tagesgeschäft entsprechend planen kann.

Der Kundenauftrag enthält vielschichtige Aufgaben, die einer sorgfältigen Planung bedürfen. Damit Sie Ihre Arbeitszeit sinnvoll einplanen können und termingerecht fertig sind, erstellen Sie einen Zeit- und Arbeitsplan. In diesem halten Sie fest, WER WAS WANN und

mit welchem MATERIAL erstellen wird. Für das Angebot müssen Sie zusätzlich das erforderliche Material, Werkzeug und den Mengenbedarf zusammenstellen. Hilfen finden Sie hierzu in den LFn 1 bis 4.
Bei der Planung hilft Ihnen die Beantwortung der folgenden Fragen:

- Was will ich darstellen? **(Inhalt)**
- Wozu soll die Darstellung dienen? **(Ziel)**
- Wen will ich informieren oder überzeugen? **(Zielgruppe)**

Durchführung

Die Durchführungsphase richtet sich nach der von Ihnen entwickelten **Zeit- und Arbeitsplanung**. Halten Sie Ihr Vorgehen in einem gesonderten Beobachtungsbogen fest, damit Sie nach Ihrer Arbeit reflektieren können, inwieweit Ihre Planung sinnvoll und richtig war.
Beginnen Sie mit Ihrer Arbeit, indem Sie für die Mappe ein **Inhaltsverzeichnis** festlegen. Dieses hilft dem Kunden später, sich besser in der Mappe orientieren zu können. Außerdem können Sie dadurch später überprüfen, ob die Mappe vollständig ist.

Inhalt:
1. Anschreiben an den Kunden
2. Raumabwicklung
3. Farbenleitplan
   Foyer:
   Wand 1
   Wand 2
   …
4. Mustertapetenplatten
5. Vorschlag 1
6. Vorschlag 2
7. Muster geeigneter Bodenbeläge
   …

1 Beispiel Inhaltsverzeichnis

Entwerfen Sie außerdem ein einheitliches **Layout** für Ihre Präsentationsmappe. Dieses beinhaltet eine einheitliche Schriftgestaltung und Farbwahl. Sie können in diesem Schritt entscheiden, ob Sie ein Logo für Ihren Betrieb z.B. in die Kopfzeile einfügen möchten. Dieses einheitliche Layout macht jetzt in der Planungsphase ein wenig Arbeit. Allerdings zahlt sich diese Arbeit während des Kundengesprächs aus, denn eine professionelle und gute Gestaltung schon bei der Präsentation lässt vermuten, dass Sie auch ebenso professionell und gut arbeiten.

Nach dieser grundlegenden Vorbereitung beginnen Sie mit Ihrer eigentlichen Arbeit und richten sich zunächst den Arbeitsplatz ein. Folgen Sie dabei Ihrem Zeit- und Arbeitsplan.

Kontrolle

Das Kundengespräch steht kurz bevor. Kontrollieren Sie zunächst, ob Sie den Auftrag des Kunden sorgfältig und vollständig erfüllt haben. Zur Kontrolle helfen Ihnen dabei folgende Fragen:

- Haben Sie alle Wünsche des Kunden berücksichtigt (siehe Kundenauftrag)?
- Sind die Ergebnisse Ihrer Mappe richtig sortiert und entsprechen Sie dem Inhaltsverzeichnis?
- Sind alle Teile der Mappe sorgfältig erstellt oder müssen einzelne Bereiche noch nach- oder ausgebessert werden?

Dokumentation und Präsentation

Das Gespräch mit dem Kunden verlangt eine sorgfältige Planung. Ein Kundengespräch lässt sich in Phasen einteilen:
Vorbereitung, Eröffnung, Austausch der Informationen, Verhandlungen, Abschluss und Nachbereitung

Zur **Vorbereitung** müssen Sie sich darüber klar werden, worum es in diesem Gespräch gehen soll. Verdeutlichen Sie sich die Sachlage möglichst genau. Ein wichtiger Aspekt ist die Persönlichkeit des Auftraggebers. Das Einschätzen der Persönlichkeit erfordert etwas Übung und Erfahrung, deshalb sollten Sie jedes Kundengespräch als Erfahrungs- und Übungszuwachs nutzen.
Ihr Ziel ist es, den Kunden von Ihren Fähigkeiten und Fertigkeiten zu überzeugen. Sie wollen als kompetenter Maler und Lackierer angesehen werden. *Sie wollen den Auftrag bekommen!*
Damit Sie optimal auf das Kundengespräch vorbereitet sind, fertigen Sie Notizen an, die Ihnen während der Kundenpräsentation helfen können. Hierbei ist es sinnvoll, sich die technologischen Zusammenhänge noch einmal vor Augen zu führen und eine schlüssige Begründung für die Auswahl der verschiedenen Materialien zu finden. Heben Sie die besonderen Vorzüge Ihres Entwurfs hervor.
Die **Eröffnung eines Kundengesprächs** ist grundlegend für den Verlauf. Ihre Sprache und Ihr Verhalten entscheiden über einen harmonischen oder angespannten Gesprächsverlauf.

Gute verbale[1] und nonverbale[2] Kommunikationsformen sind maßgeblich für den Erfolg eines Kundengesprächs.

Das Anknüpfen an vergangene Gespräche oder Telefonate ist hilfreich, um einen Gesprächsauftakt zu finden.

Während die Gesprächseröffnung eine Ebene zwischen Ihnen und dem Kunden hergestellt hat, wird in der nächsten Phase ein **Austausch der Informationen** stattfinden. In dieser Phase wird Ihr Gestaltungskonzept vorgestellt und erörtert werden. Um den Kunden von Ihrem Konzept überzeugen zu können, benötigen Sie eine detaillierte Gesprächsvorbereitung. Jetzt zeigt sich, ob Ihre Vorbereitung ausreichend war. Neben dem Austausch von Fakten treten in dieser Phase auch mögliche Differenzen[3] zwischen Ihren Ideen und den Vorstellungen des Kunden auf.

Sie müssen den Kunden von Ihren Ideen überzeugen und ggf. seine Vorstellungen auf technische und gestalterische Umsetzbarkeit korrigieren.

Im Falle von gegenseitigen Differenzen sollten Sie immer zusätzliche Lösungen vorbereitet haben, damit Sie dem Kunden „entgegenkommen" können.

In der **Verhandlungsphase** fällt die Entscheidung, ob der Kunde Ihr Angebot annimmt oder nicht. Falls es angenommen wird, werden jetzt konkrete Vereinbarungen getroffen, die die Umsetzung Ihres Konzeptes betreffen.

In der Phase des **Gesprächsabschlusses** sollten Sie den Inhalt des Gespräches kurz zusammenfassen oder die Ergebnisse wiederholen, damit es nicht zu Missverständnissen kommt. Es vereinfacht die Gesprächsnachbereitung, wenn Sie sich während des Kundengesprächs Notizen machen. Zum einen haben Sie so eine Gedächtnisstütze für die Zusammenfassung und zum anderen können Sie Ihr weiteres Vorgehen leichter neu planen.

Ein Gespräch positiv zu beenden, ist genauso wichtig wie ein positiver Beginn. Auch hier ist wieder verbale und nonverbale Kommunikation gefragt.

In der Phase der Nachbereitung müssen Sie Ihr Gespräch auswerten. Dies dient der Aktualisierung Ihrer Arbeitsplanung und der Erweiterung Ihrer Erfahrungen im Hinblick auf die Einschätzung von Kunden.

1 Für die Durchführung des Kundengesprächs sollten Arbeitsproben oder Gestaltungsvorschläge vorbereitet sein.

LF 8

---

[1] verbal = mündlich
[2] nonverbal = Verständigung durch Gestik, Mimik oder andere optische Zeichen
[3] Differenzen = Meinungsverschiedenheiten

8   Oberflächen und Objekte bearbeiten und gestalten

Grundlage einer jeden Beschichtung ist eine gute Untergrundvorbereitung. Bevor Sie mit Ihrer praktischen Arbeit beginnen, müssen Sie daher für einen tragfähigen, glatten und leicht saugenden Untergrund sorgen und ihn entsprechend vorbereiten. Informieren Sie sich hierzu noch einmal in den vorherigen Kapiteln, wie Sie bei der Untergrundvorbereitung vorgehen müssen.

8.1   Tapeten

Tapeten bestehen aus bedruckten, beschichteten oder strukturierten Rollen oder Bahnen, die ganz aus Papier hergestellt werden. Zu den Tapeten gehören auch natürliche oder synthetische Stoffe, die auf Papier geklebt (kaschiert) sind.

> Tapeten dienen als Wandbekleidung für Decken und Wände.

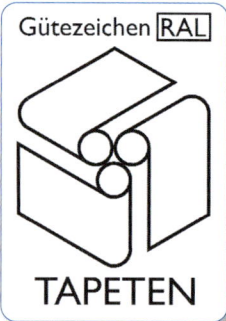

1 Qualitätstapeten tragen das RAL[1]-Gütezeichen.

Durch das Gütezeichen wird die gesundheitliche Unbedenklichkeit des Produktes garantiert.
Vergoldetes oder bemaltes Leder, gewirkte Wandbehänge, wie beispielsweise Gobelins, Stoffbespannungen aus Seide und Brokat sowie Papierrollen, die aus Bögen zusammengeklebt, bemalt oder mit oft mehr als 100 Modeln handbedruckt wurden, sind Vorläufer der Tapeten.
Die industrielle Fertigung von Tapeten begann in der zweiten Hälfte des 19. Jahrhunderts, nachdem Erfindungen wie Maschinen zur Herstellung von Endlospapierbahnen und Rotationsdruckmaschinen zur Verfügung standen.

---

[1] RAL = Deutsches Institut für Gütesicherung und Kennzeichnung e.V.

8.1.1   Einteilung der Tapeten

Die Tapeten lassen sich grob nach folgenden Gesichtspunkten unterscheiden:
- Die **Tapetenstärke** bemisst sich nach dem Papiergewicht:
  leichte Tapeten   70 – 100 g/m²
  mittlere Tapeten   110 – 170 g/m²
  schwere Tapeten   180 – 220 g/m²
- Die **Oberfläche**, glatt oder strukturiert, hängt vom Druckverfahren ab.
  Die Qualität der Druckfarbe zeigt, ob sie z. B. lichtecht, wisch- oder waschfest ist.
  Das Material der Oberfläche kann z. B. aus Vinyl, Textil, Metall oder Naturwerkstoffen bestehen.
- Die **Zusammensetzung** des Papiers kann ein- oder mehrschichtig sein, wie z. B. bei Präge- oder spaltbar abziehbaren Tapeten.

8.1.2   Herstellung – Druckverfahren

Tapeten werden hauptsächlich im Flexodruck-, Tiefdruck- oder Siebdruckverfahren hergestellt.

Flexodruckverfahren
Der Druck erfolgt über die hochstehenden Teile einer Walze, deren Oberfläche aus flexiblem Material besteht. Es ist ein Hochdruckverfahren und wird so genannt, weil die hochstehenden Teile der Walze drucken.

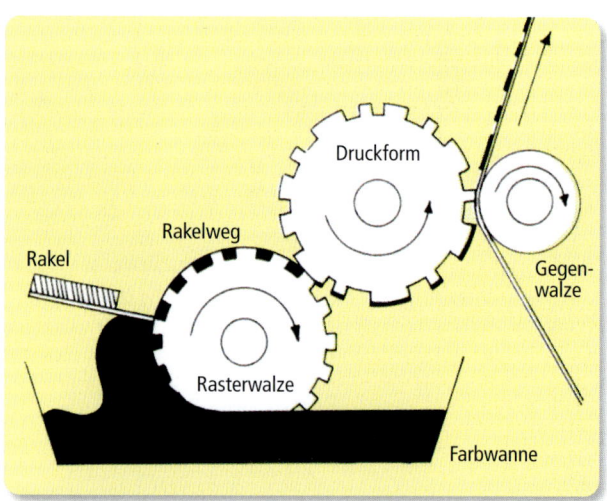

2 Flexodruck

Tiefdruckverfahren
Hier drucken nur die vertieften Teile der Druckwalze. Sie bilden winzige Farbnäpfchen, aus denen die angedrückte Papierbahn die Farbe ansaugt bzw. aufnimmt.

Der Tiefdruck ermöglicht sehr feine Raster und Farbverläufe in hoher Qualität und Auflage.

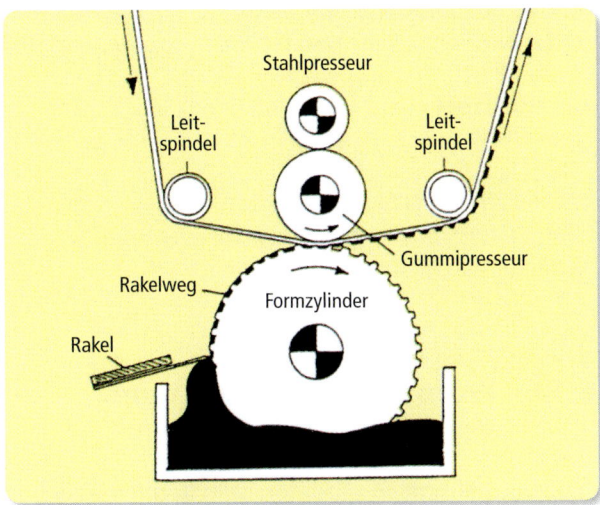

1 Tiefdruck

Siebdruckverfahren

Beim Siebdruck wird mit einem Rundsieb gedruckt. Eine Rakel drückt die pastöse Farbe von innen durch die Schablone auf die Papierbahn.

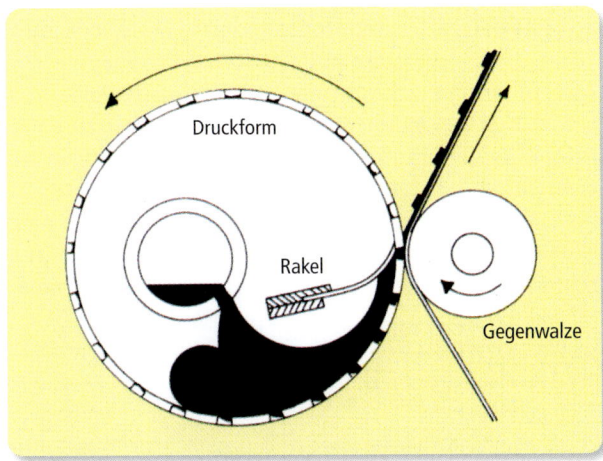

2 Siebdruck

Tapeten werden grundsätzlich im Rotationsdruckverfahren hergestellt.

Es ermöglicht einen schnellen Durchlauf und, je nach Muster, auch Kombinationen verschiedener Druckverfahren. So können die Vorstellungen der Designer perfekt umgesetzt werden.

Prägungen entstehen, indem zwischen einer Negativ- und Positivwalze unter hohem Druck das Muster relief-

artig in die Tapete gedrückt wird. Bei hochwertigen, standfesten Prägungen wird hierfür **Duplex-Papier** verwendet. Es besteht aus zwei aufeinander kaschierten Papierbahnen.

Die meisten Papiertapeten erhalten eine leichte, waffelartige Prägung ohne eigentlichen Musterbezug, die Gaufrage[1].

8.1.3 Tapetenarten

Profiltapeten erhalten ihre Struktur durch reliefartig aufgedruckte aufschäumbare Farbpasten.

Papiertapeten bilden die größte Gruppe aller Tapetenarten. Sie sind auf der Vorderseite meist in mehreren Farbdurchläufen bedruckt.

Fondtapeten erhalten vor dem Musteraufdruck einen durchgehenden Farbauftrag, der ein Vergilben des Papiers verhindert.

Bei **Naturelltapeten** bleibt das Rohpapier als Teil des Musters unbedruckt.

Textiltapeten erhalten ihre Oberfläche durch Aufkaschieren von Kettfäden, Gewirken oder Geweben auf Papierträger. Textilien aus Wolle, Jute, Baumwolle, Seide, Leinen und Kunstfasern werden hierfür eingesetzt. Je nach Dichte der Oberfläche kann der Untergrund oder die Oberfläche zusätzlich bedruckt werden.

Kunststofftapeten werden auf der Basis von PVC als Vinyltapeten, Kunststoffschaumtapeten und Kunststoffstepptapeten hergestellt. Vinyltapeten sind mit einem hauchdünnen PVC-Film beschichtet, der Wasser abweisend und abwaschbar ist. Sie sind deshalb für stark beanspruchte Wände und Nassräume wie Küche oder Bad geeignet.

Metalltapeten bestehen aus auf Papier kaschierter Metallfolie, meist Aluminium, die bedruckt, geätzt, oxidiert oder handkoloriert ist. Ähnliche Effekte werden auch durch aufgedruckte Bronzen erzeugt. Diese Metalleffekttapeten sind wesentlich billiger und leichter zu verarbeiten.

LF 8

---

[1] frz. Gaufrage = Waffelmuster

225

Naturwerkstofftapeten werden mit Naturstoffen wie Gras, Bast, Kork, Blättern, Sand, Holzfurnier auf zum Teil eingefärbtes Papier kaschiert.

Velourstapeten haben eine meist gemusterte, samtartige Oberfläche, die durch elektrostatisch eingestäubte Textilschnittfasern erzeugt wird.

Bildtapeten sind bedruckte Bögen oder Bahnen, die verklebt ein Gesamtbild ergeben.

Raufasertapeten bestehen aus zwei aufeinander kaschierten Papierbahnen, zwischen die Holzspäne unterschiedlichster Form gestreut werden. Nach dem Verkleben und Trocknen werden sie überstrichen und farblich individuell gestaltet. Das Überstreichen kann mehrmals erfolgen, was das Renovieren sehr vereinfacht.

Beispiele:

1 Raumgestaltung mit Seidentapeten

2 Eine Flurgestaltung im „Retrolook"

8.1.4 Qualität der Tapete

Die Qualität der Tapeten wird vom Verarbeiter und Kunden sehr unterschiedlich beurteilt:

♦ **Für den Verarbeiter** sind Materialeigenschaften wie Nassfestigkeit, Weichzeit, Maßhaltigkeit bei Tapeten mit Rapport, Reißfestigkeit und ein möglichst nahtloser, nicht sichtbarer Übergang beim Zusammenfügen der Tapetenbahnen ausschlaggebend.

♦ **Für den Kunden** sind Oberflächeneigenschaften wie Aussehen, Art der Oberfläche, Reinigungsmöglichkeit, Strapazierfähigkeit und, im Hinblick auf eine spätere Renovierung, die Entfernbarkeit von Bedeutung.

8.1.5 Tapetenabmessungen

Zur Ermittlung des Tapetenbedarfs werden die Abmessungen der Tapetenrollen benötigt. Die meisten Hersteller verwenden als Format die **Europarolle** in den Maßen 0,53 x 10,05 m.
Raufasertapete wird in den Maßen 0,56 x 33,50 m als Normalrolle und 0,75 x 125 m als Großrolle geliefert.

> Außer diesen Normmaßen gibt es von verschiedenen Herstellern Rollen und Bahnen in den unterschiedlichsten Abmessungen.

8.1.6 Prüfmaßnahmen vor dem Verarbeiten der Tapeten

Die **Verarbeitung** von Tapeten ist in der Vergabe- und Vertragsordnung für Tapezierarbeiten (kurz: VOB), Teil C, DIN 18 366 festgelegt.
Zur Beratung der Kunden und zur eigenen Information müssen die Hinweise des Herstellers über Qualität und Verarbeitung beachtet werden.
Informationen können im Musterbuch der Rückseite des jeweiligen Tapetenmusters oder der Rückseite der zu verarbeitenden Tapetenrolle sowie in Piktogrammform dem Beipackzettel entnommen werden. Die abgebildeten Piktogramme gelten europaweit.
Um mögliche Fehler und Reklamationen auszuschließen, müssen Tapeten am Anfang der Rolle oder auf dem Beipackzettel eine Anfertigungsnummer tragen. Sie gibt Auskunft, ob alle Rollen einer Lieferung aus derselben Produktion stammen, sodass Farbunterschiede weitgehend ausgeschlossen werden können.

> Tapeten mit unterschiedlichen Anfertigungsnummern müssen an verschiedenen Wänden geklebt werden.

Die Anfertigungsnummer und das Muster muss ohne Öffnen der Klarsichtverpackung deutlich zu sehen sein. Tapeten, die eine besondere Verarbeitung erfordern, müssen mit einem entsprechenden Hinweis versehen sein.
Der Tapetenfachhändler soll bei einer Bestellung nur Tapeten derselben Anfertigungsnummer liefern. Ist dies nicht der Fall, müssen diese getrennt verpackt und besonders gekennzeichnet sein.

> Der Verarbeiter muss die Anfertigungsnummern, die ausreichende Anzahl und die Richtigkeit des Musters vor Beginn der Verarbeitung prüfen.

LF 8

Weitere Prüfungen vor der Verarbeitung sind:

- Bei **Uni-Tapeten,** d. h. einfarbig wirkenden Tapeten, wird ein Seitenvergleich durchgeführt, indem eine Bahn beidseitig mit dem Muster nach oben zur Mitte hin gefaltet wird. Mögliche Farbtonabweichungen innerhalb einer Bahn können so festgestellt werden.
- Durch die **Fächerprobe** können Farbtonabweichungen der einzelnen Rollen festgestellt werden. Dafür werden mehrere Tapetenrollen ca. 1,50 m aufgerollt, fächerförmig übereinandergelegt und der Farbton verglichen.
- Die **Brennprobe** wird angewendet, wenn bei Tapeten nicht durch Augenschein festgestellt werden kann, ob es sich um eine Metall- oder um eine Metalleffekttapete handelt. Hierzu wird ein kleines Stück Tapete angebrannt. Bei Metalltapeten verbrennt das Papier und die Metallfolie bleibt, bei Metalleffekttapeten verbrennt alles.
- Das **Ausschattieren** wird bei Naturwerkstofftapeten eingesetzt, um zu große Farbunterschiede zwischen den aneinanderstoßenden Bahnen zu vermeiden. Dabei legt man die zugerichteten Bahnen nebeneinander und bestimmt die richtige Reihenfolge.

Aufgaben

1. *Nennen Sie drei Gesichtspunkte, nach denen Tapeten grob eingeteilt werden können.*
2. *Erklären Sie die Druckverfahren, die zur Herstellung von Tapeten hauptsächlich verwendet werden.*
3. *Nach welchen Kriterien beurteilen Sie als Verarbeiter die Qualität der Tapete?*
4. *Nennen und beschreiben Sie Prüfmaßnahmen, die Sie vor dem Verarbeiten durchführen müssen.*
5. *Beschreiben Sie die Durchführung einer Fächerprobe. Zu welchem Zweck führt man sie durch?*

8.1.7 Tapetenkennzeichen nach DIN EN 235

Kennzeichen zur Waschbeständigkeit:

1. **Wasserbeständig:** Frische Kleisterflecken können mit einem feuchten Schwamm abgetupft werden.
2. **Waschbeständig:** Leichte Verschmutzungen können mit einem feuchten Schwamm beseitigt werden.
3. **Hoch waschbeständig:** Verschmutzungen, außer Ölen und Fetten, können mit leichter Seifenlauge und Schwamm entfernt werden.

4. **Scheuerbeständig:** Verschmutzungen, die wasserlöslich sind, können mit dem Schwamm oder einer weichen Bürste mit schwacher Seifenlauge oder mildem Scheuermittel gereinigt werden.
5. **Hoch scheuerbeständig:** Starke Verschmutzungen können mit Reinigungs- und Scheuermittel beseitigt werden.

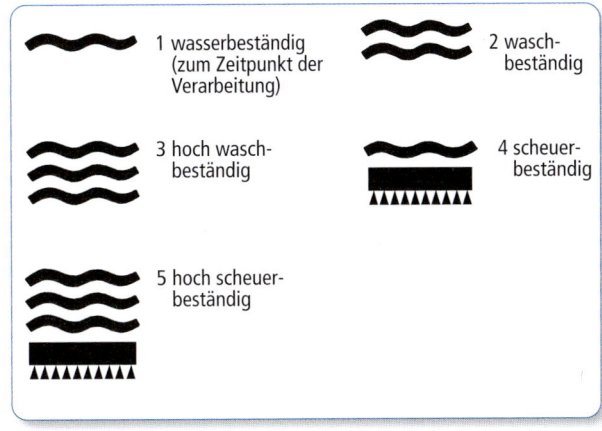

1 *Waschbeständigkeit*

Kennzeichen zur Lichtbeständigkeit:

6. **Ausreichend lichtbeständig:** Das Vergilben der Druckfarben und des Papiers ist weitgehend herabgesetzt.
7. **Befriedigend lichtbeständig:** Die Druckfarben vergilben mit der Zeit.
8. **Gut lichtbeständig:** Die Druckfarben vergilben unwesentlich.
9. **Sehr gut lichtbeständig:** Die Druckfarben vergilben nicht.
10. **Ausgezeichnet lichtbeständig:** Die Farben vergilben absolut nicht.

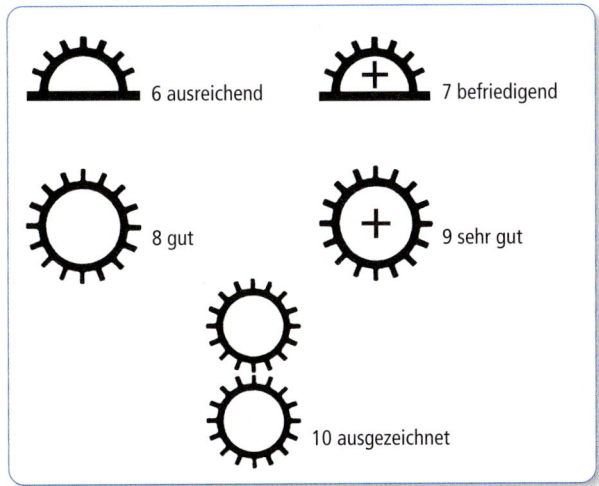

2 *Lichtbeständigkeit*

LF 8

227

Kennzeichen zum Ansatz des Musters:

11. **Ansatzfrei:** Das Muster braucht beim Kleben nicht beachtet zu werden.
12. **Gerader Ansatz:** Das Muster wiederholt sich bei jeder Bahn in gleicher Höhe. Die angefügte Zahl gibt die Länge des Rapports in cm an.

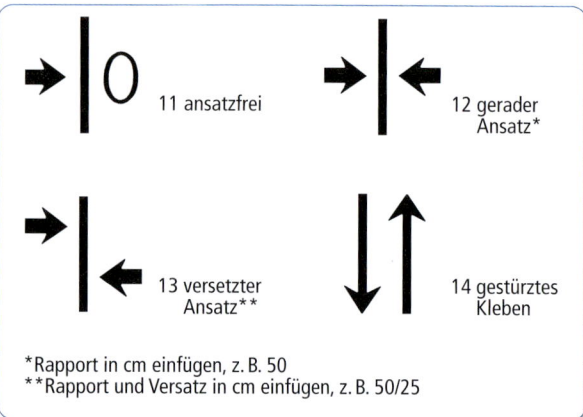

*Rapport in cm einfügen, z. B. 50
**Rapport und Versatz in cm einfügen, z. B. 50/25

1 Ansatz des Musters

> Als Rapport bezeichnet man den Abstand, in dem sich das Muster wiederholt.

13. **Versetzter Ansatz:** Das Muster auf der nächsten Bahn jeweils um die Hälfte verschieben. Die obere Zahl ist die Länge des Rapports, die untere Zahl gibt die Länge der Verschiebung an.
14. **Gestürztes Kleben:** Bei jeder zweiten Bahn wird oben und unten vertauscht. Hierdurch wird bei Uni-Tapeten ein möglicher sichtbarer Farbtonunterschied zwischen der linken und der rechten Bahnseite, meist verursacht durch die Gaufrage, optisch beseitigt.

> Die Kenntnis der Rapportlänge und die Art des Ansatzes ist für die Ermittlung der notwendigen Tapetenrollen wichtig. Bei Tapeten mit versetztem Ansatz ist der Verschnitt im Normalfall geringer.

Kennzeichen zur Verarbeitung:

15. **Tapete einkleistern**
16. **Wand einkleistern:** Nicht die Tapete, sondern der Untergrund wird mit Kleister oder Kleber eingestrichen.
17. **Vorgekleistert:** Die Tapetenrückseite ist mit Kleister vorbeschichtet, der durch kurzes Wässern aktiv wird.
18. **Restlos trocken abziehbar:** Die Tapete lässt sich beim Renovieren ohne Rückstand trocken abziehen.

19. **Spaltbar trocken abziehbar:** Die Oberschicht der Tapete lässt sich trocken abziehen. Wurde die Tapete einwandfrei verklebt, kann die Unterschicht als Makulatur an der Wand bleiben.
20. **Nass zu entfernen:** Die Tapete wird mit Wasser gründlich eingesprüht bzw. nass gemacht und mithilfe eines Spachtels entfernt.
21. **Dupliert:** Hochwertige Prägetapete aus zwei aufeinander kaschierten Tapetenschichten. Bei fachmännischer Verklebung bleibt die Prägung erhalten.
22. **Überlappung und Doppelnahtschnitt:** Wird bei ansatzfreien schweren Spezialbelägen durchgeführt. Jede neue Bahn überlappt die vorherige um ca. 5–8 cm. Im Bereich der Überlappung werden beide Bahnen mit dem Gleitfußmesser auf dem Untergrund geschnitten.
23. **Stoßfest:** Bezeichnung für besonders widerstandsfähige Spezialbeläge mit hart-elastischer Oberfläche.

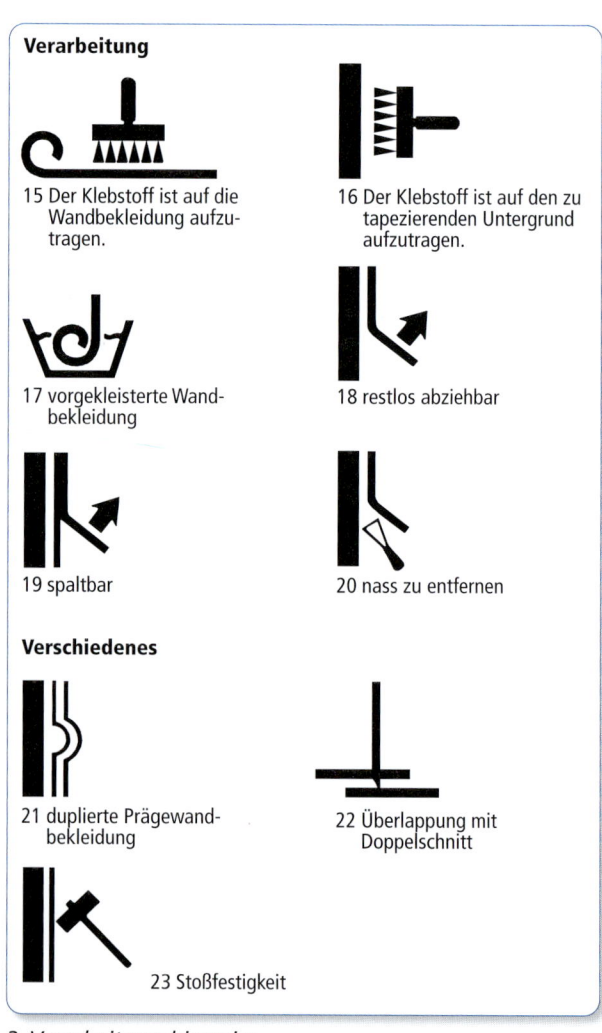

2 Verarbeitungshinweise

8.2　Kleister und Kleber

Zum Verkleben von Tapeten verwendet man **Methylcellulose-Kleister**. Er wird aus Zellstoff gewonnen und ist im pulverförmigen Zustand bei trockener Lagerung unbegrenzt haltbar.

Spezialkleister besteht aus Methylcellulose und Kunstharzdispersion. Seine Anfangshaftung und Klebekraft ist größer als bei normalem Kleister. Er wird für schwere Tapeten verwendet.

Die richtige Wahl des Kleisters und das vorgeschriebene Ansatzverhältnis sind entscheidend für die einwandfreie Verklebung von Tapeten.

> Grundsätzlich gilt: Je schwerer die Tapete und je größer ihre Saugfähigkeit ist, desto dicker muss der Kleister angesetzt werden. Dicken Kleister dünn aufzutragen, ist besser als umgekehrt!

Tapetenkleister für Kleistergeräte besteht aus Methylcellulose und Kunstharzdispersion, wobei die Viskosität auf Kleistergeräte eingestellt ist.

Zum **Ansetzen** des Kleisters wird kaltes Wasser in der für die entsprechende Tapete auf der Packung angegebenen Menge in einen sauberen Eimer gefüllt. Das Kleisterpulver wird unter ständigem Rühren zügig eingestreut. Nach einer Quellzeit von ca. 20 Minuten und kräftigem Umrühren ist der Kleister gebrauchsfertig.

Kunstharz-Dispersionskleber verwendet man zum Verkleben schwerer Tapeten und Wandbeläge. In aller Regel wird er mit dem Farbroller oder dem Zahnspachtel auf die Wand aufgetragen. In seltenen Fällen wird er anteilig dem Kleister zugesetzt.

Vinyltapetenkleber dienen zum Verkleben von Überlappungen bei Kunststofftapeten. Dieser wird in kleinen Tuben mit aufgesetztem Zahnspachtel geliefert. Auf der glatten Oberfläche dieser Tapetenart haftet Kleister nicht. Die Überlappungen platzen nach dem Trocknen auf, wenn sie nicht besonders verklebt werden.

8.3　Tapetenunterlagsstoffe

8.3.1　Aufgaben

Tapetenunterlagsstoffe verbessern den Untergrund für das Tapezieren und erleichtern das Verkleben der Tapeten.

Sie haben folgende Aufgaben:

- glatte, einheitliche und schwach saugende Untergründe zu bilden
- gleichmäßig helle Untergründe zu schaffen
- leichte, nicht mehr arbeitende Risse zu überbrücken
- bessere Wärme- und Schalldämmung zu erzielen
- die Abziehbarkeit von Tapeten zu erleichtern
- in Feuchträumen als Dampfsperre zu dienen und das Durchschlagen von Laugen oder Salzen in den Untergrund zu verhindern

8.3.2　Arten

Flüssiger Tapetenwechselgrund ermöglicht bei der Renovierung das trockene und mühelose Abziehen der Tapete.

Wechselgrund aus Papier besitzt entweder eine Kunststoffbeschichtung an der Oberfläche und ermöglicht so das trockene Abziehen der Tapete *(Strip-Effekt)* oder er besteht aus zweischichtiger Rollenmakulatur, die sich später beim Abziehen der Tapete spaltet.

Rollenmakulatur besteht aus unbedrucktem Tapetenrohpapier zur Schaffung eines gleichmäßig saugenden und einheitlich hellen Untergrundes. Außerdem verhindert sie das Aufspringen der Stöße beim Verkleben schwerer Tapeten. Zum Kleben verwendet man den Kleister oder Kleber, der für den folgenden Wandbelag notwendig ist.

Metallfolien werden gegen durchschlagende Feuchtigkeit und Salzausblühungen aus dem Mauerwerk oder als großflächige Dampfsperren eingesetzt. Außerdem dienen sie hinter Heizkörpern als Wärmereflektoren. Für das Kleben wird Dispersionskleber verwendet.

Dampfsperren sind mehrschichtige Unterlagen aus Spezialpapier, Kunststoff- und Aluminiumfolien. Sie verhindern, dass Feuchtigkeit aus Feuchträumen in das Mauerwerk eindringt. Zum Verkleben werden Spezialkleber eingesetzt.

Wollfilzpappe besitzt an der Unterseite Noppen, die als Abstandshalter an der Wand dienen, eine gute Luftzirkulation ermöglichen und gleichzeitig wärme- und schalldämmend wirken. Sie wird punktweise befestigt und bildet so eine gute Rissüberbrückung.

Polystrol-Hartschaum gibt es in drei unterschiedlichen Arten:

LF 8

1. maßgenaue, unkaschierte Bahnen bis 5 mm Dicke. Sie sind sehr druckempfindlich und eignen sich daher nur für leicht beanspruchte Flächen
2. druckunempfindliche Bahnen, die mit Filzpappe kaschiert sind
3. exdrudierter Hartschaum in Plattenform, der weitgehend druckunempfindlich und meist mit einer Haftbrücke ausgestattet ist

Polystrol-Hartschaum wird gegen Feuchtigkeit, die sich durch kondensierende Luftfeuchtigkeit in Wänden und Decken niederschlägt, und zur Isolierung gegen Wärme und Kälte eingesetzt. Vorhandene Kältebrücken sollen dadurch überdeckt, Risse überbrückt und die Bildung von Schimmelpilz verhindert werden. Aufwendige Spachtelarbeiten lassen sich vermindern. Zum Verkleben benötigt man speziell für diesen Zweck geeignete Dispersionskleber.

> Es ist problematisch, Metallfolien oder Polystyrol-Hartschaum zu Isolierzwecken einzusetzen, da der wirkliche Mangel nicht beseitigt, sondern nur überdeckt wird. Der Taupunkt wird tiefer in das Mauerwerk verlagert und kann so eine mögliche Durchfeuchtung verursachen.

Nessel, Molton- oder Kunststoffgewebe und Vlies wird zur Rissüberbrückung als Streifen oder vollflächig bei Putz- oder Holzflächen verwendet. Geklebt wird mit Spezialkleister unter Zusatz von Dispersionskleber.

Aufgaben

1. *Erklären Sie die Begriffe Rapport und Musterversatz.*
2. *Erklären Sie den Einsatz von Tapetenunterlagsstoffen.*
3. *In welchen Fällen würden Sie eine Dampfsperre empfehlen und aus welchen Materialien kann sie bestehen?*
4. *Sie finden auf einer Tapetenrolle folgende Symbole:*

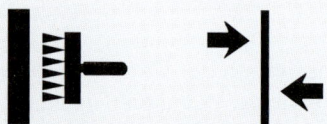

Worauf weisen diese Symbole hin und was müssen Sie bei der Verarbeitung berücksichtigen?

8.4 Tapezierarbeiten

8.4.1 Vorbereitung des Untergrundes

Nur auf tragfähigen, glatten und gleichmäßig saugenden Untergründen kann eine einwandfreie Tapezierung erfolgen. Außerdem muss der Untergrund sauber, trocken und frei von Schimmelpilzen sein. Alkalische Putze oder Nachputzstellen können auf der Tapete Flecke verursachen.

> Zum Tapezieren muss der Untergrund eine ausreichende Haftfestigkeit besitzen. Er muss glatt, sauber, trocken und neutral sein.

Hierzu sind folgende Vorarbeiten notwendig:
- Alte Tapeten, Beläge, Spannstoffe, schadhafte Unterlagsstoffe, schlecht haftende Beschichtungen restlos entfernen.
- Leimfarbenanstriche vollkommen abwaschen.
- Untergrund von Fett und Schutz befreien.
- Sandende, mürbe Putze durch Grundieren festigen.
- Öl- und Lackfarbenbeschichtungen aufrauen.
- Alkalische Untergründe bzw. die Putzstellen durch Fluatieren neutralisieren.
- Risse ausbessern bzw. mit geeigneter Armierung überbrücken.
- Unebenheiten mit Spachtelmassen glätten.

8.4.2 Tapetenbedarf ermitteln

Bei der Bedarfsermittlung für Tapeten reicht es nicht aus, die zu tapezierende Fläche einfach auszurechnen. Gründe hierfür sind zum einen, dass das Rollenmaß europaweit bei 10,05 m x 0,53 m (gilt nur für nach DIN EN 233 bezeichnete, genormte Euro-Rollen) begrenzt ist, und zum anderen, dass viele Tapeten einen Rapport haben. Je nach Rapport muss daher mehr Tapete bestellt werden, wobei gleichzeitig auch ein höherer Verschnitt mit einzuplanen ist.
Ansatzfreie Tapeten können demnach ohne Rücksicht auf das Muster zugeschnitten und geklebt werden. Tapeten, die einen **geraden Ansatz** mit Rapportangaben beinhalten, werden beim Zuschneiden so aneinandergehalten, dass die beiden Muster zusammenstoßen. Dabei entsteht meistens ein nur kleiner Rapport. Anders ist dies bei Tapeten mit einem **versetzten Ansatz**. Hierbei muss das Muster der nächsten Bahn jeweils um die Rapportangabe verschoben werden. Dabei ist immer ein Rapport und auch ein Versatz angegeben. Danach bedeutet die Angabe 50/25 (cm) eine

Musterwiederholung im Abstand von 50 cm und einen Motiv-Versatz von 25 cm.

Bei der Ermittlung der Leistung sind natürlich die Maße der zu behandelnden Flächen zugrunde zu legen. Hierbei sind nach der VOB für Tapezierarbeiten DIN 18366 ebenfalls einige Regeln zu beachten.

Bei der Ermittlung der zu tapezierenden Fläche werden einige Flächen gesondert gerechnet bzw. abgezogen oder übermessen. Zur Vereinfachung des Rechenvorgangs und zur Einheitlichkeit in der Aufmaßrechnung hat man hierzu einige Grundregeln festgeschrieben, die zu beachten sind.

Grundsätzlich wird bei Lieferung von Tapeten, Wand- und Deckenbekleidungen nach verbrauchter Menge berechnet. Unvermeidbare Reste und angeschnittene Rollen gelten dabei ebenfalls als verbraucht. Dieser reale Verbrauch ist allerdings erst nach Fertigstellung der Arbeiten festzustellen. Für die Angaben in einem Angebot muss also gesondert gerechnet werden. Hierbei kann durch „Maßnehmen" mit der Rolle an der Wand oder durch mathematische Berechnungen der Tapetenbedarf festgestellt werden. Dabei bestimmen den Tapetenbedarf die Abmessung des Raumes, die Maße der Tapetenrolle und das Muster der Tapete. Außerdem werden für das Beschneiden der Tapete an Decke und Fußboden Zugaben von ca. 10 cm gerechnet.

$$\frac{\text{Raumumfang} - \text{Öffnungsbreiten}}{\text{Tapetenbreite}} = \text{Anzahl der Bahnen (aufrunden)}$$

$$\frac{\text{Rollenlänge}}{\text{Raumhöhe} + 10\ \text{cm Zugabe}} = \text{Bahnen je Rolle (abrunden)}$$

$$\frac{\text{Anzahl der Bahnen}}{\text{Bahnen je Rolle}} = \text{Rollenbedarf (abrunden)}$$

Einige Vereinfachungen zur Berechnung gibt die **DIN 18366** bekannt:

♦ Leisten, Sockelfliesen und dergleichen bis 10 cm Höhe werden übermessen.

♦ Rückflächen von Nischen sowie Leibungen werden unabhängig von ihrer Einzelgröße gesondert gerechnet.

♦ Gesimse, Umrahmungen und Faschen von Füllungen oder Öffnungen werden, unabhängig davon, ob sie behandelt werden, übermessen.

♦ Abgezogen werden Aussparungen, z. B. Öffnungen, Nischen über 2,5 m² Einzelgröße.

♦ Abgezogen werden ebenfalls Unterbrechungen in der zu tapezierenden Fläche durch Bauteile, z. B. durch Fachwerkteile, Stützen, Unterzüge, Vorlagen, mit einer Einzelbreite über 30 cm.

8.4.3 Tapezierwerkzeuge

Zur sach- und fachgerechten Ausführung von Tapezierarbeiten benötigt der Maler und Lackierer eine Anzahl an Werkzeugen, mit denen die einzelnen Arbeitsschritte durchgeführt werden können. Dabei ist hier nur eine Auswahl der gebräuchlichsten Werkzeuge aufgelistet, denn darüber hinaus gibt es von verschiedenen Anbietern eine Reihe von Spezialwerkzeugen.

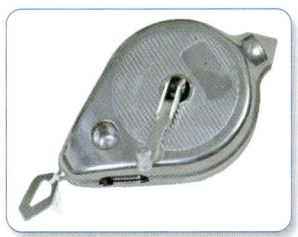

1 Schlagschnurfärber

2 Deckenbürste

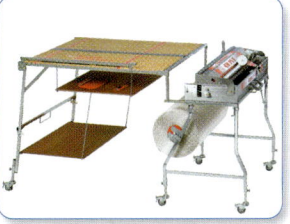

3 Tapeziergerät

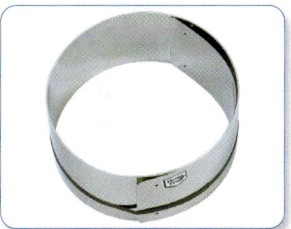

4 Tapezierschiene

5 Tapezierbürste

6 Tapetenwischer

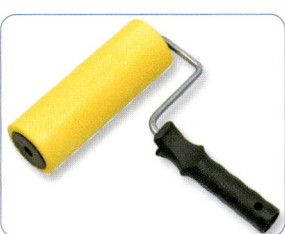

7 Tapeten-Andrückwalze

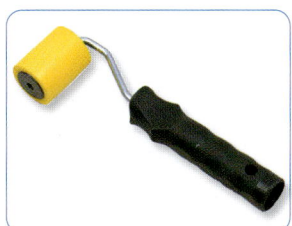

8 Tapeten-Nahtroller

9 Tapeten-Andrückspachtel

10 Tapetenschere

Aufgaben

1. Beschreiben Sie die Untergrundvorarbeiten einer Fläche, die tapeziert werden soll.
2. Welche Maßnahmen führen Sie bei stark saugenden Untergründen durch?
3. Worauf muss beim Zuschneiden der Tapetenbahnen geachtet werden?
4. Die Wände eines Büroraumes sollen tapeziert werden.
   a) Berechnen Sie die zu tapezierende Wandfläche. Länge: 4,20 m / Breite: 3,50 m / Höhe: 3,20 m In dem Raum befindet sich ein Fenster mit den Maßen 1,65 x 1,60 m und eine Tür mit den Maßen 2,00 m x 0,90 m.
   b) Berechnen Sie die Menge an Tapetenrollen (Euroformat), wenn sich folgende Informationen auf der Tapetenrolle befinden:

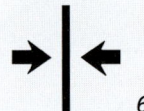

   64

5. Drei Hotelzimmer gleicher Größe und Ausstattung sind mit Vliestapete zu tapezieren. Die Räume haben eine Größe von 5,60 m x 7,20 m x 3,20 m. Berechnen Sie die Anzahl an Tapetenrollen im Euroformat, wenn die Tapete einen Rapport von 38 cm aufweist.

Zur praktischen Anwendung

1. Untersuchen Sie, wie sich das Weichen auf eine Tapete mit Papieroberfläche und Muster auswirkt. Schneiden Sie aus einer nicht mehr benötigten Rolle ein Probestück von ca. 1 m Länge ab.
   a) Stellen Sie die Längen- und Breitenänderung nach acht Minuten Weichzeit fest.
   b) Beurteilen Sie, wie sich unterschiedliche Weichzeiten auf die Übereinstimmung des Musters auswirken.
2. Tapezieren Sie eine Musterplatte (2,00 m x 1,50 m) für den Kunden aus der Aufgabe 5 (s. o.).
   a) Schreiben Sie einen Arbeitsplan, der alle notwendigen Schritte des Tapezierens enthält.
   b) Stellen Sie alle notwendigen Werkzeuge und Materialien bereit und decken Sie Ihren Arbeitsbereich ab.
   c) Tapezieren Sie die Musterplatte nach ihrem Arbeitsplan.
   d) Überprüfen Sie Ihr Ergebnis auf Tapezierfehler. Was hätten Sie bei Ihrer Arbeit tun müssen, um diese Tapezierfehler zu verhindern?

8.5 Wandbeläge

8.5.1 Art der Werkstoffe

Hierbei handelt es sich um Wand- und Deckenbekleidungen, die im Unterschied zu Tapeten keinen Papierträger besitzen oder aber wesentlich dicker als Tapeten sind. Sie werden in Rollen, Bahnen und als Wandplatten geliefert.

Hierzu gehören:
- textile Beläge, Spannstoffe und Fotoleinen
- Glasfasergewebe
- kunststoffbeschichtete Träger, Schaumbeläge und Folien
- Platten aus Kork oder Kunststoff
- Keramikfliesen

Textile Beläge werden aus Tierhaaren, Pflanzen- oder Kunststofffasern hergestellt.

Gewebe entstehen aus sich kreuzenden Längs- und Querfäden. Die Längsfäden werden in der Fachsprache als *Kettfäden*, die Querfäden als *Schussfäden* bezeichnet. Verschiedene Muster entstehen, indem eine festgelegte Anzahl von Schussfäden die Kettfäden in bestimmter Reihenfolge unterläuft.

Gewebeart	Aussehen
Velours	samtartige Oberfläche durch aufrecht stehende Fasern
Rips	ausgeprägte Quer- und Längsrippen
Satin	besonders glatte und glänzende Oberfläche
Chintz	dicht gewebter, vielfarbig bedruckter, glänzender Baumwollstoff.
Molton	an der Oberfläche aufgerautes Gewebe
Rupfen	leinwandartiges Gewebe aus Jute

Gewirkte Stoffe werden durch Verschlingen von parallel laufenden Fäden hergestellt.
Filz entsteht, indem unterschiedliche Fasern durch Stoßen und Stampfen zu einer kompakten Schicht verfilzt werden.

Kunststoffwandbeläge
- **Kunststoff-Folien** sind mit dem Unterlagsstoff durch Steppen oder Verschweißen fest verbunden.
- **Kunststoff-Reliefbeläge** bestehen aus mehreren Schichten, z. B. aus einem Papierträger, einer elastischen Zwischenschicht und einer PVC-Nutzschicht.
- **Kunststoffbeschichtete** Träger basieren auf Gewe-

ben, Gewirken, Vlies- oder Schaumstoffen, die im Rakelverfahren mit Kunststoff beschichtet werden.

♦ **Kunststoff-Schaumbeläge** sind meist sehr dicke Beläge aus geschäumtem Kunststoff mit oder ohne Trägergewebe.

Fotoleinen werden aus Geweben hergestellt, die mit Fotoemulsion beschichtet sind und fotografisch belichtet wurden. Die Bahnen sind in einer Größe bis zu 1,25 m x 4,00 m erhältlich.

Korkwandplatten aus Naturkork gibt es in unterschiedlichen Dekoren, naturbelassen oder beschichtet. Sie besitzen schall- und wärmedämmende Eigenschaften.

Keramikfliesen bestehen in der Hauptsache aus Ton und Quarz, außerdem aus Zuschlagstoffen wie Kreide, Feldspat, Kaolin und Magnesit.

Aufgaben

1. Zählen Sie fünf Gewebearten auf und beschreiben Sie ihre Oberfläche.
2. Erläutern Sie den Unterschied zwischen Kett- und Schussfäden.
3. Wie lassen sich mit Glasfasergeweben verschiedene Gestaltungseffekte erzielen?

8.5.2 Verarbeitung der Wandbeläge

Die Verarbeitung und Verklebung von Wandbelägen ist aufgrund ihrer Beschaffenheit sehr unterschiedlich. Deshalb sind die Anweisungen des Herstellers genau zu beachten und einzuhalten.

Textile Beläge können als Wandbespannungen dienen oder mit geeigneten Dispersionsklebern auf dem Untergrund befestigt werden.

Glasfasergewebe (siehe LF 4) und **Kunststoffwandbeläge** werden ebenfalls mit speziellen Dispersionsklebern auf dem Untergrund verankert.

Korkplatten können mit Dispersionskleber oder mit lösemittelhaltigem Kontaktkleber befestigt werden. Der Dispersionskleber wird auf den Untergrund aufgetragen und die Korkplatten werden eingebettet. Dabei lassen sich die Platten in die richtige Position verschieben, solange der Kleber noch nicht angezogen hat.

Im Unterschied dazu trägt man den Kontaktkleber auf Korkplatte und Untergrund auf. Nach dem Ablüften des Klebers muss die Platte passgenau in der richtigen Position angedrückt werden. Ein Verschieben ist nicht mehr möglich. Die Korkoberfläche kann mit wasserverdünnbarem Acryllack versiegelt werden.

Keramikfliesen werden mit Fliesenkleber verlegt, der pulverförmig zum Anrühren oder pastös in Eimern geliefert wird. Der Kleber wird mit einem Zahnspachtel aufgetragen. Die Feinheit und Zahnform hängt von der Art der Fliesen ab.
Mit Fugenkreuzen zwischen den einzelnen Platten lassen sich einheitliche Fugenbreiten erzielen. Das Ausfugen erfolgt nach der Trocknung des Klebers mit zementhaltiger Fugenmasse.

8.5.3 Sichtplatten

Kunststoffplatten aus Polystyrol-Hartschaum und Hart-PVC sind sehr leicht, außerordentlich gut schall- und wärmedämmend und in vielen Dekors, von glatt bis stark strukturiert, erhältlich. Zum Verkleben trägt man den Dispersionskleber mit dem Zahnspachtel auf die Rückseite der Platte auf. Mit einer weichen Rolle lassen sich die Platten auf den Untergrund andrücken.
Holzfaser-Sichtplatten sind in verschiedenen Abmessungen und Stärken erhältlich. Die Oberfläche kann glatt, gelocht oder geschlitzt sein. Verklebt werden sie mit Kontaktkleber, der auf die Rückseite der Platte und auf den Untergrund mit einem feinen Zahnspachtel aufgetragen wird. Nach dem Ablüften werden die Platten angedrückt. Sie sind nicht mehr verrückbar.

 Kontaktkleber sind feuergefährlich! Während der Arbeit für gute Belüftung sorgen! Rauchen und Gebrauch von offenem Feuer ist verboten!

8.5.4 Zierprofile

Zierprofile, Zierornamente, Flachprofile und Rosetten geben Räumen ein stilvolles Aussehen. Stuckleisten können den individuellen Raumcharakter verändern bzw. völlig neu erscheinen lassen. Je nach Kundenwunsch kann der Raum einen klassischen, verspielten oder eleganten Raumausdruck erhalten.
Zierprofile und Stuckleisten werden dabei zur Akzentuierung verschiedener Raumbereiche eingesetzt oder

LF 8

als „Hingucker" platziert. Neben den dekorativen gibt es allerdings auch zweckmäßige Gründe. So können z. B. Raumkorrekturen durchgeführt werden, sodass niedrige Räume hoch wirken und ungünstige Proportionen optisch ausgeglichen werden. Des Weiteren können Zierprofile unsaubere Tapetenabschlüsse und Vorhangschienen verstecken, Raum für individuelle Beleuchtung geben und noch vieles mehr.

Verwendung finden sie dabei als Sockelprofil, Wandprofil oder Deckenabschluss.

Zierprofile werden aus Stuckgips, hochverdichtetem Polyurethan-Schaum oder Polystyrol-Hartschaum gefertigt und in verschiedenen Längen und Mustern angeboten. Unterschieden werden dabei Eckprofile, Wandprofile und Sockelprofile, die je nach Verwendung zur Auswahl stehen.

Sie werden mit Dispersionskleber auf tragfähigen Untergründen, z. B. Putz, Beton, Gipskarton, und intakten Dispersionsfarbanstrichen befestigt.

Beispiele

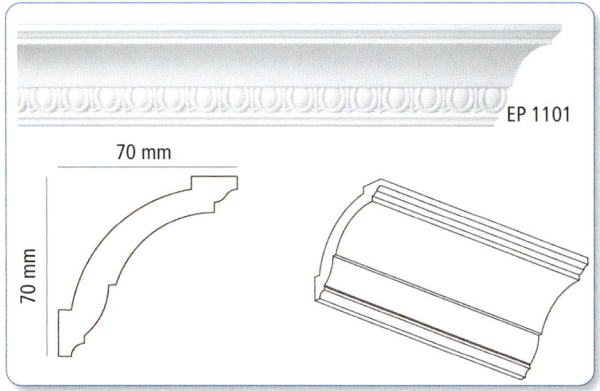

1 Beispiel Eckprofil

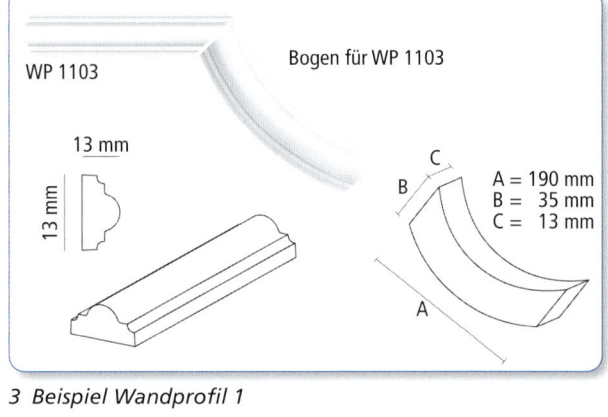

3 Beispiel Wandprofil 1

2 Raumgestaltung mit Zierprofilen

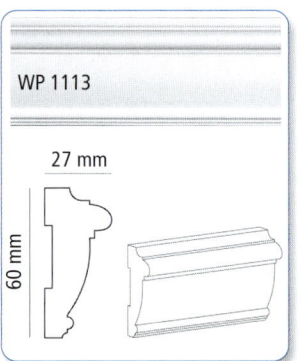

4 Beispiel Wandprofil 2

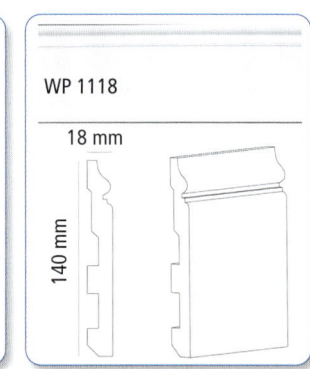

5 Beispiel Sockelprofil

6 Raumgestaltung mit Zierprofilen

LF 8

Verarbeitung

Vor dem Anbringen der Zierleisten muss für einen festen, sauberen und trockenen Untergrund gesorgt werden. Bereits vorhandene Beschichtungen müssen dabei auf Trag- und Haftfähigkeit überprüft und ggf. vorbehandelt oder sogar entfernt werden.

Für die Montage müssen die Profile mithilfe einer Gehrungslade und einer Säge entsprechend den Raummaßen zugeschnitten werden. Vor dem Verkleben der Zierleisten sollte allerdings noch einmal die Passgenauigkeit der einzelnen Teile an der Wand überprüft werden.

Anschließend können die Zierprofile an die Wand angeklebt werden. Dabei ist es ratsam, vor dem Verkleben die Profilhöhe mit einer Schlagschnurlinie zu markieren. In besonders schwierigen Fällen und bei größeren Profilen kann auf dieser Linie dann durch Anbringung von Stiften eine Auflage für die Profile geschaffen werden.

Der Kleber wird auf die Klebeflächen in ausreichendem Maße aufgetragen. Das Profil kann anschließend an der gezogenen Linie aufgesetzt und an die Wand angedrückt werden. Die Fuge zwischen Zierprofil und Wand sollte vollständig mit Kleber verschlossen sein. Sollte dies nicht der Fall sein, können die Löcher mit der Klebemasse ausgespachtelt werden. Klebereste müssen noch in feuchtem Zustand entfernt werden.

Verlegewerkzeuge Zierleisten

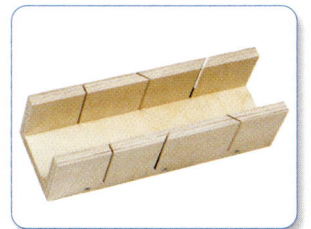

1 Gehrungsschneidelade

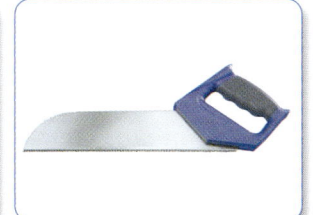

2 Furnier-Allzwecksäge

3 Mit Zierprofilen und Rosetten gestalteter Aufenthaltsbereich

4 Mit Zierprofilen und Rosetten gestalteter Raum

5 Mit Zierprofilen und Rosetten gestalteter Eingangsbereich

6 Eine gelungene Kombination aus Zierprofilen und Wandgestaltung

LF 8

235

8.6 Bodenbeläge

8.6.1 Teppichböden

Teppichböden stellen bei der Raumgestaltung ein wichtiges Element dar. Durch die Vielzahl der verwendeten Materialien, Oberflächenstrukturen, Design- und Farbvariationen steht eine nahezu unbegrenzte Palette an Einsatzmöglichkeiten zur Verfügung, Räume zu verschönern und ihre Raumwirkung zu verbessern.
Die zur unterschiedlichen Nutzung erforderlichen Eigenschaften, wie Abriebfestigkeit, Feuchtigkeitsaufnahme, Schmutzanfälligkeit und Reinigungsfähigkeit, hängen entscheidend vom verwendeten Fasermaterial des Teppichbodens ab.

> Teppichböden werden aus tierischen, pflanzlichen und synthetischen Fasern hergestellt.

Als **tierische Fasern** setzt man Seide, Ziegen- und Rindshaare sowie hauptsächlich Schafwolle ein. Sie schützt gegen Kälte, ist knickbruchsicher, hat ein ausgezeichnetes Wiederaufrichtungsvermögen und kann bis zu 30 Prozent ihres Eigengewichts an Wasser aufnehmen, ohne sich feucht anzufühlen.

Als **pflanzliche Fasern** verwendet man vor allem Baumwolle, Flachs, Hanf, Jute, Sisal und Kokos.

Die **synthetischen Fasern** ermöglichen die heutige Vielfalt der angebotenen Teppichböden. Sie verfügen über Eigenschaften, die Naturfasern nicht besitzen oder erst durch zusätzliche und aufwendige Behandlung erhalten.

Polyamid (PA) gehört zu den Nylonfasern und wird mit einer Spezialkräuselung hergestellt, die der Faser ein sehr gutes Wiederaufrichtverhalten verleiht und den Teppichflor lange bauschig erhält.
Polyester (PE) ist sehr abriebfest und besitzt ein gutes Wiedererholungsvermögen. Polyesterfasern sind für weiche Velours besonders geeignet.
Polyacryl (PC) ist die wollähnlichste Faser, aber abriebfester und leichter als Wolle.
Polypropylen (PP) ist verschleißfest, maßbeständig und wird hauptsächlich als Trägermaterial eingesetzt.
Das Fasermaterial von Teppichböden stellt häufig eine Mischung verschiedener Fasern dar.

> Fasermischungen verbessern die Eigenschaften und ermöglichen weitere Musterungseffekte.

Für die Qualität des Teppichbodens ist neben der Oberflächenstruktur und dem Fasermaterial vor allem die **Herstellungsart** entscheidend.

Bei **Webteppichen** entstehen das Grundgewebe und der Teppichflor in einem Arbeitsgang.
Bei **Tuftingteppichen** wird das Garn für den Flor in ein fertiges Grundgewebe eingebunden.
Bei **Klebepolteppichen** wird der Flor als Faserbündel aus Fäden oder Schnüren auf einen Träger geklebt.
Nadelfilz entsteht, indem lose liegende, gekräuselte Fasern unterschiedlicher Art mit einem Grundgewebe verfilzt werden. Hierzu verwendet man Nadeln mit Widerhaken.
Beim **Nadelvlies** werden nur die Fasern ohne Grundgewebe miteinander verfilzt.

Die unterschiedliche **Oberflächenstruktur** wird durch die Pol- oder Nutzschicht bzw. den Flor gebildet. Wir unterscheiden folgende Arten:
- glatt = Leinwandbindung, gewebeartige Oberfläche
- Velours = aufgeschnittene Schlingen, samtartiger Charakter
- Bouclé = geschlossene Schlingen, noppenartige Oberfläche
- Relief = Hoch-tief-Struktur
- Filz = harter Belag mit textil- bzw. faserähnlichem Charakter

Das **Grundgewebe** von Teppichböden besteht hauptsächlich aus Jute, Polyester oder Polypropylen. Anstelle von Geweben können aber auch Spinnvliese als Trägermaterial verwendet werden.
Ein Teppichrücken stabilisiert den Teppichboden, verbessert den Gehkomfort und die Trittschalldämmung. Tuftingteppiche besitzen entweder Rücken aus Latex- oder Polyurethanschaum oder textile Rücken, die mit dem Teppichgewebe verklebt sind. Hochwertige Teppichböden sind häufig mit einem Textilrücken ausgestattet.

> Flor und Rücken lassen erste Rückschlüsse auf die Teppichqualität zu. Eine genauere Auskunft geben Teppichsiegel und Symbole der Europäischen Teppichgemeinschaft e.V.

Die Sterne werden für bestimmte Qualitätsmerkmale vergeben. Die obere Reihe kennzeichnet den *Komfort*, die untere Reihe stellt die *Beanspruchungsklasse* nach Zertifikatsvorgaben dar.

1 Teppichsiegel

Daneben ist die *Kontrollnummer* der Europäischen Teppichgemeinschaft eingetragen. Neben den Symbolen der Zusatzeignungen ist die *Materialbeschaffenheit* der Nutzschicht angegeben.

Teppichsymbole für Zusatzeignungen:

Für Stuhlrollen geeignet
z. B. für Möbel mit Rollen

Zum Belegen von Treppen geeignet
Widersteht den besonderen Belastung an den Treppenkanten

Für Fußbodenheizung geeignet
Der Teppich ermöglicht den Wärmedurchgang vom Fußboden zum Raum. Dabei muss der Wärmedurchgangswiderstand des Teppichs mindestens 0,17 m² K/W betragen.

Antistatische Ausrüstung
Das Grundgewebe und die Polschicht laden sich elektrostatisch nicht auf und können leitfähig sein. Größere Flächen müssen mit Kupferbändern geerdet werden.
(Die Erdung darf nur durch den Elektrofachmann erfolgen.)

Antistatische oder Teppichböden für Fußbodenheizungen haben immer einen Textilrücken.

Nach der VOB für Bodenbelagarbeiten DIN 18365 sind die Anforderungen für Bodenbeläge festgelegt: „Bodenbeläge müssen so beschaffen sein, dass sie einen gut begehbaren Belag ergeben, es dürfen keine unzumutbaren Belastungen auftreten und die Farbtonabweichungen gegenüber dem Muster müssen gering sein". Weitere Angaben finden Sie im Technischen Merkblatt zum „Verlegen von textilen Bodenbelägen" (siehe Kap. 8.9).

8.6.2 Elastische Bodenbeläge

Kork wird als Bodenbelag meistens in Plattenform 20 cm x 40 cm und in der Stärke von 3 mm bis 6 mm verlegt. Die Korkplatten bestehen aus gepresstem Naturkork. Sie werden in vielen verschiedenen Mustern, naturbelassen oder versiegelt angeboten. Korkbeläge besitzen eine gute Wärme- und Trittschalldämmung.

Linoleum besteht aus einem Gemisch aus Leinöl, Kork, Holzmehl, Pigmenten und Füllstoffen, das auf Jutegewebe gepresst und als Bahnen verlegt wird. Linoleum ist wärme- und schalldämmend, keimtötend, einfach zu reinigen und leicht zu pflegen.

2 Linoleum wird meistens von der Rolle angeboten

Kunststoffbeläge werden größtenteils aus PVC hergestellt. Aus gesundheitlichen und ökologischen Gründen ist PVC problematisch. So entstehen bei einem Brand hochgiftige Dioxine, Chlorgase und aggressive Salzsäure.

Die Kunststoffbeläge unterschiedet man wie folgt:
♦ **Homogene Einschichtbeläge,** wie Weich-PVC, bestehen durchgehend aus dem gleichen Material. Kunst-

LF 8

237

stoff, Pigmente und Füllstoffe werden vermischt und zu Bahnen gepresst.

♦ **Homogene Mehrschichtbeläge** werden aus mehreren Folien des gleichen Materials in abwechselndem Walz- und Pressvorgang unter Wärmeeinfluss miteinander verschweißt.

♦ **Verbundbeläge** bestehen aus einer PVC-Oberschicht und einem Trägermaterial aus Gewebe oder Filz.

♦ **CV[1]-Strukturschaumbeläge** sind weiche PVC-Beläge, die eine strukturierte, reliefartige Oberfläche besitzen.

Die einzelnen Bahnen oder Fliesen aus PVC lassen sich nach dem Verlegen verschweißen. Dazu werden die Fugen ausgefräst, falls sie nicht bereits vorhanden sind. Beim Schweißen verbindet sich der flüssige PVC-Schweißdraht mit den Belagskanten und füllt die Fugen aus. Die überstehenden Unebenheiten werden danach abgestoßen.

Kautschukbeläge bestehen aus abriebfestem, synthetischem Kautschuk. Sie sind schwer entflammbar, elastisch, rutschfest und weitgehend unempfindlich gegen Chemikalien, Lösemittel und Fette. Wegen ihrer Trittsicherheit und guten Reinigungsfähigkeit werden sie oft in Sporthallen, Gängen und Vorplätzen in genoppter Form verlegt.

8.6.3 Parkettböden

Parkett ist ein Fußbodenbelag aus Vollholz, vorwiegend in den Holzarten Eiche, Buche, Esche, Ahorn, Kiefer und außereuropäischen Hölzern.

Die 22 mm dicken Stäbe, Riemen oder Platten besitzen umlaufend eine Nut zur Aufnahme der Federverbindungen. Beim Verlegen werden jeweils an einer Längs- und Hirnkante die Federn gesetzt und durch Klopfen zum entsprechenden Muster verbunden. Parkett wird entweder auf einen Blindboden aus Brettern oder Verlegeplatten verdeckt genagelt oder aber auf Estrich geklebt. Es muss nach dem Verlegen geschliffen und oberflächenbehandelt werden.

Fertigparkett oder **Parkettdielen** sind vorgefertigte Teile mit mehrschichtigem Aufbau. Dabei ist die meist 4 mm dicke Nutzschicht auf quer verleimte Weichholzriemen aufgeleimt. Die Oberfläche ist entweder schon fertig versiegelt oder für individuelle Oberflächenbehandlung naturbelassen.

---

[1] CV = gepolstertes PVC (engl. Cushioned Vinyls)

Die Dielen werden schwimmend verlegt, d. h., zwischen Parkett und Wänden muss ein vorgeschriebener Zwischenraum frei bleiben. Die Dielen werden nur in Nut und Feder verleimt. Das Verlegen ist auf allen trockenen und ebenen Untergründen möglich. Zur Trittschalldämmung werden zwischen Unterboden und Parkett dünne Korkbahnen, PU-Schaumfolie oder Filzmatten mitverlegt.

8.6.4 Laminatböden

Laminate sind 6 mm bis 8 mm dicke, mehrschichtig aufgebaute Verlegeplatten mit einer Größe von ca. 0,20 x 2,00 m. Sie sehen Holz täuschend ähnlich oder besitzen besonders gestaltete Oberflächen.

Die Oberfläche besteht aus einer hochabriebfesten Melaminharzschicht. Darunter befindet sich die harzgetränkte Designschicht, die beispielsweise eine Holzoberfläche nachahmt und fest mit der Tragschicht verbunden ist. Als Tragschicht werden häufig wasserfest verleimte HDF-Platten (hochverdichtete Holzfaserplatten) verwendet.

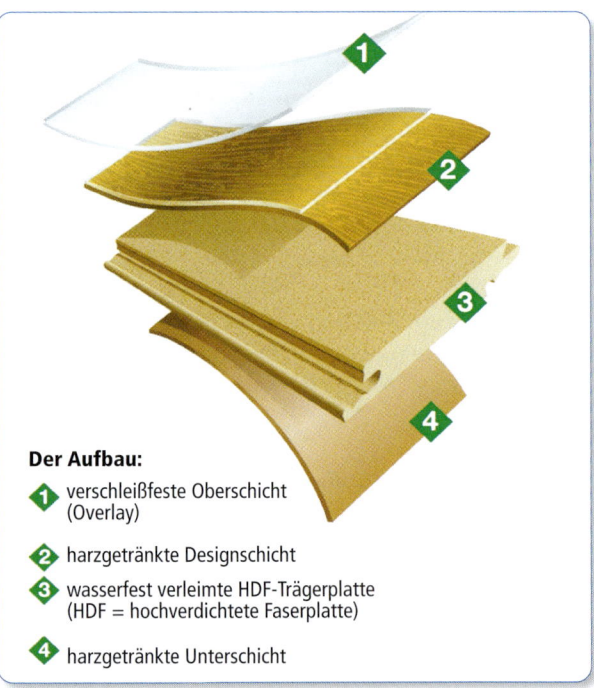

Der Aufbau:

1 verschleißfeste Oberschicht (Overlay)

2 harzgetränkte Designschicht

3 wasserfest verleimte HDF-Trägerplatte (HDF = hochverdichtete Faserplatte)

4 harzgetränkte Unterschicht

1 Aufbau von Laminat-Verlegeplatten

Das Laminat wird wie Parkett schwimmend auf einer Trittschalldämmung verlegt. Dabei werden die einzelnen Platten in der Nut verleimt oder bei Fabrikaten mit einem speziell gefrästen Nut- und Federstecksystem nur zusammengesteckt.

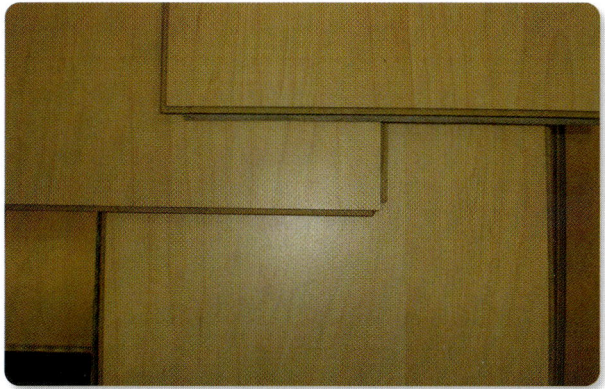

1 Klick-Laminat nach dem Nut- und Federprinzip

Zum Verlegen von Fertigparkett oder Laminat benötigt man spezielle Schienen für Übergänge oder als Endschiene, wenn nicht mit Parkettleisten abgedeckt werden kann. Die Schienen bestehen meist aus eloxiertem Aluminium. Als Abschluss an den Wänden werden extrabreite Parkett- oder Laminatleisten benötigt. Fertigparkett- und Laminatböden reagieren auf schwankende Luftfeuchtigkeit durch starke Ausdehnung oder Schwund, weshalb die Dehnungsfugen zwischen Wand und Belag genügend groß sein müssen.

8.6.5 Untergrundprüfungen

Die VOB für Bodenbelagarbeiten DIN 18365 schreibt vor, dass die Oberfläche des Untergrundes bei Belagarbeiten zu prüfen ist und dass Bedenken schriftlich geltend gemacht werden sollen.
Die Prüfung erstreckt sich auf handwerkerübliche Verfahren, wie die Oberfläche in Augenschein zu nehmen, oder auf einfache mechanische Prüfungen mit üblichen Mitteln und Geräten.

Prüfungen bei Belagarbeiten

Prüfung	Prüfmethode
Feuchtigkeit	Augenschein, Feuchtigkeitsmessgerät
Festigkeit Tragfähigkeit	Klebebandtest, Abrieb-, Nagel-, Kratz- und Klopfprobe
Risse	Benetzungsprobe, Augenschein

Risse werden unterschieden in:
♦ Fein- oder Haarrisse bis zu einer Breite von 0,3 mm. Sie bleiben unbeachtet, da sie die Estrichqualität nicht beeinträchtigen.
♦ Risse über 0,3 mm müssen kraftschlüssig verschlossen werden, da sie meist durch die gesamte Estrichschicht führen.

> Der Untergrund muss bei Klebe- und Verlegungsarbeiten sauber, fest, trocken, eben und rissfrei sein.

8.6.6 Untergründe für Bodenbelagarbeiten

Im Altbau sind Unterböden aus Spanplatten, Holzdielen, Holzriemen und Parkett sowie Beläge aus Keramik, Stein und Linoleum anzutreffen, die häufig mit Mängeln behaftet sind.
Unebene Dielenböden belegt man vollflächig mit Flachpressplatten und verschraubt diese fest mit dem Dielenboden.
Unebenheiten in Estrichböden beseitigt man durch:
♦ **Spachtelmassen** bei geringen Unebenheiten,
♦ **Ausgleichmasse,** wenn Aufträge über 3 mm notwendig sind,
♦ **Nivelierschichten** zum Ausgleichen großer Unebenheiten oder Löcher.

Spachtelmassen und Ausgleichschichten müssen auf dem Untergrund gut haften, eine porenarme Oberfläche bilden und für die Verklebung von Belägen mit handelsüblichem Kleber geeignet sein.

Estriche werden nach ihrer Zusammensetzung unterschieden:
♦ **Zementgebundene Estriche** bestehen aus Zement, feinem Kies, Wasser und Zuschlagstoffen, die die Festigkeit, Schall- und Wärmedämmung verbessern.
♦ **Anhydrit-Estriche** setzen sich aus wasserfreiem Gipsstein und Quarzsand zusammen.
♦ **Magnesia-Estriche** werden aus Magnesit und Füllstoffen wie Sägespänen, Korkschrot oder Torfmull hergestellt.
♦ **Gussasphalt-Estriche** sind aus Bitumen und gemischtkörnigem Sand zusammengesetzt.

8.6.7 Verlegetechniken

Bodenbeläge sollten möglichst so verlegt werden, dass die Nähte zur Lichtquelle (Hauptfensterwand) verlaufen.

Zum **Spannen** verwendet man Nagelleisten oder Leisten mit Widerhaken, die am Boden befestigt werden. In diesen befestigt man den vorgespannten Teppichboden. Zuvor werden die einzelnen Bahnen so zusammengefügt, dass der Teppichboden aus einem Stück besteht. Für diese Verlegetechnik eignen sich nur

239

Teppichböden mit Textilrücken. Sie lassen sich nachspannen, leicht entfernen und erhalten durch das Spannen die bestmöglichen Gebrauchseigenschaften und lange Haltbarkeit.

Das **Zusammenfügen** textiler Bodenbelagbahnen erfolgt durch:
♦ Zusammennähen,
♦ Unterkleben eines Vlies- oder Webbandes,
♦ Zusammenkleben mit einem Konfektions- bzw. Heißklebeband.

Vollflächiges Verkleben setzt man bei Teppichböden mit Latex- oder Schaumrücken ein. Hierzu werden Teppichfixierungen oder Dispersionskleber verwendet, die eine Wiederaufnahme bzw. die Entfernung des Teppichbodens erleichtern. Die Klebstoffe müssen so beschaffen sein, dass durch sie eine feste und dauerhafte Verbindung erreicht wird. Sie dürfen den Bodenbelag, seine Unterlagen und den Untergrund nicht nachteilig beeinflussen und nach der Verarbeitung keine Belästigung durch Geruch hervorrufen.

Hierbei werden folgende Werkzeuge benötigt:
Verlegewerkzeuge Teppich

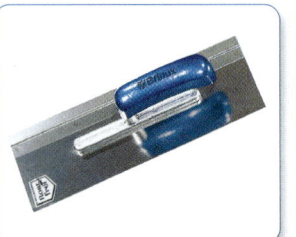 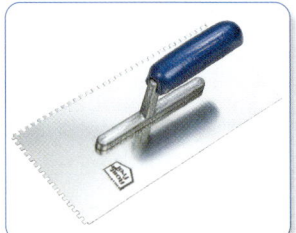

1 Zahnleisten-Verteilerkelle   2 Zahnkelle

Bei einer **losen Verlegung** fixiert man den Teppichboden mit doppelseitigem Klebeband oder Haftgitter. Dieses Verfahren ist nur für kleine Räume bis ca. 20 m² gedacht, in denen keine Sitzmöbel mit Stuhlrollen benutzt werden. Diese würden bereits nach kurzer Zeit im Teppich Wellenbildungen hervorrufen.

PVC-Beläge können mit Kunstharz-Dispersionskleber einseitig verklebt werden. Fliesen oder Bahnen lassen sich mit PVC-Schweißgeräten fest verbinden.

PVC-Fliesen können parallel oder diagonal verlegt werden.
Bei der **Parallelverlegung** werden die Fliesen parallel zu den Wänden verklebt. Dabei beginnt man in der Raummitte entlang einer parallel zur Wand verlaufenden Schnurschlaglinie.

Bei der **Diagonalverlegung** stellt man zunächst mit Schlagschnurlinien über Eck die Raummitte fest. Die ersten vier Platten werden so verlegt, dass sie den Diagonalen folgen und genau in der Raummitte zusammenstoßen. Daran anschließend können die weiteren Platten folgen. Diese Verlegeart ist sehr zeitaufwendig und führt zu viel Verschnitt, weil alle Randfliesen diagonal geteilt werden müssen.

Kautschukbeläge lassen sich mit Zweikomponenten-Epoxydharzkleber oder Polyurethankleber mit Härterzusatz sicher mit dem Untergrund verbinden.

> **Vorsicht:** Lösemittelhaltige Kleber sind feuer- und explosionsgefährlich! Rauchen, offenes Feuer und die Benutzung von Heizstrahlern sind verboten!

Linoleum wird mit lösemittelhaltigem Kunstharzkleber oder Kunstharz-Dispersionskleber verklebt. Linoleum- und Kunststoffbeläge müssen mit schweren Walzen (bis 70 kg) angedrückt werden. Anschlussfugen beschwert man mit Sandsäcken, solange der Kleber abbindet.

3 Oben: Heißluftschweißgerät mit Schnellschweißdüse; unten: Heißluftschweißautomat

LF 8

Aufgaben

1. Nennen Sie drei geeignete Untergrundprüfverfahren, die Sie vor dem Verlegen von Teppichen durchführen müssen, und beschreiben Sie Ihre Vorgehensweise.
2. Beschreiben Sie, wie Sie einen unebenen Dielenboden für Verlegearbeiten vorbereiten.
3. Unterscheiden Sie die drei Bodenbeläge Velours, Bouclé und Filz in ihrem Aufbau und ihren Eigenschaften.
4. Erläutern Sie den Schichtaufbau von Fertigparkett.
5. Suchen Sie einen geeigneten Bodenbelag für einen Büroraum aus. Woran können Sie erkennen, ob ein Teppichboden den Anforderungen genügt? Begründen Sie Ihre Entscheidung.
6. Ein Büroraum mit den Maßen 6,20 m x 5,20 m soll mit einem 3 m breiten Teppichboden ausgelegt werden. In diesem Raum befindet sich ein Kamin mit den Maßen 1,35 m x 1,70 m.
   a) Berechnen Sie den Verbrauch an Teppichboden, wenn Sie einen Verschnitt von 10 cm einberechnen.
   b) Beschreiben Sie den Verlegevorgang bei einer vollflächigen Verklebung in einzelnen Arbeitsschritten. Worauf müssen Sie besonders bei den Nähten achten?

8.7 Farbordnungssysteme – Farbkörper

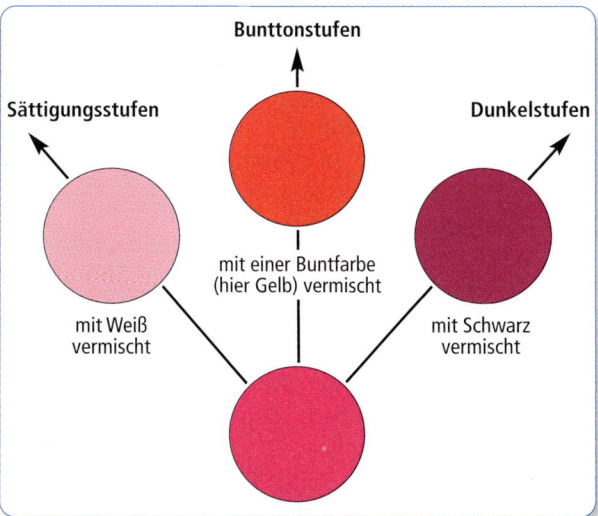

1 Möglichkeiten zur Veränderung einer Farbe

Will man die möglichen Zusammenhänge einer Farbe veranschaulichen, so eignet sich dafür am besten ein dreidimensionaler Raum. Dieser steht in der Abbildung eines Körpers zur Verfügung. Für die Darstellung von Farbsystemen eignen sich daher am besten Farbkörper.

Der Maler Philipp Otto Runge hat bereits 1810 mit seinem Farbglobus die wichtigste Vorarbeit für alle folgende Farbsystemen geliefert.

Im Vergleich zur Erde bilden dabei die Pole die unbunten, der Äquator die reinen, bunten Farben.

Die Farben des Äquators nennt man **gesättigte Reihe**. Die Achse zwischen dem weißen Nordpol und dem schwarzen Südpol besteht aus Grautönen unterschiedlicher Helligkeit, vergleichbar der Graureihe. Diese Farbtöne werden **Schattenreihe** genannt.

Auf der Erdoberfläche werden die reinen Farben des Äquators nach oben mit Weiß aufgehellt und nach unten mit Schwarz verdunkelt. Diese Farben bezeichnet man als **hellklare** bzw. **dunkelklare** Reihe.

Mischt man die Farben der Erdoberfläche mit der Schattenreihe, so erhält man im Innern die Farbtöne der **Verhüllungsreihe**.

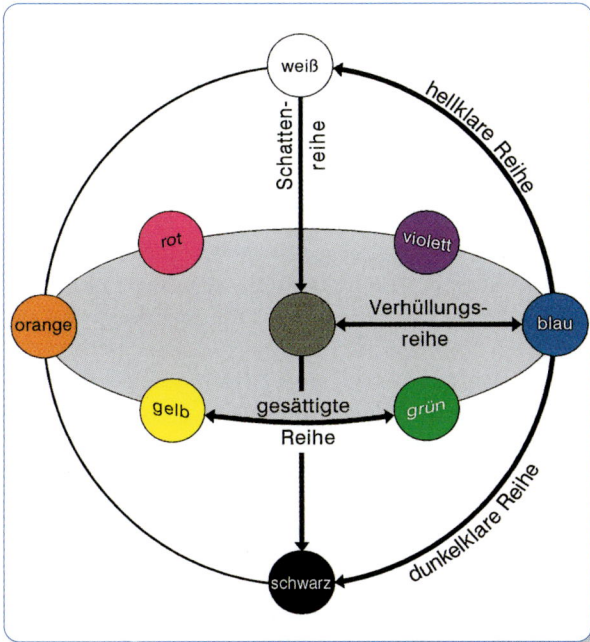

2 Farbglobus nach Ph. O. Runge

Eine Vielzahl weiterer Farbkörper bestimmte die Entwicklung von Farbsystemen. Hier nur eine kleine Auswahl:

Doppelkegel nach Ostwald (1853 – 1932)

Für Ostwald waren die Weiß- und Schwarzanteile wichtiger als Reinheit und Helligkeit. Der auf der Basis eines 24-teiligen Farbkreises geschaffene Doppelkegel enthält 650 Farben. Er ist Vorbild für viele technische Farbsysteme, u. a. für das heute vielfach angewendete **NCS[1]-System**.

Andere Farbsysteme bauen auf einem Würfel auf. Die bekanntesten Farbwürfel stammen von Benson (1868), Carpentier (1885) und Alfred Hickethier (1940).

Harald Küppers legt seiner *Logik der Farben* (1976) einen Rhomboeder zugrunde.

1 Farbwürfel nach Alfred Hickethier

Aus dem Farbwürfel hat A. Hickethier ein Zahlensystem entwickelt, mit dem sich in der Praxis sehr gut arbeiten lässt. Indem er jede Ausdehnung des Würfels in zehn gleiche Abschnitte teilt, ergeben sich insgesamt 1000 Teilwürfel bzw. 1000 Farben, die er in Zahlen von 0 bis 999 ausdrückt.
Alle Zahlen werden mit drei Ziffern geschrieben, die den Grundfarben zugeordnet sind:
♦ die erste Ziffer immer dem Gelb,
♦ die zweite Ziffer immer dem Rot,
♦ die dritte Ziffer immer dem Blau.

Die Zahl 000 bedeutet Weiß, 999 Schwarz.
Die Graureihe wird danach durch die Zahlen 000, 111, 222, 333 … 999 ausgedrückt.
9 bedeutet volle Sättigung,
6 bedeutet 6 Teile Farbe + 3 Teile Weiß
3 bedeutet 3 Teile Farbe + 6 Teile Weiß

---

[1] NCS = Natural Color System

Nach diesem System setzt sich die Farbe 036 aus hellem Rot und mittlerem Blau zusammen.

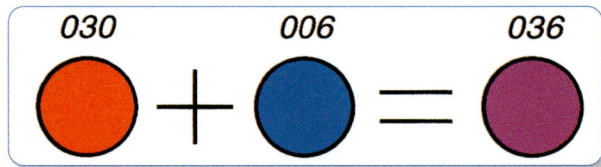

2 Mischen einer Farbe nach dem Zahlensystem von Hickethier

Farbdreieck nach Goethe

Das neunteilige Farbdreieck nach Goethe baut auf den Grundfarben Gelb, Rot und Blau, den sogenannten Primärfarben auf; die Mischungen jeweils zweier Grundfarben ergeben die Sekundärfarben und die Mischung von je zwei Sekundärfarben die Tertiärfarben mit ihrem erdigen Charakter.

3 Farbdreieck nach Goethe

Die Farben sind so angeordnet, dass sie bestimmte Farbstimmungen ausdrücken:
♦ freundliche Stimmung:
  Gelb, Grün, Orange und Grau
♦ festliche Stimmung:
  Rot, Violett, Blau und Grau
♦ ruhige Stimmung:
  Grün, Blau, Violett und Grau

Sättigung

Enthält ein Farbton keinen Weiß- oder Schwarzanteil, dann ist er voll gesättigt. Durch einen Grauanteil nimmt die Sättigung ab.

> Unter Sättigung versteht man den Reinheitsgrad einer Farbe.

LF 8

Helligkeit

Auch bunte Farbtöne sind unterschiedlich hell. Ein gelber Farbton ist heller als ein roter oder blauer.
Der Hellbezugswert einer Farbe lässt sich durch den Vergleich mit einer Graureihe oder durch genaue Farbmessung bestimmen.

> Unter Helligkeit versteht man die Gesamtmenge des Lichts, die von einem Farbton reflektiert wird.

DIN-Farbkarte

Das System der DIN-Farbkarte nach DIN 6164 wurde 1955 von Prof. Richter entwickelt. Ziel des Farbsystems war es, einen Farbkörper zu schaffen, in dem die Farbunterschiede empfindungsmäßig gleiche Abstände aufweisen.

1 Der Farbkörper (nach Prof. Richter), der den Normfarbtafeln zugrunde liegt

Der DIN-Farbkarte liegt ein 24-teiliger Farbkreis mit entsprechend 24 verschiedenen Bunttönen zugrunde. Für jeden **Buntton (T)** existiert ein eigenes nummeriertes Blatt (Gelb z. B. hat die Tonzahl 1, Grün 21). Die dazugehörenden Abstufungen sind nach **Sättigungsstufen (S)** und **Dunkelstufen (D)** geordnet.

Zur exakten Benennung der Farbe ist aus den Farbmaßzahlen das **Farbzeichen (T : S : D)** zu bilden. Wählt man aus der Bunttonkarte 21 die Sättigungsstufe 4 und die Dunkelstufe 2, so ergibt sich das Farbzeichen 21 : 4 : 2.

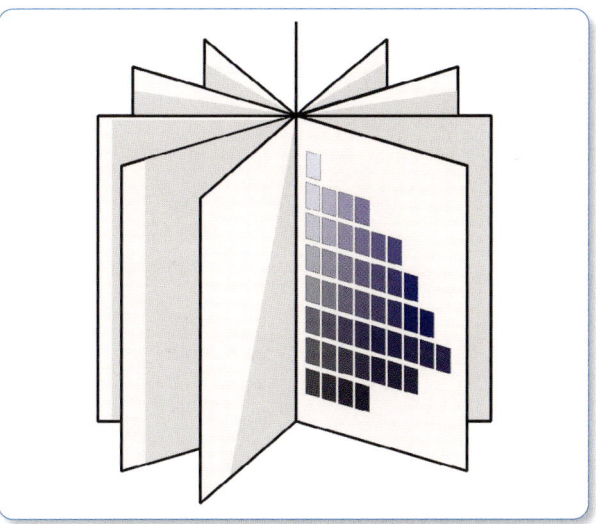

2 Die Normfarbtafel, bestehend aus 25 Einzelblättern (24 Buntblätter, 1 Unbuntblatt)

NCS-System

Im Hinblick auf den europäischen Binnenmarkt gewinnt das 1982 eingeführte NCS-System immer mehr an Bedeutung. Es ist dabei, die Farbmusterkollektion der DIN-Farbkarte zu verdrängen.
Bei diesem System wird ein 40-teiliger Farbkreis aus den vier „natürlichen Grundfarben" Gelb, Rot, Blau und Grün zugrunde gelegt. Seine Vorteile liegen in den ausgewogenen Farben und einer genauen Farbbezeichnung, die den prozentualen Anteil an Sättigung (z. B. c = 50) und Schwarz (z. B. s = 30) angibt. Die einzelnen Farbausschnitte sind für die Praxis in Farbtonkarten abgebildet.

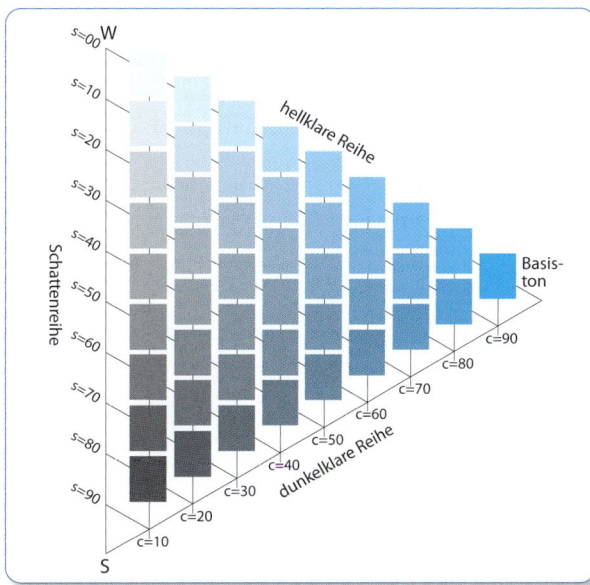

3 NCS-System für einen Basiston

LF 8

243

1 Farbkartensystem nach NCS

8.7.1 RAL[1]-Farben

Für viele Bereiche sind standardisierte Farbtöne notwendig, z.B. für Verkehrsschilder, Polizei und Feuerwehr. In den DIN-Normen für Sicherheitskennzeichnungen sind RAL-Farben vorgeschrieben. Das Farbregister RAL 840 HR[2] ist eine Sammlung dieser Farbtöne. Das Basisregister besteht aus 170 Farbtönen. Aus den wenigen Grundfarben können weitere 560 unverwechselbare Farbtöne ausgemischt werden.

Das RAL-Farbregister ist in **neun Farbreihen** eingeteilt. Alle RAL-Farben sind durch vierstellige Zahlen gekennzeichnet.

Übersicht RAL-Farben in DIN-Normen:

Farbreihe	Farbtöne	Farbreihe	Farbtöne
1000er	gelbe	6000er	grüne
2000er	orange	7000er	graue
3000er	rote	8000er	braune
4000er	violette	9000er	weiße, schwarze
5000er	blaue		

---

[1] RAL Deutsches Institut für Gütesicherung und Kennzeichnung e.V.
[2] RAL 840 HR = Farben, die als Farbkarte im RAL-Farbhauptregister enthalten sind.

8.7.2 Messung und Mischung von Farben

Das CIE-System
Das Ausmischen der Farben nach Augenmaß ist in der handwerklichen Praxis notwendig und erfordert die entsprechende Erfahrung. Eine genaue Farbwiedergabe lässt sich damit jedoch nicht erreichen. Bei der Fahrzeuglackierung und in der Lackindustrie möchte man Farben nach Farbton, Helligkeit und Sättigung exakt messen, um sie genau nachmischen zu können. Hierzu dient das CIE[3]-System.

Dies baut auf der additiven Farbmischung auf. Dabei wird ermittelt, in welchem Verhältnis die drei Lichtfarben von der zu messenden Farbe angesprochen wurden. Die x-, y-, und z-Werte geben den Grad der Rot-, Grün- und Blauanregung an. So wie die drei Lichtfarben in der Summe Weiß ergeben, so ergänzen sich die x-, y- und z-Werte in der Summe zu 1. Man braucht daher nur zwei Werte zu kennen, um den dritten bestimmen zu können. Als weitere Größe wird der h-Wert gemessen, der die Helligkeitsstufe anzeigt.

Das CIELab-System
Das CIELab -System ergänzt die Farbmessung nach dem CIE-System. Es wird deshalb in der Farbindustrie als

2 Normfarbtafel nach DIN 5033-3

---

[3] CIE = Cimmission Internationale de lÈclairage (Internationale Beleuchtungskommission)

Bewertungssystem für den Abstand zwischen Farbmustern eingesetzt. Dabei wird zunächst der Farbeindruck durch die CIE-Farbwerte x, y und z ermittelt. Die durch Lichtreflexion erhaltenen Werte ordnen der gemessenen Farbe zwar einen eindeutigen Ort im dreidimensionalen Farbraum zu, sie sind aber weder anschaulich noch nach menschlichem Empfinden gleichmäßig. Das CIELab-System ordnet die CIE-Farbwerte nach entsprechenden Lichtabständen L = Lightness und nach der Buntheit C = Chroma. Aus diesem Grund lassen sich die x-, y- und z-Werte in L-, a- und b-Werte umrechnen. Die Darstellung anhand dieser Koordinaten ergibt einen Farbraum, der dem menschlichen Empfinden wesentlich besser entspricht.

Farbmischanlagen

Um Farbtöne nach den Vorgaben von Farbtonkarten oder nach bestimmten Farbwerten genau nachmischen zu können, gibt es unterschiedliche Farbmischanlagen. Moderne Anlagen nutzen die Unterstützung durch einen Computer.

Farbmischanlagen arbeiten mit Basisfarben, die nach Gewichtsanteilen oder Volumen miteinander vermischt werden. Für Dispersionsfarben und Dispersionslacke werden häufig farbenstarke Pigmentpasten zum Mischen verwendet. Die Mischrezepte können nach den Werten der Farbmessung oder anhand von Karteien oder speziellen Farbtonkarten zusammengestellt und miteinander vermischt werden. Durch intensives Schütteln oder Mixen wird ein einheitlicher Farbton erzielt.

Neben dem Vorteil, den Farbton genau zu treffen, lassen sich auch die gewünschten Farbmengen problemlos herstellen. Mischverluste können so ausgeschlossen werden.

Bei der Fahrzeugreparaturlackierung muss der Reparaturlack mit den Farbwerten des Fahrzeugs sehr genau übereinstimmen. Daher werden hohe Anforderungen an die Lackmischanlage gestellt. Moderne Anlagen arbeiten computerunterstützt automatisch. Dabei wird zunächst nach Baujahr, Fahrzeugtyp und Farbton aus einem Mikrofilm oder der Datei eines Computerprogramms die entsprechende Nummer des Farbtons festgestellt und eingegeben. Der Computer berechnet die notwendigen Farbmengen und steuert die richtigen Entnahmen der Basistöne für die Mischung.

Aus ca. 40 Basistönen lassen sich so einige Tausend Farbtöne nach Rezept herstellen. Die Gefäße mit den Basistönen werden über einen Spezialdeckel mit Dosierklappe an ein zeitweilig laufendes Rührwerk angeschlossen, um ein Absetzen bzw. Verhauten des Materials zu verhindern.

Nach dem Zusammenführen der Farbtöne übernimmt ein Schnellrührer das sorgfältige Mischen der Rezeptur.

Aufgaben

1. *Erklären Sie, warum zur Darstellung der Farben Farbkörper verwendet werden.*
2. *Ein entscheidendes Problem ist die systematische Bennenung der Farben. Mit welchem System hat dies das NCS-System gelöst?*
3. *Finden Sie heraus, welcher Farbton sich hinter den folgenden Bezeichnungen verbirgt:*
   RAL 6012, 0612-R64B (NCS).
4. *Eine Farbe aus der DIN-Farbkarte wird mit dem Farbzeichen 16:3:5 angegeben. Erklären Sie den Zusammenhang dieser Verhältniszahlen.*

8.8 Gestaltung von Innenräumen

In Räumen will sich der Mensch wohlfühlen. Hier sind aufregende, spannungsgeladene Farbtöne zu vermeiden. Denn Farben wirken sich auf unser Befinden aus. Wie Sie aus dem LF 4 (Symbolische Bedeutung der Farbe, Farbharmonien) bereits wissen, können Farben den Menschen beruhigen, aber auch in Aufregung versetzen.

Um einen optimalen Farbton für einen Raum zu finden, muss man sich zunächst auf die **Funktion** und die **Art** des Raumes konzentrieren. Die Farbgestaltung in einem Ausstellungsraum verfolgt einen anderen Zweck als die Farbgestaltung in einem Wartezimmer einer Arztpraxis oder die eines Arbeitszimmers.

Des Weiteren spielen die Vorlieben und Wünsche des **Kunden** bei der Auswahl des richtigen Farbtons eine wichtige Rolle. Denn was für den Maler richtig sein kann, ist es für den Kunden noch lange nicht. Farben sind, gerade in der Innenraumgestaltung, ein persönliches Ausdrucksmittel. Unruhige Menschen können sich bei neutralen Farben gut entspannen, wobei diese Farbwahl für eine Familie mit kleinen Kindern vielleicht nicht die richtige wäre.

Hinzu kommt das Empfinden für die **Farbtemperatur**. Grundsätzlich kann man sagen, dass warme Farben zwar nicht das tatsächliche Raumklima beeinflussen,

wohl aber die psychologische Empfindung der ausstrahlenden Wärme. Kalte Farbtöne vermitteln den
Eindruck distanzierter Sachlichkeit. Je nach dem Eindruck, der vermittelt werden soll, werden eher warme
oder kalte Farbtöne in der Farbgestaltung gewählt.

1 Die Gestaltung eines Eingangsbereichs mit hellen Farben

Ebenfalls müssen die Farben mit der Beleuchtung, den
Möbeln, den architektonischen Gestaltungselementen
usw. abgestimmt sein. Nur die richtige Kombination
dieser vielen Elemente macht eine gute Farbgestaltung
und eine professionelle Beratung des Kunden aus.

2 Farbgestaltung eines Wohnzimmers im Kalt-warm-
Kontrast

8.8.1 Analyse des Raumes

Aufgrund der Vielschichtigkeit einer Farbentscheidung
ist es ratsam, den vorgegebenen Gestaltungsauftrag
zunächst zu analysieren. Das systematische Vorgehen
bei einer Raumgestaltung ist ratsam, um die vielen Ein-
flussfaktoren zu berücksichtigen und damit einen sicheren Gestaltungsvorschlag zu entwerfen.

Eine Bestandsaufnahme der Raumfaktoren schafft
einen ersten Überblick:

Funktion des Raumes (Beispiele)

Raumleistung	Raumwirkung
Erholung Schlafräume Ruheräume	ruhig, heimelig, gut belüftet, angenehm temperiert
Arbeiten Arbeitsraum, Büro, Werkstatt	freundlich, sicher, ansprechend, konzentrations- und leistungsfördernd, gut beleuchtet
Kommunikation Wohnzimmer, Sprechzimmer, Besprechungsraum	kontaktfördernd, hell, freundlich, angenehm

Raumanalyse

Raumgröße	die Ausdehnung des Raumes und das Verhältnis zum Menschen
Raumform	Die Raumform (lang – kurz, rund – eckig, offen – geschlossen) beeinflusst die Gliederung und Akzentsetzung im Raum.
Raumverbindung	Bei Raumverbindungen mit anderen Räumen muss die Gestaltung darauf abgestimmt werden.
Raumlage	Die Straßenseite hat Auswirkungen auf die Akustik, Lautstärke und Belüftung des Raumes. Die Himmelsrichtung entscheidet über einfallendes Sonnenlicht.
Raumgliederung	Die Begrenzung durch Decke, Boden, Wände ergibt einen individuellen Zuschnitt des Raumes. Weitere Gliederung kann durch Pfeiler, Stützen oder Unterzüge erfolgen.

3 Gestaltung eines Kindergartens

Raumbeleuchtung

Das Licht in einem Raum beeinflusst die Helligkeit und
damit die farbige Wirkung im Raum. Der natürliche
und künstliche Lichteinfall ist daher entscheidend für
die Farbgestaltung.

Der **natürliche Lichteinfall** wird beeinflusst durch die
Jahreszeit, die Himmelsrichtung und die Fenstergröße.
Die Belichtung im Winter ist deutlich geringer als die
Belichtung im Sommer. Die Himmelsrichtung ist ent-
scheidend für die Tageszeit, in der das Licht in den
Raum fällt. Ein Raum in Ostausrichtung wird ausschließ-

LF 8

lich morgens Sonneneinstrahlung haben, die Südseite die meiste Zeit am Tag. Im Westen geht die Sonne unter und die Nordseite bekommt keine direkte Sonneneinstrahlung. Die direkte Lichteinstrahlung hat nicht nur Auswirkungen auf die Helligkeit, sondern auch auf die Wärmeempfindung im Raum. Gegebenenfalls muss über die Farbe und deren Helligkeit der Einfluss der Sonne ausgeglichen werden.

Der **künstliche Lichteinfall** ist bestimmt über die Anzahl und Anordnung von Leuchten und Lampen im Raum. Künstliches Licht hat meist eine andere Lichtfarbe als das natürliche Licht. So empfindet man Halogenlicht als eine sehr kalte Lichtfarbe, wohingegen das Licht der Sonne meist als sehr angenehm und weich empfunden wird.

Bestehende Farbgestaltung im Raum

Die Freiheit in der Farbwahl wird in dem Fall stark eingeschränkt, in dem durch bestehende Elemente im Raum, z.B. durch Textilien, Holzdecken, Türen und auch die Fußbodengestaltung, Gestaltungsgrenzen gesetzt sind. Sofern die Farbe der Decke, Türen oder Böden nicht mitverändert werden kann, muss die Farbgestaltung sich daran ausrichten, um einen harmonischen Farbklang herzustellen. Auch Möbel und weitere Einrichtungsgegenstände geben meist den Stil und Charakter eines Raumes vor, der durch die Farbgestaltung, je nach Kundenwunsch, verstärkt oder gemildert werden kann.

8.8.2   Beispiele für Farbgestaltungen

1 Links: Arena auf Schalke; rechts: Farbauszüge aus der Fußbodengestaltung

2 Individuelle Innenraumgestaltung eines Wohnzimmers

Zur praktischen Anwendung

1. *Erstellen Sie sich eine Checkliste mit den Angaben, was Sie alles bei einer gelungenen Innenraumgestaltung berücksichtigen müssen. Warum sind die einzelnen Punkte für die Farbgestaltung wichtig?*
2. *Entwerfen Sie ein Farbkonzept für eine Kinderarztpraxis mit einem Empfangsbereich, einem Wartezimmer und zwei Behandlungsräumen.*
   a) *Erstellen Sie eine Liste mit den besonderen Gegebenheiten, die Sie bei der Gestaltung einer Kinderarztpraxis berücksichtigen müssen.*
   b) *Wählen Sie geeignete Farbkompositionen für die einzelnen Räume aus und erstellen Sie jeweils einen Farbenleitplan, in dem die einzelnen Gewichtungen der Farben deutlich werden. Angrenzende Farbflächen werden dabei nebeneinandergelegt.*
   Beispiel:

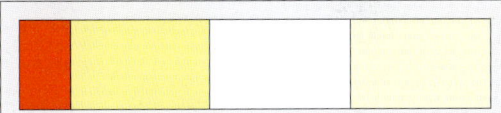

   c) *Erklären Sie dem Arzt der Kinderpraxis Ihre Farbwahl schriftlich, indem Sie festhalten, warum Sie sich für die verschiedenen Farbtöne entschieden haben. Erklären Sie die von Ihnen gewählte Farbwirkung.*

LF 8

8.9 Anhang: Technisches Merkblatt Bodenbeläge (Auszug)

Technisches Merkblatt	Bodenbeläge
	Bodenbeläge Hinweise und Merkmale zur Verlegung von textilien Bodenbelägen

Bodenbeläge

Die technischen Grundsätze von textilen Bodenbelägen sind in den nachfolgend aufgeführten DIN-Schriften wesentlich beschrieben:
– DIN ISO 2424 „Textile Bodenbeläge – Begriffe"
– DIN EN 1307 „Textile Bodenbeläge – Einstufung von Polteppichen"
– DIN EN 1470 „Textile Bodenbeläge – Einstufung von Nadelvlies-Bodenbelägen"
– DIN 18365 „VOB Bodenbelagarbeiten"

Maße und Toleranzen

Die hier beschriebenen Textilen Bodenbeläge sind, unabhängig von der Herstellungstechnik, flexible Flächengebilde, die aufgrund ihrer Struktur Toleranzen aufweisen. Zu unterscheiden sind Lieferarten z.B. in Rollenware, Fliesen und Zuschnitte. Die Maßangaben erfolgen in m, bei Fliesen in cm.

Maßtoleranzen:
Die Grenzabweichungen bei Rollenwaren liegen i. Allg. in der Länge bei ± 0,5 % und für die Breite von ± 1 %, max. jedoch bis 3 cm. Für Grenzabweichungen von Fliesen gelten die Anforderungen der DIN EN 1307 und der DIN EN 1470, wonach die bestellten und bestätigten Fixmaße nicht unterschritten werden dürfen. Die aufgeführten Toleranzen werden im Regelfall immer eingehalten.
Die industrielle Norm bei (Tufting-) Teppichbodenbahnen liegt in der Breite bei 4,05 m, wobei durch die anschließende Verfestigung und Beschichtung eine unvermeidbare Schrumpfung gegeben ist. Eine Mindestbreite von 3,97 m wird hierbei gewährleistet. Die Lieferbreite stellt jedoch nicht immer die Nutzungs- bzw. Schnittbreite dar. Besonders bei rapportgemusterten Teppichbodenflächen ist die tatsächliche Nutzbreite und -länge rapportabhängig.

Breitenrapporte

Bei gemusterten Teppichböden ist bei der Mengenberechnung des Teppichbedarfs die Rapportbreite mit zu berechnen. Die tatsächliche Nutzungsbreite lässt sich anhand von Beispielen gut verdeutlichen.

Beispiel:

Rapport-Breite	Rapport-Anzahl	Nutzbreite
97,5 cm	x 4	390,00 cm
34,35 cm	x 11	377,85 cm
48,75 cm	x 8	390,00 cm

Längenrapporte

Bei der Berechnung der Bahnenlänge ist ebenfalls der Rapport in Längsrichtung der Teppichbodenbahnen mit zu berechnen. Die Rapportlänge berechnet sich dabei aus der Anzahl der Rapporte einer Bahn. Verbleibende Restlängen werden auf den nächsten vollen Rapport aufgerundet. Das Ergebnis, multipliziert mit der jeweiligen Rapportlänge, ergibt das erforderliche Bahnenmaß.
Zu Beginn des Teppichverlegens sollte jeweils an einem Ende der Teppichbodenbahnen mit einem vollen Rapport begonnen werden. Um festzustellen, ob gegebenenfalls eine Rapportlänge als Zugabe zu berücksichtigen oder die entsprechenden Räume ausgewinkelt werden.
An feststehenden Bauwerksteilen sollte für das Anschneiden eine Verschnittzugabe von ca. 5 cm berücksichtigt werden. Bei der nächsten sich anschließenden Bahn sollte wieder mit einem vollen Rapport begonnen werden kann.

Ermittlung der Bestellmengen (ohne Rapportversatz)

Beispiel:
Raumlänge = 5,45 m,
Rapportlänge = 0,46 m

1. Rechnung (Anzahl der Rapporte):
5,45 m : 0,46 m = 11,85;
aufgerundet ergibt sich eine Anzahl von 12 Rapporten.

2. Rechnung (Bahnenlänge):
12 x 0,46 m = 5,52 m
Die erforderliche Bahnenlänge beträgt 5,52 m plus ggf. Verschnittzugabe.

Muster-/Rapporttoleranzen

Textile Bodenbeläge sind flexible Flächengebilde und können daher in Breite, Länge und, insbesondere bezüglich der Musterung, Abweichungen aufweisen. Diese entstehen aufgrund unterschiedlicher mechanischer und physikalischer Eigenschaften (z.B. Dehnungsverhalten, Stauchung, Schrumpfen etc.) bei der Produktion von gemusterten Bodenbelägen. Lesen Sie hierzu die näheren Erläuterungen in VOB Teil C, DIN 18365 „Bodenbelagarbeiten".

Rapportversatz/-verschiebung

Grundsätzlich sollten die Musterverschiebungen nebeneinander liegender Teppichbodenbahnen 0,35 % nicht überschreiten. (d. h. bei einer Bahnenlänge von 10 m kann max. eine Musterverschiebung zur nebenliegenden Bahn von 3,5 cm vorliegen).
Bei einem unterschiedlichen Verzug der Bahnen in der Länge, ist die Passgenauigkeit im Rahmen von 0,5 % gegeben. Das bedeutet, dass auf 10 m Lauflänge max. 5 cm Verzugstoleranz zugelassen werden.

Querbogenverzüge

Bei Querbogenverzügen liegt das Muster der Bahnränder auf gleicher Höhe. Inmitten der Bahn verläuft das Muster bogenförmig. Bei diesem Muster sind Abweichungen von 1 %, bis max. 4 cm, bezogen auf ein Bahnenbreite von als Toleranz zulässig.

Schrägverzug

Bei einem Schrägverzug liegt die Musterung des Teppichbodens nicht auf gleicher Höhe der Bahnenränder bzw. läuft nicht im rechten Winkel zu den Bahnenaußenkanten. Bei diesem Muster sind Abweichungen von 1 %, bis max. 4 cm, bezogen auf ein Bahnenbreite von als Toleranz zulässig.

Längsbogenverzug

Die Musterung verläuft in Bögen in Herstellrichtung der Teppichbodenbahn nicht gradlinig zu den Außenkanten. Die Toleranz der max. Abweichung von der Geraden ist auf 1 % (max. 3 cm) begrenzt.

Reißverschlusseffekt

Der Reißverschlusseffekt entsteht ei tuftgemusterten Teppichböden und zeigt sich vor allem bei kleinkarierten Musterungen. Sie entstehen durch die Sammlung von dunklen oder hellen Farben der Musterung im Nahtbereich. Diese Effekte sind selbst bei bester fachgerechter Ausführung der Nahtkanten nicht vermeidbar.

Verlegerichtung/Kopfnähte

Textile Bodenbeläge mit veloursartiger Nutzschicht zeigen eine Flor-, oder auch Strichrichtung.

Diese Florrichtung bzw. Strichrichtung resultiert aus dem Neigungswinkel des Polfasermaterials und wird als Verlegerichtung bezeichnet. Kopfnähte sind Schnittkanten bzw. Nahtkanten, die quer zur Herstellrichtung einer Teppichbodenbahn hergestellt werden.

Festlegung der Verlegerichtung

Die Verlegerichtung kann laut VOB Teil C, DIN 18365 je Raumeinheit frei gewählt werden. Die Raumeinheit endet jeweils an der Tür, deckungsgleich mit dem Türblatt.

Da die Verlegerichtung in einzelnen Räumen wechselbar ist, kann sich der Verschnittanteil verringern. Allerdings können sich bei dieser Verlegemethode aufgrund der unterschiedlichen Strichrichtung des Materials Schattierungseffekte ergeben. Deshalb ist anzuraten, grundsätzlich mit dem Auftraggeber die Verlegerichtung festzulegen und ggf. abzuklären, ob ein Teppichboden-Mehrverbrauch in Kauf genommen werden sollte.

Festlegung von Kopfnähten

Bei Bahnenlängen über 5 m sind nach der VOB Teil C, DIN 18365, Kopfnähte zulässig. Ziel ist die Reduzierung des Verschnittes, so dass einzelne Bahnen am Kopfende angesetzt werden können. Auf diese Weise können auch Restrollen verbraucht werden. Beispielsweise ist es möglich, dass bei einer Raumlänge von ca. 12 m und einer zur Verfügung stehenden Teppichbodenrolle von ca. 30 m, zwei ganze Bahnen zuzuschneiden und das Restrollenstück von ca. 6 m wiederum zu verwenden, um möglicherweise aus zwei Reststücken (2 x 6 m) eine ganze Länge für den Raum herzustellen. Es ist allerdings anzuraten, mit dem Auftraggeber festzulegen, in welcher Form Kopfnähte hergestellt werden sollen.

Verlegemethoden/Untergrundvorbehandlung

Zur Verlegung von textilen Bodenbelägen bieten sich verschiedene Materialien und Hilfsstoffe an. So sind z.B. lose verlegbaren Spezialunterlagen, klebstoffbehaftete Haftvliese, selbstklebende Klettbänder und Fixierungen zu nennen.

Zu Untergrundvorbehandlung bieten sich schnelltrocknende/-erhärtende, kunststoffvergütete Spachtel- und Ausgleichsmassen an und ermöglichen eine schnelle Untergrundvorbereitung zur weiteren Verlegung textiler und elastischer Bodenbeläge.

Hinweis

Zur Anwendung und Verarbeitung von Bodenbelägen sind die Produktinformationen und Verlegeanleitungen der Belaghersteller, das Merkblatt des Fachverbands Klebstoffindustrie e.V. „Beurteilen und Vorbereiten von Untergründen – Kleben von elastischen und textilen Bodenbelägen" sowie das Merkblatt des Zentralverband des deutschen Baugewerbes (ZDB) „Elastische Bodenbeläge, textile Bodenbeläge und Parkett auf beheizten Fußbodenkonstruktionen" zu beachten. Beachten sind des weiteren die Angaben in den Praxismerkblättern der zur Anwendung kommenden Produkte.

LF 8

Kundenauftrag

Notizen:

🕐 **Gespräch vom 20.11.20xx / Hr. Lorecchio**

✉️ **Kanalstr. 23 – 48147 Münster**

☎️ **0251-2967001 / 0171-37742819**

🏭 ☑   🏭 ☐   🏭 ☐   sonstige ☐

📝 **Gastraum neu gestalten: Farbkonzept für den Gastraum entwickeln, Decke überarbeiten, offenes Mauerwerk verputzen, braune Holzleiste an der Wand entfernen und durch ein Gesims ersetzen, Gesimse und Profilleisten farblich gestalten, unteren Teil der Wände mit einer Schmucktechnik, oberhalb des Gesimses Wand farblich angleichen, Rosetten vergolden (Rosetten und Kerzenhalter im Wechsel), Türrahmen/Fußleisten farblich angleichen.**

Malerbetrieb Roth GmbH
Gewerbepark 136
45131 Essen
Telefon: (0201) 48 67-12
Fax: (0201) 48 67-14
E-Mail: info@malerbetrieb-roth.de

Objektbeschreibung

1 Außenansicht Restaurant

2 Seitenansicht Restaurant

Wände
glatt verputzt, Putz (MG P II) intakt, altweiß gestrichen, Wanddispersion leicht vergraut, braune Eichenleiste in 1,20 m Höhe, stellenweise offenes Hausmauerwerk (bewusstes Dekoelement)

Decke
glatt verputzt, Putz (MG P II) intakt, weiß gestrichen, leichte Nikotinverfärbungen

Boden
dunkles Eichenparkett, neu

Fußleisten
12 cm hoch, Eiche, dunkelbraun lackiert, Gebrauchsspuren

Türen/Türrahmen
weiß lackiert, Überholungsbeschichtung notwendig

Fenster
alte Holzfenster, weiß lackiert

LF 9

Kundenwünsche

Der Kunde verfolgt mit seiner Gastraumsanierung ein neues Gastronomiekonzept: Während derzeit das Restaurant einen eher schlichten, fast bäuerlichen Charakter hat, soll mit dem neuen Farb- und Materialkonzept eine exklusive Ausstrahlung erzeugt werden. Für die Tisch- und Wanddekoration hat der Kunde neue Möbel und neue

1 Herr Lorecchio

Dekorationsgegenstände sowie Kerzenleuchter auf den Tischen und an den Wänden vorgesehen.

2 Alte Tischdekoration im Detail

3 Tischversion

4 Wandversion

Gesprächsnotiz

- Das Mobiliar wird beibehalten.
- Die Profilleisten und Gesimse sollen an klassische Wandgliederungen aus Barock und Renaissance anknüpfen:
  - Profilleiste als Wandabschluss
  - Gesims als vertikale Wandgliederung
  - Rhythmus von Kerzenleuchtern (Wandleuchten werden entfernt) und Rosetten (s. u.)
- Schmucktechniken und Farbkonzept sollen eine typische italienische Atmosphäre erzeugen.
- Die Vergoldung der Rosetten soll die Exklusivität des Gastraums steigern.
- Die Gemäldekopie aus der Sixtinischen Kapelle soll an der Wand verbleiben und ist in das Gestaltungskonzept zu integrieren.
- Das Essen in seinem Restaurant soll für den Besucher mit einer hellen, eleganten und exklusiven Atmosphäre begleitet werden, kombiniert mit ein wenig italienischer Ungezwungenheit.

Zusätzliche Informationen
Profilleiste, Gesims und Rosetten:

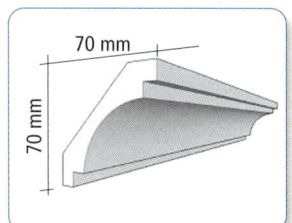

70 mm
70 mm

5a Profilleiste

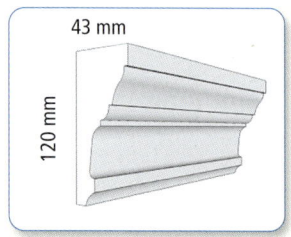

43 mm
120 mm

5b Gesims

5c Rosette/Wand

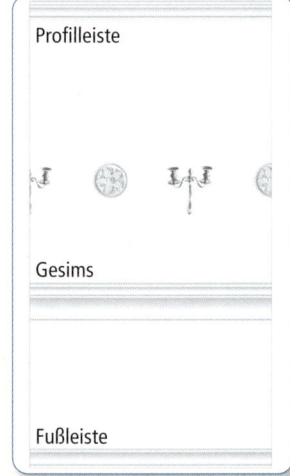

Profilleiste

Gesims

Fußleiste

6 Wandplanung des Kunden

LF 9

Detailansichten:

1 Innenraum mit Eingang und Thekenbereich

4 Offenes Mauerwerk

5 Offenes Mauerwerk neben der Küchentür

2 Hinterer Gastraum mit Wandbild und Deckenbeleuchtung

3 Eckbereich

Ansichtsplan des Gastraums:

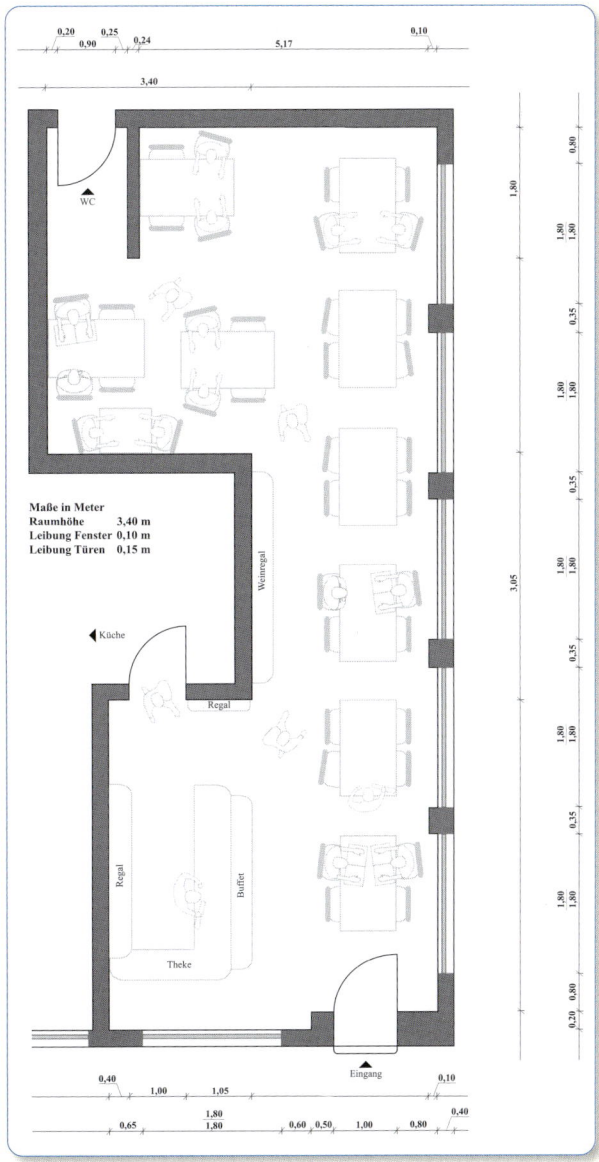

Maße in Meter
Raumhöhe   3,40 m
Leibung Fenster 0,10 m
Leibung Türen   0,15 m

LF 9

Informationsbeschaffung

Sammeln Sie im Team die vorgegebenen Informationen und werten Sie sie nach folgendem Prozess aus:

- Fertigen Sie eine Bestandsaufnahme an, die Sie aus den Informationen des Kundenauftrags, den räumlichen Darstellungen und dem Bildmaterial entwickeln können.
- Besonderes Augenmerk sollten Sie auf die Funktion des Raumes legen, um den Einsatz von Beschichtungsstoffen und Putzen sowie möglichen dekorativen Techniken bestimmen zu können.
- Besorgen Sie sich die notwendigen Merkblätter und technischen Richtlinien zu verschiedenen hochwertigen Materialien, die für eine kundenorientierte Innenraumgestaltung infrage kommen
- Recherchieren Sie mithilfe verschiedener Bücher, Broschüren, des Internets oder betrieblicher Informationen, welche Aspekte der Innenraumgestaltung für die Erstellung des Farb- und Materialkonzepts notwendig sind.

Planung

Zur Gestaltung des Innenraums kommen als beeinflussende Faktoren die Wünsche des Kunden hinzu.

- Erstellen Sie eine Übersicht der Wünsche des Kunden.
- Entwickeln Sie im Team aus Ihrer Funktionsanalyse und den Kundenvorgaben eine Liste von Faktoren, die einerseits Ihre Farbwahl einschränken und andererseits unterstützen.
- Erstellen Sie nach dem Ansichtsplan mit dem Computer eine Vorlage für den Farb- und Materialplan (s. Beispiel Wandplanung) und drucken/kopieren Sie diesen zweimal in der Größe DIN A3.
- Erstellen Sie einen einfachen tabellarischen Farbplan für erste Ideen (vgl. Kapitel 6), der Ihnen einen Überblick über die zu gestaltenden Bauobjekte, Wände und Stilelemente gibt.

Durchführung

Legen Sie, basierend auf den gegebenen Informationen und der Bauzeichnung, einen Farbplan für den Innenraum an. Bevor Sie ihre Computervorlage farbig auslegen, sollten Sie verschiedene Farbkompositionen entwickeln.

> Das Experimentieren mit verschiedenen Farbharmonien erleichtert es meist, den gesuchten Farbton zu ermitteln oder das Aussortieren ungeeigneter Farbtöne zu ermöglichen.

- Legen Sie die Flächen Ihres tabellarischen Farbplans farbig aus. Berücksichtigen Sie dabei durch größere und kleinere Tabellenfelder die wirkliche Größe der Farbflächen im vorgegebenen Gastraum des Restaurants.
- Erstellen Sie mindestens zwei verschiedene Farbgestaltungen für den Innenraum.
- Erstellen Sie am Computer eine Dokumentation über die Entwicklung der Farbentwürfe. Schreiben Sie dazu eine kurze Stellungnahme, die Ihnen als Argumentationshilfe für das Kundengespräch dient.
- Diskutieren Sie im Team Ihre Farbpläne, um evtl. Mängel zu beseitigen.

> Je sauberer und exakter die Farbfelder ausgelegt sind, die Farbtöne durchgemischt wurden und die Textur der Oberflächen verdeutlicht wird, umso stärker ist der Eindruck von guter Arbeitsleistung. Saubere und exakte Arbeit im Kleinen ist Spiegelbild Ihrer Arbeit im Großen. Darüber hinaus bietet der Farb- und Materialplan die Möglichkeit, das Auge des Kunden zu „bestechen".

Kontrolle

Bevor Sie die geleistete Arbeit dem Kunden zur Abnahme vorstellen, überprüfen Sie Ihre Arbeitsergebnisse, damit Sie selbst die Qualität Ihrer Arbeit einschätzen und sichern können:

- Vergleichen Sie Ihre Farbvorschläge mit der Liste der einschränkenden und unterstützenden Faktoren.
- Überprüfen Sie Ihre Farbvorschläge hinsichtlich ihrer Wirkung: Haben Sie die gewünschte Wirkung auf den Kunden durch Ihren Farb- und Materialplan erreicht?
- Kontrollieren Sie Ihre Farbpläne auf Mängel hinsichtlich der Farbwirkungen auf den von Ihnen ausgewählten dekorativen Techniken.
- Kontrollieren Sie Ihre Farbpläne auf Mängel hinsichtlich technischer Maßgenauigkeit und Sauberkeit.
- Falls Sie oder Ihr Team Mängel an Ihrer Arbeit finden, überarbeiten Sie sie, damit dem Kunden ein qualitativ hochwertiges Arbeitsergebnis eingereicht werden kann.

> Der Farb- und Materialplan ist zum einen das Hilfsmittel, welches Sie einsetzen können, um den Kunden von Ihrer Arbeitsleistung zu überzeugen. Zum anderen dient der fertige Farb- und Materialplan Ihrer Kontrolle. Überprüfen Sie Ihr eigenes Vorgehen anhand dieses Ergebnisses, besonders im Hinblick auf die Kundenvorgaben.

Dokumentation und Präsentation

Bei der Schlussabnahme mit dem bauleitenden Architekten und dem Kunden stellen Sie Ihre Farbvorschläge vor.

- Bereiten Sie aus Ihren Ergebnissen eine Dokumentation mit dem Computer vor.
- Simulieren Sie Kundengespräche im Team.
- Analysieren Sie im Team das Simulationsgespräch getrennt nach Inhalt und Gesprächsverlauf (Gestik, Mimik, Handbewegungen u. a. (vgl. Kap. 8)).
- Stellen Sie der Klasse vor, wie Sie mit Ihrem Team bei der Schlussabnahme dem Kunden Ihre Arbeit präsentieren möchten.

1 Simulation eines Kundengesprächs

> Inhalte und Kommunikationsstruktur bilden je eine eigenständige Ebene im Kundengespräch. Funktionieren beide Ebenen, wird das Gespräch ein Erfolg. Falls aber eine der beiden Ebenen nicht funktioniert, kann das Gespräch unkalkulierbar werden. Die Analyse eines Übungsgesprächs ist notwendig und hilft, die Fehler aufzuspüren. Meist ist ein Übungsgespräch unangenehm, weil es immer schwer ist, sich mit bekannten Personen in eine Simulation zu begeben, doch es hilft immer, wenn man gezwungen ist, sich mit seiner Gedanken- und Kommunikationsstruktur auseinanderzusetzen.

LF 9

9 Innenräume gestalten

9.1 Kundenempathie

Grundsätzlich hat jeder Mensch eine genaue Vorstellung, welche Farbe, Form oder Schrift zu seinem speziellen Lebensraum gehört. Die Gestaltung des eigenen Umfeldes ist relativ einfach, denn jeder Mensch kann seine eigenen Ideen, Vorstellungen und vor allen Dingen seinen eigenen Geschmack am besten beurteilen.

Für einen Gestalter zeigt sich die Herausforderung seiner Tätigkeit erst in der Gestaltung fremder Lebensräume. Hier muss er sich auf die Vorstellungen, Ideen und Wünsche einer fremden Person einstellen und mit diesen Faktoren ein Gestaltungskonzept erarbeiten. Um ein solches Gestaltungskonzept (z.B. die Farbgestaltung für einen Büroraum) entwickeln zu können, benötigt der Gestalter unterschiedlichste Informationen.

In der Regel gibt es zwei verschiedene Kundentypen: Zum einen gibt es den Kunden, der eine genaue Vorstellung davon hat, wie sein Lebensraum gestaltet werden soll. Dieser Kunde wird klar artikulieren können, was er gerne haben möchte. Zum anderen gibt es den Typ Kunden, der keinerlei genaue Vorstellung hat, wie sein Lebensraum aussehen sollte oder könnte.

In dieser Situation muss der Gestalter über *Empathie*[1] verfügen. In einem Gespräch muss er möglichst viele Informationen bekommen, die ihm helfen, ein kundenorientiertes harmonisches Gestaltungskonzept zu entwickeln. Neben den formalen Faktoren, wie Raumgröße, Raumnutzung oder gegebene unveränderbare Materialien, sind persönliche Informationen notwendig. Der Kunde ist der Mittelpunkt in seinem eigenen Lebensraum und damit ist die Gestaltung in hohem Maße abhängig von seiner Persönlichkeit. Herkunft, Alter, Beruf, Familienstand und persönliche Vorlieben sind Informationen, die der Gestalter benötigt, um eine geeignete Lebensraumgestaltung zu entwickeln.

9.2 Klischees in der Gestaltung von Räumen

Zu allen Zeiten war es die Aufgabe des Raumgestalters, Atmosphäre zu erzeugen. Der Gestalter brachte die einzelnen Bestandteile des Lebensraums in einen harmonischen Gesamtzusammenhang. Dieses Prinzip hat bis in unsere heutige Zeit Bestand. Während jedoch in früheren Tagen der Gestalter überwiegend die Har-

monie der einzelnen Bestandteile, wie bspw. Tapeten, Vorhänge, Wandfarben, Bodenbeläge, selbst konzeptionieren musste, werden heute komplette Atmosphäretrends von der Industrie geliefert. Hersteller von Wand- oder Bodenbelägen, Farben, Putzen oder Lacken bieten dem Gestalter eine Palette an verschiedenen Gestaltungstrends an, deren Harmoniekonzepte gestalterisch absolut stimmig sind.

1 Ganzheitliches Raumkonzept

Das Erzeugen von Atmosphäre im Raum ist von vielen Faktoren abhängig, wie z.B. von der Raumgröße, dem natürlichen Lichteinfall, künstlichen Lichtquellen, der Farbe und Textur von Bodenbelägen oder Wandbeschichtungen.

Immer stärker greifen Produkthersteller auf Harmoniekonzepte verschiedener Kulturkreise zurück. Landhäuser in der Provence, New Yorker Lofts oder marokkanischer Wohnstil französischer als Frankreich selbst: Stil- und Harmoniehilfe in Buchform sind Bestandteil dieser Konzepte. Diese Farb- und Materialkombinationen sind perfekte Zusammenstellungen verschiedener kultureller Strömungen und die Anbieter spielen mit dem Klischee[2] im Kopf der Betrachter oder Kunden. Ist das Klischee noch nicht vorhanden, entsteht es vermutlich durch die perfekte Zusammenstellung von Form, Material und Farbe. Oft sind es nur intensivierte Kopien eines kulturellen Vorbildes. Das Violett des Lavendels in der Provence wirkt viel farbiger, als er tatsächlich ist, und karibisches Türkis hat eine stärkere Tiefenwirkung, als das Original vermutlich je bekom-

---

LF 9

[1] *Empathie = Bereitschaft und Fähigkeit, sich in die Einstellung anderer Menschen einzufühlen.*

[2] *vorgefertigte Vorstellung von etwas*

men wird. Der Kunde möchte seinen „Urlaubsort" mit in die Heimat nehmen. Benutzer des kulturellen gestalterisch harmonischen Komplettangebots werden in der Regel an ein Gestaltungskonzept gebunden, was nicht unbedingt ein negativer Effekt ist, denn die unendlich große Produktvielfalt macht den Markt sehr unüberschaubar.

> Für den Maler bedeutet es, dass er sich sehr stark am „Gestaltungstrend" orientieren und die Entwicklung dieser Trends genau beobachten muss.

9.3 Techniken zur Bearbeitung von Oberflächen

1 Höhlenmalerei,
Altamira,
ca. 15000 v. Chr.

Die Veredelung von Oberflächen ist ein menschliches Bedürfnis, dem schon von Anbeginn der Menschheit nachgegangen wird.

Die Veränderung oder Bearbeitung von Oberflächen im Innen- oder Außenraum ist seit Jahrhunderten ein gewollter Bestandteil für die Gestaltung von Lebensräumen. Der individuelle Einsatz von Farbe und Material ist von jeher ein besonderes Merkmal der Raumgestaltung. Die Verwendung und Gestaltung spezieller Materialien war und ist immer abhängig von den Vorstellungen und natürlich vom finanziellen Spielraum des Auftraggebers. Vom Mittelalter bis weit in die Barockzeit hinein ist es üblich gewesen, teure oder nicht zu beschaffende Materialien nachzuahmen. Dieser Trend lebt wieder auf. Moderne Maltechniken werden dafür verwendet, bestimmte Materialien zu imitieren oder durch Neukombination veränderte Wirkungen zu erzeugen. Renommierte Farbenherstel-

2 Illusionsmalerei
(Clemenskirche, Münster)

3 Illusionsmalerei,
Rokoko Detail

ler bieten dem Maler und Lackierer eine ganze Produktpalette verschiedener Kombinationen aus Farbe, Material und traditioneller Handwerkstechnik. Bspw. erlebt der Tadelakt, marokkanischer Kalkputz (traditionell aus der Marrakesch-Region), eine Renaissance. Ebenso gehören Marmor- oder Sandsteinimitationen in das Repertoire eines zeitgemäßen Malerbetriebes. Historische Streifzüge werden auch in den nächsten Jahren für „Neuerungen" der Materialgestaltung im Malerhandwerk sorgen.

Neben dem Erhalt traditioneller Arbeitstechniken hilft der Streifzug durch die Geschichte, neue Ideen zu entwickeln, denn der Fantasie sind keine Grenzen gesetzt. In jeder geschichtlichen Epoche lassen sich gestalterische und handwerkliche Inspirationen finden und mit modernen Materialien neu kombinieren.

Die Kombination von Farben und Material soll beim Betrachter einen speziellen Effekt erzeugen. Der Mensch reagiert auf visuelle Botschaften und somit können individuell gestaltete Wände unterschiedliche symbolische oder emotionale Bedeutungen auslösen.

9.3.1 Glättetechnik

Die Glättetechnik ist eine Spachteltechnik, die häufig in anspruchsvollen Wohnbereichen, Hotels und repräsentativen Bereichen angewandt wird. Das besondere Aussehen verdankt diese Technik ihren zwei bis drei halb durchlässigen Spachtelschichten, die einen besonderen Glanz und eine Tiefenwirkung hervorbringen. Diese transparente Farbigkeit erinnert an glatten Marmor und verleiht ihr dadurch ein sehr edles und hochwertiges Aussehen.

Eine besondere Herausforderung für die Malerin/den Maler ist die aufwendige Untergrundvorbereitung der

LF 9

1 Silberfarbene Spachtelung an der Wand einer Hoteltoilette

Wand. Voraussetzung für eine gute Glättetechnik bildet ein sehr glatter und fester Untergrund. Kleinste Unregelmäßigkeiten wirken sich bereits störend auf das Gesamtbild dieser Technik aus.

Verschiedene Farbenhersteller bieten unterschiedliche Spachtelmassen zur Durchführung der Glättetechnik an. Die einzelnen Produkte bestehen meist aus Acryldispersions-Spachtelmassen oder speziellen mineralischen Spachtelmassen. Bei der Auswahl des passenden Produkts muss allerdings darauf geachtet werden, dass die Spachtelmassen auf Acryldispersionsbasis nur begrenzt polierfähig sind. Hier müssen noch Wachse eingesetzt werden, um einen höheren Glanzgrad zu erzielen.

Üblicherweise werden Japanspachteln aus Kunststoff und Metall in verschiedenen Größen und speziell konisch angefertigte Traufeln (Glättekellen) für die Durchführung dieser Technik verwendet.

Vorgehensweise:

1. Für den ersten Arbeitsgang zu dieser Technik haben sich zwei verschiedene Vorgehensweisen entwickelt:

   Die Spachtelmasse wird mit einem Japanspachtel dicht an dicht in einer unregelmäßigen Arbeitsweise aufgebracht, sodass sie ein geschlossenes Spachtelbild ergibt. Bei dieser Vorgehensweise können durch die Überlagerung angetrockneter und nasser Farbschichten dunkle Ränder in der Beschichtung entstehen, die das weiche und harmonische Bild der Glättetechnik durchbrechen.

   Die zweite Möglichkeit hat sich gerade bei größeren Flächen durchgesetzt. Hierbei wird in einem ersten Arbeitsschritt eine offene Fleckspachtelung aufgetragen, wobei die einzelnen Spachtelschläge locker nebeneinandergesetzt werden.

   Bei beiden Variationen muss die Spachtemasse bei jedem Spachtelschlag scharf abgezogen werden. Hierdurch entstehen unterschiedliche Farbwirkungen, die nach den folgenden Spachtelgängen eine lebendige Tiefenwirkung hervorbringen.

2. Nachdem der erste Spachtelgang getrocknet ist, werden in einem zweiten Spachtelgang die noch offenen Flächen farbig ausgelegt. Dieser Spachtelgang muss ebenfalls scharf abgezogen werden, damit die Oberfläche eine absolute Glätte aufweist. Zur Unterstützung kann zusätzlich ein feiner Zwischenschliff durchgeführt werden. Mit besonderer Sorgfalt muss auf einen gleichmäßigen Farbauftrag und regelmäßige Spachtelschläge geachtet werden, um einen unruhigen Gesamteindruck zu vermeiden. In der Regel werden zwei bis drei Spachtelgänge durchgeführt. Je nach gewünschter Farbwirkung werden hierfür gleiche Farben oder Farben des glei-

2 Glättetechnik

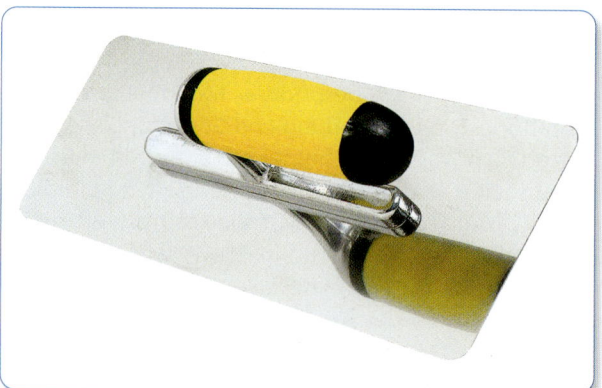

3 Venezianische Glättekelle

chen Farbbereichs verwendet. Diese aufeinander abgestimmte Farbkombination wirkt stilvoll und ruhig, bietet aber aufgrund der Tiefenwirkung und des später noch hergestellten Glanzes einen besonderen Blickfang.

Bei der Auswahl von leuchtenden, gesättigten oder kontrastierenden Farben wird ein interessantes Wechselspiel verschiedener Farben und Tiefen erzielt.

3. In dem letzten Arbeitsgang wird eine Schlusspolitur aufgetragen, um der Spachteltechnik ein porzellanähnliches Aussehen zu verleihen. Auch hierzu bieten sich verschiedene Möglichkeiten an:

Ohne die Verwendung eines weiteren Materials kann die Glättetechnik mithilfe eines Japan- oder Kunststoffspachtels durch schnelles und flaches Abglätten auf Hochglanz poliert werden.

Gegebenenfalls wird zur weiteren Veredelung der Oberfläche die Deckschicht abschließend mit Wachs eingerieben und auf Glanz poliert. Hierzu muss die Spachtelmasse jedoch vollständig erhärtet sein, da die Glättetechnik anderenfalls anfängt abzublättern.

9.3.2 Kammzugtechnik

Die Kammzugtechnik ist eine sehr alte Technik, die bereits im 17. Jahrhundert angewendet wurde. Hier wurde sie vornehmlich im bäuerlichen Handwerk angewandt. Es wurden einfache Mittel eingesetzt, um kostbare Materialien wie Marmor, Edelholz und auch Intarsienarbeiten zu imitieren. Heutzutage findet man alte Arbeiten dieser Technik vornehmlich im alpenländischen Raum an Türen, Rahmen und Sockelbereichen von Wänden. Die Kammzugtechnik ist eine Negativtechnik, die

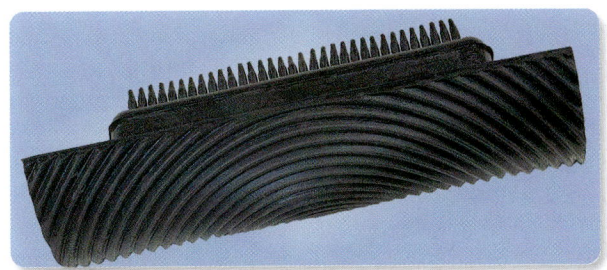

2 Malerkamm/Gummi

ihre besondere Wirkung nicht durch das Auftragen von Farbe, sondern durch das Abtragen erzeugt. Ihre besonders lebendige Struktur erhält diese Technik durch die zum Vorschein kommende Untergrundfarbe, die eine besondere Tiefenwirkung durch ihr Licht- und Schattenspiel bietet. Diese Technik kann auf jedem festen Untergrund, wie Holz, Putz, Metall und Kunststoffplatten, angewandt und je nach Bedarf mit unterschiedlichem Farbmaterial durchgeführt werden.

Vorgehensweise:

1. Zunächst wird auf der Beschichtungsfläche eine deckende Untermalung angelegt. Der Farbton sollte einen ausreichenden Kontrast zu der nachfolgenden Beschichtung haben , um ein interessantes Farbspiel zu erzeugen.

2. Nachdem die Farbe getrocknet ist, wird die Schlussbeschichtung angesetzt. Sie wird mit einem Pinsel, Flächenstreicher oder einer kleinen Rolle nicht zu dick aufgetragen. Die Farbe kann hierbei lasierend oder deckend sein. Wichtig ist jedoch, dass sie lange genug offen ist, um sie anschließend noch mit einem

3 Kammzugtechnik mit einem Malerkamm aus Gummi

4 Kammzugtechnik, Holzmaserung

1 Malerkämme/Metall

LF 9

Kamm zu bearbeiten. In der modernen Farbtechnologie bieten sich hierzu besonders thixotrope Acryllasuren an. Herkömmliche Dispersionen binden zu schnell ab und müssen für diese Technik mit einem trocknungsverzögernden Kleister wie gewünscht eingestellt werden.

3. Der noch nasse Farbauftrag wird anschließend mit einem Kammzugwerkzeug entsprechend dem Gestaltungskonzept bearbeitet. Als passendes Werkzeug bieten sich hier verschiedene Kämme aus Stahl, Horn oder Kautschuk an. Durch den unterschiedlichen Abstand der Zinken und durch unterschiedliche Muster (z. B. Wellen, Kreise oder gerade Linien) ergeben sich unterschiedliche Gestaltungsmuster. Anschließend muss die Farbe gemäß Herstellerangaben trocknen.

Je nach gewünschtem Effekt kann auch mit Pinselwerkzeugen gearbeitet werden. Die Zugtechnik lässt sich auch mit einem Schläger durchführen, bspw. wenn man lange, gleichmäßige Farbspuren ziehen will.

1 Schläger

9.3.3 Stupftechnik

Die Stupftechnik ist eine sehr unkomplizierte und einfache Technik, die auch Ungeübte schnell lernen und durchführen können. Mit einfachen Mitteln lassen sich auf einer Vielzahl von Untergründen interessante Farbwirkungen erzielen. Ursprünglich wurde die Stupftechnik häufig verwendet, um verschiedene Natursteine, wie Granit oder Sandstein, zu imitieren. Dank des unkomplizierten Verfahrens wird diese Technik mittlerweile gerne und häufig eingesetzt, um einzelne Farbflächen effektvoll hervorzuheben. Die lebendige Farbwirkung entsteht dabei durch nebeneinandergestupfte Farbflecke, die erst in der Wahrnehmung des Betrachters zu einer zusammenhängenden Farbfläche werden.

2 Naturschwamm zum Stupfen

3 Stupfen

Die Einsatzgebiete sind scheinbar grenzenlos. Neben glatten Untergründen können auch raue Untergründe, wie Raufaser, Glasfasergewebe und Strukturputze, mit dieser Technik bearbeitet werden.

Die für die Stupftechnik typische Wolkenstruktur kann je nach verwendetem Werkzeug verändert werden. Typischerweise verwenden Maler und Lackierer Naturschwämme, Pinsel oder Bürsten. Je nach Untergrund können verschiedene Beschichtungsstoffe für diese Technik verwendet werden, z. B. Dispersionen, Kalkfarben und Silikatfarben.

4 Mehrfarbenstupftechnik

Vorgehensweise:

1. Zunächst wird die Beschichtungsfläche mit einem Farbton eigener Wahl grundiert. Dabei gibt dieser Grundton die grundsätzliche Farbwirkung der Fläche.

2. Je nach gewünschter Flächenwirkung sollten die weiteren Farben ausgewählt werden:

   Für eine harmonische und eher flächige Wirkung sollten Farben aus einer Farbverwandtschaft und auch Farbtöne gleicher Helligkeit verwendet werden.

   Eine interessante und besonders lebendige Wirkung kann durch die Kombination von Komplementärfarben erzielt werden.
   Nachdem der Grundton getrocknet ist, wird das gewünschte Werkzeug (Naturschwamm, Pinsel oder Bürste) angefeuchtet und mit Farbe getränkt. Überschüssige Farbe kann auf einer Pappe entfernt werden.
   Anschließend wird der Schwamm auf die vorbereitete Wandfläche überlappend, gleichmäßig oder auch ungleichmäßig aufgestupft, wobei der Schwamm ständig zu drehen ist.

3. Je nach Farbkonzept wird der Schritt Nr. 2 mit unterschiedlichen Farben oder Farbabstufungen wiederholt, bis die gewünschte Farbwirkung erzielt ist.

9.3.4 Wickeltechnik

Eine weitere Dekorationstechnik stellt die auf- und abtragende Wickeltechnik dar. Dank ihres „knittrigen" Aussehens und der auffallenden Musterung werden leichte Verschmutzungen nicht unmittelbar sichtbar. Daher ist diese Technik besonders in Sockelbereichen und in Treppenhäusern sehr beliebt.
Die Wickeltechnik kann auf allen schwach saugenden Untergründen aufgetragen werden. Außerdem kann sie aufgrund ihres unkomplizierten Verfahrens und ihrer interessanten Oberflächenwirkung auch leichte Unebenheiten des Untergrundes optisch ausgleichen. Die Farbauswahl erfolgt ebenso schnell wie unkompliziert. Es können fast alle Anstrichstoffe verwendet werden, wie Lacke, Lasuren und lösemittelfreie Systeme und Effektfarben. Die Farben werden in der Regel stark verdünnt, sodass eine lasierende Wirkung entsteht.
Aufgrund der starken Musterung empfiehlt es sich, wenig auffällige und vor allem harmonische Farbvariationen vorzunehmen.

1 Vorbereiten des Wickeltuchs

2 Wickeltechnik mit einem Lappen

Als Werkzeuge eignen sich alle fusselfreien Wickeltücher, z. B. aus Leder, Baumwolle, Leinen oder Folie. Je nach Oberflächenstruktur des Werkzeugs lassen sich interessante Strukturen im Farbauftrag wiederfinden. Außerdem bietet der Handel Wickelroller an, die das Arbeiten gerade an Deckenflächen erleichtern.

Das auftragende Verfahren
Vorgehensweise:

1. Das Wickeltuch sollte vor dem ersten Gebrauch mit klarem Wasser ausgewaschen und anschließend kräftig ausgewrungen werden. Das angefeuchtete

LF 9

Tuch wird jetzt in den Eimer mit Farbe getaucht und durch Wringen und Drehen im Lappen verteilt. Die Enden des Lappens sollten in das Knäuel gelegt werden, um beim anschließenden Wickeln unangenehme Farbflecke zu vermeiden.
Überschüssige Farbe kann durch einfaches Abrollen, z. B. auf einem Stück Pappe, entfernt werden.

2. Jetzt kann mit der eigentlichen Wickeltechnik begonnen werden, indem der Lappen über möglichst kurze Strecken und in verschiedene Richtungen abgewickelt wird. Man sollte dabei unregelmäßig vorgehen, damit ein lebendiges Farbspiel entsteht. Um eine besonders feine Wirkung zu erzielen, sollte man diese Technik in mehreren Arbeitsgängen und jeweils wenig deckend durchführen.
Bei besonders großen Flächen bietet sich eine Unterteilung in kleinere Abschnitte an. Um Ansätze zu vermeiden, sollten die Übergänge der einzelnen Flächen nass in nass gearbeitet werden. Anschließend muss man die Beschichtung durchtrocknen lassen.

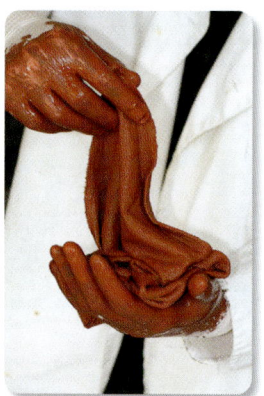

1 Das Wickeltuch muss locker zusammengelegt werden

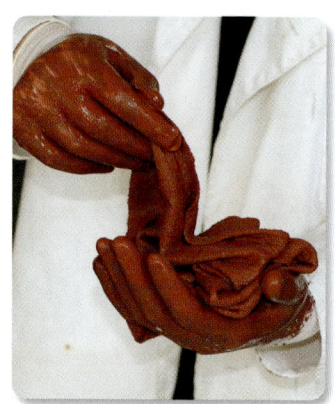

2 Das Zusammenlegen des Wickeltuchs wirkt sich auf das Wickelbild aus

3. Der Arbeitsschritt 2 muss nun mit unterschiedlichen Farben oder Farbabstufungen mehrmals wiederholt werden.

Das abtragende Verfahren

Vorgehensweise:

1. Zunächst wird die Beschichtungsfläche mit einem Farbton eigener Wahl grundiert.

2. Anschließend wird eine weitere Farbe aufgetragen, die mit ausreichend bereitgestellten Lappen in verschiedenen Richtungen wieder abgewickelt wird. Bei diesem Schritt muss schnell gearbeitet werden, da die Farbe nur in nassem Zustand abzuwickeln ist.

Die Verwendung von Farben mit langen Offenzeiten und auch das Arbeiten zu zweit ist daher empfehlenswert.

9.3.5 Wischtechnik

Die besondere Wirkung dieser Lasurtechnik liegt in seiner gewolkten, leicht streifigen Oberfläche. Sie bietet je nach angewandter Technik einen weichen Farbverlauf und je nach Farbauswahl eine sehr belebende oder auch eine ruhige und harmonische Stimmung. Durch die Überschneidung der einzelnen lasierenden Farbschichten erreicht diese Technik eine lebendige Farbtiefe. Häufig wird diese Technik in Wohnbereichen, aber auch zunehmend in Restaurants und Cafés angewendet. Besonders interessant ist diese Technik, da sie auch auf rauen Flächen angewendet werden kann, wie z. B. Raufaser, Glasgewebe und Putz.

3 Wischtechnik

Die Wischtechnik wird mit stark verdünnten Anstrichmitteln ausgeführt. Hierbei können verschiedene Materialien verwendet werden, z. B. Dispersionsfarben, Kalkfarben, Silikatfarben und Acryllacke.
Die Auswahl der Werkzeuge geschieht zum einen nach der gewünschten Wirkung und zum anderen auch nach dem handwerklichen Geschick des Malers. Grundsätzlich werden meist Naturschwämme, Textillappen, Ledertücher, Flächenstreicher oder Bürsten eingesetzt. Als Alternative zu dem meist teuren Naturschwamm können auch einfache Kunststoffschwämme eingesetzt werden, die problemlos in die richtige Größe geschnitten oder gerissen werden können.

Vorgehensweise:

1. Als Grundlage für die Wischtechnik muss man zunächst eine farbige Untermalung anlegen. Diese sollte in einem ausreichenden Kontrast zur Wischfarbe stehen, um einen möglichst interessanten Effekt zu erzielen. Der Untergrund sollte hierbei nur schwach oder gar nicht saugen, um eine zu schnelle Trocknung der Lasurfarbe zu verhindern.

2. Nachdem die Untermalung getrocknet ist, kann der erste Farbauftrag erfolgen. Hierzu bieten sich verschiedene Techniken an:

Mithilfe des gewählten Werkzeugs wird die leicht verdünnte Farbe in kreisenden Bewegungen auf die Wandfläche aufgetragen. Nach dieser Vorgehensweise empfiehlt es sich, die Farbe immer in kleinen Partien aufzutragen, wobei der Übergang jeweils nass in nass gearbeitet werden sollte. Durch Nacharbeiten der Kanten mit einem Heizkörperroller, Borsten- oder Dachshaarverteiler lassen sich trockene Ansätze vermeiden.

Zunächst wird mit einem Kurzflorroller die Farbe großflächig aufgetragen. Diese Farbfläche wird dann mit einem angefeuchteten Schwamm strukturiert, indem die noch frische Farbe kreuz und quer, wellenartig oder kreisförmig verrieben wird. Dabei sollte man in kleineren Partien vorgehen, damit die Farbe vor dem Verwischen noch nicht angetrocknet ist.

Bei der dritten Möglichkeit werden zunächst Farbkleckse auf die Wand gegeben, die anschließend mit dem gewünschten Werkzeug verwischt werden.

Durch den lasierenden Farbauftrag im Nass-in-nass-Verfahren bilden sich an den Übergängen interessante Farbübergänge. Diese jeweiligen Übergänge tragen im späteren Gestaltungsbild die individuelle „Handschrift" des ausführenden Malers.

> Aus diesem Grund sollte immer nur eine Person eine Wand „wischen" und nicht zwei Personen gleichzeitig.

Nachdem die Farbe getrocknet ist, kann je nach gewünschter Farbwirkung ein hellerer oder auch dunklerer Lasurauftrag durchgeführt werden. Für eine harmonische Farbwirkung kombiniert man Farben „Ton in Ton", d. h., es werden Farben eines Farbbereichs miteinander kombiniert. Je lebendiger die Farbwirkung werden soll, desto stärker müssen die Farben der einzel-

nen Lasurschichten kontrastieren. Bei sehr kontrastreichen Farbvariationen sollten die einzelnen Farbschichten jedoch nicht stark überlappend, sondern eher nebeneinanderstehend ausgeführt werden.

9.3.6 Materialdrucktechnik

Der Materialdruck ist eine der ältesten Techniken, die in besonders vielen Bereichen Anwendung findet. Je nach verwendetem Material lassen sich interessante und abwechslungsreiche Oberflächenwirkungen erzielen. Die Qualität des Drucks hängt dabei immer von der Struktur des Materials und auch von der Farbdicke ab. Die Farbauswahl ist wenig eingeschränkt. Diese Technik kann mit Acryl-, Abtön- und auch Dispersionsfarben durchgeführt werden. Die Farbigkeit des Drucks sollte dabei in einem ausreichenden Kontrast zum Untergrund stehen.
Die Wahl des Druckmaterials lässt vielfältige Möglichkeiten zu: Angefangen von verschiedenen Stoffen und Folien über Blätter und Federn bis hin zu Tapeten und Teppichen eignen sich sämtliche Materialien für dieses Verfahren.

Vorgehensweise:

1. Zunächst wird die Beschichtungsfläche mit einem Farbton eigener Wahl grundiert. Dabei gibt dieser Grundton die grundsätzliche Farbwirkung der Fläche vor.

2. Je nach gewünschter Flächenwirkung sollten die weiteren Farben ausgewählt werden.
Nachdem der Grundton getrocknet ist, wird das gewünschte Werkzeug mit Farbe eingestrichen. Überschüssige Farbe kann auf einer Pappe entfernt werden.
Anschließend wird das Werkzeug auf die vorbereitete Wandfläche überlappend, gleichmäßig oder auch ungleichmäßig abgedruckt.

3. Je nach Farbkonzept wird der Schritt Nr. 2 mit unterschiedlichen Farben oder Farbabstufungen wiederholt, bis die gewünschte Farbwirkung erzielt ist.

9.3.7 Steininterpretationen

Zur hohen Kunst des Malerhandwerks gehört die Imitation von Steinoberflächen. Das Aufwerten von Räumen durch gezielt eingesetzte Steinoptik hat lange Tradition. In Deutschland arbeiteten besonders die

Barockbaumeister mit der Imitation von Steinoberflächen. Der Abbau und die Bearbeitung von wertvollem Gestein, wie Marmor, Granit oder einfacher Sandstein, waren kostspielig und sehr langwierig. Heute wird der Einsatz von nachgeahmten Steinoberflächen nicht nur zur gestalterischen und gesellschaftlichen Aufwertung von Räumen angewandt, sondern auch zur Ergänzung oder zur Reparatur beschädigter Bauelemente.

1 Glättemarmortechnik

2 Sandsteintechnik

3 Sandsteintechnik (getupft mit wässrigen Fugenstreifen)

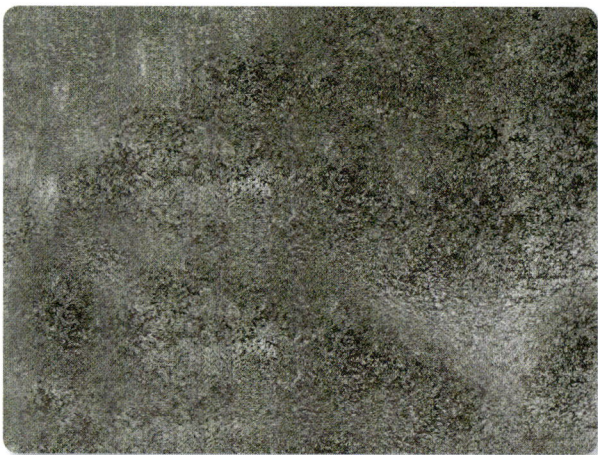

4 Granitsteintechnik

5 Schiefertechnik

Welche Steinnachinterpretation gewählt wird, ist abhängig von den Räumlichkeiten, den Kundenwünschen, dem zeitgemäßen Ästhetikverständnis und nicht zuletzt vom Geldbeutel des Kunden. Denn heute wie damals sind Steininterpretationen ausgefallene und aufwendige Kreativtechniken.

Jede Kreativtechnik hat ihren eigenen Charakter, denn auch jeder Stein ist unterschiedlich. Die Nachahmung einer Steinoberfläche verlangt vom Maler viel Beobachtungsgabe, praktische Erfahrung und die Auswahl der richtigen Materialien. Die Steinimitation muss vor allen Dingen mit dem Farb- und Materialkonzept eines Raumes harmonieren. Soll der Raum eine helle, edle Ausstrahlung bekommen, bieten sich Marmorimitationen an. Ist für den Raum ein rustikales oder ländliches Farbkonzept vorgesehen, so ist eine Sandsteintechnik die richtige Wahl. Schlichte, kühle Wohnraumgestaltungen könnten durch eine dunkle Granitinterpretation unterstützt werden.

Zunächst muss der Maler entscheiden, ob die Steinnachahmung nur gemalt, gestupft, o. Ä. sein soll oder ob eine reliefartige, plastische Wirkung erzielt werden soll. Die Wahl des Materials richtet sich nach dem gewünschten Oberflächenbild des Steins. Die Produktpaletten verschiedener Hersteller beinhalten die unterschiedlichsten Materialien für Steinnachahmungen. Besonders geeignet für die Imitation erhabener Steinoberflächen sind Latexspachtelmassen oder quarzhaltige Dispersionen.

1 Farbkonzept für ein chinesisches Restaurant mit einer Steininterpretation und vergoldetem Drachensymbol (Schülerarbeit)

Vorgehensweise:

1. Um den Grundanstrich aufzutragen, muss der Untergrund trocken, staubfrei und tragfähig sein.

2. Im folgenden Arbeitsschritt wird mit dem Bleistift die Flächeneinteilung aufgezeichnet. Da der Untergrund bereits vorgestrichen ist, sollte man dabei vorsichtig zu Werke gehen, um die Bleistiftstriche nicht zu verschmieren. Je nach gewünschter Steinoptik und deren Wirkung die Quaderform wählen. Die Fugen werden ebenfalls mit eingezeichnet.

3. Mit einem Linierband werden die aufgezeichneten Fugen zweifach abgeklebt. Dieser Arbeitsgang spart bei späteren Arbeitsgängen ein erneutes Abkleben.

2 Fugengestaltung mit Linierband

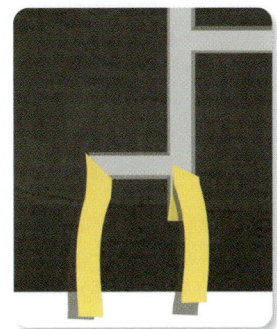

3 Detailschema Fugengestaltung

4. Je nach gewünschtem Effekt Spachtelmasse mit einer Lackierwalze oder einem Heizkörperpinsel aufziehen. Falls notwendig, kann man mittels einer Glättkelle oder eines Kunststoffspachtels das feuchte Strukturbild von Walze oder Pinsel nachglätten. Das erste Linierband kann noch im feuchten Zustand abgezogen werden.

5. Im trockenen Zustand wird die Oberfläche geschliffen. Da die Ränder der imitierten Steinquader die Reliefwirkung unterstreichen, kann ein abgekanteter Anschliff diese Wirkung erhöhen.

6. Ist die Oberfläche noch nicht genügend strukturiert, kann eine weitere dünne Schicht Spachtelmasse aufgezogen werden. Ebenfalls nach der Trocknung erneut schleifen und anschließend das zweite Linierband entfernen. Beim Abziehen des 2. Linierbandes können Teile der ausgehärteten Spachtelmasse ausbrechen.

7. Die gesamte Fläche wird grundiert. Dazu eine geeignete Farbe dünn aufziehen und im Anschluss daran die Fugen wieder abkleben.

8. Je nach gewünschter Steinart wird die Fläche farbig gestupft. Dazu müssen verschiedene Farbtöne ausgesucht werden, die, überlappend gestupft, den unregelmäßigen Charakter des Steins bilden.

LF 9

9. Zur Gestaltung der Fugen gibt es mehrer Varianten. Ist der Farbton des Zwischenanstichs als Fugenfarbe geeignet, so muss man ihn nur entsprechend sauber nachziehen und die „Fuge" gegebenenfalls durch Schattenkanten erweitern. Zur Steigerung der realistischen Wirkung kann die Fuge auch mit einem entsprechenden Material ausgefüllt werden. Mithilfe von Lappen, Schwamm oder Finger kann das Material, auch nass-in-nass der Steinoptik angepasst werden.

10. Je nach räumlicher Lage und mechanischer Beanspruchung kann die Fläche mit geeignetem Material versiegelt verden.

9.4 Das Material Gold

Dem Material Gold wird in nahezu allen Kulturen größte Bedeutung beigemessen. Einerseits schätzt man dieses Metall aufgrund seiner Verarbeitungseigenschaften sowie seiner Haltbarkeit und andererseits ist natürlich sein Wert für den Menschen von Bedeutung.

Der Symbolgehalt von Gold wird zwar weltweit unterschiedlich definiert, doch in einem Punkt sind sich fast alle Menschen einig: Gold ist etwas Besonderes.

2 Vergoldete Rocaillen, Kanzel (Clemenskirche Münster)

1 Pha That Luang, eine komplett vergoldete buddhistische Stupa in Vientiane, Laos

3 Vergoldete Gastronomiewerbung

LF 9

Von jeher wird das Metall Gold

♦ mit weltlichen Attributen wie *Reichtum, Macht, Einfluss* oder

♦ mit spirituellen Attributen wie *Reinheit, Licht, Sonne, Erleuchtung, Weisheit* sowie

♦ mit handwerklichen Attributen wie *Beständigkeit, vollkommenem Glanz, künstlerischer und handwerklicher Perfektion*

verbunden. In allen Lebensbereichen steht das Metall Gold oder zumindest die Farbe Gold für höchste Ehren (Goldmedaillen im Sport, Orden für außergewöhnliche Leistungen usw.).

> Ob Sakralbau oder Profanbau – egal in welcher Kultur, Gold wird fast ausschließlich zur Steigerung des Symbolcharakters verwendet.

9.4.1 Vergoldung

Schon sehr früh begannen Handwerker und Künstler, Gold in ihre Arbeiten einzubeziehen. Dabei wurde weniger der Farbton „Gold" im gestalterischen Zusammenhang gesehen als vielmehr der farbige Wert.
Im Mittelalter wurden die unterschiedlichen Blattmetalle von sogenannten Gold- oder Silberschlägern hergestellt. Grundsätzlich benutzte man regional unter-

1 Schriftvergoldung, Innenbereich

2 Schriftvergoldung, Außenbereich

schiedliche Münzen als Ausgangsprodukt für Blattgold oder -silber. Reines Gold oder Silber war zu weich und zu elastisch, als dass man daraus haltbare Blattmetalle hätte ausschlagen können. Besonders Silber war neben seiner Eigenschaft, mit Schwefelwasserstoff eine schwarze Verfärbung anzunehmen, nicht ganz so dünn ausschlagbar wie vergleichsweise Gold. Deshalb griff man auf die Münzlegierungen, meist aus Gold, Silber und Kupfer, zurück. Zusammengeschmolzen eignete sich diese Legierung aufgrund ihrer weichen und elastischen Materialstruktur zum Ausschlagen von Blattmetall. Der Reinheitsgrad und die Färbungen von mittelalterlichem Blattgold und -silber variierten im hohen Maße, bedingt durch die regional unterschiedlichen Münzlegierungen. Die Anfälligkeit von Silber ist der Grund dafür, dass es heute nur im Innenbereich Verwendung findet.

War goldenes Blattmetall oder Pigment nicht verfügbar oder zu teuer, bedienten sich die Handwerker verschiedener Methoden, dem Betrachter die Verwendung von Gold vorzutäuschen. Handwerker des Mittelalters nutzten dünne Zinnfolien auf einer Basisschicht aus Kreidegrund, die anschließend mit einer safrangefärbten Ölfirnis *(Auripetrum)* beschichtet wurde. Der intensive Gelbton des Safrans erzeugte in Verbindung mit dem metallischen Glanz der Metallfolie eine „Goldimitation". Es wird vielfach in Zweifel gezogen, dass die Verwendung von Zinnfolie und Auripetrum („Goldlack") aus ökonomischen Gründen erfolgte. Vielmehr geht man inzwischen davon aus, dass sich diese Goldmetallnachahmung besser mit den übrigen Farbtönen des Kunstwerks kombinieren und angleichen ließ. Im Laufe der Zeit „vergoldete" man so nicht nur Zinnfolien, sondern auch Blattsilber und sogar -gold. Die aufwendige Herstellung der Materialien führte dazu, dass der Einsatz von Auripetrum und Zinnfolie nicht dauerhafte Verwendung fand.
Im Spätmittelalter sah sogar die Kölner Zunftordnung eine Geldstrafe für die Vergoldung mit „Goldimitat" vor.
Neben Blattmetallen aus Gold fand auch der ursprünglich für die Buchmalerei verwendete Goldpuder Einsatz im Malerhandwerk. Goldpulver (sogenanntes *Muschelgold*[1]) wurde mit einem Bindemittel, wie bspw. Gummiarabicum, als „Goldfarbe" angemischt und mit einem dünnen Pinsel als Akzent aufgebracht.
Die Muschelgoldtechnik fand überwiegend in der italienischen Tafelmalerei des 14. Jahrhunderts und der russischen Ikonenmalerei ab dem 16. Jahrhundert Ver-

---

[1] *Muschelgold: Goldpulver, welches in gebundener Form in Muschelschalen getrocknet und so verkauft wurde*

1 Muschelgold

wendung. Aus den historischen Entwicklungen der vergangenen Epochen haben sich besonders zwei Vergoldungsverfahren herauskristallisiert: Die Ölvergoldung und die Polimentvergoldung. Darüber hinaus wird heute auch noch die Hinterglasvergoldung praktiziert,

2 Mit Goldfarbe ausgelegte Schablonen, Luang Prabang, Laos

die besonders für die Erstellung hochwertiger Schilder Anwendung findet.

9.4.2 Vergolderwerkzeuge und spezielle Werkstoffe

Für alle Vergoldungsprozesse benötigt der Maler spezielle Werkzeuge. Da Blattmetalle heute nur noch eine durchschnittliche Dicke von $1/_{10000}$ mm haben, ist ein vorsichtiger Umgang mit dem hauchdünnen Material erforderlich. Grundsätzlich benötigt man ein Vergoldermesser und ein Vergolderkissen. Das Vergoldermesser dient zum Teilen und „Transportieren" (vom Block zum Vergolderkissen) der empfindlichen Blattmetalle.

> Wenn das Goldblättchen auf dem Vergolderkissen abgelegt wurde, ist unbedingt Luftzug zu vermeiden.

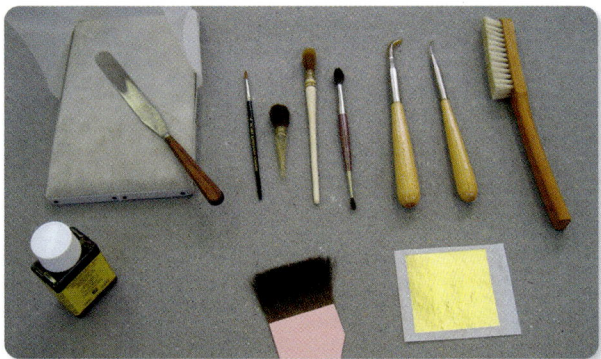

3 Vergolderwerkzeug: obere Reihe v.l.n.r.: Vergolderkissen, Vergoldermesser, Netzpinsel, Vergolderpinsel (klein), Vergolderpinsel (groß) zum Einkehren, Doppelnetzpinsel, Achatsteine zum Polieren, Polimentbürste; untere Reihe: Anlegeöl (Mixtion), Anschießer, Blattgold (Transfergold)

Zusätzlich benötigt man verschiedene Anschießer für das Anlegen der Goldblätter auf dem Untergrund und verschiedene Vergolderpinsel für das „Einkehren" des Goldes und das „Abkehren" überschüssigen Goldmaterials.

4 Transport von Blattmetallen (hier Blattsilber)

Speziell bei der Polimentvergoldung werden Spezialwerkzeuge wie Schabeisen, Polimentpinsel und -bürste verwendet. Für den Poliervorgang muss ein Achatstein vorhanden sein. Für die Ölvergoldung ist das sogenannte Anlegeöl oder die Mixtion[1] notwendig. Für die Untergrundbehandlung der zu vergoldenden Flächen werden verschiedene Kreidegründe benötigt. Die angebotene Palette verschiedener Blattgoldarten reicht von echt bis „unecht". Blattmessing, ein Schlagmetall, das aus einer Kupfer-Zink-Legierung hergestellt wird, bezeichnet man als Kompositionsgold. Seit dem Mittelalter ist die Nachfrage nach verschiedenen Farbstufen von Blattmetallen nicht weniger geworden und so wird Kompositionsgold in verschiedenen „Farbtönen" (Hellgold, Mittelgold, Dunkelgold und Rotgold) angeboten. Lieferbar ist Blattgold in kleinen Heftchen oder als Transfergold.

---

[1] Mixtion = franz. Mischung

LF 9

1 Blattmetalle

2 Transfergold

Blattgold in kleinen Heftchen aufzubewahren, hat schon eine lange Tradition, denn schon im Mittelalter wurden die Blattmetalle zwischen sehr dünne Tierhäute gelegt. Als Transfergold bezeichnet man Blattgold, das auf Seidenpapier gepresst wird und so den Arbeitsprozess um ein Vielfaches vereinfacht. Transfergold lässt sich schneiden, leichter anlegen und somit besser an den Untergrund anpassen.

9.4.3 Ölvergoldung

Das Prinzip der Ölvergoldung ist grundsätzlich sehr einfach: Der zu vergoldende Gegenstand wird mit einem sogenannten Anlegeöl bestrichen. Das Blattmetall wird anschließend in das angetrocknete Öl gebettet. Im Gegensatz zur Polimentvergoldung ist die Goldoberfläche nicht polierbar, weshalb sie auch als Mattvergoldung bezeichnet wird. Die Ölvergoldung ist besonders gut für den Außenbereich geeignet.

3 Stuckrosette als Untergrund

Vorbehandlung des Untergrunds

Ursprünglich wurden überwiegend Holzuntergründe vergoldet. Holzuntergründe wurden mit einem Kreidegrund überzogen und anschließend geschliffen. Diesen Vorgang wiederholte man so oft, bis eine dichte, glatte Oberfläche entstanden war.

Heute sind Ölvergoldungen auf verschiedenen Untergründen möglich. Metallische Untergründe werden den Witterungsverhältnissen gemäß geschützt und anschließend lackiert. Holz kann ebenfalls eine Lackbeschichtung erhalten. Vergoldungen sind auf seidenmatten wie hochglänzenden Oberflächen möglich. Wichtig ist, dass die Untergrundbeschichtung sehr glatt und hart ist.

Im Anschluss wird das Anlegeöl auf die Fläche aufgetragen. Das Anlegeöl enthält Sikkative, um den Trocknungsprozess zu beschleunigen. Auf hochglänzenden Lackierungen wird das Anlegeöl nach dem Auftrag wieder dünn abgezogen. Ist die Schicht zu dick, dringt das Öl durch das dünne Blattgold und die Oberfläche wird faltig. Je dünner die Schicht des Anlegeöls ist, umso höher ist der zu erzielende Glanzgrad der Vergoldung. Für seidenmatte Untergrundlackierungen muss aus Gründen einer mangelnden Haftung des Metalls auf dem Öl eine etwas dickere Schicht Mixtion aufgetragen werden. Es gibt verschiedene Anlegeöle, die sich vornehmlich durch ihre Trocknungszeit (3-Stunden-Mixtion und 12-Stunden-Mixtion) unterscheiden.

LF 9

Schritt 1:
Grundlackierung
mit Ockergelb

Schritt 2:
Auftragen
der Mixtion

Schritt 3:
Zuschneiden
des Goldes

Schritt 4:
Anlegen
des Goldes

Schritt 5:
Anschießen

Schritt 6:
Einkehren

Schritt 7:
Polieren

Fertige
Vergoldung

Goldauftrag

Der richtige Trockenheitsgrad des Anlegematerials lässt sich leicht mit einer Fingerberührung ermitteln: Spürt man gerade noch eine Haftung, hat das Anlegeöl den richtigen Zustand für den Vergoldungszustand erreicht. Mit dem Anschießer wird das Blattgold vom Vergolderkissen gehoben und auf die geölte Fläche gelegt. Wird Transfergold verwendet, legt man das Blattgold auf die Fläche, drückt es an und zieht das Seidenpapier ab.

Will man nur bestimmte Teile einer Fläche vergolden, kann man mithilfe von Talkum verhindern, dass das Blattmetall an unerwünschten Teilen der Fläche kleben bleibt. Ist die gesamte Fläche vergoldet, wird das Blattgold mit dem Einkehrpinsel bearbeitet und anschließend mit Watte abgerieben.

Mögliche Nachbehandlung

In der Regel werden Ölvergoldungen nicht mehr mit einer Lackschicht überzogen, es sei denn, die vergoldeten Flächen sind mechanischem Abrieb ausgesetzt.

1 Vergoldete Fassadenelemente

9.4.4 Polimentvergoldung

Die Technik der Poliment- oder Glanzvergoldung hat ihren Ursprung schon im 8. Jahrhundert[1]. Da vergoldete Flächen auf Basis der Polimentvergoldung einen massiven Eindruck erzeugen können, hat sich diese

2 Polimentvergoldung auf einem Holzuntergrund

---

[1] Rezepte zur Polimentvergoldung finden sich im Lucca-Manuskript aus dem 8. Jahrhunder und in der Mappae Clavicula aus dem 10. Jahrhundert.

LF 9

Technik bis in unsere Tage gehalten und gilt als Königs-
disziplin in der Meisterausbildung des Maler- und
Lackiererhandwerks.

Vorbehandlung des Untergrundes

Die Polimentvergoldung wird nur an Objekten oder
Flächen im Innenraum vorgenommen. Material und
Schichtaufbau sind nicht resistent gegen Feuchtigkeit
oder mechanische Belastungen. Früher wie heute wird
die Polimentvergoldung nur auf Holz- oder Stuckun-
tergründen angewendet.

1. Der Untergrund wird geschliffen und dann mit Leim-
   wasser behandelt. Diesen Vorgang nennt man das
   Löschen, die Leimwasser-Mischung wird dementsprechend *Lösche* genannt. Aufgabe der Lösche ist
   es, die Saugfähigkeit des Untergrundes zu verringern, diese jedoch nicht zu unterbinden.

2. Nach dem Auftrag der *Lösche* wird der Kreidegrund
   aufgetragen. Um Unebenheiten des Untergrundes
   zu beseitigen, werden mehrere Kreideschichten aufgetragen. Jede Kreideschicht sollte nach einer anderen Rezeptur hergestellt werden, um so die Eigenschaften der einzelnen Kreidelagen zu optimieren.
   Jede einzelne Kreideschicht wird mit speziellen
   Schabeisen bearbeitet, um die Grate, die beim Auftrag entstehen, abzuflachen. Anschließend kann
   ein sowohl trockener als auch nasser Feinschliff
   erfolgen. Die Wahl der Schleifart ist von der Kornstärke des Schleifmittels abhängig. Die geschliffenen Stellen werden mit einem weichen Tuch abgerieben und erneut gelöscht. Die verschiedenen
   Kreideschichten müssen eine elastische und polier-
   fähige Schicht für den *Polimentauftrag* bilden.

3. Auf die fertig geschliffenen und imprägnierten Kreidegründe wird das Poliment, auch *Bolus* genannt,
   aufgetragen. Poliment ist eine Mischung aus fet-
   tem, fein geschlämmtem Ton und Eiklar. Alterna-
   tiv kann auch Leim anstelle von Eiklar verwendet
   werden. Die Farbe des Bolus beeinflusst den „Farbton" der Vergoldung. Gelbes Poliment wird überwiegend für matte Stellen und rotes Poliment für
   glänzende Stellen der Vergoldung verwendet. Die
   Güte der Vergoldung ist in hohem Maße abhängig
   von der Qualität des Poliments.
   Die Fetthaltigkeit des Poliments sorgt für die nötige
   Haftung der Goldblättchen, was jedoch nur in feuchtem Zustand des Poliments funktioniert. Zur Unterstützung der Haftung wird vor dem Anschießen des
   Goldes die *Netze* aufgetragen. Heute besteht die

Netze aus Wasser und Alkohol, meist Spiritus. Früher wurde als Alkoholanteil in der Netze Branntwein
verwendet, weshalb die Polimentvergoldung im Volks-
mund auch *Branntweinvergoldung* genannt wurde.
Die Netze löst das Poliment an und erhöht die Haftung.

Goldauftrag

Benetzt wird nur der Teil der Fläche, der sofort vergol-
det werden soll. Dazu nimmt man mit dem flachen
Anschießer ein Goldblättchen vom Vergolderkissen.
Das Blattmetall haftet an den feinen Haaren des
Anschießers.

> Die Haare des Anschießers dürfen nicht über den Rand
> des Goldblättchens hinaushängen, da sie sonst beim
> Anschießen des Goldes mit der *Netze* und dem leicht
> gequollenen Poliment in Berührung kommen. Beim
> Aufnehmen des nächsten Goldblättchens entstehen
> dann Streifen, die sogenannten „Peitschenhiebe".

Die Haftung des Blattgolds geschieht in zwei Schritten. Zum einen entsteht ein Vakuum durch die Ver-
dunstung des Netze-Alkohols, welches das Blattmetall an den Untergrund zieht. Unterstützt wird die
Haftung durch das Andrücken des Goldblättchens mit
einem Fehhaarpinsel (Eichhörnchenhaar). Zum anderen wird die langfristige Haftung durch die Verbindung von Blattmetall und angelöstem Bolusfett und
Leimanteilen des darunterliegenden Kreidegrundes
erzeugt. Die Auflage der Goldblättchen muss etwas
überlappend sein. Ist die Fläche vollständig vergoldet, werden mit einem Haarpinsel Goldreste abgekehrt.

Polieren

Wenn die *Netze* getrocknet ist, wird die Goldfläche
mit einem Achatstein poliert.

9.4.5 Hinterglasvergoldung

Die Hinterglasvergoldung wird fast ausschließlich zu
Werbezwecken eingesetzt. Exklusive Geschäfte nutzen oft die Hinterglasvergoldung für auffällige Beschil-
derungen.
Prinzipiell funktioniert die Hinterglasvergoldung
genauso wie die Ölvergoldung. Da die Hinterglasvergoldung immer auf transparenten Untergründen wie
Glas oder Kunststoff Verwendung findet, ist das Anlegeöl oder ein anderes Klebemittel sichtbar. Neben Mixtion verarbeitet man auch Gelatine.

LF 9

269

1 Reinigen des Glasträgers

2 Die Rückseite des Glasträgers wird beschichtet

Für den Vergoldungsprozess wird in der Regel Transfergold genommen. Hinterglasvergoldungen können matt oder glänzend erstellt werden. Wichtig ist, dass die Glas- oder Kunststofffläche gut gereinigt wurde, bevor das Klebemittel aufgetragen wird. Anspruchsvoll ist es, Gelatine oder Anlegeöl gleichmäßig aufzutragen, streifenfrei abzuziehen und so eine kaum sichtbare Klebeschicht anzulegen.

3 Aufbringen des Transfergolds

Die vergoldete Fläche wird meist durch einen Lacksicht geschützt, die nach der Vergoldung aufgetragen wird. Um die farbliche Wirkung des Goldes nicht zu beeinträchtigen, wird dazu ein gold- oder gelbfarbener Lack verwendet.

Aufgaben

1. Beschreiben Sie die Verfahrensweise einer Glättetechnik.
2. Listen Sie Vergolderwerkzeuge und deren Funktion auf.
3. Beschreiben Sie den Vorgang der Polimentvergoldung.
4. Beschreiben Sie den Vorgang der Ölvergoldung.
5. Nennen Sie verschiedene Aspekte einer thematisch ausgerichteten Raumgestaltung
6. Erklären Sie den Begriff Kundenempathie.

LF 9

Kundenauftrag

Notizen:

🕐 Gespräch vom 20.11.20xx / 9⁰⁵ Uhr/ Herr Kappmann

📧 Am Wiesental 15

☎ Denkmalamt der Stadt Essen, 0201/88-61801

🏭 ☐   🏭 ☐   🏘 ☑   sonstige ☐

📝 Das städtische Haus Am Wiesental 15 / Essen-Stadtwald soll farblich neu gestaltet werden.

Malerbetrieb Roth GmbH
Gewerbepark 136
45131 Essen
Telefon: (0201) 48 67-12
Fax: (0201) 48 67-14
E-Mail: info@malerbetrieb-roth.de

Objektbeschreibung

1 Fassade Haus Am Wiesental 15

Wände
Glatter Putz der MG P II, Sanierung liegt 26 Jahre zurück, überwiegend weiß gestrichen, mit Ausbesserungsstellen, Teile grau gestrichen

Friese und Gurtbänder
Putz der MG P II, Sanierung liegt 26 Jahre zurück, teilweise blau, teilweise weiß gestrichen, mit Ausbesserungsstellen

Fenster / Türen / Handläufe / Gartentore
Dunkelblauer / hellblauer Lack, blättert ab, teilweise gerissen

Gartenmauer / Treppenaufgang
Verputzte Ziegelsteine, Putz der MG P II, Sanierung liegt 26 Jahre zurück, grau, teilweise unbeschichtet

LF 10

Ansichten

1 Westen

2 Nord-Osten

3 Süden – Detail

4 Norden – Detail

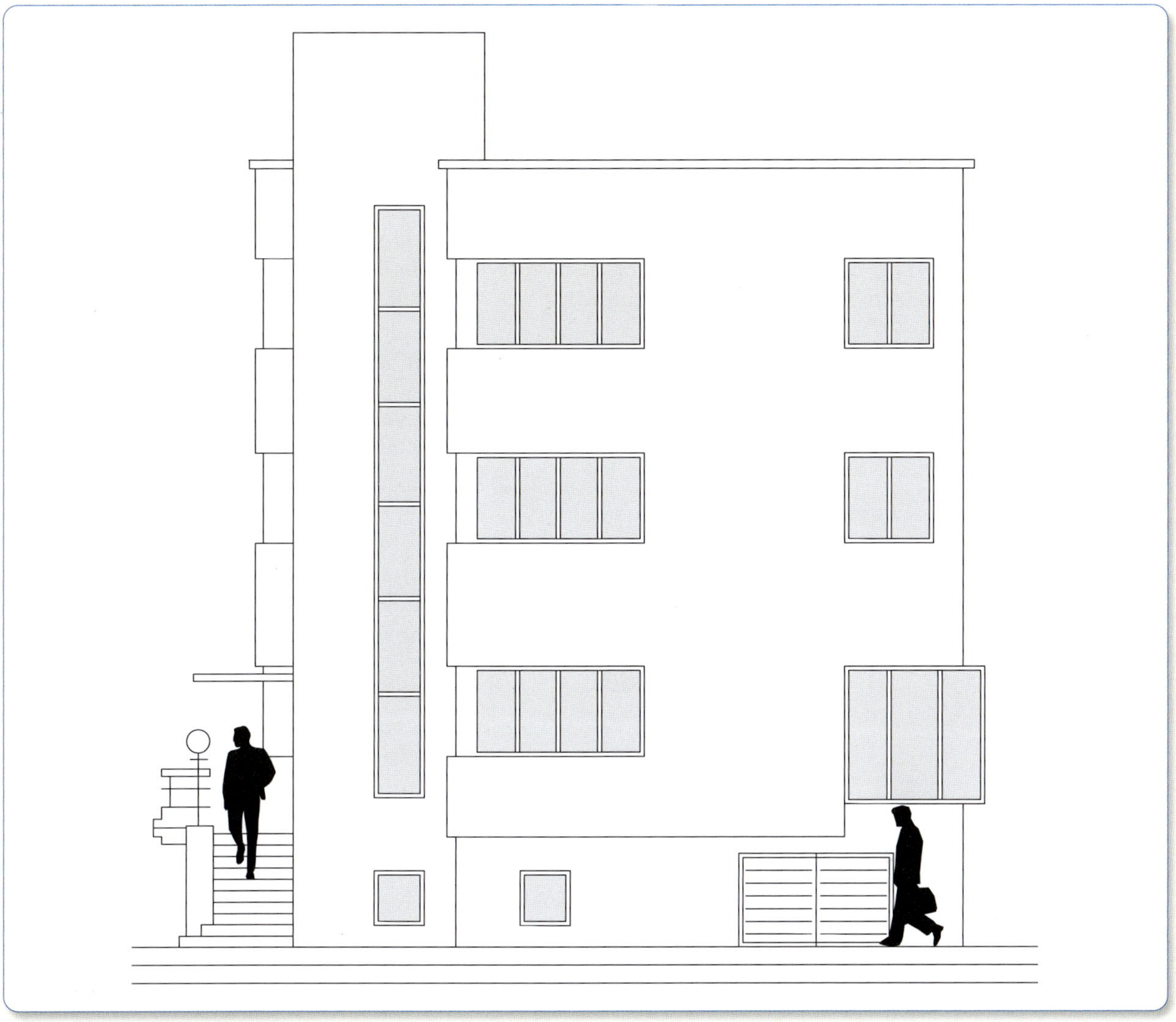

1 *Ansichtsplan der Ostfassade*

2 *Gebäudeumfeld 1*

3 *Gebäudeumfeld 2*

Informationsbeschaffung

- Fertigen Sie eine Bestandsaufnahme an, die Sie aus den Informationen des Kundenauftrags, den Bauzeichnungen und dem Bildmaterial entwickeln können.
- Besonderes Augenmerk sollten Sie auf das Baujahr des Gebäudes legen, um die Stilmerkmale bestimmen zu können.
- Recherchieren Sie mithilfe verschiedener Bücher, Broschüren, des Internets oder betrieblicher Informationen, welche Aspekte der Fassadengestaltung für die Erstellung des Farb- und Materialkonzepts notwendig sind.

Planung

Bevor Sie mit der eigentlichen Planung für die Farbgestaltung der Fassade beginnen, müssen Sie die Informationen des Denkmalamts Essen auswerten.

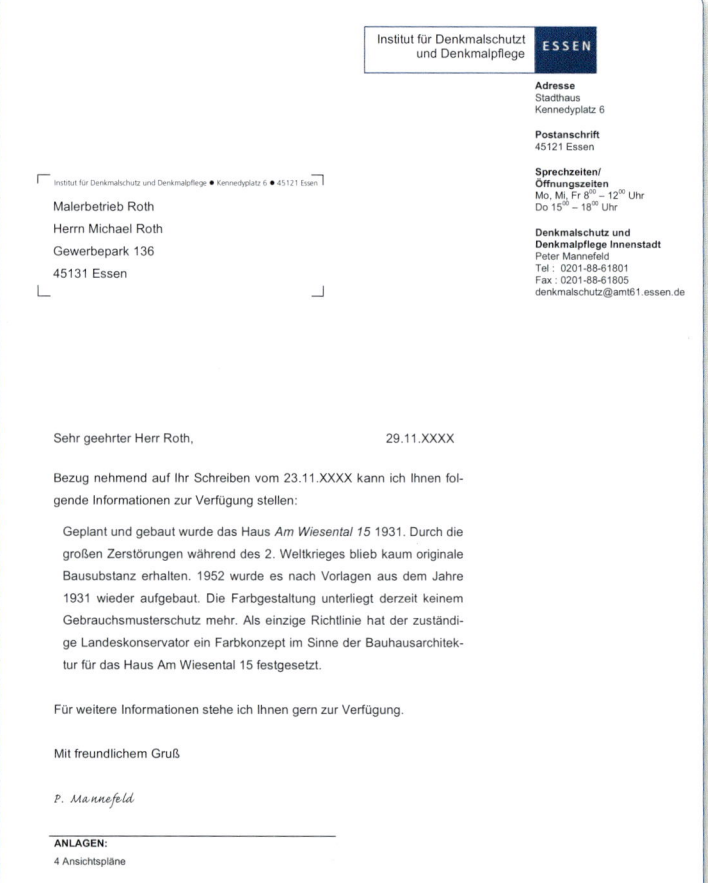

Institut für Denkmalschutzt und Denkmalpflege ESSEN

Adresse
Stadthaus
Kennedyplatz 6

Postanschrift
45121 Essen

**Sprechzeiten/
Öffnungszeiten**
Mo, Mi, Fr 8⁰⁰ – 12⁰⁰ Uhr
Do 15⁴⁰ – 18⁰⁰ Uhr

**Denkmalschutz und
Denkmalpflege Innenstadt**
Peter Mannefeld
Tel : 0201-88-61801
Fax : 0201-88-61805
denkmalschutz@amt61.essen.de

Institut für Denkmalschutz und Denkmalpflege ● Kennedyplatz 6 ● 45121 Essen

Malerbetrieb Roth
Herrn Michael Roth
Gewerbepark 136
45131 Essen

Sehr geehrter Herr Roth,   29.11.XXXX

Bezug nehmend auf Ihr Schreiben vom 23.11.XXXX kann ich Ihnen folgende Informationen zur Verfügung stellen:

Geplant und gebaut wurde das Haus *Am Wiesental 15* 1931. Durch die großen Zerstörungen während des 2. Weltkrieges blieb kaum originale Bausubstanz erhalten. 1952 wurde es nach Vorlagen aus dem Jahre 1931 wieder aufgebaut. Die Farbgestaltung unterliegt derzeit keinem Gebrauchsmusterschutz mehr. Als einzige Richtlinie hat der zuständige Landeskonservator ein Farbkonzept im Sinne der Bauhausarchitektur für das Haus Am Wiesental 15 festgesetzt.

Für weitere Informationen stehe ich Ihnen gern zur Verfügung.

Mit freundlichem Gruß

P. Mannefeld

ANLAGEN:
4 Ansichtspläne

1 Schreiben des Denkmalamts Essen

- Entwickeln Sie aus Ihrer Gebäudeanalyse eine Liste von Faktoren, die einerseits Ihre Farbwahl einschränken und andererseits unterstützen.
- Erstellen Sie mit dem Computer nach dem Ansichtsplan (Ostfassade) eine Vorlage für den Farb- und Materialplan (s. Beispiel auf der Folgeseite) und drucken/kopieren Sie diesen zweimal in der Größe DIN A 3 aus.
- Erstellen Sie einen einfachen tabellarischen Farbplan für erste Ideen (vgl. Kapitel 6), der Ihnen einen Überblick über die zu gestaltenden Bauelemente gibt.

Durchführung

Legen Sie einen Farbplan für die Fassade an. Bevor Sie Ihre Computervorlage farbig auslegen, sollten Sie verschiedene Farbkompositionen entwickeln.

> Das Experimentieren mit verschiedenen Farbharmonien erleichtert es meist, den gesuchten Farbton zu ermitteln oder ungeeignete Farbtöne auszusortieren.

- Legen Sie die Flächen Ihres Farbplans farbig aus. Berücksichtigen Sie dabei durch größere und kleinere Tabellenfelder die verhältnismäßige Größe der Farbflächen des Gebäudes.

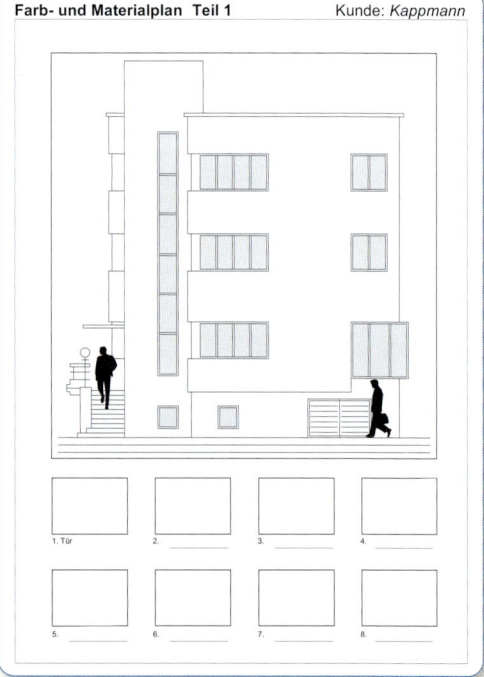

Farb- und Materialplan Teil 1   Kunde: *Kappmann*

1. Tür   2.   3.   4.

5.   6.   7.   8.

2 Farb- und Materialplan

- Erstellen Sie mindestens zwei verschiedene Farbgestaltungen für die Fassade.
- Erstellen Sie am Computer eine Dokumentation über die Entwicklung der Farbentwürfe. Schreiben Sie dazu eine kurze Stellungnahme, die Ihnen als Argumentationshilfe für das Kunden-/Architektengespräch dient.
- Diskutieren Sie Ihre Farbpläne, um evtl. Mängel zu beseitigen.

> Je sauberer und exakter die Farbfelder ausgelegt sind, die Farbtöne durchgemischt wurden und die Textur der Oberflächen verdeutlicht wird, umso stärker ist der Eindruck von guter Arbeitsleistung. Saubere und exakte Arbeit im Kleinen ist Spiegelbild Ihrer Arbeit im Großen. Darüber hinaus bietet der Farb- und Materialplan die Möglichkeit, das Auge des Kunden zu „bestechen".

Kontrolle

Bevor Sie die geleistete Arbeit dem bauleitenden Architekten zur Abnahme vorstellen, überprüfen Sie Ihre Arbeitsergebnisse:

- Vergleichen Sie Ihre Farbvorschläge mit der Liste der einschränkenden und unterstützenden Faktoren.
- Überprüfen Sie Ihre Farbvorschläge hinsichtlich ihrer Wirkung: Wie wirkt der Baukörper nach der Neugestaltung allein und wie wirkt er im Zusammenhang mit den umgebenden Bauwerken?
- Kontrollieren Sie Ihre Farbpläne auf Mängel hinsichtlich der Farbwirkungen auf dem Putzuntergrund.
- Kontrollieren Sie Ihre Farbpläne auf Mängel hinsichtlich technischer Maßgenauigkeit und Sauberkeit.

> Der Farb- und Materialplan ist zum einen das Hilfsmittel, welches Sie einsetzen können, um den Kunden von Ihrer Arbeitsleistung zu überzeugen. Zum anderen dient der fertige Farb- und Materialplan Ihrer Kontrolle. Überprüfen Sie Ihr eigenes Vorgehen anhand dieses Ergebnisses, besonders im Hinblick auf die Kundenvorgaben.

Dokumentation und Präsentation

Bei der Schlussabnahme mit dem bauleitenden Architekten und dem Kunden stellen Sie Ihre Farbvorschläge vor.

- Bereiten Sie aus Ihren Ergebnissen mit dem Computer eine Dokumentation vor.
- Simulieren Sie Kundengespräche.
- Analysieren Sie das Simulationsgespräch getrennt nach Inhalt und Gesprächsverlauf (Gestik, Mimik, Handbewegungen u. a. (vgl. Kap. 8)).

> Inhalte und Kommunikationsstruktur bilden je eine eigenständige Ebene im Kundengespräch. Funktionieren beide Ebenen, wird das Gespräch ein Erfolg. Falls aber eine der beiden Ebenen nicht funktioniert, kann das Gespräch im weiteren Verlauf unkalkulierbar werden. Die Analyse eines Übungsgesprächs ist notwendig und hilft, die Fehler aufzuspüren. Meist ist ein Übungsgespräch unangenehm, weil es immer schwer ist, sich mit bekannten Personen in eine Simulation zu begeben. Doch es hilft, wenn man gezwungen ist, sich mit seiner Gedanken- und Kommunikationsstruktur auseinanderzusetzen.

- Stellen Sie der Klasse vor, wie Sie mit Ihrem Team bei der Schlussabnahme dem Architekten und Kunden Ihre Arbeit präsentieren möchten.

10 Fassaden gestalten

10.1 Farbgestaltung

10.1.1 Gliederung von Farbgestaltungen

Betrachten wir Farbgestaltungen von Gebäuden oder Innenräumen kritisch, stellen wir fest, dass diese uns mehr oder weniger gut gefallen bzw. mehr oder weniger gut gelungen sind. Meist urteilen wir gefühlsmäßig, ohne genau ausdrücken zu können, warum uns die eine Farbgestaltung gefällt, eine andere dagegen negativ bewertet wird. Wollen wir eine Farbgestaltung fachgerecht beurteilen, müssen wir uns von der gefühlsmäßigen Beurteilung lösen. Ein wichtiges Hilfsmittel für eine fachgerechte Beurteilung ist die Gliederung einer Farbgebung. Wir fragen uns, welcher Farbton bildet die Ausgangsfarbe, welche Farben beziehen sich auf diese Basis und welche Farbtöne dienen als schmückendes Beiwerk.

Durch diese Fragestellung können wir eine Farbgestaltung in drei Bereiche gliedern. Sie werden durch folgende Fachbegriffe beschrieben:

◆ **Dominante**
◆ **Subdominante**
◆ **Akzente**

Als **Dominante** wird der bestimmende (dominierende) Grundton einer Farbgestaltung bezeichnet.
Als **Subdominante** gelten die untergeordneten Farbtöne einer Farbgestaltung. Sie sind von dem dominierenden Farbton abhängig.
Als **Akzente** dienen Schmuckelemente und Hervorhebungen.

10.1.2 Fassadengestaltung

Die Fassade ist das Aushängeschild eines Bauwerks. Jeder Passant wird bewusst oder unbewusst eine Wertung der Fassadengestaltung vornehmen. Es ist selten, dass jemand keine Meinung zu der Farbgestaltung einer spezifischen Fassade hat. Die Farbgestaltung gibt nicht nur Informationen über die Epoche der Erbauung, sondern auch über den Besitzer. Hat er sich für ein Farbkonzept entschieden, was nicht den Zeitgeist trifft oder sich gerade zu sehr am Trend orientiert, so muss er mit dieser Farbkonzeption und Komposition leben – tagtäglich!

10.1.3 Farbgestaltung von Fassaden – eine Herausforderung?

Die Farbgestaltung von Fassaden ist grundsätzlich eine schwierige Angelegenheit. Ist man sich unsicher, sollte man einen kompetenten Maler und Lackierer oder Farbberater zurate ziehen. Die Wirkung einer Fassade wird z. B. bestimmt durch:

◆ ihre Dimension in sich
◆ ihre Dimension im baulichen Kontext
◆ Anordnung, Größe und Proportion von Fenstern, Türen usw.
◆ bauliche Gliederungselemente
◆ die Textur der verwendeten Oberflächenmaterialien

> Zum einen ist es schwierig, die Farbwirkung auf großen Flächen im Vorfeld genau einzuschätzen, und zum anderen empfindet jeder Betrachter die Wirkung von Farben anders.

LF 10

1 *Neue Farbgestaltung, Berlin-Kreuzberg, 2006*

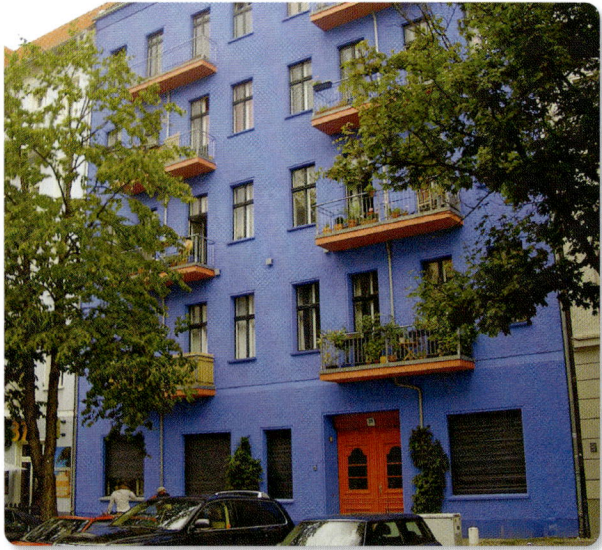

2 *Neugestaltung einer Fassade in Berlin-Kreuzberg, 2006*

Trotz Voransichten moderner Computersimulationen oder farbgetreuer Farb- und Materialpläne ist die Farbwirkung auf einer Fassadenfläche oft eine Gratwanderung. Das Anlegen von Farbproben kann nur auf kleinen Flächen vorgenommen werden und probehalber eine Fassade zu beschichten ist unmöglich. Selbst eine professionelle Computerdarstellung vermag nicht die verschiedenen Wechselwirkungen des Licht- und Schattenspiels mit dem Baukörper wiederzugeben. Die „richtige" Farbe für eine bestimmte Fassade zu finden, ist von vielen Faktoren abhängig und natürlich nicht zuletzt vom Geschmack. Da gerade bei der Farbwahl meist emotionale oder persönliche Gründe als Entscheidungskriterium fungieren, ist es Aufgabe des Malers und Lackierers, den Auftraggeber bei der Wahl der „richtigen" Farbe zu unterstützen.

> Eine genaue Analyse des Baukörpers dient als Grundlage für das Kompositionskonzept einer farblichen Fassadengestaltung.

10.1.4 Aspekte eines Farbkonzepts

Jede Epoche hat eine Palette bestimmter Farben, die zum jeweiligen Zeitpunkt als „modern" bezeichnet wurden. Interessanterweise haben intensive, klare Farbtöne einen wesentlich kürzeren Verwendungszeitraum, bevor sie als unmodern bezeichnet werden, als gedeckte oder pastellartige Farbtöne, die als unauffällig oder zurückhaltend eingestuft werden. Welche nun die „richtige" oder „falsche" Farbkomposition ist, ist eine Frage des Standpunkts.

Zur Erstellung eines Farbkonzepts und einer Konzeption muss der Maler und Lackierer verschiedene Faktoren analysieren:

> Primär stehen das Baujahr, der Standort und die Funktion im Vordergrund der Betrachtung.

1 Gedeckte Farben für Gründerzeithäuser

> Bevor man eine Neukonzeption des Farbkonzepts vornimmt, sollte geprüft werden, ob es nicht im Widerspruch zum historischen Farbkonzept des Gebäudes steht.

2 Farben gleicher Helligkeit und Sättigung können harmonieren

Darüber hinaus hat jede Fassade vorgegebene Farbtöne, die bestehen bleiben sollen oder müssen. Zusätzlich müssen die einzelnen Fassadenelemente, wie Wandflächen, Gesimse, Ziergiebel u. ä., in der Farbkonzeption berücksichtigt werden. Neben der formalen Analyse des Baukörpers muss der Maler und Lackierer die Wirkung eventueller Farben an einer Fassade einschätzen können. Farben verändern die Dimensionen eines Baukörpers, sie können bspw. Nähe, Ferne oder Tiefe erzeugen oder je nach Perspektive farbliche Schwerpunkte setzen.

3 Je nach Perspektive können farbige Schwerpunkte entstehen

> Farben können gliedern, betonen, dekorieren, einbinden, kennzeichnen, akzentuieren und/oder Assoziationen auslösen.

LF 10

Ergänzend zur Analyse des Baukörpers und der ange-strebten Farbwirkung muss der Maler und Lackierer ein Kompositionsprinzip entwickeln. Hier unterschei-det man:

- **eine Einfarbigkeit** (ein Farbton für die gesamte Fas-sade)
- **eine differenzierte Einfarbigkeit** (ein Basisfarbton mit verschiedenen Aufhellungen, Abdunkelungen oder Vergrauungen)
- **kontrastierende Farbtöne** (Die Fassade wird mit ver-schiedenen Farbtönen gestaltet.)

1 Die Farbe der Dachdeckung ist ein vorgegebener Farbton, der in das Farbkonzept einfließen muss

Die Farbtöne selbst betreffend muss entschieden wer-den, ob es

- **klare,**
- **pastellartige,**
- **diffuse,**
- **dunkle,**
- **helle,**
- **strahlende,**
- **„knallige" Farben**

sein sollen.

2 Auch das Material ist entscheidend für die Wirkung

10.1.5 Aufbau eines Farb- und Materialkonzepts

1. Die **Analyse** gibt dem Maler einen Überblick über den Farb-/Material-Ist-Zustand des Gebäudes.

3 Differenzierte Einfarbigkeit im Farbklang Grün

2. Im nächsten Schritt muss der Maler und Lackierer die **eingrenzenden Faktoren** für sein Farb- und Materi-alkonzept auflisten: Kundenwünsche, Lage und Aus-richtung des Hauses, bestehendes Farb-/Ma-terialkonzept des Gebäudes, Farb-/Materialkonzept der umliegenden Häuser, historischer Kontext usw.
3. Im letzten Schritt stellt sich die Frage, **welche Wir-kung** soll durch ein Farb- und Materialkonzept erreicht werden? Hier muss die Richtung der Farb-klänge und das Kompositionsprinzip herausgear-beitet werden: Welcher Farbton und welches Mate-rial harmonieren mit dem Umfeld des Bauwerks und wie fügen sich die einzelnen Elemente der Fassade in ausgewählte Farbklänge?

Ein Farbkonzept basiert nicht ausschließlich auf einer Zusammenstellung von Farbklängen.

> Ein Farbkonzept besteht grundsätzlich aus dem Zusammenspiel von Farbgestaltung, Oberflächen-struktur und Materialwahl.

Materialien zur Beschichtung von Fassaden, z. B. Putze, erzeugen je nach Verarbeitung bestimmte Oberflä-

LF 10

1 Deutliche Hell-Dunkel-Kontraste führen zu stark gliedernder Wirkung

chenstrukturen. Diese treten bei wechselndem Licht- und Schattenspiel (besonders bei Streiflicht) sehr plastisch hervor. Stark strukturierte Oberflächen erreichen eine hohe Kontrastwirkung, wenn sie mit dunklen, glänzenden Beschichtungen überzogen werden. Besonders bei historischen Fassaden, deren charakteristisches Merkmal die Plastizität ist, sollte über die Verwendung von Material und Farbe intensiv nachgedacht werden, um die Fassade nicht zu überfrachten.

Die Farbplanung am Computer birgt die Schwierigkeit, dass die sogenannte *Relativität von Farberscheinungen* nicht simulierbar ist.

> Unter dem Begriff **Relativität von Farberscheinungen** versteht man das Phänomen, dass Farben auf jeden Betrachter unterschiedlich wirken. Dieses Phänomen entsteht vornehmlich durch tageszeitlich bedingte Lichtveränderungen, durch verschiedene Standorte der Betrachter, durch verschiedene Material- und Oberflächenstrukturen und durch die Farben des Umfeldes (Bauwerke, Bäume, Straßen usw.)

2 Licht ist ein wichtiger Faktor bei der Farbgestaltung von Fassaden

Besonders schwierig ist die Planung von sehr bunten Farbtönen. Auf kleinen Musterflächen wirken sie völlig anders als auf einer großen Fassadenfläche. Die Erscheinung eines dunklen Bunttons auf großer Fläche lässt sich am besten mit einer Farbprobe auf einem schwarzen Untergrund simulieren. Bei der Mustererstellung von helleren Bunttönen greift man eher auf einen weißen Untergrund zurück.

3 Starke plastische Wirkung von strukturierten Oberflächen

> Grundsätzlich kann man Fassaden mit intensiven Farbklängen gestalten, solange diese mit dem Umfeld und der Fassadengliederung harmonieren.

4 Helle und dunkle Fassadenflächen lassen weiße Fassadenelemente unterschiedlich stark hervortreten

10.1.6 Die Gestaltung von Fassadenflächen

Fassadenelemente, wie Fenster, Türen, Fensterbekleidungen, Balkone, Lisenen, Gurte, Gesimse, Ziergiebel, Sockel, Bossenwerk u. Ä., haben heute keine oder kaum noch architektonisch-konstruktive Funktionen. Sie sind

inzwischen reine Dekoration und fungieren darüber hinaus zusätzlich als visuelles Gliederungsmittel für die Fassadengestaltung.

> Die Elemente einer Fassade bestehen meist aus einfachen geometrischen Formen.

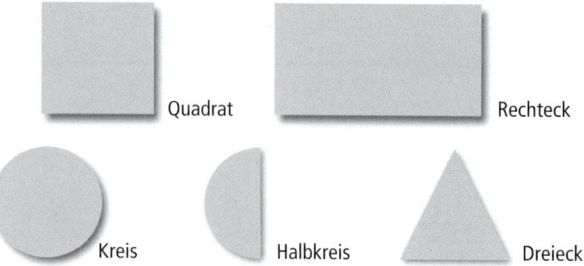

Quadrat — Rechteck — Kreis — Halbkreis — Dreieck

Zu diesen Elementen zählen auch **Rauten, Parallelogramm, Triangel** u. v. m.

1 Strenge geometrische Formen als Dekor und als Hilfsmittel zur Fassadengliederung

> Man unterscheidet zwei Möglichkeiten, eine Fassade zu gliedern: die horizontale bzw. die vertikale Gliederung durch Farbe und Formen (Fassadenelemente).

2 Visuelle Fassadengliederung

> Es lässt sich feststellen,
> - dass als horizontale Gliederungselemente Sockel, Gurtbänder oder Gesimse dienen,
> - dass zur vertikalen Gliederung Pilaster, Kannelierungen, Säulen oder Lisenen beitragen,
> - dass Quadermauerwerk oder -bossenwerk und deren Fugenbild eine solide Horizontalwirkung von Fassadenwänden und speziell des Sockels erzeugen,
> - dass Fenster, Fensterbänke und -stürze, Faschen und Rahmen sowie Türen gezielt zur Gliederung einer Fassade eingesetzt werden.

Horizontale Gliederungen, werden sie zusätzlich farblich mittels dunkler Farbklänge verstärkt, wirken massiv und schwer. Vertikale Fassadengliederungen vermitteln dem Betrachter aufstrebende Tendenzen und Leichtigkeit. Seit der Antike hat das architektonische Prinzip von Last und Stütze nicht an Aktualität verloren. Dieses Konstruktionsprinzip sollte in der Farb- und Materialkonzeption stets beibehalten werden.

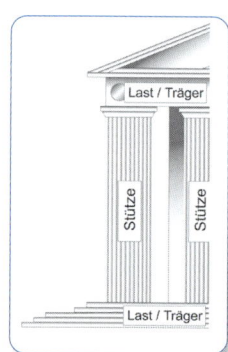

3 Prinzip von Last und Stütze

4 Horizontale und vertikale Gliederung mit einfarbiger Komposition

Reduziert man die Fassade auf eine geometrische Fläche, so bleibt in den meisten Fällen ein Rechteck übrig.

Grafik 1

1. Das Farbkonzept sieht eine flächige Gestaltung mit einem einfarbigen Kompositionsprinzip vor.

Grafik 2

2. Das Farbkonzept sieht eine flächige Gestaltung mit einem differenzierten einfarbigen Kompositionsprinzip vor.

Grafik 3

3. Das Farbkonzept sieht eine vertikale Gestaltung mit einem differenzierten einfarbigen Kompositionsprinzip vor. Die vertikal ausgerichtete Farbgestaltung lässt das Gebäude schlanker erscheinen.

Dieses Rechteck kann auf verschiedene Weisen farblich gestaltet werden (Grafiken 1–6):

Grafik 4

4. Das Farbkonzept sieht eine vertikale Gestaltung mit einem kontrastierenden Kompositionsprinzip vor.

Grafik 5

5. Das Farbkonzept sieht eine horizontale Gestaltung mit einem differenzierten einfarbigen Kompositionsprinzip vor. Horizontal ausgerichtete Farbgestaltungen lassen Fassaden gedrungener bzw. flacher erscheinen.

Grafik 6

6. Das Farbkonzept sieht vertikale und horizontale Farbflächen mit einem farblich kontrastierenden Kompositionsprinzip vor. Eine klare visuelle Ausrichtung des Gebäudes wird damit verschleiert.

Hinsichtlich der Verwendung von Farbtönen gibt es heute so gut wie keine Einschränkungen. Die sogenannten „klassischen" Farbkombinationen sind eine Folge der historischen Stil- und Farbgeschichte.

> Als eine Grundregel kann die farbliche Betonung der gliedernden Fassadenelemente angesehen werden.

Eine weitere Grundregel lässt sich zur Gestaltung von großen Fassadenflächen formulieren: Je größer die Fläche, desto intensiver wirken die Farbklänge (s. S. 281, Grafiken 2 und 3). Je heller oder vergrauter die Farbklänge sind, umso „zurückhaltender" wirkt das Gebäude. Ein Kriterium für die Flächengestaltung ist auch das Prinzip von Last und Stütze (Abb. 1). Die Farben werden auf das Belastungsprinzip des Bauwerks übertragen. Das ist ein Prinzip, das schon lange Verwendung findet. Der Sockel eines Gebäudes sollte entweder dunkel gestrichen sein, um so den Belastungscharakter herauszustellen und damit visuelle Standfestigkeit, Ruhe und Gesetztheit auszudrücken. Oder die Farbigkeit des Sockels ordnet sich den Fassadenfarben unter, um weniger ins visuelle Gewicht zu fallen.

1 Horizontales Gestaltungselement: Die Farbe Grau unterstützt die Wirkung des Sockels

> Eine neue, moderne Farbgestaltung kann den ursprünglichen visuellen Charakter und Stil eines Gebäudes völlig verändern.

10.1.7 Die Gestaltung von Fassadenelementen

Die Gestaltung von Fassadenelementen setzt ein gutes Gespür für Hell-Dunkel-Kontraste voraus. Helle Bauteile wirken auf dunkler Wandfläche größer als ver-

gleichbare dunkel beschichtete Elemente auf heller Fläche (Grafik 7).

Grafik 7

Helle Bauteile treten auf dunklen Fassadenflächen stärker hervor. Dunkle Bauteile werden von dunklen Farbflächen geschluckt. Helle Bauteile treten hervor (Grafik 8).

Grafik 8

Fenster und Türen erscheinen, sofern sie kein farbiges Glas besitzen, vorwiegend als graue oder graublau schimmernde Fläche.
Fenster und Türen haben immer einen Rahmen und stellen somit zwei Komponenten dar, die bei der Farbgestaltung berücksichtigt werden müssen. Fenster und Türrahmungen werden durch ihre Rahmenfarbe betont. Darüber hinaus können zusätzlich aufgebrachte Blend- oder Zierrahmen (Faschen) farbliche Akzente setzen oder die Farbgestaltung von Türen und Fenstern auflockern (Grafiken 9 und 10).

Grafik 9

Grafik 10

An historischen Fassaden wird das Gliederungssystem meist durch das Zusammenwirken aller Fassadenelemente gebildet. Lisenen, Gesimse, Ziergiebel, Fenster und Türen bilden dabei eine Einheit. Um diese Einheit zu erhalten, sollten diese Elemente im gleichen Farbton gestaltet werden. Muss oder soll das Gliederungssystem aufgelockert werden, sollten einerseits Türen und Fenster farbig gleich gestaltet werden und andererseits Lisenen und Gesimse ebenso.

Dunkle Türen, besonders ohne Glas, wirken verschließend und abweisend, wohingegen hell beschichtete Türen einen freundlichen, offenen und einladenden Charakter haben (Grafiken 11, 12 und 13).

Grafik 11

Grafik 12

Grafik 13

Farbgestaltung des Fassadensockels

Bei der Farbgestaltung des Sockels muss Rücksicht auf die visuelle Aufgabe dieses Bauteils genommen werden. Neben seinen architektonischen Aufgaben soll ein Sockel gliedernd und abschließend wirken. Beson-

derheit des Sockels ist seine entweder hervorstehende (Abb. 1) oder zurückliegende Bauart (Abb. 2).

1 Sockel hervorstehender Bauart

Die Sockelfarbe sollte sich von den Farbtönen der übrigen Fassadenelemente absetzen. Um die visuelle Zugehörigkeit zum Haus bzw. zur Fassade zu gewährleisten, sollte der Kontrast nicht zu stark gewählt werden. Wird dagegen der Kontrast zu gering gewählt, d. h., sind sich die Farbtöne zu ähnlich, kann sich die architektonische und visuelle Wirkung des Sockels nicht entfalten. Hervorstehende Sockel weisen zusätzlich das Phänomen auf, dass die Sockelkanten heller erscheinen als die Sockelflächen. Der Maler und Lackierer muss daher bei der Planung seines Farbkonzepts die architektonische Beschaffenheit des Sockels berücksichtigen (Abb. 2).

2 Sockel zurückliegender Bauart

LF 10

Zusätzliche Regeln für die Farbgestaltung von Fassaden:

- Bauteile, die als statische Lastträger fungieren, werden in der Regel farblich abgesetzt, um ihre architektonische Funktion hervorzuheben.
- Viele verschiedene Farbtöne überfrachten die architektonischen Feinheiten eines Gebäudes und können die Einheit von Farbgestaltung und baulicher Formgebung zerstören.
- Das Farbkonzept und die Funktion des Bauwerks sollten eine in sich geschlossene Einheit bilden.
- Farbliche Detaillösungen müssen Bestandteil eines farblichen Gesamtkonzepts sein.

Aufgaben

1. Beschreiben Sie den Aufbau eines Farb- und Materialkonzepts.
2. Worauf müssen Sie bei der Gestaltung von Sockelflächen achten?
3. Nennen Sie die verschiedenen gliedernden Bauelemente einer Fassade.
4. Beschreiben Sie die verschiedenen Wirkungen, die Farben an einer Fassade erzeugen können.
5. Nennen Sie die verschiedenen Kompositionsprinzipien für die Farbgestaltung von Fassaden.
6. Nennen Sie Regeln für die Fassadengestaltung.

10.1.8 Die Gestaltung von Straßenzügen

Straßen sind lebendig, Straßen sind laut, Straßen sind meist schmutzig, Straßen verbinden Stadtteile. Entlang der Straßen leben, wohnen und arbeiten Menschen. Die Bauwerke an einer Straße können vielfältig sein: historisch gewachsene Wohnhäuser, schnell errichtete Zweckbauten der Nachkriegszeit, öffentliche Bauten, sakrale Bauten, mehrgeschossige Wohnkomplexe oder moderne Reihenhaussiedlungen. Die Bebauung eines jeden Straßenzuges ist anders. Auch wenn sie sich manchmal ähneln, dennoch hat jeder Straßenzug seinen eigenen, ganz individuellen Charakter.
Die Aufgabe, einen Straßenzug farblich zu gestalten, ist wesentlich komplexer als die Gestaltung einer einzelnen Fassade. Dennoch ist der Weg ähnlich und verläuft über eine differenzierte Analyse der Gegebenheiten. Diese wird auf verschiedenen Ebenen durchgeführt. Es bietet sich an, die Analyse von der Gesamtbebauung

bis zum einzelnen Bauwerk durchzuführen. Einige helfende Schlüsselfragen sind rechts aufgelistet.

1 Historismusstraßenzug mit offener Farbordnung

2 Häuser eines Straßenzugs mit Wohnhäusern aus dem gleichen historischen Kontext mit visuell geschlossener Farbordnung

3 Häuser eines Straßenzugs aus gleichem historischen Kontext mit Fassadenfarben gleicher Helligkeit und Sättigung

1. In welchem Stadtteil liegt der Straßenzug?

Die Analyse der Ortslage des Straßenzuges beinhaltet, die Straße im Stadtviertel zu lokalisieren und, sofern möglich, die städtebauliche Entwicklung der Bauwerke entlang der Straße zu recherchieren. Das Katasteramt oder Denkmalamt der Stadt bzw. der Gemeinde hilft hier weiter.

2. Bestehen Unterschiede zwischen den Bauwerken oder sind sie identisch?

3. Wie sind die Gebäude zur Straße positioniert?

Die Flächen von schräg zur Straße stehenden Häusern können für den Betrachter visuell verzerrt erscheinen. Die Fluchten der (sich durch die Perspektive verjüngenden) Fassadenflächen schräg (zur Straße) stehender Häuser müssen in die Farbplanung mit einbezogen werden.

4. Welcher Gebäudetyp befindet sich im Straßenzug?

Für die Analyse gilt zu klären, aus welchen Bauwerktypen sich die Bebauung des Straßenzuges zusammensetzt: private Einfamilienhäuser, Mehrfamilienhäuser, Doppelhäuser, Reihenhäuser, mehrstöckige Wohnhäuser, Bürogebäude, Wohn- und Geschäftshaus, Stilfassade u. a.

5. Über welchen historischen Kontext verfügen die Bauwerke?

Die Bestimmung der geschichtlichen Bauperiode der Bauwerke (s. Kap 10.6) und die Bestimmung des historischen Farbkonzepts und Gliederungssystems kann man als zentralen Aspekt der Analyse betrachten. Dieser Punkt ist nicht nur für die einzelne Fassade oder das Erscheinungsbild des Straßenzuges wichtig, sondern auch für die gestalterische Ausprägung einer ganzen Stadt. Jede Stadt hat ihr Gesicht, ihren ganz besonderen Charakter. Jedes Viertel, jeder Straßenzug und jedes einzelne Bauwerk trägt als Baustein zum Gesamteindruck der Stadt bei. Die Erhaltung dieses Charakters verlangt von neuen Farbkonzepten eine besonders feinfühlige Integration in bestehende historisch gewachsene Fassadengestaltungen einer ganzen Stadt.

6. In welchem architektonischen Stil sind die Bauwerke derzeit gestaltet?

Sind es reich verzierte Gründerzeithäuser, minimalistische Bungalows o. Ä.? Welche Gliederung und Gestaltungsprinzipien weisen die einzelnen Bauwerke derzeit auf? Welche Silhouette bildet der gesamte Gebäudekomplex? Besitzen die einzelnen Häuser eine vertikale oder horizontale Gliederung bzw. Ausrichtung?

1 *Straßenzeile vor der Neugestaltung*

2 *Vor der Neugestaltung – Detail*

LF 10

Die drei Farbentwürfe zur Neugestaltung der Straßenzeile werden auf den beiden Folgeseiten abgebildet.
▶ Seiten 286/287

1 Farbentwurf Nr. 1 per PC (erstellt durch das Farbstudio der Fa. Brillux)

Objekt

Wohnhäuser
Eichenkampstr. 2–12
58135 Hagen

Farbtöne

Brillux Scala

Fassade Haus Nr. 12 + 2 – 21.09.12
Fassade Haus Nr. 10 + 4 – 93.03.12
Fassade Haus Nr. 8 – 15.09.09
Fassade Haus Nr. 6 – 18.06.09

Sockel – 03.03.12
EG Haus Nr. 10 + 4 – 03.03.12
Absetzungen – 03.03.06
Türen – 27.09.30 (RAL 3005)
Türoberlicht/-profil – 03.03.15 (RAL 7044)

2 Farbentwurf Nr. 2 per PC (erstellt durch das Farbstudio der Fa. Brillux)

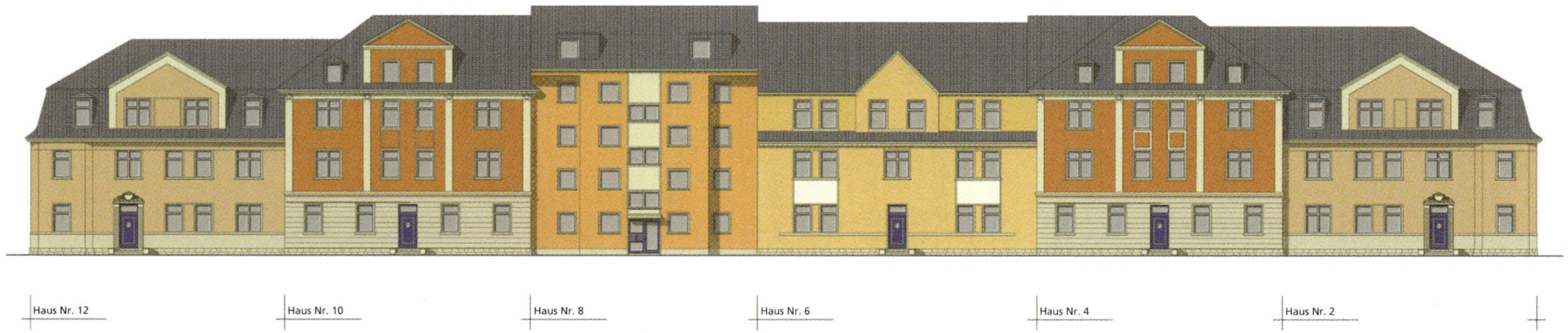

Objekt

Wohnhäuser
Eichenkampstr. 2–12
58135 Hagen

Farbtöne

Brillux Scala

Fassade Haus Nr. 12 + 2 – 15.09.15
Fassade Haus Nr. 10 + 4 – 21.12.18
Fassade Haus Nr. 8 – 15.12.15
Fassade Haus Nr. 6 – 12.12.12

Sockel – 09.06.12
EG Haus Nr. 10 + 4 – 09.06.12
Absetzungen – 09.06.09
Türen – 57.09.27
Deko Haus Nr. 10 + 4 – 09.06.03

Brüstungsfelder Haus Nr. 8 – 09.06.09
Brüstungsfelder Haus Nr. 6 – 09.06.06

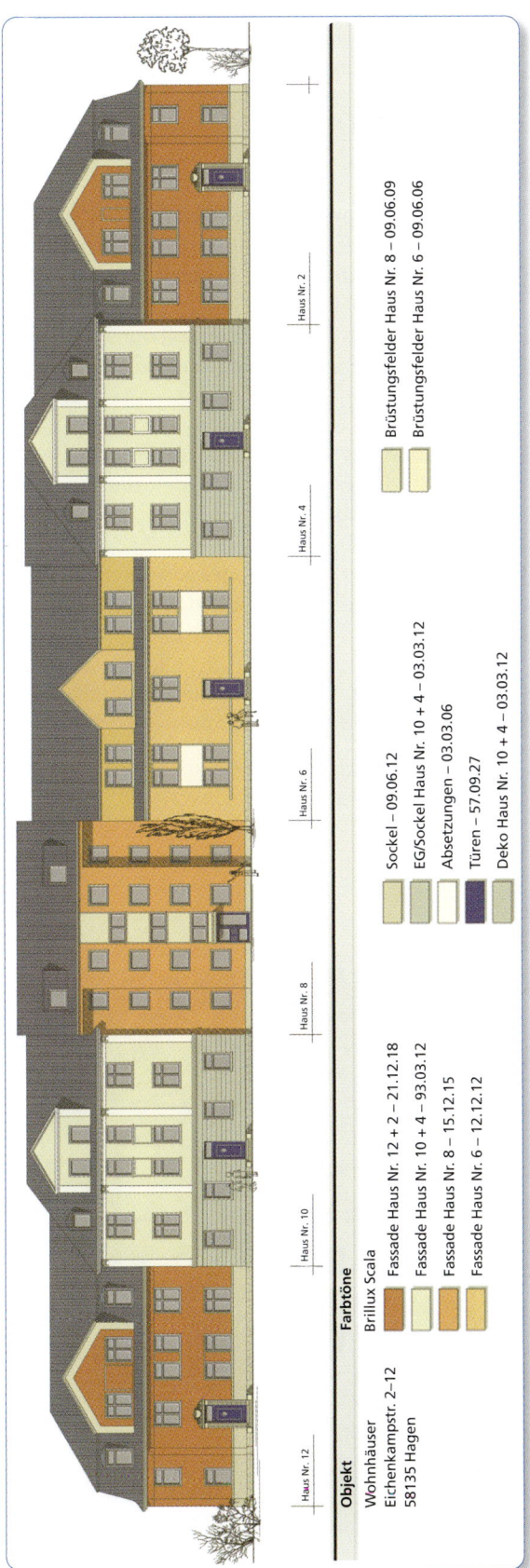

Objekt		Farbtöne	
Wohnhäuser		**Brillux Scala**	
Eichenkampstr. 2–12			Fassade Haus Nr. 12 + 2 – 21.12.18
58135 Hagen			Fassade Haus Nr. 10 + 4 – 93.03.12
			Fassade Haus Nr. 8 – 15.12.15
			Fassade Haus Nr. 6 – 12.12.12

Sockel – 09.06.12	Brüstungsfelder Haus Nr. 8 – 09.06.09
EG/Sockel Haus Nr. 10 + 4 – 03.03.12	Brüstungsfelder Haus Nr. 6 – 09.06.06
Absetzungen – 03.03.06	
Türen – 57.09.27	
Deko Haus Nr. 10 + 4 – 03.03.12	

1 Farbentwurf Nr. 3 per PC (erstellt durch das Farbstudio der Fa. Brillux)

3 Ausführung Rückseite

2 Ausführung Fassade

1 Gründerzeitfassaden ohne ein gemeinsames Farbkonzept

Hat man all diese Fragen geklärt und die Informationen und Rechercheergebnisse strukturiert, gilt es, den umgekehrten Weg einzuschlagen und sich mit den Farbkonzepten vom Einzelhaus hin zur Gesamtbebauung zu bewegen.

Im nächsten Schritt muss geklärt werden, welches Ziel die neue Farbgestaltung erfüllen soll. Grundsätzlich unterscheidet man drei mögliche Richtungen:

1. Die Bebauung des Straßenzuges soll durch die neue Farbgestaltung einen **geschlossenen visuellen Farbkontext** erhalten.

2. Die Bebauung des Straßenzuges soll durch die neue Farbgestaltung einen **visuell aufgelockerten Farbkontext** bekommen.

3. Die Bebauung des Straßenzuges soll durch die neue Farbgestaltung einen **auflösenden Farbkontext** bekommen.

> Ermitteln Sie immer das Gebäude des Straßenzuges, welches im Bebauungskontext den „wichtigsten" Platz einnimmt!

2 Die unterschiedlichen Rottöne und die Dachfarben brechen das Harmoniekonzept der Straßenzeile

3 Einzeln für sich gesehen sind es zwei geschlossene Farbkonzepte

LF 10

Der „wichtigste" Platz eines Bauwerks innerhalb der Bebauung eines Straßenzuges definiert sich durch verschiedene Faktoren:

- Wird die Lage des Bauwerks/der Gebäudekomplex von der Straßenführung betont?
- Liegt das Gebäude/der Gebäudekomplex gut sichtbar im Gebäudekontext?
- Wird das Gebäude/der Gebäudekomplex durch Begrünung, Bäume oder andere Gebäude teilweise verdeckt oder versteckt?
- Fällt Licht und Schatten durch Bäume oder andere Gebäude auf den Baukörper/den Gebäudekomplex?
- Steht das Bauwerk/der Gebäudekomplex frei oder ist es/er in einer geschlossenen Gebäudeordnung verankert?
- Weisen architektonische Elemente, wie z. B. richtungsweisende Mauern, auf das Bauwerk/den Gebäudekomplex hin (sogenannte Fluchtlinien)?
- Hat das Bauwerk/der Gebäudekomplex auffällige historische Gliederungselemente wie Lisenen oder Gurtbänder usw.?
- Wurden die Fassaden mit auffälligen Materialien gestaltet?
- Wie groß sind die zu gestaltenden Flächen?
- Welche Funktionalität hat das Bauwerk/der Gebäudekomplex?

2 Bewusste Gestaltung einer Straßenzeile?

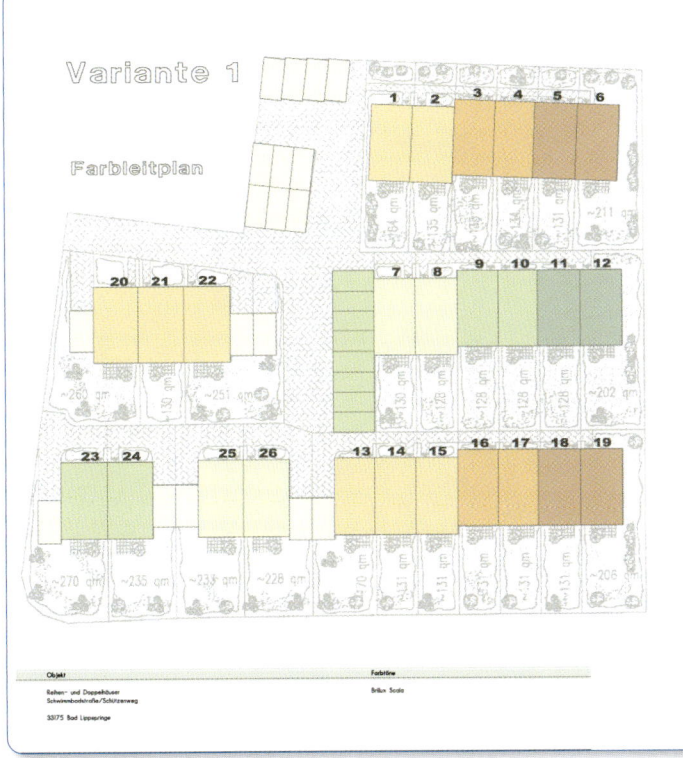

1 Farbenleitplan für eine ganze Siedlung (Fa. Brillux)

3 Jedes Gebäude für sich ein architektonisches Individuum

LF 10

10.1.9 Gestaltungsbeispiele

1 Planungsvariante Nr. 1 (erstellt durch das Farbstudio der Fa. Brillux)

2 Planungsvariante Nr. 2 (erstellt durch das Farbstudio der Fa. Brillux)

LF 10

Objekt

Wohnhäuser
Amundsenstr. 38 b–f
14469 Potsdam

Farbtöne

Brillux Scala

Haus 1, 3 und 5

- Fassade – 12.15.09
- Dachgeschoss – 15.12.15
- Gebäudevorsprünge – 09.09.03

Haus 2 und 4

- Fassade – 15.12.15
- Dachgeschoss – 12.15.09
- Gebäudevorsprünge – 09.09.03

1 Planungsvariante Nr. 3 (erstellt durch das Farbstudio der Fa. Brillux)

Objekt

Wohnhäuser
Amundsenstr. 38 b–f
14469 Potsdam

Farbtöne

Brillux Scala

Haus 2 und 5

- Fassade – 21.12.15
- Dachgeschoss, Fassadenband – 09.06.09
- Fassadenband – 06.06.03
- Balkonbrüstung – Trespa A 03.0.0

Haus 3

- Fassade – 27.12.21
- Dachgeschoss, Fassadenband – 03.03.12
- Fassadenband – 09.06.06
- Balkonbrüstung – Trespa A 05.1.0

Haus 1 und 4

- Fassade – 15.12.12
- Dachgeschoss, Fassadenband – 06.06.06
- Fassadenband – 03.03.03
- Balkonbrüstung – Trespa A 03.0.0

2 Ausführungsvariante (erstellt durch das Farbstudio der Fa. Brillux)

1 Ausführung Gesamtansicht Nr. 1

2 Ausführung Detail

3 Ausführung Gesamtansicht Nr. 2

10.2 Die Ausprägung von Baustilen

10.2.1 Baustile als Spiegelbild menschlicher Entwicklung

Seit Menschen unsere Erde bevölkern, prägen immer neue Ausdrucksformen beim Bauen, Wohnen und Gestalten das menschliche Leben.

Die Gründe, die diese Veränderungen auslösen oder sie im Laufe der menschlichen Entwicklung verursacht haben, sind vielseitig und überlagert von vielen Einflüssen. Dabei spielt die Schaffung der Grundbedürfnisse wie Essen, Kleidung und Wohnung eine ebenso gewichtige Rolle, wie die Einflüsse der Religionen. Fragen der Arbeitsteilung, der Entwicklung der Sprache und Schrift-

zeichen, des Rechts, der Ausgestaltung von Herrschaftsformen und Machtansprüche prägen die menschlichen Lebensformen ebenso wie die Bedürfnisse nach Kultur und Wohlstand. Kriegerische Konflikte, Unterdrückung, soziale Not fordern Befreiung und drängen auf Veränderung der bestehenden Gesellschafts- und Herrschaftsverhältnisse. Ein Spiegel dieser Zeitepochen sind die jeweiligen kulturellen Leistungen der Architektur, der bildenden Kunst,

4 Höhlenmalerei von Altamira (Spanien), 15000 v. Chr.

1 New York, UN-Gebäude

der Malerei, der Musik, der Literatur, der Produkte und ihrer Produktionsweisen, die für die Machthaber oder bestimmte gesellschaftliche Schichten erbracht werden. Sie öffnen den Blick zurück auf die Geschichte der Menschheit und lassen uns derzeitige Entwicklungen aufmerksam betrachten.

> Markante Ausprägungen einer Epoche bezeichnet man als Stil dieser Zeit.

Die folgende Darstellung soll einen Überblick über die verschiedenen Stile vermitteln. Für eine genaue Beurteilung von Gestaltungsmerkmalen sowie der Beschichtungstechnik und Werkstoffauswahl bei der Restaurierung historischer Gebäude muss auf die weiterführende Fachliteratur verwiesen werden.

10.2.2   Überblick über die Stilepochen

Antike	griechischer Stil	12. – 2. Jh. v. Chr.
	römischer Stil	7. Jh. v. Chr. – 5. Jh.
Mittelalter	Romanik	3. Jh.
	Gotik	12. – 16. Jh.
beginnende	Renaissance	14. – 17. Jh.
Neuzeit	Barock	1600 – 1750
	Rokoko	1720 – 1770
Neuzeit	Klassizismus	1750 – 1880
	Biedermeier	1850 – 1914
	Historismus/Gründerzeit	1870 – 1900
	Jugendstil	1890 – 1910
	Moderne	1919 – 1933
	Kunst in der NS-Diktatur	1933 – 1945
	Fortsetzung der Moderne	nach 1945
	Postmoderne	nach 1977

10.3   Antike

Die erste europäische Hochkultur entwickelte sich in Troja, auf der Insel Kreta, den ägäischen Inseln und dem griechischen Festland. Beeinflusst wurde sie während der Bronzezeit von 2600 bis 1150 Jahre v. Chr. durch die bereits bestehenden Reiche in Mesopotamien und Ägypten. Der Palast von Knossos auf Kreta ist ein beeindruckendes Zeugnis dieser Epoche. Während der Eisen-

zeit gewannen die Etrusker von 900 bis 200 Jahre v. Chr. in Italien zunehmend an Macht und Einfluss.
Die beiden Hauptmächte der Antike, Griechen und Römer, sind die Erben dieser ersten Hochkulturen.

10.3.1   Griechischer Baustil

Die typische Gebäudeform mit Giebeldreieck, Gebälk, Säulenvorbau oder Säulenkranz kennzeichnen den griechischen Baustil. Zunächst erhielt lediglich die Frontansicht eine Säulenreihe, erst später umgab man die Gebäude mit einem Säulenkranz. Einfache Gebäude erbaute man aus Holz oder Ziegel-Mörtel-Mauerwerk. Zum Bau von Palästen oder Tempeln verwendete man behauenen Stein.

Giebelfeld

Gebälk

Kapitell

Säulenvorbau bzw. Säulenkranz

2 Dorischer Concordia-Tempel bei Agrigento, Sizilien (um 500 v. Chr.)

10.3.2   Griechische Säulenformen

Die Maßverhältnisse innerhalb eines Gebäudes sowie die Formen der Ornamente, Kapitelle und Säulen wurden in Ordnungen festgelegt. Dadurch lassen sich diese bestimmten Stilrichtungen und Zeitepochen zuordnen. Die älteste Säule ist die *dorische*. Sie steht mit dem Säu-

LF 10

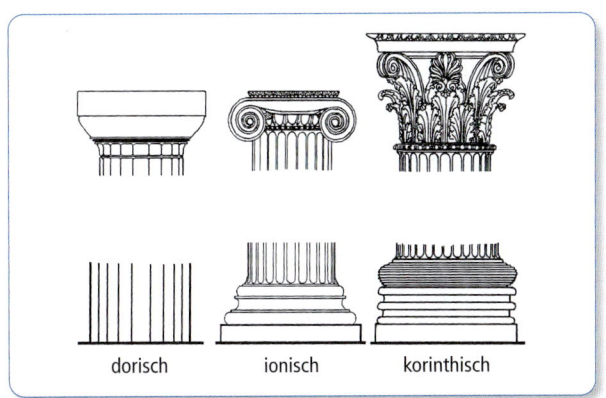

dorisch   ionisch   korinthisch

3 Griechische Säulenformen

lenschaft direkt auf dem festen Unterbau und besitzt ein einfaches Blockkapitell. Die *ionische* Säule steht bereits auf einer ausgeprägten Basis und schließt mit einem Volutenkapitell ab. In der klassischen Epoche des 5. und 4. Jh. v. Chr. vermischen sich die Stile. Die *korinthische* Säule ist schlanker. Die Kapitelle werden von Akanthusmotiven bestimmt. Voluten und Palmetten treten dabei in den Hintergrund.

Die Proportionen von Säulen, Gebälk und Giebeldreieck verleihen den Bauwerken eine ausgewogene Harmonie, die späteren Epochen häufig als Vorbild diente. Besondere künstlerische Bedeutung kommt dem Skulpturenrelief im Giebelfeld zu.

1 Griechische Vasenmalerei

10.3.3 Griechische Ornamente

Als weitere Schmuckelemente für Gebäude, Kunst- und Gebrauchsgegenstände dienten bestimmte Ornamente.

2 Griechische Ornamente verschiedener Zeitepochen

Bekannte griechische Bauwerke sind:
- Akropolis von Athen mit Parthenontempel
- Altar von Pergamon
- Markttor von Milet
- Theater von Epidaurus

10.3.4 Römischer Baustil

Die Kulturen des Mittelmeerraumes waren zur Zeit des griechischen und römischen Weltreiches eng miteinander verbunden. Damit erklärt sich, dass die Römer Stilmerkmale der Griechen übernahmen und zum Teil weiterentwickelten.

Durch die konsequente Nutzung von Rundbogen und Gewölbe war es den Römern möglich, Bauwerke mit kolossalen Ausmaßen zu errichten.

3 Kolosseum, Rom, 80 n. Chr., größtes Amphitheater

Das Kolosseum mit einem Umfang von 527 m und über 50 m Höhe bot mehr als 50 000 Zuschauern Platz. Zum Schutz gegen starke Sonneneinstrahlung konnte über das Amphitheater ein Dach aus Segeltuch gespannt werden.

Vor allem in der römischen Kaiserzeit von Oktavian (Augustus 27 v. Chr.) bis Konstantin (330 n. Chr.) überboten sich die Herrscher bei der Ausgestaltung ihrer Paläste, Foren und Thermen.

10.3.5 Gewölbe und Kuppeln

Bereits die Etrusker nutzten das Gewölbe bei ihren Bauwerken. Durch die Aneinanderreihung von Bögen entstand ein Tonnengewölbe, das oben mit einem keilförmigen Schlussstein abschloss. Das Kreuzgewölbe bildete sich aus zwei rechtwinklig zueinanderstehenden Tonnenbögen. Auch den Kuppelbau beherrschten die Römer. Die Kuppel des Pantheon (118 n. Chr.) besitzt einen Durchmesser von 43,30 m.

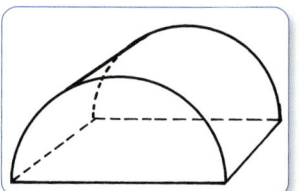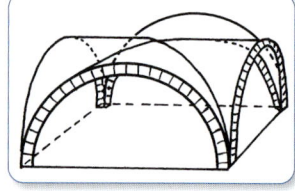

4 Tonnengewölbe

5 Kreuzgewölbe

10.3.6 Säulen

Durch die Einführung des Gewölbes hatte die griechische Säule bei Großbauten ihre Funktion als Stütze weitgehend eingebüßt. Bei Pfeilern und Stützen diente sie nur noch als Zierde oder wurde in Verbindung mit einem Rundbogen verwendet. Das ionische und korinthische Kapitell verbanden die Römer zum sogenannten *Kompositkapitell*.

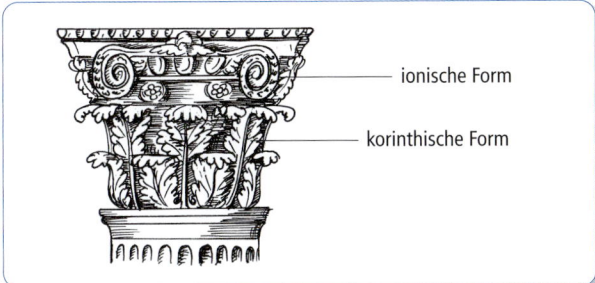

ionische Form

korinthische Form

1 *Kompositkapitell*

10.3.7 Gestaltung der Innenräume

Die Häuser reicher Bürger waren außen meist schlicht, innen dafür oft umso prunkvoller. Die Wände waren mit farbenprächtigen Fresken (Kalkmalerei) oder *Enkaustik* (Wachsmalerei) geschmückt. Figürliche Darstellungen gehörten ebenso zu den Gestaltungselementen wie fantasievolle Laub- und Fruchtgirlanden. Mit eingefärbtem Gips imitierte man die reichen Verzierungen der hellenistischen Häuser des östlichen Mittelmeerraumes, deren Wände mit Marmorplatten bedeckt waren. Besonders gut erhaltene Wandmalereien fand man bei Ausgrabungen in Herkulaneum und Pompeji.

Mosaikeinlagen zierten die Fußböden. Fließendes Wasser, das über weite Strecken und Aquädukte in die Stadt gelangte, gehörte für den reicheren Römer zum Wohnkomfort.

2 *Wandmalerei aus Casa di Livia, Rom*

Bekannte römische Bauwerke sind:
- Porta Nigra in Trier
- römische Äquadukte, z. B. Pont du Gard
- Limes – Saalburg bei Frankfurt a. M.
- Triumphbogen des Titus – Forum Romanum
- Basilika des Maxentius – Forum Romanum

Viele Städte in Deutschland lassen sich auf römische Gründungen zurückführen, z. B. Augsburg, Baden-Baden, Köln, Ladenburg, Trier und Rottweil.

10.4 Mittelalter

10.4.1 Romanik

Mit der Verlagerung des Machtzentrums nach Byzanz (Konstantinopel), Plünderungen und Zerstörungen durch Vandalen während der Völkerwanderungen und letztlich aufgrund der Teilung in Ost- und Westrom zerbrach das römische Reich. Das christianisierte Reich der Franken und anderer germanischer Stämme traten an die Stelle Roms. Die Einheit von christlicher Kirche und Staat bildete den Mittelpunkt der neuen Reichsidee. So verwundert es nicht, dass der Kirchenbau im Zentrum der Architektur stand.

Der Einfluss der erhaltenen Bauwerke aus römischer Zeit ist bei den mönchischen Baumeistern der frühchrist-

LF 10

3 *Hochromanik: Klosterkirche Maria Laach in der Eifel (1093 – 1156)*

lichen Kirchen deutlich zu erkennen. Der romanische Baustil lässt sich in Frühromanik (vor 1100), Hochromanik (1100 – 1200) und Spätromanik (bis 1250) unterteilen. Die erste frühromanische Kirche in Deutschland befindet sich auf der Insel Reichenau im Bodensee. Romanische Kirchen sind klar in Längs- und Querschiff, Vierung, Chor und Apsis gegliedert. Neben dem hohen Mittelschiff können niedrigere Seitenschiffe angeordnet sein, die mit einem Satteldach abschließen.

> Als Vierung bezeichnet man den quadratischen Raum, in dem sich Längs- und Querschiff kreuzen. Nach ihrer Größe richten sich die Maße der Kirche.

Mit ihrem wuchtig dicken Mauerwerk und den schwer und gedrungen wirkenden Türmen strahlen romanische Bauwerke eine in sich ruhende Kraft aus. Charakteristisch für diese Bauweise war ihre einfache Gliederung in Quadrat, Kreis und Halbkreis. Der Rundbogen beherrscht Gewölbe, Portale, Tür- und Fensteröffnungen. Er dient als belebendes Schmuckelement in der Wandgestaltung.

1 Schnitt durch eine romanische Basilika

In der Hochromanik lösten überwölbte Bauten die Flachdecken ab. Tonnengewölbe, Rundkuppeln, Kreuzgrat- und Kreuzrippengewölbe erweiterten die Gestaltungsformen. Außen wurden die Kirchen mit Türmen bereichert. Beispiele hierfür sind der Chor- und Vierungsturm. Die Türme erhielten entweder Pyramiden- oder Kegeldächer, die in der Spätromanik durch Zelt-, Rauten- und Faltformen variiert wurden.

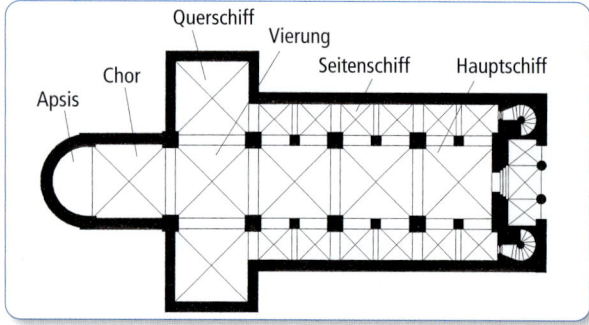

2 Grundriss einer romanischen Kirche

3 Romanischer Stützenwechsel: Säule – Pfeiler

10.4.2 Romanische Kapitelle

Die häufigste Kapitellform war das bereits in frühchristlicher Zeit verwendete Würfelkapitell. Dieses wurde auch mit halbrunden Scheiben, Palmetten und Figuren verziert sowie als Kelchblock- oder Faltenkapitell ausgebildet. Ziegelsteinkapitelle sind typische Schmuckelemente der norddeutschen Backsteinromanik.

Würfelkapitell   Faltenkapitell   Ziegelsteinkapitell   Bestienkapitell

4 Romanische Kapitelle

10.4.3 Der Innenraum in der Romanik

Die Wandflächen, Gewölbe und die flachen Holzdecken wurden teilweise oder vollständig bemalt. Vereinzelt trifft man bereits auf Tafelbilder und Glasmalerei. Auf Putz bediente man sich der *Freskenmalerei*. Die Bilder mit Motiven aus dem Alten oder Neuen Testament sowie aus Heiligenlegenden wurden häufig zu ganzen Zyklen aneinandergereiht.

5 Romanische Freskomalerei

LF 10

Der Untergrund wird mit einem groben Putz vorbereitet. Darauf wird ein dünner, feiner Putz als eigentlicher Malgrund aufgetragen. Bei der Kalksteinbildung umschließt eine Sinterhaut dauerhaft die Pigmente. Dieser Vorgang erfordert, dass in den frischen Putz gemalt wird. Deshalb darf nur so viel Putz aufgetragen werden, wie an einem Tag vollständig bemalt werden kann.

> Fresko[1] ist eine Maltechnik, bei der kalk- und lichtechte Pigmente auf den frischen Kalkputz aufgetragen werden.

10.4.4   Symbolik in der romanischen Kunst

Die romanische Kunst fällt durch ihre Einfachheit und Strenge auf. In der Malerei und Plastik steht nicht die genaue Abbildung im Vordergrund, sondern deren symbolischer Charakter. Meist sollen Glaubensinhalte oder Ideale ausgedrückt und böse Mächte ferngehalten werden.

Bekannte romanische Bauwerke sind:
♦ Kaiserdome in Mainz, Speyer und Worms
♦ Dome in Trier, Bamberg und Quedlinburg
♦ Klöster Alpirsbach, Hirsau und Maulbronn
♦ St. Remi, Reims, Frankreich
♦ Kloster Cluny, Frankreich
♦ St. Marco, Venedig

> ### Aufgaben
>
> 1. *Wodurch werden Stilrichtungen geprägt?*
> 2. *Welche Gründe können Stiländerungen bewirken? Nennen Sie hierzu Beispiele.*
> 3. *Welche Schlüsse lassen sich aus den verschiedenen Säulenformen griechischer Tempel ziehen?*
> 4. *Nennen Sie vier griechische Bauwerke.*
> 5. *Welche Stilmerkmale kennzeichnen römische Bauwerke?*
> 6. *Woran ist der römische Einfluss auf die europäische Kultur bis heute erkennbar?*
> 7. *Warum befassten sich romanische Baumeister vor allem mit dem Bau von Kirchen?*
> 8. *Welche Rolle spielt die Vierung im romanischen Kirchenbau?*
> 9. *Wie wurden Fresken hergestellt?*
> 10. *Nennen Sie vier romanische Bauwerke und erklären Sie die Merkmale dieses Baustils.*

---
[1] fresko (ital. = frisch)

10.4.5   Gotik

Die Gotik war eine Zeit der Umbrüche und gesellschaftlichen Veränderungen, begleitet von einem starken Bevölkerungswachstum im 12. und 13. Jahrhundert. Im ländlichen Raum stand die Kultivierung und Gewinnung von Neuland im Vordergrund. Eine verstärkte Abhängigkeit von Grund- und Lehensherren führte großteils zur Leibeigenschaft der bäuerlichen Bevölkerung. Gleichzeitig entwickelten sich vor allem an den Handelsstraßen und Seehäfen Städte mit einer freien Bürgerschaft, die durch Zünfte und Gilden geprägt waren und es zum Teil zu bedeutendem Wohlstand brachten. Die Auseinandersetzungen um die weltliche Macht zwischen Papst und Kaiser ließen die Städte erstarken.

10.4.6   Die gotische Kathedrale

> Die großen gotischen Kathedralen stehen im Zentrum der Stadt.

1 *Kathedrale Notre-Dame, Paris, 1245*

Als eigenständige Stilepoche begann die Gotik in Frankreich mit dem Bau der Abteikirche St. Denis um 1130. Von Frankreich aus verbreitete sich die Gotik fast in ganz Europa.

> Die Architektur der Gotik ist durch Spitzbögen, hoch aufragende Türme, reiche Fassadengestaltung und große, mit Maßwerk gegliederte Fenster beherrscht.

Bei der Gestaltung des Innenraumes stand jetzt die ganzheitliche Wirkung im Vordergrund, nicht mehr die strenge Gliederung der Romanik. Dabei wich man von der quadratischen Wiederholung der Vierung ab und überspannte auch rechteckige und dreieckige Grundflächen mit hohen Gewölben. Um einen einheitlichen Raumeindruck zu erzielen, wurden die Quer-

LF 10

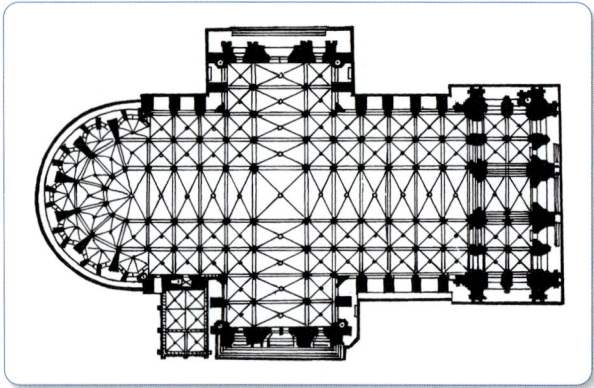

1 Grundriss des Kölner Doms

schiffe verkürzt und die Seitenschiffe erhöht. Dadurch entstand der gleichmäßig lichtdurchflutete Raum einer *Hallenkirche*, wie sie vor allem in Norddeutschland zu finden ist.

Erst durch den Einsatz von Maßwerk und Kreuzrippengewölbe wurde die neue Gestaltung der Innenräume und der Aufbruch der Fassade durch große Rosen- und Spitzbogenfenster möglich. Die Strebepfeiler mit ihren Strebebögen stützen das Kreuzrippengewölbe statisch ab. Die Wände verloren ihre tragende Bedeutung und konnten feingliedriger mit Maßwerkornamenten verziert werden. Während die Frühgotik noch kein außen liegendes Strebwerk kennt, wurde dies, vor allem in der französischen Hochgotik, ein wichtiges Stilelement.

2 Schema des Stütz- und Strebe-systems der gotischen Kirchen

3 Portal mit Wimperg, Erfurter Dom (1320)

Fialen (Spitztürmchen) und *Wimperge* (Blendmaßwerk) dienten zur Verzierung der Bauwerke. Wimperge schmückten Portale, Fenster und Wände. Portale wurden häufig mit plastischen Figuren ausgestaltet. Giebel und Türme wurden mit *Krabben* (stilisiertem Blattwerk) verziert, ihre Spitze schloss meist mit einer Kreuzblume ab.

10.4.7 Maßwerk

Für die Gotik typisch ist die mit dem Zirkel „gemessene" genaue Steinmetzarbeit, die als *Maßwerk* bezeichnet wird. Mit dem *Stabwerk* verbunden schmückt es Fenster, Fensterrosen, Brüstungen, Turmdächer und Wimperge. Auch für Ornamente und Möbel nutzte man diese Form der Verzierung. Als Grundform gilt der Drei- bis Sechspass, Blatt- und Fischblasenformen folgten später.

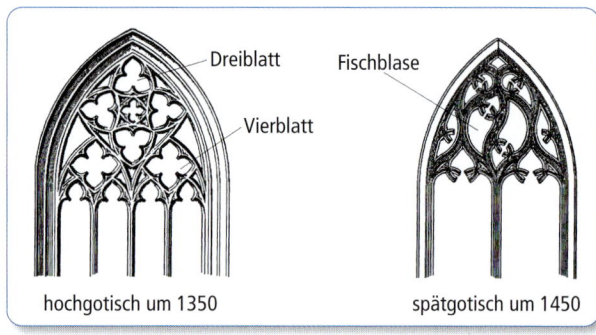

4 Gotisches Maßwerk

Kapitelle und Schlusssteine der Gewölbe wurden ebenfalls mit hoher Kunstfertigkeit verziert. Angeregt durch Motive aus der Natur entstanden Knospen-, Blatt-, Weinlaub- und Kelchkapitelle.

5 Knospenkapitell

> Der gotische Baustil umfasst *sakrale* (kirchliche) und *profane* (weltliche) Bauwerke.

Als weltliche Bauwerke wurden vor allem Rathäuser und Markthallen im gotischen Stil errichtet.

10.4.8 Das gotische Fachwerkhaus

Seit dem frühen 13. bis ins späte 17. Jahrhundert prägte der Fachwerkbau das Bild der Städte. Rathäuser, Kaufhallen, Bürgerhäuser usw. werden in Fachwerk ausgeführt. Seine Blütezeit liegt im 16. Jahrhundert. Durch ihre unterschiedliche Gestaltung lassen sich Fachwerke bestimmten Regionen zuordnen.

6 Fachwerkhaus

LF 10

10.4.9 Gotische Kunst

Die Buntheit und Kunstfertigkeit der Glasmalerei beherrschte den Innenraum, sowohl in Kirchen als auch in weltlichen Gebäuden. Das vom Sonnenlicht durchstrahlte Glasfenster erzeugte eine bisher nicht gekannte Leuchtkraft.

1 Glasmalerei der gotischen Zeit (Münster in Bern)

An die Stelle der Wandmalerei traten zunehmend Tafelbilder. Die Wandmalerei beschränkte sich meist auf die farbige Gestaltung der Pfeilerbündel, Gewölbekappen und Schlusssteine.

2 Gotische Tafelmalerei

Die gotische Plastik zeichnet sich durch die Feinheit der Figuren in Körperhaltung und Bewegung aus. Gefühl und Ausdruck werden betont. Beispiele sind der *Bamberger Reiter* und *Flügelaltäre*. Bedeutende

Bildhauer waren: Veit Stoß, Tilman Riemenschneider, Michael Pacher u.a.

Bekannte gotische Bauwerke sind:
- Kathedralen in Chartres und Reims
- Dome in Köln, Magdeburg und Mailand
- Westminster Abbey
- Münster in Freiburg, Straßburg und Ulm
- Rathäuser in Münster, Lübeck und Frankfurt a.O.

10.4.10 Historische Aspekte des Malerhandwerks

Frühe Lackherstellung

Die Verwendung von lackartigen Substanzen war schon im Altertum bekannt. Beispielsweise balsamierten die Ägypter die Leichen ihrer Könige in Harzlösungen ein. So blieben sie als Mumien bis heute erhalten. Frühe asiatische Lackmalereien wurden mit dem milchigen Saft des Lackbaumes erstellt, der in Japan heimisch ist. Das Wort Lack stammt vermutlich aus dem altindischen Begriff *Laksha* und bedeutet Hunderttausend, womit die unzähligen Lackschildläuse gemeint sind, die in Südostasien auf Bäumen leben. Ihre Ausscheidungen bilden an den Ästen Verkrustungen, die als Rohschellack dienen. Bis Mitte des 20. Jahrhunderts bildeten Naturharze und Öle die Grundstoffe der Lackherstellung. Heute werden an ihrer Stelle fast ausschließlich Kunstharze verwendet. Neben den lösemittelverdünnbaren Lacken stehen heute immer mehr wasserverdünnbare Lacke zur Verfügung.

Kaseinfarben

Schon in der Antike waren Kalkkaseinfarben bekannt. Kasein bildet sich auf natürliche Weise bei sauer gewordener Milch. Es ist ihr wichtigster Eiweißstoff. Dieser Prozess kann auch durch Säuerung der Milch erzeugt werden. Das so entstandene Kasein ist wasserunlöslich. Durch Alkalien wie Kalilauge, Natronlauge, Borax, Kalk u.a. wird das wasserunlösliche Kasein aufgeschlossen und in wasserlösliches umgewandelt. In Verbindung mit Kalk wurden die sogenannten Kalkkaseinfarben zur Beschichtung von trockenen Putzen verwendet. Kalkkasein wurde als sehr beständiges Bindemittel geschätzt und deshalb vielfach zur Wandmalerei oder zur Bemalung einfacher Holzmöbel eingesetzt.

Kaseinfarben werden fast ausschließlich als Malfarben und in der Denkmalpflege für Decken- und Wandmalereien eingesetzt.

Glasmalerei

Im Rahmen dieses Fachbuches ist es nicht möglich, die Glasmalerei umfassend darzustellen. Wir müssen uns deshalb auf den folgenden Überblick beschränken.

Die **klassische Glasmalerei** wird industriell oder handwerklich vom Glasmaler, einem eigenständigen Beruf, ausgeführt.

Zum Malen verwendet der Glasmaler **Schmelzfarben**, die zum Teil erst beim Einbrennen, bei ca. 600 °C, ihre endgültige Farbe erhalten. Die Schmelzfarben benötigen kein Bindemittel, sie verschmelzen mit dem Glas beim Brennen.

Bei der **bunten Glasmalerei** legt man auf der Innenseite des Glases die Konturen in Schwarz an, auf der Außenseite wird die Farbe aufgetragen.

Die **Schwarzlotmalerei** führt man ausschließlich mit Eisen- bzw. Kupferoxidfarben aus, dem sogenannten Schwarzlot.

Bei der **Glaskaltmalerei** trägt man Wasserglasfarben als Hintergrundmalerei auf. Wasserglas ätzt das Glas an und sorgt so für die notwendige Haftung der Farben. Diese Malerei findet hauptsächlich bei der Herstellung von Leuchtschildern ihre Anwendung.

1 Glasfenster mit bunter Malerei

Aufgaben

1. *Welche Umbrüche begleiteten den Wechsel vom romanischen zum gotischen Stil?*
2. *Nennen Sie wichtige Stilmerkmale der gotischen Bauweise.*
3. *Wodurch entsteht in gotischen Kathedralen ein einheitlicher Gesamteindruck?*
4. *Welche Bedeutung haben Strebwerk und Kreuzrippengewölbe in gotischen Kirchen?*
5. *Nennen Sie Schmuckelemente, mit denen gotische Bauwerke verziert wurden.*
6. *Erklären Sie den Begriff Maßwerk.*
7. *Woran lässt sich gotische Kunst erkennen?*

10.5   Beginnende Neuzeit

10.5.1   Renaissance

Der neue Stil hatte seinen Ursprung im Florenz des ausgehenden 14. Jahrhunderts. Die Denkweise des Mittelalters wurde zunehmend als „barbarisch" bzw. gotisch empfunden. Aus dieser wenig schmeichelhaften Rückschau erhielt die Gotik ihren Namen. In der Rückbesinnung auf antike Vorbilder wollte man die geistige Enge verlassen und an die vom Humanismus geprägte Kultur und Wissenschaft des klassischen Altertums anknüpfen, um diese weiterzuentwickeln.

> Mit dem französischen Begriff *Renaissance*, d. h. Wiedergeburt, wird die Wiederbelebung antiker Traditionen in Kunst und Wissenschaft bezeichnet.

Die Renaissance war zunächst ein geistiger Aufbruch, der rasch das Denken in Europa erfasste. Neue Erkenntnisse führten zu den Gesetzmäßigkeiten der Natur, die Kopernikus, Galilei, Kepler u. a. entdeckten. Die Vorstellung der Erde als Kugel reizte, die Welt zu umsegeln. So fand Kolumbus den Weg nach Amerika. Die Erfindung des Buchdrucks durch Johannes Gutenberg revolutionierte den Austausch von Informationen.

> Mit der Renaissance beginnt die Neuzeit, die uns bis heute in unserem Denken prägt.

10.5.2 Baustil der Renaissance

Der Rückgriff auf antike Vorbilder ist den Gebäuden deutlich anzusehen. So finden sich die Stilelemente des klassischen Altertums, wie Giebeldreieck, Rundbogen, Säulen- und Kapitellformen, als *Dekoration* für die Fassade in den Gebäuden wieder, ergänzt durch eine strenge *Symmetrie* und eine klare *Gliederung*.

Der von Filipo Brunelleschi entworfene Palast wurde für den reichen Kaufmann Pitti erbaut und gelangte später in den Besitz der Familie Medici.

1 Innenhof des Palazzo Pitti in Florenz (1460)

In der italienischen Renaissance ist der Palast Ausdruck der vornehmen Lebensart eines durch Handel wohlhabend gewordenen Bürgertums.

Die Kenntnis der genauen Proportionen und die natürliche Wiedergabe war ein Anliegen der Bildhauerei. In der Skulptur wurden Geist und Schönheit des Menschen verherrlicht. Der vollkommene menschliche Körper wurde zum Ideal der humanistischen Denkweise.

Ein weiteres Stilmerkmal ist die *Perspektive*. Die horizontalen Linien treffen sich im Fluchtpunkt. Das Gesamtbauwerk stellt eine architektonische Einheit dar.

2 Skulptur zwischen Rundbogen und Renaissancesäulen

Nichts kann hinzugefügt oder weggenommen werden, ohne den Gesamteindruck zu stören. In Kirchen wird das Mittelschiff häufig mit einer Kassettendecke abgeschlossen. Eine zentrale Kuppel im Kreuzungspunkt von Haupt- und Seitenschiff verbindet diese mit dem Chor.

3 Kirche Santo Spirito, Florenz, von Brunelleschi

Während die Renaissance in Italien streng antiken Vorbildern folgte, entwickelte sie im nördlichen Europa einen eigenen Charakter. Die Verbindung mit spätgotischen Stilelementen sind vielerorts unverkennbar. So zeigt beispielsweise das Knochenhauer-Amtshaus in Hildesheim noch die Züge eines gotischen Fachwerks. Das nach griechisch-römischen Gesichtspunkten klar waagerecht gegliederte Augsburger Rathaus besitzt Türme mit Hauben, die an den spätgotischen Kielbogen erinnern.

4 Augsburger Rathaus

LF 10

301

10.5.3 Bauelemente der Renaissance

Als *Pilaster* bezeichnet man Halbsäulen, die eine Basis und Kapitelle besitzen und zur Gliederung fest in die Fassadenfläche eingebunden sind. *Segmentbogen-* oder *Dreiecksgiebel* überspannen häufig Portale, Türen, Fenster und Nischen.

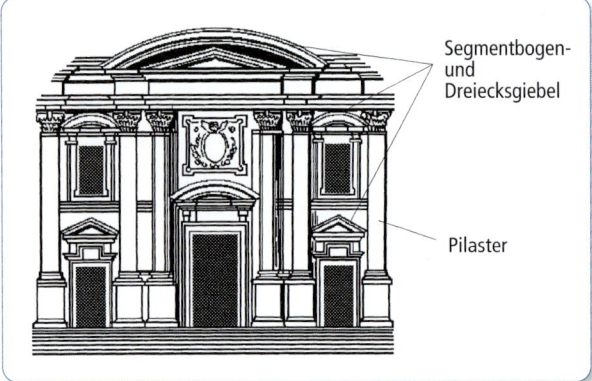

Segmentbogen- und Dreiecksgiebel

Pilaster

1 Fassadenausschnitt

Balustraden ruhen meist auf gedrungenen, stark profilierten Säulen. Sie dienen als Brüstungen oder Geländer für Balkone, Treppenhäuser und Dächer.

2 Balustrade

Als beliebtes Ornament zieren *Kassetten* nicht nur Tonnengewölbe, sondern auch Flachdecken, Türfüllungen und Möbel.

3 Kassetten

10.5.4 Malerei in der Renaissance

Das Gemälde stellt ein eigenständiges Kunstwerk dar, das sich nicht mehr dem architektonischen Rahmen unterordnet. Die Kunst der vollendeten räumlichen Darstellung, verbunden mit einer ausdrucksstarken, wirklichkeitsnahen Plastizität und Körperlichkeit, wird meisterhaft beherrscht.

Neben dem Fresko kam, von den Niederlanden ausgehend, die *Ölfarbe* und die Verwendung von Leinwand als Malgrund in Gebrauch.

4 Die vier Apostel, Gemälde von Albrecht Dürer

Die Porträtmalerei brachte die Eigenart und individuelle Persönlichkeit zur Geltung. Die Maler verzichteten oft auf die Herausarbeitung des Hintergrundes und hoben so den Körper vor dem einfarbig dunklen Hintergrund hervor. Die Ölmalerei ermöglichte sanfte Übergänge. Im Spiel von Licht und Schatten wurde eine bisher nicht gekannte plastische Wirkung erzielt.

Die Renaissance wurde geprägt durch eine Vielzahl genialer Maler. Hier nur wenige Beispiele: Botticelli, Mantenga, Leonardo da Vinci, Tizian, Michelangelo, Raffael, v. Eyck, Dürer, Cranach, Holbein.

Bekannte Bauwerke der Renaissance sind:
◆ Dom in Florenz
◆ Palazzo Farnese in Rom
◆ Kuppel von St. Peter in Rom
◆ Gewandhaus in Braunschweig

10.5.5 Barock

Die Wurzeln des Barocks liegen im päpstlichen Rom des 17. Jahrhunderts. Von dort aus erfasste der neue Stil das übrige Europa und die europäischen Kolonien in Amerika und Indien. Die Auseinandersetzung mit dem Protestantismus hatte das Papsttum gestärkt. In der Macht- und Prachtentfaltung barocker Bauwerke sollte die Majestät des christlichen Glaubens zum Ausdruck gebracht und erneuert werden. Verbreitet durch die Bewegung der Gegenreformation prägte der Barock den Bau von Kirchen und Klöstern vor allem im Donauraum.

2 Wieskirche – UNESCO-Weltkulturgut (1746–1754) Spätbarock bzw. Rokoko, erbaut von J. B. Zimmermann

1 Schloss Schönbrunn in Wien

Während im Dreißigjährigen Krieg Deutschland verwüstet und politisch geschwächt wurde, erreichte der Absolutismus unter Ludwig XIV. von Frankreich seine Blütezeit. Die auf das Gottesgnadentum gestützte Herrschaft fand im Barock das geeignete Ausdrucksmittel. Ausgehend vom Schloss mit Garten und Park wird die Stadtplanung als Gesamtwerk begriffen. Versailles wird zum Vorbild für die Herrscher im übrigen Europa.

Stuck, Marmor und Gold umschließen farbenprächtige Deckengemälde. Gewundene Säulen, Kreise und Ellipsen dominieren die Raumgestaltung.

10.5.6 Baustil des Barocks

Im Gegensatz zur klar gegliederten und ausgewogenen Renaissance verkörpert der Barock eine innere Spannung und Bewegung.

3 Wallfahrtskirche Vierzehnheiligen, erbaut von Balthasar Neumann 1746

> Bei der Renaissance steht die Vernunft im Mittelpunkt. Der Barock[1] wendet sich dagegen an das Gefühl und die Fantasie.

Der überschwängliche Stil mit seiner komplizierten Formgebung und ungezügelten Bewegung drückt sich besonders bei der Innenraumgestaltung aus.

> Eine Überfülle an Formen und Prunk beherrscht die Räume.

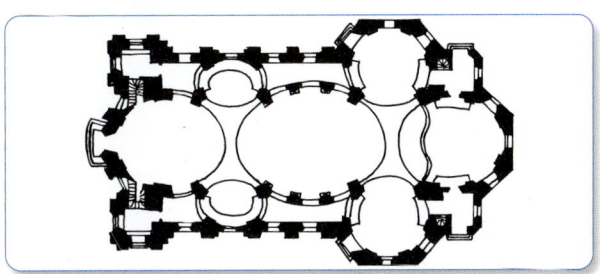

---

[1] Barock (port. barrocco = unregelmäßig geformte Perle, was zunächst als Schmähwort für den verworrenen Stil galt)

4 Grundriss der Wallfahrtskirche Vierzehnheiligen

LF 10

Die Außenfassaden sind durch geschwungene Formen wie *Voluten* und vorgezogene Gebäudeteile *(Risalite)* im Bereich der Portale aufgelockert. Türme zieren *Zwiebelhauben,* Kuppeln schließen mit *Laternen* ab. Im Barock sind die Giebelformen über Portalen, Nischen und Fenstern häufig *gesprengt* oder *verkröpft*.

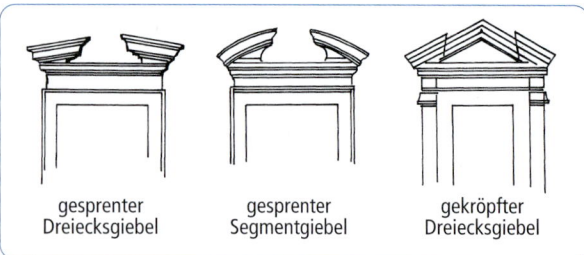

gesprenter Dreiecksgiebel	gesprenter Segmentgiebel	gekröpfter Dreiecksgiebel

1 Giebelformen des Barock

2 Barock-Kapitell

Plastische Ornamente, Medaillons, Muscheln und *Putten* aus Stuck verzieren die Wände.

> Im Barock verschmelzen Stuckplastik, Architektur und Malerei zu einer Einheit.

10.5.7   Malerei im Barock

Im Barock entwickelt die Malerei eine bisher nicht gekannte Vielfalt. Unabhängig von der Architektur schufen die niederländischen Meister wie Hals, Rembrandt, Rubens und Vermeer unvergängliche Werke der Ölmalerei. Sie fanden ihre Motive im Porträt, Stilleben und Landschaftsbild sowie in Szenen aus dem Alltagsleben, dem sogenannten Genrebild. In enger

3 Deckengemälde der Barockzeit (perspektivische Illusionsmalerei)

Verbindung zur Architektur dagegen stehen Deckengemälde in Kirchen und Palästen. Durch meisterhafte Perspektive entsteht die Illusion von unendlicher Raumtiefe. Die Kalk-Kasein-Technik ermöglicht Gemälde mit leuchtender Farbenpracht.

10.5.8   Rokoko

> Die spätbarocke Phase, etwa von 1720 – 1770, wird aufgrund ihrer anmutigen, verspielten Art als Rokoko[1] bezeichnet.

4 Schloss Solitude

In der Innenarchitektur werden die Stilmerkmale des Rokoko besonders deutlich. Die Raumgestaltung wird durch die Dekoration bestimmt. Das vergoldete Zierwerk bildet mit den fein gearbeiteten Möbeln und der Kleidung eine höfische Kunstwelt. Feingliedrige Stuck-

5 Palmenzimmer in Schloss Solitude

[1] *Rokoko (franz. rocaille = Muschelwerk – Dekorationsform)*

arbeiten wie die abgebildeten Palmwedel mit plastischen Rosengirlanden spielen im Rokoko eine bedeutende Rolle. Ein beliebtes Motiv war die Rocaille.

Mit Stuck stellte man plastische Ornamente wie Muscheln, Blüten, Blätter, Früchte, Köpfe und Figuren her.

1 Die Rocaille (Muschel)

In den Stuckarbeiten verbanden sich Natur- und Kunstformen zu einer Einheit.

10.5.9 Zierformen im Barock und Rokoko

Im Barock und Rokoko werden die Zierformen der Architektur auf die Bauteile, Möbel und Geräte übertragen. Schränke und Truhen erhielten Einlegearbeiten aus edlen Furnieren, Elfenbein oder Zinn. Die aufkommende *Technik des Polierens* verlieh den prunkvollen Möbeln eine glänzende Oberfläche. Von besonderer Kunstfertigkeit und handwerklichem Können zeugen im Barock Schmiedearbeiten mit dekorativen, feingliedrigen Ornamenten.

2 Rokoko-Tür

3 Spätbarocke Schmiedearbeit

Nachdem Johann Friedrich Böttger am sächsischen Hof in Dresden 1708 beim Versuch, Gold herzustellen, die Rezeptur für das weiße europäische Hartporzellan (weißes Gold) fand, wurde in Meißen die berühmte

5 Barock-Tapete

4 Porzellan-Kleinplastik „Schäferin"

6 Rokoko-Tapete

Porzellanmanufaktur (1710) gegründet. Das Porzellan eignete sich besonders, die kunstvollen Formen und Figuren des Rokoko auszudrücken.

Bekannte Bauwerke des Barocks und Rokokos sind:
- Schlösser: Versailles, Karlsruhe, Sanssouci
- Klöster: Ettal, Melk, Weingarten, Neresheim
- Kirchen: Frauenkirche, Dresden, Wieskirche
- Plätze: Zwinger, Dresden, Piazza Navona und Petersplatz mit Kolonaden in Rom

Aufgaben

1. Wie und wo entstand die Renaissance?
2. Auf welche Vorbilder griff die Renaissance zurück?
3. Woran können Bauwerke der Renaissance erkannt werden?
4. Nennen Sie vier beliebte Bauelemente der Renaissance.
5. Welche Bedeutung hatte die Malerei in der Renaissance?
6. Wie erklärt es sich, dass der Barock der erste weltweite Stil war?
7. Wodurch unterscheiden sich Bauwerke des Barocks von denen der Renaissance?
8. Beschreiben Sie die Merkmale des Barocks und Rokokos.

LF 10

10.6   Neuzeit

10.6.1   Klassizismus

Mit der von England ausgehenden industriellen Revolution, dem Erfindergeist und wissenschaftlichen Forscherdrang, setzen sich die Ideen der Aufklärung im 18. Jh. immer stärker durch.

Die Forderung nach demokratischer Mitwirkung und persönlicher Freiheit führten 1776 zur amerikanischen Unabhängigkeitserklärung und letztlich 1789 zur Französischen Revolution.

Mit den Grundgedanken von *Freiheit, Gleichheit, Brüderlichkeit* ließ sich jedoch die Denkweise des Barocks nicht mehr in Einklang bringen.

In der Wende zum *Einfachen, Klaren* und *Wahren* suchte man erneut die Orientierung am griechischen und römischen Vorbild. Hiervon leitet sich auch der Name des Klassizismus ab, ein Baustil, der sich von 1770 bis 1860 erstreckte.

Der Klassizismus war der Welt zugewandt, strebte nach Vorherrschaft und Sicherung der Weltmärkte. Das britische Empire wurde Vorbild und für Napoleon gleichzeitig Gegner im Kampf um die Weltmacht.

10.6.2   Klassizistischer Baustil

Nach dem Vorbild römischer Kaiser ließ Napoleon 1806 zur Erinnerung an die Schlachten der großen Armee den Triumphbogen in Paris errichten.

1 Arc de Triomphe

Während man in Frankreich das römische Vorbild stärker bevorzugte, was der Arc de Triomphe verdeutlicht, hielten sich die Deutschen mit Vorliebe an ein idealisiertes Griechentum. Beim Brandenburger Tor, Schauspielhaus am Gendarmenmarkt und der Neuen Wache in Berlin steht allein die griechische Tempelbauweise im Vordergrund.

2 Neue Wache Berlin

3 Schloss Wörlitz – Frühklassizismus, erbaut von F. W. Erdmannsdorff 1733

4 Klassizistisches Girlandenornament (= Feston)

5 Antenkapitell

Die strenge Ordnung, in der nur Geraden und Kreise ihre Berechtigung hatten, führte bald zu einer Erstarrung des klassizistischen Baustils. Wegen seiner regelmäßigen Form und Symmetrie war das Palmblatt als Schmuckelement besonders beliebt.

Giebelfelder schmückte man häufig mit Skulpturen nach griechischem Vorbild. Palmettenfriese, Mäanderbänder, Blattkränze und Girlanden waren beliebte Schmuckelemente.

LF 10

10.6.3 Plastik und Malerei im Klassizismus

Die Steinbildhauerei und die Bronzeplastik orientieren sich streng am antiken Vorbild.

1 Die drei Grazien, Marmorrelief von Thorvaldsen, 1821

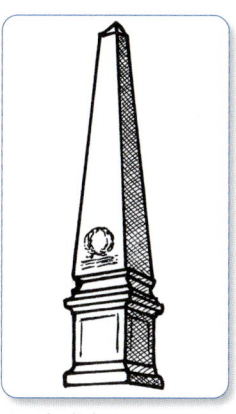

2 Obelisk

Auch in der Malerei finden sich zunächst die Motive der griechischen Mythologie wieder. Doch die Übergänge zur Romantik und zum Historismus und Realismus sind fließend.

3 Medea, Gemälde von Anselm Feuerbach, 1870

10.6.4 Historismus – Gründerjahre

Die industrielle Entwicklung des 19. Jahrhunderts empfanden viele als einen Verlust an Werten. In Deutschland beklagte man zudem die fehlende nationale Einheit. Im rückwärtsgewandten Blick erschienen frühere Epochen vorbildhaft und bestärkten einen gefühlsbetonten nationalen Erweckungsgeist, der mit verhängnisvollem Pathos überlagert wurde. Das zur Reichgründung 1871 errichtete Niederwalddenkmal bei Rüdesheim und das Völkerschlachtdenkmal bei Leipzig 1913 sind hierfür Beispiele.

Die Stilmerkmale der Romanik bis zum Barock wurden einfach übernommen und nachgebaut. Besonders beliebt war die Gotik, sie wurde geradezu neu

entdeckt. Vor allem öffentliche, aber auch private Gebäude wurden im *neogotischen* Stil errichtet.

> Im Historismus werden vor allem die Stilarten der Vergangenheit nachgeahmt.

4 Hamburger Rathaus

Die vom Historismus ausgehende Kraft fand in der Entstehung des Deutschen Reiches 1871 ihre scheinbare Bestätigung. Das Reichstagsgebäude in Berlin verbindet die Stilelemente der Vergangenheit zu einem Gesamteindruck.

5 Reichstagsgebäude Berlin

Unvollendete gotische Bauwerke, wie der Kölner Dom und das Ulmer Münster, wurden im alten Stil fertiggestellt.

Auch in anderen Ländern war der Historismus beliebt. So wurden beispielsweise das englische und das ungarische Parlament im neogotischen Stil erbaut.

Als Ausdruck einer kleinbürgerlichen Welt prägte das *Biedermeier* den privaten häuslichen Bereich. Die zweckmäßig schlichte Wohnungseinrichtung strahlte eine behagliche Enge aus, die den Rückzug ins private Glück trotz wirtschaftlicher Not erlaubte.

Aufgrund der zunehmenden Industrialisierung bezeichnet man die Zeit des ausgehenden 19. und beginnenden 20. Jahrhunderts auch als *Gründerjahre*. Stahlkonstruktionen gewannen als Baumaterial von Hallen, Brücken und Türmen zunehmende Bedeutung. Der Eiffelturm, zur ersten Weltausstellung von 1889 gebaut, ist ein Wahrzeichen dieser Zeit.

1 Stahlkonstruktion Hauptbahnhof Hamburg (1908)

10.6.5 Die Malerei im 19. Jahrhundert

Die *Romantik* vermittelt eine gefühlsbetonte, verklärte Stimmung. Sie kommt in Landschaftsbildern von Caspar David Friedrich und William Turner besonders zum Ausdruck.

2 Abtei im Eichwald, Caspar David Friedrich, 1810

Der *Realismus* stellt die Dinge dar, wie sie sind. Die harte Arbeit im „Eisenwalzwerk" von Adolph von Menzel verdeutlicht dies eindrücklich.

3 Eisenwalzwerk, Adolph von Menzel, 1875 (Nationalgalerie Berlin)

Auch die *Impressionisten* wollten eine völlig objektive Welt wiedergeben. Sie versuchten, das natürliche Licht einzufangen, indem sie die Farben in kleinen Farbflecken auftrugen, wobei sich diese in einem bestimmten Abstand optisch vermischten. Bekannte Impressionisten sind Monet, Renoir, Cézanne und Degas.

4 Mohnblumen, Claude Monet, 1873 (Musée d'Orsay Paris)

Tapeten im Vergleich

5 Klassizistische Tapete   *6 Biedermeiertapete*

10.6.6 Jugendstil

Der Jugendstil wollte dem Leben Schönheit und Stil verleihen. Er wandte sich deshalb gegen eine sinnentleerte Massenproduktion und gegen die bloße Nachahmung eines erstarrten Historismus.

Der neue Stil umfasste von der Architektur über die Malerei, Glaskunst, Plastik und Literatur alle Bereiche der Kunst. Der romantische Jugendstil wurde nach dem 1. Weltkrieg vom sachlichen Art déco und dem Funktionalismus abgelöst.

2 Jugendstilornament

3 Jugendstilornament   *4 Jugendstilstuhl*

5 Jugendstiltapete

1 Jugendstilfassade

> Der Jugendstil wollte die Kunst im Alltag erlebbar machen. Seine Bezeichnung stammte von der in München 1896 gegründeten Zeitschrift Jugend.

Bewegung, Schwung, Dynamik charakterisieren den Aufbruch der neuen Kunst und verdeutlichen die Trennung von der bisherigen Kunstrichtung. Die neuen Formen und Ornamente werden der Pflanzenwelt entlehnt. Entsprechend wird der Jugendstil auch als *floraler Stil, Art nouveau, Modern style* oder als *Sezession*[1] *(Wien)* bezeichnet.

> Flache Reliefornamente mit stilisierten Ranken-, Blatt- und Blütenmotiven waren im Jugendstil vorherrschend.

Sie wurden an Möbeln und Fassaden angewendet.

---
[1] *Sezession = Abspaltung bzw. Trennung*

6 Illustration Peter Behrens 1897

Bekannte Bauwerke des Jugendstils sind:

♦ Secessionsgebäude, Wien
♦ Kirche Sagrada Familia, Barcelona, von Gaudi
♦ Stadtbahnstation Karlsplatz, Wien
♦ Hochzeitsturm, Darmstadt

Aufgaben

1. Nennen Sie architektonische Unterschiede zwischen Klassizismus und Historismus.
2. An welchen Stilmerkmalen ist das Biedermeier zu erkennen?
3. Warum nennt man die Zeit des Historismus auch Gründerzeit?
4. In welche Stilrichtungen lässt sich die Malerei im 19. Jh. einteilen?
5. Nennen Sie architektonische Stilmerkmale des Jugendstils.

10.7   Moderne

10.7.1   Das Bauhaus

Die Verbindung von Kunst und Handwerk führte Mitte des 19. Jh. in England zu Kunstgewerbeschulen, die den Stil der Gewerbeproduktion prägten und ihren weltweiten Erfolg begründeten. Nach diesem Vorbild wurden die preußischen Kunstgewerbeschulen um Werkstätten erweitert und moderne Künstler berufen, die sich auch dem Bedarf der Industrie stellten. Nationale, kulturelle und wirtschaftliche Überlegungen führten 1907 zum *Deutschen Werkbund* mit dem Ziel *höchster Qualitätsarbeit*. Ein einheitliches Erscheinungsbild von Produktion, Architektur und Design wurde propagiert. Für die AEG entwarf der Künstler und Architekt Peter Behrens ein Gesamtkonzept, zu dem der als *Kathedrale der Arbeit* bezeichnete erste moderne Industriebau gehörte.

1 AEG-Turbinenfabrik, Berlin, Peter Behrens, 1907

Im Verzicht auf jegliche Ornamentik beherrscht allein die *Funktion* das Gebäude. Das freitragende Stahlskelett und der von großen Glasflächen lichtdurchflutete Raum werden zum Vorbild der modernen Architektur. Das 1919 von Walter Gropius in Weimar gegründete *Bauhaus* setzte sich zum Ziel, den neuen Bau der Zukunft zu schaffen, der alles in einer Gestalt ist: Architektur, Plastik und Malerei.

2 Der Einsteinturm, Erich Mendelsohn, Potsdam, 1922

Funktion, Gebäude, Raum und Einrichtung bilden dabei ein Einheitskunstwerk. Die Ideen des Bauhauses hatten maßgebenden Einfluss auf den *Expressionismus* und die moderne Kunst unserer Zeit. Viele Bauwerke dieser Zeit waren Ausdrucksform verschiedener Einflüsse und Entwicklungen. Der Architekt Erich Mendelsohn entwirft 1919 den „Einsteinturm" und berücksichtigt bei seinen Planungen den noch wenig verwendeten Baustoff Beton (aus Geldmangel musste er auf traditionellere Baustoffe zurückgreifen). Als Symbol expressionistischer Architektur gefeiert, sind die Jugendstilelemente allerdings unübersehbar.

Große Architekten, Maler und Gebrauchsgrafiker sind eng mit dem Bauhaus verbunden. Zu Ihnen zählen Walter Gropius, Adolf Meyer, Mies van der Rohe, Le Corbusier, Paul Klee, Johannes Itten, Lyonel Feininger, Oskar Schlemmer, Wassily Kandinsky, Marcel Breuer, Gerrit Rietveld u.v.a.

LF 10

1 Bauhaus Dessau, Walter Gropius, 1925

Führende Architekten der Moderne wurden durch das Bauhaus geprägt und mit Brasilia wurde eine ganze Hauptstadt in diesem Stil geschaffen. Der hierfür verantwortliche Architekt Oskar Niemeyer schuf u. a. auch das im Kapitel 10.2.1 abgebildete UN-Gebäude in New York.

> Die Architektur des Bauhauses wird durch Stahl, Beton und Glas beherrscht. Die Form wird von der Funktion und dem Zweck bestimmt.

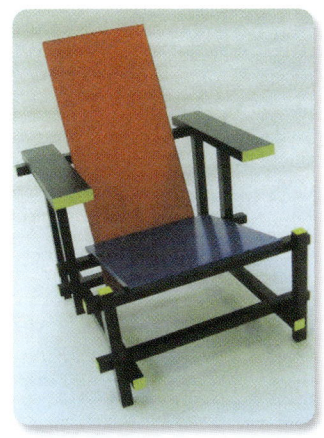

2 Rot-Blau-Stuhl (Nachbau), Gerrit Rietveld, 1917 (De Stijl am Bauhaus)

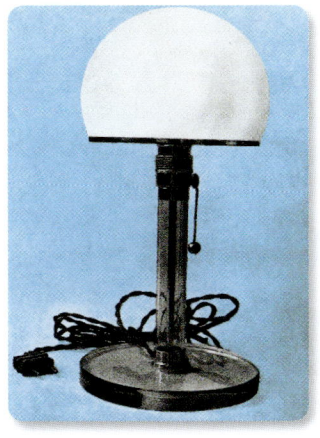

3 Tischlampe aus Glas, Wilhelm Wagenfeld, Bauhaus, 1923/24

4 Fröhlicher Aufstieg, Wassily Kandinsky (Meistermappe am Bauhaus, 1923)

Wie modern die Gebrauchsdesigner am Bauhaus dachten, zeigt die abgebildete Tischlampe, die für ihre gute Form noch 1982 prämiert wurde.

Zusammen mit Klee, Kandinsky und Jawlensky gründete Feininger die Gruppe „Blaue Vier". Das Bild 4 zeigt das experimentelle, abstrakte Gestalten am Bauhaus. Es zählt zur konstruktivistischen Phase (mit Zirkel und Lineal konstruiert) von Kandinsky.

Farbe und Form in der Architektur des frühen 20. Jahrhunderts

Zu Beginn des 20. Jahrhunderts lösten sich Architekten und Künstler von den klassischen Farbkombinationen der vergangenen Epochen, wie bspw. dem Gelb-Grau- oder dem Gelb-Weiß-Schema des Klassizismus (s. Abb. 3 *Schloss Wörlitz, im Kap. 10.6.2*).

Der Farbklang der Primärfarben Gelb-Rot-Blau wird in den unterschiedlichsten Variationen verwendet. Die holländische Künstlergruppe *De-Stijl* lieferte durch ihre starke Verwendung der bunten Grundfarben die Vorlage für Architekten, Künstler und Gestalter der Bauhausgeneration. Die Reduktion auf wenige geometrische Grundformen in Kombination mit klaren Farbklängen galt als bevorzugtes Schönheitsideal für jegliche gestalterische Darstellung (s. Abb. Rot-Blau-Stuhl von Gerrit Rietveld).

LF 10

*1 Farbklänge mit bunten und unbun-
ten Farbtönen (nach Piet Mondrian)*

Klare Farben standen im Gegensatz zu den eher gesetz-
ten, erdigen Farbklängen der vergangenen Stilepo-
chen. Intensive, leuchtende Farbtöne betonten die sehr
flächig gehaltenen Gestaltungskonzepte von Architektur und Kunst. Der Farbe Blau wurde eine besondere
Rolle zugewiesen. Ein Blau mit sehr großer Farbtiefe
kann, abhängig vom Oberflächenmaterial der Umge-
bungsfarben, intensive Kontraste erzeugen. Blau gilt
als mystisch. Bei Aufhellung mit Weiß verliert Blau seine
Tiefe und damit seinen geheimnisvollen Charakter.
Während Blau durch Aufhellung mit Weiß an Tiefe und
Klarheit verliert, entwickelt Rot hingegen durch die
Aufhellung mit Weiß eine neue Farbe – Rosa. Hellblau
bleibt immer ein oberflächlicher „Verwandter" von
tiefem Blau.

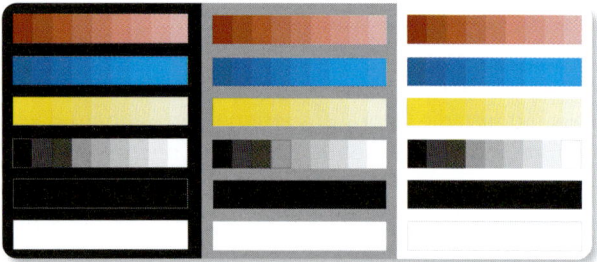

*2 Farbklänge Rot, Blau, Gelb, Grau, Schwarz, Weiß auf
verschiedenen Untergründen*

Während die Primärfarben Blau und Rot in die Fassadengestaltung Einzug hielten, hatte die Farbe Gelb
eine lange Verwendungstradition. Gelb in seiner Helligkeit und Wärme und darüber hinaus in Verwandt-
schaft mit Weiß hatte zu allen Epochen für den
Betrachter die Attribute von Wärme und Leichtigkeit
(vor allem mit Weiß aufgehellt). Ist der Gelbton zu
intensiv, verliert er schnell seinen warmen, hellen,
freundlichen Charakter und bekommt eine kalte,
aggressive Note.
In Kombination mit den unbunten Farbtönen Schwarz,
Weiß und Grau entwickelte sich ein Farbschema, das
bis heute Anwendung findet. Obwohl dieses Farbschema anfangs in der Fassadengestaltung vielfach
Anwendung fand, trat der Farbklang der sechs Farben
Rot-Blau-Gelb-Weiß-Grau-Schwarz überwiegend nur
als farbliche Akzentuierung der Fassadenflächen auf.
Bunte und unbunte Farbtöne bzw. Farbklänge wurden

dezent eingesetzt und bekamen Gliederungsfunktion.
Da besonders in der Bauhausperiode Fassadenflächen
aus verschachtelten Kuben bestanden, unterstützten
schmale Farbbänder oder -flächen das bauliche Gliederungssystem der Architekten.
Im Gegensatz zu den eher zurückhaltenden Farbak-
zenten der Fassadengestaltung experimentierte man
im Innenraum verstärkt mit bunten und unbunten Farben.

3 Rietveld-Schröder-Haus, Utrecht

4 Treppenaufgang im Kandinsky-Haus, Dessau

LF 10

1 Innenraumgestaltung Meisterhäuser, Dessau

10.7.2 NS-Architektur

Noch vor der Machtübernahme in Deutschland wurde das Bauhaus bereits 1932 auf Betreiben der national-sozialistischen Mehrheit im Stadtrat von Dessau auf-gelöst. Die richtungsweisende Kunst des Bauhauses galt nunmehr als *entartet* und *bolschewistisch*. Die Künstler und Architekten waren gezwungen, Deutsch-land zu verlassen. Viele wanderten in die USA oder ins benachbarte Ausland aus.

2 Modell der geplanten Kuppelhalle im Zentrum der neuen Reichshauptstadt. Zum Vergleich im Vordergrund das Brandenburger Tor

Kunst und Architektur hatten sich der Ideologie unter-zuordnen. Die *Bauten des Führers* dienten in München, Nürnberg und Berlin als Kulissen für Massenaufmär-sche, wie die riesige Tribüne auf dem Zeppelinfeld in Nürnberg, oder zur Machtdemonstration, wie die Reichskanzlei in Berlin. Wie maßlos die NS-Pläne waren,

zeigt das Vorhaben, in Berlin Platz für die neue Reichs-hauptstadt *Germania* zu schaffen, in deren Mitte eine gigantische Kuppelhalle stehen sollte.

Für den Bereich des Wohnungsbaus wurde der *Heimat-schutzstil* entwickelt, der kriegswichtige Baustoffe wie Stahl und Beton schonte. Der Ausbau des Autobahn-netzes zählt ebenso zu den NS-Bauwerken wie die Kon-zentrationslager.

10.7.3 Nachkriegszeit

Bedingt durch die großen Zerstörungen, die der 2. Weltkrieg hinterlassen hatte, prägte eine möglichst einfache und kostensparende Bauweise den Wieder-aufbau der Städte bis in die Sechzigerjahre. Nicht nur die Architekten der großen Repräsentationsbauten in der Nachkriegsphase, wie Mies van der Rohes Neue *Nationalgalerie*, bedienten sich der Stahlbetonarchi-tektur. Neubauten in Innenstädten und große Wohn-bauprojekte errichtete man ebenfalls mit Beton und Stahl. Ihre fast ausschließlich funktional geprägte Bau-weise wurde zunehmend als uniform und stumpfsin-nig kritisiert, die den Menschen jede Identifikation nehme.

3 Neue Nationalgalerie, Mies van der Rohe, Berlin 1962–1967

10.7.4 Moderne Gebäude der Gegenwart

Die *postmoderne* Architektur wendet sich gegen das rein modernistische Formenspiel aus Glas, Beton und Stahl, indem Elemente der klassischen Antike wieder aufgegriffen und in einen gegenwartsbezogenen Zusammenhang gestellt werden.

Die Fassaden, Säulen und runden Innenhöfe sind in Naturstein ausgeführt und nehmen die Formenspra-che der Antike zum Teil wieder auf.

Postmoderne Architektur bedeutet nicht bloße Nachahmung oder einen Rückfall in vergangene Zeiten. Sie verbindet (wie bei dem abgebildeten Gebäude zu erkennen) die klassische Museumsarchitektur mit der Gegenwart.

Dass sich die Formensprache der Architektur und Kunst in Verbindung oder im Gegensatz zu ihrer Zeit immer wieder anpasst oder verändert, zeigt das folgende Beispiel.

1 Notre Dame du Haut, Ronchamp, erbaut von Le Corbusier 1955

2 Philharmonie Berlin, Hans Scharoun, 1963

3 Staatsgalerie Stuttgart, J. Stirling, 1982

4 Kuppel auf dem Reichstagsgebäude, Sir Norman Foster, Berlin 1993 – 1999

10.7.5 Die Malerei im 20. Jahrhundert

Die Vielzahl von Strömungen und Stilunterscheidungen lässt sich an dieser Stelle nur in einer unvollständigen Übersicht stichwortartig darstellen. Wer darüber hinaus Fachkenntnisse erwerben will, kann sich diese in Ausstellungen, Museen, weiterführender Fachliteratur oder mithilfe des Internets aneignen.

Übersicht über verschiedene Stilrichtungen
- **Expressionismus** (1900 – 1920)
- **Kubismus** (1905 – 1925)
- **Futurismus** (1910 – 1915)
- **Dadaismus** (1916 – 1925)
- **Konstruktivismus** (1913 – 1933)
- **Realismus** (1921 – heute)
- **Surrealismus** (1924 – heute)
- **Blut- und Boden- bzw. NS-Kunst** (1933 – 1945)
- **Informel** (1945 – 1960)
- **Pop Art** (1958 – 1975)
- **Op Art** (1960 – 1975)
- **Konzeptkunst** (1966 – 1980)
- **Neoexpressionismus** (1980 – heute)

Die aufgelisteten Stilrichtungen können durch die Zeiträume nur bedingt eingegrenzt werden. Die Zeitangaben sollen die Zuordnung zu einer Stilrichtung erleichtern.

LF 10

1 Moderne Plastik mit abgestimmter Tapete

10.7.6   Die Nach-Moderne

Technischer Wandel und fortschreitende Globalisierung führten im letzten Jahrzehnt zu einschneidenden Veränderungen in allen gesellschaftlichen Lebensbereichen. Rasanter Fortschritt der Computertechnologie führt zu neuen Möglichkeiten, die sich auch besonders auf die architektonischen Ausdrucksformen auswirken.

2 Guggenheim-Museum Bilbao, Frank O. Gehry, 1997

3 Guggenheim-Museum Bilbao, Innenansicht, Frank O. Gehry, 1997

Waren Architekten seit Beginn der Baukunst an den rechten Winkel und die Wirkungsgesetze der Geometrie gebunden, so ergeben sich in den Neunzigerjahren neue technische Möglichkeiten: Computersoftware und modernste CNC-Technik ermöglichen bisher undenkbare Ausdrucksformen. So entsteht eine Architekturströmung, deren Ziel es ist, mit dem Gedanken des ganzheitlichen Bauens zu brechen.

Das Zerlegen, Aufbrechen oder Fragmentieren und anschließendes Neukombinieren der gewonnenen Neuformen wird zum Ziel der Dekonstruktivisten. Architekten wie Frank Owen Gehry, Daniel Libeskind oder die in Bagdad geborene Zaha Hadid werden zu den führenden Vertretern dieser Architekturströmung und wagen den Sprung aus den statischen Zwängen des Bauens. Rund um den Globus entstehen traditions- und gesellschaftsunabhängige Bauwerke, deren Kennzeichen asymmetrisch angeordnete Wände und Säulen, disharmonierende Farbkonzepte, wahllos angeordnete Fenster auf Fassaden und Innenwänden und experimentelle Materialkompositionen sind. Die als dekonstruktivistisch bezeichnete Architektur geht vom Zweck des Gebäudes aus. Die fortdauernde, innovative Forschungsarbeit bestimmt den Charakter des Gebäudes. Die Architektur erscheint als experimentelle Versuchsanordnung, die die Arbeitsweise innerhalb des Gebäudes in den Mittelpunkt ihrer Überlegungen stellt. Damit öffnet sie den Blick für eine zukünftige Welt.

Parallel zum Dekonstruktivismus entsteht Mitte der Achtzigerjahre der Minimalismus. Eine Bauweise, deren Kennzeichen der Versuch ist, Baukörper, Gebäudekonstruktion und dekorative Elemente so weit wie möglich zu reduzieren. Im Gegensatz zur bewusst gewählten disharmonischen Farb- und Materialästhetik der Dekonstruktivisten legen die Minimalisten großen Wert

LF 10

315

auf ausgesuchte Baumaterialien und deren sorgfältige Verarbeitung. Seit 2000 entstehen in Berlin-Mitte minimalistische Bauten, deren klare Struktur und bewusst gewählte schmucklose Baustoffe einen ruhigen, zeitlosen Gegenpol zu der fragmentierten Architektur der Dekonstruktivisten bilden.

Im Hinblick auf zukünftige Architekturströmungen lässt sich grundsätzlich noch keine klare Stilrichtung im Bereich der Baustile erkennen. Erst in ein paar Jahren lässt sich vielleicht aus der Rückschau heraus eine Haupttendenz aus den verschiedenen Architekturströmungen definieren. Gleiches gilt für alle anderen Segmente des Gestaltens, wie Farbe und Form in der Innenraumgestaltung, freie Kunst, digitale und analoge Fotografie sowie die verschiedenen Designströmungen.

Moderne Tapeten im Vergleich

2 Retrotapete, Esprit-Collection 2008

1 Bundeskanzleramt Berlin, 1997–2001

Aufgaben

1. Definieren Sie, woran sich moderne Stilrichtungen erkennen lassen.
2. Begründen Sie die folgende Aussage: Das Bauhaus hat für die Moderne eine überragende Bedeutung.
3. Welche Stilrichtungen bestimmen die heutige Architektur?
4. Erklären Sie, was man unter postmoderner Architektur versteht.
5. Beschreiben Sie die Stilmerkmale dekonstruktivistischer Bauten.

3 Minimalistische Regierungsbauten, Berlin-Mitte, 2006

Kundenauftrag

 **Planen + Bauen**

Architektur- und Ingenieurbüro

Planen+Bauen GmbH, Kirchstr. 102, 49716 Meppen

Malerbetrieb Roth GmbH
Gewerbepark 136
45131 Essen

✉ Kirchstr. 102
   49716 Meppen

☎ 05931-6394

🖥 visionen@planen.de

Meppen, 17.09.20xx

BV EFH Klett, Kornblumenweg 88, 49811 Lingen

Sehr geehrter Herr Roth,

für die Sanierung des o. g. Gebäudes beauftragen wir Sie, ein nach
DIN EN 13499 / DIN EN 13500 geeignetes Wärmedämmverbundsystem zu liefern
und auf die Fassade aufzubringen. Als Schlussbeschichtung ist ein Reibeputz,
Kornstärke 3 mm, Farbton weiß oder hell getönt, vorgesehen. Die Fenster- und
Türöffnungen sind mit 6 cm breiten, farbig abgesetzten Faschen zu versehen.

Als Vertragsgrundlage gilt die VOB DIN 18363 in der jeweils aktuellen Fassung.

Mit freundlichen Grüßen
   B. Schmidt

LF 11

Objektbeschreibung

Bei der Objektbegehung wurde als Istzustand festgestellt:

- Es handelt sich um ein älteres Einfamilienhaus mit einem zweischaligen, ungedämmten Mauerwerk.
- Die Fassadenfläche ist mit einem mehrfach mit Acrylat- und Silikonharzfassadenfarben beschichteten Kratzputz versehen.
- Der Putz weist kleinere Risse und Fehlstellen auf; die Beschichtung ist leicht verschmutzt, algenfrei und tragfähig.

Informationsbeschaffung

Um mit der Abwicklung dieses Kundenauftrags beginnen zu können, sollten Sie sich mithilfe der folgenden Fachbegriffe in das Thema einarbeiten: Innendämmung, Außendämmung, Wärmeleitzahl, Wärmedämmverbundsystem, Armierungskleber, Armierungsgewebe, Kratzputz, Reibeputz, Faschen, zweischaliges Mauerwerk.

1 *Einfamilienhaus der Familie Klett vor der Sanierung*

2 *Einfamilienhaus der Familie Klett nach der Sanierung*

LF 11

Planung

- In einem persönlichen Gespräch mit Herrn Klett, dem Besitzer des Einfamilienhauses, äußert dieser, dass er eigentlich eher zu einer wesentlich kostengünstigeren Innendämmung tendiert. Sammeln Sie Argumente, die Herrn Klett überzeugen, sich für eine Außendämmung zu entscheiden.
- Fertigen Sie beschriftete Skizzen für Herrn Klett an, die den Temperaturverlauf durch das Mauerwerk seines Hauses mit Innen- bzw. mit Außendämmung aufzeigen, und erläutern Sie ihm diese Skizzen.
- Für die Wärmedämmschicht stehen Dämmstoffplatten (Dicke 10 cm) aus unterschiedlichen Materialien zur Auswahl. Informieren Sie sich über das jeweilige Material und entscheiden Sie sich mithilfe eines Materialvergleichs (Wärmeleitzahlen usw.) für einen geeigneten Dämmstoff.
- Um die Wärmedämmplatten fachgerecht befestigen zu können, stehen unterschiedliche Befestigungssysteme zur Auswahl. Treffen Sie eine begründete Entscheidung bezüglich eines sinnvollen Befestigungssystems.
- Klären Sie, inwiefern die Durchführung dieses Auftrags von den Witterungsbedingungen abhängig ist, und erläutern Sie Ihre Erkenntnisse.
- Herrn Klett liegt der U-Wert (Wärmedurchgangskoeffizient) für seine ungedämmte Wand vor. Dieser liegt bei 1,1 W/(m²K). Berechnen Sie den U-Wert, der sich nach der Montage der Außendämmung ergibt, um Herrn Klett die Vorteile einer Wärmedämmung rechnerisch zu verdeutlichen.

Durchführung

Baustelle einrichten
Nennen Sie Möglichkeiten, das an die Baustelle gelieferte Material vor Witterungseinflüssen und Diebstahl zu schützen.

Einen sicheren Arbeitsplatz schaffen
Für die Sanierung des Daches hat das beauftragte Bauunternehmen das Wohnhaus komplett eingerüstet. Dieses Gerüst können Sie für die Durchführung Ihres Auftrags benutzen. Was ist gemäß den Unfallverhütungsvorschriften vor der Benutzung von durch Fremdfirmen aufgestellte Gerüste zu beachten bzw. zu prüfen?

Vorarbeiten durchführen
- Nennen Sie die Untergrundvoraussetzungen, die zur Montage eines Wärmedämmverbundsystems vorherrschen sollten, und erläutern Sie Ihre Vorgehensweise, um diese Voraussetzungen zu schaffen.
- Nennen Sie die baulichen Voraussetzungen, die bei diesem Gebäude vor der Montage des Wärmedämmverbundsystems geschaffen werden müssen, und erläutern Sie die jeweilige Vorgehensweise.

Hauptarbeiten durchführen
- Erstellen Sie einen Arbeitsplan, beginnend bei ihrer Vorgehensweise zur Befestigung der Sockelleisten, über die Befestigung der Dämmplatten und den Umgang mit Plattenfugen (inkl. Begründung) bis hin zur Aufbringung der Armierung.
- Schildern Sie Ihre Arbeitsweise beim Aufbringen des Reibeputzes. Notieren Sie ggf. Faktoren, deren Berücksichtigung von besonderer Bedeutung sind.

Abschlussarbeiten durchführen
Notieren Sie, wie an den Anschlussfugen von Fenstern, Türen, Rollladenkästen usw. vorzugehen ist.

Kontrolle

- Prüfen Sie Ihre schriftliche Ausfertigung des Auftrags auf Vollständigkeit und Verständlichkeit.
- Überdenken Sie Ihre Ausführungen bezüglich einer praktischen Durchführbarkeit. Entsprechen Ihre Ausführungen einem realen betrieblichen Ablauf?

Dokumentation und Präsentation

- Stellen Sie Ihre Lösung dieses Kundenauftrags in der Klasse vor und diskutieren Sie diese.
- Korrigieren Sie Ihre Ergebnisse gegebenenfalls und bewerten Sie Ihre Gruppenarbeit.
- Bereiten Sie Ihre Ergebnisse für eine abschließende Präsentation in geeigneter Weise (Stellwand, Tageslichtprojektor usw.) im Beisein von Herrn Klett vor.

LF 11

11 Objekte instand setzen

11.1 Wärmedämmsysteme

Wärmedämmsysteme dienen zur Senkung der Energiekosten eines Gebäudes und leisten durch die Verminderung von CO_2 u. a. Luftschadstoffen einen Beitrag gegen die Erwärmung der Erde durch den sogen. Treibhauseffekt. Sie tragen damit zum weltweit notwendigen Klimaschutz bei. Für die Errichtung neuer Gebäude ist deshalb die Wärmedämmung u. a. verbindlich in der Energieeinsparverordnung (EnEV) vorgeschrieben. Darin ist der Jahres-Heizwärmebedarf eines Gebäudes begrenzt. Im festgelegten Nachweisverfahren muss u. a. eine Energiebilanz für das Gebäude erstellt werden.

> Stoffe, die zur Wärmedämmung infrage kommen, müssen eine niedrige Wärmeleitzahl aufweisen. Bezogen auf den Querschnitt des Bauteils lässt sich der einzuhaltende U-Wert bestimmen (vgl. Kapitel G.7.13).

Der folgende Vergleich zeigt, dass die Wärmedämmstoffe diese Eigenschaften weit besser erfüllen als die üblichen Baustoffe:

Wärmeleitzahlen (λ) einiger Bau- und Dämmstoffe		Einheit $\frac{W}{m \cdot K}$
Baustoffe	Beton	2,1
	Gasbeton	0,14 – 0,23
	Gipsputz	0,35
	Kalkputz	0,87
Wärme-dämmstoffe	Holzfaserplatten	0,15
	Korkplatten	0,045
	Hartschaum-Kunststoffe	0,020 – 0,04
	Mineralfasern	0,035 – 0,05
	Wärmedämmputz	0,057 – 0,09

Innendämmung – Außendämmung

Die Wärmedämmung durch den Maler erstreckt sich häufig auf die Innendämmung.

Hier einige Beispiele:
Tapetenunterlagsmaterial aus Hartschaum oder genoppter Wollfilzpappe, textile Wandbeläge, Styroporsichtplatten, Gipsplatten mit Styroporauflage, Wärmedämmputze, Spezialanstriche usw.

Bei der Innendämmung soll verhindert werden, dass Wärme durch das Mauerwerk oder die Decke abwandert. Der Raum lässt sich so schneller erwärmen, kühlt aber auch leichter wieder aus, da die Wand als Wärmespeicher entfällt. Von außen gesehen liegt der Taupunkt bei Kälte tiefer in der Wand, was zur Kondensatbildung und Feuchtigkeit in der Wand führen kann.

Die Außendämmung schützt die gesamte Wandfläche. Sie dient zugleich als Armierung und Rissüberbrückung und hält die Fassade über längere Zeit wartungsfrei. Die Wände speichern die Wärme, wirken feuchtigkeitsregulierend und tragen zu einem guten Raumklima bei. Der Taupunkt liegt auch bei Kälte meist im Bereich der Wärmedämmung, sodass sich im Mauerwerk kaum Wasser als Kondensat niederschlagen kann. Gemessen an diesen Vorteilen ist eine Außendämmung der Innendämmung vorzuziehen.

11.1.1 Wärmedämmputzsysteme

Wärmedämmputzsysteme sind mineralisch gebundene Putze, deren Unterputze einen hohen Anteil (mindestens 75 % Volumenanteil) an expandiertem Polystyrol (EPS) enthalten, um die erforderliche Wärmedämmwirkung zu erreichen. Der Unterputz muss Wasser hemmend sein, eine entsprechende Festigkeit besitzen und einen ausreichenden Brandschutz gewährleisten. Der Oberputz muss Wasser abweisend sein.

11.1.2 Wärmedämmverbundsysteme

> Ein Wärmedämmverbundsystem (WDVS) nach DIN EN 13 499 / DIN EN 13 500 besteht in der Regel aus drei Schichten:
> a) der Wärmedämmschicht aus Dämmstoffen unterschiedlicher Schichtdicke. Hierfür kommen Platten aus Polystyrol- oder Polyurethan-Hartschaum sowie aus Mineralfasern zum Einsatz.
> b) der Beschichtung aus Armierungsmasse und der darin eingebetteten Armierung aus Glasfasergewebe;
> c) der Schlussbeschichtung zur Oberflächengestaltung und im Außenbereich zum Schutz gegen Witterungseinflüsse.

Die Wärmedämmschicht wird mit Armierungskleber auf den Untergrund geklebt, sofern dieser genügend tragfähig und belastbar ist. Hierfür wird der Untergrund gereinigt und geringfügige Putzmängel mit Spachtelmasse auf Zementbasis ausgebessert. Bei problematischen Untergründen verstärkt man die Klebestellen mit Dübeln oder man wählt eine mechanische Befestigung.

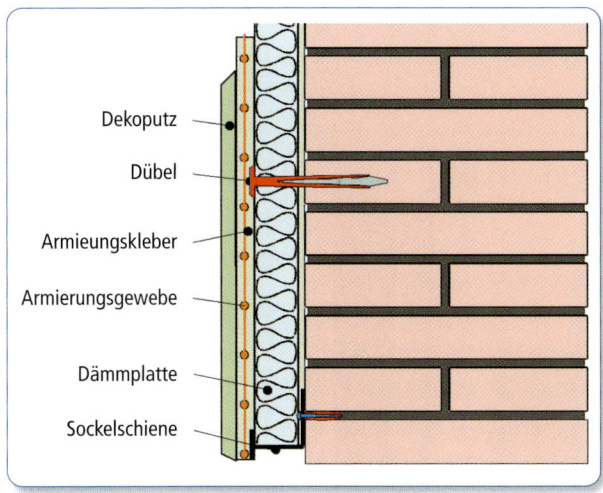

1 Aufbau eines Wärmedämmverbundsystems

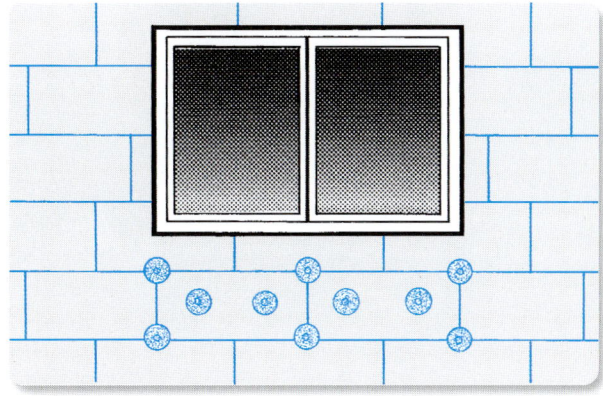

2 Richtiges Verlegen der Wärmedämmplatten
a) senkrechter Versatz;
b) senkrechte Stöße vermeiden, z. B. Fenster, Türen;
richtige Verteilung der Dübel

Zehn Regeln zum Aufbau eines Wärmedämmverbundsystems

1. Alle Anschlüsse wie Regenwasserableitungen, Fensterbänke, elektrische Schalter usw. auf neue Putzabmessung soweit notwendig anpassen.
2. Sockelleiste befestigen, eben und waagerecht ausrichten.
3. Von der Sockelleiste ausgehend werden die Dämmplatten der Reihe nach von unten nach oben jeweils versetzt geklebt oder mechanisch befestigt.
4. Auf der Außenwand verlegte Leitungen müssen beim Überdecken auf der Platte gekennzeichnet werden, damit man sie beim Dübeln nicht beschädigt.
5. Dübel erst nach Erhärtung der Klebemasse setzen.
6. Länge der Dübel so wählen, dass eine Eindringtiefe von mindestens 5 cm in den festen Untergrund gewährleistet ist.
7. Armierungskleber gleichmäßig auftragen; das Armierungsgewebe bahnenweise mit ca. 10 cm Überlappung einlegen bzw. einbetten; Armierungsbahnen nicht um die Ecken herumziehen.
8. An frei stehenden Ecken Eckverstärkung aus Armierungsgewebe einbetten.
9. Anschlüsse und Fugen schlagregendicht ausführen.
10. Schlussbeschichtung erst nach vollkommener Erhärtung der Armierungsschicht auftragen.

> Auf nicht tragfähigen Putz- und Anstrichschichten kann eine Verklebung der Wärmedämmplatten nicht vorgenommen werden. Hier eignen sich Befestigungen mit Halte- und Verbindungsleisten aus Aluminium sowie mit Fassadenschraubdübeln.

Brandschutzanforderungen

Schwer entflammbare Wärmedämmplatten der Baustoffklasse B1 bestehen aus Polystyrol-Hartschaum. Sie werden mit Dispersionsklebemasse verarbeitet. Die Schlussbeschichtung wird mit Kunstharz- bzw. Silikatputz ausgeführt.

Nicht brennbare Wärmedämmplatten der Baustoffklasse A bestehen aus Mineralfaserplatten. Sie werden mit zementgebundener Klebemasse verarbeitet. Die Schlussbeschichtung wird mit mineralischem Dünnschicht- bzw. Silikatputz ausgeführt.

> ### Aufgaben
>
> 1. Erklären Sie, warum die Montage eines Wärmedämmverbundsystems nicht nur finanzielle Vorteile bringt, sondern auch ökologische Aspekte erfüllt.
> 2. Nennen Sie die Vor- und Nachteile einer Außendämmung im Vergleich zu einer Innendämmung.
> 3. Nennen Sie die drei Schichten, aus denen ein Wärmedämmverbundsystem besteht, und erklären Sie Ihre Arbeitsweise bei der Erstellung jeder einzelnen Schicht.
> 4. Nennen Sie Materialien, die eingesetzt werden, um bestimmte Brandschutzanforderungen zu erfüllen.

1 Ansetzen der Dämmplatten

2 Bohren der Dübellöcher

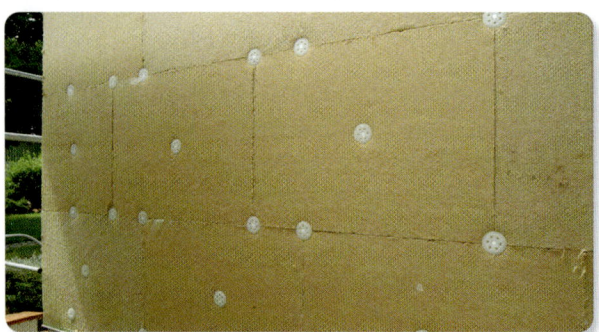

3 Verdübelte Dämmplatten

4 Anbringen der Eckverstärkung

5 System-Bauteil Fenstereinfassung

6 Anbringen des Armierungsgewebes

7 Abreiben des Putzes

LF 11

11.2 Kunstharzgebundene Putze

Kunstharzputze sind nach DIN 18 558 Beschichtungen mit putzartigem Aussehen. Sie werden aus Bindemitteln in Form von Dispersionen oder lösemittelhaltigen Bindemitteln sowie aus Füllstoffen bzw. Zuschlägen hergestellt. Der überwiegende Kornanteil des Füllstoffes muss dabei einen Durchmesser > 0,25 mm vorweisen.

Kunstharzputze teilt man in zwei Gruppen ein:
POrg 1 → Außen- und Innenputz
POrg 2 → Innenputz

> Kunstharzputze werden als Oberputz auf mineralische Unterputze der Mörtelgruppen P I und P III, auf Beton und als Schlussbeschichtung bei Wärmedämmverbundsystemen eingesetzt.

1 Zwischenanstrich mit der Bürste satt auftragen

2 Putz mit Glättkelle auftragen und auf Kornstärke abziehen

3 Putz mit Kunststoffkelle rundgerieben

4 Putz mit Kunststoffkelle längsgerieben

11.2.1 Eigenschaften der Kunstharzputze

Gute Haftung: Kunstharzputze zeichnen sich durch eine gute Haftung und Elastizität aus. Auf tragfähigem Untergrund und bei richtiger Verarbeitung kann der Putz weder reißen noch abblättern.

Feuchtigkeitsabweisend: Kunstharzputze bilden beim Erhärten eine dichte Beschichtung. Schlagregen kann dem Putz nichts anhaben. Er schützt den darunterliegenden Unterputz und das Mauerwerk gegen Durchfeuchtung, Wärmeverlust und Zerstörung.

Dampfdurchlässigkeit: Durch den Zusatz an groben mineralischen Bestandteilen (Quarz) bleibt die Wasserdampfdurchlässigkeit trotz dichter Durchhärtung erhalten. Die Baufeuchte kann entweichen und die für ein gutes Raumklima nötige Luftfeuchtigkeit kann ausgetauscht werden.

Selbstreinigung: Der Putz behält seine ursprüngliche Farbe und Schönheit. Schmutz und Staub werden vom Regen immer wieder abgewaschen. Gegen Luftschadstoffe und aggressive Niederschläge verfügen Kunstharzputze über eine hohe Beständigkeit.

11.2.2 Untergrundmängel

Putzuntergründe, die keinen festen, dauerhaften Verbund mit dem Kunstharzputz gewährleisten, stellen Untergrundmängel dar. Folglich kann der Kunstharzputz abplatzen.

Der Putzgrund muss mängelfrei sein, d. h., er darf weder sanden noch mit Schmutz, Rissen oder anderen Putzmängeln behaftet sein. Nasse Flächen können die Durchhärtung des Putzes stören und Hohlstellen erzeugen. Der Putzgrund muss deshalb fest, griffig und trocken sein.

> Vorarbeiten:
> 1. Putzgrund (Unterputz) gründlich reinigen.
> 2. Ausbessern der Putzbeschädigungen mit Spachtelmasse auf mineralischer Basis.

LF 11

11.2.3 Beschichtungsaufbau

> **Das Aufbauen der Beschichtung:**
> 1. Grundanstrich mit lösemittelverdünnbarem Grundanstrichstoff (Tiefgrund)
> 2. Zwischenanstrich mit Grundfarbe oder Streichputz
> 3. Putzauftrag

Der **Grundanstrich** festigt den Putzgrund und verhindert, dass dem Kunstharzputz vorzeitig das Wasser entzogen wird.

Der **Zwischenanstrich** gleicht das unterschiedliche Saugvermögen weiter aus, stellt eine Haftvermittlung her und ermöglicht eine gleichmäßige Färbung des Oberputzes. Eine unterschiedliche Färbung des Putzgrundes kann den Kunstharzputz fleckig erscheinen lassen. Der Zwischenanstrich wird daher im Farbton des Oberputzes abgetönt. Für den Zwischenanstrich sollte nur auf das vom Hersteller des Kunstharzputzes vorgeschlagene Material zurückgegriffen werden.

Putzauftrag: Kunstharzputze werden vom Hersteller gebrauchsfertig im gewünschten Farbton geliefert. Notfalls können sie mit Abtönfarben auf den beabsichtigten Farbton gebracht werden. Je nach beabsichtigter Oberflächenstruktur ist die Konsistenz nach Herstellerangaben einzustellen, d. h. mit der vorgeschriebenen Menge Wasser zu verdünnen. Der Kunstharzputz wird mit einer nicht rostenden Glättkelle (Traufel) in Schichtdicke der Korngröße aufgezogen.

> Die Schichtdicke des Kunstharzputzes ist abhängig vom Durchmesser der größten Körnung innerhalb des Füllstoffes.

Der Putz darf weder in praller Sonne noch bei zu großem Wind oder bei Temperaturen unter +5 °C aufgetragen werden, da diese die Trocknung beschleunigen oder die Erhärtung beeinträchtigen. Die Oberfläche der Kunstharzputze kann durch bestimmte Bearbeitungstechniken vielseitig gestaltet werden. Dabei spielen die Korngröße und die Auswahl der Zuschläge bzw. des Füllstoffes eine entscheidende Rolle.

11.2.4 Gebräuchliche Kunstharzputzarten

Reibeputz: Durch Zuschläge von Rundkorn entstehen beim Abscheiben Vertiefungen, die je nach Reibrichtung die typische Struktur ergeben.

Kratzputz: Das Strukturkorn (1 bis 6 mm) ragt aus der Beschichtung heraus und ergibt eine gleichmäßig strukturierte Oberfläche.

Rillenputz: Er ist dem Reibeputz ähnlich. Anstelle des Rundkorns wird Splittkorn verwendet.

Spritzputz: Nach der Erhärtung stehen Splitt oder Rundkörner aus der Beschichtung heraus und bestimmen die Struktur.

Modellierputz: Der dickschichtig aufgetragene Putz wird mit der Rolle, Traufel, Kelle, Bürste oder mit einem Schwamm modelliert.

Streichputz: Er besteht aus einer feinkörnigen streichfähigen Beschichtung, die mit der Bürste aufgetragen wird.

Rollputz: Der feinkörnige Putz wird mit einer Strukturrolle entsprechend geprägt.

Schleifputz: Der Putz wird ca. 30 Minuten nach dem Aufziehen mit einem Glasdeckel überschliffen.

11.2.5 Einsatz im Wärmedämmverbundsystem

Kunstharzputze werden häufig als Schlussbeschichtung in Wärmedämmverbundsystemen eingesetzt. Die für diesen Zweck vorgesehenen Putze sind in der Regel auf Siliconharz- oder Silikatbasis hergestellt. Da diese auf die jeweiligen Systeme abgestimmt sind, sollte man unbedingt die von den Herstellern empfohlenen Materialien einsetzen.

Werden Kunstharzputze als Teil eines Wärmedämmverbundsystems eingesetzt, kann auf die Grund- und Zwischenbeschichtung verzichtet werden. Das Material wird direkt auf die durchgetrocknete Armierungsschicht aufgetragen. Häufig ist eine Schlussbeschichtung dieser Putze mit Silikonharz- oder Silikatfassadenfarben vorgesehen. Auch hierbei sollte man unbedingt den Herstellervorgaben Folge leisten.

> *Aufgaben*
>
> 1. *Nennen Sie Gründe, die für kunstharzgebundene Putze als Oberputz eines Wärmedämmverbundsystems sprechen, und erläutern Sie diese.*
> 2. *Notieren Sie die Mängel, auf die ein Untergrund vor dem Putzauftrag geprüft werden sollte.*
> 3. *Auf welche Weise erfolgt die Auswahl eines geeigneten Kunstharzputzes für ein Wärmedämmverbundsystem?*

LF 11

Kundenauftrag

**Praxis für Physiotherapie
petervoß + team**
Emilienstraße 3
45141 Essen
Tel.:	02 01–693-215
Fax:	02 01–693-233
E-Mail: physio@essen.de

Malerbetrieb Roth
Gewerbepark 136
45131 Essen
Tel.:	(02 01) 48 67-12
Fax:	(02 01) 48 67-14
E-Mail: info@malerbetrieb-roth.de

Bitte um Gestaltungsvorschläge für die Praxis	16.05.20xx

Sehr geehrter Herr Roth,
sehr geehrte Damen und Herren,

meine Krankengymnastikpraxis in Essen ist vor kurzer Zeit bereits neu gestaltet und renoviert worden. Zur leichteren Orientierung der Patienten fehlt uns im Flurbereich allerdings noch ein Leitsystem, welches die einzelnen Anwendungsbereiche unserer Praxis ausweist. Hierzu muss ein individuelles Zeichen entworfen werden, das als Leitsymbol dienen soll. Zusätzlich wird vor jeder Abteilung der jeweilige Name angebracht. Diese Schrift sollte natürlich zum Stil des Zeichens passen und für die Praxis einheitlich gebraucht werden. Wir stellen uns eine elegante, aber moderne Schrift vor, die sich harmonisch in das Gesamtbild der Praxis einfügt.

Wir bieten unseren Gästen folgende Anwendungsbereiche an:
1. **Massagen**
2. **Training**
3. **Behandlungen**

Es wäre schön, wenn Sie uns Ihre Ideen in einem Kundengespräch vorstellen würden. Dabei freut es uns zu erfahren, was Sie sich bei der **Entwicklung des Zeichens und der Schrift** gedacht haben. Vielleicht ist es auch möglich, dass Sie Arbeitsproben von Ihren Ideen mitbringen.

Wir freuen uns, bald von Ihnen zu hören, und verbleiben bis dahin
mit freundlichen Grüßen

Peter Voß

325

Objektbeschreibung

Wände:
- gebogene Wände
- quarzgefüllter, feiner Streichputz, im Kreuzschlag aufgetragen
- in den Behandlungszimmern: rötliche Wischtechnik an den Wänden

Beleuchtung:
- indirekte Beleuchtung über der Decke und durch angebrachte Wandstrahler

Fußboden:
- Laminatboden in Anthrazit-Grün

Fenster:
- neu aus Kunststoff in RAL 9010 Reinweiß

Tür:
- weiß lackiert in den Maßen 100 x 80 cm
- 6 Türen

Behandlungszimmer:
- Behandlung 2 x
- Massage 1 x
- Training 1 x

Ansichten und Grundriss:

1 Eingangstheke

2 Flurbereich mit den Therapieräumen 1, 2, 3

3 Flurbereich mit WC und Vorbereitungsraum

4 Flurbereich aus Sicht der Therapieräume

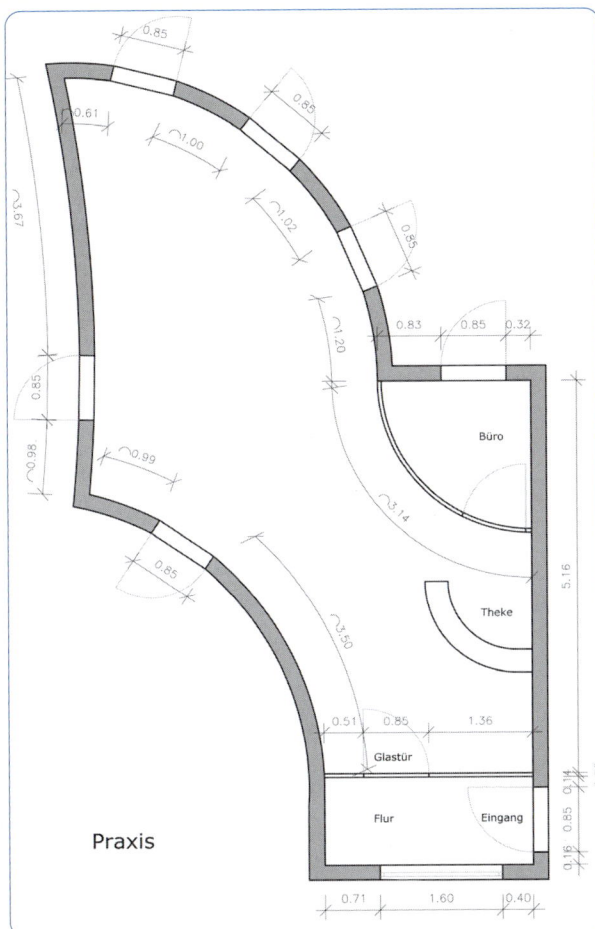

1 Grundrisszeichnung

Informationsbeschaffung

Die Physiotherapiepraxis[1] in Essen existiert bereits seit mehreren Jahren und ist vor Kurzem renoviert worden. Die Therapieräume wurden je nach ihrer Nutzung neu eingerichtet und gestaltet. Die einzelnen Räume werden schwerpunktmäßig genutzt für:

1. **Massagen:** Hier finden die Massagen statt, die sowohl medizinische Schwerpunkte beinhalten als auch zur Entspannung dienen können.
2. **Training:** Hier befinden sich Fitnessgeräte und Hilfsmittel, die von den Patienten je nach Therapieverschreibung genutzt werden können.
3. **Behandlung:** Die Patienten erhalten eine medizinische Krankengymnastikanwendung.

Zur besseren Orientierung der Patienten soll nun ein Leitsystem über ein Zeichen für die einzelnen Anwendungsbereiche entwickelt werden. Außerdem benöti-

[1] auch Krankengymnastikpraxis genannt

gen die einzelnen Bereiche eine Beschriftung, wobei die Schrift mehrere Anforderungen erfüllen muss:

- Sie muss für die gesamte Praxis einheitlich gewählt werden,
- sie muss zu jedem entwickelten Zeichen und zum Stil der Praxis passen.

Verschaffen Sie sich daher zunächst mithilfe des Kundenauftrags und der Objektbeschreibung einen Eindruck von den entsprechenden Räumlichkeiten und halten Sie bei Ihrer Recherche besondere Gegebenheiten schriftlich fest:

- Welche **Farbgestaltung** besteht bereits?
- Welche **Farbtöne** sind unabänderlich und müssen übernommen werden?
- Welche prägnanten **Gestaltungselemente** herrschen vor, die ich bei meiner Planung mit einbeziehen muss?

Recherchieren Sie die Fachinformationen zu den Bereichen der **Schrift- und Zeichenentwicklung**. Legen Sie den Schwerpunkt dabei auf die optimale Gestaltung dieser beiden Bereiche, die den Grundregeln der **visuellen Kommunikation** entsprechen sollen.

Planung

Legen Sie fest, was Sie dem Kunden bei der Präsentation alles anbieten wollen, damit Sie den Auftrag von ihm bekommen. *Wie wollen Sie dem Kunden Ihre Ergebnisse präsentieren?* Sie können z. B. eine Arbeitsmappe mit einer Dokumentation der Ergebnisse anfertigen oder eine Präsentation über Plakate erstellen. Nachdem Sie sich entschieden haben, welche Einzelteile Sie dem Kunden präsentieren wollen, müssen Sie mit der Zeit- und Arbeitsplanung beginnen. Planen Sie Ihre einzelnen Arbeitsschritte bis zum Kundengespräch. Orientieren Sie sich hierzu an den Planungsvorgaben aus den Lernfeldern 1–4.

Durchführung

Zeichenentwurf

Fertigen Sie erste Entwürfe für das Zeichen an. Es steht für den Arbeitsbereich und soll Kontakt mit dem Patienten herstellen. Mit dem Zeichen soll eine **Botschaft** transportiert werden und es soll als eigenständiges **Merkzeichen** dem Betrachter in Erinnerung bleiben. Der Kunde muss sofort wissen, was sich hinter dem Zeichen verbirgt, sodass er sich ohne Hilfestellung innerhalb der Praxis orientieren kann. Daher sollte es visuell und ästhetisch ansprechend gestaltet und schnell wiedererkennbar (prägnant) sein.

Beachten Sie bei Ihren Entwürfen folgende Fragestellungen:

- Ist Ihr Zeichen bei spontaner Betrachtung ein **Blickfang** und leicht zu erkennen?
- Sind bei dem Zeichen passende **Farben** verwendet worden, die sich an das Gesamtkonzept der Praxis anpassen?
- Ist das Zeichen **zeitgemäß**, aber keine modische Erscheinung?
- Sagt das Zeichen etwas über die angebotene **Leistung** aus?

Schriftentwurf

Fertigen Sie erste Schriftentwürfe an. Mit einer Schrift transportieren Sie nicht nur Text, sondern auch ein Bild. Neben der grundsätzlichen Unterscheidung zwischen Druck- und Schreibschriften unterscheiden sich die einzelnen Schriftarten noch nach dem **Schriftcharakter**. Dies ist das individuelle Ansehen, das „Gesicht" der Schrift, mit dem wir unterschiedliche „Gesichts"-Ausdrücke erzielen können. So können Schriften verschiedene Charaktere widerspiegeln, z. B. konservativ oder modern, elegant oder rustikal, leicht oder schwer, sportlich oder unbeweglich. Verschiedene Schriftcharaktere werden im Lernfeld 4 durch die einzelnen **Schriftepochen** dargestellt. Zur ersten Ideenfindung lesen Sie sich daher noch einmal das dortige Kapitel über die *Grundlagen der Schrift* durch.

Beachten Sie bei Ihrer Schriftentwicklung folgende Fragestellungen:

- Sind das Zeichen und die Schrift aufeinander abgestimmt und stehen sie **harmonisch** nebeneinander?
- Passt der **Schriftcharakter** zur Praxis und entspricht er dem Wunsch des Kunden?
- Transportieren Sie mit der Schrift das, was Sie in der Planungsphase analysiert haben?
- Ist die Schrift gut **lesbar**?

Kontrolle

Das Kundengespräch steht kurz bevor. Kontrollieren Sie zunächst, ob Sie den Auftrag des Kunden sorgfältig und vollständig erfüllt haben. Zur Kontrolle helfen Ihnen dabei folgende Fragen:

- Haben Sie alle Wünsche des Kunden berücksichtigt (siehe Kundenauftrag)?
- Sind Ihre Ergebnisse entsprechend Ihrer Planung richtig sortiert?
- Sind alle Bereiche sorgfältig erstellt oder müssen einzelne Bereiche noch nach- oder ausgebessert werden?

Dokumentation und Präsentation

Nach Fertigstellung der Mappe findet das Kundengespräch und damit die Präsentation Ihrer Arbeiten statt. Zur Vorbereitung auf das Kundengespräch informieren Sie sich noch einmal über den Ablauf des Gesprächs, die einzelnen Gesprächsphasen und bereiten sich darauf vor (siehe hierzu Lernfeld 9).

Kontrollieren Sie dann, ob alle Arbeitsprodukte vollständig sind und Sie alle Wünsche des Kunden berücksichtigt haben.

Bereiten Sie sich gründlich auf die Präsentation vor, indem Sie sich Notizen zu den Bereichen machen, die Sie in dem Gespräch vorstellen wollen.

Bereiten Sie sich außerdem auf mögliche Fragen des Kunden vor, indem Sie Begründungen für Ihre Gestaltungsideen vorbereiten. Hierbei können Ihnen die Leitfragen aus der Durchführungsphase weiterhelfen.

12 Dekorative und kommunikative Gestaltungen

12.1 Gestalten mit Schrift

12.1.1 Schrift dient der Kommunikation

Die Kommunikation der Menschen basiert auf Worten, die durch Sprache oder Schrift dargestellt werden, sowie Gesten und Bildern. Schrift wird benutzt, um Informationen, Gedanken oder Wissen festzuhalten oder weiterzugeben. Sie begegnet uns daher immer wieder in vielfältiger Art und Weise: in der Werbung, auf Verkehrsschildern, in Büchern und Zeitschriften, auf Plakaten, Faltblättern usw. Die Schrift dient damit zur **direkten Verständigung** bzw. Kommunikation der Menschen. Sie beinhaltet immer eine Information, die sich an die Leser der Schrift wendet. Darüber hinaus beinhaltet die Schrift einen Ausdruck, der über das Schriftbild, also das Aussehen der Schrift, transportiert wird. Demnach steht neben der direkten Kommunikation auch eine **indirekte Kommunikation** über das Bild. Das Bild der Schrift wird dabei immer an den Zweck der Information angepasst. Bei langen Texten, die wichtige Informationen enthalten, wird immer eine **leicht lesbare Schrift** gewählt, die nicht vom Inhalt der Information ablenkt. In Überschriften oder bei Slogans hingegen werden oft **auffällige** oder **ausgefallene Schriften** gewählt, weil sie als „Hingucker" dienen und die Aufmerksamkeit darauf lenken sollen.

> Die Schriftgestaltung orientiert sich immer daran, welchem Zweck das geschriebene Wort dienen soll.

Bevor man also beginnt, sich Gedanken über die Schriftgestaltung zu machen, sollte man das Medium und die damit verbundene Wirkung genau bestimmen. Handelt es sich z. B. um eine Information, wie in einer Zeitung oder einem Sachbuch, stehen die Lesbarkeit und das schnelle Finden der gesuchten Information im Vordergrund. Bei einem Roman hingegen liest man von der ersten bis zur letzten Seite und der Inhalt dient der Unterhaltung. Bei der Werbung ist der Inhalt zweitrangig. Erst einmal soll der Leser auf die Anzeige, das Plakat o. Ä. aufmerksam werden und die Werbung bemerken. Erst in einem zweiten Schritt wird die Information wahrgenommen, die dann entsprechend gut lesbar sein sollte.

12.1.2 Die Lesbarkeit durch den optischen Ausgleich

Für die gute Lesbarkeit einer Schrift sind klare Kriterien festgelegt, die bei der Gestaltung berücksichtigt werden müssen: Die gute Lesbarkeit hängt dabei nicht nur davon ab, dass die einzelnen Buchstaben gut zu erkennen sind, sondern auch davon, dass der Lesevorgang nicht gestört wird. Dies kann z. B. dann passieren, wenn die Buchstaben-, Wort-, und Zeilenabstände nicht gleichmäßig eingehalten werden.
Kriterien für die Lesbarkeit sind demnach:
♦ Buchstaben-, Wort- und Zeilenabstände
♦ Schriftgröße
♦ Schriftart

Damit der Lesefluss nicht gestört wird, muss für einen optischen Ausgleich der einzelnen Buchstaben zueinander gesorgt werden. Alle Buchstaben unseres Alphabets lassen sich aus den **Grundformen**
♦ Kreis,
♦ Dreieck,
♦ Rechteck
bilden.

1 Konstruktion von Buchstaben aus den Grundformen

Diese Grundformen finden Anwendung in der Capitalis Monumentalis, die bereits im 3. Jhd. vor Chr. zum Schreiben verwendet wurde. Diese Schrift bestand zu diesem Zeitpunkt nur aus Großbuchstaben. Nach weiteren Veränderungen bis zum 8. Jhd. entwickelten sich zu den Großbuchstaben die Kleinbuchstaben. Seitdem gilt sie als die Grundlage aller anderen Schriften unserer heutigen Zeit.

2 Verwendung der Capitalis Monumentalis

1 Verwendung der Capitalis an der Königsstraße in Münster

Die oben aufgeführte Schrift stellt nur ein Beispiel dar. Es lassen sich alle Buchstaben auf die drei Grundformen zurückführen, wobei diese je nach Buchstabe gedreht, kombiniert oder auch vervielfacht werden. Als Hilfsmittel für die Konstruktion von Schrift helfen damit immer das Geodreieck und der Zirkel.

Aus dem Computer kennen wir noch weitere Schriftschnitte, z. B. fett, halbfett und schmal. Diese entstehen dadurch, dass entweder die Strichstärken verändert werden oder indem die Grundformen zusammengepresst oder auseinandergezogen werden.

Diese verschiedenen und auch veränderten Grundformen zusammen ergeben die einzelnen Buchstaben. Die Flächen zwischen den verschiedenen Buchstaben sind unterschiedlich groß. Wenn alle Buchstaben immer den gleichen Abstand hätten, würde das Schriftbild auf uns unharmonisch wirken. Denn jeder einzelne Buchstabe hat aufgrund seiner Form einen **unterschiedlichen Weißraum** um sich herum. Das „L" in der oben stehenden Abbildung zeigt deutlich mehr Weißraum um sich herum als z. B. das O, welches den Weißraum um sich herum ausfüllt. Um ein harmonisches Schriftbild herzustellen, müssen die einzelnen Buchstaben einen unterschiedlichen Abstand zueinander haben. Dies kann der Gestalter über mathematische Berechnungen erreichen, aber auch über seinen eigenen Blick entscheiden. Hierzu nimmt man sich die einzelnen

Buchstaben zur Hand und legt sie nebeneinander. Manchmal hilft es dabei, die Schrift auf den Kopf zu drehen. So fängt man nicht an, das Wort zu lesen, sondern konzentriert sich nur auf den optischen Ausgleich der Buchstaben.

> Der **Buchstabenabstand** hängt von dem Weißraum zwischen den Buchstaben ab. Dieser richtet sich nach der Buchstabenform und danach, ob ein Buchstabe einseitig (z. B. L, P) oder zweiseitig (z. B. T, Y) geöffnet ist.

Es lassen sich verschiedene Buchstabenabstände unterscheiden. Die Abstände nehmen von 1 bis 8 ab:

		Balkenstärke
1. Der Abstand zwischen zwei Senkrechten ist der größtmögliche zwischen zwei Buchstaben.	HIE	1,5
2. Eine Senkrechte neben einer Teilrundung bedingt einen engeren Abstand.	NUP	1,25
3. Eine Senkrechte mit einer Vollrundung oder zwei Teilrundungen erfordert einen dichteren Abstand.	HOL	1
4. Drei Teilrundungen (oder Teil- und Vollrundungen) bilden eine noch engere Verbindung.	JOU	0,75
5. Zwei Vollrundungen müssen noch enger aneinanderrücken, um den optischen Ausgleich herzustellen.	DCO	0,75
6. Typische Lückenreißer stehen fast zusammen, um Löcher im Schriftbild zu vermeiden.	LUY	0,5
7. Bei diesen Buchstaben entfällt der Abstand aufgrund der vorherstehenden Lückenreißer.	TO KO	0
8. Bei diesen Verbindungen kommt es zu Unterschneidungen, um die einzelnen Buchstaben als ausgeglichen zu empfinden.	LTA	-0,5

Nur wenn diese Abstände in einem ausgewogenen Verhältnis zueinander stehen, kommt ein harmonisches Schriftbild zustande, das den Leser nicht ablenkt. Allerdings ist dies in der heutigen Praxis nicht mehr allzu häufig der Fall. Meistens werden die Schriften aus dem Computer genommen und nach Belieben eingesetzt. Dabei errechnet der Computer automatisch die richtigen Abstände und lässt ein harmonisches Schriftbild entstehen. Allerdings müssen diese trotzdem beim Layouter noch manuell nachbearbeitet werden.

LF 12

Die Vielfalt verschiedener Schriftarten geht meist schon so weit, dass sich der Kunde nur noch schwer entscheiden kann, welche Schrift er haben möchte. Denn Unterschiede sind im Allgemeinen nur noch geringfügig vorhanden. An dieser Stelle muss eine gute Beratung durch den Fachmann erfolgen, der den Kunden bei der Anmutung, also dem Charakter der Schrift, berät.

12.1.3 Gestaltung der Schrift

Den Ausgangspunkt für die Schriftgestaltung bildet der **Kundenauftrag**, der die genauen Wünsche des Kunden beinhaltet. Daraus kann der Gestalter wichtige Bezugspunkte für seine Arbeit entnehmen:

- an welche Zielgruppe er sich wenden muss
- welche Aussage der Text machen soll
- welches Format der Untergrund hat
- welche Farbe gewählt werden soll
- aus welcher Entfernung die Schrift gelesen werden kann
- wie schnell die Schrift gelesen wird

Dabei kann Schrift in unterschiedlichen Situationen wahrgenommen werden, z. B. beim Spazierengehen oder im Vorbeifahren.

> Die Grundfrage bei der Gestaltung von Schrift lautet: **Wer** liest **was wie**?

Je nachdem, was vom Kunden gefordert wird, werden zunächst unterschiedliche **Ideen** entwickelt. Dabei sollten bei der Ideenfindung verschiedene Ansätze gewählt werden, um dem Kunden ein breites Spektrum anzubieten. Eine Variation der grundsätzlichen Idee kann immer noch in einem folgenden Schritt vorgenommen werden.

Der Ideenvielfalt sind dabei keine Grenzen gesetzt: Es gibt Schreib- und Druckschriften, Serifen- und serifenlose Schriften, leichte und schwere Schriften und elegante und plumpe Schriften. Je nach Anwendungsbezug sind vielfältige Wege möglich, die durch kreative Einfälle einen eigenen Charakter bekommen. Einige Möglichkeiten sind dabei

- gerade oder *schräg*
- schmal oder breit
- positiv oder negativ
- *Schreibschrift* oder Druckschrift

Die Kombination verschiedener Möglichkeiten erweitert das Spektrum um ein Weiteres. Allerdings sollte darauf geachtet werden, dass die Gestaltung an sich nicht von der Information des Geschriebenen ablenkt

und insgesamt nicht überladen wirkt. Denn eine ausladende Gestaltung bringt nichts, wenn sie den eigentlichen Zweck der Schrift in den Hintergrund rückt. Grundsätzlich verwendet man in einem Schriftstück daher nicht mehr als drei Möglichkeiten.

1 Moderne Schriftgestaltung für ein Bekleidungsgeschäft

Zur praktischen Anwendung

1. Gleichen Sie die Buchstabenabstände Ihres eigenen Namens aus.
   a) Drucken Sie sich die einzelnen Buchstaben Ihres Namens in einer selbst gewählten Schrift und in einer Buchstabengröße von 5 cm aus.
   b) Schneiden Sie die Buchstaben einzeln, möglichst eng am Buchstaben, aus.
   c) Ziehen Sie auf einem breitformatigen Blatt Papier mittig eine Schriftlinie.
   d) Ordnen Sie die Buchstaben mit einem geeigneten Abstand auf der Linie an. Nehmen Sie dann einen möglichst weiten Abstand von Ihrer Arbeitsfläche und konzentrieren sich auf die Zwischenräume. Drehen Sie ggf. auch Ihr Blatt Papier um.
   e) Kleben Sie Ihre Buchstaben auf und vergleichen Sie die Ergebnisse mit denen Ihres Klassenkameraden.
2. Gestalten Sie Ihren Namen mit unterschiedlichem Ausdruck und zeichnen Sie die Ergebnisse gegenüberliegend auf ein Blatt Papier:
   a) elegant – rustikal
   b) sportlich – intellektuell
   c) aggressiv – romantisch
   Vergleichen Sie Ihre Ergebnisse im Klassenverband und halten Ihre Beobachtungen schriftlich fest.

12.1.4 Schrift am Objekt

In den meisten Fällen wird Schrift als ein Medium eingesetzt, welches Informationen an den Betrachter übermittelt. Gerade in diesen Fällen liegt der Informationswert des Geschriebenen über dem dekorativen Wert. Dabei schließt eine gute Gestaltung eine gute Lesbarkeit nicht aus. Vielmehr wird damit der Schwer-

1 Der Schriftstil passt sich dem Stil des Hauses an

punkt, dem die Schrift dienen soll, beschrieben. Entweder liegt der Schwerpunkt auf der freien gestalterischen Wirkung oder auf der informativen Verwendung und damit der schnellen und sicheren Verbreitung von Informationen. Allerdings kann dabei nur die Schrift eine Information übermitteln, die gut durchgeformt und damit schnell zu erfassen ist. Die dekorativen Schriften fesseln zwar eher die Aufmerksamkeit, dies geschieht aber meist zulasten der Lesbarkeit.

Eine erste Orientierung zur Schriftgestaltung bietet zunächst einmal der Schriftträger oder der Zusammenhang, in dem Schrift platziert wird. So sind z. B. Fassaden historisch gebunden und am Fahrzeug entscheidet die Karosserieform mit. Die beste Gestaltung mit Schrift ist immer dann erreicht, wenn der Schriftcharakter z. B. dem Stil des Hauses angepasst ist und sich nach Größe und Farbe in die Fassade integriert.

Schriftgestaltung am Bau

Die Schriftgestaltung an Fassaden bleibt meist über eine lange Zeit erhalten. Einige Grundregeln sollten daher beachtet werden, damit die Schriftgestaltung über einen längeren Zeitraum Bestand haben kann:

1. Der Baustil des Gebäudes muss berücksichtigt werden und damit die Stilmerkmale der Architektur und der Schriftgestaltung (siehe hierzu Lernfelder 4 und 10).
2. Die Schrift muss Bestandteil der Fassade sein. Sie darf diese nicht dominieren oder zerstören. Dies wird erreicht, indem sich die Schrift in Farbe und Material an die Fassade anpasst.
3. Die Größe der Schrift muss den Größenverhältnissen der Fassade und auch der Umgebung entsprechen.
4. Die Schrift braucht Raum, um zu wirken. Sie sollte daher nicht in Friese oder Bänder gezwängt werden, in denen sie sich nicht entfalten kann. Eine

angemessene Fläche um die Schrift herum lässt sie stärker zur Geltung kommen.

Auch darf die Schrift nicht auf der Dachkante stehen. Dort platzierte Schrift wird immer schwer zu lesen sein, weil der Betrachter beim Lesen gleichzeitig in den Himmel schauen muss.

5. Schrift sollte immer im Sichtbereich des Betrachters angebracht werden. In Schaufenstern ist dies meist im oberen Drittel des Glases oder auf den Markisen. Außerdem sollte der Blick zur Schrift nicht durch Bäume, Verkehrsschilder o. Ä. verstellt sein.
6. Besteht ein Gegensatz zwischen der Statik der Architektur und der kursiven Lage der Buchstaben, so sollte die Schrift auf einem von der Fassade getrennten Schriftträger aufgebracht werden. Dadurch erhält die Schrift ihren eigenen Lebensraum, der seinerseits der Architektur entspricht und gleichzeitig in sie integriert ist.

Schriftbeispiele

2 Anpassung der Schrift an den Stil der Fassade

3 Anpassung der Schrift an den Stil der Fassade in Salzburg

4 Anpassung der Schrift an den Stil der Fassade

5 Schriftgestaltung am Rietveld-Schröder-Haus in Holland

1 Schriftgestaltung um die Frauenkirche in Dresden

2 Die Kombination eines alten Gebäudes mit einer modernen Schriftgestaltung

Schriftgestaltung auf Schildern

Die Schriftgestaltung auf Schildern unterscheidet sich nicht grundlegend von der an Gebäuden. Auch hier benötigt die Schrift ausreichend Wirkungsraum, um gesehen und gut gelesen werden zu können. Durch unterschiedliche Schilderformate und auch verschiedene Mengen an Text ergeben sich allerdings weitere Regeln, die Beachtung finden müssen:

1. Großbuchstaben (Versalien) sind nur für einzelne Begriffe sinnvoll, da sie im Allgemeinen schlechter zu lesen sind als Groß- und Kleinbuchstaben gemischt.
2. Bei der Flächengliederung durch Schrift sollte der Schwerpunkt in der oberen Hälfte des Schildes liegen.
3. Blickrichtungen von z. B. Personen und der Verlauf der Schrift lenken das Auge des Betrachters. Ordnen Sie die Schriften und Elemente im Bild nach der gewünschten Aussage und Wichtigkeit an.
4. Bereits bei der Gestaltung der Schrift müssen der Leseabstand und die Perspektive des Betrachters berücksichtigt werden. Durch einen Winkel können optisch zum Beispiel die Größe der Buchstaben oder deren Abstände zueinander verändert werden, sodass die Schrift im Rahmen der Gestaltung etwas gesperrt (auseinandergezogen) werden muss.

5. Bei der Gestaltung von Schildern mit einem besonderen historischen Hintergrund ist das Wissen um die geschichtlichen Zusammenhänge auch heute noch die fachliche Grundlage jedes Schriftgestalters. Häufig wird über historische Merkmale nur wenig in Büchern berichtet und auch die Schriftauswahl ist in einigen Bereichen sehr begrenzt. Dies hat zur Folge, dass der Maler selbst eine passende Schrift entwerfen muss, die zum gegebenen Objekt passt. Daher sollte sich der Maler und Lackierer in einigen Fällen Hilfe von einem Fachmann für Denkmalpflege holen.
6. Bei der Auswahl einer Schrift sollte außerdem berücksichtigt werden, ob der Maler und Lackierer diese Schrift später auch wirklich sauber umsetzen kann. Eine einfache Schrift, die gut gestaltet ist, erzielt eine größere Zufriedenheit beim Betrachter oder Kunden als eine aufwendige Schrift mit vielen Fehlern.

> Die Meisterschaft in der Schriftgestaltung liegt in der Beschränkung. Fast immer führt die einfachste und klarste Lösung zum Erfolg.

3 Schilderwald der Salzburger Innenstadt

4 Zwei zueinandergehörende Gastronomiebetriebe mit eigenen Schriften und Zeichen

LF 12

Zur praktischen Anwendung

Suchen Sie aus dem Computer passende Schriften für unterschiedliche Geschäfte aus. Bevor Sie jedoch anfangen, schreiben Sie zu jedem Geschäft passende Adjektive auf, die Sie mit der Schriftgestaltung ausdrücken wollen. Drucken Sie jeweils ein Schriftbeispiel für folgende Geschäfte aus:

a) Fitness-Center
b) Blumenladen
c) Computerhandel
d) Touristik
e) Bäckerei
f) Techno-Club
g) Gebäudereinigung

12.1.5 Die Anwendung der geschriebenen Schrift

Das freie Schreiben von Schrift ist die hohe Schule der Schriftanwendung überhaupt. Dabei sind ein sicheres Formempfinden, eine ruhige Hand und viel Übung erforderlich, um die Gestaltung mit geschriebener Schrift zu beherrschen. Eine große Schwierigkeit besteht darin, die bisherige Schreibgewohnheit zu überbrücken und sich an die exakte Schreibvorlage zu halten. Dies fällt leichter, wenn man sich vor dem Schreiben den besonderen Charakter der zu schreibenden Schrift verinnerlicht (z. B. eher kursiv gelagert oder die Buchstabenform an den Grundformen orientiert). Man beginnt dabei immer mit Vorübungen, die durch rhythmisch wiederkehrende Formen (z. B. Kreise, Linien, Schwünge) die Vorstufe zu einem flüssigen und gleichmäßigen Schreiben darstellen.

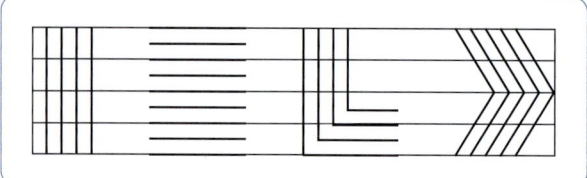

1 Zeichenübung für gerade Linien

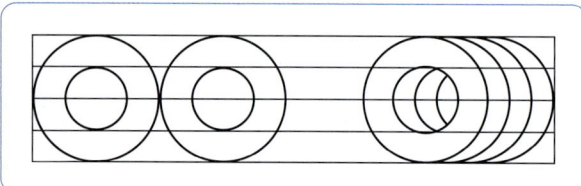

2 Zeichenübung für geschwungene Linien

Erst wenn diese Übungen gut und flüssig gelingen, sollte geschrieben werden. Dabei ist darauf zu achten, die Feder oder auch den Pinsel stets nur ziehend zu handhaben, denn schieben lassen sie sich nicht. Des Weiteren ist die richtige Arm-, Hand- und Ellenbogenbewegung entscheidend. Es sollten freie Bewegungen sein, in denen man sich nicht eingeengt fühlt. Als Hilfsmittel kann dazu eine Malerbrücke oder ein Malstock eingesetzt werden, um eine freie Führung des Arms zu ermöglichen. Allerdings muss der Umgang mit diesen Werkzeugen lange geübt werden, damit auch große Buchstaben mit Präzision und Sauberkeit geschrieben werden können.

Wird der Umgang mit den Schreibutensilien und den Grundformen beherrscht, so kann man mit den ersten Schreibübungen beginnen. Es bietet sich als erste Schriftübung eine einfache Druckschrift an, da hier jeder Buchstabe auf die drei Grundformen (s. o.) zurückzuführen ist und sie damit die Grundform für alle weiteren Schriften darstellt.

Nachdem die einfach geschriebenen Druckbuchstaben beherrscht werden, können diese anschließend variiert werden. Voraussetzung hierfür ist allerdings die Liebe zum Detail der Schrift und auch zur Sauberkeit.

Unabhängig davon, ob die Schriftstärke variiert wird, neue Buchstabenformen entwickelt werden oder unterschiedliche Schriftschnitte Anwendung finden, immer wiederkehrende Buchstaben sollten immer wieder gleich aussehen.

12.1.6 Anwendung von Schriftfolien

Schrift kann auf unterschiedlichste Art und Weise entstehen: Schreiben, Malen, Konstruieren, durch Verwendung selbstklebender Buchstaben, Schablonieren, Prägen, Stempeln, Drucken, Übertragen u. v. m.
Heutzutage wird die Schrift meist durch eine selbstklebende Folie und mithilfe einer Übertragungsfolie aufgebracht. Dabei können sowohl Computerschriften aus einem Plotter als auch ein individueller Entwurf mit einem Cutter- oder Schabloniermesser geschnitten werden. Das Material ist in beiden Fällen das gleiche. Es handelt sich um eine Art Aufkleber, aus dem die gewünschte Form geschnitten wurde.

Montage von Selbstklebebuchstaben

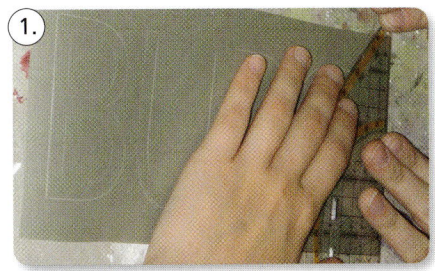

Die ausgeplottete Schrift wird in eine saubere Form geschnitten, damit man sie gerade auf den Untergrund auflegen kann.

Die Übertragungsfolie wird aufgetragen.

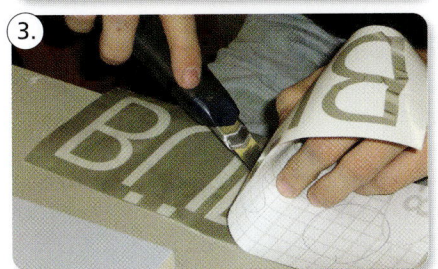

Es wird mit einer Negativform gearbeitet. Das, was später farbig auf der Fläche erscheinen soll, wird mitsamt dem Aufkleberträger abgezogen. Zurück bleiben die Schablone und die Schablonierfolie.

Zur richtigen Platzierung des Aufklebers können Hilfslinien gezogen werden. Die Folie wird jetzt mithilfe eines Rakels auf den Untergrund geklebt. Dabei müssen unbedingt Luftblasen an den Kanten der Schrift vermieden werden, weil später Farbe in die Blasen laufen kann.

Nachdem die Übertragungsfolie abgezogen wurde, kann die Schablone jetzt mit der gewünschten Farbe ausgelegt werden. Dabei sollte sie nicht zu fett auf einmal aufgetragen werden, damit sie später nicht ausläuft.

Die Farbe sollte einen kurzen Moment anziehen. Erst wenn die Farbe nicht mehr überläuft, aber noch nicht durchgetrocknet ist, kann der Aufkleber abgezogen werden. Hierbei kann wieder ein Cutter- oder Schabloniermesser helfen, einen Anfang an dem Aufkleber zu finden. Anschließend wird die Folie scharf über die Schräge abgezogen.

LF **12**

Das Ergebnis wird dann z. B. so aussehen:

1 Eine goldene Schrift zeigt den Namen des Geschäftes

Zur praktischen Anwendung

Erstellen Sie eine Musterplatte mit einem Schriftzug für das Blumengeschäft Florale.

a) *Legen Sie einen Beobachtungsbogen für Ihre weiteren Tätigkeiten an. Halten Sie darin Ihre einzelnen Arbeitsschritte und auftretende Probleme fest. Anhand dieses Bogens können Sie im Anschluss an die Übung Ihre Vorgehensweise bewerten und Fehlerquellen erkennen. Füllen Sie den Bogen während des Arbeitsvorgangs aus.*

b) *Entwerfen Sie einen Schriftzug und zeichnen Sie ihn auf Papier.*

c) *Übertragen Sie diesen Schriftzug von Papier auf eine geeignete Klebefolie und schneiden Sie ihn mit einem Skalpell aus.*

d) *Übertragen Sie den Schriftzug mithilfe einer Übertragungsfolie auf Ihre Musterplatte.*

e) *Legen Sie den Schriftzug gemäß Ihrer Planung farbig aus.*

f) *Überprüfen Sie Ihre Musterplatte auf Sauberkeit, technische Durchführung und Tragfähigkeit des Entwurfs. Benennen Sie Ihre Fehler und halten Sie schriftlich fest, was Sie bei der nächsten Schriftgestaltung anders machen müssen.*

12.2   Das Zeichen

Neben der Schrift nehmen Bilder einen ebenso großen Bereich der **indirekten Kommunikation** ein. Der Spruch „Ein Bild sagt mehr als tausend Worte" kommt uns schnell in den Sinn. Dieses Zitat umschreibt die schnelle Aufnahme von Informationen über ein Bild. Ein Blick gibt dem Gehirn in kürzester Zeit Informationen, die in Schriftform längere Zeit gebraucht hätten. Das Auge erkennt sofort die Form und die Farbe und gleichzeitig sucht das Gehirn nach einer Wiedererkennung, nach etwas Bekanntem. So erkennen wir Dinge wieder, indem wir uns wieder an sie erinnern. Dabei unterscheidet man verschiedene Bereiche.

12.2.1 Die Unterscheidung verschiedener Zeichen

Ein **Symbol** stellt ein Sinnbild für etwas dar. So steht die weiße Taube für den Frieden, wobei es doch eigentlich ein Vogel ist. Hinter einem Symbol steht immer eine Geschichte, die man kennen muss, um das Symbol als solches zu verstehen.

Zeichen umschreiben einen großen Bereich. Sie geben stark vereinfacht ein Merkmal wieder. Dabei kann es sich um Gegenstände handeln, die wir kennen. Es können aber auch ungegenständliche Zeichen sein, deren Bedeutung man kennen muss. Ein gutes Beispiel hierfür sind Sicherheitskennzeichen oder Verkehrszeichen. Sie werden auch **Piktogramme** genannt. Dies sind spezielle grafische Zeichen, die international bekannt sind (z. B. an Flughäfen) oder an anderen Stellen zur Orientierung dienen. Möchte man über ein Zeichen kommunizieren, so sollte dies folglich einprägsam, prägnant und leicht verständlich sein.

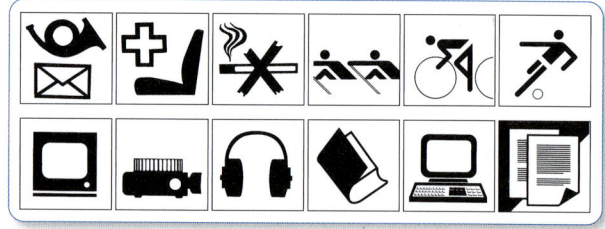

2 Piktogramme

Eine weitere Funktion verschiedener Zeichen ist eine hohe Wiedererkennung. Durch das ständige Wiedererkennen eines Zeichens wird der Umgang mit ihm vertraut und neue Erfahrungen im Zusammenhang mit ihm werden positiv abgespeichert. Dieses Phänomen nutzen **Firmenzeichen** für sich aus. Dabei werden meist

Bildzeichen (Signets) oder Wortzeichen (Logos) gewählt, um immer wieder und in unterschiedlichen Zusammenhängen an das Unternehmen erinnert zu werden. So begegnen einem diese Firmenzeichen in der Werbung, auf Produkten usw.

1 Zeichen zweier Gastronomiebetriebe, die auf Buchstaben basieren

12.2.2 Syntaktik und Semantik

Ein Zeichen enthält immer zwei Informationsebenen: zum einen die Syntaktik und zum anderen die Semantik.

Die **Syntaktik** umschreibt die Form und die Anordnung des Zeichens. Sie untersucht die Frage, wie etwas dargestellt wird, in welcher Anordnung, Farbe und Beschaffenheit. Der Gestalter fragt sich in diesem Schritt, ob die Formen und Farben hier zusammenpassen und insgesamt eine harmonische oder eine bewusst kontrastierende Wirkung erzielt wurde. Hierbei spielen Form und Farbe die Hauptrolle (vgl. hierzu auch das Kapitel 4.3 *Farbgestaltung*).

Darüber hinaus beschäftigt sich die **Semantik** mit der Frage, welche Bedeutung bzw. Aussage ein Zeichen hat. Zeichen stehen immer für etwas: einen Ort, einen Gegenstand oder eine Emotion. Sie beinhalten in einer bestimmten Situation eine gezielte Information. Der gestreckte Daumen in die Höhe kann in der einen Situation ein Lob oder ein gutes Zeichen sein, am Straßenrand bittet ein Anhalter damit darum, mitgenommen zu werden. Bei der Untersuchung der semantischen Funktion muss man allerdings neben der Form auch die Farbe beachten. Denn auch Farben erzielen immer eine besondere Wirkung (vgl. hierzu das Kapitel 4.2.2 *Symbolische Bedeutung der Farben*).

> Die gemeinsame Interpretation von Form und Farbe lässt eine genaue Semantik eines Zeichens erkennen.

12.2.3 Entwicklung eines Zeichens

Ein Zeichen ist erst dann erfolgreich eingesetzt, wenn es auch von dem Betrachter verstanden wird. Bei der Entwicklung eines Zeichens muss daher unbedingt darauf geachtet werden, dass die Information, die in Form eines Zeichens verschlüsselt wird, auch von dem Betrachter entschlüsselt werden kann.

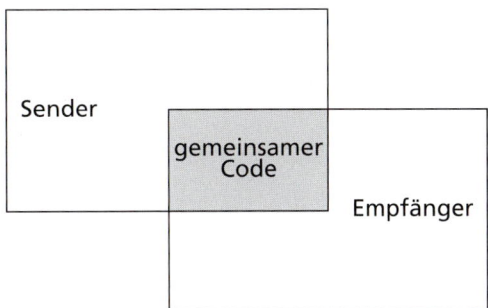

Nur ein gemeinsamer Code zwischen dem Sender und dem Empfänger lässt den Empfänger das Codierte verstehen. In diesem Zusammenhang bedeutet dies:

> Gibt es keinen gemeinsamen Code zwischen dem Gestalter und dem Betrachter des Zeichens, kann die Information des Zeichens von dem Betrachter nicht verstanden werden.

Der Gestalter sollte diesen Aspekt bei der Gestaltung eines Zeichens unbedingt im Hinterkopf behalten.

Die Entwicklung eines Zeichens unterliegt weiteren drei Schritten:

1. **Was soll das Zeichen aussagen?**

   Das Zeichen soll eine bestimmte Information enthalten, die unmissverständlich ausgedrückt wird. Daher wird in diesem ersten Schritt klar formuliert, was dargestellt werden soll. Es können über ein Brainstorming zunächst Stichpunkte festgehalten werden, welche Möglichkeiten zur Verfügung stehen (vgl. hierzu Kap. 0). Es können z. B. Gegenstände oder grafische Ausdrücke einer bestimmten Bewegung oder einer Emotion gesammelt werden. Anschließend werden die Inhalte sortiert, sodass die beste Möglichkeit ganz oben auf der Liste steht.

2. **Welche Form soll das Zeichen haben?**

   Die Form des Zeichens richtet sich nach dem Ergebnis aus dem Schritt 1. Grundsätzlich muss die Darstellung der Nachricht schnell wiedererkennbar und damit einfach sein, sodass der Betrachter sie nicht lange entschlüsseln muss. Hierzu wendet man das Stilmittel der **Abstraktion** an. Es wird die einfachste

Form gewählt, die Information auszudrücken. Dazu werden Elemente einer Form weggelassen, um das Wesentliche auszudrücken. Die Schwierigkeit besteht darin, dass nach dem Abstraktionsprozess die Erkennbarkeit des Zeichens nicht leidet. Eine stark vereinfachte Form hat den Vorteil, dass sie auch durch einen schnellen Blick erkannt werden kann und damit auch eine schnellere Wiedererkennung erfährt (siehe Beispiel unten).

Außerdem ist es sinnvoll, dass das Zeichen auch aus größerer Entfernung erkennbar ist. Hierzu sollten die Zeichnungen aus einem bestimmten Abstand betrachtet werden, um die Erkennbarkeit zu überprüfen.

1 Entwicklung eines Markenzeichens

3. Passt die Form des Zeichens zu der Information, die sie enthalten soll?

In diesem Schritt wird überprüft, ob die Form und die Farbe dem Inhalt entsprechen und auch von anderen so wahrgenommen werden. Hierzu gibt man das Zeichen an einen unabhängigen Betrachter und lässt ihn die Aussage zu dem Zeichen herausfinden.

Durch gezielte Fragen nach der Bedeutung, der Farbe sowie den Assoziationen[1] zu dem Bild kann man eventuelle Missverständnisse aufdecken und sein Zeichen verändern.

12.2.4 Übertragung des Zeichens

Die Übertragung des Zeichens, z.B. auf eine Tür, erfolgt meist über eine **Klebefolie**, die auf dem Zeichenträger farbig ausgelegt wird. Hierzu muss das Zeichen allerdings so gestaltet sein, dass die einzelnen Flächen durch einen Steg voneinander getrennt sind, sodass auch die Übertragung durch eine Klebefolie und das anschließende Auslegen durch Farbe möglich sind. Sollen die unterschiedlich farbigen Flächen direkt ineinander übergehen, so müssen für jede Farbe einzelne Folien gefertigt werden. Diese werden dann nacheinander geklebt und mit unterschiedlichen Farben ausgelegt. Das fertige Zeichen wird auf eine Klebefolie übertra-

gen. Dies kann z.B. durch Kohlepapier erfolgen oder durch Auflegen auf eine Lichtquelle, z.B. des Overheadprojektors. Die Linien des Zeichens werden auf die Klebefolie übertragen. Anschließend werden die Zeichen mithilfe eines Schablonier- oder Cuttermessers ausgeschnitten. Jetzt erfolgen die gleichen Schritte wie in Kap. 12.1.6.

Ist das Aufbringen des Zeichens durch eine Klebefolie nicht möglich, so muss es mit dem **Pinsel** aus freier Hand auf dem Zeichenträger ausgemalt werden. Das Zeichen wird vorher auf eine Folie gezeichnet. Diese Umrisse können anschließend mit einem Overheadprojektor auf den Zeichenträger projiziert und mit einem Bleistift nachgezogen werden. Anschließend wird mithilfe eines kleinen Pinsels das Zeichen passend zum Entwurf farbig ausgelegt.

Zur praktischen Anwendung

1. Entwickeln Sie aus einer Zeichnung ein Zeichen, um die gestalterische Möglichkeit der Abstraktion kennenzulernen.
   a) Nehmen Sie ein Objekt aus Ihrer Umgebung als Modell und versuchen Sie es zu zeichnen. Verlieren Sie sich dabei nicht im Detail, sondern versuchen Sie, die Form und die markanten Merkmale zu erfassen.
   b) Reduzieren Sie jetzt Ihre Zeichnung auf das Wesentliche. Sie können dazu die gezeichnete Form mithilfe von Flächen oder Linien umsetzen.
   c) Besprechen Sie Ihr Ergebnis mit Mitschülern, denen vielleicht noch weitere Möglichkeiten der Abstraktion einfallen.
2. Entwickeln Sie ein Orientierungssystem für ein Geschäft für Malerbedarf. Die Abteilungen sind:
   a) Farben und Lacke
   b) Werkzeuge
   c) Sicherheit
   d) Tapeten
   e) Beratung
   f) Farbstudio
   Versuchen Sie dabei, einen einheitlichen Stil für die einzelnen Zeichen zu finden, indem Sie ausschließlich mit den einfachen geometrischen Grundformen (Kreis, Quadrat, Dreieck) arbeiten. Sie können dies zusätzlich über gleiche oder unterschiedliche Linien, farbige und nicht farbige Flächen oder über eckige oder runde Formen erreichen.

LF 12

---
[1] Gedankenverknüpfung

A Lernfeldübergreifende Anhänge

A.1 Vergabe- und Vertragsordnung (Auszug)

Vergabe- und Vertragsordnung für Bauleistungen (abgekürzt „VOB")
ist ein dreiteiliges Regelwerk:
Teil A: DIN 1960   Allgemeine Bestimmungen für die Vergabe von Bauleistungen
Teil B: DIN 1961   Allgemeine Vertragsbedingungen für die Ausführung von Bauleistungen
Teil C: DIN 18363 Allgemeine Technische Vertragsbedingungen für Bauleistungen (ATV) – **Maler- und Lackierarbeiten – Beschichtungen** legt u. a. im Kapitel 5 fest, wie Leistungen abzurechnen sind:

5. Abrechnung

Die Leistung ist aus Zeichnungen zu ermitteln, soweit die ausgeführte Leistung diesen Zeichnungen entspricht. Sind solche Zeichnungen nicht vorhanden, ist die Leistung aufzumessen.

5.1 Allgemeines

5.1.1 Der Ermittlung der Leistung – gleichgültig, ob sie nach Zeichnung oder nach Aufmaß erfolgt – sind die Maße der behandelten Flächen zugrunde zu legen:

5.1.2 Leisten, Sockelleisten und dergleichen bis 10 cm Höhe werden übermessen.

5.1.3 Rückflächen von Nischen sowie Leibungen werden unabhängig von ihrer Einzelgröße mit ihren Maßen gesondert gerechnet.

5.1.4 Unmittelbar zusammenhängende, verschiedenartige Aussparungen, z. B. Öffnungen mit angrenzender Nische, werden getrennt gerechnet.

5.1.5 Gesimse, Lisenen, Eckverbände, Umrahmungen und Faschen von Füllungen oder Öffnungen werden unabhängig davon, ob sie behandelt werden, beim Ermitteln der Fläche übermessen.

5.1.6 Fenster, Türen, Trennwände, Bekleidungen und dergleichen werden je beschichtete Seite nach Fläche gerechnet; Verglasungen, Füllungen und dergleichen werden übermessen.

5.1.7 Bei Türen über 60 mm Dicke, bei Blockzargen über 60 mm Tiefe, bei Futter und Bekleidungen von Türen und Fenstern sowie Stahltürzargen und dergleichen wird die abgewickelte Fläche gerechnet.

5.1.8 Bei vieleckigen Einzelflächen, z. B. bei Treppenwangen, Eckverbänden, ist zur Ermittlung der Maße das kleinste umschriebene Rechteck zugrunde zu legen.

5.1.9 Fenstergitter, Scherengitter, Rollgitter, Roste, Zäune, Einfriedungen und Stabgeländer werden einseitig gerechnet.

5.1.10 Rohrgeländer werden nach Länge der Rohre und deren Durchmesser gerechnet.

5.1.11 Profile, Heizkörper, Trapezprofile, Wellbleche und dergleichen werden nach abgewickelter Fläche oder, soweit vorhanden, nach Tabellen gerechnet.

5.1.12 Bei Rohrleitungen werden Schieber, Flansche und dergleichen übermessen und gesondert gerechnet.

5.1.13 Werden Türen, Fenster, Rollläden und dergleichen nach Anzahl gerechnet, bleiben Abweichungen von den vorgeschriebenen Maßen bis jeweils 5 cm in der Höhe und Breite sowie bis 3 cm in der Tiefe unberücksichtigt.

5.1.14 Bei der Ermittlung der Maße von Gesimsen, Umrahmungen, Faschen und dergleichen wird jeweils das größte, gegebenenfalls abgewickelte Bauteilmaß zugrunde gelegt.

Dachrinnen werden am Wulst, Fallrohre im Außenbogen gemessen.

5.1.15 Silicon-Imprägnierungen und Kieselsäureester-Imprägnierungen werden nach verbrauchter Menge gerechnet.

5.2 Es werden abgezogen

5.2.1 Bei Abrechnung nach Flächenmaß:

5.2.1.1 Aussparungen, z. B. Öffnungen (auch raumhoch), Nischen, über 2,5 m² Einzelgröße, in Böden über 0,5 m² Einzelgröße.

Bei der Ermittlung der Abzugsmaße sind die kleinsten Maße der Aussparung zugrunde zu legen.

5.2.1.2 Unterbrechungen in der zu schichtenden Fläche durch Bauteile, z. B. durch Fachwerkteile, Stützen, Unterzüge, Vorlagen, mit einer Einzelbreite über 30 cm.

5.2.2 Bei Abrechnung nach Längenmaß:

Unterbrechungen über 1 m Einzellänge.

A.2 Formelsammlung Mathematik

Prozentrechnung

$$p = \frac{PW \cdot 100}{GW}\%$$

PW = Prozentwert
GW = Grundwert
p = Prozentsatz in %

Zinsrechnung

$$p = \frac{Z \cdot 100}{K \cdot t}\%$$

$$p = \frac{Z \cdot 100}{K \cdot p}$$

$$p = \frac{K \cdot p \cdot t}{100}$$

Z = Zins in €
K = Kapital in €
p = Prozentsatz in %

$$t = \text{Zeit} \left[\frac{\text{Tage}}{360} \text{ oder } \frac{\text{Monate}}{12}\right]$$

Flächenberechnung

Quadrat

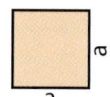

$$A = a \cdot a = a^2$$
$$U = 4 \cdot a$$

Rechteck – Parallelogramm

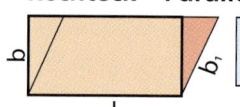

$$A = l \cdot b$$
$$U = 2 \cdot (l + b_1)$$

Dreieck

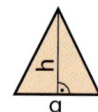

$$A = \frac{g \cdot h}{2}$$
$$U = a + b + c$$

Trapez

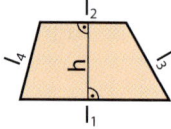

$$A = \frac{l_1 + l_2}{2} \cdot h$$
$$U = l_1 + l_2 + l_3 + l_4$$

Kreis

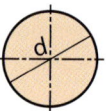

$$A = \frac{d^2 \cdot \pi}{4}$$
$$U = d \cdot \pi$$

Kreisring

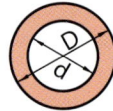

$$A = \frac{(D^2 - d^2) \cdot \pi}{360°}$$
$$U_i = d \cdot \pi_i \quad U_a = D \cdot \pi$$

U_i = Umfang innen
U_a = Umfang außen

Ellipse

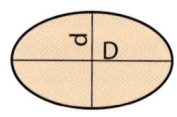

$$A = \frac{D \cdot d \cdot \pi}{4}$$
$$U \approx \frac{(D + d) \cdot \pi}{2}$$

Kreisausschnitt

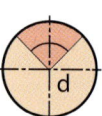

$$A = \frac{d^2 \cdot \pi \cdot \alpha}{4 \cdot 360°}$$
$$U = d + \frac{d \cdot \pi \cdot \alpha}{360°}$$

Kreisabschnitt

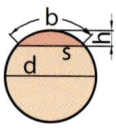

$$A \approx \frac{2 \cdot s \cdot h}{3}$$
$$U = b + s$$
$$b = \frac{d \cdot \pi \cdot \alpha}{360°}$$

b = Bogenlänge
h = Höhe des Kreisabschnitts
s = Sehnenlänge

Körperberechnung

Prismen

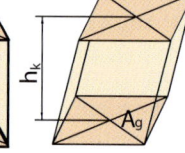

$$V = A_g \cdot h_k$$
$$M = U_g \cdot h_k$$
$$O = 2 \cdot A_g + M$$

Zylinder

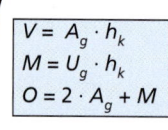

$$V = \frac{d^2 \cdot \pi}{4} \cdot h$$
$$M = d \cdot \pi \cdot h$$
$$O = 2 \cdot A_g + M$$

Kugel

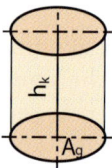

$$V = \frac{d^3 \cdot \pi}{6} = \frac{4 \cdot r^3 \cdot \pi}{3}$$
$$O = d^2 \cdot \pi = 4 \cdot r^2 \cdot \pi$$

Spitze Körper

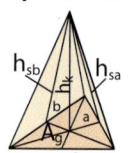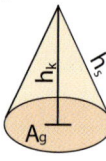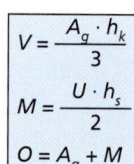

$$V = \frac{A_g \cdot h_k}{3}$$
$$M = \frac{U \cdot h_s}{2}$$
$$O = A_g + M$$

Stumpfe Körper

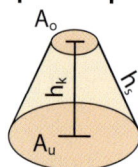

$$V = \frac{A_u + A_o}{2} \cdot h_k$$
$$M = \frac{U_u + U_o}{2} \cdot h_s$$
$$O = A_u + A_o + M$$

Halbkugel

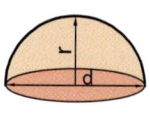

$$V = \frac{d^3 \cdot \pi}{12} = \frac{4 \cdot r^3 \cdot \pi}{6}$$
$$O = \frac{3 \cdot d^2 \cdot \pi}{4} = 3 \cdot r^2 \cdot \pi$$

Erklärungen

A_g = Grundfläche
A_o = obere Fläche
A_u = untere Fläche

U_o = oberer Umfang
U_u = unterer Umfang

h_k = Höhe des Körpers
h_s = Höhe auf der Seite

V = Volumen/Rauminhalt
M = Mantelfläche
O = Oberfläche

Kostenkalkulation ohne Maschinenkosten

	Lohneinzelkosten	[Lek]	_____	
+	Lohngemeinkosten	[Lgk]	_____	
=	**Lohngesamtkosten**	[Lk]		_____
	Materialeinzelkosten	[Mek]	_____	
+	Materialgemeinkosten	[Mgk]	_____	
=	**Materialgesamtkosten**	[Mk]		_____
	Selbstkosten [Sk] = [Lk] + [Mk]		_____	
+	Wagnis und Gewinn	[WuG]	_____	
=	**Nettorechnungsbetrag**	[NRB]		_____
+	Mehrwertsteuer	[Mwst]	_____	
=	**Rechnungsbetrag**	[RB]		_____
+	Skonto	[Skto]	_____	
=	**Bruttorechnungsbetrag**	[BRB]		_____

Kostenkalkulation mit Maschinensatz

	Lohneinzelkosten	[Lek]	_____	
+	Lohngemeinkosten	[Lgk]	_____	
=	**Lohngesamtkosten**	[Lk]		_____
	Maschinenkosten	[Mak]		_____
	Materialeinzelkosten	[Mek]	_____	
+	Materialgemeinkosten	[Mgk]	_____	
=	**Materialgesamtkosten**	[Mk]		_____
	Selbstkosten [Sk] = [Lk] + [Mk]		_____	
+	Wagnis und Gewinn	[WuG]	_____	
=	**Nettorechnungsbetrag**	[NRB]		_____
+	Mehrwertsteuer	[Mwst]	_____	
=	**Rechnungsbetrag**	[RB]		_____
+	Skonto	[Skto]	_____	
=	**Bruttorechnungsbetrag**	[BRB]		_____

Berechnung der Maschinenstundenkosten

1. Berechnung der jährlichen Kosten:

Abschreibung	[AfA]	_____
kalkulatorische Zinsen	$[K_Z]$	_____
Reparatur und Pflege	$[R_p]$	_____
Mietkosten	$[K_M]$	_____
jährliche Maschinenkosten	$[K_J]$	_____

2. Berechnung der stündlichen Kosten: $M_K = \dfrac{K_J}{t_E}$

Maschinenstundenkosten

Abkürzungen:

eingesetztes Kapital	K_A
Abschreibungszeitraum	t_A
kalkulatorischer Zinssatz	i_k
jährliche Einsatzdauer	t_E
Platzbedarf	A
monatliche Miete je m²	M_A
elektrische Leistung	P_e
Stromkosten pro kWh	k_e

Kalkulatorische Abschreibung AfA

$$\text{jährliche AfA} = \frac{K_A}{t_A} \qquad \text{Prozentuale AfA} = \frac{\text{jährliche AfA} \cdot 100}{K_A}$$

Kalkulatorische Zinsen K_Z

$$K_{Z\ \text{pro Jahr}} = \frac{K_A \cdot p\ (\text{in Prozent})}{2}$$

$$K_{Z\ \text{pro Monat}} = \frac{K_A \cdot p\ (\text{in Prozent})}{2 \cdot 12}$$

$$K_{Z\ \text{pro Tag}} = \frac{K_A \cdot p\ (\text{in Prozent})}{2 \cdot 360}$$

Mietkosten
jährliche Mietkosten $K_M = A \cdot M_A \cdot 12$

Energiekosten
jährliche Energiekosten $K_e = P_e \cdot k_e \cdot t_e$

Geometrische Gesetze
Satz des Pythagoras

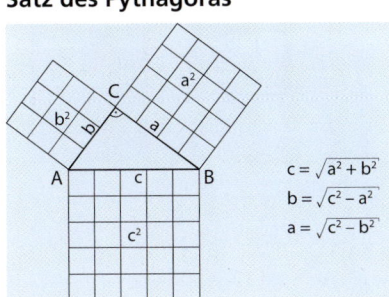

$$c = \sqrt{a^2 + b^2}$$
$$b = \sqrt{c^2 - a^2}$$
$$a = \sqrt{c^2 - b^2}$$

Strahlensätze
Verhältnisse von Strecken

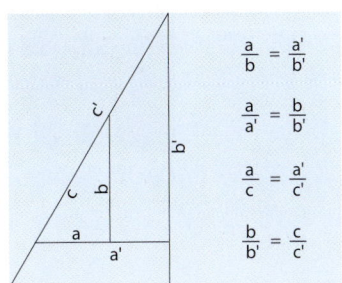

$$\frac{a}{b} = \frac{a'}{b'}$$

$$\frac{a'}{a} = \frac{b}{b'}$$

$$\frac{a}{c} = \frac{a'}{c'}$$

$$\frac{b}{b'} = \frac{c}{c'}$$

A

A.3 Lexikon Baustilkunde

Archivolte: *Bogenlauf*

Arkade

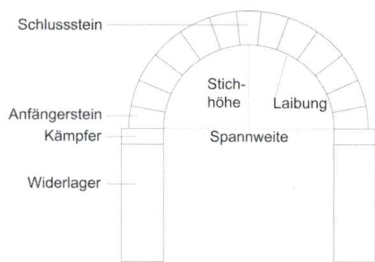

Bogen (Schema)

Bossenwerk

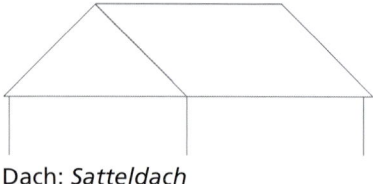

Dach: *Satteldach*

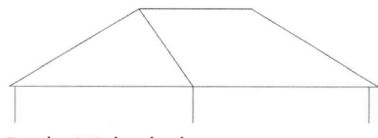

Dach: *Walmdach*

Dach: *Sägedach*

Dach: *Zeltdach*

Dach: *Pultdach*

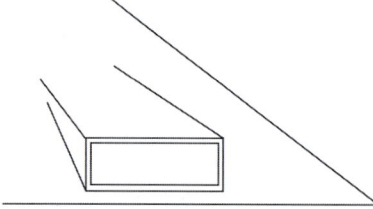

Dach: *Schleppgaube*

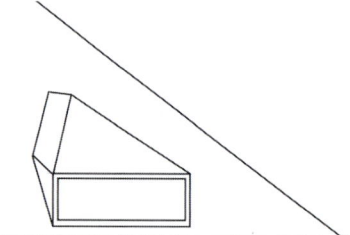

Dach: *Walmgaube*

Dach: *Fledermausgaube*

Dreipass

Erker, hier: *Runderker*

Fachwerk

Fenster: *mit aufgemalter Fasche und Ziergiebel*

Fenster: *Laibung*

Fenster: *Gewände*

Fenster: *mit Blendläden*

Fenster: *mit Rundbogen*

Fenster: *mit Spitzbogen*

Fenster: *mit Kleeblattbogen*

Fenster: *mit Kielbogen*

Fenster: *Barockes Blendfenster*

Fenster: *Ochsenauge*

Fenster: *Jugendstil*

Fenster/Tür: *Jugendstil*

Feston: *Stilisierte Girlande*

Fischblase

Fries (Flächenbegrenzung, meist mit Ornamenten versehen)
Hier: *gemalter Fries*

Gesims

Gekröpftes Gesims

Gewände

Gewändefiguren

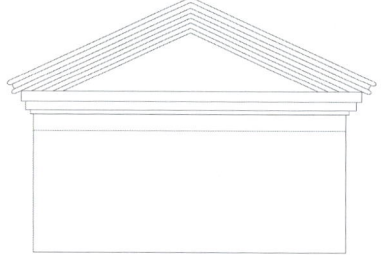

Giebel: *Dreiecksgiebel*

Giebel: *Gesprengter Dreiecksgiebel*

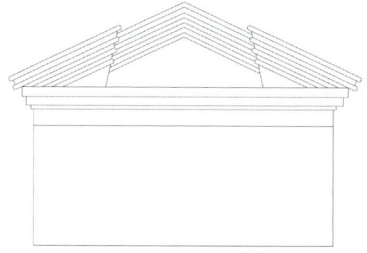

Giebel: *Verkröpfter Dreiecksgiebel*

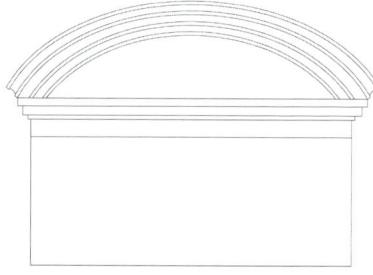

Giebel: *Segmentgiebel*

Giebel: *Gesprengter Segmentgiebel*

Giebel: *Verkröpfter Ovalgiebel*

Giebel: *Wellengiebel*

Giebel: *Gesprengter Wellengiebel*

Giebel: *Spitzer Wellengiebel*

Giebel: *Volutengiebel*

Giebel/Verdachung: *Kreisbogen mit Verdachung*

Giebel/Verdachung: *Zweifach verkröpfte Segmentverdachung*

A

Giebel/Verdachung: *Voluten-verdachung*

Giebel/Ziergiebel: *Aufgemalter Dreiecksgiebel*

Kämpfer: *Säulenkämpfer*

Kannelierung *(im Säulenschaft)*

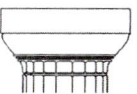

Kapitell: *Dorisches Kapitell*

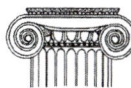

Kapitell: *Ionisches Kapitell*

Kapitell: *Korinthisches Kapitell*

Kartusche: *Zierrahmen um Wappen*

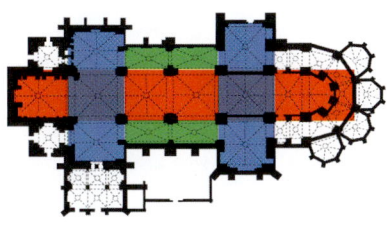

Kirchenschiff
Querschiff
Längsschiff
Seitenschiff

Kolonnade

Konsole: *mit Volute*

Lisene

Maskaron

Maskaron: *hier als Kapitell-schmuck*

Maskaron: *hier als Schlussstein im Fensterbogen*

Maskaron: *hier als Konsolenschmuck*

Maßwerk: *Fenster mit Maßwerk*

Mauerwerk: *aus Läufern und Bindern (L = Läufer, B = Binder)*

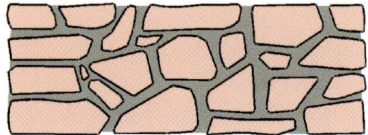

Mauerwerk: *Zyklopenmauerwerk*

Mauerwerk: *Bruchsteinmauerwerk*

Mauerwerk: *Schichtenmauerwerk*

Mauerwerk: *Quadermauerwerk*

Mauerwerk: *Mischmauerwerk*

Muschelwerk, *hier: vergoldet*

Pfeiler/Pilaster: *Wandpfeiler (Querschnitt)*

Pfeiler: *Freipfeiler/Rundpfeiler (Querschnitt)*

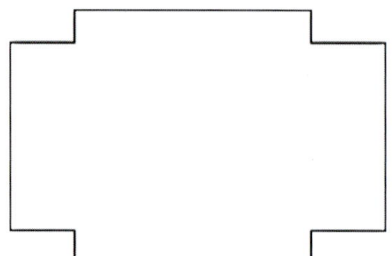

Pfeiler: *Romanischer Kreuzpfeiler (Querschnitt)*

Pfeiler: *Gotischer Bündelpfeiler (Querschnitt)*

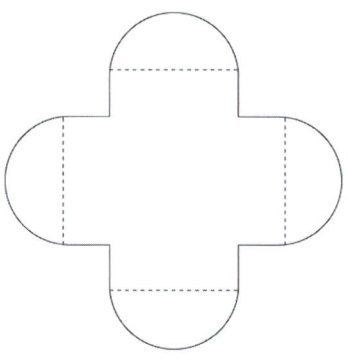

Pfeiler: *Bündelpfeiler mit vorgesetzten Halbsäulen (Querschnitt)*

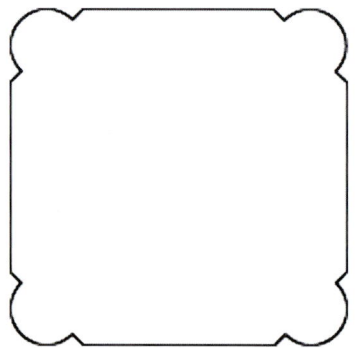

Pfeiler: *Kantonierter Pfeiler (Querschnitt)*

A

Pilaster: *Blendsäulen*

Portal: *Romanik*

Portal: *Gotik*

Portal: *Renaissance*

Portal: *Barock*

Rosette

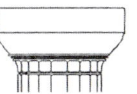
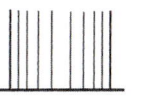

Säule: *Dorische Ordnung*

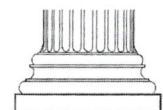

Säule: *Ionische Ordnung*

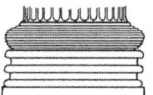

Säule: *Korinthische Ordnung*

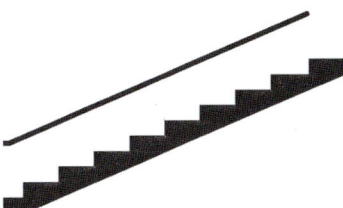

Treppe: *Einläufige Treppe mit Handlauf*

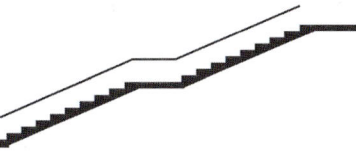

Treppe: *Zweiläufige Treppe*

Treppe: *Zweiläufig gegenläufige Treppe mit Podest und zwei Treppenarmen*

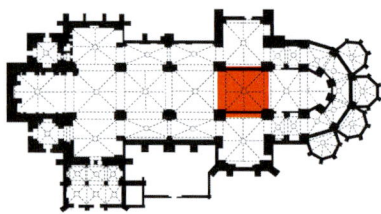

Vierung

Wasserspeier

Wappen

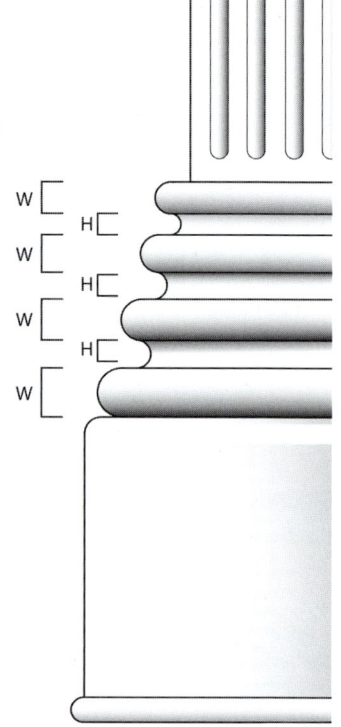

Wulst *(an Säulen, Möbeln usw.)*
W = Wulst / Stab
H = Hohlkehle

A.4 Literaturverzeichnis

Zusätzliche Informationen finden Sie in folgenden Büchern:

Bleckwenn, R.; Schwarze, B.: **Gestaltungslehre.** Verlag Handwerk und Technik, Hamburg, 9. Auflage 2010

Fahrner, H. J.; Brändle, E.: **Prüfungsbuch für Maler und Lackierer.** Verlag Holland + Josenhans, Stuttgart, 4. Auflage 2005

Federl, S. (Hrsg.): **Malerlexikon.** Callwey Verlag, München, 2. Auflage 2009

Förster, A.; Losert, C.: **Farbe/Raum, Tabellen/Fakten.** Verlag Handwerk und Technik, Hamburg, 4. Auflage 2009

Förster, A.; Losert, C.: **Technische Mathematik Maler und Lackierer.** Verlag Handwerk und Technik, Hamburg, 9. Auflage 2007

Jodidio, Ph.: **New Forms, Architektur in den 90er Jahren.** Taschen Verlag, Köln, 2001

Kleefisch-Jobst, U.: **Architektur im 20. Jahrhundert.** DuMont Buchverlag, Köln, 2003

Koch, W.: **Baustilkunde.** Verlag wissenmedia GmbH, Gütersloh, 29. Auflage 2010

Kühn, H.; Knoepfli, A.; Weiß, G. u. a.: **Reclams Handbuch der künstlerischen Techniken,** Band 1: Farbmittel, Buchmalerei, Tafel- und Leinwandmalerei. Reclam Verlag, Stuttgart, Ditzingen, 1997

Kühn, H.; Knoepfli, A.; Weiß, G. u. a.: **Reclams Handbuch der künstlerischen Techniken,** Band 2: Wandmalerei, Mosaik. Reclam Verlag, Stuttgart, Ditzingen, 1997

Raith, W.: **Das 1 x 1 der Tapete.** Tervehn GmbH, Fachverlag für Farbe und Design, Ditzingen, 5. Auflage 2010

Schilling, E.: **Abrechnung und Aufmaß, Handbuch für Maler und Lackierer.** DVA, München, 2007

Schmuck, F.: **Farbe und Architektur** Bd. 2, Eine Farbenlehre für die Praxis. Callwey Verlag, München, 1999

Turtschi, R.: **Praktische Typografie.** Niggli, Sulgen, 5. Auflage 2003

A.5 Informationen aus dem Internet

Zusätzliche Informationen finden Sie u. a. unter folgenden Internet-Adressen:

www.bgbau.de (BG BAU – Berufsgenossenschaft der Bauwirtschaft, Hannover)

www.brillux.de (Brillux GmbH & Co. KG, Münster)

www.din.de (DIN Deutsches Institut für Normung e.V., Berlin)

www.farbimpulse.de (Brillux GmbH & Co. KG, Münster, in Zusammenarbeit mit wissenschaft.de)

www. gips.de (Bundesverband der Gipsindustrie e.V., Darmstadt)

www.knauf.de (Knauf Gips KG, Iphoven)

www.handwerk-technik.de (Verlag Handwerk und Technik GmbH, Hamburg)

www.holland-josenhans.de (Verlag Holland + Josenhans GmbH & Co. KG, Stuttgart)

A.6 Verzeichnis der DIN-Normen

Für Maler/-innen und Lackierer/-innen sind folgende DIN-Normen wichtig:

DIN 1045-1: 2008-08 Tragwerke aus Beton, Stahlbeton und Spannbeton – Teil 1: Bemessung und Konstruktion

DIN 1045-2: 2008-08 Tragwerke aus Beton, Stahlbeton und Spannbeton – Teil 2: Beton – Festlegung, Eigenschaften, Herstellung und Konformität – Anwendungsregeln zu DIN EN 206-1

DIN 1045-3: 2008-08 Tragwerke aus Beton, Stahlbeton und Spannbeton – Teil 3: Bauausführung

DIN 1045-4: 2001-07 Tragwerke aus Beton, Stahlbeton und Spannbeton – Teil 4: Ergänzende Regeln für die Herstellung und die Konformität von Fertigteilen

DIN 1259-2: 2001-09 Glas – Teil 2: Begriffe für Glaserzeugnisse

DIN 1356-1: 1995-02 Bauzeichnungen – Teil 1: Arten, Inhalte und Grundregeln der Darstellung

DIN 1960: 2010-04 VOB Vergabe- und Vertragsordnung für Bauleistungen – Teil A: Allgemeine Bestimmungen für die Vergabe von Bauleistungen

DIN 1961: 2010-04 VOB Vergabe- und Vertragsordnung für Bauleistungen – Teil B: Allgemeine Vertragsbedingungen für die Ausführung von Bauleistungen

DIN 4102-1: 1998-05 Brandverhalten von Baustoffen und Bauteilen – Teil 1: Baustoffe; Begriffe, Anforderungen und Prüfungen

DIN 4102-1 Berichtigung 1: 1998-08 Berichtigung zu DIN 4102-1: 1998-05

DIN 4420-2: 1990-12 Arbeits- und Schutzgerüste; Leitergerüste; Sicherheitstechnische Anforderungen

DIN 5033-3: 1992-07 Farbmessung; Farbmaßzahlen

DIN 6164 Beiblatt 50: 1981-07 DIN-Farbkarte; Farbmaßzahlen für Normlichtart C

DIN 6164-1: 1980-02 DIN-Farbkarte; System der DIN-Farbenkarte für den 2°-Normalbeobachter

DIN 6164-2: 1980-02 DIN-Farbkarte; Festlegungen der Farbmuster

DIN 18 180: 2007-01 Gipsplatten – Arten und Anforderungen

DIN 18 299: 2010-04 VOB Vergabe- und Vertragsordnung für Bauleistungen – Teil C: Allgemeine Technische Vertragsbedingungen für Bauleistungen (ATV) – Allgemeine Regelungen für Bauarbeiten jeder Art

DIN 18 340: 2010-04 VOB Vergabe- und Vertragsordnung für Bauleistungen – Teil C: Allgemeine Technische Vertragsbedingungen für Bauleistungen (ATV) – Trockenbauarbeiten

DIN 18 363: 2010-04 VOB Vergabe- und Vertragsordnung für Bauleistungen – Teil C: Allgemeine Technische Vertragsbedingungen für Bauleistungen (ATV) – Maler- und Lackierarbeiten – Beschichtungen

DIN 18 365: 2010-04 VOB Vergabe- und Vertragsordnung für Bauleistungen – Teil C: Allgemeine Technische Vertragsbedingungen für Bauleistungen (ATV) – Bodenbelagarbeiten

DIN 18 366: 2010-04 VOB Vergabe- und Vertragsordnung für Bauleistungen – Teil C: Allgemeine Technische Vertragsbedingungen für Bauleistungen (ATV) – Tapezierarbeiten

DIN 18 540: 2006-12 Abdichten von Außenwandfugen im Hochbau mit Fugendichtstoffen

DIN 18 545-2: 2008-12 Abdichten von Verglasungen mit Dichtstoffen – Teil 2: Dichtstoffe, Bezeichnung, Anforderungen, Prüfung

DIN 18 545-3: 1992-02 Abdichten von Verglasungen mit Dichtstoffen; Verglasungssysteme

DIN V 18 550: 2005-04 Putz und Putzsysteme – Ausführung

DIN 18 558: 1985-01 Kunstharzputze; Begriffe, Anforderungen, Ausführung

DIN 55 634: 2010-04 Beschichtungsstoffe und Überzüge – Korrosionsschutz von tragenden dünnwandigen Bauteilen aus Stahl

DIN 55 900-1: 2002-05 Beschichtungen für Raumheizkörper – Teil 1: Begriffe, Anforderungen und Prüfung für Grundbeschichtungsstoffe und industriell hergestellte Grundbeschichtungen

DIN 55 900-2: 2002-05 Beschichtungen für Raumheizkörper – Teil 2: Begriffe, Anforderungen und Prüfung für Deckbeschichtungsstoffe und industriell hergestellte Fertiglackierungen

DIN 68 800-1: 1974-05 Holzschutz im Hochbau – Allgemeines

DIN 68 800-2: 1996-05 Holzschutz – Teil 2: Vorbeugende bauliche Maßnahmen im Hochbau

DIN 68 800-3: 1990-04 Holzschutz; Vorbeugender chemischer Holzschutz

DIN 68 800-4: 1992-11 Holzschutz; Bekämpfungsmaßnahmen gegen holzzerstörende Pilze und Insekten

DIN 68 800-5: 1978-05 Holzschutz im Hochbau; Vorbeugender chemischer Schutz von Holzwerkstoffen

DIN EN 131-1: 2007-08 Leitern – Teil 1: Benennungen, Bauarten, Funktionsmaße

DIN EN 131-2: 1993-04 Leitern; Anforderungen, Prüfung, Kennzeichnung

DIN EN 131-3: 2007-08 Leitern – Teil 3: Benutzerinformation

DIN EN 131-4: 2007-08 Leitern – Teil 4: Ein- oder Mehrgelenkleitern

DIN EN 206-1: 2001-07 Beton – Teil 1: Festlegung, Eigenschaften, Herstellung und Konformität

DIN EN 233: 1999-08 Wandbekleidungen in Rollen – Festlegungen für fertige Papier-, Vinyl- und Kunststoffwandbekleidungen

DIN EN 235: 2002-04 Wandbekleidungen – Begriffe und Symbole

DIN EN 520: 2005-03 Gipsplatten – Begriffe, Anforderungen und Prüfverfahren

DIN EN 927-2: 2006-07 Beschichtungsstoffe – Beschichtungsstoffe und Beschichtungssysteme für Holz im Außenbereich – Teil 2: Leistungsanforderungen

DIN EN 998-1: 2003-09 Festlegungen für Mörtel im Mauerwerksbau – Teil 1: Putzmörtel

DIN EN 998-1 Berichtigung 1: 2006-05 Berichtigung zu DIN EN 998-1:2003-09

DIN EN 1026-1: 2004-08 Beschichtungsstoffe – Beschichtungsstoffe und Beschichtungssysteme für mineralische Substrate und Beton im Außenbereich – Teil 1: Einteilung

DIN EN 1307: 2008-08 Textile Bodenbeläge – Einstufung von Polteppichen

DIN EN 1470: 2009-02 Textile Bodenbeläge – Einstufung von Nadelvlies-Bodenbelägen, ausgenommen Polvlies-Bodenbeläge

DIN EN 13 300: 2002-11 Beschichtungsstoffe – Wasserhaltige Beschichtungsstoffe und Beschichtungssysteme für Wände und Decken im Innenbereich – Einteilung

DIN EN 13 499: 2003-12 Wärmedämmstoffe für Gebäude – Außenseitige Wärmedämm-Verbundsysteme (WDVS) aus expandiertem Polystyrol – Spezifikation

DIN EN 13 500: 2003-12 Wärmedämmstoffe für Gebäude – Außenseitige Wärmedämm-Verbundsysteme (WDVS) aus Mineralwolle – Spezifikation

DIN EN ISO 128-20: 2002-12 Technische Zeichnungen – Allgemeine Grundlagen der Darstellung – Teil 20: Linien, Grundregeln

DIN EN ISO 1519: 2003-10 Beschichtungsstoffe – Dornbiegeversuch (zylindrischer Dorn)

DIN EN ISO 2409: 2007-08 Beschichtungsstoffe – Gitterschnittprüfung

DIN EN ISO 2431: 1996-05 Lacke und Anstrichstoffe – Bestimmung der Auslaufzeit mit Auslaufbechern

DIN EN ISO 2431 Berichtigung 1: 2000-01 Berichtigung zu DIN EN ISO 2431:1996-05

DIN EN ISO 2810: 2004-10 Beschichtungsstoffe – Freibewitterung von Beschichtungen – Bewitterung und Bewertung

DIN EN ISO 4628-2: 2004-01 Beschichtungsstoffe – Beurteilung von Beschichtungsschäden – Bewertung der Menge und der Größe von Schäden und der Intensität von gleichmäßigen Veränderungen im Aussehen – Teil 2: Bewertung des Blasengrades

DIN EN ISO 4628-3: 2004-01 Beschichtungsstoffe – Beurteilung von Beschichtungsschäden – Bewertung der Menge und der Größe von Schäden und der Intensität von gleichmäßigen Veränderungen im Aussehen – Teil 3: Bewertung des Rostgrades

DIN EN ISO 8501-1: 2007-12 Vorbereitung von Stahloberflächen vor dem Auftragen von Beschichtungsstoffen – Visuelle Beurteilung der Oberflächenreinheit – Teil 1: Rostgrade und Oberflächenvorbereitungsgrade von unbeschichteten Stahloberflächen und Stahloberflächen nach ganzflächigem Entfernen vorhandener Beschichtungen

DIN EN ISO 12 944-1: 1998-07 Beschichtungsstoffe – Korrosionsschutz von Stahlbauten durch Beschichtungssysteme – Teil 1: Allgemeine Einleitung

DIN EN ISO 12 944-2: 1998-07 Beschichtungsstoffe – Korrosionsschutz von Stahlbauten durch Beschichtungssysteme – Teil 2: Einteilung der Umgebungsbedingungen

DIN EN ISO 12 944-3: 1998-07 Beschichtungsstoffe – Korrosionsschutz von Stahlbauten durch Beschichtungssysteme – Teil 3: Grundregeln zur Gestaltung

DIN EN ISO 12944-4: 1998-07 Beschichtungsstoffe – Korrosionsschutz von Stahlbauten durch Beschichtungssysteme – Teil 4: Arten von Oberflächen und Oberflächenvorbereitung

DIN EN ISO 12 944-5: 2008-01 Beschichtungsstoffe – Korrosionsschutz von Stahlbauten durch Beschichtungssysteme – Teil 5: Beschichtungssysteme

DIN ISO 2424: 1999-01 Textile Bodenbeläge – Begriffe

DIN ISO 6344-1: 2000-04 Schleifmittel auf Unterlagen – Korngrößenanalyse – Teil 1: Prüfung der Korngrößenverteilung

DIN ISO 6344-2: 2000-04 Schleifmittel auf Unterlagen – Korngrößenanalyse – Teil 2: Bestimmung der Korngrößenverteilung der Makrokörnungen P 12 bis P 220

DIN ISO 6344-3: 2000-04 Schleifmittel auf Unterlagen – Korngrößenanalyse – Teil 3: Bestimmung der Korngrößenverteilung der Mikrokörnungen P 240 bis P 2500

Sachwortverzeichnis

Bild- und Textquellenverzeichnis

Autoren und Verlag danken den genannten Firmen, Institutionen und Privatpersonen für die Überlassung von Vorlagen und Abdruckgenehmigungen zu folgenden Abbildungen:

Artothek, Kunstdia-Archiv Jürgen Hinrichs, Planegg (München – Alte Pinakothek/Foto Blauel): Seite 302 (4)

Auergesellschaft GmbH, Berlin: Seite 87 (1)

Balder Batran, Affalterbach: Seite 97 (2)

Bauhaus-Archiv, Berlin: Seite 311 (3)

Behnisch & Partner, Freie Architekten BDA, Stuttgart: Seite 313 (2)

G. Bertram GmbH, Hannover: Seiten 43 (2), 51 (1)

BHK Holz- und Kunststoff KG – H. Kottmann, Büren: Seite 238 (1)

Bildarchiv Preußischer Kulturbesitz, Berlin: Seite 308 (2, 3, 4)

Dr. Ruth Bleckwenn, Münster: Seiten 27 (3), 242 (1)

Brillux GmbH & Co. KG, Münster: Seiten 231 (1, 2, 3, 4, 5, 6, 7, 8, 9, 10), 234 (1, 2, 3, 4, 5, 6), 235 (1, 2), 240 (1, 2), 246 (1, 2, 3), 254 (1), 256 (3), 257 (2), 258 (1, 4), 260 (3), 262 (1, 2, 4, 5), 286 (1, 2), 287 (1), 289 (1), 290 (1, 2), 291 (1,2), 313 (1)

Caparol Farben Lacke Bautenschutz GmbH, Ober-Ramstadt: Seite 104 (1)

Capatect GmbH & Co. KG, Ober-Ramstadt: Seite 322 (4, 7)

Chiron-Werke GmbH Maschinenfabrik, Tuttlingen: Seite 123 (2)

DESOWAG GmbH, Düsseldorf: Seiten 93 (1), 94 (1, 2, 3, 4), 170 (1)

Deutsche Bahn AG (Fotograf Taubert), Berlin: Seite 308 (1)

Deutsches Malerblatt, Stuttgart: Seiten 184 (1), 243 (3), 244 (1)

Deutsches Tapeten-Institut GmbH, Frankfurt (Main): Seiten 147 (1), 224 (2), 225 (1, 2), 305 (5, 6), 308 (5, 6), 309 (5)

Diaarchiv Kurt Seeger, Kirchheim: Seiten 57 (1), 101 (1), 147 (2, 4)

Disbon-Gesellschaft mbH & Co. KG, Ober-Ramstadt: Seite 159 (2)

ETG Europäische Teppich-Gemeinschaft e.V., Wuppertal: Seite 237 (1)

Falch Hochdrucksysteme GmbH, Merklingen: Seite 176 (1)

Festo Tooltechnic GmbH & Co., Esslingen: Seite 181 (3, 4)

Fotolia Deutschland, Berlin, © www.fotalia.de (daniel-schönen): Seite 137

Fotoverlag Huber, Garmisch-Partenkirchen: Seite 303 (2)

GENO-Kooperations-GmbH (Werkzeugkatalog): Seiten 119 (3), 120 (1, 2, 3, 4, 5, 6), 121 (1), 122 (1), 123 (1, 3), 124 (1), 179 (1, 2, 3, 4), 180 (1, 2, 3), 181 (1, 2), 182 (1), 183 (2), 185 (1, 2), 240 (3)

Prof. Ignaz Gerlach, Hildesheim: Seite 145 (1)

Hamburger Kunsthalle (Fotografin Elke Walford, Hamburg): Seite 209 (6)

Herbert Hartmann, München: Seite 301 (3)

Werner Hayen, Wilhelmshaven: Seite 299 (1)

Herbol GmbH, Köln: Seite 159 (1), 194 (3)

Hessisches Landesmuseum, Darmstadt: Seite 299 (2)

HOCHTIEF Aktiengesellschaft, Essen: Seite 312 (4)

Institut für Lacke und Farben e.V., Magdeburg: Seiten 18 (2), 192 (1)

Wilhelm Kaufmann, Norderstedt: Seite 185 (3)

Knauf Gips KG, Iphoven: Seiten 211 (1, 2, 3), 213 (1), 214 (1, 2, 3, 4, 5), 215 (1, 2), 216 (3, 4), 318 (1, 2), 322 (1, 2, 3, 5, 8)

Hay Kranen, Niederlande: Seite 312 (3)

Kulturstiftung Dessau Wörlitz, Dessau: Seite 306 (3)

Landesarchiv Berlin: Seiten 306 (2), 310 (1), 314 (2)

Landesbildstelle Baden, Karlsruhe: Seite 304 (4, 5)

Lömpel Bautenschutz GmbH & Co. KG, Arnstein: Seite 21 (2)

Marburger Tapetenfabrik J. B. Schaefer GmbH & Co. KG, Kirchhain: Seite 34 (1)

Hans-Jürgen Meier-Menzel, Murnau: Seite 146 (4)

Mennekes Elektrotechnik GmbH, Lennestadt: Seite 24 (4)

Christiane Müther: Seite 301 (1)

nmc-Deutschland, Heppenheim: Seite 235 (4)

PCI Augsburg GmbH, Augsburg: Seite 191 (1)

SATA Augsburg GmbH & Co. KG, Kornwestheim: Seiten 124 (2), 125 (1, 2, 3, 4), 126 (2), 127 (1, 2), 133 (1, 2, 3, 4)

Schloss Schönbrunn Kultur- und Betriebsges. m.b.H., Wien (Fotograf Gerhard Trumler): Seite 303 (1)

Staatsbibliothek München: Seite 150 (3)

Staatsgalerie Stuttgart: Seite 314 (3)

Stadtwerke Bochum: Seite 147 (3)

Stiftung Bauhaus Dessau: Seite 311 (1)

Sto AG, Stühlingen: Seiten 112 (1), 159 (2, 3)

Tourismus-Zentrale Hamburg: Seite 307 (4)

Transglobe Agency, Hamburg: Seiten 295 (3), 296 (5), 297 (1), 303 (3), 314 (1)

Uelze Stuck- und Putzrestaurierung GmbH, Dresden: Seite 250 (5a, 5b, 5c)

Ullstein Bild, Berlin: Seite 313 (2)

Volkswagen AG, Wolfsburg: Seite 130 (1)

J. Wagner GmbH, Markdorf: Seiten 127 (3), 128 (1, 2), 129 (1)

Autoren und Verlag danken dem Bundesverband der Gipsindustrie e.V., Darmstadt, für die Genehmigung zur Textübernahme zu den Qualitätsstufen für gespachtelte Gipsplatten (Q1 bis Q4) für das Kapitel 7.1.1, Seiten 212/213.